"十二五"普通高等教育本科国家级规划教材
国家精品资源共享课程"数字逻辑电路"主教材
"十三五"江苏省高等学校重点教材
高等学校电子信息类精品教材

数字逻辑电路与系统设计

（第4版）

蒋立平　主编
姜　萍　谭雪琴　花汉兵　编著

電子工業出版社
Publishing House of Electronics Industry
北京·BEIJING

内 容 简 介

本书为“十二五”普通高等教育本科国家级规划教材；2018年列选“十三五”江苏省高等学校重点教材（编号：2018-1-017）。

本教材系统地介绍了数字逻辑电路的基本概念、基本理论、基本方法，以及常用数字逻辑部件的功能和应用。主要内容包括：数字逻辑基础、逻辑门电路、组合逻辑电路、常用组合逻辑功能器件、时序逻辑电路、常用时序逻辑功能器件、半导体存储器和可编程逻辑器件、脉冲信号的产生与整形、数模和模数转换。本教材将硬件描述语言的介绍渗透于各个章节。

本教材理论联系实际、循序渐进、便于教学。全书叙述简明，概念清楚；知识结构合理，重点突出；深入浅出，通俗易懂，图文并茂；例题、习题丰富，各章还配有复习思考题。

本教材可供高等学校电子信息类专业的本科生和研究生使用，也可供有关专业技术人员参考。

图书在版编目（CIP）数据

数字逻辑电路与系统设计 / 蒋立平主编. -- 4版.
北京 : 电子工业出版社, 2024. 8. -- ISBN 978-7-121
-48634-0

Ⅰ. TN790.2

中国国家版本馆CIP数据核字第2024BN4870号

责任编辑：韩同平
印　　刷：三河市华成印务有限公司
装　　订：三河市华成印务有限公司
出版发行：电子工业出版社
　　　　　北京市海淀区万寿路173信箱　邮编：100036
开　　本：787×1092　1/16　印张：19.75　字数：632千字
版　　次：2008年12月第1版
　　　　　2024年8月第4版
印　　次：2024年12月第2次印刷
定　　价：69.90元

凡所购买电子工业出版社图书有缺损问题，请向购买书店调换。若书店售缺，请与本社发行部联系，联系及邮购电话：（010）88254888，88258888。

质量投诉请发邮件至zlts@phei.com.cn，盗版侵权举报请发邮件至dbqq@phei.com.cn。

本书咨询联系方式：（010）88254525，hantp@phei.com.cn。

前　言

本书为“十二五”普通高等教育本科国家级规划教材。

党的二十大报告指出，我们要“推动战略性新兴产业融合集群发展，构建新一代信息技术、人工智能、生物技术、新能源、新材料、高端装备、绿色环保等一批新的增长引擎。”而数字电子技术作为新工科基础理论与工程应用方向的核心课程，正是这些产业群发展的基础，具有突出且重要的地位。为了适应高等教育的深刻变化，围绕国家在集成电路产业和相关技术领域的关键需求，并根据新时期大学生对理论学习与知识理解的多元性，本书编者以“教育、科技、人才是全面建设社会主义现代化国家的基础性、战略性支撑”为指导，根据教育部电子电气基础课程教学指导分委员会制定的“数字电子技术基础课程基本教学要求”，结合多年教学实践与科研工作经验编写此书。

本书第1版自2008年出版以来，取得非常好的效果，先后被多所院校选作教材，2010年获全国电子信息类优秀教材一等奖，2011年被评为江苏省高等学校精品教材，2013年列选为“十二五”普通高等教育本科国家级规划教材，2018年列选“十三五”江苏省高等学校重点教材。本教材也是江苏省高等学校精品教材立项研究项目。

2004年，涵盖数字逻辑电路的南京理工大学电子学课程群被评为江苏省高等学校优秀课程群；2006年，数字逻辑电路课程被评为江苏省高等学校一类精品课程；2008年南京理工大学数字逻辑电路课程被评为国家精品课程；2016年被评为国家精品资源共享课程；2020年被评为国家级线上一流课程。

本书具有以下特点：

（1）较为完整地保留了传统数字逻辑电路教材的经典内容。当前，随着数字技术的高速发展，开发数字系统的方法和用来实现这些方法的工具已经发生了很大变化，但作为理论基础的基本原理没有改变，因此，对于学生来说理解这些原理以便进行应用，其要求并未降低。就数字系统的硬件实现而言，标准中小规模数字集成电路器件已不再广泛使用，然而，这些器件经常还会以不同形式出现，这些器件对于研究数字系统基本构成模块的工作原理还具有重要意义。中小规模标准器件的接线及实验，在许多入门性的教学及基础实验课程中仍占有重要位置。为此，本书保留了传统数字逻辑电路教材的经典内容。

（2）通过中规模集成器件的应用实例，培养学生的数字系统设计能力。学习数字逻辑电路课程，常使学生感觉到的一个难点是：除了利用以逻辑代数为基础的规范方法来进行电路设计（对组合逻辑电路，按真值表→表达式→电路图步骤；对时序逻辑电路，按状态定义→状态表→输出和驱动方程→电路图步骤），如何能利用现有的中规模器件来实现一些更为复杂的数字电路与系统。本书除一些常规的例题外，增加了一些实用性强、应用广泛、有一定难度的实例。例如，简易键盘编码电路、多位数字译码显示、计算机输入/输出接口译码电路、数码管动态显示电路、BCD码加法器、求两数之差绝对值电路、BCD–二进制码转换电路、键盘扫描电路、串行加法器、串行累加器等。通过对这些实例的学习，除增强系统设计能力外，也有利于学生创新思维能力的培养。

（3）将硬件描述语言融合到教材内容中。为了适应现代数字技术的发展，将EDA技术应用到数字系统设计中去是必然趋势。硬件描述语言作为基于可编程逻辑器件设计数字系统和数字集成电路的主要工具，已成为电子信息类从业人员的必备知识之一。本书将硬件描述语言融合到各章节中，使学生在对器件的认识之初就接触到硬件描述语言，通过循序渐进，使学生全面了解语言规范和使用硬件描述语言设计数字系统的方法，以适应当代数字技术的发展。

（4）通过精选习题，让习题既起到课程知识的巩固作用，又兼顾到不同层次学生的学习要求。本书除设置和课内知识相匹配的习题外，针对不同的学习层次，还精心设计了一些难度较大的习题（在习题标号前加注“*”号），其中部分习题既可以单独作为课程设计的课题，也可以使一些有能力的学生通过这些习题的训练，达到触类旁通，举一反三，活跃思维，拓宽视野的目的。此外，为便于学生自测学习效果，本书给出了大部分习题的参考答案（见附录A）。考虑到本书的篇幅，有小部分难度较大或占篇幅较大习题的题解，以及所有硬件描述语言编程设计题的题解，读者可以通过扫描本书给出的二维码在线阅读。

（5）本书大部分图形符号采用标准 ANSI/IEEE Std.91—1984，考虑到传统逻辑符号当前仍在广泛使用，特别是考虑到用 ANSI/IEEE 标准逻辑符号绘制中规模集成模块电路的复杂性，本书在提出 ANSI/IEEE 标准逻辑符号的同时，一般也列出了传统逻辑符号，使读者在阅读时不至于为某些传统逻辑符号而感到困惑。事实上，传统逻辑符号已列入补充标准 ANSI/IEEE Std.91a—1991。

这次的第 4 版是在第 3 版的基础上，根据编者近几年的实际教学体会，结合广大读者的反馈意见和建议，并参考了近几年的国内外优秀教材修订而成的，从而使本教材不断适应学科的发展和新工科人才培养需求，教材体系更加合理和科学。

第 4 版教材在教学目的、教学要求及大部分教学内容等方面与第 3 版基本相同，**主要做了如下修订：**

（1）在现代电子设计领域，Verilog 作为 IEEE 标准的两大主流 HDL 之一，相比于 VHDL，其具有易学易用和享有 ASIC 设计领域的主导地位等诸多优势，在全球范围内其用户覆盖率已超过 80%。为此，本教材第 4 版关于硬件描述语言的介绍，选用 Verilog，而不再介绍 VHDL。

（2）第 5 章触发器部分由原来的按结构分类介绍改为按功能分类介绍，重在强调各触发器的功能，弱化了内部复杂电路的分析，并删除了主从 RS 触发器和主从 JK 触发器相关内容，使触发器部分的内容介绍更好地适应当前触发器的实际应用状况。

（3）随着电子技术的发展，低密度可编程逻辑器件因其规模小、集成度低、可互连能力弱等缺陷而逐渐被高密度可编程逻辑器件所取代。因此，第 7 章减少了低密度可编程逻辑器件各种不同结构的具体内容介绍，只是作为高密度可编程逻辑器件的基础，简要介绍其功能及结构。

（4）第 9 章增加了较为常见的并行比较型 A/D 转换器内容的介绍。

本书可以作为高等学校电子信息类专业数字逻辑电路的入门教材；对于那些不熟悉基本电子学概念，或者对数字器件的电气特性不感兴趣的学生，可以跳过第 2 章，本书中其他部分的内容已尽可能地独立于这部分内容。

本书第 1、2、3 章由姜萍编写，第 4、6 章由蒋立平编写，第 5、7 章由谭雪琴编写，第 8、9 章由花汉兵编写。蒋立平负责全书内容的规划和统稿。

本书在编写过程中引用了诸多学者和专家的著作和论文中的研究成果，在这里向他们表示衷心感谢。

由于编者水平有限，错误和不当之处在所难免，敬请各位读者不吝赐教。

编者电子邮件地址：jping618@njust.edu.cn

编　者

于南京理工大学

目　录

绪　论

目前，人类社会已经进入数字时代，在过去的30年里，数字技术的发展速度是十分惊人的。在人们的日常生活中，生活用品已逐渐从模拟形式变化为数字形式，如数字摄像机、数码相机、数字化的移动电话、数字化的X光片、磁共振成像仪（MRI），以及医院使用的超声系统等，数字技术的应用随处可见，它已渗透到国民经济及人民生活的所有领域，并起着越来越重要的作用。可以这样说：数字化程度的高低，已成为衡量一个国家科学技术水平高低的重要标志。

随着集成电路的发展，特别是大规模和超大规模集成电路的发展，数字技术将在通信、商贸、交通控制、导航、医疗、天气监测、因特网等领域，在商业、工业和科研部门取得更大的成就。我们有理由相信，数字技术未来的发展速度会更快，对人类产生的影响将越来越深刻。

自然界中大部分的物理量都是模拟量，例如温度、时间、压力、距离和声音等。图1所示温度和时间关系图（用模拟量表示），是某一天中一个城市的温度变化情况，可以看出这是一条平滑的曲线，也就是说，在给定的时间内，温度值的变化是连续的。如果用整点时刻的值代表每个小时时间内的温度（这个过程称为“抽样”），便会得到如图2所示温度和时间的关系图（用抽样值表示）。如果再对整点时刻的温度值进行四舍五入（这个过程称为“量化”），并将其表示为二进制数值（这个过程称为“编码”），便会得到如图3所示温度和时间的关系图（用数字量表示）。可以看出一个模拟的物理量在经过抽样、量化、编码后，便会得到一个与之对应的数字量。

信号是传载信息的函数，信号常分为模拟信号、连续时间信号、离散时间信号和数字信号。电子电路中的信号一般分为两类：模拟信号，指该信号是时间的连续函数，在一定动态范围内幅值可取任意值；处理模拟信号的电路，称为模拟电路。数字信号，指该信号无论从时间上还是从大小上看其变化都是离散的，即不连续，信号的幅值只可以取有限个值；处理数字信号的电路，称为数字电路。

和模拟电路相比，数字电路具有以下一些特点：

（1）在数字电路中，工作信号是二进制的数字信号，即只有0和1两种可能的取值；反映到电路上，就是电压的高、低或脉冲的有、无两种状态。因此，凡是具有两个稳定状态的元件，其状态都可以用来表示二进制的两个数码，故其基本单元电路简单，这对实现电路的集成化十分有利。

（2）数字电路中处理的是二进制的数字信号，在稳态时，数字电路中的半导体器件一般都工作在截止和导通状态，即相当于开关工作时的开和关状态。而研究数字电路时关心的仅是输出和输入之间的逻辑关系。

（3）数字电路不仅能进行数值运算，而且能进行逻辑判断和逻辑运算，这在计算机技术及很多方面是不可缺少的，因此，也常把数字电路称为“数字逻辑电路”。

（4）数字电路工作可靠，精度高，并且具有较强的抗干扰能力。数字信号便于长期储存，可使大量的信息资源得以妥善保存，保密性好，使用方便，通用性强。

由于数字电路具有上述特点，其发展十分迅速。但是，数字电路也有一定的局限性。与此同时，模拟电路也有其优于数字电路的一些特点。因此，实际的电子系统往往是数字电路和模拟电路的结合。

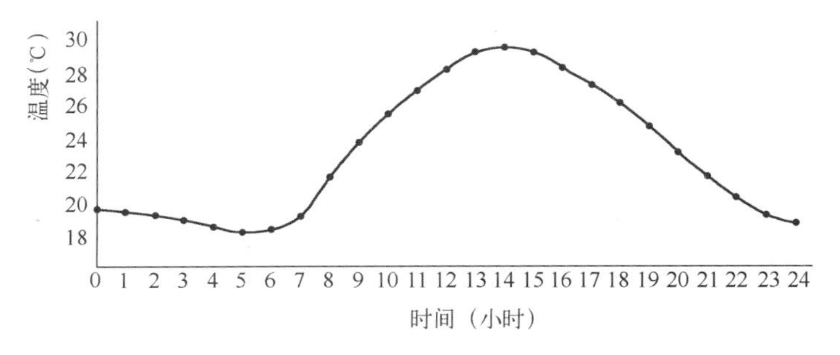

图 1　温度和时间的关系图（用模拟量表示）

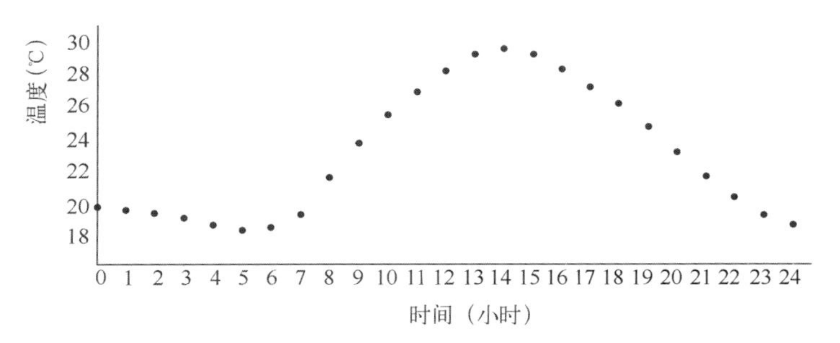

图 2　温度和时间的关系图（用抽样值表示）

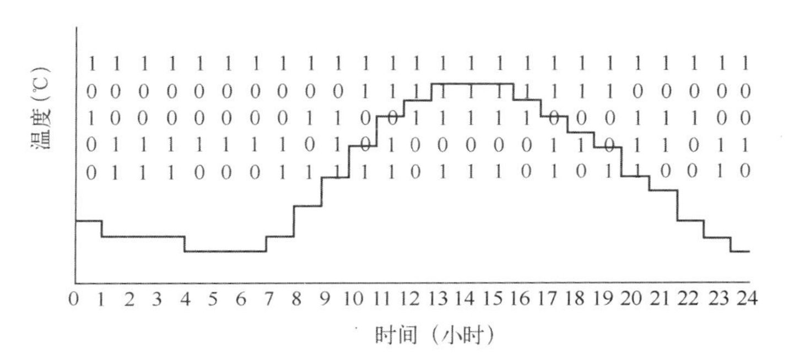

图 3　温度和时间的关系图（用数字量表示）

第 1 章　数字逻辑基础

数字系统所处理的信息通常是用二进制数的形式表示的，可采用的符号只有 0 和 1。本章首先介绍数制和编码，并讨论了二进制的数值运算；为了对数字电路进行分析和设计，本章还介绍了逻辑代数的基础知识，包括逻辑代数的基本公式、常用公式和重要定理，并讲述了逻辑函数的表示方法，介绍如何应用逻辑代数的公式和定理来化简逻辑函数；最后讨论了利用卡诺图化简逻辑函数的方法，并介绍了不完全确定逻辑函数的概念。

1.1　数制与数制转换

所谓“数制”是指进位计数制，即用进位的方式来计数。同一个数可以采用不同的进位计数制来计量。在日常生活中，人们习惯于使用十进制，而在数字电路中常采用二进制，这意味着，将十进制数输入到数字系统之前，必须要把它转换为二进制数；同样，在一个数字系统的输出部分，二进制数也必须要转换为十进制数，以方便人们的读取。除了二进制和十进制外，在数字系统中还广泛采用八进制和十六进制，由于八进制和十六进制可以方便地与二进制进行相互转换，因此这两种进制一般可以用来表示数值较大的二进制数。

1.1.1　十进制

十进制是人们最常用的一种数制。它有以下特点。

（1）采用 10 个计数符号（也称数码）：0，1，2，3，4，5，6，7，8，9。就是说，十进制数中的任 1 位，只可能出现这 10 个符号中的某 1 个。

（2）十进制数的进位规则是“逢十进一”。即每位计满十就向高位进 1，进位基数为 10。所谓“基数”，它表示该数制所采用的计数符号的个数及其进位的规则。因此，同一个符号在一个十进制数中的不同位置时，它所代表的数值是不同的。例如，十进制数 1976.5 可写为：

$$1976.5 = 1\times10^3 + 9\times10^2 + 7\times10^1 + 6\times10^0 + 5\times10^{-1}$$

我们把一种数制中各位计数符号为 1 时所代表的数值称为该数位的“权”。十进制数中各位的权是基数 10 的整数次幂。

根据上述特点，任何一个十进制数可以表示为：

$$(N)_{10} = \sum_{i=-m}^{n-1} a_i \times 10^i \tag{1.1}$$

式中，a_i 为基数 10 的 i 次幂的系数，它可以是 0~9 中的任一个计数符号；n 为$(N)_{10}$的整数位个数；m 为$(N)_{10}$的小数位个数；下标 10 为十进制的进位基数；10^i 为 a_i 所在位的权。

通常把式（1.1）的表示形式称为按权展开式或多项式表示法。

从计数电路的角度来看，采用十进制是不方便的。因为要构成计数电路，必须把电路的状态跟计数符号对应起来，十进制有 10 个符号，电路就必须有 10 个能严格区别的状态与之对应，这样将在技术上带来许多困难，而且也不经济，因此在计数电路中一般不直接采用十进制。

1.1.2　二进制

和十进制类似，二进制具有以下特点。

（1）采用两个符号 0 和 1。

（2）二进制的进位规则为“逢二进一”，即 1+1=10（读为“壹零”）。必须注意，这里的“10”和十进制中的“10”是完全不同的，它实际上等值于十进制数“2”。

根据上述特点，任何具有 n 位整数 m 位小数的二进制数的按权展开式可表示为：

$$(N)_2=\sum_{i=-m}^{n-1}a_i\times 2^i \tag{1.2}$$

式中，系数 a_i 可以是 0 或 1；下标 2 表示为二进制。

例如：　$(101.11)_2=1\times 2^2+0\times 2^1+1\times 2^0+1\times 2^{-1}+1\times 2^{-2}$

根据二进制的特点，目前数字电路普遍采用二进制，其原因如下。

（1）二进制的数字装置简单可靠，所用元器件少。二进制只有两个计数符号 0 和 1，因此它的每一位都可以用任何具有两个不同稳定状态的元件来实现。例如，继电器的闭合和断开，晶体管的饱和与截止等。只要规定一种状态代表“1”，另一种状态代表“0”，就可以表示二进制数。这样使数码的存储和传送变得简单而可靠。

（2）二进制的基本运算规则简单。例如：

加法运算　$0+0=0$　　$1+0=0+1=1$　　$1+1=10$

乘法运算　$0\times 0=0$　　$0\times 1=1\times 0=0$　　$1\times 1=1$

因此二进制数的运算操作简便。

1.1.3　十六进制和八进制

用二进制表示一个数，所用的数位要比十进制多很多，例如表示十进制数$(255)_{10}$，只需 3 位，而用二进制表示该数，却需 8 位，即$(11111111)_2$，不便于书写和记忆。为此常采用十六进制和八进制来表示二进制。上述十进制和二进制的表示法可推广到十六进制和八进制。

十六进制中，采用 16 个计数符号：0，1，2，3，4，5，6，7，8，9，A，B，C，D，E，F。符号 A~F 分别对应于十进制数的 10~15。进位规则是“逢十六进一”，进位基数是 16，十六进制数中各位的权是 16 的整数次幂。任何一个十六进制数，按权展开式为：

$$(N)_{16}=\sum_{i=-m}^{n-1}a_i\times 16^i \tag{1.3}$$

例如：

$$\begin{aligned}(6D.4B)_{16}&=6\times 16^1+D\times 16^0+4\times 16^{-1}+B\times 16^{-2}\\&=6\times 16^1+13\times 16^0+4\times 16^{-1}+11\times 16^{-2}\end{aligned}$$

八进制中，采用八个计数符号：0, 1, 2, 3, 4, 5, 6, 7，进位规则是“逢八进一”，进位基数是 8。八进制数中各位的权是 8 的整数次幂，任何一个八进制数的按权展开式为：

$$(N)_8=\sum_{i=-m}^{n-1}a_i\times 8^i \tag{1.4}$$

例如：　$(374.6)_8=3\times 8^2+7\times 8^1+4\times 8^0+6\times 8^{-1}$

1.1.4　二进制数与十进制数之间的转换

1. 二进制数转换为十进制数

将二进制数转换为等值的十进制数，常用按权展开法和基数连乘、连除法。

（1）按权展开法

这种方法是将二进制数按式（1.2）展开，然后按十进制的运算规则求和，即得等值的十进制数。

【例 1.1】 将二进制数$(1101.101)_2$转换为等值的十进制数。

解：$(1101.101)_2 = 1\times 2^3+1\times 2^2+0\times 2^1+1\times 2^0+1\times 2^{-1}+0\times 2^{-2}+1\times 2^{-3}$

$=8+4+0+1+0.5+0+0.125$

$=(13.625)_{10}$

简化此法，只要将二进制数中数码为 1 的那些位的权值相加即可，而数码为 0 的那些位可以不去管它。

【例 1.2】 将二进制数$(101101.01)_2$转换为等值的十进制数。

解：$(1\ 01\ \ 1\ 01.01)_2$

↓ ↓ ↓ ↓ ↓

$2^5+2^3+2^2+2^0+2^{-2}$

$=32+8+4+1+0.25$

$=(45.25)_{10}$

表 1.1　2 的 *n* 次幂所表示的数

n	2^n	*n*	2^n	*n*	2^n	*n*	2^n
0	1	6	64	12	4 096	18	262 144
1	2	7	128	13	8 192	19	524 288
2	4	8	256	14	16 384	20	1 048 576
3	8	9	512	15	32 768	21	2 097 152
4	16	10	1 024	16	65 536	22	4 194 304
5	32	11	2 048	17	131 072	23	8 388 608

这种方法要求对 2 的各次幂值比较熟悉，才能较快地实现转换。表 1.1 中列出了 2 的 *n* 次幂所表示的数。在计算机工作中，2^{10}用 K（kilo）表示，2^{20}用 M（mega）表示，2^{30}用 G（giga）表示，2^{40}用 T（tera）表示。因此，$4\text{K}=2^{12}=4096$，$16\text{M}=2^{24}=16\ 777\ 216$。计算机的存储容量通常用字节（B）来表示。一个字节等于 8 位二进制信息，可以表示键盘上的一个字符。计算机上一个 4G 的硬盘就能够容纳 $4\text{G}=2^{32}$ 字节的数据（大约 40 亿个字节）。

（2）基数连乘、连除法

二进制数（为了简化分析，假设有 4 位整数，4 位小数）的表示形式可以改写成如下连乘、连除的形式：

$$\begin{aligned} N_2 &= (a_3a_2a_1a_0a_{-1}a_{-2}a_{-3}a_{-4})_2 \\ &= a_3\times 2^3+a_2\times 2^2+a_1\times 2^1+a_0\times 2^0+a_{-1}\times 2^{-1}+a_{-2}\times 2^{-2}+a_{-3}\times 2^{-3}+a_{-4}\times 2^{-4} \\ &= [(a_3\times 2+a_2)\times 2+a_1]\times 2+a_0+\{a_{-1}+[a_{-2}+(a_{-3}+a_{-4}\times 2^{-1})\times 2^{-1}]\times 2^{-1}\}\times 2^{-1} \end{aligned} \tag{1.5}$$

式（1.5）中，为了说明运算次序，在式子下面画上了算法线条。可见，用连乘、连除法把二进制数转换为十进制数时，其整数和小数部分的转换方法不完全相同。

（1）整数部分的转换是从整数部分最高位开始的：①将最高位数乘以 2，将所得乘积与下 1 位数相加；②将①所得之和乘以 2，其乘积再与更下 1 位数相加；③这样重复做下去，直到加上整数部分的最低位为止，即得转换后的十进制数的整数部分。

（2）小数部分的转换是从小数部分最低位开始的：①将最低位数除以 2(即$\times 2^{-1}$)，将所得结果与高 1 位数相加；②把①所得结果除以 2，其结果再与更高 1 位数相加；这样重复做下去，直到加上小数部分的最高位后，再除以 2，即得转换后的十进制数的小数部分。

（3）最后把整数部分和小数部分相加，即得所求十进制数。

【例 1.3】 用基数连乘、连除法将二进制数$(11001.101)_2$转换为等值的十进制数。

解：分别转换二进制数的整数部分和小数部分，然后把两部分加起来。

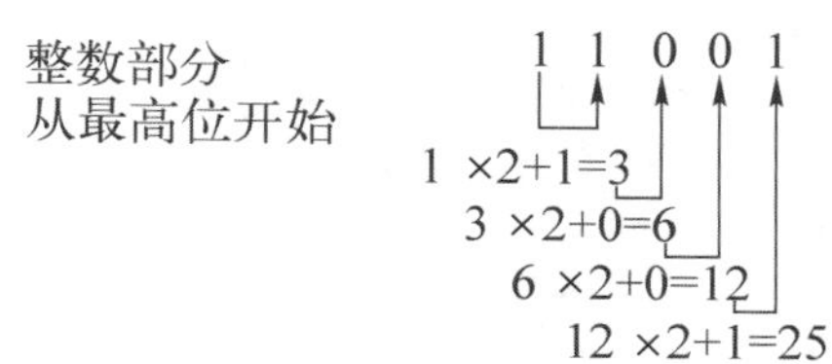

整数部分$(11001)_2=(25)_{10}$。

小数部分 0.101，从最低位开始：

$$1\div2+0=0.5\quad 0.5\div2+1=1.25\quad 1.25\div2=0.625$$

即小数部分$(0.101)_2=(0.625)_{10}$。

故$(11001.101)_2=(25.625)_{10}$。

2. 十进制数转换为二进制数

将二进制数转换为十进制数的两种方法的运算过程反过来，就可以实现十进制数到二进制数的转换。相应的两种方法为：提取 2 的幂及基数连除、连乘法。

（1）提取 2 的幂

这种方法是前述用按权展开法将二进制数转换为十进制数运算过程的逆过程，即将十进制数分解为 2 的幂之和，然后从该和式求得对应的二进制数。

【例 1.4】 将十进制数$(45)_{10}$转换为等值的二进制数。

解：$(45)_{10}=32+8+4+1=2^5+2^3+2^2+2^0$

$=1\times2^5+0\times2^4+1\times2^3+1\times2^2+0\times2^1+1\times2^0$

$=(101101)_2$

这种方法的关键是要熟悉 2 的各次幂的值。

（2）基数连除、连乘法

这种方法也是把十进制数的整数部分和小数部分分别进行转换，然后将结果相加。

整数部分采用“除 2 取余”法转换，即把十进制整数连续除以 2，直到商等于零为止，然后把每次所得余数（1 或者 0）按相反的次序排列，即得转换后的二进制整数。

【例 1.5】 将十进制数$(53)_{10}$转换为等值的二进制数。

解：

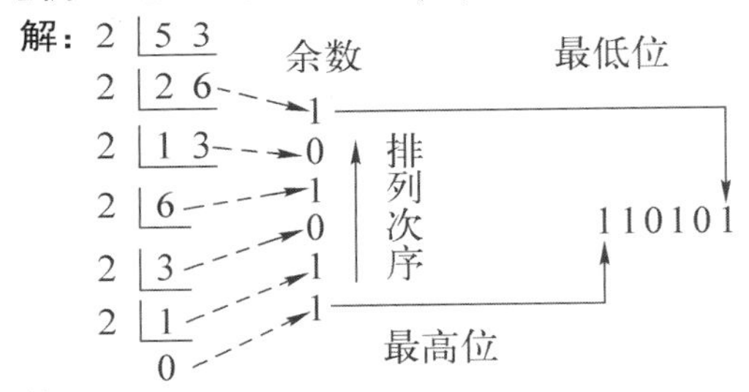

故$(53)_{10}=(110101)_2$。

小数部分采用“乘 2 取整”法转换，即把十进制小数连续乘以 2，直到小数部分为零或者达到规定的位数为止，然后将每次所取整数按序排列，即得转换后的二进制小数。

【例 1.6】 将十进制数$(0.6875)_{10}$转换为等值的二进制数。

解：

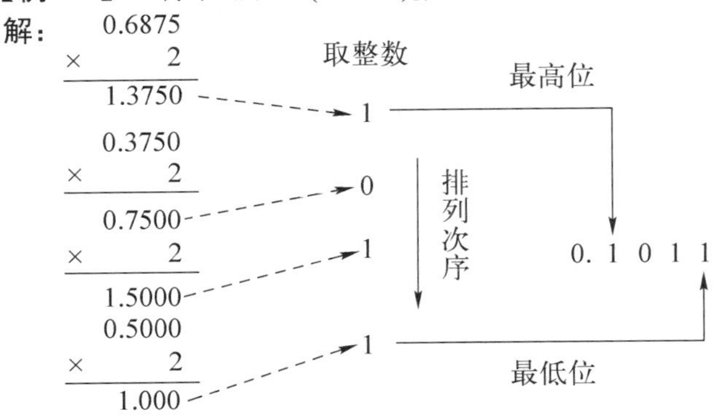

故$(0.6875)_{10}=(0.1011)_2$。

以上每一步都是将前一步所得的小数部分乘以 2。

【例 1.7】 将十进制数$(0.37)_{10}$转换为二进制数（取小数点后六位）。

解：

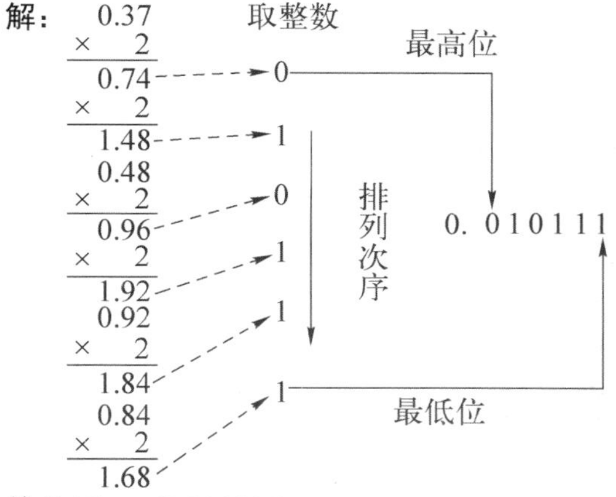

故$(0.37)_{10}=(0.010111)_2$。

1.1.5 二进制数与十六进制数及八进制数之间的转换

在数字系统中，八进制和十六进制经常用来作为二进制数简写的方法。当处理较多的位数时，用八进制或十六进制书写二进制数更方便且不易出错。但是，必须清楚，数字电路的所有工作都是以二进制形式进行的，八进制和十六进制仅仅是为了人们的使用方便。

十六进制和八进制与二进制之间的转换比较方便，即 4 位二进制数对应 1 位十六进制数，3 位二进制数对应 1 位八进制数。其转换方法为：将二进制数转换为十六进制数（或八进制数）时，从二进制数小数点开始，分别向左、右按 4 位（转换为十六进制）或 3 位（转换为八进制）分组，最后不满 4 位或 3 位的添 0 补位。将每组以对应的十六进制数或八进制数代替，即得等值的十六进制数或八进制数。将十六进制数（或八进制数）转换为二进制数时，方法与上述相反。

【例 1.8】 将二进制数$(111100.101101)_2$转换成十六进制数。

解： 首先将$(111100.101101)_2$写成分组形式：$(0011\ 1100.1011\ 0100)_2$，然后将各组 4 位二进制数转换为十六进制数，得：$(3C.B4)_{16}$。

【例 1.9】 将二进制数$(10011101.01)_2$转换成八进制数。

解： 将$(10011101.01)_2$写成分组形式：$(010\ 011\ 101.010)_2$，然后将各组 3 位二进制数转换为八进制数，得：$(235.2)_8$。

【例 1.10】 将十六进制数$(6FA.35)_{16}$转化成二进制数。

解： 首先分别将 6, F, A, 3, 5 转换为 4 位二进制数，然后按位的高低依次排列，就得到相应的二进制数：$(6FA.35)_{16}=(0110\ 1111\ 1010.0011\ 0101)_2$。

【例 1.11】 将八进制数$(347.12)_8$转换成二进制数。

解： 可分别将 3, 4, 7, 1, 2 转换成 3 位二进制数，按位的高低依次排列，就得到相应的二进制数：$(347.12)_8=(011\ 100\ 111.001\ 010)_2$。

1.2 几种简单的编码

编码就是用一组特定的符号表示数字、字母或文字，这一组符号叫做代码（简称码）。一个 n 位的二进制码有 2^n 种不同的 0、1 组合，每种组合都可以代表一个编码的元素。尽管给 2^n 个不同的信息元素编码最少需要 n 位二进制数，但对于一组二进制编码来说，它所用的位数是没有最大值的。例如：一个四元素集可以用两位来编码，每个元素唯一对应 00，01，10，11 中的某一个；也可以用 4 位来编码，编码为 0001，0010，0100，1000；或者编码为 1110，1101，1011，0111；只要给每个元素分配一个唯一的数组，在集合中不发生混淆即可。

1.2.1　二-十进制码（BCD 码）

在目前的数字系统中,一般是采用二进制数进行运算的，但是由于人们习惯采用十进制数，因此常需进行十进制数和二进制数之间的转换，其转换方法上面已讨论过了。为了便于数字系统处理十进制数，经常还采用编码的方法，即以若干位二进制码来表示 1 位十进制数，这种代码称为二进制编码的十进制数，简称二-十进制码，或 BCD 码（Binary Coded Decimal Codes）。

因为十进制数有 0~9 共 10 个计数符号，为了表示这 10 个符号中的某一个，至少需要 4 位二进制码。4 位二进制码有 2^4=16 种不同组合，我们可以在 16 种不同的组合代码中任选 10 种表示十进制数的 10 个不同计数符号。根据这种要求可供选择的方法是很多的，选择方法不同，就得到不同的编码形式。常见的有 8421 码、5421 码、2421 码和余 3 码等，表 1.2 列出了几种常用 BCD 码。

表 1.2　几种常用 BCD 码

十进制数	8421 码	5421 码	2421 码	余 3 码
0	0000	0000	0000	0011
1	0001	0001	0001	0100
2	0010	0010	0010	0101
3	0011	0011	0011	0110
4	0100	0100	0100	0111
5	0101	1000	1011	1000
6	0110	1001	1100	1001
7	0111	1010	1101	1010
8	1000	1011	1110	1011
9	1001	1100	1111	1100
无用的位组	1010	0101	0101	0000
	1011	0110	0110	0001
	1100	0111	0111	0010
	1101	1101	1000	1101
	1110	1110	1001	1110
	1111	1111	1010	1111

1. 有权 BCD 编码

有权 BCD 编码是以代码的位权值来命名的。在表 1.2 中，8421 码、5421 码和 2421 码为有权码。在这些表示 0~9 共 10 个数字的 4 位二进制码中，每位码都有确定的位权，因此可以根据位权展开求得该二进制码所代表的十进制数。例如，对 8421 码而言，各位的权从高位到低位依次为 8, 4, 2, 1，如 $(0110)_{8421BCD}$ 所代表的十进制数为：$0\times8+1\times4+1\times2+0\times1=6$。又例如，对 5421 码而言，各位的权从高位到低位依次为 5, 4, 2, 1，所以 $(1010)_{5421BCD}$ 所代表的十进制数为：$1\times5+0\times4+1\times2+0\times1=7$。

在有权码中，8421 码是最常用的，这是由于 8421 码的每位权的规定和二进制数是相同的，因此 8421 码对十进制的 10 个计数符号的表示与普通二进制数是一样的，这样便于记忆。但是要注意，在 8421 码中不允许出现 1010~1111 这六种码。

对于 5421 和 2421 码，它们的编码形式不是唯一的，表 1.2 中仅列出了其中的一种。例如，数字 6 的 2421 编码可以是 1100 和 0110；数字 7 的 5421 编码可以是 0111 和 1010。一般采用表 1.2 中所示 5421 和 2421 的编码形式。

【例 1.12】 用 8421BCD 码表示十进制数 $(67.58)_{10}$。

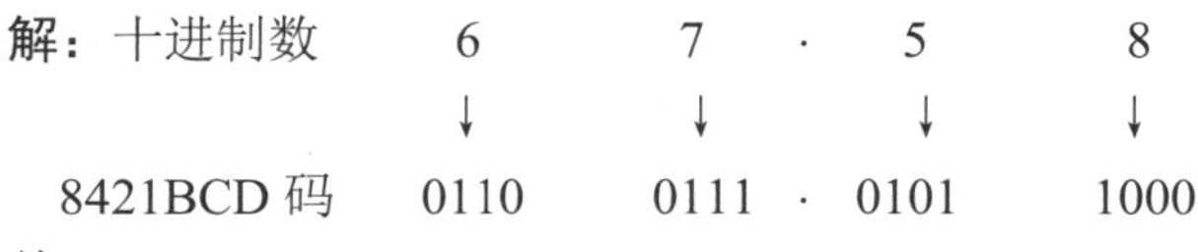

故 $(67.58)_{10}=(01100111.01011000)_{8421BCD}$。

有权的 BCD 码除了上述的 8421 码、5421 码、2421 码，还有其他多种形式，如 7421 码、5311 码等，甚至还有负权码的形式，如具有两位负权值的 84(−2)(−1)码等。这些有权 BCD 码的编码方式及等值十进制数的计算方法和以上介绍的 8421 码、2421 码的构成方法是一样的。

2. 无权 BCD 码

无权码的每位无确定的权，因此不能用按权展开的方法来求它所代表的十进制数。无权码在数字系统中不能进行数值运算。但是这些码都有其特点，在不同的场合可以根据需要选用。在表 1.2 中，余 3 BCD 码属无权码，它是在每个对应的 8421BCD 码上加$(3)_{10}=(0011)_2$而得到的。例如，十进制数 6 在 8421BCD 码中为 0110，将它加$(3)_{10}$，得到的 1001 即为十进制数 6 的余 3 码。在余 3 码的编码中，十进制数 0 和 9、1 和 8、2 和 7、3 和 6、4 和 5 对应位的码互为反码（一个是 0，另一个是 1），具有这种特性的码称为自反码。在表 1.2 中的 2421 码也是自反码，但需注意，不是所有的 2421 码都是自反码。

相对二进制、八进制、十进制、十六进制来说，BCD 码不是一种新的计数体制。事实上，它是将十进制数中的每个数字都用二进制数来进行编码。还要注意的是，BCD 码与直接的二进制数不同，一个二进制数对应的是一个十进制数的整体，而 BCD 码则是分别把每一位十进制数转换为二进制数。例如：

$$(137)_{10}=(10001001)_2$$

$$(137)_{10}=(0001\ 0011\ 0111)_{8421BCD}=(0100\ 0110\ 1010)_{余3BCD}$$

比较上面两个式子可以发现，用 BCD 码表示$(137)_{10}$需要 12 位，而用二进制数表示仅需要 8 位。正如前面指出的那样，由于 BCD 码没有使用所有可能的 4 位编码组合，因此利用率较低，当需要表示的十进制数多于 1 位时，BCD 码比直接用二进制数表示要求有更多的位数。

BCD 码的最大优点是容易实现与十进制数的相互转换，仅需记忆十进制数 0~9 所对应的 4 位二进制编码。在数字系统中，十进制数与 BCD 码的相互转换要依靠逻辑电路来实现。因此，从硬件的角度来看，容易转换是十分重要的。

1.2.2 格雷码

格雷码（Gray 码）是一种常见的无权码，表 1.3 列出了格雷码与二进制码的关系对照表。这种码的特点是：相邻两个代码之间仅有 1 位不同，其余各位均相同。具有这种特点的码称为循环码，故格雷码是一种循环码。格雷码的这个特点使它在代码形成与传输中引起的误差较小。例如，在模拟量到数字量的转换设备中，当模拟量发生微小变化而可能引起数字量发生变化时，格雷码仅改变 1 位，这样与其他码同时改变 2 位或多位的情况相比更为可靠，即减小了出错的可能性。

表 1.3 格雷码与二进制码的关系对照表

十进制数	二进制码	格雷码	十进制数	二进制码	格雷码
	$B_3B_2B_1B_0$	$R_3R_2R_1R_0$		$B_3B_2B_1B_0$	$R_3R_2R_1R_0$
0	0000	0000	8	1000	1100
1	0001	0001	9	1001	1101
2	0010	0011	10	1010	1111
3	0011	0010	11	1011	1110
4	0100	0110	12	1100	1010
5	0101	0111	13	1101	1011
6	0110	0101	14	1110	1001
7	0111	0100	15	1111	1000

假定 n+1 位二进制码为 $B_n \cdots B_1B_0$，n+1 位格雷码为 $R_n \cdots R_1R_0$，则两码之间的关系为：

$$R_n = B_n \qquad R_i = B_{i+1} \oplus B_i \qquad i \neq n$$

$$B_n = R_n \qquad B_i = B_{i+1} \oplus R_i \qquad i \neq n$$

式中，“$\oplus$”为异或运算符。异或运算的详细内容见 1.4 节。

格雷码无固定的“权”，因而在数字系统中不能直接进行计算；如需要进行计算，则需先把循环码转换成普通的二进制码，这是它的缺点。

1.2.3 奇偶校验码

信息的正确性对数字系统和计算机有极其重要的意义，但在信息的存储与传送过程中，常由于某种随机干扰而发生错误。所以希望在传送代码时能进行某种校验以判断是否发生了错误，甚至能自动纠正错误。

奇偶校验码是一种具有检错能力的代码，它是在原代码（称为信息码）的基础上增加一个码位（称为校验码、校验位或附加位），使代码中含有的 1 的个数均为奇数（称为奇校验）或偶数（称为偶校验），这样通过检查代码中含有的 1 的数目的奇偶性来判别代码的合法性。显然，信号在传送过程中如果代码有两位出错，则这种奇偶校验法是无法检测的，因为两位出错不会改变代码中含 1 码个数的奇偶性。所以，奇偶校验码仅适用于信号出错率很低，且出现成对错误的概率基本为 0 的情况。

表 1.4 给出了由 8421BCD 码变换而得到的奇偶校验码，其最高位为校验位。

表 1.4 奇偶校验码

十进制数	信息码	奇校验码	偶校验码
0	0000	10000	00000
1	0001	00001	10001
2	0010	00010	10010
3	0011	10011	00011
4	0100	00100	10100
5	0101	10101	00101
6	0110	10110	00110
7	0111	00111	10111
8	1000	01000	11000
9	1001	11001	01001

1.2.4 字符数字码

除了数字信息外，计算机还必须能处理非数字信息。即计算机应能识别表示字母、标点符号和其他特殊符号以及数字的代码。这些代码叫做字符数字码。一个完整的字符数字码应包括 26 个小写英文字母、26 个大写英文字母、10 个数字符号、7 个标点符号，以及其他 20~40 个特殊符号，如+、/、#、%、*等。也就是说，字符数字码能表示计算机键盘上所看到的各种符号和功能键。

美国信息交换的标准代码（简称 ASCII 码）是应用最为广泛的字符数字码。ASCII 码是 7 位码，因此有 2^7=128 种可能的代码组合。这足以表示标准键盘的字符、回车、换行等控制功能。表 1.5 列出了部分 ASCII 码，对于每一个符号，表中不仅给出了二进制码，而且给出了等值的八进制数和十六进制数。

表 1.5 部分 ASCII 码

符　号	7 位 ASCII	八 进 制	十六进制	符　号	7 位 ASCII	八进制	十六进制
A	100 0001	101	41	Y	101 1001	131	59
B	100 0010	102	42	Z	101 1010	132	5A
C	100 0011	103	43	0	011 0000	060	30
D	100 0100	104	44	1	011 0001	061	31
E	100 0101	105	45	2	011 0010	062	32
F	100 0110	106	46	3	011 0011	063	33
G	100 0111	107	47	4	011 0100	064	34
H	100 1000	110	48	5	011 0101	065	35
I	100 1001	111	49	6	011 0110	066	36
J	100 1010	112	4A	7	011 0111	067	37
K	100 1011	113	4B	8	011 1000	070	38
L	100 1100	114	4C	9	011 1001	071	39
M	100 1101	115	4D	空格	010 0000	040	20
N	100 1110	116	4E	.	010 1110	056	2E
O	100 1111	117	4F	(	010 1000	050	28
P	101 0000	120	50	+	010 1011	053	2B
Q	101 0001	121	51	$	010 0100	044	24
R	101 0010	122	52	*	010 1010	052	2A
S	101 0011	123	53	)	010 1001	051	29
T	101 0100	124	54	–	010 1101	055	2D
U	101 0101	125	55	/	010 1111	057	2F
V	101 0110	126	56	,	010 1100	054	2C
W	101 0111	127	57	=	011 1101	075	3D
X	101 1000	130	58	<RETURN>	000 1101	015	0D

ASCII 码是 7 位码，但在大多数计算机中 ASCII 码通常要用一个字节来存储，每个字节中多余的 1 位（最左边 1 位）可以做其他用途，这取决于实际应用。例如，将最高有效位设置为 0，可以认为是 8 位的 ASCII 码；而最高有效位设置成 1，则这 128 个 8 位码可以用来表示希腊字母或斜体字符号等。

1.3 二进制数的算术运算

当两个二进制数码表示数量大小时，它们之间可以进行数值运算，这种运算称为算术运算。数字系统一个重要的功能就是可以对用二进制表示的数进行各种算术运算。掌握二进制数的算术运算，有助于了解数字系统中运算电路的工作原理及设计过程。

1.3.1 无符号二进制数的算术运算

如果一个二进制数其所有位均表示数值的大小，这个二进制数即为无符号的二进制数。一个 n 位的无符号二进制数可以表示 2^n 个不同的数字，表示范围是从 0 到 2^n-1 的十进制数。例如，一个 8 位无符号二进制数表示的十进制数范围是从 $0(0000\ 0000)_2$ 到 $255(1111\ 1111)_2$。无符号二进制数的算术运算和十进制数的算术运算基本相同，区别在于十进制数是“逢十进一”，而二进制数是“逢二进一”。

1. 加法和减法

任意两个一位二进制数（不论在什么位置）相加，只可能出现 4 种情况，即：

$0+0=0$；$1+0=1$；$0+1=1$；$1+1=\boxed{1}0$，其中$\boxed{1}$是向高一位的进位。

同样地，两个一位二进制数相减，也是 4 种情况。即：

$0-0=0$；$1-1=0$；$1-0=1$；$0-1=\boxed{-1}1$，其中$\boxed{-1}$是向高一位的借位。

以下是两个无符号的二进制数相加、相减的例子：

```
   1011          1011
 + 0110        - 0110
 ------        ------
  10001          0101
```

在进行减法的过程中，如果被减数小于减数，就将被减数与减数的位置交换，然后在差的前面加上一个负号。

2. 乘法和除法

两个一位二进制数的乘法规则是：

$0\times0=0$，　$1\times0=0$，　$0\times1=0$，　$1\times1=1$

由于除数不能为 0，所以两个一位二进制数的除法只有 2 种情况，其规则是：

$0\div1=0$，　$1\div1=1$

以下是两个无符号的二进制数相乘、相除的例子：

```
      1101                   10.1…
   ×  0101            0101 ) 1101
   -------                   101
      1101                   ----
     0000                     011
    1101                      000
 + 0000                      ----
 ---------                     110
  1000001                      101
                              ----
                               010
```

由上面的例子可以看出，二进制数的乘法运算可以通过若干次的“被乘数（或 0）左移 1 位”和“被乘数（或 0）与部分积相加”这两种操作完成。而二进制数的除法运算能通过若干次的“除数右移 1 位”和“从被除数或余数中减去除数”这两种操作完成。如果可以设法将减法操作转化为某种形式的加法操作，那么加、减、乘、除运算就全部可以用“移位”和“相加”两种操作实现了。所以，加法是数字系统中最重要的一种运算，在绝大多数的数字系统中所进行的减法、乘法和除法运算，其实都是基于加法运算实现的。利用上述特点，可以使运算电路的结构大为简化，这也是数字电路中普遍采用二进制算术运算的重要原因之一。

1.3.2 有符号二进制数的表示

前面介绍了无符号二进制数的运算，当算术运算涉及正、负数时，就需要使用有符号的二进制数表示了。当需要区分一个数是正、负数时，通常是在这个数的前面加符号“+”表示正数，或者加符号“–”表示负数。由于数字系统只能识别 0 和 1，所以在数字系统中通常将正、负号也用 0 和 1 来表示，即将数的正、负号数值化。通常采用的方法是在二进制数的前面增加一位符号位，符号位为 0 表示这个数是正数，符号位为 1 表示这个数是负数，而除了最高位的其余位均为数值位，有符号二进制数的表示方法如图 1.1 所示，根据数值位的编码方式不同，有符号二进制数通常有原码、反码和补码三种表示形式。其中，在算术单元中反码和补码具有十分重要的地位，有符号二进制数的运算通常使用的是补码形式。下面分别介绍这三种编码形式。

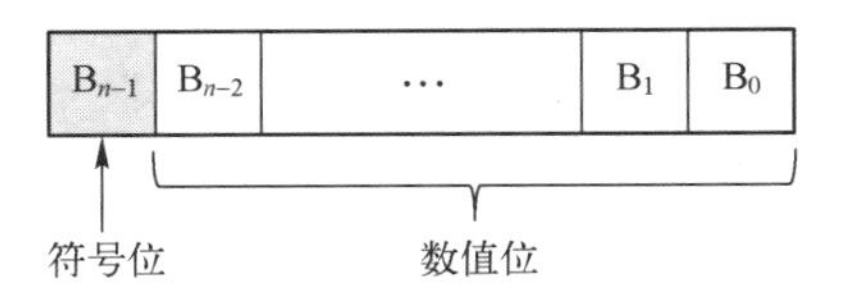

图 1.1　有符号二进制数的表示方法

1. 原码

在原码表示中，数码的最高位为符号位，即 0 表示正数，1 表示负数，而除了最高位的其余位数则用于表示这个数的绝对值。例如：

$(+117)=(+111\ 0101)_2=(0111\ 0101)_{原}$

$(-117)=(-111\ 0101)_2=(1111\ 0101)_{原}$

可见，用原码表示时，(+117)和(–117) 的数值位相同，而符号位相反。

这里，数字 0 的表示是不唯一的，即 0 有两种原码表示形式，例如，用 8 位原码表示则为：

$(+0)=(0000\ 0000)_{原}$

$(-0)=(1000\ 0000)_{原}$

由此，一个 n 位有符号二进制数原码可以表示 2^n-1 个不同的数字，所对应的十进制数表示范围是 $-(2^{n-1}-1)\sim+(2^{n-1}-1)$。例如，一个 8 位有符号二进制数原码所对应的十进制数表示范围是 $-(127)\sim+(127)$。

两个符号位相同的原码在进行加法运算时，直接将它们的值进行相加（不包括符号位），相加后结果的符号要与操作数的符号相同。例如：

$(-5)+(-6)=(10101)_{原}+(10110)_{原}=(11011)_{原}=(-11)$

两个符号位不同的原码在进行加法运算时，常需要根据这两个数绝对值的大小，先确定被减数和减数，然后再处理最终运算结果的符号位。

可见，当采用原码来表示二进制数时，虽然编码简单直观，转换为十进制数时也很方便，但是在进行运算时，符号位常常需要单独处理，硬件单元并不能直接完成带符号二进制数的加减运算，这个过程较为繁琐。为了简化运算器的结构，常把减法运算转换为加法运算，所以引入了反码和补码的形式。

2. 反码

反码也称为“1 的补码”(1's Complement)。二进制数的反码是这样定义的：最高位为符号位，正数的符号位为 0，负数的符号位为 1；除了最高位的其余位数则用于表示这个数的数值，正数反码的数值位和它的原码数值位相同，负数反码的数值位是通过将其原码的数值位逐位取反（即将 1 翻转成 0，将 0 翻转成 1）而得到的。例如：

$(+117)=(+111\ 0101)_2=(0111\ 0101)_{\text{反}}$

$(-117)=(-111\ 0101)_2=(1000\ 1010)_{\text{反}}$

可见，一个正数的反码和其原码是相同的。

这里，数字 0 的表示也是不唯一的，即 0 有两种反码表示形式，例如，用 8 位反码表示为：

$(+0)=(0000\ 0000)_{\text{反}}$　　$(-0)=(1111\ 1111)_{\text{反}}$

由此，一个 n 位有符号二进制数反码和原码的表示范围是一样的，即均为 $-(2^{n-1}-1)\sim+(2^{n-1}-1)$，可以表示 2^n-1 个不同的数字。例如，一个 8 位有符号二进制数反码所对应的十进制数表示范围也是 $-(127)\sim+(127)$。

在反码的表示中，每一个正数都有一个相应的负数与之对应，包括 0 在内。这些数被称为自身互补，一个数的补数可以通过对各位取反而得到。反码形式容易实现减法运算，但是需要注意到 0 的两种不同表示形式。因此，大多数数字系统采用补码形式，在这种方案中的每一个数字，包括 0，都有唯一的表示形式。

3. 补码

补码也称为“2 的补码”(2's Complement)。二进制数的补码是这样定义的：最高位为符号位，正数的符号位为 0，负数的符号位为 1；除了最高位的其余位数则用于表示这个数的数值，正数补码的数值位和它的原码数值位相同，负数补码的数值位可通过将原码的数值位逐位取反，然后在最低位上加 1 得到，即负数的补码为其反码加 1。例如：

$(+117)=(+111\ 0101)_2=(0111\ 0101)_{\text{原}}=(0111\ 0101)_{\text{反}}=(0111\ 0101)_{\text{补}}$

$(-117)=(-111\ 0101)_2=(1111\ 0101)_{\text{原}}=(1000\ 1010)_{\text{反}}=(1000\ 1011)_{\text{补}}$

可见，一个正数的补码和其原码及反码均是相同的。

补码解决了原码和反码中数字 0 编码不唯一的问题，0 在补码系统中的表示是唯一的，如果用 8 位补码表示则为：

$(+0)=(-0)=(0000\ 0000)_{\text{补}}$

而$(1000\ 0000)_{\text{补}}$用来表示数(-128)。由此，一个 n 位有符号二进制数的补码可以表示 2^n 个不同的数字，表示范围是 $-(2^{n-1})\sim+(2^{n-1}-1)$。例如：一个 8 位有符号二进制数补码所对应的十进制数表示范围是 $-(128)\sim+(127)$。

用补码形式表示的有符号数的算术运算，减法可以通过数码的按位取反和加法运算实现；乘法可以通过数码移位及多次重复加法运算实现；除法可以通过数码移位及多次重复减法运算实现。这样，加、减、乘、除的算术运算都可以通过能进行加法和按位取反的硬件单元来完成，从而节省了硬件资源。

1.3.3　二进制补码的加法运算

这里介绍用补码表示的负数在数字设备中是如何进行加法运算的，在考虑各种不同情况时，要特别注意每个数的符号位同数值位一样要参加运算。

（1）两个正数相加

两个正数的加法直接进行。例如，+9 和+4 相加：

```
+9 ──→ 0 1001（被加数）
+4 ──→ 0 0100（加数）
       ──────
       0 1101（和为 +13）
       ↑
       └──符号位
```

注意，其中被加数和加数的符号位都为 0，和数的符号位也是 0，说明和为正数。另外，被加数和加数的位数要一致。这在补码系统中是必需的。

（2）正数与一个比它小的负数相加

例如，+9 和−4 相加。记住：−4 要用补码形式表示，所以+4（00100）必须转换成−4（11100）。

```
              ┌─符号位
+9 ──→ ┆ 0 ┆ 1001（被加数）
−4 ──→ ┆ 1 ┆ 1100（加数）
───────────────────
     ⊀ ┆ 0 ┆ 0101
     └──这个进位忽略，结果为 00101(和为 +5)
```

在这种情况下，加数的符号位是 1。注意符号位也参加了加法运算的过程。事实上，在加法的最高位产生了一个进位。这个进位是要被忽略的，所以最后的和为 00101，等于+5。

（3）正数与比它大的负数相加

例如，−9 和+4 相加：

```
−9 ──→ ┆ 1 ┆ 0111
+4 ──→ ┆ 0 ┆ 0100
───────────────────
       ┆ 1 ┆ 1011（和为 −5)
         └──负的符号位
```

这里和的符号位是 1，所以是个负数，即 11011 表示−5。

（4）两个负数相加

例如，−9 和−4 相加：

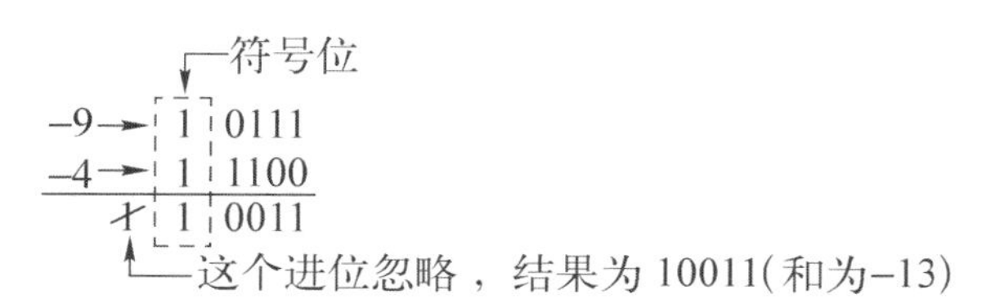

这个最后的结果也是负数，并且也是符号位为 1 的补码形式。

进行二进制数补码运算时，必须注意以下几点。

（1）参与运算的二进制数是补码，则运算结果仍是补码。

（2）符号位与数值位一起参与运算，结果的符号位由运算结果确定。

（3）被加数与加数的补码采用相同的位数，如果运算结果的位数超过了原有位数，产生了进位，则丢弃进位才能得到正确结果。

（4）如果两个符号位相同的数相加后，和的符号位与它们的符号位不同，则说明运算结果产生溢出了。两个符号位不同的数相加不会产生溢出，只有两个符号位相同的数相加才有可能产生溢出。

1.4 逻辑代数中的逻辑运算

数字计算机可以进行各种数值运算（如加、减、乘、除等），还可以下棋、翻译、看病等。所有这些功能都说明计算机可以代替人的一部分思维能力。计算机具有这种思维能力的关键在于它具有逻辑判断能力。所谓“逻辑”，简单地说，就是研究前提（或条件）和结论之间的关系，或者说是因果的规律性。所谓“判断”，就是肯定地或否定地回答一个事物是否具有某种属性。计算机所以具有思维能力，就是因为它在一定的条件下，能体现出一种因果判断关系。

任何矛盾的现象，不管多么复杂，总可以分解成一系列互相对立的简单矛盾。人们判断事物，一般是从简单的判据入手，逐步推理而深入。简单的判据总是二值的，即不是“是”就是“非”，不存在似是而非的情况。这种二值的简单判据称为逻辑命题（在逻辑代数中称为逻辑变量），可以用字母 A，B，C，…表示，并规定用符号 0 和 1 分别表示逻辑命题的两种相反的结果，若“1”表示“肯定”，则“0”就表示“否定”。当然，也可以相反，即“1”表示“错误”，则“0”就表示“正确”。显然，这里的 0 和 1 已经不是数的概念了。

电路上的因果判断关系，体现在数字电路的输入与输出信号之间具有一定的逻辑关系。若把输入信号表示为前提条件，则输出信号就表示所得的结论。我们把这种能根据一定的逻辑关系做出因果判断的数字电路称为“逻辑电路”。逻辑电路的输入和输出通常用电平的高低或脉冲的有无来表示，它们也都具有二值性。若用符号 1 表示有脉冲或高电平，则 0 就表示无脉冲或低电平。

为了便于分析和设计逻辑电路，通常用逻辑函数来表示逻辑电路输入与输出信号之间的逻辑关系，逻辑函数的自变量也称为输入变量，因变量也称为输出变量。这样，逻辑电路输入与输出信号之间的逻辑关系，通过逻辑函数的自变量和因变量之间的关系得以描述。逻辑电路和逻辑函数是相互对应的。逻辑电路可以用逻辑函数来描述，而逻辑函数也可以用逻辑电路来实现。这样，通过对逻辑函数的分析运算，就可以达到分析和设计逻辑电路的目的。

研究逻辑电路的工具是逻辑代数。它的基本概念是由英国数学家乔治 • 布尔（George Boole）在 1847 年提出的，故也称为布尔代数。布尔代数是一种较为简单的数学工具，利用布尔代数可以把逻辑电路的输入和输出之间的关系用代数方程（布尔表达式）来描述。

逻辑代数和普通代数也有相同的地方，例如，也用字母 A, B, C, …以及 x, y 等表示变量，但变量的含义及取值范围是不同的。逻辑代数中的变量不表示数值，只表示两种对立的状态，如脉冲的有无，开关的接通和断开，命题的正确和错误等，因此，这些变量的取值只能是 0 或 1，这种变量称为逻辑变量。此外，逻辑代数中对变量的运算和普通代数也有不同的地方。在逻辑代数中只有三种基本的逻辑运算，即“与”“或”“非”，以及在基本逻辑运算基础上构成的复合逻辑运算，下面分别予以介绍。

1.4.1 基本逻辑运算

1. “与”逻辑运算

在日常生活中应用“与”逻辑关系的例子很多。例如，一个门上锁着一把明锁和一把暗锁，人们判断“门开”这件事是否成立，就要看前提条件——两把钥匙是否具备。显然，只有同时具备两把钥匙，门才能打开；缺少一把钥匙，门也打不开。这里两把钥匙“具备、不具备”和门“开、不开”之间的因果关系，即为“与”逻辑关系。

“与”逻辑电路如图 1.2 所示，开关 A、B 相串联控制灯 F。显然，只有当开关 A 和 B 均合上时，灯 F 才亮；两个开关中只要有一个断开，灯 F 就不亮。这里开关 A、B 的“闭合、断开”和灯 F“亮、不亮”之间的因果关系也是“与”逻辑关系。“与”的含义在此例中就是开关 A、B“闭合”这两个条件同时具备的意思。

通过以上举例分析，可以用文字来叙述“与”逻辑的一般定义，即：只有决定一件事的条件都具备时，这件事才成立；如果有一个（或者一个以上）条件不具备，则这件事不成立。这样的因果关系称为“与”逻辑关系。

“与”逻辑运算也叫逻辑乘。两个变量 A、B 的逻辑乘用代数表达式可表示为：

$$F = A \cdot B \tag{1.6}$$

式（1.6）称为“与”逻辑函数表达式（简称逻辑函数式，或称逻辑式、函数式）。式中“A·B”读为“A 与 B”或“A 乘 B”。“·”表示“与”运算符号（有些文献中用符号“∧”或“∩”表示），它仅表示“与”的逻辑功能，无数量相乘之意，书写时可把“·”省掉。

图 1.2 中，每个开关的状态只有两种：闭合或断开。灯的状态也有两种：亮或灭。表 1.6 列出了“与”逻辑电路状态表，两个开关所有可能的组合状态和灯的状态之间的因果关系如表 1.6 所示。若定义开关合上为 1，开关断开为 0，灯亮为 1，灯灭为 0，则可将表 1.6 转换成表 1.7 的形式。表 1.7 为“与”逻辑的真值表。真值表是用表格形式全面、直观地描述所有输入变量（前提条件）取值的各种可能组合和对应的输出变量（结果）值之间的逻辑关系的重要工具。

对 n 个输入变量的情况，其取值的各种可能组合数为 2^n，体现在真值表上则有 2^n 行，每行可按二进制数的正常顺序排列。

由表 1.7 的真值表可知“与”逻辑运算的规则为：

$$0\cdot 0=0 \qquad 0\cdot 1=0 \qquad 1\cdot 0=0 \qquad 1\cdot 1=1 \tag{1.7}$$

式（1.7）这组逻辑乘的运算规则是从逻辑推理而来的，故称为公理，它是逻辑代数的基础。

在数字电路中，实现“与”逻辑关系的逻辑电路称为“与”门。“与”门有多个输入端，一个输出端，其逻辑符号如图 1.3 所示。

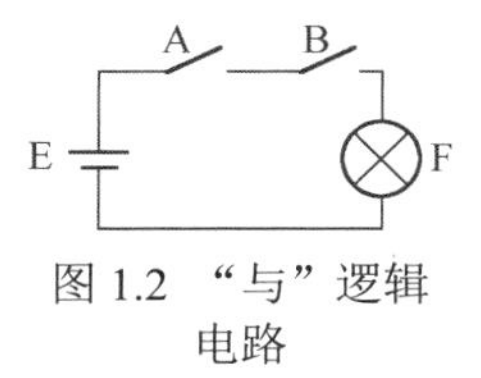

图 1.2 “与”逻辑电路

表 1.6 “与”逻辑电路状态表

开关 A 状态	开关 B 状态	灯 F 状态
断	断	灭
断	合	灭
合	断	灭
合	合	亮

表 1.7 “与”逻辑的真值表

A	B	F=AB
0	0	0
0	1	0
1	0	0
1	1	1

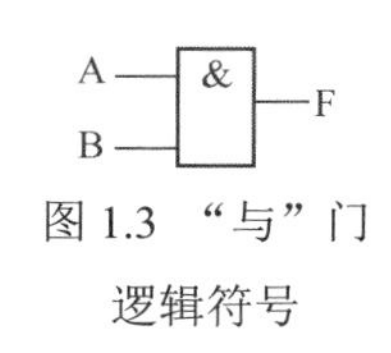

图 1.3 “与”门逻辑符号

“与”门的逻辑功能可以概括为“全 1 出 1，有 0 出 0”。即：只有全部输入均为 1 时，输出才为 1；输入有 0 时，输出为 0。

2. “或”逻辑运算

“或”逻辑关系在日常生活中应用的例子很多。例如，一个门上串起来锁两把锁。人们判断“门开”这件事是否成立，就要看前提条件——两把锁的钥匙是否具备。显然，只要一把锁的钥匙具备，门即可打开；只有两把锁的钥匙都不具备时，门才打不开。这里两把钥匙“具备、不具备”和门“开、不开”之间的因果关系即为“或”逻辑关系。

“或”逻辑电路如图 1.4 所示，开关 A、B 并联控制灯 F。显然，只要有一个开关合上，灯 F 就亮；只有两个开关都断开时，灯 F 才不亮。这里开关 A、B 的“闭合、断开”和灯 F“亮、不亮”之间的因果关系也是“或”逻辑关系。

通过以上举例分析，可以用文字来叙述“或”逻辑的一般定义，即：在决定一件事的各种条件中，只要有一个（或者一个以上）条件具备时，这件事就成立；只有所有的条件都不具备时，这件事才不成立。这样的因果关系称为“或”逻辑关系。

“或”逻辑运算也叫逻辑加。两个变量 A、B 的逻辑加的代数表达式为：

$$F=A+B \tag{1.8}$$

式（1.8）中，“A+B”读为“A 或 B”或“A 加 B”。“+”表示“或”运算符号（有些文献中用符号“∨”或“∪”表示），它仅表示“或”的逻辑功能，无数量累加之意。

图 1.4 中两个开关所有可能的组合状态和灯的状态之间的因果关系，即“或”逻辑电路状态表如表 1.8 所示。“或”逻辑的真值表如表 1.9 所示。

由表 1.9 的真值表可知，“或”逻辑运算的规则为：

$$0+0=0 \quad 0+1=1 \quad 1+0=1 \quad 1+1=1 \tag{1.9}$$

式（1.9）这组逻辑加的运算规则，是又一组公理，也是逻辑代数的基础。需要特别注意，这里 1+1=1，表示逻辑加，不是数量的加。从逻辑判断来看，说明对“或”逻辑，具备多个前提条件与具备一个前提条件，所得结论是一样的。

在数字电路中，实现“或”逻辑关系的逻辑电路称为“或”门。“或”门有多个输入端，一个输出端，其逻辑符号如图 1.5 所示。

“或”门的逻辑功能可以概括为“有 1 出 1，全 0 出 0”。

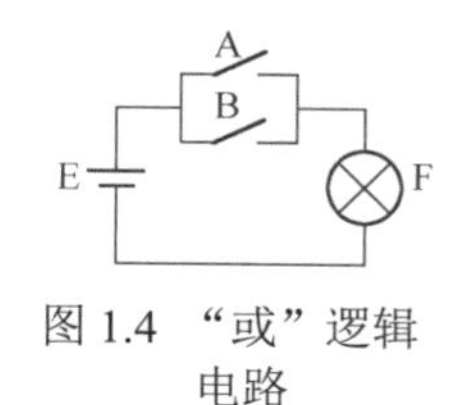

图 1.4 “或”逻辑电路

表 1.8 “或”逻辑电路状态表

开关 A 状态	开关 B 状态	灯 F 状态
断	断	灭
断	合	亮
合	断	亮
合	合	亮

表 1.9 “或”逻辑的真值表

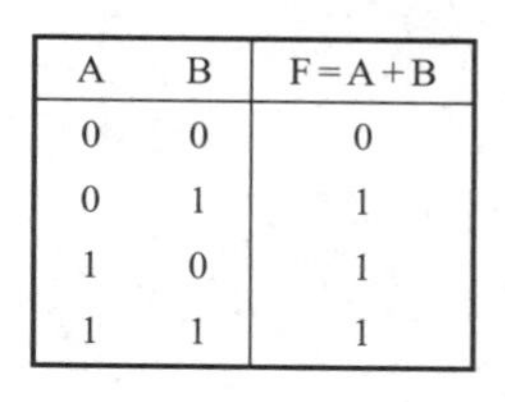

A	B	F=A+B
0	0	0
0	1	1
1	0	1
1	1	1

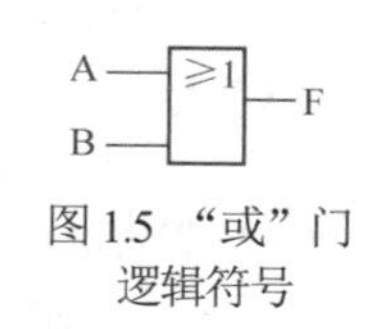

图 1.5 “或”门逻辑符号

3.“非”逻辑运算

“非”逻辑电路如图 1.6 所示。当开关 A 合上时，灯 F 不亮；而当开关 A 断开时，则灯 F 亮。这里开关 A 的“闭合、断开”与灯 F 的“亮、不亮”之间的因果关系，即为“非”逻辑关系。

用文字叙述“非”逻辑的一般定义，即假定事件 F 成立与否同条件 A 的具备与否有关。若 A 具备，则 F 不成立；若 A 不具备，则 F 成立。F 和 A 之间的这种因果关系称为“非”逻辑关系。

“非”逻辑运算也叫逻辑否定。用代数表达式可表示为：

$$F=\overline{A} \tag{1.10}$$

式（1.10）中 $\overline{A}$ 读为“A 非”，变量 A 上面的短横线表示“非”运算符号。A 叫做原变量，$\overline{A}$ 叫做反变量，$\overline{A}$ 和 A 是一个变量的两种形式。

“非”逻辑的真值表如表 1.10 所示。由表 1.10 可知，“非”逻辑运算的规则为：

$$\overline{0}=1 \qquad \overline{1}=0 \tag{1.11}$$

在数字电路中，实现“非”逻辑关系的逻辑电路称为“非”门（又称反相器）。“非”门只有一个输入端，一个输出端，其逻辑符号如图 1.7 所示。

以上介绍的逻辑代数中的三个基本逻辑运算，即“与”、“或”、“非”，也是人们在进行逻辑推理时常用的三种基本逻辑关系。和这三种基本逻辑关系相对应的门电路，也是数字电路中最基本的逻辑电路。和这三种门电路相对应的代数表达式，也是逻辑代数中最简单的逻辑函数式。

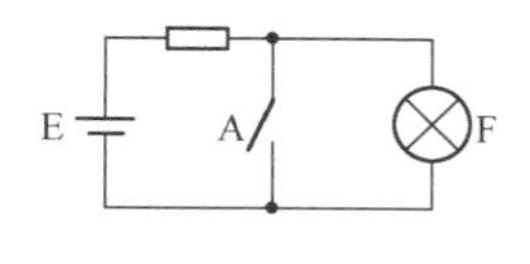

图 1.6 “非”逻辑电路

表 1.10 “非”逻辑的真值表

A	$F=\overline{A}$
0	1
1	0

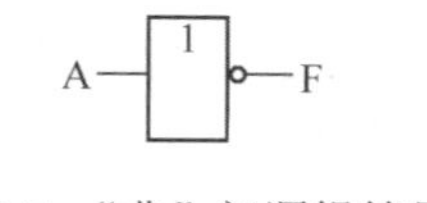

图 1.7 “非”门逻辑符号

1.4.2 复合逻辑运算

在实际使用中，并不只是采用“与”门、“或”门、“非”门这三种基本单元电路，而是更广泛地采用“与非”门、“或非”门、“与或非”门、“异或”门及“同或”门等多种复合门电路，它们的逻辑关系可以由“与”、“或”、“非”三种基本逻辑关系推导出，故称为复合逻辑运算。下面分别予以介绍。

1. “与非”逻辑

“与非”逻辑是由“与”逻辑和“非”逻辑组合而成的。其逻辑函数式为：

$$F=\overline{AB}\quad（假定是两个输入变量）$$

“与非”逻辑的真值表如表 1.11 所示，其逻辑功能可概括为“有 0 出 1，全 1 出 0”。

实现“与非”逻辑的逻辑电路称为“与非”门，其逻辑符号如图 1.8 所示。和“与”门逻辑符号相比，“与非”门输出端上多了一个小圆圈，其含义就是“非”。

2. “或非”逻辑

“或非”逻辑是由“或”逻辑和“非”逻辑组合而成的。其逻辑函数式为：

$$F=\overline{A+B}\quad（假定是两个输入变量）$$

“或非”逻辑的真值表如表 1.12 所示，其逻辑功能可概括为“全 0 出 1，有 1 出 0”。

实现“或非”逻辑的逻辑电路称为“或非”门，其逻辑符号如图 1.9 所示。

表 1.11 “与非”逻辑的真值表

A	B	$F=\overline{AB}$
0	0	1
0	1	1
1	0	1
1	1	0

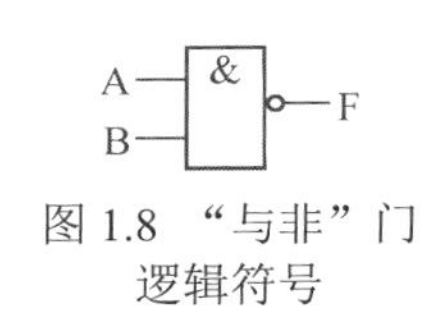

图 1.8 “与非”门逻辑符号

表 1.12 “或非”逻辑的真值表

A	B	$F=\overline{A+B}$
0	0	1
0	1	0
1	0	0
1	1	0

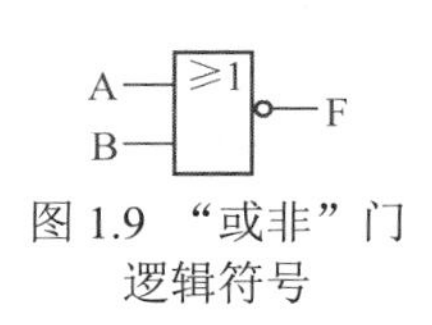

图 1.9 “或非”门逻辑符号

3. “与或非”逻辑

“与或非”逻辑是“与”“或”“非”三种逻辑的组合。其逻辑函数式为：

$$F=\overline{AB+CD}\quad（假定有两组“与”输入）$$

“与或非”逻辑的运算次序是：组内先“与”，然后组间相“或”，最后再“非”。其逻辑功能可概括为：“每组有 0 出 1，某组全 1 出 0”。由此不难导出其真值表。

实现“与或非”逻辑的逻辑电路称为“与或非”门，其逻辑符号如图 1.10 所示。

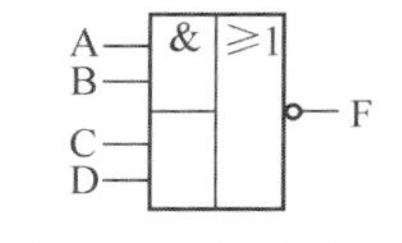

图 1.10 “与或非”门逻辑符号

4. “异或”逻辑

两个变量的异或逻辑函数式为：

$$F=A\overline{B}+\overline{A}B=(\overline{A}+\overline{B})(A+B)=A\oplus B$$

式中，“$\oplus$”表示异或运算符号。

“异或”逻辑的真值表如表 1.13 所示。其逻辑功能可概括为“相异出 1，相同出 0”，这也是“异或”的含义所在。

实现“异或”逻辑的逻辑电路称为异或门，其逻辑符号如图 1.11（a）所示。

5. “同或”逻辑

两个变量的“同或”逻辑函数式为：

$$F=\overline{A}\overline{B}+AB=(A+\overline{B})(\overline{A}+B)=A\odot B$$

式中，“$\odot$”表示“同或”运算符号，实现“同或”逻辑的逻辑电路称为同或门，其逻辑符号如图 1.11（b）所示。

“同或”逻辑的真值表如表 1.14 所示。其逻辑功能可概括为“相同出 1，相异出 0”，故又称为“一致”逻辑或“符合”逻辑。

表 1.13 “异或”逻辑的真值表

A	B	F=A⊕B
0	0	0
0	1	1
1	0	1
1	1	0

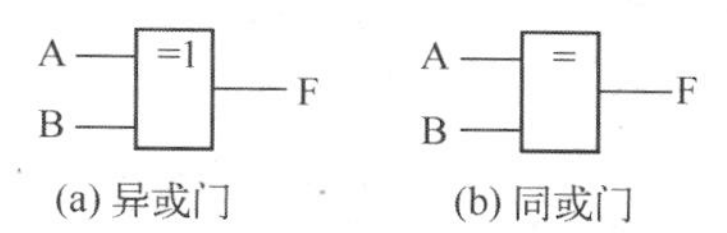

图 1.11 “异或”门和“同或”门逻辑符号

表 1.14 “同或”逻辑的真值表

A	B	F=A⊙B
0	0	1
0	1	0
1	0	0
1	1	1

从“异或”逻辑和“同或”逻辑的真值表可以看出，两者互为反函数，即

$$A \oplus B = \overline{A \odot B} \qquad A \odot B = \overline{A \oplus B}$$

在上述的逻辑运算中，运算符的优先级是：① 圆括号，② 非，③ 与，④ 或。换句话说，圆括号内的表达式必须在所有其他的运算前先运算，下一个优先的运算是取反，然后是与，最后是或。

为便于查阅，将门电路的几种表示法列于表 1.15 中。该表中，原部标为过去我国使用的门电路符号标准，这些符号在当前出版的许多书籍中还能见到。国外流行的门电路符号常见于外文书籍中，在我国引进的一些计算机辅助电路分析和设计软件中，常使用这些符号。

表 1.15 门电路的几种表示法

输出 / 输入 A B		与 (AND) $Y=A\cdot B$	或 (OR) $Y=A+B$	与非 (NAND) $Y=\overline{AB}$	或非 (NOR) $Y=\overline{A+B}$	异或 (XOR) $Y=A\oplus B$	同或 (XNOR) $Y=A\odot B$	非 (NOT) $Y=\overline{A}$
0 0		0	0	1	1	0	1	1
0 1		0	1	1	0	1	0	1
1 0		0	1	1	0	1	0	0
1 1		1	1	0	0	0	1	0
门电路符号	国际	&	≥1	&	≥1	=1	=	1
	原部标		+		+	⊕	⊙	
	国外流行							

注：表中的国标门电路符号引用 ANSI/IEEE Std.91—1984；国外流行门电路符号引用补充 ANSI/IEEE Std.91a—1991

1.4.3 正逻辑与负逻辑

除了过渡期间外，为了能演示二值逻辑的各种运算（功能），各种逻辑门的输入及输出变量（信号）也必然是二值的。也就是说，它们不是用电压 V 的高低来表示，就是用电流 I 的大小来说明。实际上，用电压表征逻辑变量的居多数，通常用较高电平 V_H 代表逻辑 1，较低电平 V_L 代表逻辑 0，这和人们的习惯比较符合，便于测试和观察。至于高、低电平是正是负，具体为何值，这要看所使用的集成电路品种和所加电源电压而定。

通常，将上述高电平 V_H（简写 H）代表逻辑 1，低电平 V_L（简写 L）代表逻辑 0 的约定，简称正逻辑。前面所介绍的与、或、与非及或非等基本门电路的命名，都是在正逻辑约定下的结果。

也可以用相反的约定，即电路的高电平 H 代表逻辑 0，低电平 L 代表逻辑 1，称为负逻辑约定，简称负逻辑。

现在以一个具体的门电路为例，分析它在不同逻辑约定下的命名有什么不同。正、负逻辑转换举例如表 1.16 所示，其中（a）是用输入、输出电平列出的真值表；而（b）则是用正逻辑表示的真值表，显然它应叫做与非门；（c）是用负逻辑表示的真值表，很明显它变成了或非门。

表 1.16　正、负逻辑转换举例

（a）电平真值表		
V_{i1}	V_{i2}	V_o
L	L	H
L	H	H
H	L	H
H	H	L
（b）正逻辑与非门		
A	**B**	**Y**
0	0	1
0	1	1
1	0	1
1	1	0
（c）负逻辑或非门		
A	**B**	**Y**
1	1	0
1	0	0
0	1	0
0	0	1

由此可见，正、负逻辑是可以相互转换的。从正逻辑转换到负逻辑就是在一个门的输入和输出端将逻辑 1 变为逻辑 0，将逻辑 0 变为逻辑 1，反之亦然。由于这种运算产生了函数的对偶式，因此，所有终端的极性变化就导致了函数对偶式的采用。这种转换的结果使所有的与运算变为或运算，或运算变为与运算。即正逻辑的与、或、与非及或非门，在负逻辑约定的场合，便可分别用做或、与、或非及与非门，反之亦然。同样，正逻辑的异或门和同或门，分别可转换成负逻辑的同或门和异或门，反之亦然。

在实际的逻辑电路及系统中，如不附加说明，通常都采用正逻辑约定；但也有许多数字设备，其中正、负逻辑往往是混用的，因为这样往往有利于设计的优化和性能的改进。为此，在国际符号中，在需要强调逻辑低电平有效的场合，在逻辑单元框有关的输入、输出处，可标注空心箭头记号，外部逻辑的状态及电平记号如图 1.12 所示。图中上一排，是标在输入端的记号，下一排是标在输出端的记号。其中图 1.12（a）的小圆圈记号，表示外部的逻辑 0 相当于单元框内部的逻辑 1，这在前面已经介绍过了；图 1.12（b）用空心箭头记号标注，强调外部的逻辑低电平，相应于内部的逻辑 1；图 1.12（c）为这两种记号分别在输入端或输出端时非门的四种表示法，其中上图都表示 $Y=\overline{A}$，下图都表示 $\overline{Y}=A$，小圆圈记号说明输入、输出的逻辑状态相反，空心箭头记号说明输入、输出逻辑电平不同。小圆圈在输入端，强调的是输入逻辑 0，经反相成逻辑 1，作为输出信号；反之，若小圆圈在输出端，则强调的是输入逻辑 1，经反相成逻辑 0，作为输出信号。同理，空心箭头记号在输入端，强调的是输入低电平为有效电平，经反相成高电平，作为输出的有效电平；反之，若空心箭头记号在输出端，则强调的是输入高电平为有效电平，经反相成低电平，作为输出的有效电平。这样的标注方法，在设计或检测逻辑系统时，会带来方便。

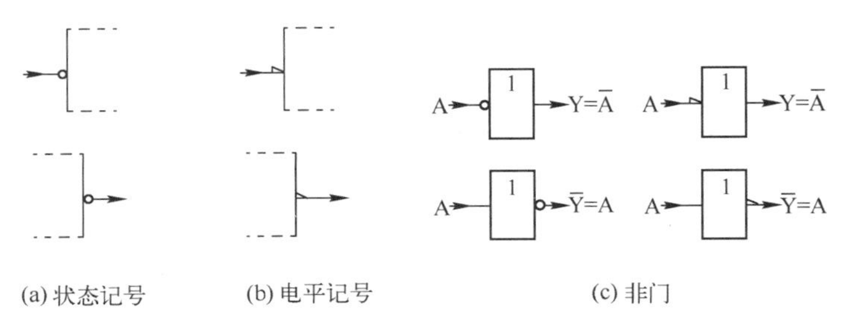

(a) 状态记号　　(b) 电平记号　　(c) 非门

图 1.12　外部逻辑的状态及电平记号

从以上叙述还可以看出，在讨论逻辑单元框内的功能时，只有逻辑状态的概念，而且总是采用正逻辑约定；只有在涉及单元框之外的输入、输出线上的逻辑信号时，才会有逻辑状态和逻辑电平两种标注法，也才有采用负逻辑概念的可能性。

1.5　逻辑代数的基本定律和规则

和普通代数相似，逻辑代数中的运算也有一些定律和规则可依。本节介绍逻辑代数的基本定律和几条常用的规则，熟悉这些内容，对数字电路的分析和设计是非常有用的。

1. 逻辑函数的相等

逻辑函数和普通代数一样，也有相等的问题。判断两个函数相等，可依照下面的规则：设有两个函数 $F_1=f_1(A_1, A_2, \cdots, A_n)$和 $F_2=f_2(A_1, A_2, \cdots, A_n)$，如果对于 $A_1, A_2, \cdots, A_n$ 的任何一组取值（共 2^n 组），F_1 和 F_2 的值均相等，则称函数 F_1 和 F_2 相等，记为 $F_1=F_2$。换言之，如果 F_1 和 F_2 两函数的真值表相同，则 $F_1=F_2$。反之，如果 $F_1=F_2$，那么这两个函数的真值表一定相同。

【例 1.13】 设有两个函数：$F_1=A+BC$，$F_2=(A+B)(A+C)$。求证：$F_1=F_2$。

解：这两个函数都有三个输入变量，有 $2^3=8$ 组逻辑取值，F_1 和 F_2 的真值表如表 1.17 所示。由表可见，对应于 A, B, C 的每组取值，F_1 和 F_2 的值均相等，所以 $F_1=F_2$。

表 1.17　F_1 和 F_2 的真值表

A	B	C	F_1	F_2
0	0	0	0	0
0	0	1	0	0
0	1	0	0	0
0	1	1	1	1
1	0	0	1	1
1	0	1	1	1
1	1	0	1	1
1	1	1	1	1

2. 基本定律

①0-1 律　$A\cdot 0=0$；　$A+1=1$

②自等律　$A\cdot 1=A$；　$A+0=A$

③重叠律　$A\cdot A=A$；　$A+A=A$

④互补律　$A\cdot \overline{A}=0$；　$A+\overline{A}=1$

⑤交换律　$A\cdot B=B\cdot A$；　$A+B=B+A$

⑥结合律　$A(BC)=(AB)C$；　$A+(B+C)=(A+B)+C$

⑦分配律　$A(B+C)=AB+AC$；　$A+BC=(A+B)(A+C)$

⑧反演律　$\overline{A+B}=\overline{A}\cdot\overline{B}$；　$\overline{AB}=\overline{A}+\overline{B}$

⑨还原律　$\overline{\overline{A}}=A$

其中，反演律也叫德·摩根（De.Morgan）定理，是一个非常有用的定律。

以上逻辑代数的基本定律的正确性，可像例 1.13 那样用真值表加以验证。以基本定律为基础，可以推导出逻辑代数的其他公式，这将在后面介绍。

3. 逻辑代数的三条规则

逻辑代数有三条重要规则，即代入规则、反演规则和对偶规则，现分别叙述如下。

（1）代入规则

任何一个含有变量 X 的逻辑等式中，若用逻辑函数式 F 替代等式两边的变量 X，则新的逻辑等式仍然成立。这个规则称为代入规则。

由于任何一个逻辑函数和任何一个逻辑变量一样，只有 0 和 1 两种取值，显然，以上规则是成立的。

利用代入规则，可以将上述基本定律中的变量用任意的逻辑表达式来代替，从而扩大基本定律的应用范围。

【例 1.14】 试用代入规则证明下式成立：$\overline{A+B+C}=\overline{A}\cdot\overline{B}\cdot\overline{C}$。

解：由德·摩根定理可知等式 $\overline{A+B}=\overline{A}\cdot\overline{B}$，应用代入规则，用 F=B+C 替代等式 $\overline{A+B}=\overline{A}\cdot\overline{B}$ 中所有 B 的位置，则有

$$\overline{A+(B+C)}=\overline{A}\cdot\overline{B+C}$$

即

$$\overline{A+B+C}=\overline{A}\cdot\overline{B}\cdot\overline{C}$$

可见，应用代入规则可以将两变量的德·摩根定理推广为三变量。同理，可以证明 n 变量的德·摩根定理的成立，即：$\overline{A_1+A_2+\cdots+A_n}=\overline{A}_1\cdot\overline{A}_2\cdot\cdots\cdot\overline{A}_n$。

在使用代入规则时，一定要把所有出现某变量 X 的位置都用同一逻辑函数式替代，否则是不正确的。

（2）反演规则

假设逻辑函数式 $F = f(A_1, A_2, \cdots, A_n)$，则 $\overline{F} = \overline{f(A_1, A_2, \cdots, A_n)}$，称 F 是原函数，$\overline{F}$ 为反函数。若 F 是一个逻辑变量，则称 F 是原变量，$\overline{F}$ 为反变量。由原函数求它的反函数的过程叫做反演或求反。以下的反演规则给出了进行这种运算的一种方法。

设 F 为任意的逻辑表达式，若将 F 中所有的运算符、常量及变量做如下变换

· + 0 1 原变量 反变量

↓ ↓ ↓ ↓ ↓ ↓

\+ · 1 0 反变量 原变量

则所得的新的逻辑表达式，即为 F 的反函数，记为 $\overline{F}$。这个规则称为反演规则。

反演规则（又称香农定理）实际上是前述反演律的推广，这里就不严格证明了。反演规则为直接求取 $\overline{F}$ 提供了方便。

【例 1.15】 已知 $F = A\overline{B} + \overline{A}B$，求 $\overline{F}$。

解： 利用反演规则可得：$\overline{F} = (\overline{A} + B)(A + \overline{B})$。

应用反演规则时，必须注意保持函数的变量间运算次序不要改变。在例 1.15 中 F 的“与”项变成 $\overline{F}$ 的“或”项时，一定要加括号。如果写成 $\overline{F} = \overline{A} + B \cdot A + \overline{B}$，则是错误的。

【例 1.16】 已知 $F = A + \overline{B + \overline{C} + \overline{D + \overline{E}}}$，求 $\overline{F}$。

解： 直接应用反演规则可得：$\overline{F} = \overline{A} \cdot \overline{\overline{B} \cdot C \cdot \overline{\overline{D} \cdot E}}$。

此例是有多层“非”号的情况。在直接运用反演规则求 $\overline{F}$ 时，注意对不属于单个变量的“非”号保留不变。

（3）对偶规则

若有两个逻辑表达式 F 和 G 相等，则它们的对偶式 F' 和 G' 也相等，这就是对偶规则。

所谓“对偶式”是这样定义的：设 F 为任意的逻辑表达式，若将 F 中所有的运算符号和常量做如下变换：

· + 0 1

↓ ↓ ↓ ↓

\+ · 1 0

但变量不变，则所得的新的逻辑表达式，即为 F 的对偶式，记为 F'。

例如，若 $F = A\overline{B} + C\overline{D}$，则 $F' = (A + \overline{B})(C + \overline{D})$；若 $F = A + \overline{B + \overline{C} + \overline{D + \overline{E}}}$，则 $F' = A \cdot \overline{B \cdot \overline{C} \cdot \overline{D \cdot \overline{E}}}$。

实际上对偶是相互的，即 F 和 F' 互为对偶式。

求对偶式时需要注意：

① 保持原函数变量间运算次序；

② 单变量的对偶式，仍为其自身，如 $F = A$，$F' = A$；

③ 一般情况下，$F' \neq \overline{F}$；在某些特殊情况下，才有 $F' = \overline{F}$。例如，异或表达式 $F = A\overline{B} + \overline{A}B$，$F' = (A + \overline{B})(\overline{A} + B)$，而 $\overline{F} = (\overline{A} + B)(A + \overline{B})$，故 $F' = \overline{F}$。

对偶规则实际上是反演规则和代入规则的应用。因为 F=G，所以 $\overline{F} = \overline{G}$。而 $\overline{F}$ 和 F'，以及 $\overline{G}$ 和 G' 的区别仅在于，求反函数时要改变变量，而求对偶式时变量不动。若分别将 $\overline{F}$ 和 $\overline{G}$ 中所有的变量都代之以它们的“非”，则得 F' 和 G'。根据代入规则，既然 $\overline{F} = \overline{G}$，则有 $F' = G'$。

回顾前述的基本定律，可以发现，每个定律的两个等式都是互为对偶式。所以有了对偶规则，使得要证明和记忆的公式数目就减少了一半。有时为了证明两个逻辑表达式相等，也可以通过证明它们的对偶式相等来完成。因为在有些情况下，证明它们的对偶式相等更加容易。

例如，已知 $A(B+C)=AB+AC$，则根据对偶规则必有 $A+BC=(A+B)(A+C)$。

4．逻辑代数的常用公式

运用逻辑代数的基本定律和三条规则，可以得到更多的公式。常用到的几个公式如下：

消去律
$$AB+A\overline{B}=A$$

证明：
$$AB+A\overline{B}=A(B+\overline{B})=A\cdot 1=A$$

该公式说明：两个乘积项相加时，若它们只有一个因子不同（如一项中有 B，另一项中有 $\overline{B}$），而其余因子完全相同，则这两项可以合并成一项，且能消去那个不同的因子（即 B 和 $\overline{B}$）。

由对偶规则可得：
$$(A+B)(A+\overline{B})=A$$

吸收律 1
$$A+AB=A$$

证明：
$$A+AB=A(1+B)=A\cdot 1=A$$

该公式说明：两个乘积项相加时，若其中一项是另一项的因子，则另一项是多余的。

由对偶规则可得：
$$A(A+B)=A$$

吸收律 2
$$A+\overline{A}B=A+B$$

证明：
$$A+\overline{A}B=(A+\overline{A})(A+B)=1\cdot(A+B)=A+B$$

该公式说明：两个乘积项相加时，若其中一项的非是另一项的因子，则此因子是多余的。

由对偶规则可得：
$$A(\overline{A}+B)=AB$$

包含律
$$AB+\overline{A}C+BC=AB+\overline{A}C$$

证明：
$$AB+\overline{A}C+BC=AB+\overline{A}C+(A+\overline{A})BC=AB+\overline{A}C+ABC+\overline{A}BC$$
$$=AB(1+C)+\overline{A}C(1+B)=AB+\overline{A}C$$

该公式说明：三个乘积项相加时，其中两个乘积项中，一项含有原变量 A，另一项含有反变量 $\overline{A}$，而这两项的其余因子都是第三个乘积项的因子，则第三个乘积项是多余的。

该公式可以推广为：
$$AB+\overline{A}C+BCDE=AB+\overline{A}C$$

由对偶规则可得：
$$(A+B)(\overline{A}+C)(B+C+D+E)=(A+B)(\overline{A}+C)$$

5．关于异或（同或）逻辑运算

二输入变量的“异或”和“同或”互为反函数，是仅对偶数个变量而言的，如
$$A\oplus B\oplus C\oplus D=\overline{A\odot B\odot C\odot D}$$

而对奇数个变量，则“异或”等于“同或”，如 $A\oplus B\oplus C=A\odot B\odot C$。

另外，“异或”和“同或”具有如下性质：

异或：	同或：	
$A\oplus 0=A$	$A\odot 1=A$	
$A\oplus 1=\overline{A}$	$A\odot 0=\overline{A}$	
$A\oplus A=0$	$A\odot A=1$	
$A\oplus A\oplus A=A$	$A\odot A\odot A=A$	重叠律
$A\oplus \overline{A}=1$	$A\odot \overline{A}=0$	互补律
$A\oplus B=B\oplus A$	$A\odot B=B\odot A$	交换律
$A\oplus(B\oplus C)=(A\oplus B)\oplus C$	$A\odot(B\odot C)=(A\odot B)\odot C$	结合律
$A\cdot(B\oplus C)=AB\oplus AC$	$A+(B\odot C)=(A+B)\odot(A+C)$	分配律

借助以上介绍的逻辑代数中的基本定律、三条规则和常用公式，可以对复杂的逻辑表达式进行推导、变换和简化，这在分析和设计逻辑电路时是非常有利的。但这些公式反映的是对逻辑变量进

行的逻辑运算，而不是对数进行的数值运算。因此，在运用过程中务必注意逻辑代数和普通代数的区别，不能简单地套用普通代数的运算法则。在逻辑代数中，不存在指数、系数、减法和除法。逻辑等式两边相同的项不能随便消去。例如：

$A+A=A$　　不能得到　　$A+A=2A$

$A\cdot A=A$　　不能得到　　$A\cdot A=A^2$

$A+\overline{A}=1$　　不能得到　　$A=1-\overline{A}$

$A\overline{B}+\overline{A}B+AB=A+B+AB$　　不能得到　　$A\overline{B}+\overline{A}B=A+B$

$A(A+B)=A$　　不能得到　　$A+B=1$

另外，对于所有公式，要正确理解其含义，避免引起误解。

例如，$A+\overline{A}C=A+C$，这是吸收律第二种表达式。运用代入规则可推广为：$AB+\overline{AB}C=AB+C$，如果认为$AB+\overline{A}\,\overline{B}C=AB+C$，显然是错误的。这是误认为$\overline{A}\overline{B}=\overline{AB}$了。

1.6　逻辑函数的标准形式

1.6.1　常用的逻辑函数式

逻辑函数式是一种用逻辑代数表达式表示逻辑函数的方法，它是由逻辑变量按照“与”“或”“非”等逻辑运算符号组合而成的。例如，$F=(A\overline{B}+\overline{A}B)(A+B)$就是以A、B为自变量，F为因变量的一个逻辑函数式。需要再次强调的是，逻辑函数式运算的优先次序是：如式中有括号，则先进行括号内的运算；如式中无括号，则按“非”“与”“或”的次序运算。

逻辑函数式有多种不同的形式，常用的有以下五种：

例如　$F=AB+\overline{A}C$　　（与或式）

$=(A+C)(\overline{A}+B)$　　（或与式）

$=\overline{\overline{AB}\cdot\overline{\overline{A}C}}$　　（与非与非式）

$=\overline{\overline{A+C}+\overline{\overline{A}+B}}$　　（或非或非式）

$=\overline{A\overline{B}+\overline{A}\,\overline{C}}$　　（与或非式）

上述五种逻辑函数式是可以相互转换的。

1.6.2　函数的与或式和或与式

利用逻辑函数的基本公式，总可以把任何一个逻辑函数式展开成与或式和或与式。其中与或式又叫积之和式，或与式又叫和之积式。

与或式，是指一个函数表达式中包含有若干个“与”项，其中每个“与”项可由一个或多个原变量或反变量组成。这些“与”项的“或”就表示了一个函数。例如，一个四变量函数为：

$$F(A,B,C,D)=A+\overline{B}C+\overline{A}B\overline{C}D$$

其中，A，$\overline{B}C$，$\overline{A}B\overline{C}D$均为“与”项。函数F就是一个与或式。

或与式，是指一个函数表达式中包含有若干个“或”项，其中每个“或”项可由一个或多个原变量或反变量组成。这些“或”项的“与”就表示了一个函数。例如，一个三变量函数为：

$$F(A,B,C)=(A+B)(\overline{A}+C)(\overline{A}+\overline{B}+\overline{C})$$

其中，$(A+B)$，$(\overline{A}+C)$，$(\overline{A}+\overline{B}+\overline{C})$均为“或”项，这些“或”项的“与”就构成了函数F。

除上述两种形式外，逻辑函数还可以表示成其他形式。例如，运用反演律上述三变量函数可写成：

$$F(A,B,C)=\overline{\overline{A}\,\overline{B}}\cdot\overline{A\cdot\overline{C}}\cdot\overline{ABC}$$

这种表示形式既不是与或式，又不是或与式。

另外，即使是同一种形式，写出的函数表达式也不唯一。仍以上面的函数为例：

$$\begin{aligned}F(A,B,C) &= (A+B)(\overline{A}+C)(\overline{A}+\overline{B}+\overline{C}) \\ &= (A+B+C\overline{C})(\overline{A}+C)(\overline{A}+\overline{B}+\overline{C}) \\ &= (A+B+C)(A+B+\overline{C})(\overline{A}+C)(\overline{A}+\overline{B}+\overline{C})\end{aligned}$$

可见，最后一个式子和第一个式子同为或与式，但表达式并不相同。

1.6.3 最小项和最大项

1. 最小项

最小项是一种特殊的乘积项（“与”项），最小项具有以下特点：

（1）n 变量逻辑函数的最小项，一定包含 n 个因子；

（2）在各个最小项中，每个变量以原变量或反变量的形式作为因子仅出现一次。

根据上述特点，容易写出两变量逻辑函数 F(A,B)的最小项为 $\overline{A}\overline{B}$，$\overline{A}B$，$A\overline{B}$，AB；三变量逻辑函数 $F(A,B,C)$ 的所有最小项为 $\overline{A}\overline{B}\overline{C}$，$\overline{A}\overline{B}C$，$\overline{A}B\overline{C}$，$\overline{A}BC$，$A\overline{B}\overline{C}$，$A\overline{B}C$，$AB\overline{C}$，ABC，共 8 项。不难看出，$n$ 变量逻辑函数最多有 2^n 个最小项。

为了便于书写和识别，常对最小项进行编号，记为 m_i。这里 m 表示最小项，i 是代号，且 i=0，1，2，…，2^n-1，n 为变量个数。例如，三变量 A, B, C 构成的最小项 $A\overline{B}C$，只有当 A=1，B=0，C=1 时，才使 $A\overline{B}C=1$。若把 ABC 的取值 101 看成二进制数，那么与之等值的十进制数就是 5，则把 $A\overline{B}C$ 这个最小项记为 m_5。按照类似的方法便可得出三变量最小项编号表如表 1.18 所示。

由最小项的代数形式求其编号还有一个简单的方法，即最小项中的变量若以原变量形式出现的，则记为 1；若以反变量形式出现的，则记为 0。把这些 1 和 0 的有序排列（按最小项中变量排列的顺序）看成二进制数，则与之等值的十进制数，即为最小项编号 m_i 的下标 i。例如，上例中的 $A\overline{B}C=m_5$ 是这样得到的

$$A\overline{B}C = m_5$$

$$\downarrow$$

$$101 \longrightarrow 5$$

反之，由最小项的编号，也可写出相应最小项的代数形式。不过需要注意的是，在提到最小项时，首先要说明变量的数目，以及变量排列的顺序。

例如，三变量 A, B, C 构成的最小项 m_0 和 m_3，分别为 $\overline{A}\overline{B}\overline{C}$ 和 $\overline{A}BC$；四变量 W, X, Y, Z 构成的最小项 m_0 和 m_3，分别为 $\overline{W}\overline{X}\overline{Y}\overline{Z}$ 和 $\overline{W}\overline{X}YZ$。

三变量最小项真值表如表 1.19 所示。

由表 1.19 可以看出最小项具有以下主要性质。

（1）每个最小项只有对应的一组变量取值能使其值为 1。例如，最小项 $\overline{A}B\overline{C}$（$m_2$）只和“010”这组取值对应，即只有当 ABC 取值为 010 时，最小项 $\overline{A}B\overline{C}$ 才为 1。变量取其他各组值时，最小项 $\overline{A}B\overline{C}$ 的值皆为 0。这种“与”函数真值表中 1 的个数最少，“最小项”由此得名。

（2）n 个变量的全体最小项（共有 2^n 个）之和恒为 1，即 $\sum_{i=0}^{2^n-1} m_i = 1$。

从表 1.19 中可以看出，变量的每组取值，总有一个相应的最小项为 1，所以全部最小项之和必为 1。

（3）n 个变量的任意两个不同的最小项之积恒为 0，即 $m_i \cdot m_j = 0, i \neq j$。这是因为变量的每组取值，对于任何两个不同的最小项不能同时为 1。

表 1.18　三变量最小项编号表

最小项	使最小项为 1 的变量取值			对应的十进制数	编号
	A	B	C		
$\overline{A}\overline{B}\overline{C}$	0	0	0	0	m_0
$\overline{A}\overline{B}C$	0	0	1	1	m_1
$\overline{A}B\overline{C}$	0	1	0	2	m_2
$\overline{A}BC$	0	1	1	3	m_3
$A\overline{B}\overline{C}$	1	0	0	4	m_4
$A\overline{B}C$	1	0	1	5	m_5
$AB\overline{C}$	1	1	0	6	m_6
ABC	1	1	1	7	m_7

表 1.19　三变量最小项真值表

A	B	C	m_0 $\overline{A}\overline{B}\overline{C}$	m_1 $\overline{A}\overline{B}C$	m_2 $\overline{A}B\overline{C}$	m_3 $\overline{A}BC$	m_4 $A\overline{B}\overline{C}$	m_5 $A\overline{B}C$	m_6 $AB\overline{C}$	m_7 ABC
0	0	0	1	0	0	0	0	0	0	0
0	0	1	0	1	0	0	0	0	0	0
0	1	0	0	0	1	0	0	0	0	0
0	1	1	0	0	0	1	0	0	0	0
1	0	0	0	0	0	0	1	0	0	0
1	0	1	0	0	0	0	0	1	0	0
1	1	0	0	0	0	0	0	0	1	0
1	1	1	0	0	0	0	0	0	0	1

（4）相邻的两个最小项之和，可以合并成一项（等于相同因子之积），并消去一个因子。

这里的“相邻”不是指几何位置的相邻，而是指逻辑上的相邻。即两个最小项中只有一个因子不同，其余因子完全相同，则称这两个最小项是相邻的，或者称这两个最小项为相邻项。例如，三变量最小项 $\overline{A}B\overline{C}$ 和 $AB\overline{C}$ 是相邻的，因为它们只有一个因子不同（前项中有 $\overline{A}$，后项中有 A），其余因子完全相同（两项中都有 B 和 $\overline{C}$）。于是这两项相加可以合并成一项（等于两项中相同因子之积），并消去那个不同的因子，即 $\overline{A}B\overline{C}+AB\overline{C}=B\overline{C}$。

根据上述“相邻”的定义，可知三变量最小项 ABC，将 A 取反得相邻项 $\overline{A}BC$，将 B 取反得相邻项 $A\overline{B}C$，将 C 取反得相邻项 $AB\overline{C}$。即三变量最小项 ABC 有三个相邻项：$\overline{A}BC$，$A\overline{B}C$，$AB\overline{C}$。同理，n 变量最小项有 n 个相邻项。

2．最大项

最大项是一种特殊的和项（“或”项），最大项具有以下特点：

（1）n 个变量构成的每个最大项，一定是包含 n 个因子的和项；

（2）在各个最大项中，每个变量必须以原变量（或反变量）形式作为一个因子仅出现一次。

例如，二变量 A、B 构成的最大项有四个，即 A+B，$A+\overline{B}$，$\overline{A}+\overline{B}$，$\overline{A}+B$。$n$ 个变量可以构成 2^n 个最大项。

一个函数的最大项记为 M_i，这里 M 表示最大项，i 是代号。例如，三变量 A、B、C 构成的最大项（$\overline{A}+B+\overline{C}$），只有当 A = 1，B = 0，C = 1 时，才使 $\overline{A}+B+\overline{C}=0$。若把 ABC 的取值 101 看成二进制数，那么与之等值的十进制数就是 5，则把 $\overline{A}+B+\overline{C}$ 这个最大项记为 M_5。按照类似的方法便可得出三变量最大项编号表如表 1.20 所示。

表 1.20　三变量最大项编号表

最 大 项	使最大项为 0 的变量取值			对应的十进制数	编号
	A	B	C		
A+B+C	0	0	0	0	M_0
$A+B+\overline{C}$	0	0	1	1	M_1
$A+\overline{B}+C$	0	1	0	2	M_2
$A+\overline{B}+\overline{C}$	0	1	1	3	M_3
$\overline{A}+B+C$	1	0	0	4	M_4
$\overline{A}+B+\overline{C}$	1	0	1	5	M_5
$\overline{A}+\overline{B}+C$	1	1	0	6	M_6
$\overline{A}+\overline{B}+\overline{C}$	1	1	1	7	M_7

由最大项的代数形式求其编号，也有一个简单的方法，即最大项中的变量若是以原变量形式出现的，则记为 0；若是以反变量形式出现的，则记为 1。把这些 1 和 0 的有序排列（按最大项中变量排列的顺序）看成二进制数，则与之等值的十进制数，即为最大项编号 M_i 的下标 i。例如，上例中的 $\overline{A}+B+\overline{C}=M_5$ 是这样得到的

$$\overline{A}+B+\overline{C}=M_5$$

$$\downarrow\quad\downarrow\quad\downarrow\qquad\uparrow$$

$$101 \longrightarrow$$

反之，由最大项的编号，也可直接写出该最大项的代数形式。

三变量最大项真值表如表 1.21 所示。

表 1.21 三变量最大项真值表

A B C	M_0 $(A+B+C)$	M_1 $(A+B+\bar{C})$	M_2 $(A+\bar{B}+C)$	M_3 $(A+\bar{B}+\bar{C})$	M_4 $(\bar{A}+B+C)$	M_5 $(\bar{A}+B+\bar{C})$	M_6 $(\bar{A}+\bar{B}+C)$	M_7 $(\bar{A}+\bar{B}+\bar{C})$
0 0 0	0	1	1	1	1	1	1	1
0 0 1	1	0	1	1	1	1	1	1
0 1 0	1	1	0	1	1	1	1	1
0 1 1	1	1	1	0	1	1	1	1
1 0 0	1	1	1	1	0	1	1	1
1 0 1	1	1	1	1	1	0	1	1
1 1 0	1	1	1	1	1	1	0	1
1 1 1	1	1	1	1	1	1	1	0

由表 1.21 可知最大项具有以下性质：

（1）每个最大项只有对应的一组变量取值能使其值为 0。例如，最小项 $\bar{A}+B+\bar{C}$，即 m_5 只和“101”这组取值对应，即只有当 ABC 取值为 101 时，最大项 $\bar{A}+B+\bar{C}$ 才为 0。变量取其他各组值时，最大项 $\bar{A}+B+\bar{C}$ 的值皆为 1。这种“或”函数真值表中 1 的个数最多，“最大项”由此得名。

（2）n 个变量的全体最大项（共有 2^n 个）之积恒为 0，即 $\prod_{i=0}^{2^n-1} M_i = 0$。从表 1.21 中看出，变量的每组取值，总有一个相应的最大项为 0，所以全部最大项之积必为 0。

（3）n 个变量的任意两个不同的最大项之和恒为 1，即 $M_i + M_j = 1,\quad i \neq j$。这是因为变量的每组取值，对于任何两个不同的最大项不能同时为 0。

（4）相邻的两个最大项之积，可以合并成一项（等于相同因子之和），并消去一个因子。例如：

$$(A+B+C)(A+B+\bar{C}) = A+B$$

3. 最小项和最大项的关系

由表 1.19 和表 1.21 可以发现，在相同变量取值的情况下，编号下标相同的最小项和最大项互为反函数，即

$$m_i = \bar{M}_i \qquad M_i = \bar{m}_i \tag{1.12}$$

例如： $m_0 = \bar{A}\ \bar{B}\ \bar{C} = \overline{A+B+C} = \bar{M}_0$ $\qquad M_0 = A+B+C = \overline{\bar{A}\bar{B}\bar{C}} = \bar{m}_0$

1.6.4 逻辑函数的标准与或式和标准或与式

1. 标准与或式

如果一个逻辑函数式是积之和形式（与或式），而且其中每个乘积项（与项）都是最小项，则称该函数式为标准与或式（也称标准积之和形式，或称最小项之和形式）。

例如，$F(A,B,C) = \bar{A}\bar{B}C + \bar{A}BC + A\bar{B}C$ 就是一个标准与或式。为简明起见，该式还可写为：

$$F(A,B,C) = m_1 + m_3 + m_5 = \sum m(1,3,5) = \sum (1,3,5)$$

任何一个逻辑函数式都可以展开为标准与或式，而且是唯一的。

【例 1.17】 试将 $F(A,B,C)=AB+\bar{A}C$ 展开为标准与或式。

解：原式为与或式，但不是标准与或式。其中 AB 和 $\bar{A}C$ 都缺少一个变量，应当补入所缺变量，使之成为最小项，但又不能改变原函数的逻辑功能。方法是：AB 乘（$C+\bar{C}$），$\bar{A}C$ 乘（$B+\bar{B}$），故得：

$$F(A,B,C)=AB+\bar{A}C=AB(C+\bar{C})+\bar{A}C(B+\bar{B})=ABC+AB\bar{C}+\bar{A}BC+\bar{A}\bar{B}C$$

$$=m_7+m_6+m_3+m_1=\sum m(1,3,6,7)$$

2．标准或与式

如果一个逻辑函数式是和之积形式（或与式），而且其中每个和项（或项）都是最大项，则称该函数式为逻辑函数的标准或与式（也称标准和之积形式，或称最大项之积形式）。

例如：
$$F(A,B,C)=(A+B+C)(A+\bar{B}+C)(\bar{A}+B+C)$$
就是一个标准或与式。

为简明起见，上式还可写为
$$F(A,B,C)=M_0\cdot M_2\cdot M_4=\prod M(0,2,4)=\prod(0,2,4)$$

任何一个逻辑函数式也都可以展开为标准或与式，而且是唯一的。

【例 1.18】 试将 $F(A,B,C)=(\bar{A}+C)(B+\bar{C})$展开为最大项之积的形式。

解：
$$F(A,B,C)=(\bar{A}+C)(B+\bar{C})=(\bar{A}+B\cdot\bar{B}+C)(A\cdot\bar{A}+B+\bar{C})$$
$$=(\bar{A}+B+C)(\bar{A}+\bar{B}+C)(A+B+\bar{C})(\bar{A}+B+\bar{C})\quad\text{（利用分配律）}$$
$$=M_4\cdot M_6\cdot M_1\cdot M_5=\prod M(1,4,5,6)$$

3．标准与或式和标准或与式的关系

由最小项性质可知：
$$\sum_{i=0}^{2^n-1} m_i=1$$

而
$$F(A_1,A_2,\cdots,A_n)+\bar{F}(A_1,A_2,\cdots,A_n)=1$$

故
$$F(A_1,A_2,\cdots,A_n)+\bar{F}(A_1,A_2,\cdots,A_n)=\sum_{i=0}^{2^n-1} m_i$$

以三变量函数为例，最多有 $2^3=8$ 个最小项，即 $m_0\sim m_7$。

若已知
$$F(A,B,C)=m_1+m_3+m_4+m_6+m_7$$

则得
$$\bar{F}(A,B,C)=m_0+m_2+m_5$$

故
$$F(A,B,C)=\overline{m_0+m_2+m_5}=\bar{m}_0\cdot\bar{m}_2\cdot\bar{m}_5=M_0\cdot M_2\cdot M_5$$

对于任意变量的逻辑函数式都存在与上式类似的关系。由此可以得出结论：若已知函数的标准与或式，则可直接写出该函数的标准或与式。在 0, 1, …, (2^n-1)这 2^n 个编号中，原标准与或式各最小项编号之外的编号，就是标准或与式中最大项的编号；反之，若已知函数的标准或与式，也可以直接写出该函数的标准与或式，在标准与或式中最小项的编号，也就是标准或与式中最大项的编号之外的编号。

【例 1.19】 试将 $F(A,B,C)=AB\bar{C}+BC$ 化为最大项之积的形式。

解：
$$F(A,B,C)=AB\bar{C}+BC=AB\bar{C}+(A+\bar{A})BC=AB\bar{C}+ABC+\bar{A}BC$$
$$=m_6+m_7+m_3=M_0\cdot M_1\cdot M_2\cdot M_4\cdot M_5$$
$$=(A+B+C)(A+B+\bar{C})(A+\bar{B}+C)(\bar{A}+B+C)(\bar{A}+B+\bar{C})$$

【例 1.20】 试求逻辑函数 $F(A,B,C)=(A+\bar{B})(\bar{B}+C)$ 的最小项之和的形式，并求 $\bar{F}$ 和 F' 的最小项之和的形式。

解：
$$F(A,B,C)=(A+\bar{B})(\bar{B}+C)=(A+\bar{B}+C\cdot\bar{C})(A\cdot\bar{A}+\bar{B}+C)$$

$$=(A+\bar{B}+C)(A+\bar{B}+\bar{C})(A+\bar{B}+C)(\bar{A}+\bar{B}+C)$$
$$=M_2\cdot M_3\cdot M_6=\sum m(0,1,4,5,7)$$

则

$$\bar{F}=\sum m(2,3,6)$$

由反演规则和对偶式的定义可知，由原函数F来求反函数$\bar{F}$和对偶函数F'时，在对F进行变化的过程中，运算符和常量的变化是相同的，而变量的变化二者是相反的，所以，$\bar{F}$和F'除了在相同变量上是取值原变量还是取值反变量不同外，二者的函数表达式是相同的。例如：若已知$\bar{F}=A\bar{B}C+B\bar{C}$，则$F'=\bar{A}B\bar{C}+\bar{B}C$。所以，如果在三变量逻辑函数$\bar{F}$的标准与或式中有最小项$\bar{A}\bar{B}\bar{C}$ (m_0)，则在F'的标准与或式中一定有最小项 ABC(m_7)。相同的道理，在$\bar{F}$和F'中，m_1和m_6相对应，m_2和m_5相对应，m_3和m_4相对应。所以在本题中由$\bar{F}=\sum m(2,3,6)$，可得$F'=\sum m(5,4,1)=\sum m(1,4,5)$。

1.7　逻辑函数式与真值表

前面曾经提出，真值表和逻辑函数式都是表示逻辑函数的方法。本节介绍这两种表示方法之间的内在联系，以及它们之间的相互转换。

由前述最小项性质可知，最小项只和变量的一组取值相对应，即只有这组变量的取值才能使该最小项为1。设$a_1, a_2, \cdots, a_n$是变量$A_1, A_2, \cdots, A_n$的一组取值，逻辑函数$F(A_1, A_2, \cdots, A_n)$是一个标准与或式，m_i是该函数的一个最小项，则使$m_i=1$的一组变量取值$a_1, a_2, \cdots, a_n$，必定有$F(a_1, a_2, \cdots, a_n)=m_i+0=1+0=1$；反之，如果变量的一组取值$a_1, a_2, \cdots, a_n$使函数$F(a_1, a_2, \cdots, a_n)=1$，则和$a_1, a_2, \cdots, a_n$对应的项$m_i$必定是F的一个最小项。由此可以比较方便地实现逻辑函数式与真值表之间的相互转换。

【例1.21】　已知逻辑函数式$F=\bar{A}B+A\bar{B}$，试列出其真值表。

解：原式是二变量函数，而且是最小项之和的形式。使最小项$\bar{A}B$和$A\bar{B}$的值为1的变量取值分别为01和10。也就是说，当AB为01和10时，$F=1$；而当AB取其他各组值时，$F=0$。故可列出真值表如表1.22所示。

【例1.22】　试列出逻辑函数式$F=AB+BC$的真值表。

解：这是一个三变量函数，而且是一个非标准与或式。如果将它展开成标准的与或式（即最小项之和的形式），固然可以很方便地列出真值表，但毕竟烦琐。由原式可知，只要$AB=1$或$BC=1$，就有$F=1$。要使$AB=1$，只要A、B同时为1（不管C如何）即可；而要使$BC=1$，只要B、C同时为1（不管A如何）即可。因此，在真值表中，只要找出A、B取值同时为1的行，以及B、C取值同时为1的行，并将对应的F填1，而其他F填0即可。最后所得真值表如表1.23所示。

【例1.23】　已知逻辑函数F的真值表如表1.24所示，试写出其逻辑函数式。

解：先从真值表找出$F=1$的各行变量取值：010，100，110，111，将这些变量取值中的1写成原变量，0写成反变量，则得对应的最小项为$\bar{A}B\bar{C}$，$A\bar{B}\bar{C}$，$AB\bar{C}$，ABC；再将这些最小项相加，即得所求函数F的最小项之和形式为

$$F=\bar{A}BC+A\bar{B}\bar{C}+AB\bar{C}+ABC$$

从以上举例可以看出，对于一个逻辑函数的与或式和真值表的关系，可以通过函数的最小项之和的形式来联系。最小项之和的形式中各个最小项与真值表中F =1的各行变量取值一一对应。具体来说，将真值表中F =1所对应行的变量取值为0的代以反变量，取值为1的代以原变量，便得到最小项之和形式中的各个最小项。

表 1.22　例 1.21 的真值表

A	B	F
0	0	0
0	1	1
1	0	1
1	1	0

表 1.23　例 1.22 的真值表

A	B	C	F
0	0	0	0
0	0	1	0
0	1	0	0
0	1	1	1
1	0	0	0
1	0	1	0
1	1	0	1
1	1	1	1

表 1.24　例 1.23 的真值表

A	B	C	F
0	0	0	0
0	0	1	0
0	1	0	1
0	1	1	0
1	0	0	1
1	0	1	0
1	1	0	1
1	1	1	1

类似地，对于一个逻辑函数的或与式和真值表的关系，可以通过函数的最大项之积的形式来联系。最大项之积的形式中各个最大项与真值表中 F =0 的各行变量取值一一对应，其对应关系正好与上述相反，即 0 对应原变量，1 对应反变量。这里不再一一举例了。

最后需要指出，对同一个逻辑函数的真值表，既可以用最小项之和的形式来表示，也可以用最大项之积的形式来表示。它们所描述的逻辑功能是相同的，可以根据不同的情况来选用这两种表示形式。一般地说，当真值表中 F =1 的行数少时，可选用最小项之和的形式；F=0 的行数少时，可选用最大项之积的形式。因为这样可使所得逻辑函数式简单，从而可能使相应的逻辑电路简单。

1.8　逻辑函数的化简

逻辑函数最终要由逻辑电路来实现，逻辑表达式复杂，得到的逻辑电路就复杂。对逻辑函数进行化简，求得最简逻辑表达式，可以使实现逻辑函数的逻辑电路得到简化。这既有利于节省元器件，降低成本，也利于减小元器件的故障率，提高电路的可靠性；同时简化电路，使元器件之间的连线减少，给制作带来了方便。

由以上讨论知道，同一个逻辑函数，可以用不同形式的表达式表示，与或式是最基本的，其他形式的表达式都可由它转换得到。对于不同的形式，有不同的“最简”标准。这里首先介绍与或表达式的化简，然后说明如何把与或式转换为其他形式的表达式。

对于与或表达式，假定输入原变量及反变量都可利用，则最简与或式的标准是：

（1）所得与或式中，乘积项（与项）数目最少；

（2）每个乘积项中所含的变量数最少。

逻辑函数常用的化简方法有：公式法、卡诺图法和列表法（Q-M 法）。

1.8.1　公式法

所谓公式法，是指针对某一逻辑函数式反复运用逻辑代数公式消去多余的乘积项和每个乘积项中多余的因子，使该函数式符合最简标准。利用公式进行化简，无固定步骤可循，全凭化简者的经验和技巧。下面介绍化简中几种常用的方法。

1. 并项法

利用公式 $\mathrm{AB}+\mathrm{A}\overline{\mathrm{B}}=\mathrm{A}$，将两项合并为一项，并消去因子 B 和 $\overline{\mathrm{B}}$。根据代入规则，A 和 B 可以是任何复杂的逻辑式。例如：

$$F_1=\mathrm{AB}\overline{\mathrm{C}}+\overline{\mathrm{A}}\mathrm{B}\overline{\mathrm{C}}=(\mathrm{A}+\overline{\mathrm{A}})\mathrm{B}\overline{\mathrm{C}}=\mathrm{B}\overline{\mathrm{C}}$$

$$\begin{aligned}F_2&=\mathrm{A}\overline{\mathrm{B}}\mathrm{C}+\overline{\mathrm{A}}\mathrm{BC}+\mathrm{ABC}+\overline{\mathrm{A}}\overline{\mathrm{B}}\mathrm{C}=(\mathrm{A}\overline{\mathrm{B}}+\overline{\mathrm{A}}\mathrm{B})\mathrm{C}+(\mathrm{AB}+\overline{\mathrm{A}}\overline{\mathrm{B}})\mathrm{C}\\&=(\mathrm{A}\oplus\mathrm{B})\mathrm{C}+(\mathrm{A}\odot\mathrm{B})\mathrm{C}=(\mathrm{A}\oplus\mathrm{B})\mathrm{C}+(\overline{\mathrm{A}\oplus\mathrm{B}})\mathrm{C}=\mathrm{C}\end{aligned}$$

2. 吸收法

利用公式 $A+AB=A$，消去多余项。例如：

$$F_1=\bar{B}+A\bar{B}D=\bar{B}$$

$$F_2=\bar{A}+\overline{A\overline{BC}}\;\overline{B+AC+\bar{D}}+BC=(\bar{A}+BC)+(\bar{A}+BC)\overline{B+AC+\bar{D}}=\bar{A}+BC$$

3. 消项法

利用公式 $AB+\bar{A}C+BC=AB+\bar{A}C$，消去多余项。例如：

$$F_1=AB\bar{C}+C\bar{D}+AB\bar{D}=AB\bar{C}+C\bar{D}$$

$$\begin{aligned}F_2&=A\bar{B}C\bar{D}+\bar{A}E+BE+C\bar{D}E=A\bar{B}C\bar{D}+(\bar{A}+B)E+C\bar{D}E\\&=A\bar{B}C\bar{D}+\overline{A\bar{B}}E+C\bar{D}E=A\bar{B}C\bar{D}+(\bar{A}+B)E\\&=A\bar{B}C\bar{D}+\bar{A}E+BE\end{aligned}$$

4. 消因子法

利用公式 $A+\bar{A}B=A+B$，消去多余的变量因子 $\bar{A}$。例如：

$$F_1=\bar{A}+AB+DE=\bar{A}+B+DE$$

$$F_2=AB+\bar{A}C+\bar{B}C=AB+(\bar{A}+\bar{B})C=AB+\overline{AB}C=AB+C$$

5. 配项法

利用 $A\cdot1=A$ 和 $A+\bar{A}=1$，为某项配上一个变量，以便用其他方法进行化简。例如：

$$\begin{aligned}F&=AB+\bar{A}C+BC=AB+\bar{A}C+(A+\bar{A})BC\\&=AB+\bar{A}C+ABC+\bar{A}BC=(AB+ABC)+(\bar{A}C+\bar{A}BC)\\&=AB+\bar{A}C\end{aligned}$$

还可以利用公式 $A+A=A$，为某项配上其所能合并的项。例如：

$$\begin{aligned}F&=ABC+AB\bar{C}+A\bar{B}C+\bar{A}BC\\&=(ABC+AB\bar{C})+(ABC+A\bar{B}C)+(ABC+\bar{A}BC)\\&=AB+AC+BC\end{aligned}$$

以上介绍了几种常用方法。在实际应用中可能遇到比较复杂的函数式，只要熟练掌握逻辑代数的公式和定理，灵活运用上述方法，总能把函数化成最简。下面是几个综合运用上述方法化简逻辑函数的例子。

$$\begin{aligned}F_1&=A\bar{B}+B\bar{C}+\bar{B}C+\bar{A}B &&\text{（配项法）}\\&=A\bar{B}+B\bar{C}+(A+\bar{A})\bar{B}C+\bar{A}B(C+\bar{C})\\&=(A\bar{B}+A\bar{B}C)+(B\bar{C}+\bar{A}B\bar{C})+(\bar{A}\bar{B}C+\bar{A}BC)\\&=A\bar{B}+B\bar{C}+\bar{A}C &&\text{（吸收法）}\end{aligned}$$

$$\begin{aligned}F_2&=AD+A\bar{D}+AB+\bar{A}C+BD+ACEF+\bar{B}EF+DEFG\\&=A+AB+\bar{A}C+BD+ACEF+\bar{B}EF+DEFG &&\text{（并项法）}\\&=A+\bar{A}C+BD+\bar{B}EF+DEFG &&\text{（吸收法）}\\&=A+C+BD+\bar{B}EF+DEFG &&\text{（消因子法）}\\&=A+C+BD+\bar{B}EF &&\text{（消项法）}\end{aligned}$$

由上面的介绍可以看出，公式法不仅使用不方便，而且难以判断所得结果是否为最简。由此，公式法一般适用于函数表达式较为简单的情况。

1.8.2 卡诺图法

卡诺图法是将逻辑函数用一种称为“卡诺图”的图形来表示，然后在卡诺图上进行函数化简的方法。这种方法简单、直观，可很方便地将逻辑函数化成最简。

1. 卡诺图的构成

卡诺图是一种包含一些小方块的几何图形。卡诺图中的每一个小方块称为一个单元，每个单元对应一个最小项。当输入变量有 n 个时，最小项有 2^n 个，单元数也是 2^n 个。最小项在卡诺图中的位置不是任意的，它必须满足相邻性规则。所谓相邻性规则，是指任意两个相邻的最小项（两个最小项中仅有一个变量不相同），它们在卡诺图中也必须是相邻的。卡诺图中的相邻有两层含义：①几何相邻性，即几何位置上相邻，也就是左右紧挨着或者上下相接；②对称相邻性，即认为图形中两个位置对称的单元是相邻的。

图 1.13 为三变量卡诺图，三个输入变量分别为 A, B, C。该图是这样构成的，先画一个含有八个方格（2^3）的矩形图，在图的左上角画一个斜线，将三个变量分为两组，A 为一组，BC 为一组。然后列出每组变量的所有可能的取值，对于单变量 A，可能的取值为 0, 1；对于两变量 BC，可能的取值为 00, 01, 11, 10 四种。当变量取值排列顺序确定之后，便可根据图中两组变量的取值组合来确定对应单元的最小项。例如，当 A=0，BC=11 时，它们的组合为 ABC＝011，对应单元的最小项即为 BC＝m_3，因此，可以把变量取值和最小项编号直接对应起来。为简化起见，图 1.13(a)可画成图 1.13(b)的形式。

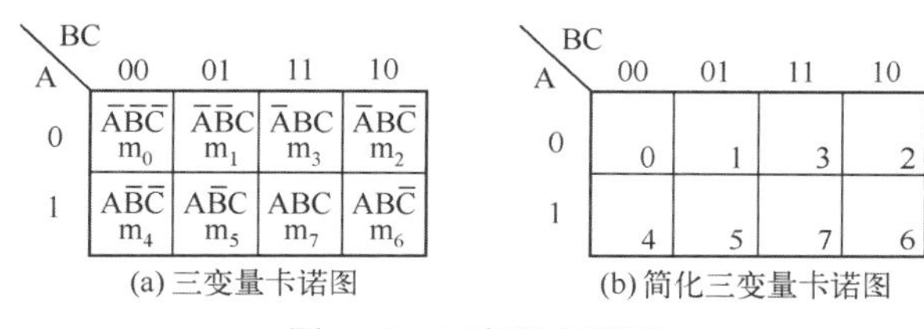

(a) 三变量卡诺图　　(b) 简化三变量卡诺图

图 1.13　三变量卡诺图

仔细观察图 1.13 可发现，在该图中任何最小项均满足相邻性规则，如 m_1 和 m_0、m_3、m_5 是相邻的，它在几何位置上也满足和 m_0、m_3、m_5 相邻性规则。要注意的是，在三变量卡诺图中，m_0 和 m_2 是相邻的，m_4 和 m_6 也是相邻的，它们分别属于位置对称单元。

在图 1.13 的卡诺图中，将变量 BC 的取值按 00, 01, 11, 10 进行排列，这样排列的特点是：任何两组相邻取值，只有 1 位变量取值不同，其余都相同，即符合循环码的排列规则。容易看出，变量取值只有满足这种排列，才能使卡诺图中的任何最小项均符合相邻性规则。

图 1.14 为二、四、五变量卡诺图。卡诺图中对称位置相邻在五变量卡诺图中尤其值得注意，如 m_1 和 m_5 属位置对称，它们是相邻的，m_{27} 和 m_{31} 也是相邻的，等等。

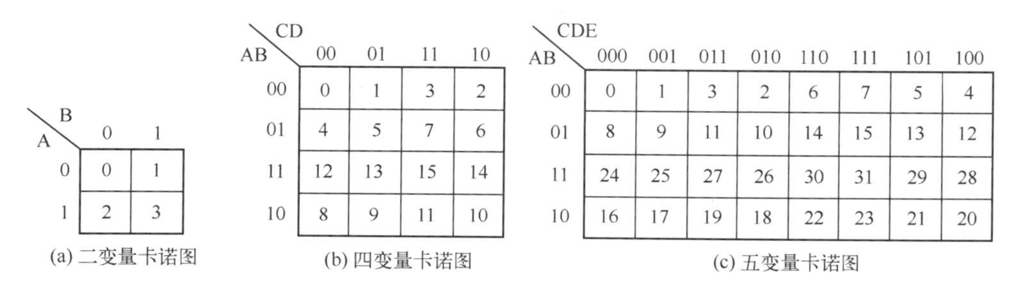

(a) 二变量卡诺图　　(b) 四变量卡诺图　　(c) 五变量卡诺图

图 1.14　二、四、五变量卡诺图

当变量数多于六个时，卡诺图就显得很庞大，在实际应用中已失去了它的优越性，一般很少采用。

2．逻辑函数的卡诺图表示法

先回顾一下逻辑函数的真值表表示法。例如，逻辑函数：

$$F(A,B,C)=\overline{A}BC+A\overline{B}C+ABC=m_3+m_5+m_7$$

当用真值表来表示该函数时，直接根据 ABC 的取值，写出 F 的值。当 ABC 取值分别为 011、101 和 111 时，F=1；否则 F=0。

类似地，用卡诺图来表示逻辑函数时，只需把各组变量取值所对应的 F 的值，填在对应的小方格中，就构成了该逻辑函数的卡诺图。

【例 1.24】 画出 $F(A,B,C)=\overline{A}BC+A\overline{B}C+ABC$ 的卡诺图

解： 首先画出三变量卡诺图，然后在 ABC 变量取值为 011、101、111 所对应的三个小方格中填入 1（即在这三种取值时 F 的值），在其他位置填入 0，如图 1.15 所示。

A \ BC	00	01	11	10
0	0	0	1	0
1	0	1	1	0

图 1.15　例 1.24 卡诺图

【例 1.25】 画出 $F(A,B,C,D)=\overline{A}\overline{B}\overline{C}\overline{D}+B\overline{C}D+\overline{A}\overline{C}+A$ 的卡诺图。

解： 这是一个四变量逻辑函数，式中第一项是最小项，可直接在四变量卡诺图 m_0 的位置填 1；第二项 $B\overline{C}D$ 与变量 A 无关，即只需 BCD＝101，F=1，所以可直接在 CD＝01 的列与 B=1 的行相交的两个小方格（m_5 和 m_{13}）内填 1；第三项 $\overline{A}\overline{C}$ 只含两个变量，说明 AC=00 时，F=1，应在 A=0 的两行和 C=0 的两列相交处（m_0, m_1, m_4, m_5）的小方格内填 1；第四项 A 为单变量，当 A=1 时，F=1，A=1 在卡诺图中的位置为下面两行，即该两行的八个小方格（m_8~m_{15}）均为 1。最后得到的卡诺图如图 1.16 所示。

AB \ CD	00	01	11	10
00	1	1	0	0
01	1	1	0	0
11	1	1	1	1
10	1	1	1	1

图 1.16　例 1.25 卡诺图

由上两例可知，卡诺图实际上是一种较特殊的真值表，其特殊点在于卡诺图通过几何位置的相邻性，形象地表示出构成逻辑函数的最小项之间在逻辑上的相邻性。由图 1.15 可知，m_3 和 m_7 相邻，m_5 和 m_7 相邻。而在图 1.16 中，最小项之间的相邻关系就更多了。

3．在卡诺图上合并最小项的规则

在前面讨论最小项的性质时已指出，两个相邻的最小项相加，可合并成一项，并可消去一个因子。利用卡诺图化简逻辑函数的基本原理，也就是利用人的直观的阅图能力，去识别卡诺图中最小项之间的相邻关系，并利用合并最小项的规则，将逻辑函数化为最简。

在卡诺图上合并最小项具有下列规则：

（1）两个标 1 方格相邻的情况如图 1.17 所示，卡诺图上任何两个标 1 的方格相邻，可以合为一项，并消去一个变量。例如，在图 1.17（a）中，m_2 和 m_6 相邻，可以合并，即得 $\overline{A}B\overline{C}+AB\overline{C}=B\overline{C}$。所得的简化项中，保留相同的变量 B 和 $\overline{C}$，消去不同的变量 A 和 $\overline{A}$。为表示这两项已合并，在卡诺图中用一小圈将该两项圈在一起。

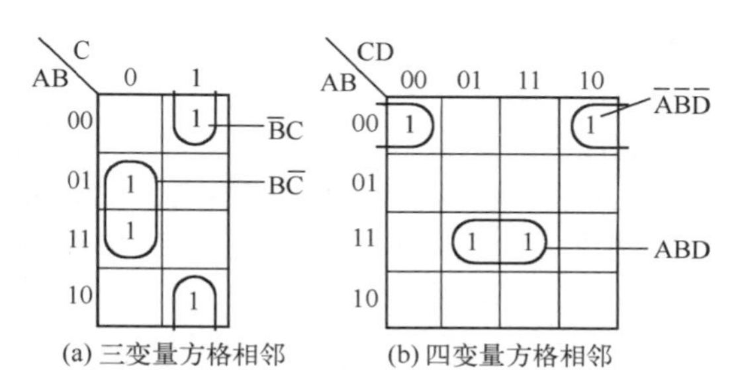

图 1.17　两个标 1 方格相邻的情况

（2）四个标 1 方格相邻的情况如图 1.18 所示，卡诺图上任何四个标 1 的方格相邻，可以合为一项，并消去两个变量。例如，在图 1.18（a）中，最小项

m_5, m_7, m_{13}, m_{15} 彼此相邻，这四个最小项可以合并，即有

$$(m_5+m_7)+(m_{13}+m_{15})=\overline{A}BD+ABD=BD$$

这种合并，在卡诺图中表示为把四个 1 圈在一起。由图 1.18 可以看出，四个可合并的相邻最小项在卡诺图中有下列特点：①同在一行或一列；②同在一田字格中。要注意的是：四个角的四个小方格也是符合特点②的，图 1.18（c）中的两种情况，也属于四个最小项同在一田字格中。

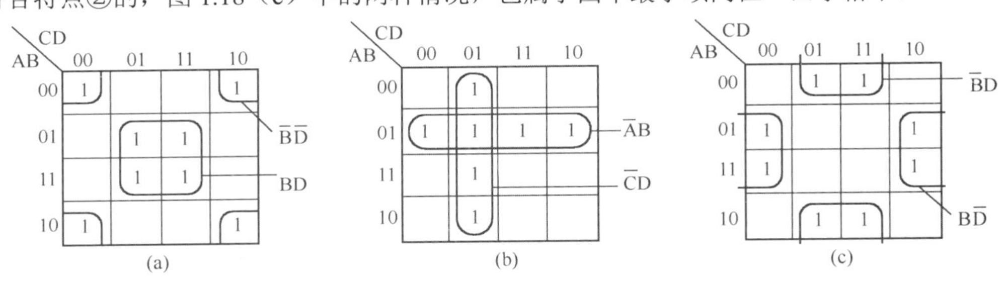

图 1.18　四个标 1 方格相邻的情况

（3）八个标 1 方格相邻的情况如图 1.19 所示，卡诺图上任何八个标 1 的方格相邻，可以合并为一项，并可消去三个变量。即当相邻两行或相邻两列的方格中均为 1 时，它们可以圈在一起，合并成一项。

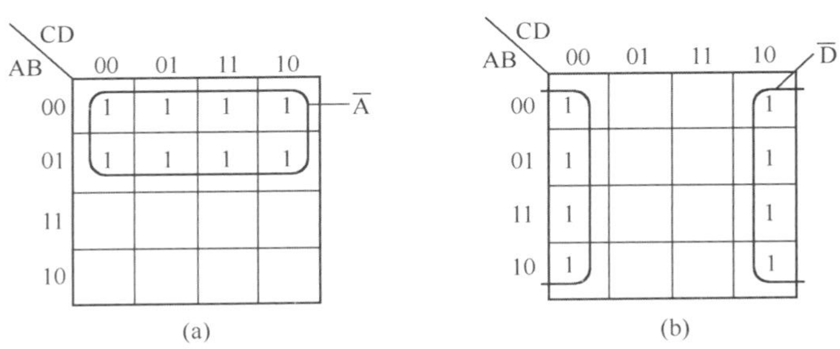

图 1.19　八个标 1 方格相邻的情况

综上所述，在 n 个变量的卡诺图中，只有 2^i（i=0，1，2，…，n）个相邻的标 1 方格（必须排列成方形格或矩形格的形状）才能圈在一起，合并为一项，该项保留了原来各项中 $n-i$ 个相同的变量，消去 i 个不同的变量。

4．用卡诺图化简逻辑函数

首先重点介绍将逻辑函数化为最简的与或式。

前面已介绍过最简与或式的标准，即在所得的与或式中同时满足乘积项数目最少和每一项中的变量数目最少。在用卡诺图化简时，也必须符合这个标准。

（1）化简原则

化简原则是：

① 将所有相邻的标 1 方格圈成尽可能少的圈；

② 在①的条件下，使每个圈中包含尽可能多的相邻标 1 方格。

简言之，即圈子要少，而且圈子要大。因为每个圈对应一个乘积项，圈子少意味着所得与或表达式中的乘积项数目少。圈子大意味着所得乘积项中变量数目少。因此这两条原则是和前述公式法化简的标准是一致的。

【例 1.26】　试用卡诺图将 $F(A,B,C)=\sum m(3,4,5,6,7)$ 化为最简与或式。

解： 这是三变量函数，首先画出三变量卡诺图，再根据构成该函数的各个最小项在卡诺图上找到相应的小方格，并填入1，如图1.20（a）所示。显然，图中的1方格应圈成两个圈。故得最简式为

$$F(A,B,C) = A + BC$$

如果圈成如图1.20（b）所示，则得

$$F(A,B,C) = AB\overline{C} + A\overline{B} + BC$$

这不是最简式。用公式法可以化简为：

$$F(A,B,C) = A(B\overline{C} + \overline{B}) + BC = A(\overline{C} + \overline{B}) + BC$$

$$= A\overline{BC} + BC = A + BC$$

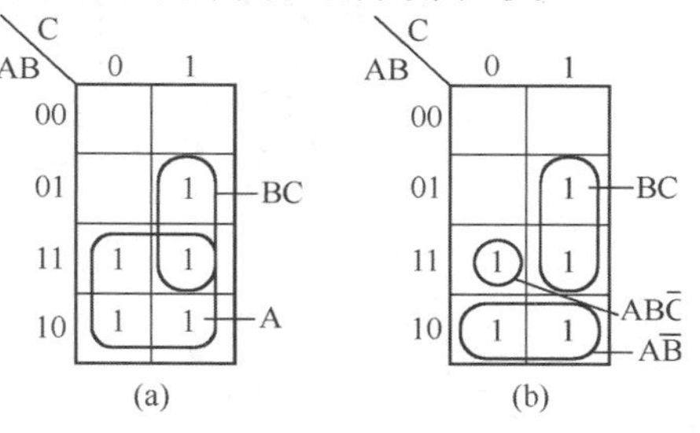

图1.20　例1.26卡诺图

（2）化简步骤

在用卡诺图化简（即圈圈子）的过程中，容易犯的错误是，增加了多余的圈和圈子不是最大。为了避免此问题，现举例说明化简的一般步骤。

【例1.27】 试用卡诺图将 $F(A,B,C,D) = \sum m(0,1,3,7,8,10,13)$ 化为最简与或式。

解： ① 根据函数的变量数，画出相应卡诺图，再将函数填入卡诺图。

本例为四变量函数，所得卡诺图如图1.21所示。

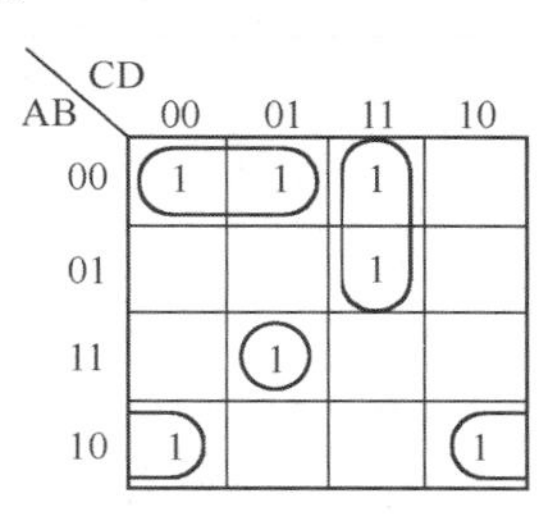

图1.21　例1.27卡诺图

② 圈出孤立的标1方格（如果有的话）。所谓孤立，指该标1方格与其他标1方格皆不相邻。

本例的孤立标1方格为：$m_{13} = AB\overline{C}D$。

③ 找出只被一个最大的圈所覆盖的标1方格（如果有的话），并圈出覆盖该标1方格的最大圈。

本例只被一个最大的圈所覆盖的标1方格有 m_7 和 m_{10}，覆盖这些标1方格的唯一最大圈有：

$$\sum(3,7) = \overline{A}CD\text{，}\quad \sum(8,10) = A\overline{B}\,\overline{D}$$

这一步很重要，因为完成这一步后，剩余的标1方格少了，再圈圈子就比较直观了。

④ 将剩余的相邻标1方格，圈成尽可能少，而且尽可能大的圈。

本例剩余的标1方格有 m_0，m_1，只能圈成一个最大的圈，即 $\sum m(0,1) = \overline{A}\overline{B}\overline{C}$。

⑤ 最后将各个圈所对应的乘积项相加，即得最简式。

本例中，$F(A,B,C,D) = AB\overline{C}D + \overline{A}CD + A\overline{B}\overline{D} + \overline{A}\overline{B}\overline{C}$。

【例1.28】 试用卡诺图将 $F = \overline{A}\overline{C} + \overline{A}C\overline{D} + ABD + \overline{B}\overline{C} + \overline{B}C\overline{D}$ 化为最简与或式。

解： ① 将函数填入卡诺图，如图1.22所示。

② 本例无孤立的标1方格。

③ 本例只被一个最大圈覆盖的标1方格有 m_{15}，m_{10}，m_6，覆盖这些标1方格的唯一最大圈有：$\sum(13,15) = ABD$，$\sum(0,2,8,10) = \overline{B}\overline{D}$，$\sum(0,2,4,6) = \overline{A}\overline{D}$。

④ 将剩余的标1方格 (m_1, m_5, m_9) 圈成一个最大圈，即：$\sum(1,5,9,13) = \overline{C}D$。

⑤ 所得最简式为：$F = ABD + \overline{B}\overline{D} + \overline{A}\overline{D} + \overline{C}D$。

上述化简步骤，对大多数情况都适用。但对特殊情况，就不完全适用。

【例1.29】 试用卡诺图将 $F(A,B,C) = \sum m(1,2,3,4,5,6)$ 化为最简与或式。

解： 此函数的卡诺图如图1.23所示。图中每个标1方格都被两个最大圈所覆盖。这是一种特殊情况，因此可以得到两种化简结果。

如图1.23（a）所示，得　　$F = A\overline{B} + B\overline{C} + \overline{A}C$

如图1.23（b）所示，得　　$F = \overline{A}B + A\overline{C} + \overline{B}C$

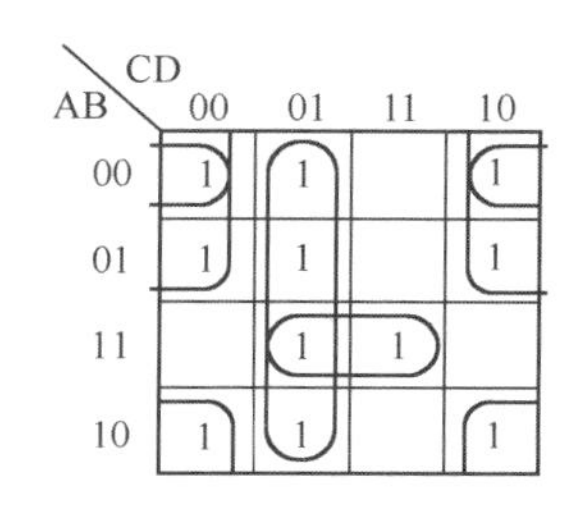

图 1.22　例 1.28 卡诺图

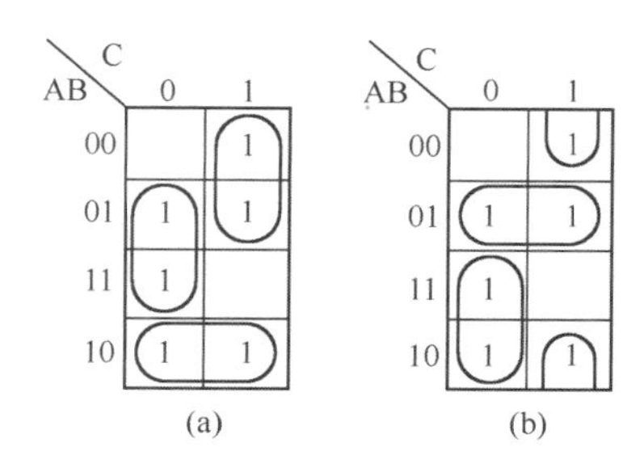

图 1.23　例 1.29 卡诺图

（3）化简中注意的问题

除了遵循上述化简原则和化简步骤，还需注意以下几个问题。

① 所有的圈必须覆盖全部标 1 方格，即每一个标 1 方格必须至少被圈一次。

② 每一个圈中包含的相邻小方格数，必须为 2 的整数次幂。

③ 为了得到尽可能大的圈，圈与圈之间可以重叠一个或 n 个标 1 方格。

④ 若某个圈中所有的标 1 方格，已经完全被其他圈所覆盖，则该圈是多余的。即每个圈中至少有一个标 1 方格未被其他圈所覆盖。

⑤ 最简与或式不一定是唯一的，如例 1.29 就有两种最简结果。

【例 1.30】　试用卡诺图将 $F(A,B,C,D)=\sum m(3,4,5,7,9,13,14,15)$ 化为最简与或式。

AB \ CD	00	01	11	10
00			1	
01	1	1	1	
11		1	1	1
10		1		

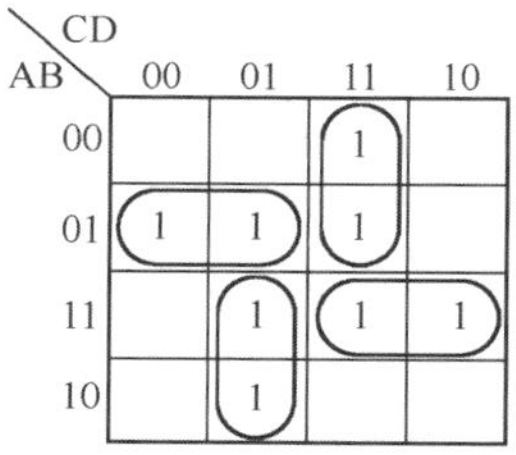

图 1.24　例 1.30 卡诺图

解：此函数的卡诺图如图 1.24 所示。

本例只被一个最大圈覆盖的标 1 方格有 m_3, m_4, m_9, m_{14}，覆盖这些标 1 方格的唯一最大圈为：

$$\sum(3,7)=\bar{A}CD,\quad \sum(4,5)=\bar{A}B\bar{C},\quad \sum(9,13)=A\bar{C}D,\quad \sum(14,15)=ABC$$

到此所有标 1 方格都被圈过了，可得最简结果。如果再圈中间四个标 1 方格，将是多余的，故得：

$$F(A,B,C,D)=\bar{A}CD+\bar{A}B\bar{C}+A\bar{C}D+ABC$$

此例说明，不能孤立地讲“圈子越大越好”，而应当在圈子尽量少的前提下，使圈子尽量大。

（4）用卡诺图求反函数的最简与或式

如果在函数 F 的卡诺图中，合并那些使函数值为 0 的最小项，则可得到 $\bar{F}$ 的最简与或式。

【例 1.31】　试用卡诺图求 $F(A,B,C)=AB+BC+AC$ 的反函数 $\bar{F}$ 的最简与或式，及 F 的最简与或非式。

解：① 画出 F 的卡诺图，如图 1.25 所示。

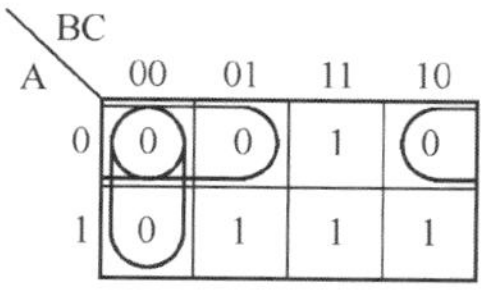

A \ BC	00	01	11	10
0	0	0	1	0
1	0	1	1	1

图 1.25　例 1.31 卡诺图

② 合并使函数值为 0 的最小项（图中标 0 的方格）

$$m_0+m_1=\bar{A}\bar{B},\qquad m_0+m_2=\bar{A}\bar{C},\qquad m_0+m_4=\bar{B}\bar{C}$$

③ 写出 $\bar{F}$ 的最简与或式

$$\bar{F}=\bar{A}\bar{B}+\bar{B}\bar{C}+\bar{A}\bar{C}$$

④ 利用还原律，可以由 $\bar{F}$ 的最简与或式得到 F 的最简与或非式

$$F=\bar{\bar{F}}=\overline{\bar{A}\bar{B}+\bar{B}\bar{C}+\bar{A}\bar{C}}$$

（5）用卡诺图对复杂逻辑函数进行运算及化简

【例 1.32】　试用卡诺图求 $F(A,B,C,D)=(\bar{A}\bar{C}\bar{D}+\bar{B}\bar{D}+BD)\oplus(\bar{A}B\bar{D}+\bar{B}D+BC\bar{D})$ 的最简与或式。

解：将 F 写成：

$$F=F_1\oplus F_2$$

其中

$$F_1=\bar{A}\bar{C}\bar{D}+\bar{B}\bar{D}+BD；\quad F_2=\bar{A}B\bar{D}+\bar{B}D+BC\bar{D}$$

将 F_1 和 F_2 分别表示在卡诺图上，并在卡诺图上利用“相异出 1，相同出 0”的原则进行异或运算，

即观察 F_1 和 F_2 的卡诺图，当 F_1 和 F_2 取值不同时，F 为 1；当 F_1 和 F_2 同为 0 或同为 1 时，则 F 为 0。

得到 F 的卡诺图如图 1.26 所示。

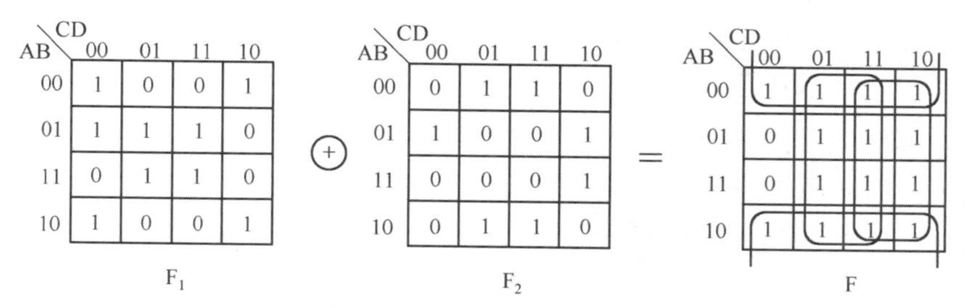

图 1.26　例 1.32 的卡诺图

由 F 的卡诺图可以得到其标准与或式：

$$F(A,B,C,D)=\sum m(0,1,2,3,5,6,7,8,9,10,11,13,14,15)$$

对卡诺图进行化简，求得 F 的最简与或式：

$$F(A,B,C,D)=\overline{B}+C+D$$

读者在利用卡诺图进行逻辑函数化简时，要根据不同的情况灵活运用。例如，在例 1.32 中，观察图 1.26 所示的卡诺图，可以发现在 F 的卡诺图上“0”项比较少，所以可以圈“0”，求得：$\overline{F}(A,B,C,D)=B\overline{C}\overline{D}$，利用反演律也可以求得 F 的最简与或式，即：$F=\overline{\overline{F}}=\overline{B\overline{C}\overline{D}}=\overline{B}+C+D$。

1.8.3　不完全确定的逻辑函数及其化简

前面所讨论的逻辑函数都属于完全确定的逻辑函数。也就是说，该函数的每一组输入变量的取值，都能得到一个完全确定的函数值（0 或 1）。如果逻辑函数有 n 个变量，该函数就有 2^n 个最小项，其中每一项都有确定的值。

在某些实际的数字电路中，逻辑函数的输出只与一部分最小项有对应关系，而和余下的最小项无关。余下的最小项无论是否写入逻辑函数式，都不影响电路的逻辑功能。我们把这些最小项称为无关项。无关项常用英文字母 d 表示，对应的函数值记为“×”（或ϕ）。包含无关项的逻辑函数称为不完全确定的逻辑函数。

发生无关项的情况有两种：一种是由于逻辑变量之间具有一定的约束关系，使得有些变量的取值不可能出现，即所谓“未定义状态”，它所对应的最小项恒等于 0，通常称为约束项；另一种是在某些变量取值下，函数值是 1 还是 0 都可以，并不影响电路的功能，这些变量取值下所对应的最小项称为随意项。

在数字电路的设计中，这种包含有无关项的不完全确定的逻辑函数是经常遇到的。例如，如果逻辑电路的输入是二进制编码的十进制数，4 位二进制输入共有 16 种不同的状态，其中只有 10 种是允许的，有确定的输出；而其余 6 种是不允许的（即存在 6 个无关项），没有确定的输出。在设计中充分利用无关项可以使设计得到简化。

【例 1.33】　设有一奇偶判别电路，其输入为 1 位十进制数 x 的 8421BCD 码。当输入为偶数时，电路输出为 0；当输入为奇数时，电路输出为 1，如图 1.27 所示。试列出其真值表及卡诺图，并求出其最简与或式。

解：根据题意，可以列出描述该电路的真值表，如表 1.25 所示。表中第 10～15 行变量取值组合不是 8421BCD 码，对应的最小项为无关项，所以这是一个不完全确定的逻辑函数，其表达式为：

$$F(A,B,C,D)=\sum m(1,3,5,7,9)+\sum d(10,11,12,13,14,15)$$

式中，d 为无关项，即当 ABCD 取 1010～1111 中任一组值时，F 的值既可为 0，也可为 1，故在表中打上“×”。

由真值表画出卡诺图，如图 1.28 所示。图中六个无关项对应的小方格打“×”。若不利用无关项化简，即圈中不包含打“×”的方格，得：

$$F(A, B, C, D) = \overline{A}D + \overline{B}\overline{C}D$$

若利用无关项化简，即圈中包含打“×”的方格，以获得尽可能大的圈，如图 1.28 所示，则得：

$$F(A, B, C, D) = D$$

可将函数完整地写为： $\begin{cases} F(A, B, C, D) = D \\ \sum d(10,11,12,13,14,15) = 0 \end{cases}$ 或 $\begin{cases} F(A, B, C, D) = D \\ AB + AC = 0 \end{cases}$

即在写出 F 的表达式的同时，把约束关系也写上，以便全面地表示逻辑函数的性质。

图 1.27　例 1.33 的图

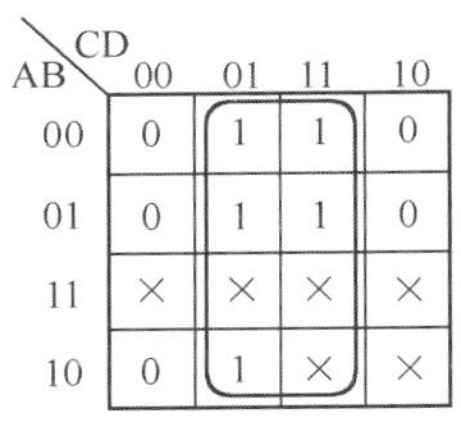

图 1.28　例 1.33 卡诺图

表 1.25　例 1.33 的真值表

十进制数 x	BCD 码				F（A, B, C, D）	十进制数 x	BCD 码				F（A, B, C, D）
	A	B	C	D			A	B	C	D	
0	0	0	0	0	0	8	1	0	0	0	0
1	0	0	0	1	1	9	1	0	0	1	1
2	0	0	1	0	0	10	1	0	1	0	×
3	0	0	1	1	1	11	1	0	1	1	×
4	0	1	0	0	0	12	1	1	0	0	×
5	0	1	0	1	1	13	1	1	0	1	×
6	0	1	1	0	0	14	1	1	1	0	×
7	0	1	1	1	1	15	1	1	1	1	×

由例 1.33 可见，充分利用无关项，有可能使逻辑函数进一步简化，从而使逻辑电路更为简单。在卡诺图上化简具有无关项的逻辑函数时，其方法和前述卡诺图化简法基本相同，每个标 1 方格都必须至少包含在一个圈中，而无关项（打“×”的方格）却不一定。也就是说，无关项是否包含在某一个或几个圈中，取决于它是否能使含标 1 方格的圈尽可能大（即是否有利于化简）。若能，则该无关项圈入（此时，圈入的“×”当做 1 处理）；若不能，则不圈入（此时，未圈入的“×”当做 0 处理）。

【例 1.34】　化简逻辑函数

$$F(A,B,C,D) = \sum m(0,1,2,3,4,7,8,9) + \sum d(10,11,12,13,14,15)$$

解：画出 F 的卡诺图，如图 1.29 所示，利用无关项化简后得：

$$\begin{cases} F = \overline{C}\overline{D} + CD + \overline{B} \\ AB + AC = 0 \end{cases}$$

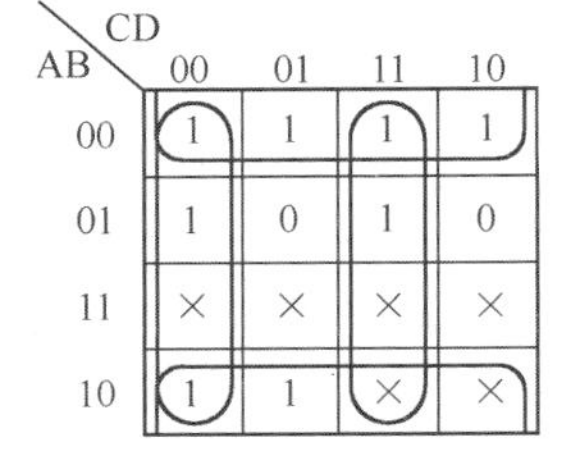

图 1.29　例 1.34 卡诺图

1.8.4　逻辑函数式化简为其他形式

根据上面介绍的方法可知，任何逻辑函数式都可以求得其最简与或式，而有了最简与或式，则可以很方便地得到其他形式的表达式。

下面以 $F = AB + \overline{A}C$ 为例，说明如何将与或式转换为其他形式的表达式。

1. 与非与非式

由最简与或式，经过两次求反，可得与非与非式。

$$F = AB + \overline{A}C = \overline{\overline{AB + \overline{A}C}} = \overline{\overline{AB} \cdot \overline{\overline{A}C}}$$

此式即为所求函数的与非与非式。

2．与或非式

求函数 F 的最简与或非式，可以先求出其反函数 $\overline{F}$ 的最简与或式，再对 $\overline{F}$ 求反即可。

求 $\overline{F}$ 的最简与或式可以利用对卡诺图圈 0 方格得到（原则、步骤和圈 1 方格是相同的），求 $\overline{F}$ 的卡诺图如图 1.30 所示。

A \ BC	00	01	11	10
0	0	1	1	0
1	0	0	1	1

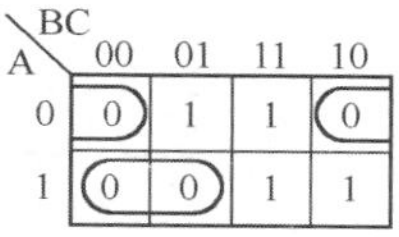

图 1.30　求 $\overline{F}$ 的卡诺图

得到 $\overline{F}$ 的最简与或式为：$\overline{F}=\overline{A}\,\overline{C}+A\overline{B}$。

再对 $\overline{F}$ 求反便可得到 F 的与或非式为：$F=\overline{(\overline{F})}=\overline{\overline{A}\,\overline{C}+A\overline{B}}$。

3．或与式

由最简与或式，运用两次求对偶或两次求反可得或与式。

（1）两次求对偶

例如，对最简与或式 $F=AB+\overline{A}C$，其对偶式 F' 的最简与或式为：

$$F'=(A+B)(\overline{A}+C)=\overline{A}B+AC+BC=\overline{A}B+AC$$

再求 F' 的对偶式

$$F=(F')'=(\overline{A}+B)(A+C)$$

此式即为 F 的或与式。

（2）两次求反

利用卡诺图圈 0 得到 $\overline{F}$ 的最简与或式为：

$$\overline{F}=\overline{A}\,\overline{C}+A\overline{B}$$

利用反演规则，再对 $\overline{F}$ 求反，便可得到 F 的或与式为：

$$F=\overline{\overline{F}}=(A+C)(\overline{A}+B)$$

4．或非或非式

由最简或与式，经过两次求反，可得或非或非式为：

$$F=(A+C)(\overline{A}+B)=\overline{\overline{(A+C)(\overline{A}+B)}}=\overline{\overline{A+C}+\overline{\overline{A}+B}}$$

以上介绍了由逻辑函数的与或式求得其他形式的表达式的方法。当然，还可以采用其他方法得到变换结果。但需要注意的是，由最简与或式变换为其他形式的表达式，有时不一定是最简的。

1.8.5　奎恩–麦克拉斯基化简法

在对逻辑函数进行化简时，公式法的优点是，它的使用不受任何条件的限制。但由于这种方法没有固定的步骤可循，所以在化简一些复杂的逻辑函数时不仅需要熟练地运用各种公式和定理，而且需要有一定的运算技巧和经验。

卡诺图法的优点是简单、直观，而且有一定的化简步骤可循，初学者容易掌握这种方法，且化简过程中也易于避免差错。然而在逻辑变量超过 5 个以上时，将失去其简单、直观的优点。

由奎恩（W.V.Quine）和麦克拉斯基（E. J. McCluskey）提出的用列表方式进行化简的方法，克服了公式法和卡诺图法的的局限性，它有确定的流程，适用于任何复杂逻辑函数的化简，因此适用于编制计算机辅助化简程序。通常将这种化简方法称为奎恩–麦克拉斯基化简法，简称 Q-M 法。

Q-M 法的基本原理仍然是通过合并相邻最小项并消去多余因子而求得逻辑函数的最简与或式。下面结合一个具体的例子简要介绍 Q-M 法的基本原理和化简步骤。

假设 Y 为一个五变量的逻辑函数，其逻辑表达式为：

$$Y(A,B,C,D,E)=A\overline{B}CD\overline{E}+\overline{A}\,\overline{C}\,\overline{D}\,\overline{E}+\overline{A}\,\overline{B}\,\overline{C}D+\overline{A}BD\overline{E}+BCDE+AB\overline{C}DE+AB\overline{C}\,\overline{D}\,\overline{E}$$

使用 Q-M 法的化简步骤如下：

（1）将函数化为最小项之和的形式，列出最小项编码表。将 Y 化为最小项之和的形式：

$$Y=\sum m(0,2,3,8,10,14,15,22,24,27,31)$$

用 1 表示最小项中的原变量，用 0 表示反变量，得到表 1.26 所示 Y 的最小项编码表。

表 1.26　Y 的最小项编码表

最小项编号	0	2	3	8	10	14	15	22	24	27	31
代码	00000	00010	00011	01000	01010	01110	01111	10110	11000	11011	11111

（2）按包含 1 的个数将最小项分组，如表 1.27 列表合并最小项中最左边一列所示。

表 1.27　列表合并最小项

合并前的最小项（$\sum m_i$）							第一次合并结果（含 n−1 个变量的乘积项）							第一次合并结果（含 n−2 个变量的乘积项）						
编号	A	B	C	D	E		编号	A	B	C	D	E		编号	A	B	C	D	E	
0	0	0	0	0	0	√	0, 2	0	0	0	—	0	√	0, 2 8, 10	0	—	0	—	0	P_8
2	0	0	0	1	0	√	0, 8	0	—	0	0	0	√	0, 8 2, 10	0	—	0	—	0	P_8
8	0	1	0	0	0	√	2, 3	0	0	0	1	—	P_2							
3	0	0	0	1	1	√	2, 10	0	—	0	1	0	√							
10	0	1	0	1	0	√	8, 10	0	1	0	—	0	√							
24	1	1	0	0	0	√	8, 24	—	1	0	0	0	P_3							
14	0	1	1	1	0	√	10, 14	0	1	—	1	0	P_4							
22	1	0	1	1	0	P_1	14, 15	0	1	1	1	—	P_5							
15	0	1	1	1	1	√	15, 31	—	1	1	1	1	P_6							
27	1	1	0	1	1	√	27, 31	1	1	—	1	1	P_7							
31	1	1	1	1	1	√														

（3）合并相邻的最小项。将表 1.27 中最左边一列里每一组的每一个最小项与相邻组里所有的最小项逐一比较，若仅有一个因子不同，则可合并，并消去不同的因子。消去的因子用“—”表示，将合并后的结果列于表 1.27 的第二列中。同时，在第一列中可以合并的最小项右边标“√”。

按照同样的方法再将第二列中的乘积项合并，合并后的结果写在第三列中。

如此进行下去，直到不能再合并为止。

（4）选择最少的乘积项。只要将表 1.27 合并过程中没有用过的那些乘积项相加，自然就包含了 Y 的全部最小项，故有：

$$Y=P_1+P_2+P_3+P_4+P_5+P_6+P_7+P_8$$

然而，上式并不一定是最简的与或表达式。为了进一步化简，将 P_1~P_8 各包含的最小项列成表，如表 1.28 所示用列表法选择最少的乘积项。因为表中带圆圈的最小项仅包含在一个乘积项中，所以化简结果中一定包含它们所在的乘积项，即 P_1，P_2，P_3，P_7，P_8。而且选取了这五项之和以后，已包含了除 m_{14} 和 m_{15} 外所有 Y 的最小项。

最后就是要确定化简结果中是否应包含 P_4，P_5，P_6。为此可将表 1.28 中有关 P_4，P_5，P_6 的部分简化成表 1.29 的形式。

由表 1.29 中可以看到，P_4 中所有的 1 和 P_6 中所有的 1 皆与 P_5 中的 1 重叠，亦即 P_5 中的最小项包含了 P_4 和 P_6 的所有最小项，故可将表达式中 P_4 和 P_6 两项删掉。从而得到最后的化简结果：

$$\begin{aligned}Y(A,B,C,D,E)&=P_1+P_2+P_3+P_5+P_7+P_8\\&=A\bar{B}CD\bar{E}+\bar{A}\bar{B}\bar{C}D+B\bar{C}\bar{D}\bar{E}+\bar{A}BCD+ABDE+\bar{A}\bar{C}\bar{E}\end{aligned}$$

表 1.28　用列表法选择最少的乘积项

P_j \ m_i	0	2	3	8	10	14	15	22	24	27	31
P_1								①			
P_2		1	①								
P_3				1					①		
P_4					1	1					
P_5						1	1				
P_6							1				1
P_7										①	1
P_8	①	1		1	1						

表 1.29　表 1.28 的 P_4，P_5，P_6 部分

P_j \ m_i	14	15
P_4	1	
P_5	1	1
P_6		1

从上面的例子可以看出，虽然 Q-M 法的化简过程看起来比较烦琐，但由于有一定化简步骤，适用于任何复杂逻辑函数的化简，这就为编制计算机辅助化简程序提供了方便。因此，几乎很少有人用手工方式使用 Q-M 法去化简复杂的逻辑函数，而是使用基于该方法的基本原理去编制各种计算机软件，然后在计算机上完成逻辑函数的化简工作。

1.8.6　多输出逻辑函数的化简

前面讨论的逻辑函数化简，都是针对单个函数（相应的逻辑电路只有一个输出端）而言的。实际的数字电路通常是一个多输出电路，即对应于相同一组输入变量，存在着多个输出函数，根据这些输出函数式，实现电路时，不是各自分立的，而是相互构成一个整体电路。因此，多输出函数的化简，虽然也是以单个函数的化简方法为基础的，但却不能像单个函数化简那样只顾各个函数本身最简，而必须从整体出发，以使多输出函数整体最简，从而使所实现的整体电路最简。这就是多输出函数化简的指导思想。多输出函数化简，可以利用卡诺图法，也可以利用列表法。这里仅介绍卡诺图法。利用卡诺图法化简多输出函数的关键在于寻找并恰当地利用全部函数或部分函数的公共项（在卡诺图上即为公共圈）。下面举例说明。

【例 1.35】　化简下列多输出函数

$$\begin{cases} F_1(A,B,C)=\sum m(1,4,5) \\ F_2(A,B,C)=\sum m(1,3,7) \end{cases}$$

解：画出 F_1 和 F_2 的卡诺图，如图 1.31 所示。

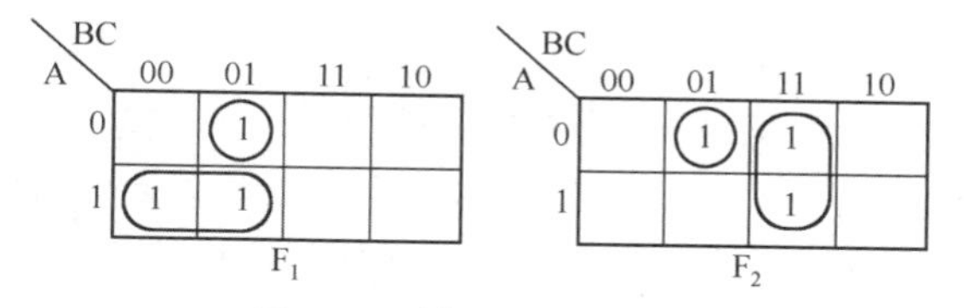

图 1.31　例 1.35 的卡诺图

若按单个函数化简方法，其结果为：

$$F_1=A\overline{B}+\overline{B}C \qquad F_2=\overline{A}C+BC$$

相应的逻辑图如图 1.32 所示（假定输入提供原、反变量）。

现在从整体出发，考虑函数的化简。从 F_1 和 F_2 的卡诺图中看出，m_1 是两个函数的公有乘积项，可先将它单独圈出。其余的标 1 方格，仍按一般卡诺图的圈选原则进行圈选（如图 1.31 所示），其结果为：

$$F_1=\overline{A}\overline{B}C+A\overline{B} \qquad F_2=\overline{A}\overline{B}C+BC$$

上式从单个函数看并非最简，但从整体看却是最简的。相应的逻辑图如图 1.33 所示。比较图 1.32 和图 1.33，显然后者节省了一个门和一条连线。

上例中得到的公共圈是有用的，即有利于整体电路最简，但并非任何情况下得到的公共圈都是有用的。

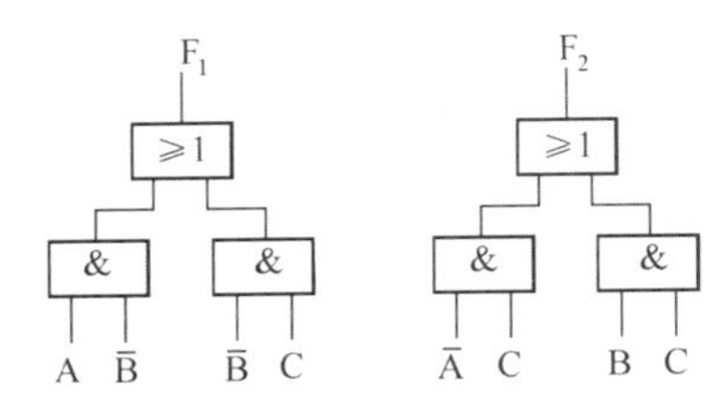

图 1.32　例 1.35 按单个函数化简的逻辑图

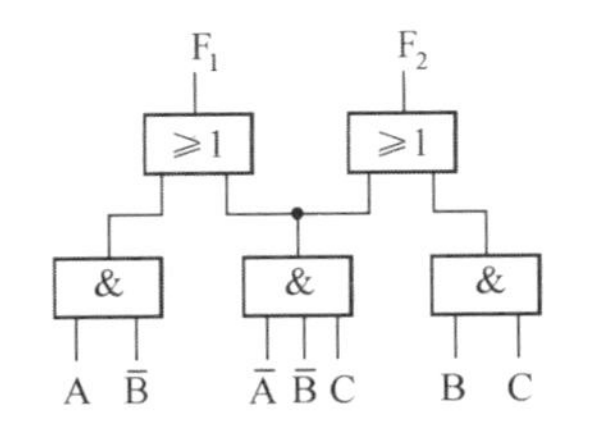

图 1.33　例 1.35 按多输出函数化简的逻辑图

【例 1.36】 化简下列多输出函数

$$\begin{cases} F_1(A,B,C,D)=\sum m(2,3,5,7,8,9,10,11,13,15) \\ F_2(A,B,C,D)=\sum m(2,3,5,6,7,10,11,14,15) \\ F_3(A,B,C,D)=\sum m(6,7,8,9,13,14,15) \end{cases}$$

解： 画出 F_1、F_2 和 F_3 的卡诺图，如图 1.34 化简方案一所示。

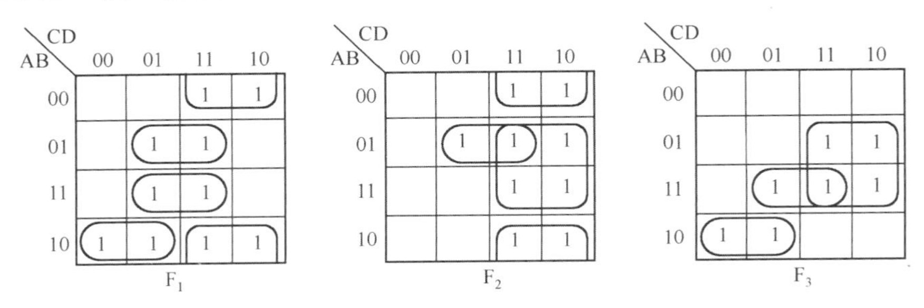

图 1.34　例 1.36 化简方案一

如果按照图 1.34 所示来选择公共圈方案，则化简结果为：

$$F_1=\bar{B}C+\bar{A}BD+ABD+A\bar{B}\bar{C} \qquad F_2=\bar{B}C+\bar{A}BD+BC \qquad F_3=ABD+A\bar{B}\bar{C}+BC$$

这是一次试圈选，是否为最佳方案还需进一步考察。由图 1.34 看出，m_5 和 m_7、m_8 和 m_9、m_{13} 和 m_{15} 分别圈出来是可以肯定的。因为 F_1 中若把 m_5，m_7，m_{13}，m_{15} 圈在一起，把 m_8，m_9，m_{11}，m_{10} 圈在一起，将使整体电路增加两个门。值得进一步考察的是 F_2 中的 m_2，m_3，m_6，m_7，m_{10}，m_{11}，m_{14}，m_{15} 这八个最小项的圈法，如将这八个最小项圈在一起，合并的结果只剩下一个变量 C，它在电路中不需要逻辑门，而且使 F_2 的或门只有两个输入端。如按图 1.34 的圈法，把 F_2 中这八个最小项拆成两个圈，分别与 F_1，F_3 取得公共圈，这在电路中虽然也不需要增加逻辑门，但 F_2 中因有三个乘积项，使得 F_2 的或门就需要三个输入端。因此可以确定，F_2 中的这八个最小项应当圈在一起，从而得到如图 1.35 所示化简方案二。化简结果为：

$$F_1=\bar{B}C+\bar{A}BD+ABD+A\bar{B}\bar{C} \qquad F_2=C+\bar{A}BD \qquad F_3=ABD+A\bar{B}\bar{C}+BC$$

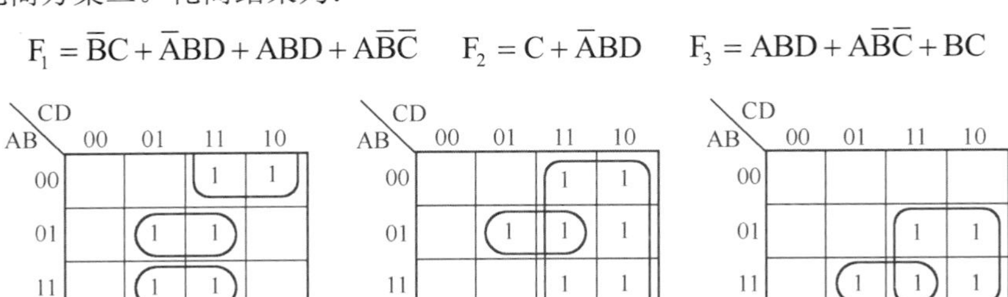

图 1.35　例 1.36 化简方案二

相应的逻辑图如图 1.36 所示。

从此例可以得出结论，凡是单个函数中能化简为只含一个变量的积项（标 1 方格正好占了整张卡诺图的一半）的，不宜再将它拆开来同其他函数构成公共项。总之，从多输出函数卡诺图上找出来的公共圈能否加以利用，完全以能否使整体电路简化为准，如能简化电路，则应充分利用。

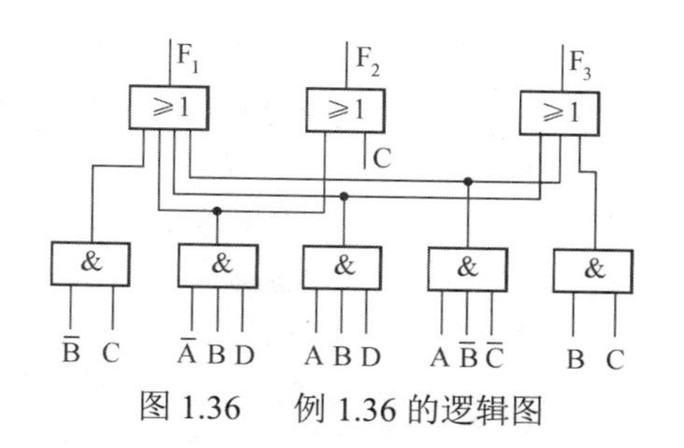

图 1.36　例 1.36 的逻辑图

通过以上举例可以归纳出用卡诺图化简多输出函数的步骤如下：

（1）分别画出各个函数的卡诺图；

（2）在各个卡诺图中寻找两个或两个以上函数的公共圈，对非共同部分，仍按一般卡诺图的化简原则进行圈选；

（3）进一步考察步骤（2），考察时着眼点放在公共圈上，因为有些公共圈在某个函数的卡诺图中，有可能扩大合并范围，其结果有可能使整体电路更加简化。这就需要多次修改圈选方案，并做反复比较，从中选出使整体电路最简的方案。

用卡诺图化简多输出函数的步骤也可以反过来，先分别化简各函数，再找公共圈，并做分析比较，找出使整体电路最简的方案。

复习思考题

R1.1　怎样将二进制数转换为 8421BCD 码？

R1.2　试写出 3 位和 5 位格雷码的顺序编码。

R1.3　二进制正、负数的原码、反码和补码三者之间是什么关系？

R1.4　代入规则中对代入逻辑式的形式和复杂程度有无限制？

R1.5　在真值表中，改变输入取值的排列顺序，对逻辑函数的输出有无影响？

R1.6　将一个无关项是否写入逻辑函数式，对函数的输出有无影响？

R1.7　在化简多输出逻辑函数时，怎样才能得到整体电路的最简方案？

习题

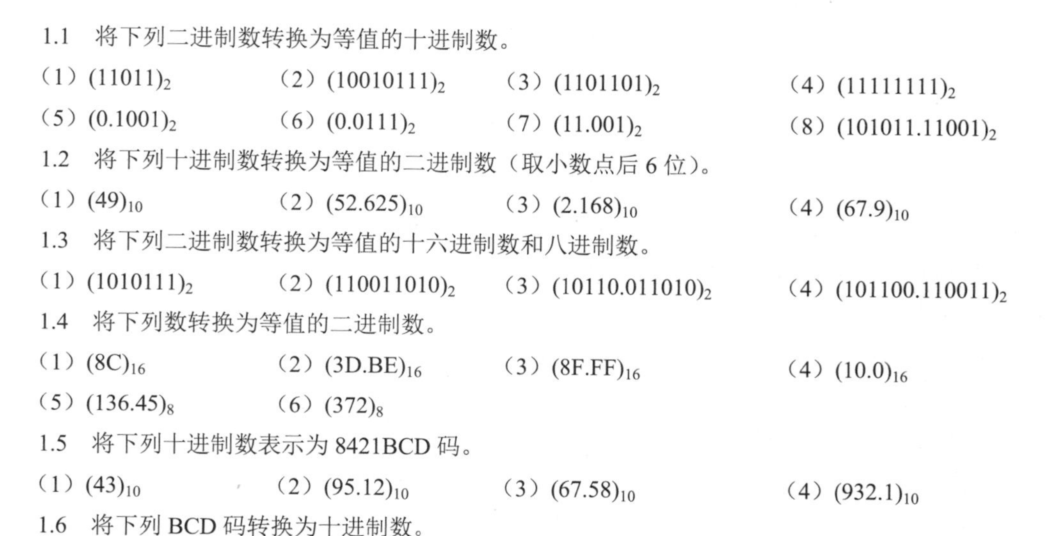

1.1　将下列二进制数转换为等值的十进制数。

（1）$(11011)_2$　（2）$(10010111)_2$　（3）$(1101101)_2$　（4）$(11111111)_2$

（5）$(0.1001)_2$　（6）$(0.0111)_2$　（7）$(11.001)_2$　（8）$(101011.11001)_2$

1.2　将下列十进制数转换为等值的二进制数（取小数点后 6 位）。

（1）$(49)_{10}$　（2）$(52.625)_{10}$　（3）$(2.168)_{10}$　（4）$(67.9)_{10}$

1.3　将下列二进制数转换为等值的十六进制数和八进制数。

（1）$(1010111)_2$　（2）$(110011010)_2$　（3）$(10110.011010)_2$　（4）$(101100.110011)_2$

1.4　将下列数转换为等值的二进制数。

（1）$(8C)_{16}$　（2）$(3D.BE)_{16}$　（3）$(8F.FF)_{16}$　（4）$(10.0)_{16}$

（5）$(136.45)_8$　（6）$(372)_8$

1.5　将下列十进制数表示为 8421BCD 码。

（1）$(43)_{10}$　（2）$(95.12)_{10}$　（3）$(67.58)_{10}$　（4）$(932.1)_{10}$

1.6　将下列 BCD 码转换为十进制数。

（1）$(010101111001)_{8421BCD}$　（2）$(10001001.01110101)_{8421BCD}$　（3）$(010011011011)_{2421BCD}$

（4）$(11001101.11100010)_{2421BCD}$　（5）$(010011001000)_{5421BCD}$　（6）$(001110101100.1001)_{5421BCD}$

（7）$(10001011)_{余3BCD}$　（8）$(10100011.01110110)_{余3BCD}$

1.7　将下列十进制数写成二进制数的原码、反码和补码形式（包括符号位在内 8 位）。

（1）+19　（2）−37　（3）+100　（4）−127

1.8　下列是二进制数的补码形式，求它们的十进制值。

（1）01100　（2）11010　（3）10001

1.9　用真值表证明下列各式相等。（查阅本题题解请扫描二维码 1-1）

二维码 1-1

（1）$A\bar{B}+B+\bar{A}B=A+B$　（2）$A(B\oplus C)=(AB)\oplus(AC)$

（3）$\overline{A\bar{B}+C}=(\bar{A}+B)\bar{C}$　（4）$\overline{AB+\bar{A}C}=A\bar{B}+\bar{A}\bar{C}$

1.10　写出下列逻辑函数的对偶式 F' 及反函数 $\bar{F}$。

（1）$F=\bar{A}\bar{B}+CD$　（2）$F=\left[(A\bar{B}+C)D+E\right]G$

（3）$F=\overline{A\bar{B}+C}+\overline{A+\overline{BC}}$　（4）$F=\overline{A+B+\bar{C}+\overline{D+E}}$

1.11　将下列逻辑函数化为最小项之和及最大项之积的形式。并求 $\bar{F}$ 和 F' 的最小项之和的形式。

（1）$F=\bar{A}BC+A$　（2）$F=\overline{A\bar{C}+BC}$　（3）$F=(A+\bar{B})(A+C)$　（4）$F=\overline{(B+\bar{C})(\bar{A}+\bar{B})}$

1.12　用逻辑代数公式将下列逻辑函数化成最简与或式。

（1）$F=A\bar{B}+A\bar{C}+BC+A\bar{C}\bar{D}$　（2）$F=(A+\bar{A}C)(A+CD+D)$　（3）$F=\bar{B}\bar{D}+\bar{D}+D(B+C)(\bar{A}\bar{D}+\bar{B})$

（4）$F=\bar{A}\bar{B}\bar{C}+AD+(B+C)D$　（5）$F=\overline{\overline{AC+\bar{B}C}+B(A\oplus C)}$　（6）$F=\overline{(A\oplus B)\cdot(B\oplus C)}$

1.13　用卡诺图将下列逻辑函数化成最简与或式。（查阅本题题解请扫描二维码 1-2）

二维码 1-2

（1）$F=ABC+ABD+\bar{C}\bar{D}+A\bar{B}C+\bar{A}C\bar{D}$　（2）$F=A\bar{B}\bar{C}+\bar{A}\bar{B}+\bar{A}D+C+BD$

（3）$F=\overline{B\bar{C}D+A\bar{D}(B+C)}$　（4）$F=\overline{(AB+CD)(BC+AD)}+\bar{A}BC$

（5）$F=(AB+\bar{A}C+\bar{B}D)\oplus(A\bar{B}\bar{C}D+\bar{A}CD+BCD+\bar{B}C)$　（6）$F(A,B,C)=\sum m(0,2,4,6,7)$

（7）$F(A,B,C)=\sum m(0,1,5,6,7)$　（8）$F(A,B,C,D)=\sum m(3,4,5,7,9,13,14,15)$

（9）$F(A,B,C,D)=\sum m(0,1,3,5,6,7,11,13)$　（10）$F(A,B,C,D)=\sum m(0,1,2,3,4,5,6,7,8,9,10,12,)$

（11）$F(A,B,C,D)=\sum m(0,1,2,5,8,9,10,12,14)$　（12）$F(A,B,C,D)=\sum m(0,4,5,7,8,10,14,15)$

1.14　用卡诺图将下列逻辑函数化成最简与或式。

（1）$F=(A\oplus B)C\bar{D}+\bar{A}B\bar{C}+\bar{A}\bar{C}D$　　且 $AB+CD=0$

（2）$F=\bar{A}C+A\bar{B}$　　且 A,B,C 不能同时为 0 或同时为 1

（3）$F(A,B,C)=\sum m(3,5,6,7)+\sum d(2,4)$

（4）$F(A,B,C,D)=\sum m(0,4,6,8,13)+\sum d(1,2,3,9,10,11)$

（5）$F(A, B, C, D)=\sum m(0,1,8,10)+\sum d(2,3,4,5,11)$

（6）$F(A, B, C, D)=\sum m(3,5,8,9,10,12)+\sum d(0,1,2,13)$

1.15　将下列逻辑函数化简为与非与非式。

（1）$F=AB+BC+AC$　（2）$F=(\bar{A}+B)(A+\bar{B})C+\overline{BC}$

（3）$F=\overline{AB\bar{C}+A\bar{B}C+\bar{A}BC}$　（4）$F=A\overline{BC}+\overline{\overline{A\bar{B}}+\bar{A}\bar{B}+BC}$

1.16　将下列逻辑函数化简为或非或非式。

（1）$F=A\bar{B}C+B\bar{C}$　（2）$F=(A+C)(\bar{A}+B+\bar{C})(\bar{A}+\bar{B}+C)$

（3）$F=\overline{(AB\bar{C}+\bar{B}C)}\bar{D}+\bar{A}\bar{B}D$　（4）$F(A, B, C, D)=\sum m(0,2,3,8,9,10,11,13)$

1.17 用卡诺图将下列逻辑函数化为整体最简的与或式。

（1）$\begin{cases} F_1 = A\overline{C} + \overline{A}C + \overline{B}C \\ F_2 = A\overline{B} + B\overline{C} + \overline{A}B \end{cases}$

（2）$\begin{cases} F_1 = A\overline{B}\overline{C}D + AC\overline{D} + CD \\ F_2 = ABC\overline{D} + \overline{A}\overline{B}CD + A\overline{B}\overline{C} + BCD + \overline{C}\overline{D} \end{cases}$

（3）$\begin{cases} F_1(A, B, C) = \sum m(0,1,3) \\ F_2(A, B, C) = \sum m(3,5,7) \\ F_3(A, B, C) = \sum m(3,4,5,6,7) \end{cases}$

第 2 章　逻辑门电路

逻辑门电路是指能完成一些基本逻辑功能的电子电路，简称门电路，它是构成数字电路的基本单元电路。从生产工艺上看，门电路可分为分立元件门电路和集成门电路两大类。分立元件门电路目前已很少采用，本章将主要介绍集成门电路。本章首先介绍晶体管的开关特性，然后着重讨论目前广泛使用的 TTL 和 CMOS 门电路的逻辑功能和电气特性（主要是外部特性），并简要地介绍其他类型的双极型电路和 MOS 门电路，最后讨论 TTL 和 CMOS 电路的接口。

2.1　晶体管的开关特性

数字集成电路按所用半导体器件的不同，可分为两大类：一类是以双极型晶体管为基本元件组成的集成电路，称为双极型数字集成电路，属于这一类的有 DTL（Diode Transistor Logic）、TTL（Transistor-Transistor Logic）和 ECL（Emitter Coupled Logic）等电路；另一类是以 MOS 管为基本元件组成的集成电路，称为 MOS 型（或单极型）数字集成电路，属于这一类的有 NMOS（N-Channel Metal-Oxide-Semiconductor）和 CMOS（Complement Metal-Oxide-Semiconductor）等电路。

在数字电路中，经常将二极管、三极管和场效应管作为开关元件使用，它们在电路中的工作状态有时导通，有时截止，并能在信号的控制下进行两种状态的转换。这是一种非线性的大信号运用。一个理想的开关，接通时阻抗应为零，断开时阻抗应为无穷大，而这两个状态之间的转换应该是瞬间完成的。但实际上晶体管在导通时具有一定的内阻，而截止时仍有一定的反向电流，又由于它本身具有惰性（如双极型晶体管中存在着势垒电容和扩散电容，场效应管中存在着极间电容），因此两个状态之间的转换需要时间，转换时间的长短反映了该器件开关速度的快慢。下面讨论二极管、三极管和 MOS 管的开关特性。

1. 二极管的开关特性

由于二极管具有单向导电性，所以在数字电路中经常把它当做开关使用。正向运用时，电阻很小，接近短路；反向运用时，电阻很大，接近断路。所以用它做开关是合适的。图 2.1 是硅二极管的伏安特性曲线。

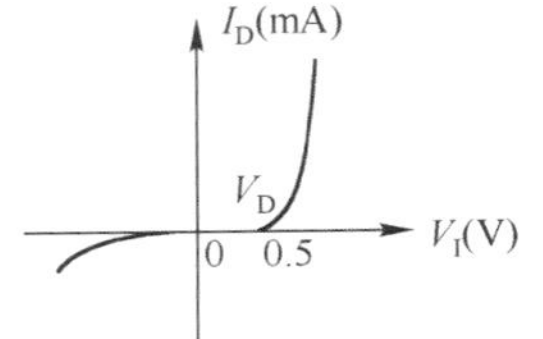

图 2.1　硅二极管的伏安特性曲线

（1）导通条件及导通时的特点

由图 2.1 知道，当外加正向电压 V_I 大于导通电压 V_D 时，管子开始导通。此后，电流 I_D 随着 V_I 的增加而急剧增加。在 $V_I=0.7V$ 时，特性已经很陡，也即 I_D 在一定范围内变化，V_I 基本保持在 0.7V 左右。因此在数字电路的分析估算中，常把开路时 $V_I>0.7V$ 看成硅二极管导通的条件。而且一旦导通之后，就近似地认为管压降保持 0.7V 不变。如同一个具有 0.7V 压降的闭合了的开关，有时可将 0.7V 压降忽略不计。二极管导通时的直流等效电路如图 2.2 所示。

（2）截止条件及截止时的特点

由图 2.1 可看出，当$V_I < V_D$时，I_D已经很小，而且只要$V_I < V_D$，即使在很大范围内变化，I_D都很小，因此，在数字电路的分析估算中，常把$V_I < V_D = 0.5V$，看成硅二极管截止的条件。而且一旦截止之后，就近似地认为$I_D = 0$，如同断开了的开关。二极管截止时的直流等效电路如图 2.3 所示。

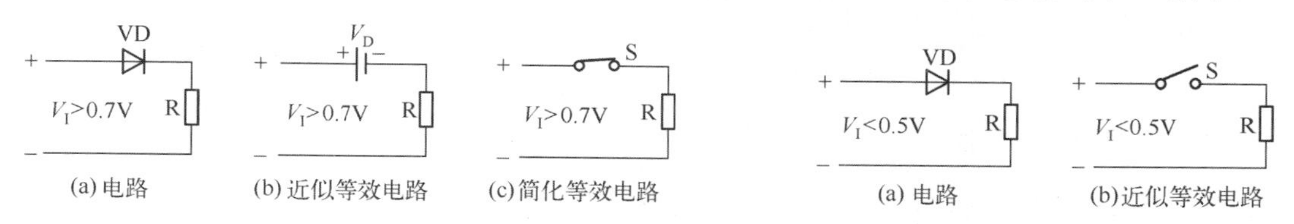

图 2.2　二极管导通时的直流等效电路　　图 2.3　二极管截止时的直流等效电路

（3）开关时间

在数字电路中，二极管开、关的频率很高，有时在百万次以上，故开关时间是一个重要的概念。

二极管由反向截止转换为正向导通所需的时间，一般称为开启时间。因为二极管正向导通时电阻很小，与二极管内 PN 结等效电容并联之后，电容作用不明显，所以转换时间很短，一般可以忽略不计。

二极管由正向导通转换为反向截止所需的时间，一般称为关断时间。二极管反向截止时电阻很大，PN 结等效电容作用明显，充放电时间长，一般开关管的关断时间大约是几纳秒。

2．三极管的开关特性

三极管能当做开关使用，三极管开关电路如图 2.4 所示。三极管有三个工作区：截止、放大、饱和。当工作在饱和区时，管压降很小，接近于短路；当工作在截止区时，反向电流很小，接近于断路。所以，只要使三极管工作在饱和区和截止区，就可以把它看成开关的通、断两个状态。二极管是用其阳极和阴极两极作为开关的两端接在电路中的，开关的通、断受其两端电压控制；而三极管（以共射电路为例）是用其集、射两极作为开关的两端接在电路中的，开关的通、断则受基极控制。

（1）饱和导通条件及饱和时的特点

饱和导通条件：
$$I_B \geqslant I_{BS} = \frac{I_{CS}}{\beta} \approx \frac{V_{CC}}{\beta R_C}$$

饱和导通时的特点：$V_{BE} \approx 0.7V$，$V_{CE} = V_{CES} \approx 0.3V$。此时发射结和集电结均为正向偏置；$I_C$不再随$I_B$增加而增加，集射极之间如同闭合了的开关。三极管开关电路的直流等效电路如图 2.5所示，图 2.5（a）为三极管饱和导通时的直流等效电路。

（2）截止条件及截止时的特点

截止条件：$V_{BE} < 0.5V$（硅三极管发射结导通电压）。

截止时的特点：发射结和集电结均为反向偏置，$I_B \approx 0$，$I_C \approx 0$，集射极之间如同断开了的开关。图 2.5（b）为三极管截止时的直流等效电路。

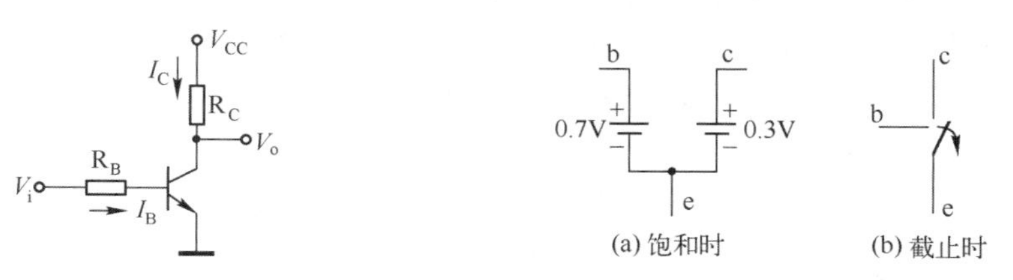

图 2.4　三极管开关电路　　图 2.5　三极管开关电路的直流等效电路

（3）开关时间

三极管的开关过程和二极管相似，也需要一定时间。当输入信号跳变时，三极管由截止到饱和导通所需要的时间，称为开启时间，用 t_{on} 表示；由饱和导通到截止所需要的时间，称为关断时间，用 t_{off} 表示。

t_{on} 和 t_{off} 一般都在纳秒（ns）数量级，而且 $t_{off} > t_{on}$。t_{off} 与工作时三极管饱和导通的深度 I_B / I_{BS} 有关，饱和越深，t_{off} 越长，反之则越短。所以，提高三极管开关速度的一条重要措施，就是限制三极管工作时的饱和深度，即减小 I_B / I_{BS}。

3. MOS 管的开关特性

在数字电路中，把 MOS 管的漏极 D 和源极 S 作为开关的两端接在电路里，开关的通、断受栅极 G 的电压控制。MOS 管也有三个工作区：截止区、非饱和区（也称可变电阻区）、饱和区（也称恒流区）。MOS 管作为开关使用时，通常工作在截止区和非饱和区。在数字电路中，用得最多的是 N 沟道增强型 MOS 管和 P 沟道增强型 MOS 管，它们是构成 CMOS 数字集成电路的基本开关元件，两者在结构上是对称的，工作原理和特点也无本质区别，只是后者的栅源电压 V_{GS}、漏源电压 V_{DS}、开启电压 $V_{GS(th)P}$ 均为负值。下面以 N 沟道增强型 MOS 管为例，说明 MOS 管的开关特性及工作特点。图 2.6 为 NMOS 管开关电路，图 2.7 为 NMOS 管开关电路的直流等效电路。

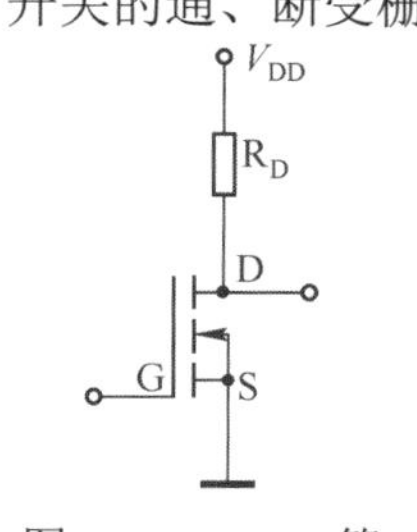

图 2.6　NMOS 管开关电路

（1）导通条件和导通时的特点

导通条件：$V_{GS} > V_{GS(th)N}$。

当栅源电压 V_{GS} 大于开启电压 $V_{GS(th)N}$ 时，NMOS 管导通。在数字电路中，NMOS 管导通时，一般都工作于非饱和区（必须 $V_{GS} > V_{GS(th)N} + V_{DS}$），导通电阻 R_{DS} 都为几百欧姆。图 2.7（a）为 NMOS 管导通状态时的直流等效电路，由图可知，当 NMOS 管工作在导通区时，如 $R_{DS} \ll R_D$，则 $V_{DS} \approx 0$，这就是开关导通时的特点。

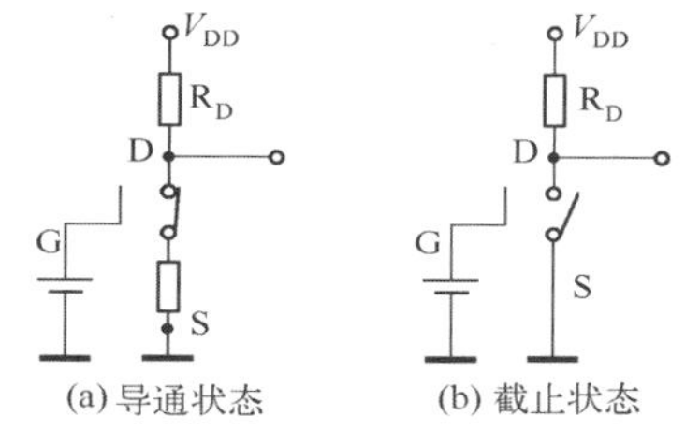

图 2.7　NMOS 管开关电路的直流等效电路

（2）截止条件和截止时的特点

截止条件：$V_{GS} < V_{GS(th)N}$。

当 $V_{GS} < V_{GS(th)N}$ 时，漏源之间没有形成导电沟道，呈高阻状态，阻值一般为 10^9~$10^{10}\Omega$，NMOS 管截止。此时的直流等效电路如图 2.7（b）所示。由图可知，截止时 $I_{DS} \approx 0$，$V_{DS} \approx V_{DD}$，如同断开了的开关，这就是开关截止时的特点。

（3）开关时间

双极型三极管由于饱和时有超量存储电荷存在，所以使其开关时间变长；而 MOS 管是单极型器件，它只有一种载流子参与导电，没有超量存储电荷存在，也不存在存储时间，因而 MOS 管本身固有的开关时间是很小的，它与由寄生电容造成的影响相比，完全可以忽略。

布线电容和管子极间电容等寄生电容构成了 MOS 管的输入和输出电容，虽然这些电容很小，但是由于 MOS 管输入电阻很高，导通电阻达几百欧姆，负载的等效电阻也很大，因而输入、输出电容的充放电时间常数较大。因此 MOS 管开关电路的开关时间，主要取决于其输入和输出电路的充、放电时间。和三极管开关电路相比，MOS 管开关电路的开关时间要长一些。

2.2　分立元件门电路

逻辑门电路的种类很多，最基本的有与门、或门和非门，它们分别是实现逻辑“乘”、逻辑“加”

和逻辑“非”的电路；其他的门电路，例如与非门、或非门、与或非门等都是由这几种基本的门电路按不同方式组合而成的。这些门电路最初都是用电阻、电容、二极管、三极管等一些分立元件组成的。目前，随着半导体技术的高速发展，分立元件门电路已被集成电路所取代。为了便于对集成门电路的理解，首先介绍分立元件门电路。

1. 二极管与门

与门实现“与”逻辑运算，它是一个多输入单输出的逻辑电路。二极管与门如图 2.8 所示。下面说明二极管与门电路的工作原理。

首先假定二极管导通时相当于短路（即不考虑二极管导通压降和导通电阻），二极管截止时相当于断路（忽略二极管反向电流的影响）。并规定：当输入或输出电平为 0V 时，为逻辑 0（即低电平为逻辑 0）；当输入或输出电平为 3V 时，为逻辑 1（即高电平为逻辑 1）。电路有 A、B 两个输入端，有四种不同的输入取值，可分为三种情况。

（1）$V_A=V_B=0V$，即两个输入端均为低电平，此时二极管 VD_A 和 VD_B 均导通，$V_F=V_A=0V$，输出为低电平。

（2）$V_A=0V$，$V_B=3V$，即两个输入端一个为低电平，另一个为高电平。这时 VD_A 抢先导通，使 V_F 的电平被钳制在 0V，由于 $V_B=3V$，所以 VD_B 处于截止状态，输出仍为低电平。

（3）$V_A=V_B=3V$，即两个输入端均为高电平。此时由于电源电压 V_{CC} 为 5V，仍高于输入电压，VD_A 和 VD_B 均为正向偏置而导通，$V_F=V_A=3V$，输出为高电平。

二极管与门功能如表 2.1 所示，可以看出，当输入端有一个或两个为低电平时，输出端为低电平；只有当输入端均为高电平时，输出端才为高电平。这和与门的要求是一致的。另外，若要组成多输入端（输入端数大于 2）的与门，只要通过增加输入二极管就能实现。

二极管与门电路虽然简单，但是存在着严重的缺点。首先，输出的高、低电平的值和输入的高、低电平的值不相等，相差一个二极管的导通压降。如果把这个门的输出作为下一级门的输入信号，将发生信号高、低电平的偏移。其次，当输出端对地接上负载电阻时，负载电阻的改变有时会影响输出的高电平。因此，这种二极管与门电路仅用做集成电路内部的逻辑单元，而不用它直接去驱动负载电路。

2. 二极管或门

图 2.9 是二极管或门，比较图 2.8 和图 2.9 可知，后者二极管的极性与前者接得相反，并采用了负电源。采用和二极管与门类似的分析方法，容易得到二极管或门功能如表 2.2 所示。由表 2.2 可知，当输入端有一个或两个为高电平时，输出为高电平；只有当输入端均为低电平时，输出端才为低电平，这和或门的要求是一致的。

二极管的或门同样存在着输出电平偏移的问题，所以这种电路结构也只用于集成电路内部的逻辑单元。可见，仅仅用二极管门电路无法制作具有标准化输出电平的集成电路。

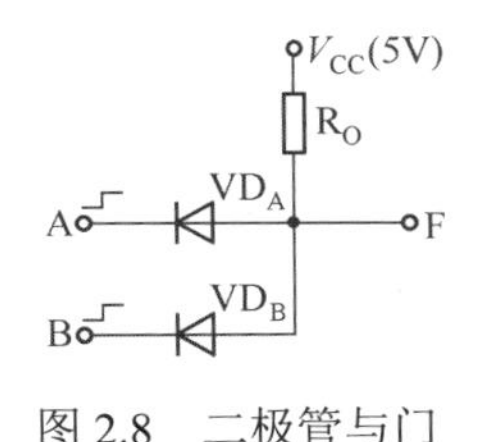

图 2.8　二极管与门

表 2.1　二极管与门功能

V_A(V)	V_B(V)	V_F(V)
0	0	0
0	3	0
3	0	0
3	3	3

表 2.2　二极管或门功能

V_A(V)	V_B(V)	V_F(V)
0	0	0
0	3	3
3	0	3
3	3	3

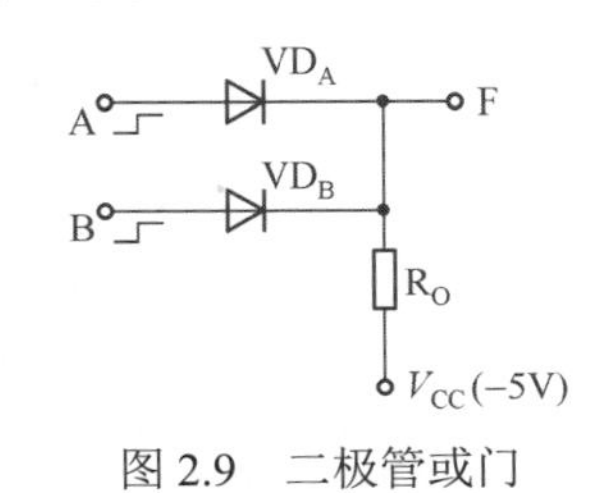

图 2.9　二极管或门

3. 三极管非门

三极管非门如图 2.10 所示。非门又称反相器，图 2.10 中采用了 NPN 三极管，加负电源 V_{BB} 是为了使三极管可靠截止。在下面的分析中设三极管电流放大系数β=30。

（1）$V_A=0V$，此时三极管基极电位 $V_B<0V$，满足截止条件 $V_{BE}<0.5V$，故三极管处于截止状态。集电极电流 $I_C=0$，$V_F=V_{CC}=3V$，即输出端处于高电平。

（2）$V_A=3V$，此时三极管处于饱和状态，$V_B=0.7V$，得：

$$I_B=\frac{V_A-V_B}{R_1}-\frac{V_B-V_{BB}}{R_2}=\frac{3-0.7}{1.5}-\frac{0.7-(-5)}{10}=0.96\text{mA}$$

而三极管饱和时所需要的最小基极电流为：

$$I_{BS}=\frac{I_{CS}}{\beta}=\frac{V_{CC}-V_{CES}}{R_C\beta}=\frac{3-0.3}{1\times 30}=0.09\text{ mA}$$

因 $I_B>I_{BS}$，从而证明了三极管确实为饱和状态，则输出端电平 $V_F=V_{CES}\approx 0.3V$，即处于低电平。

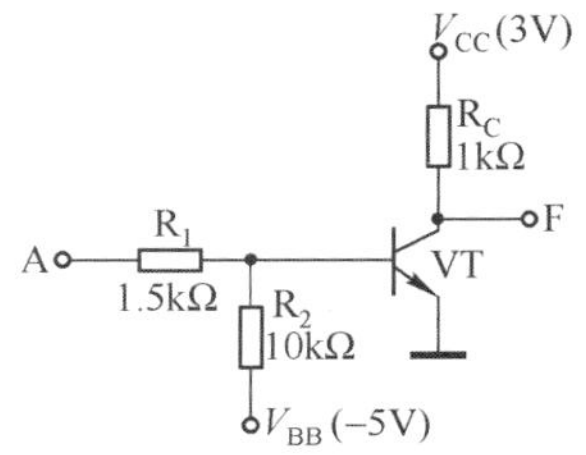

图 2.10　三极管非门

2.3　TTL 门电路

TTL 电路，即三极管-三极管逻辑电路，属双极型数字集成电路。按照逻辑功能的不同，TTL 门电路种类很多，本节主要介绍几种常用的电路。其中 TTL 与非门较为典型，它的电路组成、工作原理及电气特性等，在 TTL 集成电路中都具有代表性。

2.3.1　TTL 与非门的电路结构

1. 电路组成

图 2.11 为 TTL 与非门典型电路，它由三部分组成：

（1）输入级：包括 VT_1、R_1。VT_1 是一个多发射极三极管，多发射极三极管等效电路如图 2.12 所示，其在结构上相当于把两个三极管的基极连在一起作为 b_1，集电极连在一起作为 c_1，而发射极独立，分别作为信号输入端，如图 2.12（a）所示；在功能上可以粗略地等效为一个与门，如图 2.12（b）所示，图中 b_1、c_1 之间的二极管在逻辑上不起作用，仅起电平偏移作用。

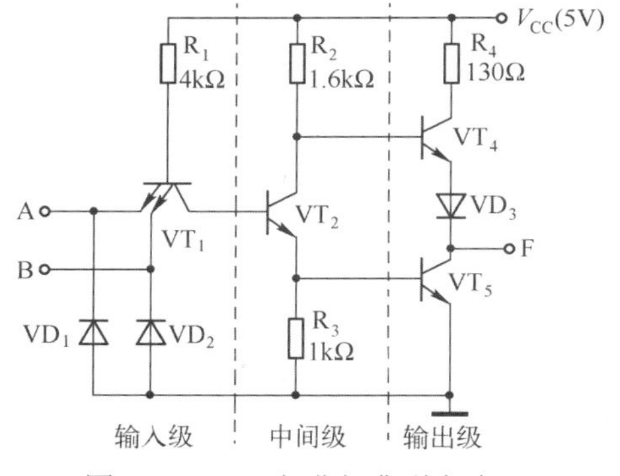

图 2.11　TTL 与非门典型电路

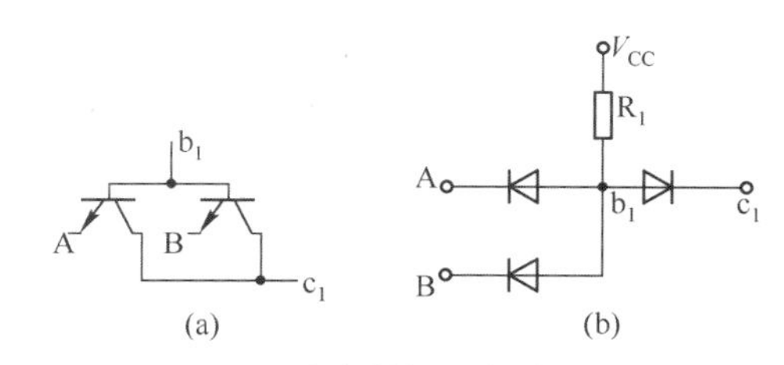

图 2.12　多发射极三极管等效电路

（2）中间级：包括 VT_2、R_2、R_3。由于在 VT_2 的发射极和集电极上可以得到两个相位相反的电压，以满足输出级的需要，所以中间级有分相作用。另外，可将 VT_2 的基极电流放大，以增强对输出级的驱动能力，所以它又起放大作用。

（3）输出级：包括 VT_4、VT_5、VD_3、R_4。其在功能上实现反相作用。下面将会看到输出级的特点。在稳态下，VT_4 和 VT_5 总是一个导通，另一个截止，这就有效地降低了输出级的静态功耗，并且提高了驱动负载的能力。通常把这种电路形式称为推拉式（push-pull）电路或图腾柱（totem-pole）输出电路。为了确保 VT_5 饱和导通时 VT_4 能可靠地截止，在 VT_4 的发射极下面串进二极管 VD_3。

VD_1、VD_2 为输入端钳位二极管，它们能限制输入端出现的负极性干扰脉冲，以保护输入级的多发射极三极管。这两个二极管允许通过的最大电流约为 20mA。

2. 工作原理

设输入信号 A、B 的高低电平分别为 $V_{iH}=3.4V$，$V_{iL}=0.2V$。PN 结正向导通压降取 0.7V。各个三极管的电流放大系数 β 取为 20。

（1）输入中有低电平

输入中只要有一个是低电平，则 VT_1 相应的发射结导通，V_{CC} 经 R_1 为 VT_1 提供基极电流，此时：

$$V_{B1}=V_{iL}+V_{BE1}=0.2+0.7=0.9\,V \qquad I_{B1}=\frac{V_{CC}-V_{B1}}{R_1}=\frac{5-0.9}{4}\approx 1\,mA$$

在稳态工作情况下，由于 VT_2 基极电流不会向外流，即 VT_2 基极不可能为 VT_1 提供集电极电流，故 $I_{C1}=0$， $I_{BS1}=0$， $I_{B1}\gg I_{BS1}$。

VT_1 处于深度饱和状态，因此：

$$V_{CE1}=V_{CES1}\approx 0.1V \qquad V_{B2}=V_{C1}=V_{CE1}+V_{iL}\approx 0.1+0.2=0.3\,V$$

显然，VT_2、VT_5 均截止。VT_2 截止后 $V_{B4}=V_{C2}\approx V_{CC}=5V$。

VT_4、VD_3 均导通（因为输出端空载，流过 VT_4 和 VD_3 的仅是 VT_5 的漏电流，其值很小），故：

$$V_O=V_{CC}-V_{R2}-V_{BE4}-V_{D3}\approx V_{CC}-V_{BE4}-V_{D3}=5-0.7-0.7=3.6V$$

即输出电压为高电平。我们称这时的电路为截止状态，也称关门状态。

（2）输入均为高电平

假设 VT_1 发射结仍正向导通，则应有：

$$V_{B1}=V_{BE1}+V_{iH}=0.7+3.4=4.1V$$

再分析 VT_1 集电结、VT_2 和 VT_5 发射结的情况。显然，若 V_{B1}=4.1V，则这三个 PN 结都应导通，从而使

$$V_{B1}=V_{BC1}+V_{BE2}+V_{BE3}=0.7+0.7+0.7=2.1V$$

即 V_{B1} 实际上不可能是 4.1V，只能被钳在 2.1V。可见 VT_1 发射结正向导通的假设不成立。此时由于

$$V_{E1}=V_{iH}=3.4V,\quad V_{B1}=2.1V,\quad V_{C1}=V_{B2}=V_{BE2}+V_{BE5}=0.7+0.7=1.4V$$

使 VT_1 发射结反向偏置，集电结正向偏置，故 VT_1 工作在倒置状态（发射极和集电极颠倒起来使用）。VT_1 倒置时电流放大系数 β_i 很小，一般在 0.01 左右。

$$I_{B1}=\frac{V_{CC}-V_{B1}}{R_1}=\frac{5-2.1}{4}\approx 0.7\,mA \qquad I_{B2}=I_{B1}+\beta_i I_{B1}\approx I_{B1}=0.7\,mA$$

说明此时 VT_1 的基极电流绝大部分供给了 VT_2。现分析 VT_2 的工作情况。假设 VT_2 饱和，则有：

$$V_{C2}=V_{CES2}+V_{BE5}=0.3+0.7=1V$$

不难理解，如果 $V_{C2}=1V$，那么 VT_4、VD_3 将截止，流入 VT_2 集电极的电流就是 R_2 中的电流，即：

$$I_{CS2}=\frac{V_{CC}-V_{C2}}{R_2}=\frac{5-1}{1.6}\approx 2.5\,\text{mA} \qquad I_{BS2}=\frac{I_{CS2}}{\beta_2}=\frac{2.5}{20}\approx 0.13\,\text{mA}$$

因 $I_{B2}>I_{BS2}$，故 VT_2 饱和导通的假设成立。

现在分析 VT_5 的工作情况。因为：

$$I_{E2}=I_{B2}+I_{CS2}=0.7+2.5=3.2\,\text{mA} \qquad I_{R3}=V_{E2}/R_3=V_{BE5}/R_3=0.7/1=0.7\,\text{mA}$$

$$I_{B5}=I_{E2}-I_{R3}=3.2-0.7=2.5\text{mA}$$

而 VT_4、VD_3 是截止的，即 $I_{CS5}=0$，$I_{BS5}=0$ 故 $I_{B5}\gg I_{BS5}$，VT_5 处于深度饱和状态，$V_O=V_{CES5}\leqslant 0.3V$，即输出电压为低电平。我们称这时门电路为导通状态，也称开门状态。

综合以上两种工作情况，列出 TTL 与非门典型电路的工作状态如表 2.3 所示。可见该电路为与非门，即 $F=\overline{AB}$。

表 2.3　TTL 与非门典型电路的工作状态

输　入	输　出	VT_1	VT_2	VT_5	VT_4	VD_3	门的状态
有 0	为 1	深饱	截止	截止	导通	导通	关态
全 1	为 0	倒置	饱和	深饱	截止	截止	开态

以上介绍了 TTL 与非门典型电路的内部结构及其工作原理，其目的是便于读者对该电路外特性的分析和理解。对使用者来说，外特性是应该掌握的重点。外特性是通过集成电路的引出端测得的电路特性，它分为静态特性和动态特性。静态特性包括电压传输特性、输入特性、输出特性。动态特性包括传输延迟时间、电源特性等。下面分别予以介绍。

2.3.2　TTL 与非门的电压传输特性

电压传输特性，是指输出电压 V_O 随输入电压 V_I 变化而变化的规律，即 $V_O=f(V_I)$，它是静态特性。

1. 特性曲线分析

图 2.11 所示 TTL 与非门电路的电压传输特性曲线如图 2.13 所示。

现将电压传输特性曲线分以下四部分讨论：

（1）*AB* 段（截止区）。当输入电压 $V_I<0.6V$ 时，$V_{B1}<1.3V$，则 VT_2、VT_5 截止，VT_4、VD_3 导通，输出高电平，$V_O\approx 3.6V$。因为在 *AB* 段，输出级三极管 VT_5 是截止的，所以称该段为特性曲线的截止区，或称门电路处于截止状态。

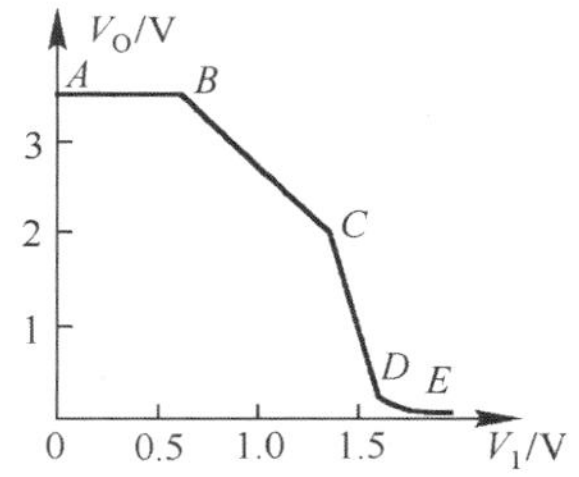

（2）*BC* 段（线性区）。当 V_I 在 0.6~1.3V 之间变化时，$0.7V<V_{B2}<1.4V$，此时，VT_2 导通处于放大状态，VT_5 仍截止，VT_4 处于发射极输出状态，V_{C2} 和 V_O 随 V_I 的升高而线性下降，所以称 *BC* 段为特性曲线的线性区。

图 2.13　TTL 与非门电路的电压传输特性曲线

（3）*CD* 段（转折区）。当 $V_I>1.3V$，并略微升高时，VT_5 开始导通，而 VT_2 尚未饱和，VT_2、VT_4、VT_5 均处于放大状态。随着 V_I 的升高，V_O 急剧下降为低电平，所以称 *CD* 段为特性曲线的转折区，或称过渡区。

（4）*DE* 段（饱和区）。当 $V_I>1.4V$ 时，VT_2 饱和，VT_4、VD_3 截止，VT_5 饱和，输出低电平，$V_O\leqslant 0.3V$，而且 V_O 基本上不随 V_I 的升高而变化。因为在 *DE* 段 VT_5 是饱和的，所以称该段为特性曲线的饱和区，或称门电路处于导通状态。

2. 主要参数

当给定 TTL 与非门电路的电压传输特性曲线时，从中可以确定该门电路的几个重要参数。

（1）输出高电平 V_{OH} 和输出低电平 V_{OL}

电压传输特性曲线上截止区的输出电压为 V_{OH}，饱和区的输出电压为 V_{OL}。

（2）阈值电压 V_{TH}

电压传输特性曲线的转折区所对应的输入电压，既是决定 VT_5 截止和导通的分界线，又是决定输出高、低电平的分界线。通常把转折区中间那一点所对应的输入电压，定义为阈值电压（或门槛电压），以 V_{TH} 表示。在图 2.13 中，$V_{TH} \approx 1.4V$。

V_{TH} 是一个很重要的参数。在近似分析估算中，常把它作为决定 TTL 与非门工作状态的关键值，当 $V_I > V_{TH}$ 时，就认为与非门导通（开态），输出为低电平 V_{OL}；当 $V_I < V_{TH}$ 时，就认为与非门截止（关态），输出为高电平 V_{OH}。

（3）输入端噪声容限

以两个互连的逻辑门为例，图 2.14 给出了输入端噪声容限示意图。

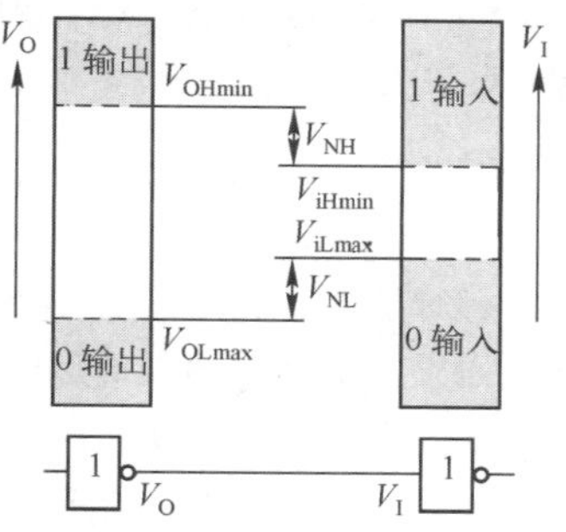

图 2.14　输入端噪声容限示意图

为了正确区分 1 和 0 这两个逻辑状态，首先规定门电路输入、输出端所允许的电压变化范围。数字电路中高、低电平的概念，指的是两种不同的状态，所表示的都是一定的电压范围，而不是一个固定的数值。考虑到器件参数的离散性，通常规定了门电路输出高电平的下限 V_{OHmin} 和输出低电平的上限 V_{OLmax}。意即门电路的实际输出电压，只要满足 $V_O > V_{OHmin}$，即认为输出为高电平（逻辑 1）；而 $V_O < V_{OLmax}$，即认为输出为低电平（逻辑 0）（有的资料上把 V_{OHmin} 称为标准高电平，把 V_{OLmax} 称为标准低电平）。相应地，为了保证门电路的输出为高电平（或低电平），对输入电压也应当定出一个电压变化的要求。这可以从电压传输特性曲线上定出。把电压传输特性曲线上输出电压为 V_{OHmin} 的那点所对应的输入电压，定为所允许的输入低电平的上限 V_{ILmax}。同样，根据 V_{OLmax} 可定出所允许的输入高电平的下限 V_{IHmin}。即输入电压只要满足 $V_I < V_{ILmax}$，就认为输入为低电平（逻辑 0），从而保证门电路可靠地截止，输出为高电平（逻辑 1）；而 $V_I > V_{IHmin}$，就认为输入为高电平（逻辑 1），从而保证门电路可靠地导通，输出为低电平（逻辑 0）（有的资料上把 V_{IHmin} 称为开门电平，把 V_{ILmax} 称为关门电平）。

输入端噪声容限，是指在保证门电路完成正常的逻辑功能条件下，输入端所能允许的噪声电压幅度。该参数是用来描述门电路抗干扰能力的。

在将门电路进行互连时，前一个门的输出就是后一个门的输入，对后一个门而言，输入高电平时，可能出现的最低值即 V_{OHmin}。由此可以得出，输入为高电平时的噪声容限

$$V_{NH} = V_{OHmin} - V_{IHmin}$$

同理可得，输入为低电平时的噪声容限

$$V_{NL} = V_{ILmax} - V_{OLmax}$$

这是考虑最坏情况下，前级门输出为 V_{OLmax} 时，后级门输入端所能允许的噪声电压幅度。

例如，图 2.11 所示 TTL 与非门，$V_{OHmin} = 2.4V$，$V_{OLmax} = 0.4V$，$V_{IHmin} = 2.0V$，$V_{ILmax} = 0.8V$，故知 $V_{NH} = 0.4V$，$V_{NL} = 0.4V$。

2.3.3　TTL 与非门的输入特性与输出特性

1. 输入特性

输入特性，是指输入电流 I_I 随输入电压 V_I 变化而变化的规律，即 $I_I = f(V_I)$。图 2.11 所示 TTL 与非门电路的输入特性曲线如图 2.15 所示。

假定输入电流 I_I 由信号源流入 VT_1 发射极的方向为正，反之为负。则当 $V_I < V_{TH}$ 时，I_I 为负，即向外流出。

反映出的主要参数有：

（1）输入低电平电流 I_{IL}。图 2.11 所示电路输入低电平（$V_{IL}=0.2V$）时，VT_2、VT_5 截止。此时输入电流，即输入低电平电流为：

$$I_{IL} = -\frac{V_{CC} - V_{BE1} - V_{IL}}{R_1} \approx -1\text{mA}$$

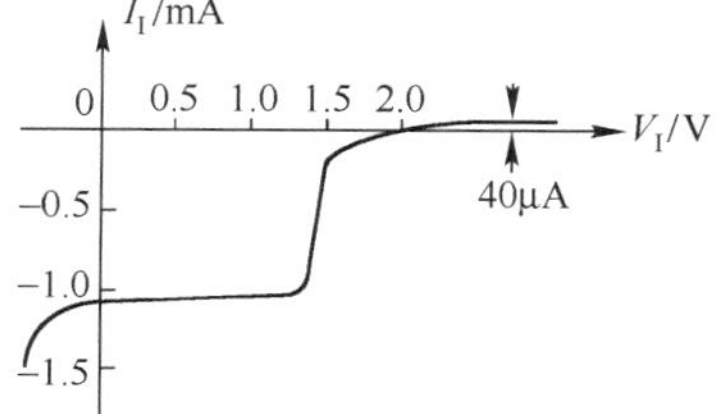

图 2.15　TTL 与非门电路的输入特性曲线

有时把 $V_I=0$ 时的输入电流称为输入短路电流 I_{IS}，显然 I_{IS} 比 I_{IL} 略大一点。

如果本级门的输入端是由前级门驱动的，I_{IL} 将从本级门的输入端流出，进入前级门的 VT_5，成为前级门的灌电流负载之一。

（2）输入高电平电流 I_{IH}。图 2.11 所示电路中，输入高电平（$V_{IH}=3.4V$）时（其他输入端处于逻辑 1 状态），VT_1 进入倒置工作状态，此时输入电流，即输入高电平电流 I_{IH}（也称输入漏电流），不仅急剧减小，而且改变方向。因为 VT_1 在倒置工作状态下电流放大系数很小，对图 2.11 所示电路，I_{IH} 在 40μA 以下。

如果本级门的输入端是由前级门驱动的，I_{IH} 将由前级门供给，从本级门输入端流入 VT_1，从而成为前级门的拉电流负载之一。

当将门电路的几个输入端并联使用时，总的输入低电平电流与单个输入端的输入低电平电流基本相等，而总的输入高电平电流将按并联输入端的数目加倍。

2．输入端的负载特性

在实际使用中，经常会遇到在 TTL 与非门输入端与地之间或者输入端与信号源之间外接电阻 R_i 的情况，此时 V_I 的计算如图 2.16 所示。

由图可见，VT_1 的输入电流流过 R_i，必然产生压降，而形成输入电压 V_I（注意：这其实是 VT_1 基极电流在 R_i 上形成的电压，并非外加的输入电压）。而且在一定的范围内，V_I 会随着 R_i 的增大而升高。V_I 随 R_i 变化而变化的规律，即 $V_I=f(R_i)$ 被称为输入端负载特性，如图 2.17 所示。

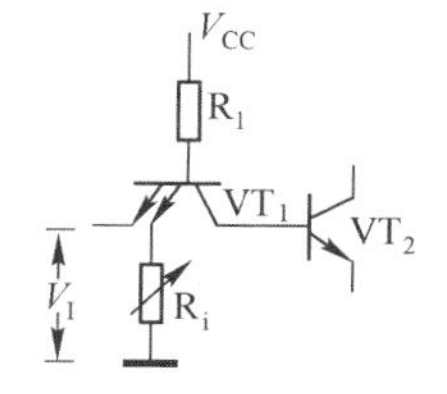

图 2.16　V_I 的计算

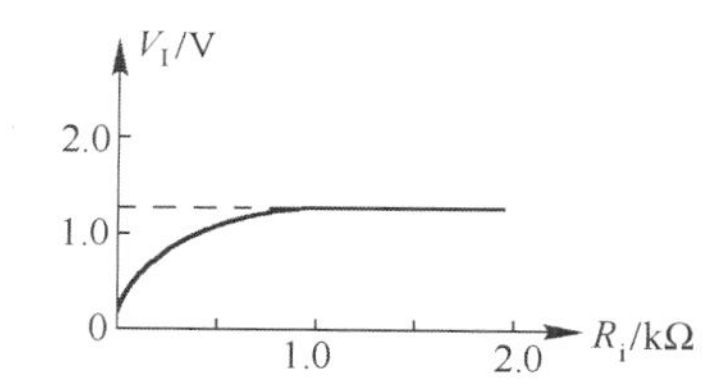

图 2.17　输入端负载特性

在 VT_5 导通之前，如果忽略 VT_2 基极电流影响，可以近似认为

$$V_I = \frac{R_i}{R_1 + R_i}(V_{CC} - V_{BE1})$$

当 R_i 很小时，V_I 很小，相当于输入低电平，输出高电平。当 R_i 很大时，用上式计算就不行了。例如，$R_i=8k\Omega$，按上式计算可得 $V_I\approx 2.9V$。显然，这是不可能的。因为 R_i 增加到使 V_I 达到 1.4V 时，V_{B1} 就会升高到 2.1V，使 VT_5 导通。此后，即使再增加 R_i，由于导通了的 VT_1 的集电结、VT_2 和 VT_5 的发射结的钳位作用，将使 V_{B1} 保持在 2.1V 不变。这也就是在图 2.17 所示输入端负载特性中，V_I 以 1.4V 为极限值的原因。

在R_i比较大时，流过R_1的电流，一部分经R_i入地，维持$V_I = 1.4$；另一部分流入VT_2的基极，使VT_2饱和，VT_4截止，VT_5饱和，输出低电平。

从以上分析可以知道，R_i的大小将影响TTL门电路的工作状态（注意：TTL门电路才有此特点，而对CMOS电路，不存在此问题）。R_i比较小时，与非门截止（关态），输出高电平；R_i比较大时，与非门导通（开态），输出低电平；R_i不大不小时，与非门工作在转折区。

在保证与非门电路处于关态、输出高电平（$V_{OH} \geqslant V_{oHmin} = 2.4V$）条件下，所允许的$R_i$的最大值，称为关门电阻，用$R_{off}$表示。即$R_i < R_{off}$时，相当于输入为低电平，输出为高电平。

为保证与非门电路处于开态、输出为低电平（$V_{OL} \leqslant V_{OLmax} = 0.4V$）的条件下，所允许$R_i$的最小值，称为开门电阻，用$R_{on}$表示。即$R_i > R_{on}$时，相当于输入为高电平，输出为低电平（与非门其他输入端处于逻辑1状态）。显然，如果把TTL与非门输入端开路，可视为接高电平。

对于图2.11所示电路，$R_{off} \approx 0.9k\Omega$，$R_{on} \approx 3k\Omega$。

3. 输出特性

实际应用中，与非门后面总要与其他门电路相连接，前者称为驱动门，后者称为负载门。根据负载电流的流向不同有两种情况：一种是负载电流从负载门流入驱动门，称为灌电流负载；另一种是负载电流从驱动门流向负载门，称为拉电流负载。

输出特性曲线，是指输出电压V_O随输出电流I_O（即负载电流I_L）变化而变化的规律，即$V_O = f(I_O)$。输出特性反映了门电路驱动负载的能力。

图2.11所示TTL与非门电路的输出特性曲线如图2.18所示。图中电流方向，假设拉电流为正，灌电流为负。

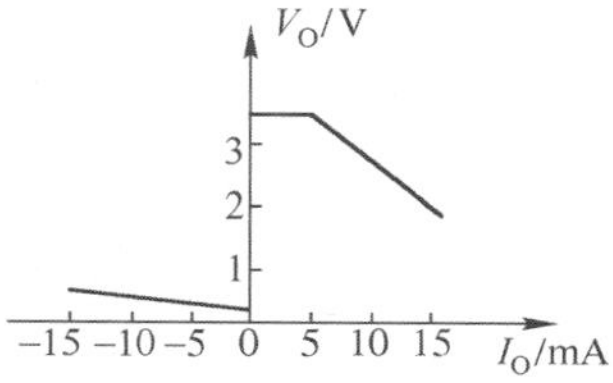

图2.18　TTL与非门电路的输出特性曲线

（1）灌电流工作情况

当与非门输出端带几个同类型的与非门时，在驱动门输出为低电平的情况下，该门的VT_5饱和，VT_4、VD_3截止，因此，每个负载门将有输入低电平电流I_{IL}（近似为输入短路电流I_{IS}）流向驱动门的VT_5。这些向驱动门流入的电流称为灌电流。驱动门的负载电流I_L取决于所带负载门的个数N，即$I_L = NI_{IS}$。随着VT_5负载电流的增大，VT_5的饱和程度要减轻，使得驱动门的输出低电平V_{OL}升高（见图2.18），所以使用时，灌电流负载要受到一定限制。例如，图2.11所示TTL与非门电路，在输出低电平不超过$V_{OLmax} = 0.4V$的条件下，所允许灌入的负载电流可达16mA，即带灌电流负载的能力$I_{OLmax} = 16mA$。再根据输入特性，可定出输入短路电流I_{IS}，即一个负载门的灌入电流。例如：$I_{IS} = 1.1mA$。这样便可求出一个门在其输出低电平时，能驱动同类门的最大个数$N_{OL} = I_{OLmax} / I_{IS} = 16/1.1 \approx 14$。

（2）拉电流工作情况

在驱动门输出为高电平的情况下，该门的VT_5截止，VT_4、VD_3导通。驱动门将有输出电流流向负载门。这些由驱动门流出的电流称为拉电流。驱动门要向每个负载门提供I_{IH}（输入漏电流）的电流。那么驱动门的负载电流I_L仍取决于所带负载门的个数N，即$I_L = NI_{IH}$。在负载电流较小时，由于驱动门的VT_4工作在射极输出状态，电路的输出阻抗很低，负载电流的变化使V_{OH}变化很小。随着负载电流的进一步增加，驱动门的R_4上的压降也随之加大，最终将使VT_4的bc结变为正向偏置，VT_4进入饱和状态。这时，VT_4将失去射极跟随能力，输出阻抗加大，因而V_{OH}便随I_L的增加而迅速下降（见图2.18）。所以使用时，拉电流负载也要受到限制。

在实际应用中，对于TTL门电路带电流负载的能力，主要考虑的还不是输出高电平下降的数值，即不按V_{OHmin}来确定I_{OHmax}，而是受器件允许功耗的限制。例如，图2.11所示TTL与非门电路，在输出为高电平时，能供给负载的最大电流为400μA，即带拉电流负载能力$I_{OHmax} = 400μA$。

这个数据就是由功耗限制而定的（如果按照 V_{OHmin} 来确定相应的 I_{OHmax}，在使用中将会使器件很快过热而损坏）。再根据输入特性，定出输入高电平电流 I_{IH}（输入漏电流），即一个负载门的拉电流，例如，$I_{\mathrm{IH}}=40\mu\mathrm{A}$。这样，便可求出一个门在其输出为高电平时，能驱动同类门的最大个数 $N_{\mathrm{OH}}=I_{\mathrm{OH\,max}}/I_{\mathrm{IH}}=400/40=10$。一般 N_{OL} 和 N_{OH} 不一定相同，应选择其中较小的作为整个门电路能驱动同类门的最大个数 N。N 称为扇出系数，用以描述门电路带负载的能力。

2.3.4 TTL 与非门的动态特性

1. 传输延迟时间

传输延迟时间，是指门电路的输出信号相对输入信号的延迟时间，传输延迟时间的定义如图 2.19 所示，它反映了电路传输信号的速度。

从输入波形上升沿中点到输出波形下降沿中点之间的延迟时间称为导通延迟时间，记为 t_{PHL}。从输入波形下降沿中点到输出波形上升沿中点之间的延迟时间称为截止延迟时间，记为 t_{PLH}。

平均传输延迟时间为：

$$t_{\mathrm{PD}}=\frac{1}{2}\left(t_{\mathrm{PHL}}+t_{\mathrm{PLH}}\right)$$

对图 2.11 所示 TTL 与非门电路，因为输出级 VT_5 导通时工作在深度饱和状态，另外，输出端难免有寄生电容存在，所以门电路从导通到截止的转换时间较长，一般 $t_{\mathrm{PLH}}>t_{\mathrm{PHL}}$。

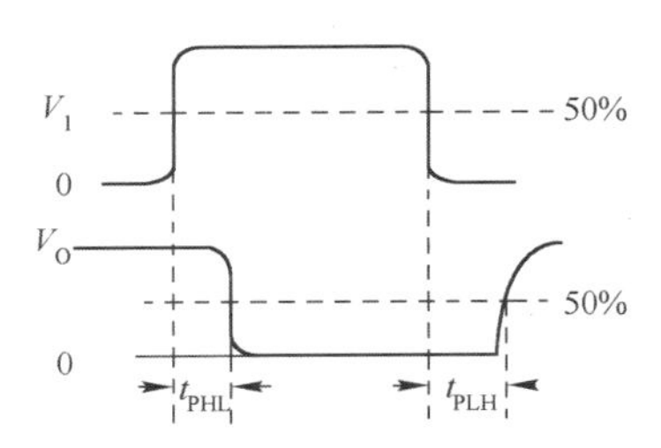

图 2.19　传输延迟时间的定义

2. 电源的动态尖峰电流

TTL 门电路的功耗 P 等于电源电压 V_{CC} 与电源电流 I_{CC} 的乘积。因为电源电压是固定的（+5V），所以一般由电源电流来表示功耗的大小。稳态时，电源电流只有几个毫安。例如，在图 2.11 给定的典型参数下，输出为高电平时的电源电流 $I_{\mathrm{CCH}}\approx1.1\mathrm{mA}$，输出为低电平时的电源电流 $I_{\mathrm{CCL}}\approx3.4\mathrm{mA}$。

可是在动态情况下，特别是当输出电压由低电平转变为高电平的过渡过程中，原来 VT_2、VT_5 饱和导通，VT_4 截止，而此时 VT_5 的饱和程度会更深。当 VT_5 尚未来得及退出饱和时，由于 VT_2 先退出饱和，使 V_{C2} 上升很快，这样使 VT_4 的导通必然先于 VT_5 的截止。从而出现了短时间内，VT_4、VT_5 同时导通的状态，流过 VT_4、VT_5 的电流很大，使电源电流出现尖峰脉冲。实验表明，对一般的 TTL 与非门，尖峰脉冲电流有时可达 40mA。

尖峰电流引起的后果：一方面使电源的平均电流加大，而且随着工作频率的升高，电流的平均值增加得越多。在计算电源容量时必需注意这一点。另一方面，当系统中有许多门电路同时处于转换状态时，电源尖峰电流数值很大，这个电流将通过电源和地线的内阻形成一个系统内部的噪声源。因此，在系统设计中应采取措施抑制其影响。

2.3.5 其他类型的 TTL 门电路

为了便于实现各种不同的逻辑函数，在 TTL 门电路的定型产品中，除了与非门，还有或非门、与或非门、与门、或门及异或门等。它们都是在与非门的基础上演变而来的。虽然它们的逻辑功能各异，但输入、输出结构均与 TTL 与非门相同，因此前面介绍的输入、输出特性对这些门同样适用。下面仅介绍几种具有不同输入、输出结构的门电路。

1. 集电极开路门

集电极开路（Open Collector）门，简称 OC 门，是指这种门的输出级为集电极开路结构。OC 门可以是与非门，也可以是与门、或门等完成各种逻辑功能的门。现仍以与非门为例来说明。

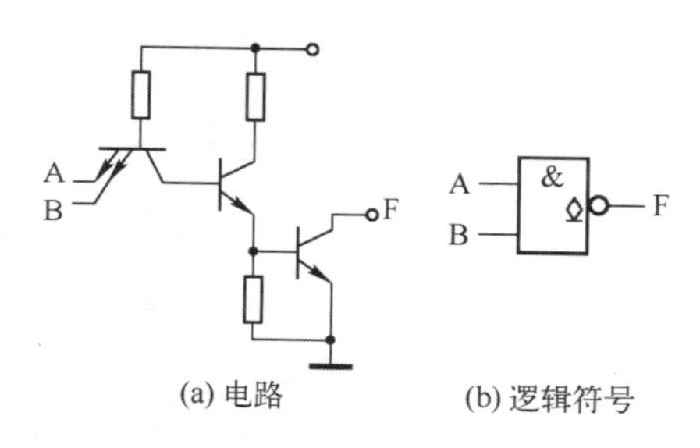

(a) 电路　(b) 逻辑符号

图 2.20　集电极开路与非门

图 2.20 为集电极开路与非门的电路及逻辑符号，它与普通与非门电路（图 2.11）的差别仅在于 VT_5 的集电极是开路的，内部并没有集电极负载，使用时必须在电源和输出端之间外接一个适当的上拉负载电阻 R_L，电路才能实现与非逻辑功能，即 $F=\overline{AB}$。

由图 2.20 可见，OC 门的符号就是在输出端内侧标注"$\underline{\diamond}$"记号，表示集电极开路，其中"◇"表示开路，下横线意味着输出低电平时呈低阻。

OC 门比普通 TTL 门使用灵活，利用它可以实现线与逻辑、电平转换或驱动器等功能，分别说明如下。

（1）实现线与逻辑

所谓"线与"是指将几个电路输出端直接并联起来，获得新的逻辑功能，以简化逻辑设计。对普通的 TTL 电路，输出端是不能直接并联在一起的。下面说明这个问题。

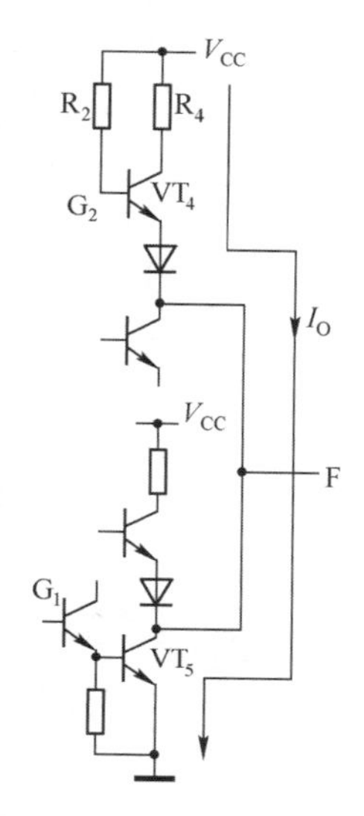

图 2.21　推拉式输出级并接

试看图 2.21 所示推拉式输出级并接的情况。

假设 G_1 门原本输出为低电平，G_2 门原本输出为高电平，所以连接后输出回路的电流 I_O 流向如图 2.21 中所示。由于对推拉式输出结构而言，不管输出为高电平还是低电平，输出阻抗都很小，故在电源 V_{CC} 和地之间形成了一个低阻通路，I_O 将会很大。这个大电流不仅会使 G_1 门的输出电平抬高，以致造成逻辑紊乱，而且可能因为功耗过大使逻辑门损坏。这种情况，尤其在有多门并联，而只有一个门输出为低电平，其余门均为高电平输出时，更为严重。因此，这种推拉式输出结构的 TTL 电路，是严禁将其输出端并联使用的。

几个 OC 门的输出端是可以并接在一起的，并经过上拉负载电阻 R_L 接到电源 V_{CC} 上。图 2.22 为 OC 门输出端并接实现线与的情况。

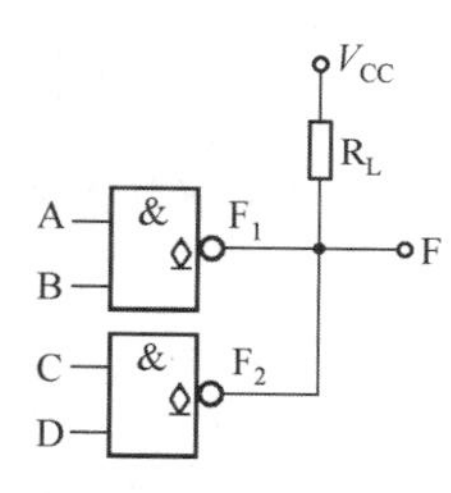

图 2.22　OC 门输出端并接实现线与

可以看出，只有两个门的输出均为高电平时，总的输出才是高电平；只要有一个门的输出为低电平，总的输出即为低电平。因此，总的输出和各门输出之间是与逻辑关系，即 $F=F_1\cdot F_2=\overline{AB}\cdot\overline{CD}$。需要注意的是，这种与逻辑关系并不是用另一个与门获得的，而是在输出线上得到的，故称为线与逻辑。线与连接有时能扩展门的逻辑功能，仍以图 2.22 为例，根据

$$F=\overline{AB}\cdot\overline{CD}=\overline{\overline{\overline{AB}\cdot\overline{CD}}}=\overline{AB+CD}$$

即利用两个 OC 与非门线与连接，能实现与或非门的功能。

用 OC 门实现线与逻辑时，R_L 的选取是十分重要的，它即要保证输出高、低电平在规定的电平范围内，即 $V_O>V_{OHmin}$，$V_{OL}<V_{OLmax}$，又要确保输出管 VT_5 不因电流过大而损坏。下面简要说明 R_L 取值的计算方法，图 2.23 为线与电路中 R_L 的计算示意图。

假定有 n 个 OC 门输出端并接，负载门有 P 个，为普通 TTL 门，负载门有 m 个输入端和 OC 门相连，如图 2.23（a）所示。

OC 门输出高电平为：　$V_{OH}=V_{CC}-I_{RL}R_L=V_{CC}-(nI_{OH}+mI_{IH})R_L$

式中，I_{OH} 为 OC 门输出三极管截止时的漏电流（一般不大于 250μA），I_{IH} 为负载门每个输入端的输

入高电平电流（输入漏电流）。从上式可以看出，R_L越大，V_{OH}越小。为保证$V_O > V_{OHmin}$，则R_L的最大值为：

$$R_{Lmax} = \frac{V_{CC} - V_{OHmin}}{nI_{OH} + mI_{IH}}$$

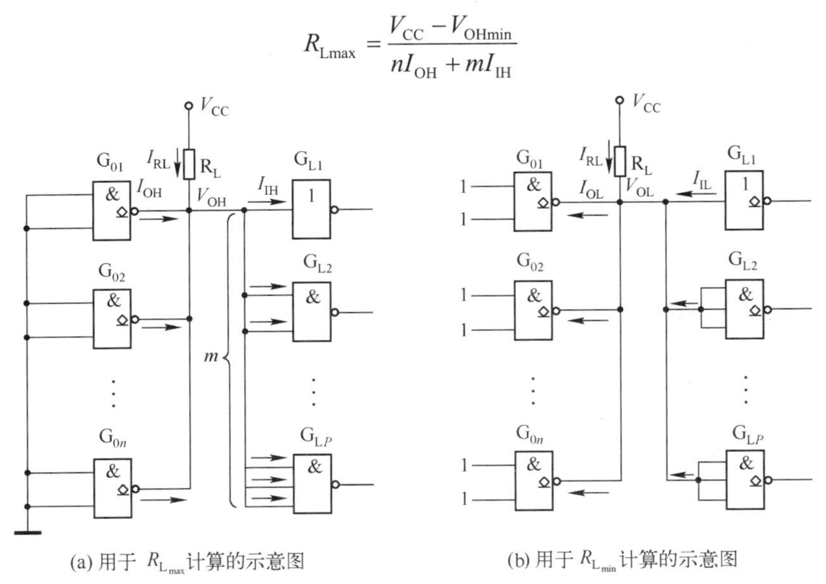

图 2.23　线与电路中 R_L 的计算示意图

OC 门输出低电平时，最严重的情况是只有一个 OC 门导通，输出为低电平，其余 OC 门均截止，输出为高电平，这时全部负载电流都流入导通的 OC 门，如图 2.23（b）所示。OC 门输出低电平为：

$$V_{OL} = V_{CC} - I_{RL}R_L = V_{CC} - \left(I_{OLmax} - PI_{IL}\right)R_L$$

式中，I_{OLmax}为允许流入导通的 OC 门的最大灌电流，I_{IL}为每个负载门的输入低电平电流。从上式可以看出，R_L越小，V_{OL}越大。为保证$V_{OL} < V_{OLmax}$，则可算出R_L的最小值为：

$$R_{Lmin} = \frac{V_{CC} - V_{OLmax}}{I_{OLmax} - PI_{IL}}$$

最后选定的R_L应介于R_{Lmax}和R_{Lmin}之间。R_L取值小时，可使电路的工作速度提高；R_L取值大时，可降低功耗。用户可根据实际需要而定。

（2）做电平转换器

在数字电路的接口部分（与外部设备相连接的地方），有时需要进行电平转换，可用 OC 门来实现。如图 2.24 所示，为了把输出高电平变换为 10V，只要将 R_L 接到 10V 电源即可。这样，OC 门输入电平仍与一般与非门一致，而输出高电平变换为 10V。

（3）做驱动器

由于 OC 门能输出较高的电压和较大的电流，因此可以做驱动器直接驱动发光二极管、干簧继电器及脉冲变压器等器件，如图 2.25 所示。

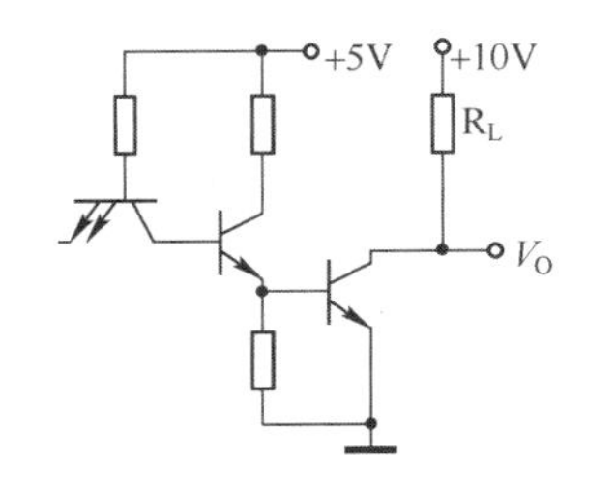

图 2.24　OC 门做电平转换器

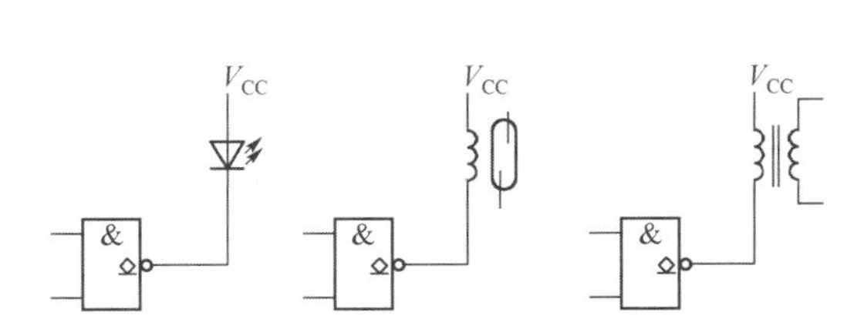

图 2.25　OC 门做驱动器

由于 OC 门负载电容的充电要经过 R_L，使得输出电压的边沿变化较慢，限制了工作速度，这是 OC 门的缺点。

2. 三态输出门

三态输出门（Three-State Logic），简称 TSL 门或三态门。三态门有三个输出状态，除了高电平状态和低电平状态，还有一个高阻抗输出状态。图 2.26 为三态与非门电路及逻辑符号，它是在普通与非门的基础上增加了控制端和控制电路（图中虚框中）而构成的。

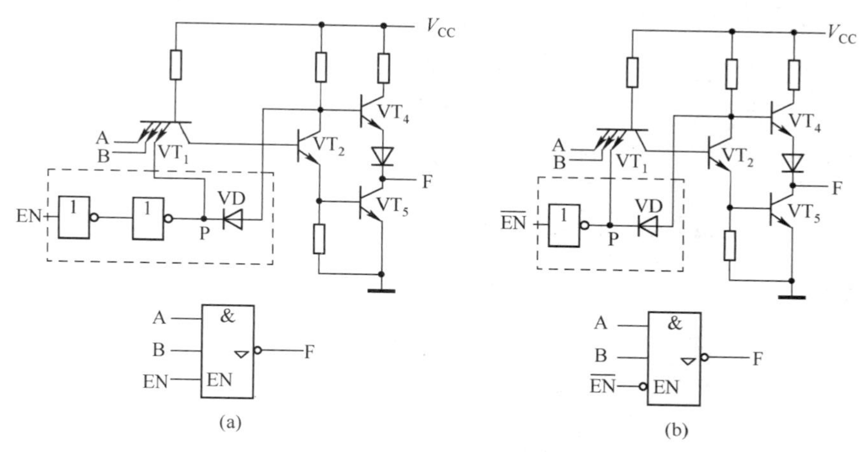

图 2.26　三态与非门电路及逻辑符号

由图 2.26（a）可知，当控制端（也称使能端）EN = 1 时，P 点为高电平，VD 截止，电路和普通 TTL 与非门一样，处于正常工作状态，输出 F 由输入 A、B 确定，可以是高电平，也可以是低电平。当 EN = 0 时，P 点为低电平，VT_2、VT_5 截止。同时 VD 导通，VT_4 基极电位被钳制在 1V 左右，使 VT_4 也进入截止状态。由于 VT_4、VT_5 都截止，输出 F 就像是悬空了一样，对外呈高阻状态，用 Z 表示。由于该电路在 EN = 1 时为工作状态，所以称之为使能控制高电平有效的三态与非门，图 2.26（b）电路和图 2.26（a）电路的区别在于输入控制端少了一个非门，因此，当 $\overline{EN} = 0$ 时为工作状态，称为使能控制低电平有效的三态与非门。为表明这一点，在逻辑符号的使能控制端加了个小圆圈，同时将控制信号写成 $\overline{EN}$。

三态门的基本用途就是能够实现用一根导线轮流传输几个不同的数据或控制信号。通常将接收多个门的输出信号的线称为总线。

图 2.27 所示为由三态门构成的单向总线结构。通常规定，同一瞬间只允许有一个三态门正常输出逻辑信号，而其他门的输出应为高阻状态。这样，当 $EN_1 = 1$，EN_2 和 EN_3 为 0 时，信号 A_1 的非送到了总线上。类似地，只要通过对各门的 EN 端加不同的控制信号，就能按要求使总线传送不同的输入信号（A_1、A_2 或 A_3 的非）。这种用总线来传送数据或信号的方法，在计算机中被广泛应用。

图 2.28 所示电路为由三态门构成的双向总线结构。从图中可知，当 EN = 1 时，G_1 门工作，G_2 门为高阻状态，信号 D_1 的非将送到总线上去；当 EN = 0 时，G_2 门工作，G_1 门为高阻状态，总线上信号的非将送到 D_2 上。这样就实现了信号的分时双向传送。

需要指出：三态门的输出端可以并接，形成总线，但它与 OC 门输出端并接获得线与逻辑是不同的，这里总线输出是按序进行的。换句话说，三态门的使能信号需要编程，保证不会有两个或两个以上的三态门同时输出信号。另外，由于三态门不需外接负载电阻，工作速度快。

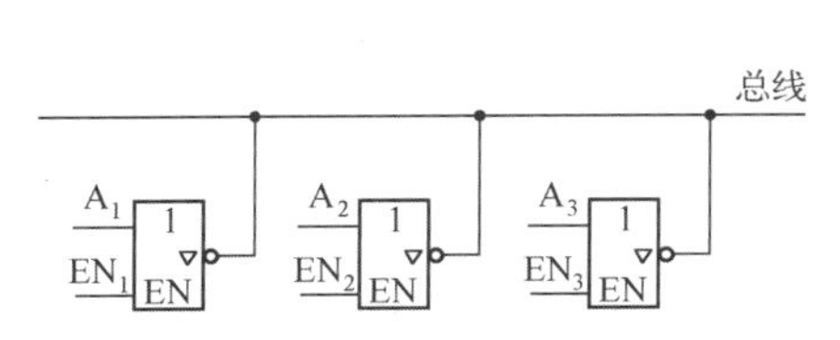

图 2.27　由三态门构成的单向总线结构

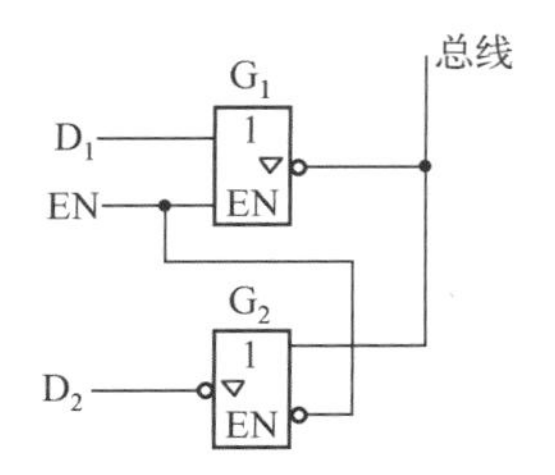

图 2.28　由三态门构成的双向总线结构

2.3.6　TTL 数字集成电路

TI 公司最初生产的 TTL 电路取名为 SN54/74 系列，称为 TTL 基本系列（54 系列和 74 系列的区别主要在于工作环境温度范围和电源允许的变化范围不同，54 系列允许的环境工作温度为-55~+125℃，而 74 系列允许的环境工作温度为-40~+85℃）。为了满足提高工作速度和降低功耗的需要，继上述的 74 系列之后，又相继研制和生产了 74H 系列、74S 系列、74L 系列、74AS 系列和 74ALS 系列等改进的 TTL 电路。现将这几种改进系列在电路结构和电气特性上的特点分述如下。

1. 74H 系列

74H（High-speed TTL）系列又称高速系列。74H 系列与非门 74H00 的电路结构图如图 2.29 所示。为了提高电路的开关速度，减小传输延迟时间，在电路结构上采取了两项改进措施。一是在输出级采用了达林顿结构，用 VT_3 和 VT_4 组成的复合三极管代替原来的 VT_4；二是将所有电阻的阻值降低。

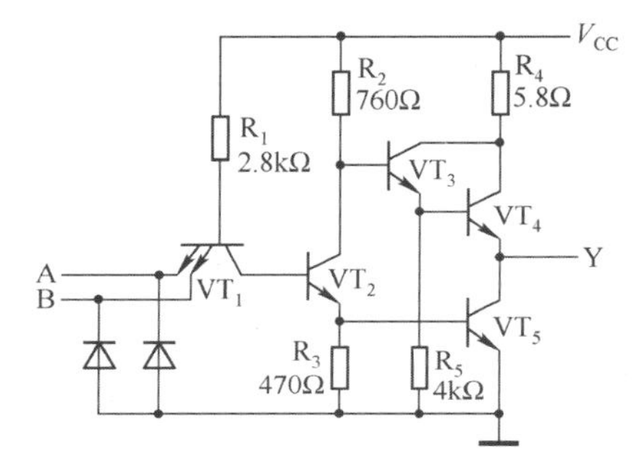

图 2.29　74H00 的电路结构图

采用达林顿结构进一步减小了门电路输出高电平时的输出电阻，从而提高了对负载电容的充电速度。减小了电路中各个电阻的阻值以后，不仅缩短了电路中各节点电位的上升时间和下降时间，也加速了三极管的开关过程。因此，74H 系列门电路的平均传输延迟时间比 74 系列门电路缩短了一半，通常在 10ns 以内。

减小电阻阻值带来的不利影响是增加了电路的静态功耗。74H 系列门电路的电源平均电流约为 74 系列门电路的两倍。这就是说，74H 系列工作速度的提高是用增加功耗来换取的。因此，74H 系列的改进效果不够理想。

2. 74S 系列

74S（Schottky TTL）系列又称肖特基系列。通过对 74 系列门电路动态过程的分析可以看到，三极管导通时工作在深度饱和状态是产生传输延迟时间的一个主要原因。如果能在三极管导通时避免进入深度饱和状态，那么传输延迟时间将大幅度减小。为此，在 74S 系列的门电路中，采用了抗饱和三极管（或称为肖特基三极管）。

抗饱和三极管如图 2.30 所示，是由普通的双极型三极管和肖特基势垒二极管（Schottky Barrier Diode，SBD）组合而成的。

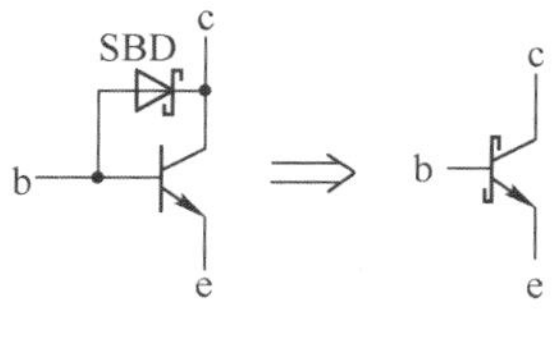

由于 SBD 的开启电压很低，只有 0.3~0.4V，所以当三极管的 bc 结进入正向偏置以后，SBD 首先导通，并将 bc 结的正向电压钳位在 0.3~0.4V。从而有效地制止了三极管进入深度饱和状态。

图 2.30　抗饱和三极管

74S 系列与非门 74S00 的电路结构图如图 2.31 所示。其中 VT_1、VT_2、VT_3、VT_5 和 VT_6 都是抗饱和三极管。因为 VT_4 的 bc 结不会出现正向偏置，亦即不会进入饱和状态，所以不必改用抗饱和三极管。电路中仍采用了较小的电阻阻值（与 74H 系列相当）。

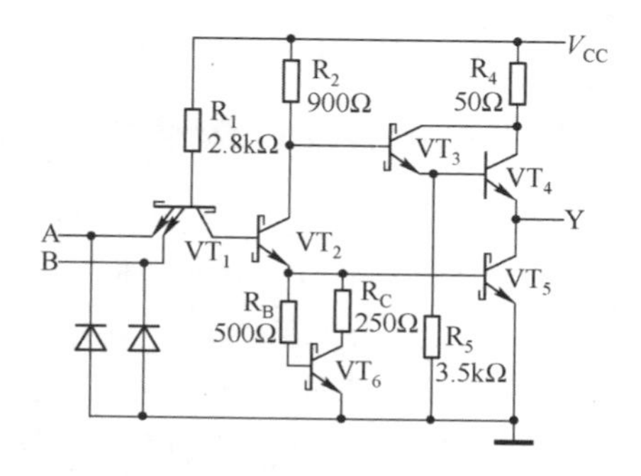

图 2.31　74S00 的电路结构图

该电路结构的另一个特点是用 VT_6 及 R_B 和 R_C 组成的有源电路代替了 74H 系列中的电阻 R_3，为 VT_5 的发射结提供了一个有源泄放回路。当 VT_2 由截止变为导通的瞬间，由于 VT_6 的基极回路中串接了 R_B，所以 VT_5 的基极必然先于 VT_6 的基极导通，使 VT_2 发射极的电流全部流入 VT_5 的基极，从而加速了 VT_5 的导通过程。而在稳态下，由于 VT_6 导通后产生的分流作用，减少了 VT_5 的基极电流，也就减轻了 VT_5 的饱和程度，这又有利于加快 VT_5 从导通变为截止的过程。

当 VT_2 从导通变为截止以后，因为 VT_6 仍处于导通状态，为 VT_5 的基极提供了一个瞬间的低内阻泄放回路，使 VT_5 得以迅速截止。因此，有源泄放回路的存在缩短了门电路的传输延迟时间。

此外，引进有源泄放电路还改善了门电路的电压传输特性。因为 VT_2 的发射结必须经 VT_5 或 VT_6 的发射结才能导通，所以不存在 VT_2 导通而 VT_5 尚未导通的阶段，而这个阶段正是产生电压传输特性线性区的根源，因此 74S 系列门电路的电压传输特性曲线上没有线性区，更接近于理想的开关特性。

采用抗饱和三极管和减小电路中电阻的阻值也带来了一些缺点。首先是电路的功耗加大了。其次，由于 VT_5 脱离了深度饱和状态，导致了输出低电平升高（最大值可达 0.5V 左右）。

3. 74LS 系列

性能比较理想的门电路，其工作速度快，功耗小。然而从上面的分析中可以发现，缩短传输延迟时间和降低功耗对电路提出来的要求往往是互相矛盾的。因此，只有用传输延迟时间和功耗的乘积（Delay-Power Product，延迟-功耗积，或 DP 积）才能全面评价门电路性能的优劣。延迟-功耗积越小，电路的综合性能越好。

为了得到更小的延迟-功耗积，在兼顾功耗与速度两方面的基础上又进一步开发了 74LS（Low-power Schottky TTL）系列（也称为低功耗肖特基系列）。

74LS 系列与非门 74LS00 的电路结构图如图 2.32 所示。为了降低功耗，大幅度地提高了电路中各个电阻的阻值。同时，将 R_5 原来接地的一端改接到输出端，以减小 VT_3 导通时 R_5 上的功耗。74LS 系列门电路的功耗仅为 74 系列的五分之一，74H 系列的十分之一。为了缩短传输延迟时间，提高开关工作速度，其延用了 74S 系列提高工作速度的两个方法——使用抗饱和三极管和引入有源泄放电路。同时，还将输入端的多发射极三极管用 SBD 代替，因为这种二极管没有电荷存储效应，有利于提高工作速度。此外，为进一步加速电路开关状态的转换过程，又接入了 VD_3、VD_4 这两个 SBD。由于采用了这一系列的措施，虽然电阻阻值增大了很多，但传输延迟时间仍可达到 74 系列的水平。74LS 系列的延迟-功耗积是 TTL 电路上述四种系列中最小的，仅为 74 系列的五分之一，74S 系列的三分之一。

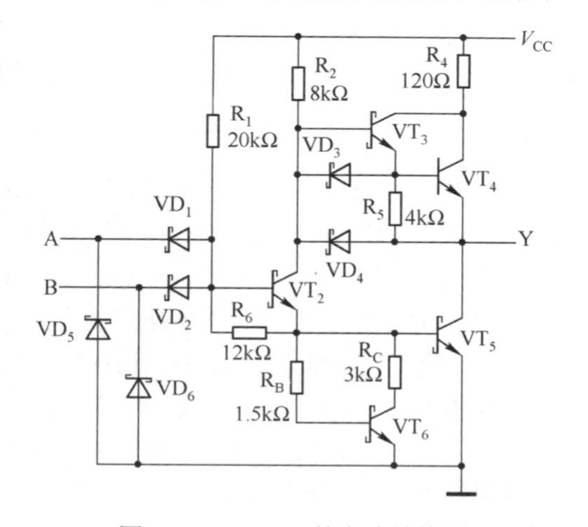

图 2.32　74LS00 的电路结构图

74LS 系列门电路的电压传输特性也没有线性区，而且阈值电压要比 74 系列低，约为 1V。

4．74AS 系列、74ALS 系列和 74F 系列

74AS（Advanced Schottky TTL）系列是为了进一步缩短传输延迟时间而设计的改进系列。它的电路结构与 74LS 系列相似，但是电路中采用了很低的电阻阻值，从而提高了工作速度。它的缺点是功耗较大，比 74S 系列的功耗还略大一些。

74ALS（Advanced Low-power Schottky TTL）系列是为了获得更小的延迟-功耗积而设计的改进系列，它的延迟-功耗积是 TTL 电路所有系列中最小的。为了降低功耗，电路中采用了较高的电阻阻值。同时，通过改进生产工艺缩小了内部各个器件的尺寸，获得了减小功耗、缩短延迟时间的双重效果。此外，在电路结构上也做了局部的改进。

74F（Fast TTL）系列在速度和功耗两方面都介于 74AS 和 74ALS 系列之间，因此，它为设计人员提供了一种在速度与功耗之间折中的选择。

表 2.4 列出了 TTL 电路不同系列的四 2 输入与非门（74××00）的主要性能参数。对于不同系列的 TTL 电路，只要器件型号的后几位数码一样，则它们的逻辑功能、外形尺寸、引脚排列就完全相同。例如，7420、74H20、74S20、74LS20、74ALS20 都是双 4 输入与非门（内部有两个 4 输入端的与非门），都采用 14 条引脚双列直插式封装，而且输入端、输出端、电源、地线的引脚位置也是相同的。但是它们的电气性能就大不相同了。因此，它们之间不是任何情况下都可以互相替换的。

表 2.4　74××00 的主要性能参数

系　　列	电源电压	功耗/门 P（mW）	传输时延 t_{pd}（ns）	延迟-功耗积 P_{tpd}（P）	逻辑摆幅（V）
标准系列 7400	5V	10	10	100	3.5
低功耗肖特基系列 74LS00	5V	2	10	20	3.5
肖特基系列 74S00	5V	19	3	57	3.5
先进低功耗肖特基系列 74ALS00	5V	1	4	4	3.5
高速系列 74F00	5V	4	3	12	3.5
先进肖特基系列 74AS00	5V	10	1.5	15	3.5
快速系列 74H00	5V	22	6	132	3.5
低功耗系列 74L00	5V	2	35	35	3.5

2.4　其他类型双极型数字集成电路

在双极型的数字集成电路中，除了 TTL 电路，还有二极管-三极管逻辑（Diode-Transistor Logic，DTL）、高阈值逻辑（High Threshold Logic，HTL）、发射极耦合逻辑（Emitter Coupled Logic，ECL）和集成注入逻辑（Integrated Injaction Logic，I^2L）等逻辑电路。

DTL 是早期采用的一种电路结构形式，它的输入端是二极管结构而输出端是三极管结构。因为它的工作速度比较低，所以不久便被 TTL 电路取代了。

HTL 电路的特点是阈值电压比较高。当电源电压为 15V 时，阈值电压达 7~8V。因此，它的噪声容限比较大，有较强的抗干扰能力。HTL 电路的主要缺点是工作速度比较低，所以多用在对工作速度要求不高而对抗干扰性能要求较高的一些工业控制设备中。目前它已几乎完全为 CMOS 电路所取代。

下面仅对 ECL 和 I^2L 两种电路的工作原理和主要特点做简单介绍。

2.4.1 ECL 门电路

ECL 门电路属于双极型数字集成电路。

在前面讨论的 TTL 门电路中，三极管工作于饱和、截止状态。三极管导通时工作在饱和状态，管内的存储电荷限制了电路的工作速度，尽管采取了一系列改进措施，但都不是提高工作速度的根本办法。ECL 门电路就是为了满足更高的速度要求而发展起来的一种高速逻辑电路。它采用了高速电流开关型电路，内部三极管工作在放大区或截止区，这就从根本上克服了因饱和而产生的存储电荷对速度的影响。ECL 门电路的平均传输延迟时间在 2ns 以下，是目前各类数字集成电路中速度最快的电路。它广泛用于高速大型电子计算机、数字通信系统和高精度测试设备等方面。

1. ECL 门电路的工作原理

ECL 门的核心部分是电流开关电路，如图 2.33 所示。电流开关电路实际上是一个差分放大器。输入信号 V_I 接在输入管 VT_1 的基极，VT_2 的基极接参考电压 V_R，假设 $V_R=-1.2V$。V_{O1}、V_{O2} 为两个输出。输入信号的低电平 $V_{IL}=-1.6V$，输入信号的高电平 $V_{IH}=-0.8V$。

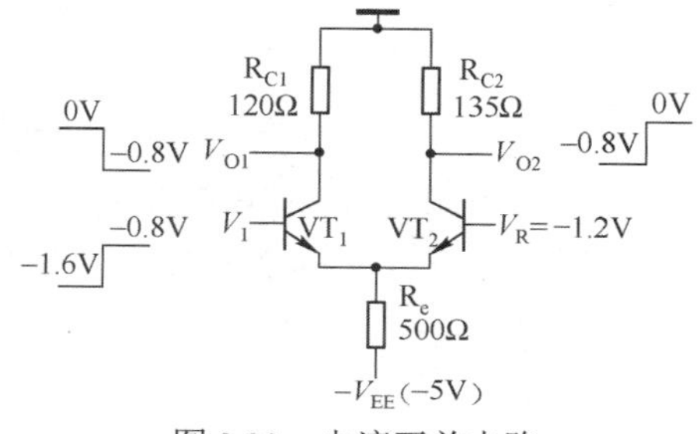

图 2.33　电流开关电路

当输入为低电平 $V_I=V_{IL}=-1.6V$ 时，由于 $V_R=-1.2V$，$V_R>V_{IL}$，故 VT_2 抢先导通。$V_e=V_R-V_{BE2}=-1.2-0.7=-1.9V$。

这时 $V_{BE1}=V_{IL}-V_e=-1.6+1.9=0.3V$，故 VT_1 截止。流过 R_e 的电流为：

$$I_e=\frac{V_e-V_{EE}}{R_e}=\frac{-1.9+5}{0.5}=6.2\,mA$$

全部电流流经 VT_2，相当于开关拨向右侧。则有

$$V_{O2}=-I_{C2}R_{C2}=-\alpha I_e R_{C2}$$

式中，α 为共基极电流放大系数，设 $\alpha=0.95$，有：

$$V_{O2}=-0.95\times6.2\times135\times10^{-3}\approx-0.8\,V$$

显然 VT_2 工作在放大区。由于 VT_1 截止，$V_{O1}=0V$。

当输入为高电平 $V_I=V_{IH}=-0.8V$ 时，由于 $V_{IH}>V_R$，故 VT_1 抢先导通。

$$V_e=V_{IH}-V_{BE1}=-0.8-0.7=-1.5\,V$$

这时 $V_{BE2}=V_R-V_e=-1.2+1.5=0.3V$，故 VT_2 截止。流过 R_e 的电流为：

$$I_e=\frac{V_e-V_{EE}}{R_e}=\frac{-1.5+5}{0.5}=7\,mA$$

全部电流流经 VT_1，相当于开关拨向左侧。则

$$V_{O1}=-I_{C1}R_{C1}=-\alpha I_e R_{C1}=-0.95\times7\times120\times10^{-3}\approx-0.8\,V$$

此时，因为 VT_1 的基极电位接近于集电极电位，故 VT_1 工作在放大区边缘。由于 VT_2 截止，则 $V_{O2}=0V$。

通过以上分析可见，当输入信号 V_I 由低电平（−1.6V）到高电平（−0.8V）时，输出 V_{O1} 的电平从高电平（0V）到低电平（−0.8V）；输出 V_{O2} 的电平则从低电平（−0.8V）到高电平（0V）。因此，V_{O1}、V_{O2} 是两个电位幅度相等但极性相反的输出信号。需要注意的是，该电路输出的逻辑电平摆幅（高、低电平之差）虽然和输入信号的逻辑电平摆幅（0.8V）相同，但是输入、输出的高、低电平值

却不一致，所以不能用这种电路驱动同类型的电路。

2．实用的 ECL 门电路

图 2.34 为实用的 ECL 或/或非门电路及逻辑符号。它由电流开关、基准电压和射极输出三个部分组成。A、B 为输入信号，F_1、F_2 为输出信号。

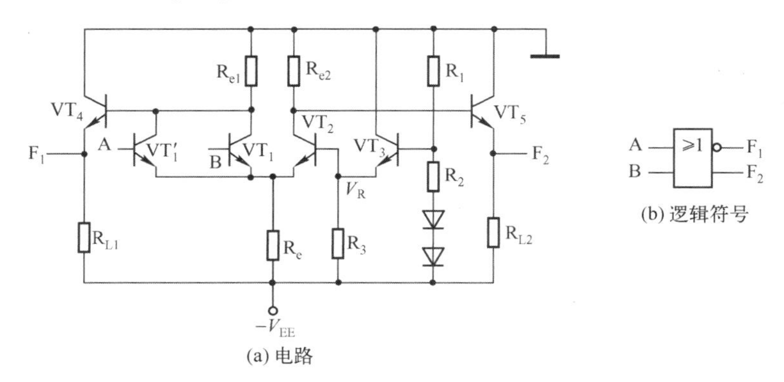

图 2.34　实用的 ECL 或/或非门电路及逻辑符号

为了解决输出高、低电平和输入高、低电平不一致的问题，图 2.34 中电流开关的两个输出端各加一级射极跟随器（VT_4、VT_5），并使它们的 be 结正向压降都做成 0.8V。

这样，电流开关输出的高、低电平，经射极跟随器后均下移 0.8V，即高、低电平分别为-0.8V 和-1.6V，从而使电路输出的高、低电平和输入的高、低电平一致。同时，因为射极跟随器的输出阻抗很小，从而提高了电路的带负载能力。

由于 VT_1、VT'_1 的发射极和集电极分别并接，所以只要 A、B 中有一个为高电平，都会使 F_1 为低电平，而 F_2 为高电平；只有当 A、B 均为低电平时，才会使 F_1 为高电平，而 F_2 为低电平。因此，F_1 和 A、B 之间为或非逻辑关系，F_2 和 A、B 之间为或逻辑关系，即：

$$F_1 = \overline{A + B} \qquad F_2 = A + B$$

3．ECL 门电路的主要特点

ECL 门电路的主要特点为：

（1）速度快。ECL 门电路工作速度快的主要原因：①开关管导通时工作在非饱和状态，消除了存储电荷的影响；②逻辑摆幅小，仅为 0.8V。同时集电极负载电阻也很小，因而缩短了寄生电容的充放电时间。

（2）带负载能力强。由于 ECL 门电路的射极耦合电阻较集电极电阻大得多，因而输入阻抗高；输出电路是工作在放大状态的射极跟随器，其输出阻抗很低，因而 ECL 门电路带负载能力强。

（3）逻辑功能强。ECL 门电路具有互补输出的特点，它能同时实现或/或非功能，因而使用灵活。例如，若前级两组输出信号为 $\overline{A+B}$ 和 $\overline{C+D}$，将其加到下一级或/或非门的输入端，就可以得到：

$$F_1 = \overline{\overline{A+B} + \overline{C+D}} = (A+B)(C+D)$$

$$F_2 = \overline{A+B} + \overline{C+D} = \overline{(A+B)(C+D)}$$

即得到与和与非的输出。

（4）功耗大。ECL 门电路由电流开关、参考电源和射极跟随器输出三个部分组成，因此功耗较大。

（5）抗干扰能力差。因为 ECL 门电路的逻辑摆幅小，噪声容限低（约 0.3V），所以抗干扰能力较差。

2.4.2 I^2L 电路

为了提高集成度以满足制造大规模集成电路的需要，不仅要求每个逻辑单元的电路结构非常简单，而且要求降低单元电路的功耗。显然，无论 TTL 电路还是 ECL 电路都不具备这两个条件。而 I^2L 电路则具备了电路结构简单、功耗低的特点，因而特别适于制作大规模集成电路。

1. I^2L 电路的工作原理

图 2.35 为 I^2L 单元电路及逻辑符号。它是由一个 PNP 型三极管 VT_1 和一个多集电极 NPN 型三极管 VT_2 合并组成的多输出反相器，因此有时也称为并合晶体管逻辑（MTL）。VT_2 可以看做几个独立的集电极开路三极管，它们的基极、发射极分别并接在一起。VT_1 的基极接地，是共基极电路，它的发射极经外接电阻 R 与电源 E 相连，构成恒流源。电流由 VT_1 的发射极注入，集成注入逻辑电路由此得名。

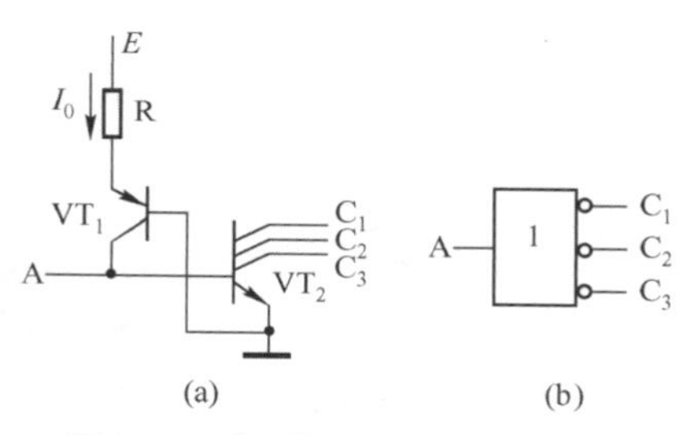

图 2.35 I^2L 单元电路及逻辑符号

VT_1 的集电极和 VT_2 的基极共用，作为信号输入端，VT_2 的开路集电极作为信号输出端。

若把两级 I^2L 单元电路串接起来，本级流入电流 I_0 可作为前级的负载电流，也可以作为本级 VT_2 的基极驱动电流。

当输入端 A 为低电平时，即 $V_A=0.1V$（A 所接的前级 I^2L 门处于饱和状态），I_0 从输入端流入前级，VT_2 截止，VT_2 的集电极处于开路状态，输出高电平。若该输出端与下级 I^2L 电路的输入端相接，则输出高电平为 0.7V。

当输入端悬空时（A 所接的前级 I^2L 门处于截止状态），I_0 流入 VT_2 的基极，使 VT_2 处于深饱和导通状态，输出为低电平（0.1V）。这时的输入 $V_A=0.7V$（V_{BE2} 的电压），即输入高电平为 0.7V。

由以上分析可知，I^2L 单元电路的任何一个输出与输入的关系都是非逻辑关系。

I^2L 单元电路是一个多输出反相器，而且集电极开路，因此可以将不同单元电路的输出端并接，实现线与逻辑，从而构成各种逻辑门电路，I^2L 门电路如图 2.36 所示（为简便起见，图中省略了恒流源 VT_1）。

图 2.36（a）所示电路，输出和输入满足或非逻辑关系，即：

$$F=\overline{A}\cdot\overline{B}=\overline{A+B}$$

图 2.36（b）所示电路，输出和输入满足与逻辑关系，即：

$$F=A\cdot B=AB$$

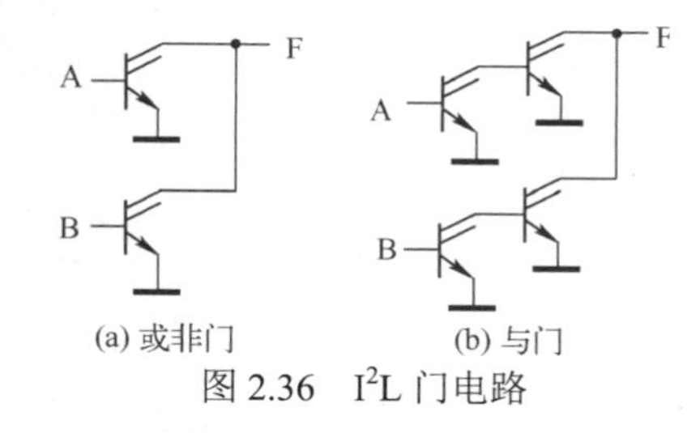

图 2.36 I^2L 门电路

2. I^2L 电路的主要特点

I^2L 电路具有以下主要特点。

（1）集成度高。每个基本单元电路仅包含一个 PNP 管和一个多集电极 NPN 管，而且 PNP 管的集电极与 NPN 管的基极共用；PNP 管的基极又和 NPN 管的发射极相连，故实际上只占用一个三极管集成面积。而且单元电路中无电阻，这样使 I^2L 的集成度大大提高。

（2）延迟功耗积小。I^2L 电路只需要用一个电源和一个偏置电阻就可以为一块集成电路中所有的门提供电流，而且每个基本单元可以在低电压（电源电压大于 0.8V 即可）、微电流（小于 1nA）下工作，所以功耗极低。虽然它的工作速度不高，但延迟功耗积却是目前双极型数字集成电路中最低的。

（3）抗干扰能力差。I^2L 电路的输出高电平约为 0.7V，输出低电平约为 0.1V，其逻辑摆幅通常在 0.6V 左右，所以噪声容限低，抗干扰能力差。

（4）工作速度低。I^2L 电路属于饱和型逻辑电路，受存储电荷的影响，其工作速度较低。I^2L 反相器的传输延迟时间为 20～30ns。

为了弥补在速度方面的缺陷，对 I^2L 电路做了很多改进。通过改进电路和制造工艺已成功地把每级反相器的传输延迟时间缩短到了几纳秒。另外，利用 I^2L 与 TTL 电路在工艺上的兼容性，可以直接在 I^2L 大规模集成电路芯片上制作与 TTL 电平相兼容的接口电路，这就有效地提高了电路的抗干扰能力。

目前 I^2L 电路主要用于制作大规模集成电路的内部逻辑电路，很少用来制作中、小规模集成电路产品。

2.5 CMOS 门电路

用 MOS 场效应管作为基本开关元件构成的集成门电路，称为 MOS 门电路。MOS 门电路具有制造工艺简单、集成度高、功耗低、体积小、成品率高等优点，特别适合于中、大规模集成电路的制造，在目前的数字集成电路产品中占据了相当大的比例。

由于 MOS 场效应管有 N 沟道和 P 沟道两种，相应地有 NMOS 和 PMOS 门电路。PMOS 门电路问世较早，以后发展的 NMOS 和 CMOS 门电路（同时采用 NMOS 管和 PMOS 管互补对称连接构成的集成电路）的性能优于 PMOS 门电路，应用更为广泛。CMOS 门电路是目前使用较普遍的小规模集成逻辑电路，它的种类很多，这里以 CMOS 反相器为例，介绍其电路组成、工作原理，电气特性等。

2.5.1 CMOS 反相器的电路结构

如图 2.37 所示的 CMOS 反相器是 CMOS 集成电路中最基本的逻辑组成单元之一，它由一个 P 沟道增强型 MOS 管 VT_1 和一个 N 沟道增强型 MOS 管 VT_2 组成，VT_2 为驱动管，VT_1 为负载管。两管的漏极相连作为输出端，两管的栅极相连作为输入端。VT_1 的源极接正电源，VT_2 的源极接地。设 VT_1 和 VT_2 的开启电压分别为 $V_{GS(th)P}$ 和 $V_{GS(th)N}$，为保证电路正常工作，电源电压 V_{DD} 大于两管的开启电压的绝对值之和，即 $V_{DD} > V_{GS(th)N} + |V_{GS(th)P}|$。

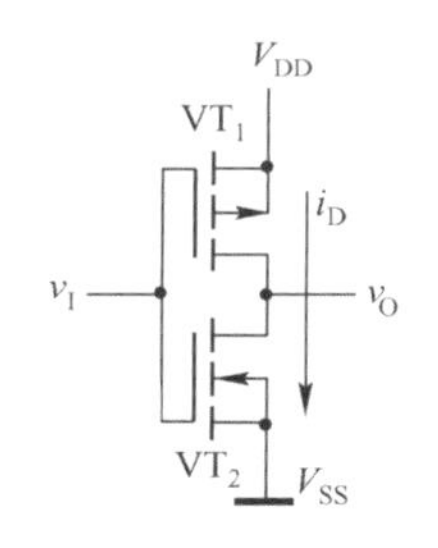

图 2.37　CMOS 反相器

电路的工作原理可简单分析如下：当输入 v_I 为低电平时，$V_{GS2} = 0V$，即小于 VT_2 的开启电压，因此 VT_2 截止，其内阻很高（可达 10^8～$10^9\Omega$）；同时，$V_{GS1} = -V_{DD}$，VT_1 导通，而且导通内阻很低（可小于 1kΩ），所以输出 v_O 为高电平，且 $v_O \approx V_{DD}$。当输入 v_I 为高电平时（如 $v_I = V_{DD}$），则 $V_{GS2} = V_{DD}$，大于 VT_2 的开启电压，VT_2 导通；同时 $V_{GS1} = 0$，故 VT_1 截止，所以输出 v_O 为低电平，$v_O \approx 0V$。可见，电路的输入、输出满足反相关系，从而实现非逻辑功能。

无论 v_I 是高电平还是低电平，VT_1 和 VT_2 总是一个导通而另一个截止，即工作在互补状态，所以把这种电路结构形式称为互补对称式金属-氧化物-半导体电路（Complementary Symmetry Metal-Oxide-Semiconductor Circuit，简称 CMOS 电路）。

由于静态下无论 v_I 是高电平还是低电平，VT_1 和 VT_2 总有一个是截止的，而且截止内阻又极高，流过 VT_1 和 VT_2 的静态电流极小，因而 CMOS 反相器的静态功耗极小，这是 CMOS 电路最突出的一个优点。

2.5.2 CMOS 反相器的电压传输特性和电流传输特性

在图 2.37 的 CMOS 反相器中，设 $V_{DD} > V_{GS(th)N} + |V_{GS(th)P}|$，且 $V_{GS(th)N} = |V_{GS(th)P}|$，$VT_1$ 和 VT_2 具有

同样的导通内阻 R_{ON} 和截止内阻 R_{OFF} ，则输出电压随输入电压变化的曲线，亦即电压传输特性曲线如图 2.38 所示。

当反相器工作于电压传输特性曲线的 AB 段时，由于 $v_I < V_{GS(th)N}$ ，而 $|v_{GS1}| > |V_{GS(th)P}|$ ，故 VT_1 导通并工作在低内阻的电阻区，VT_2 截止，分压的结果使 $v_O = V_{OH} \approx V_{DD}$。

在 CD 段，由于 $v_I > V_{DD} - |V_{GS(th)P}|$ ，使 $|v_{GS1}| < |V_{GS(th)P}|$ ，故 VT_1 截止。而 $v_{GS2} > V_{GS(th)N}$ ，VT_2 导通，因此 $v_O = V_{OL} \approx 0$。

在 BC 段，即当 $V_{GS(th)N} < v_I < V_{DD} - |V_{GS(th)P}|$ 时，$v_{GS2} > V_{GS(th)N}$ ，$|v_{GS1}| > |V_{GS(th)P}|$ ，VT_1 和 VT_2 同时导通。如果 VT_1 和 VT_2 的参数完全对称，则 $v_I = V_{DD}/2$ 时两管的导通内阻相等，$v_O = V_{DD}/2$ ，即工作于电压传输特性转折区的中点。因此，CMOS 反相器的阈值电压 $V_{TH} \approx V_{DD}/2$。

从图 2.38 还可以看到，在电压传输特性曲线上不仅 $V_{TH} = V_{DD}/2$，而且转折区的变化率很大，因此它更接近于理想的开关特性。这种形式的电压传输特性曲线使 CMOS 反相器获得了更大的输入端噪声容限。

图 2.39 是 CMOS 反相器的电流传输特性曲线，即漏极电流随输入电压而变化的曲线。这个特性曲线也可以分成三个工作区。在 AB 段，因为 VT_2 工作在截止状态，内阻非常高，所以流过 VT_1 和 VT_2 的漏极电流几乎为零。在 CD 段，因为 VT_1 为截止状态，内阻非常高，所以流过 VT_1 和 VT_2 的漏极电流也几乎为零。在 BC 段，VT_1 和 VT_2 同时导通，有电流 i_D 流过 VT_1 和 VT_2，而且在 $v_I = V_{DD}/2$ 附近 i_D 最大。考虑到 CMOS 反相器的这一特点，在使用这类器件时不应使其长期工作在电流传输特性曲线的 BC 段，即 $V_{GS(th)N} < v_I < V_{DD} - |V_{GS(th)P}|$ ，以防止器件因功耗过大而损坏。

图 2.40 中画出了不同 V_{DD} 下 CMOS 反相器的噪声容限。可以看出，随着 V_{DD} 的增加，输入为高电平时的噪声容限 V_{NH} 和输入为低电平时的噪声容限 V_{NL} 也相应地增大，而且每个 V_{DD} 值下 V_{NH} 和 V_{NL} 始终保持相等。

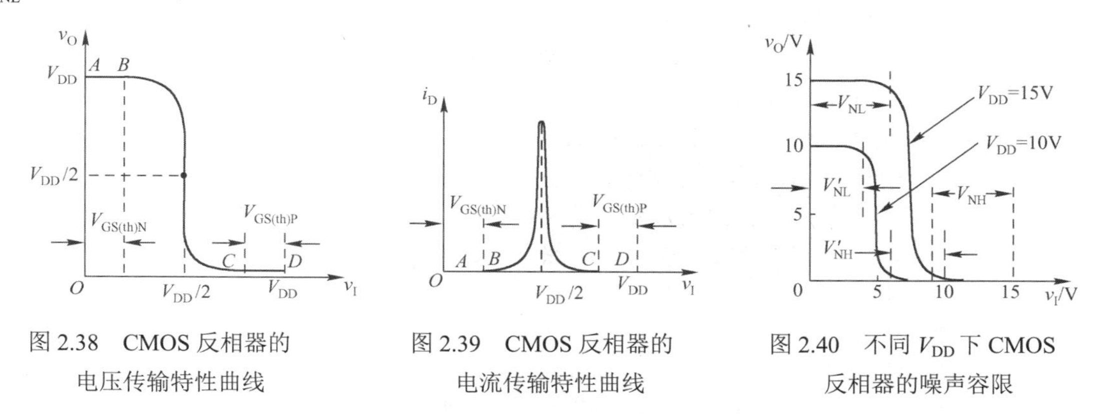

图 2.38　CMOS 反相器的电压传输特性曲线

图 2.39　CMOS 反相器的电流传输特性曲线

图 2.40　不同 V_{DD} 下 CMOS 反相器的噪声容限

为了提高 CMOS 反相器的输入端噪声容限，可以通过适当提高 V_{DD} 的方法实现，而这在 TTL 电路中是办不到的。

2.5.3　CMOS 反相器的输入特性和输出特性

1. 输入特性

因为 MOS 管的栅极和衬底之间存在着以 SiO_2 为介质的输入电容，而绝缘介质又非常薄，极易被击穿，所以必须采取保护措施。

在目前生产的 CMOS 集成电路中都采用了各种形式的输入保护电路，图 2.41 所示为常用的两种。在 CC4000 系列 CMOS 器件中，多采用图 2.41（a）所示的输入保护电路，图中的 VD_1 和 VD_2 都是双极型二极管，它们的正向导通压降 $V_{DF}=0.5\sim0.7V$，反向击穿电压约为 30V。由于 VD_1 是在输入端的 P 型扩散电阻区和 N 型衬底间自然形成的，是一种分布式二极管结构，所以在图 2.41（a）中用一条虚线和两端的两个二极管表示。这种分布式二极管结构可以通过较大的电流。R_s 的阻值一般在 1.5～2.5kΩ之间。C_1 和 C_2 分别表示 VT_1 和 VT_2 的栅极等效电容。

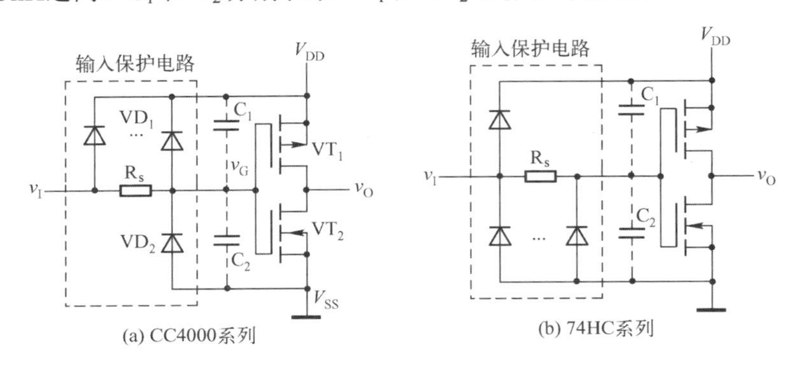

图 2.41　CMOS 反相器的输入保护电路

在输入信号电压的正常工作范围内（$0\leqslant v_I\leqslant V_{DD}$），输入保护电路不起作用。

若二极管的正向导通压降为 V_{DF}，当 $v_I > V_{DD}+V_{DF}$ 时，VD_1 导通，将 VT_1 和 VT_2 的栅极电位 v_G 钳在 $V_{DD}+V_{DF}$，保证加到 C_2 上的电压不超过 $V_{DD}+V_{DF}$。而当 $v_I < -0.7V$ 时，VD_2 导通，将 v_G 钳在 $-V_{DF}$，保证加到 C_1 上的电压也不会超过 $V_{DD}+V_{DF}$。因为多数 CMOS 集成电路使用的 V_{DD} 不超过 18V，所以加到 C_1 和 C_2 上的电压不会超过允许的耐压极限。

在输入端出现瞬时的过冲电压使 VD_1 或 VD_2 发生击穿的情况下，只要反向击穿电流不过大，而且持续时间很短，那么在反向击穿电压消失后 VD_1 和 VD_2 的 PN 结仍可恢复工作。

当然，这种保护措施是有一定限度的。通过 VD_1 或 VD_2 的正向导通电流过大或反向击穿电流过大，都会损坏输入保护电路，进而使 MOS 管的栅极被击穿。因此，在可能出现上述情况时，还必须采取一些附加的保护措施，并注意器件的正确使用方法。

根据图 2.41（a）的输入保护电路可以画出它的输入特性曲线如图 2.42（a）所示。在 $-V_{DF} < v_I < V_{DD}+V_{DF}$ 范围内，输入电流 $i_I\approx 0$。当 $v_I > V_{DD}+V_{DF}$ 以后，i_I 迅速增大。而在 $v_I < -V_{DF}$ 以后，VD_2 经 R_s 导通，i_I 的绝对值随 v_I 绝对值的增加而加大，二者绝对值的增加近似呈线性关系，变化的斜率由 R_s 决定。

图 2.41（b）是另一种常见于 74HC 系列 CMOS 反相器的输入保护电路，它的输入特性曲线如图 2.42（b）所示。

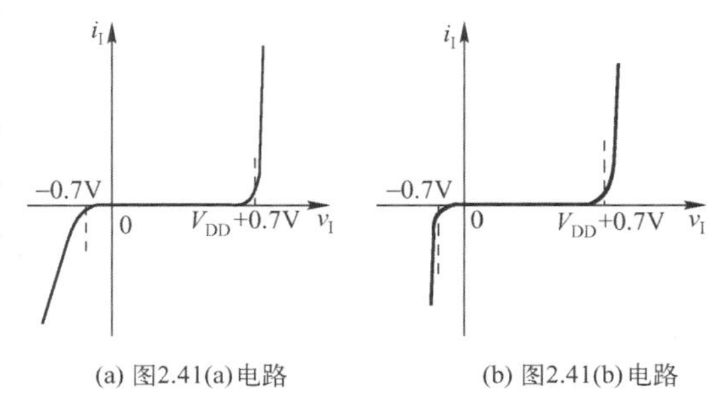

图 2.42　CMOS 反相器的输入特性曲线

2. 输出特性

当输出为低电平，即 $v_O=V_{OL}$ 时 CMOS 反相器的工作状态如图 2.43 所示，这时反相器的 P 沟道管截止、N 沟道管导通，负载电流 I_{OL} 从负载电路注入 VT_2，输出电平随 I_{OL} 增加而提高，CMOS 反相器的低电平输出特性曲线如图 2.44 所示。因为这时的 V_{OL} 就是 v_{DS2}，I_{OL} 就是 i_{D2}，所以 V_{OL} 与 I_{OL} 的关系曲线实际上也就是 VT_2 的漏极特性曲线。从曲线上还可以看到，由于 VT_2 的导通内阻与 v_{GS2} 的大小有关，v_{GS2} 越大导通内阻越小，所以在同样的 I_{OL} 值下，V_{DD} 越高，VT_2 导通时的 v_{GS2} 越大，V_{OL} 也越低。

当 CMOS 反相器的输出为高电平，即 $v_O = V_{OH}$ 时 CMOS 反相器的工作状态如图 2.45 所示，这时 P 沟道管导通而 N 沟道管截止，负载电流 I_{OH} 是从门电路的输出端流出的，与规定的负载电流正方向相反，在图 2.46 所示的 CMOS 反相器的高电平输出特性曲线上为负值。

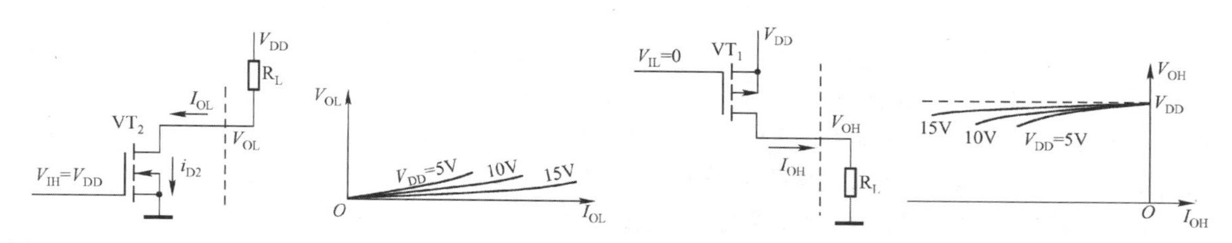

图 2.43　$v_O = V_{OL}$ 时 CMOS 反相器的工作状态　图 2.44　CMOS 反相器的低电平输出特性曲线　图 2.45　$v_O = V_{OH}$ 时 CMOS 反相器的工作状态　图 2.46　CMOS 反相器的高电平输出特性曲线

由图 2.45 可见，这时 V_{OH} 的值等于 V_{DD} 减去 VT_1 的导通压降。随着负载电流的增加，VT_1 的导通压降加大，V_{OH} 下降。如前所述，因为 MOS 管的导通内阻与 v_{GS} 的大小有关，所以在同样的 I_{OH} 值下 V_{DD} 越高，则 VT_1 导通时 v_{GS1} 越负，它的导通内阻越小，V_{OH} 也就下降得越少，如图 2.46 所示。

2.5.4　CMOS 反相器的动态特性

1．传输延迟时间

尽管 MOS 管在开关过程中不会发生载流子的聚集和消散，但由于集成电路内部电阻、电容的存在，以及负载电容的影响，输出电压的变化仍然滞后于输入电压的变化，会产生传输延迟。尤其由于 CMOS 电路的输出电阻比 TTL 电路的输出电阻大得多，所以负载电容对传输延迟时间和输出电压的上升时间、下降时间的影响更为显著。

此外，由于 CMOS 反相器的输出电阻受 V_{IH} 大小的影响，而通常情况下 $V_{IH} \approx V_{DD}$，因而传输延迟时间也与 V_{DD} 有关，这一点也有别于 TTL 电路。

CMOS 电路的传输延迟时间 t_{PHL} 和 t_{PLH} 是以输入、输出波形的对应边上等于最大幅度 50%的两点间的时间间隔来定义的，图 2.47 所示为 CMOS 反相器传输延迟时间的定义。

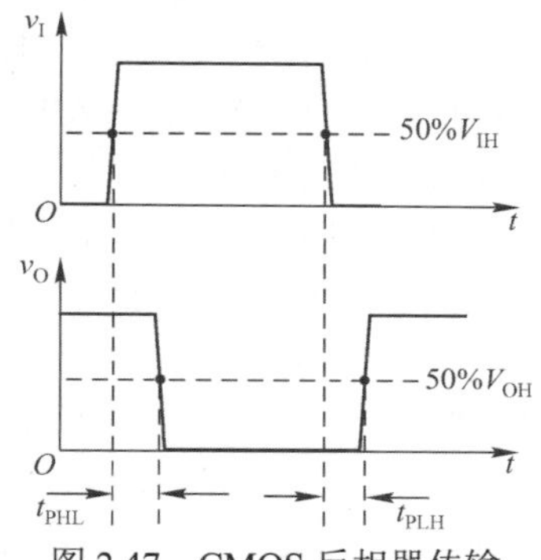

图 2.47　CMOS 反相器传输延迟时间的定义

2．动态功耗

当 CMOS 反相器从一种稳定工作状态突然转变到另一种稳定工作状态的过程中，将产生附加的功耗，称为动态功耗。动态功耗由两部分组成，一部分是 VT_1 和 VT_2 在短时间内同时导通所产生的瞬时导通功耗 P_T，另一部分是对负载电容充、放电所消耗的功率 P_c。

如果取 $V_{DD} > V_{GS(th)N} + \left|V_{GS(th)P}\right|$，$V_{IH} \approx V_{DD}$，$V_{IL} \approx 0$，那么当 v_I 从 V_{IL} 过渡到 V_{IH} 和从 V_{IH} 过渡到 V_{IL} 的过程中，都将经过短时间的 $V_{GS(th)N} < v_I < V_{DD} - \left|V_{GS(th)P}\right|$ 的状态。在此状态下 VT_1 和 VT_2 同时导通，有瞬时导通电流流过 VT_1 和 VT_2，此电流所产生的平均功耗即为 P_T。瞬时电流的平均值与输入信号的上升时间、下降时间和重复频率有关，输入信号重复频率越高，上升时间和下降时间越长，则 P_T 越大。同时，V_{DD} 越高，P_T 也越大。

在实际使用 CMOS 反相器时，输出端不可避免地会有负载电容，此负载电容可能是下一级反相器的输入电容，也可能是其他负载电路的电容和接线电容。当输入电压由高电平跳变为低电平时，

VT_1导通、VT_2截止，V_{DD}经VT_1向负载电容充电，产生充电电流；而当输入电压由低电平跳变为高电平时，VT_2导通，VT_1截止，负载电容通过VT_2放电，产生放电电流。充电电流和放电电流所产生的平均功耗即为P_c，P_c与负载电容的电容量、信号重复频率，以及电源电压的平方成正比。

CMOS 反相器工作时的全部功耗应等于动态功耗和静态功耗之和。静态功耗通常以指定电源电压下的静态漏电流的形式给出。前面已经讲过，静态下无论输入电压是高电平还是低电平，VT_1和VT_2总有一个是截止的。因为VT_1或VT_2截止时的漏电流极小，所以这个电流产生的功耗可以忽略不计。在实际的反相器电路中不仅有输入保护二极管，还存在着寄生二极管，这些二极管的反向漏电流比VT_1或VT_2截止时的漏电流要大得多，它们构成了电源静态电流的主要成分。因为这些二极管都是 PN 结型的，它们的反向电流受温度影响比较大，所以 CMOS 反相器的静态功耗也随温度的改变而变化。

按照规定，国产 CC4000 系列的 CMOS 反相器在常温（+25℃）下的静态电源电流不超过 1μA。可见，在工作频率较高的情况下，CMOS 反相器的动态功耗要比静态功耗大得多，这时的静态功耗可以忽略不计。

2.5.5 其他类型的 CMOS 门电路

1. 其他逻辑功能的 CMOS 门电路

在 CMOS 门电路的系列产品中，除反相器外，常用的还有或非门、与非门、或门、与门、与或非门、异或门等。

为了画图方便，并能突出电路中与逻辑功能有关的部分，以后在讨论各种逻辑功能的门电路时就不再画出每个输入端的保护电路了。

图 2.48 是 CMOS 与非门，它由两个并联的 P 沟道增强型 MOS 管VT_1、VT_3和两个串联的 N 沟道增强型 MOS 管VT_2、VT_4组成。

当 $A=1$，$B=0$ 时，VT_3导通、VT_4截止，故 $Y=1$。而当 $A=0$，$B=1$ 时，VT_1导通，VT_2截止，也使 $Y=1$。只有在 $A=B=1$ 时，VT_1和VT_3同时截止，VT_2和VT_4同时导通，才有 $Y=0$。因此，Y 和 A、B 间是与非关系，即 $Y=\overline{AB}$。

图 2.49 是 CMOS 或非门，它由两个并联的 N 沟道增强型 MOS 管VT_2、VT_4和两个串联的 P 沟道增强型 MOS 管VT_1、VT_3组成。在这个电路中，只要 A、B 当中有一个是高电平，输出就是低电平。只有当 A、B 同时为低电平时，才使VT_2和VT_4同时截止，VT_1和VT_3同时导通，输出为高电平。因此，Y 和 A、B 间是或非关系，即 $Y=\overline{A+B}$。

利用与非门、或非门和反相器又可组成与门、或门、与或非门、异或门等，这里就不一一列举了。

2. 漏极开路的 CMOS 门电路（OD 门）

如同 TTL 电路中的 OC 门那样，CMOS 门的输出电路结构也可以做成漏极开路的形式。在 CMOS 电路中，这种输出电路结构经常用在输出缓冲/驱动器当中，或者用于输出电平的变换，以及满足吸收大负载电流的需要。此外也可用于实现线与逻辑。

图 2.50 是漏极开路输出的与非门 CC40107 的电路图，CC40107 是双 2 输入与非缓冲/驱动器，它的输出电路是一只漏极开路的 N 沟道增强型 MOS 管。在输出为低电平 $V_{OL}<0.5V$ 的条件下，它能吸收的最大负载电流达 50mA。

如果输入信号的高电平 $V_{IH}=V_{DD1}$，而输出端外接电源为V_{DD2}，则输出高电平 $V_{OH}\approx V_{DD2}$。这样就把 $V_{DD1}\sim0$ 的输入信号高、低电平转换成了 $0\sim V_{DD2}$ 的输出电平了。

计算外接电阻R_L的方法已经在介绍 TTL 的 OC 门时讲过，此处不再重复。

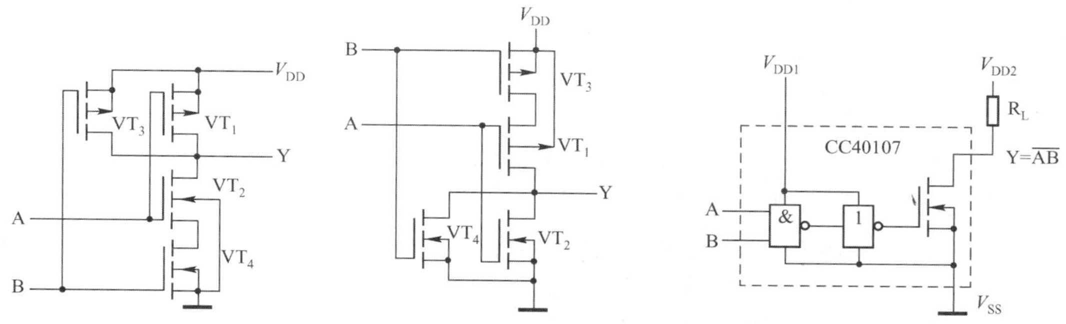

图 2.48　CMOS 与非门　　图 2.49　CMOS 或非门　　图 2.50　漏极开路输出的与非门 CC40107 的电路图

3. CMOS 传输门（TG 门）

CMOS 传输门（Transmission Gate）如同 CMOS 反相器一样，也是构成各种逻辑电路的一种基本单元电路。CMOS 传输门的功能是：在控制信号的作用下，实现输入和输出间的双向传输。利用 P 沟道 MOS 管和 N 沟道 MOS 管的互补性可以接成 CMOS 传输门，图 2.51 为 CMOS 传输门的电路结构和逻辑符号。图 2.51（a）中的 VT_1 是 N 沟道增强型 MOS 管，VT_2 是 P 沟道增强型 MOS 管。因为 VT_1 和 VT_2 的源极和漏极在结构上是完全对称的，所以栅极的引出端画在栅极的中间。VT_1 和 VT_2 的源极和漏极分别相连作为 CMOS 传输门的输入端和输出端。C 和 $\overline{C}$ 是一对互补的控制信号。

如果 CMOS 传输门的一端接输入正电压 v_I，另一端接负载电阻 R_L，则 VT_1 和 VT_2 的工作状态如图 2.52 所示。

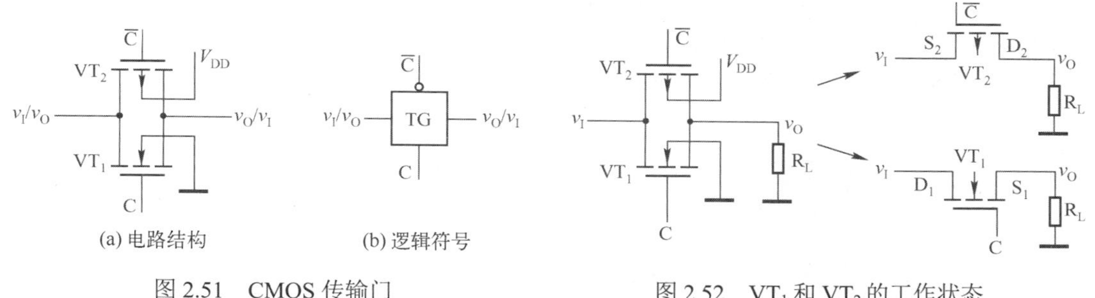

(a) 电路结构　　(b) 逻辑符号

图 2.51　CMOS 传输门　　图 2.52　VT_1 和 VT_2 的工作状态

设控制信号 C 和 $\overline{C}$ 的高、低电平分别为 V_{DD} 和 0V，那么当 $C=0$，$\overline{C}=1$ 时，只要输入信号的变化范围不超出 $0\sim V_{DD}$，则 VT_1 和 VT_2 同时截止，输入与输出之间呈高阻态($>10^9\Omega$)，该传输门截止。

反之，若 $C=1$，$\overline{C}=0$，而且在 R_L 远大于 VT_1、VT_2 的导通电阻的情况下，则当 $0< v_I <V_{DD}-V_{GS(th)N}$ 时，VT_1 导通。而当 $\left|V_{GS(th)P}\right|<v_I<V_{DD}$ 时，VT_2 导通。因此，v_I 在 $0\sim V_{DD}$ 之间变化时，VT_1 和 VT_2 至少有一个是导通的，使 v_I 与 v_O 两端之间呈低阻态（小于 1kΩ），该传输门导通。

由于 VT_1、VT_2 的结构形式是对称的，即漏极和源极可互易使用，因而 CMOS 传输门属于双向器件，它的输入端和输出端也可以互易使用。

利用 CMOS 传输门和 CMOS 反相器可以组成各种复杂的逻辑电路，如数据选择器、寄存器、计数器等。

CMOS 传输门的另一个重要用途是用做模拟开关，用来传输连续变化的模拟电压信号。这一点是无法用一般的逻辑门实现的。模拟开关由 CMOS 传输门和一个反相器组成，图 2.53 是 CMOS 双向模拟开关的电路结构和逻辑符号。和

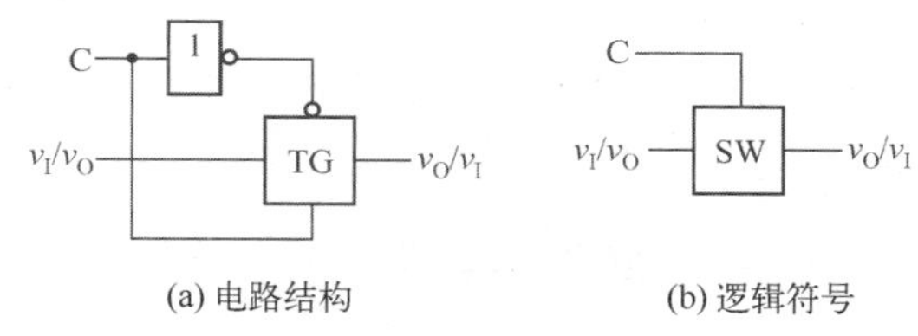

图 2.53　CMOS 双向模拟开关

CMOS 传输门一样，它也是双向器件。当 C = 1 时，开关接通；当 C = 0 时，开关断开。因此，只要有一个控制电压即可工作。

4．三态输出的 CMOS 门电路

从逻辑功能和应用的角度上讲，三态输出的 CMOS 门电路和三态输出的 TTL 门电路没有什么区别，但是在电路结构上，前者要简单得多。

三态输出的 CMOS 门的电路结构大体上有以下三种形式。

图 2.54 所示为 CMOS 三态门电路结构之一，是在反相器上增加一对 P 沟道和 N 沟道的 MOS 管。当控制端 $\overline{EN}=1$ 时，附加管 VT_1' 和 VT_2' 同时截止，输出呈高阻态。而当 $\overline{EN}=0$ 时，VT_1' 和 VT_2' 同时导通，反相器正常工作，$Y=\overline{A}$。

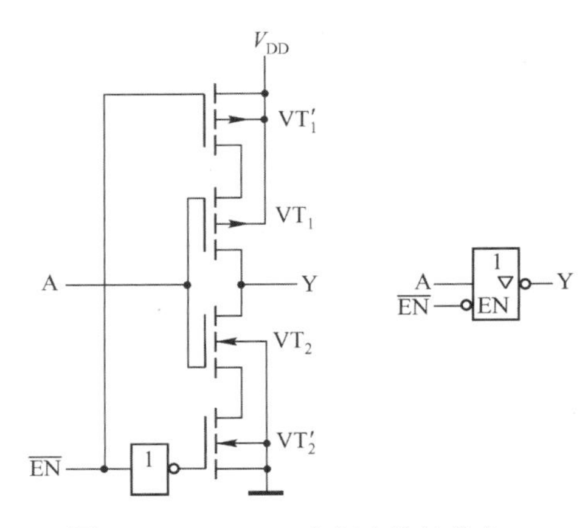

图 2.54　CMOS 三态门电路结构之一

图 2.55 所示为 CMOS 三态门电路结构之二，是在反相器的基础上增加一个控制管和一个与非门或者或非门而构成的。

在图 2.55（a）的电路中，若 $\overline{EN}=1$，则控制管 VT_1' 截止。这时或非门的输出为 0，VT_2 亦为截止状态，故输出为高阻态。反之，若 $\overline{EN}=0$，则 VT_1' 导通，门电路正常工作，Y = A。

在图 2.55（b）的电路中，是用与非门和控制管 VT_2' 实现三态控制的。当 EN = 0 时 VT_2' 截止，由于这时与非门的输出为高电平，VT_1 也截止，所以输出为高阻态。而当 EN = 1 时，VT_2' 导通，门电路正常工作，Y = A。

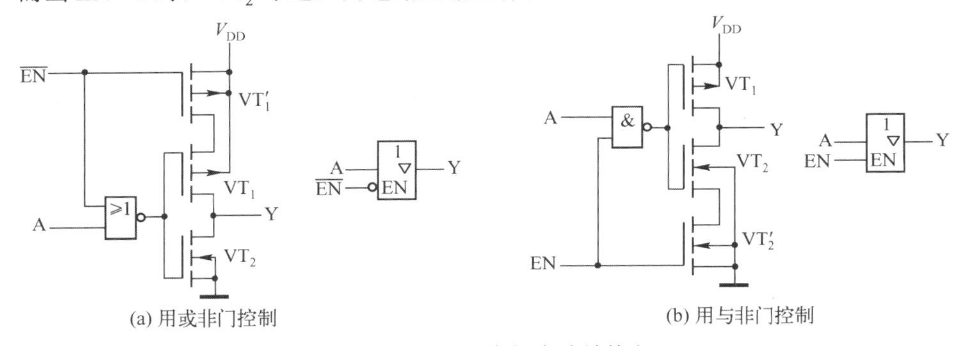

(a) 用或非门控制　　(b) 用与非门控制

图 2.55　CMOS 三态门电路结构之二

图 2.56 所示为 CMOS 三态门电路结构之三，是在反相器的输出端串进一个 CMOS 模拟开关，作为输出状态的控制开关。

当 $\overline{EN}=1$ 时传输门 TG 截止，输出为高阻态。而当 $\overline{EN}=0$ 时 TG 导通，反相器的输出通过模拟开关到达输出端，故 $Y=\overline{A}$。

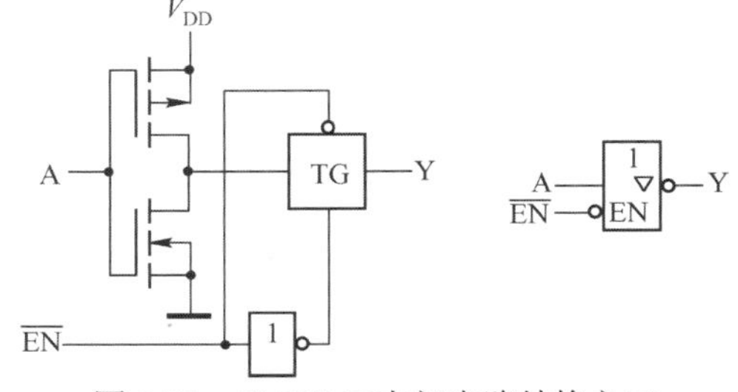

图 2.56　CMOS 三态门电路结构之三

在其他逻辑功能的门电路中，也可以采用三态输出结构，这里就不一一列举了。

2.5.6　CMOS 数字集成电路

自 CMOS 电路问世以来，随着制造工艺水平的不断改进，其性能得到了迅速提高，尤其是在减

小单元电路的功耗和缩短传输延迟时间两个主要方面的发展更为迅速。到目前为止，已经生产出的标准化、系列化的 CMOS 集成电路产品有以下系列。

（1）4000 系列

最早投放市场的 CMOS 集成电路产品是 4000 系列。由于受当时制造工艺水平的限制，虽然它有较宽的工作电压范围（3 ~ 18V），但传输延迟时间很长，可达 100ns 左右。而且，其带负载能力较弱。因此，目前它已基本上被后来出现的 HC/HCT 系列产品取代。

（2）HC/HCT 系列

HC/HCT 是高速 CMOS（High-Speed CMOS/High-Speed CMOS，TTL Compatible）逻辑系列的简称。由于在制造工艺上采用了硅栅自对准工艺，以及缩短 MOS 管的沟道长度等一系列的改进措施，HC/HCT 系列产品的传输延迟时间缩短到了 10ns 左右，仅为 4000 系列的十分之一。同时，它的带负载能力也提高到 4mA 左右。

HC 系列和 HCT 系列在传输延迟时间和带负载能力上基本相同，只是在工作电压范围和对输入信号电平的要求上有所不同。HC 系列可以在 2~6V 间的任何电源电压下工作。在以提高工作速度作为主要要求的情况下，可以选择较高的电源电压；而在以降低功耗为主要要求的情况下，可以选择较低的电源电压。由于 HC 系列门电路要求的输入电平与 TTL 电路输出电平不匹配，所以 HC 系列电路不能与 TTL 电路混合使用，只适用于全部由 HC 系列电路组成的系统。HCT 系列工作在单一的 5V 电源电压下，它的输入、输出电平与 TTL 电路的输入、输出电平完全兼容，因此可以用于 HCT 与 TTL 混合系统。

（3）AHC/AHCT 系列

AHC（Advanced High-Speed CMOS）/AHCT（Advanced High-Speed CMOS,TTL Compatible）逻辑系列是改进的高速 CMOS 逻辑系列的简称。改进后的这两种系列不仅比 HC/HCT 的工作速度提高了一倍，而且带负载能力也提高了近一倍。同时 AHC/AHCT 系列产品又能与 HC/HCT 系列产品兼容，这就为系统的器件更新带来了很大的方便。因此，AHC/AHCT 系列是目前比较受欢迎的、应用最广的 CMOS 器件。就像 HC 与 HCT 系列的区别一样，AHC 与 AHCT 系列的区别也主要表现在工作电压范围和对输入电平的要求不同上。

与 TI 公司的 AHC/AHCT 系列性能相近的还有 VHC/VHCT 系列，由于是另外一些公司的产品，所以在某些具体的性能参数上两者不完全相同。

（4）LVC 系列和 ALVC 系列

LVC 系列是 TI 公司 20 世纪 90 年代推出的低压 CMOS（Low-Voltage CMOS）逻辑系列的简称。LVC 系列不仅能工作在 1.65~3.3V 的低电压下，而且传输延迟时间也缩短至 3.8ns。同时，它不仅能提供更大的负载电流，在电源电压为 3V 时，最大负载电流可达 24mA。此外，LVC 的输入可以接受高达 5V 的高电平信号，也很容易地将 5V 电平的信号转换为 3.3V 的电平信号，而 LVC 系列提供的总线驱动电路又能将 3.3V 以下的电平信号转换为 5V 的输出信号，这就为 3.3V 系统与 5V 系统之间的连接提供了便捷的解决方案。

ALVC 系列是 TI 公司于 1994 年推出的改进的低压 CMOS（Advanced Low-Voltage CMOS）逻辑系列。ALVC 在 LVC 基础上进一步提高了工作速度，并提供了性能更加优越的总线驱动器件。LVC 和 ALVC 是目前 CMOS 电路中性能最好的两个系列，可以满足高性能数字系统设计的需要。尤其是在移动式的便携电子设备（如笔记本电脑、移动电话、数码照相机等）中，LVC 和 ALVC 系列的优势更加明显。

2.5.7 CMOS 集成电路的主要特点和使用注意事项

1. 主要特点

CMOS 集成电路的主要特点如下。

（1）低功耗。由 CMOS 反相器可知，电路工作时，VT_1 和 VT_2 中总有一个是截止的，因此静态功耗很低；在动态过程中，VT_1 和 VT_2 有一段时间同时导通，导致动态功耗增大，而且工作频率越高，动态功耗越大。即使这样，其功耗仍比 TTL 电路要小得多。

（2）工作电源电压范围宽。目前 CMOS 电路中，4000 系列的电源电压范围为 3～18V，而 4500 系列为 3～15V。另外还有高速系列和先进系列 CMOS 电路，它们的电源电压范围要窄一些。例如，74HC 系列的工作电源电压范围为 2～6V，而 74AHC 系列为 2～5.5V。较宽的工作电源电压范围，给电路设计带来了方便。

（3）抗干扰能力强。CMOS 电路的电压传输特性接近于理想的开关特性，曲线转折区非常窄，直流噪声容限较高。例如，当电源电压 V_{DD} 为 5V 时，标准 4000 系列 CMOS 电路的噪声容限最小值为 1V，而 74LS 系列的 TTL 电路的噪声容限值仅为 300mV。另外，对 CMOS 电路而言，电源电压越高，直流噪声容限越大。

（4）带负载能力强。CMOS 电路输入阻抗高，输出阻抗低，因此扇出系数很高。

（5）输出幅度大。CMOS 电路的输出高电平不低于 $0.9V_{DD}$，输出低电平近似为 0V，因此输出摆幅近似为 V_{DD}，电源电压利用系数很高。

2. 使用注意事项

根据 CMOS 电路的结构特点，使用时要注意以下几点。

（1）电路中多余的输入端不能悬空。当 CMOS 电路在使用中有多余输入端时，不能将其悬空，而应视电路的功能要求，将多余输入端接地或接电源。例如，与门的多余输入端应接电源，而或门的多余输入端应接地。由于 CMOS 电路的输入阻抗极高，可达 10^{10}～$10^{12}\Omega$，所以输入悬空时，微量的感应电荷都会产生明显的、甚至是危险的感应电压，除了给电路造成功耗增加及逻辑关系紊乱外，还可能烧坏器件。另外，多余的输入端一般也不宜和已被使用的输入端并联，并联将使前级的负载电容增加，影响工作速度，动态功耗也将增加。但在对速度要求不高的场合，有时也可将输入端并联使用。

（2）注意输入电路的过流保护。CMOS 电路输入端二极管的电流容限一般为 1mA，在可能出现过大瞬态输入电流的情况下，要串接输入保护电阻。

（3）电源电压极性不能接反，防止输出短路。电源电压极性接反，会使 CMOS 电路输入端的保护二极管因过流而损坏。另外，电路中 CMOS 器件的输出端不能和电源或地短路。由于 CMOS 电路的输出级为反相器结构，无论输出端是与电源还是与地短路，都可能使输出级的 MOS 管因过流而损坏。

2.6　其他类型的 MOS 数字集成电路

2.6.1　PMOS 门电路

在 MOS 数字集成电路的发展过程中，最初采用的电路全部是用 P 沟道 MOS 管组成的，这种电路称为 PMOS 电路。这里仅以反相器为例介绍。

PMOS 反相器如图 2.57 所示，其中 VT_1 和 VT_2 都是 P 沟道增强型 MOS 管。PMOS 工艺比较简单，成品率高，价格便宜，曾经被广泛采用。

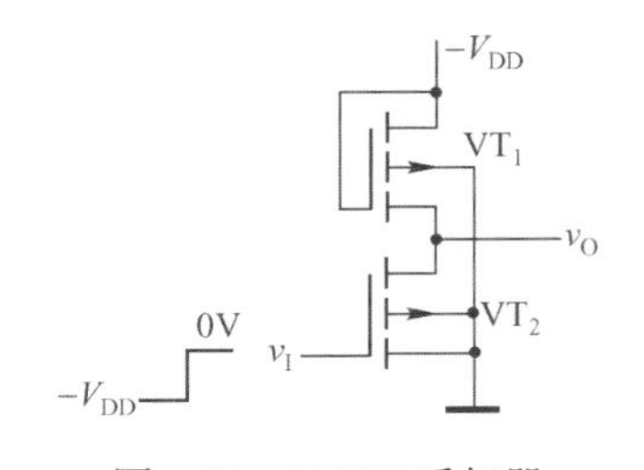

图 2.57　PMOS 反相器

但是，PMOS 反相器有两个严重的缺点。第一，它的工作速度比较慢。P 沟道 MOS 管的导通电流是由空穴运动形成的，而空穴的迁移率比电子的迁移率低得多，为了获得同样的导通电阻和电流，P 沟道 MOS 管必须有更大的几何尺寸。这就使 P 沟道 MOS 管的寄生电容要比 N 沟道 MOS 管的寄生电容大得多，从而降低了它的开关速度。第二，PMOS 电路使用负电源，输出电平为负，不便于和 TTL 电路连接，使它的应用受到了限制。

基于上述原因，在 NMOS 工艺成熟以后，PMOS 电路就用得越来越少了。

2.6.2 NMOS 门电路

全部使用 NMOS 管组成的集成电路称为 NMOS 电路。由于 NMOS 电路工作速度快，尺寸小，加之 NMOS 工艺水平的不断提高和完善，目前许多高速 LSI 数字集成电路产品仍采用 NMOS 工艺制造。

（1）NMOS 反相器

NMOS 反相器如图 2.58 所示，NMOS 反相器有两种常见电路。由于负载管的类型和工作方式不同，它们的性能也不一样。图（a）中的负载管 VT_1 和驱动管 VT_2 都是增强型 MOS 管，因而该电路叫做增强型负载反相器，简称 E/E MOS 电路。图（b）的负载管 VT_1 是耗尽型 MOS 管，故将这个电路称做耗尽型负载反相器，简称 E/D MOS 电路。

因为耗尽型负载反相器的开关速度比较快，所以多应用于高速 NMOS 电路中。

（2）NMOS 与非门

NMOS 与非门如图 2.59 所示。其特点是用 VT_1、VT_2 两个串联的驱动管来代替反相器的驱动管，VT_3 为公共负载管。设输入高电平大于开启电压，低电平小于开启电压。可以看出，只有当 A、B 两个输入端均为高电平时，VT_1、VT_2 才都导通，输出 F 才为低电平；若 A、B 中有一个（或两个）为低电平时，VT_1、VT_2 中至少有一个截止，输出 F 为高电平，从而实现与非逻辑功能。

由于这种与非门输入低电平的值取决于负载管的导通电阻与各驱动管的导通电阻之和的比，因此，驱动管的个数会影响输出低电平的值，串联管的个数增加会使输出低电平的值偏高，一般驱动管不宜超过三个，即输入端数不宜超过三个。

（3）NMOS 或非门

NMOS 或非门如图 2.60 所示。其特点是将驱动管 VT_1、VT_2 相并联，来代替反相器的驱动管，VT_3 为公共负载管。由图可知，只要输入端 A、B 中有一个（或两个）为高电平，对应的驱动管就导通，输出端 F 为低电平；当 A、B 均为低电平时，VT_1、VT_2 同时截止，F 才为高电平，从而实现或非功能。

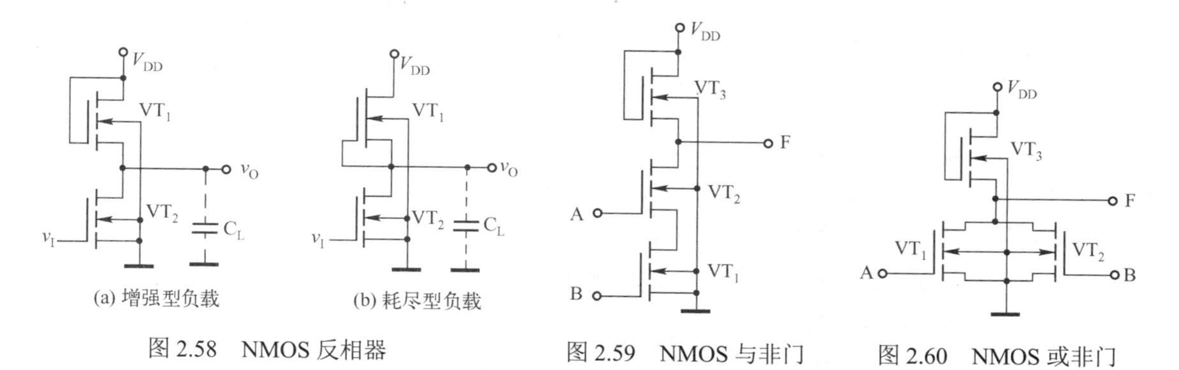

图 2.58　NMOS 反相器　　图 2.59　NMOS 与非门　　图 2.60　NMOS 或非门

由于或非门的驱动管是并联的，为增加输入端个数而增加驱动管的个数，不会使输出低电平值提高，所以应用较为方便，这也是 NMOS 门电路中多采用或非门为单元电路的原因。

（4）NMOS 与或非门

NMOS 与或非门如图 2.61 所示，图中 VT_5 为负载管，$VT_1 \sim VT_4$ 均为驱动管，其中 VT_1 和 VT_2 串联为一支电路，VT_3 和 VT_4 串联为另一支电路，两串联支路并联，代替反相器的驱动管。由图可见，当 VT_1、VT_2 均导通或 VT_3、VT_4 均导通时，输出端 F 呈低电平，否则 F 为高电平，所以该电路实现的是与或非逻辑功能，即 $F = \overline{AB + CD}$。

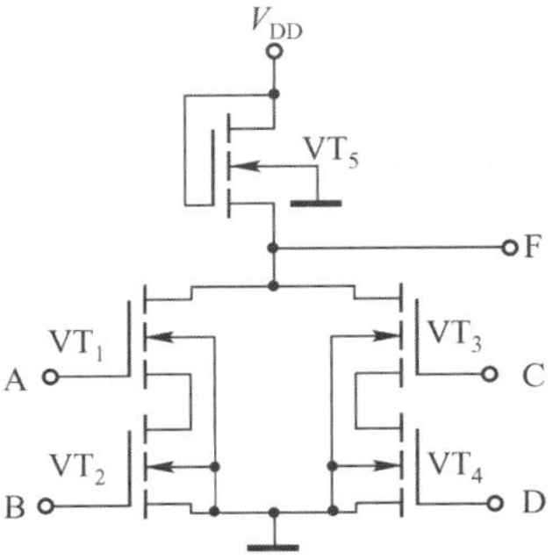

图 2.61　NMOS 与或非门

2.6.3　E^2CMOS 电路

电可擦除 CMOS（Electrically Erasable CMOS, E^2CMOS）技术是由 CMOS 和 NMOS 技术结合而成的，并用在可编程逻辑器件中，如 GAL 和 CPLD 等器件。一个 E^2CMOS 单元是由围绕带有浮动门电路（Floating Gate）的 MOS 管构建的。这种浮动门电路将通过小的编程电流进行外部充电和放电。E^2CMOS 单元示意图如图 2.62 所示。

当浮动门电路通过移动电子充电形成正向电压时，检测晶体管（Sense Transistor）将开始工作，并存储二进制数 0。当浮动门电路通过移动其中的电子而形成负向电压时，检测晶体管将停止工作，并存储二进制数 1。控制门电路用于控制浮动门电路的电压。在使用字和位线的读写操作过程中，传递晶体管（Pass Transistor）会将检测晶体管与字和位线隔离开来。

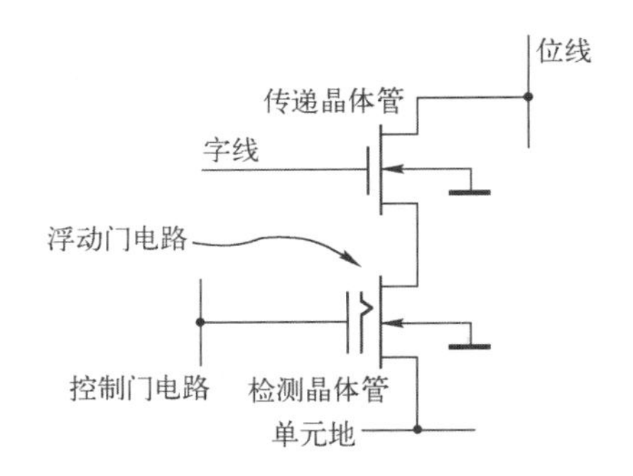

图 2.62　E^2CMOS 单元示意图

E^2CMOS 单元可通过在控制门电路或单元的位线（由字线上的电压选中）上施加编程脉冲的方法进行编程。在编程周期过程中，E^2CMOS 单元首先通过在控制门电路上施加电压使浮动门电路不起作用，以进行擦除操作。这将使检测晶体管处于断开状态（存储一个 1）。在单元的位线施加写脉冲将在单元中保存一个 0，这将使浮动门电路充电到某个点，在这个点检测晶体管处于打开状态（存储一个 0）。通过检测位线上是否存在一个小的单元电流可读取单元中存储的位。如果存储的是 1，那么就没有单元电流，因为检测晶体管处于断开状态。如果存储的是 0，则有一个小的单元电流，因为检测晶体管处于打开状态。一旦在单元中存储了一位，就会无限期地保存，除非擦除了这个单元或者在这个单元中写入了新的一位。

2.7　Bi-CMOS 电路

Bi-CMOS 电路是双极型 CMOS（Bipolar-CMOS）电路的简称。这种电路的特点是逻辑部分采用 CMOS 结构，输出级采用双极型三极管。因此，它兼有 CMOS 电路的低功耗和双极型电路低输出内阻的优点。

图 2.63 是 Bi-CMOS 反相器的两种电路结构。图 2.63（a）为最简单的电路结构，其中两个双极型输出管的基极接有下拉电阻。当 $v_I = V_{IH}$ 时，VT_2 和 VT_4 导通，VT_1 和 VT_3 截止，输出为低电平 V_{OL}。当 $v_I = V_{IL}$ 时，VT_1 和 VT_3 导通而 VT_2 和 VT_4 截止，输出为高电平 V_{OH}。

为了加快 VT_3 和 VT_4 的截止过程，要求 R_1 和 R_2 的阻值尽量小；而为了降低功耗，要求 R_1 和 R_2 的阻值应尽量大。两者显然是矛盾的。为此，目前的 Bi-CMOS 反相器多采用如图 2.63（b）所示的电路结构，以 VT_2 和 VT_4 取代图 2.63（a）中的 R_1 和 R_2，形成有源下拉式结构。当 $v_I=V_{IH}$ 时，VT_2、VT_3 和 VT_6 导通，VT_1、VT_4 和 VT_5 截止，输出为低电平 V_{OL}。当 $v_I=V_{IH}$ 时，VT_1、VT_4 和 VT_5 导通，VT_2、VT_3 和 VT_6 截止，输出为高电平 V_{OH}。由于 VT_5 和 VT_6 的导通内阻很小，所以负载电容 C_L 的充、放电时间很短，从而有效地减小了电路的传输延迟时间。

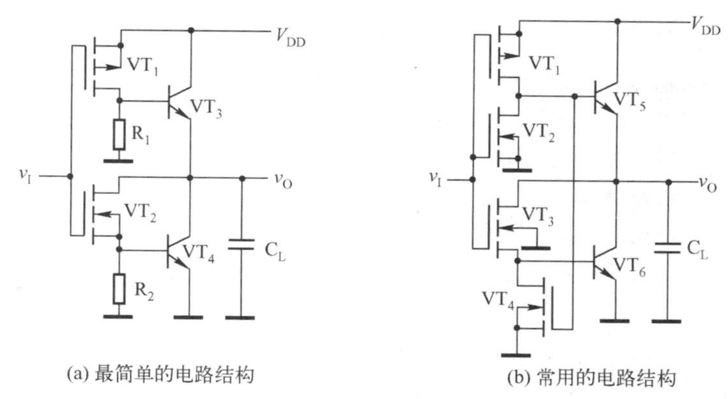

图 2.63　Bi-CMOS 反相器

2.8　TTL 电路与 CMOS 电路的接口

在一个数字系统中，设计者从兼顾性能和经济等方面的要求出发，往往会选择不同类型的数字集成电路。最常见的是同时采用 CMOS 电路和 TTL 电路。这就出现了 TTL 电路和 CMOS 电路的连接问题。使两种不同类型电路的输入和输出电平相互衔接，需要电平转换电路，也称为接口电路。

1．由 TTL 电路到 CMOS 电路的接口

如果 CMOS 电路的电源电压为+5V，那么 TTL 电路与 CMOS 电路之间的电平配合就比较容易。因为 TTL 电路的输出高电平 V_{OH} 约为 3V，此时，在 TTL 电路的输出端接一个上拉电阻至电源 V_{CC}（+5V），便可抬高输出电压，以满足后级 CMOS 电路高电平输入的需要，这时的 CMOS 电路就相当于一个同类型的 TTL 负载。

如果 CMOS 电路的电源电压和 TTL 电路不同，TTL 电路的输出端仍可接一个上拉电阻，但这时需要使用 TTL 的 OC 门，TTL 电路与 CMOS 电路之间的接口如图 2.64 所示。上拉电阻上端接 CMOS 电路的电源，可将 TTL 电路输出的高电平 V_{OH} 调整到 V_{DD} 的水平，以满足 CMOS 电路的需要。由于门电路的输入端和输出端均存在杂散电容的缘故，应注意上拉电阻的大小对电路的工作速度有影响。

实现 TTL 电路与 CMOS 电路之间的连接，还可以采用专用集成 CMOS 电平转换器，该转换器用两组直流电源供电，电平转换器接收 TTL 电平，输出 CMOS 电平。

2．由 CMOS 电路到 TTL 电路的接口

当 CMOS 电路的电源电压和 TTL 电路不相同时，需要将 CMOS 电平转换为 TTL 电平，此时可以采用 CMOS 缓冲/转换器作为接口电路，CMOS 电路与 TTL 电路之间的接口如图 2.65 所示。可选用 CC4049（六反相缓冲/转换器）和 CC4050（六同相缓冲/转换器），它们的输入电压为 5～15V，而不受 TTL 门输入电压小于 5.5V 的限制。

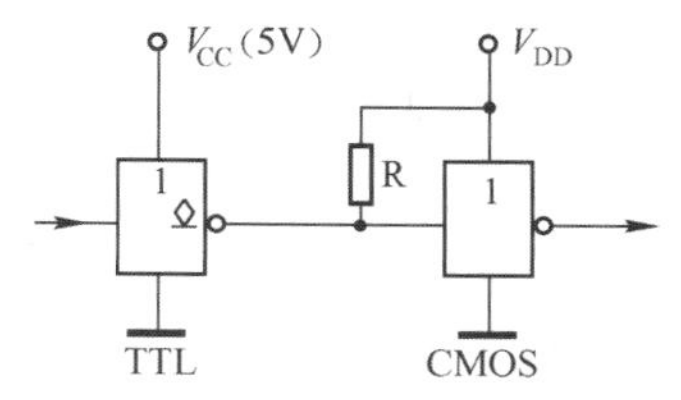

图 2.64　TTL 电路与 CMOS 电路之间的接口

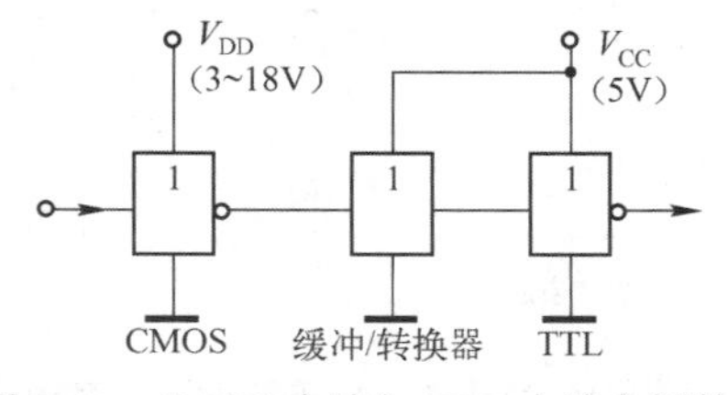

图 2.65　CMOS 电路与 TTL 电路之间的接口

从 CMOS 电路到 TTL 电路的接口，除了要解决电平转换，还要输出足够的驱动电流。由于 CMOS 电路允许的最大灌电流 I_{OLmax}（约 0.4mA），远小于 TTL 电路的输入短路电流 I_{IS}（大于 1mA），为此可选用 CC4009（六反相缓冲/转换器）或 CC4010（六同相缓冲/转换器）这一类电路，这一类电路在设计时加大了驱动能力，使 I_{OL} 可达 8mA，可直接驱动两个普通 TTL 门。

增大驱动电流的另一种常用方法是，将同一封装内的 CMOS 电路并接使用（因为同一封装内输出特性容易一致），如图 2.66 所示。虽然同一封装内门电路的参数比较一致，但不可能完全相同，所以两个门并联后的最大负载电流略低于每个门最大负载电流的两倍。

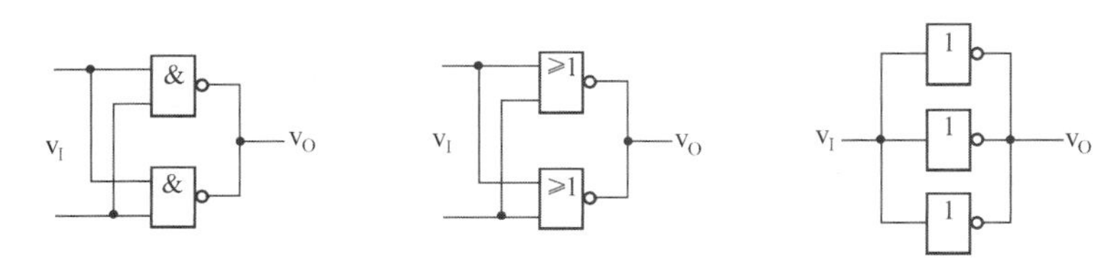

图 2.66　将 CMOS 电路并接使用

复习思考题

R2.1　晶体三极管饱和、截止的条件是什么？饱和区和截止区各有什么特点？

R2.2　为什么不宜将多个二极管门电路串联起来使用？

R2.3　TTL 与非门的输入端悬空时输入端电压等于多少？这时输出是高电平还是低电平？

R2.4　N 沟道增强型 MOS 管和 P 沟道增强型 MOS 管在导通状态下 V_{GS} 和 V_{DS} 的极性有何不同？

R2.5　能否将两个互补输出结构的 CMOS 门电路的输出端并联，接成线与结构？

R2.6　试说明在使用 CMOS 门电路时不宜将输入端悬空的理由。

R2.7　试比较 TTL 电路和 CMOS 电路的优缺点。

习题

2.1　判断图 P2.1 所示电路中各三极管的工作状态，并求出基极和集电极的电流及电压。

2.2　在图 P2.2 所示电路中：

（1）若 $V_{BE}=0.3V$ 时，三极管可靠截止，则允许 V_I 低电平的最大值为多少？

（2）要使三极管临界饱和，允许 V_I 高电平的最小值为多少？

二维码 2-1

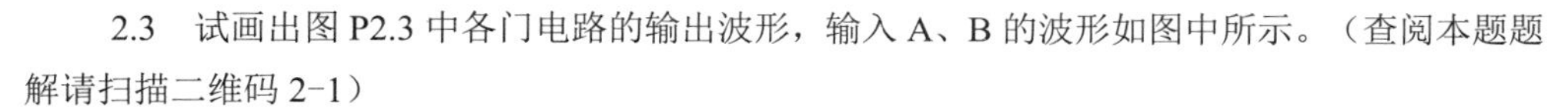

2.3　试画出图 P2.3 中各门电路的输出波形，输入 A、B 的波形如图中所示。（查阅本题题解请扫描二维码 2-1）

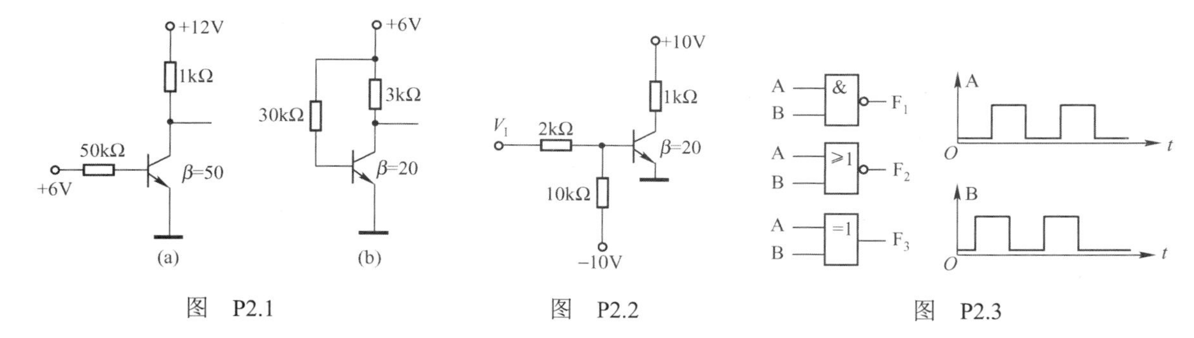

图　P2.1　　　图　P2.2　　　图　P2.3

2.4　试写出图 P2.4 中各门电路的输出逻辑表达式。

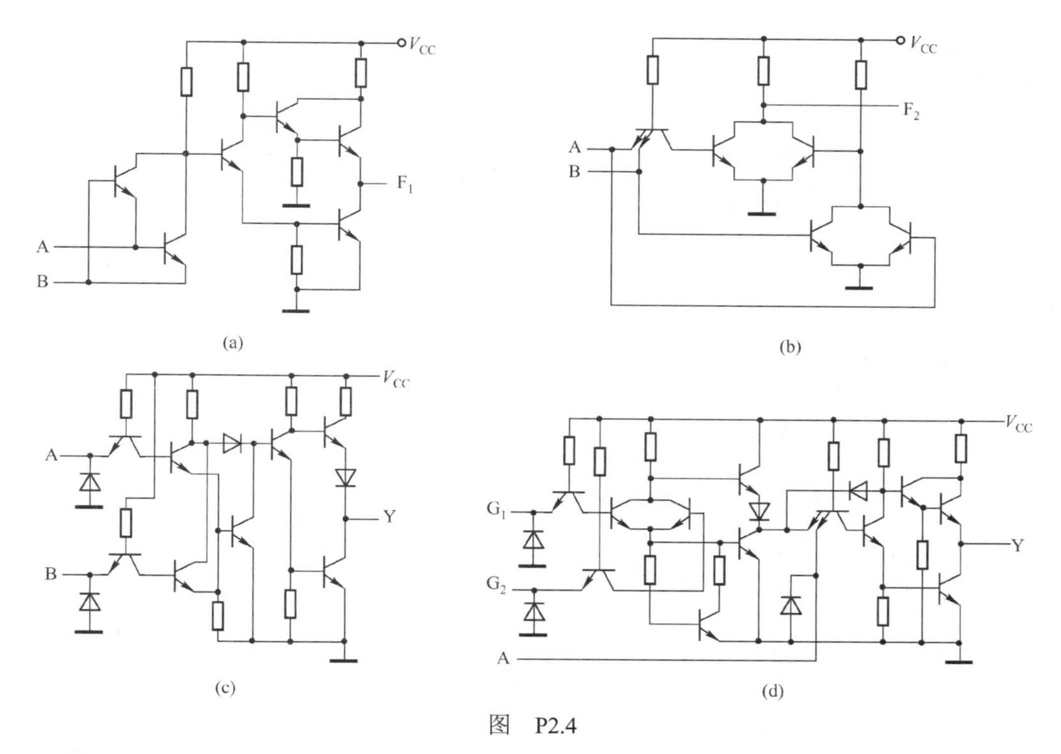

图 P2.4

2.5 指出图 P2.5 中各 TTL 门电路的输出状态（高电平、低电平或高阻态）。

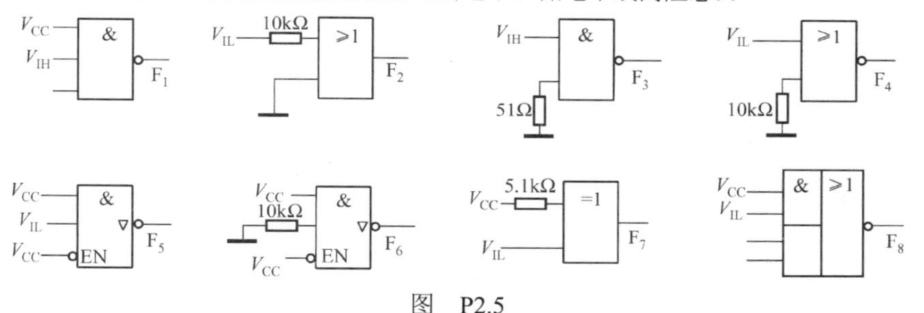

图 P2.5

2.6 图 P2.6 中，G_1 和 G_2 两个 OC 门“线与”，每个门在输出低电平时，允许流入的最大灌电流 $I_{OLmax}=13mA$，输出高电平时漏电流 I_{OH} 小于 250μA；G_3、G_4、G_5 是三个普通 TTL 与非门，它们的输入端个数分别为两个、两个和三个，而且全部为并联使用。已知 TTL 与非门的输入低电平电流 $I_{IL}=1.1mA$，输入高电平电流 $I_{IH}=50\mu A$，$V_{CC}=5V$。求 R_L 的取值范围。

2.7 在图 P2.7 所示各电路中，每个输入端应怎样连接，才能得到所示的输出逻辑表达式。

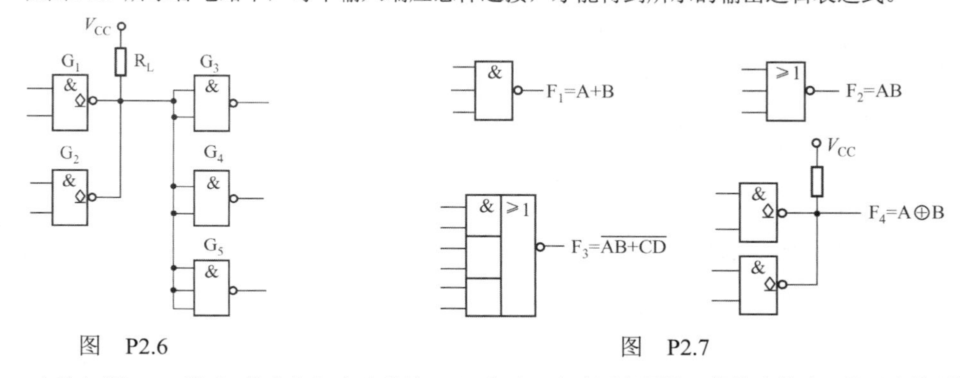

图 P2.6　　　　图 P2.7

*2.8 电路如图 P2.8 所示，其中各门电路均为 TTL 电路，试列写该逻辑函数的真值表，并写出其逻辑表达式。

（查阅本题题解请扫描二维码 2-2）

2.9　指出图 P2.9 中各 CMOS 电路的输出电平。

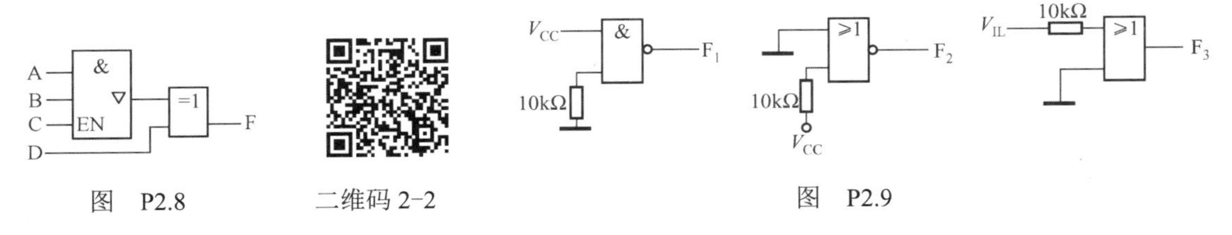

图　P2.8　　二维码 2-2　　图　P2.9

2.10　试写出图 P2.10 所示 CMOS 电路的输出逻辑表达式。

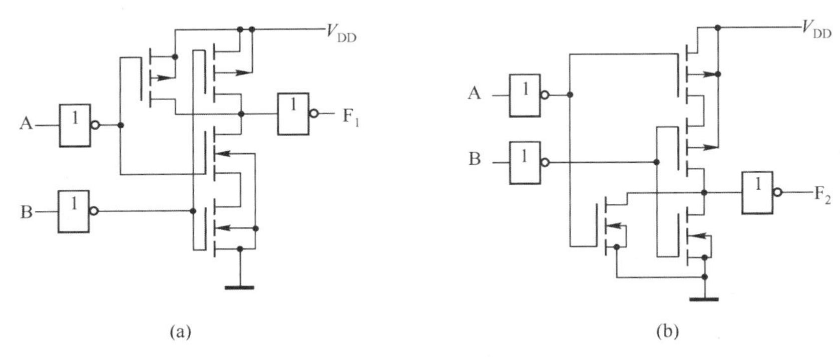

图　P2.10

2.11　图 P2.11 中，TG 为 CMOS 传输门，试分析该电路的功能，并列出其真值表。

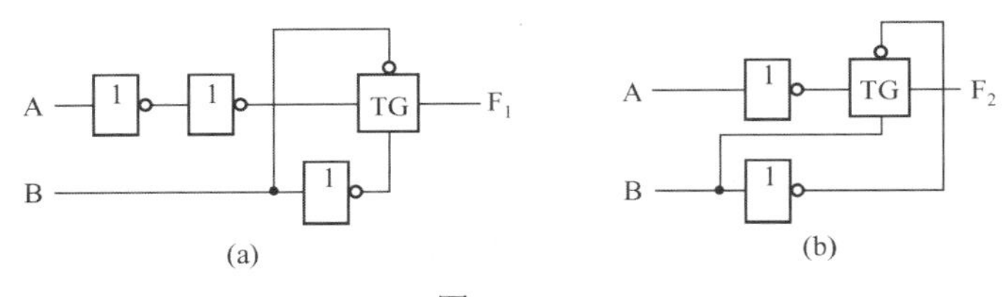

图　P2.11

2.12　试写出图 P2.12 中各 NMOS 门电路的输出逻辑表达式。

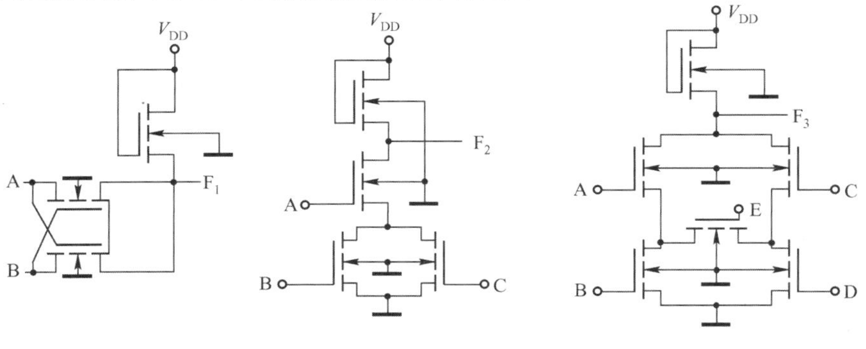

图　P2.12

*2.13　试分别画出可以实现下列逻辑功能的 CMOS 电路图。（查阅本题题解请扫描二维码 2-3）

（1）F=A+B+C　（2）$F = \overline{A \cdot B \cdot C}$　（3）$F = \overline{A + BC}$　（4）$\begin{cases} F = AB & EN = 0 \\ F:\text{高阻} & EN = 1 \end{cases}$

二维码 2-3

2.14　试分析图 P2.14 中各 Bi-CMOS 门电路的逻辑功能，并写出输出逻辑表达式。

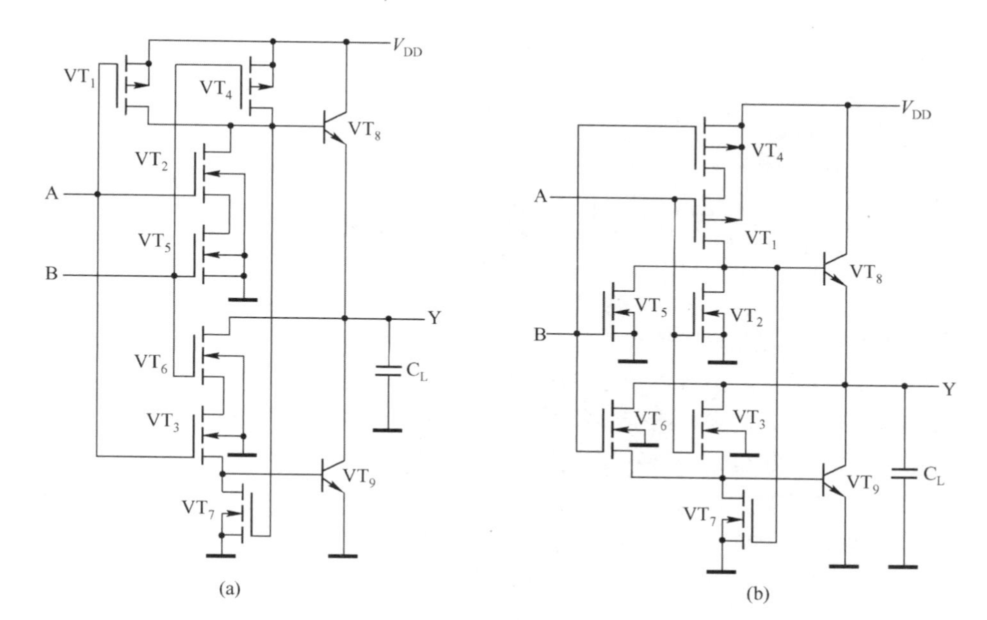

图　P2.14

2.15　试说明下列各种门电路中哪些可以将输出端并联使用（输入端的状态不一定相同）。

（1）具有推拉式输出级的 TTL 电路；

（2）TTL 电路的 OC 门；

（3）TTL 电路的三态输出门；

（4）普通的 CMOS 门；

（5）漏极开路输出的 CMOS 门；

（6）CMOS 电路的三态输出门。

第 3 章　组合逻辑电路

所谓组合逻辑电路，是指该电路在任一时刻的输出状态仅由该时刻的输入信号决定，与电路在此信号输入之前的状态无关。组合逻辑电路通常由一些逻辑门构成，而许多具有典型功能的组合逻辑电路都已集成为商品电路。在电路变量较多、逻辑关系较复杂的情况下，还可以利用只读存储器（ROM）或可编程逻辑器件（PLD）等半定制器件来实现逻辑功能，相关内容参见本书第 7 章。本章首先介绍组合逻辑电路的基本知识，然后介绍组合逻辑电路的分析与设计方法，最后简单介绍可编程逻辑器件的基本概念，以及硬件描述语言 Verilog 的基本知识。

3.1　概　　述

按照逻辑功能的不同特点，一般将数字逻辑电路分为两大类：一类是组合逻辑电路（简称组合电路）；另一类是时序逻辑电路（简称时序电路）。

组合电路是由各种逻辑门构成的，其逻辑功能可以由一组逻辑函数确定。组合电路在任何时刻输出信号的稳定值，仅仅与该时刻的输入信号有关，而与该时刻以前的输入信号无关。在理想情况下，若不计组合电路中各级逻辑门的延迟时间，则认为输出信号会随输入信号的变化而立即变化。输入信号存在，输出信号也存在；输入信号撤销，输出信号也随之消失。因此，组合电路没有记忆或存储功能。

图 3.1 所示是一个组合电路框图，由输入变量、逻辑门及输出变量组成，逻辑门接收输入信号后产生输出信号。这是一个将输入的二进制数据信息转换成需要的输出数据的过程，其中 n 个二进制输入变量来自外部的信源；m 个输出变量送给外部的接收者。每个输入/输出变量实质上对应于二进制信号的逻辑 1 和逻辑 0，n 个输入变量有 2^n 种输入组合，对于每一种组合，只有一个可能的输出值与其相对应。把每个输入组合与其对应的输出值列成真值表，这样，一个组合电路的逻辑功能就能用其真值表来详细说明。组合电路也可以用 m 个逻辑函数来描述，一个函数对应一个输出变量，每个输出就是 n 个输入变量的逻辑函数。

图 3.1　组合电路框图

组合电路的基本问题是逻辑分析和逻辑设计。逻辑分析，就是根据给定的组合电路逻辑图，确定其逻辑功能，即找出输出与输入之间的逻辑关系。例如，在推敲某个逻辑电路的设计思想，或者评价某个逻辑电路技术指标的合理性，或者进行产品仿制、维修和改进时，分析的过程是很重要的。逻辑设计（或称逻辑综合），是逻辑分析的逆过程，即根据给定的逻辑功能要求，确定一个能实现这种功能的最简逻辑电路。

尽管目前中规模集成电路和大规模集成电路已经普遍应用，但由基本逻辑门组成的组合电路的分析和设计方法仍是研究数字电路的重要基础。

3.2 组合逻辑电路的分析

组合电路的分析就是确定组合电路的输出逻辑函数，并由输出逻辑函数或真值表来描述该电路的逻辑功能。

在进行电路分析之前，要先确认给定的电路是组合电路而非时序电路。组合电路只有逻辑门，没有反馈路径或存储单元。一条反馈路径就是从一个门的输出到另一个门的输入的连接，其中第二个门的输出是第一个门的输入的一部分。有反馈路径的数字电路是时序电路，时序电路的分析方法将在第 5 章中介绍。以下介绍组合电路的一般分析方法和分析举例。

由门电路组成的组合电路的分析，一般可以按照以下几个步骤进行：

（1）根据所给的逻辑电路图，写出输出逻辑函数表达式。一般从电路的输入端开始，逐级写出。

（2）根据已写出的输出逻辑函数表达式，列写该电路的真值表。

（3）由真值表或逻辑函数表达式分析电路功能。

【例 3.1】 分析图 3.2 所示组合电路的逻辑功能。

解：（1）写出输出逻辑函数表达式。从输入端开始分析。

$$P_1=\overline{ABC}\qquad P_2=A\cdot P_1=A\cdot\overline{ABC}\qquad P_3=B\cdot P_1=B\cdot\overline{ABC}\qquad P_4=C\cdot P_1=C\cdot\overline{ABC}$$

$$F=\overline{P_2+P_3+P_4}=\overline{A\cdot\overline{ABC}+B\cdot\overline{ABC}+C\cdot\overline{ABC}}=\overline{\overline{ABC}(A+B+C)}=ABC+\bar{A}\,\bar{B}\,\bar{C}$$

（2）列出真值表，如表 3.1 所示。

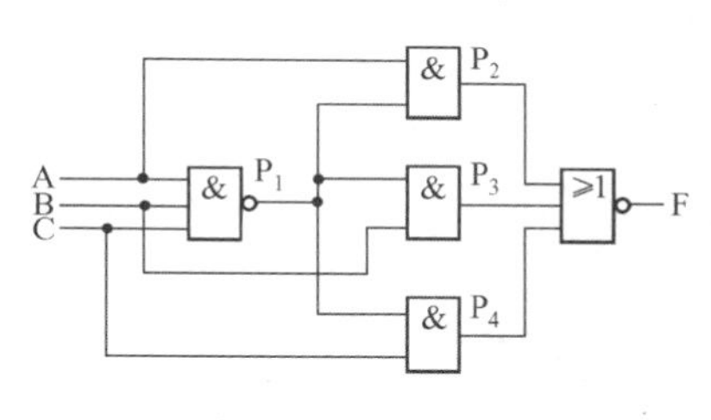

图 3.2 例 3.1 逻辑图

表 3.1 例 3.1 真值表

A	B	C	F
0	0	0	1
0	0	1	0
0	1	0	0
0	1	1	0
1	0	0	0
1	0	1	0
1	1	0	0
1	1	1	1

（3）说明逻辑功能。由真值表或者由输出逻辑函数表达式可以看出，当此电路的三个输入变量 A,B,C 全为 0 或者全为 1，即 A,B,C 一致时，其输出 F 为 1；当 A,B,C 不一致时，F 为 0。故称此电路为“一致电路”。

“一致电路”可用于一些高可靠性设备的监测上。高可靠性设备往往几套同时工作，其中一套实际工作，其他的开机待命。只要一出故障，“一致电路”就立即输出信号，切除有故障的设备，投入好的设备去工作。

【例 3.2】 分析图 3.3 所示组合电路的逻辑功能。

解：（1）写出输出逻辑函数表达式。

$$F=\overline{\overline{\bar{A}\cdot(B\oplus C)}\cdot\overline{A\cdot(\overline{B\oplus C})}}=\bar{A}(B\oplus C)+A\cdot\overline{B\oplus C}=\bar{A}\,\bar{B}C+\bar{A}B\bar{C}+A\bar{B}\,\bar{C}+ABC$$

（2）列出真值表如表 3.2 所示。

（3）说明逻辑功能。由真值表可以看出，输入变量 A,B,C 的取值组合中，有奇数个 1 时，输出 F 为 1；否则，F 为 0。故称此电路为“输入奇校验电路”。奇（或偶）校验电路可用于校验所传送的二进制代码是否有错。

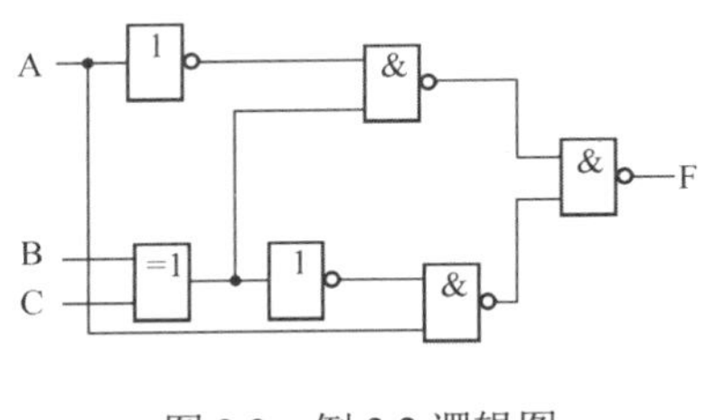

图 3.3　例 3.2 逻辑图

表 3.2　例 3.2 真值表

A	B	C	F
0	0	0	0
0	0	1	1
0	1	0	1
0	1	1	0
1	0	0	1
1	0	1	0
1	1	0	0
1	1	1	1

从以上的例题可以看出，分析组合电路时，前两步并不困难，而由真值表或由输出逻辑函数表达式说明电路功能时，需要具备一定的电路知识。这一步对于初学者是困难的，因此需要不断地积累知识。

3.3　组合逻辑电路的设计

组合电路的设计方法有很多种，针对不同的设计对象、不同的实现手段，可以采用不同的设计方法；而对于相同的设计对象，如果采用不同的设计方法和设计思路，也可以得到不同的设计结果。

电路的设计过程可以概括为两个阶段：从逻辑功能的文字描述到某种形式的逻辑描述；各种逻辑描述之间的变换。真值表、逻辑方程、逻辑框图、逻辑图、硬件描述语言等都是用于逻辑描述的工具，对于相同的逻辑问题，若设计者采用不同的设计工具，则其设计方法也不同。本节介绍由小规模集成电路构成的组合电路的设计方法。

设计由小规模集成电路构成的组合电路时，强调的基本原则是能获得最简电路，即所用的门电路最少以及每个门的输入端数最少。一般可以按以下步骤进行：

（1）由实际问题列出真值表。一般首先根据事件的因果关系确定输入、输出变量，进而对输入、输出进行逻辑赋值，即用 0、1 表示输入、输出各自的两种不同状态；再根据输入、输出之间的逻辑关系列出真值表。n 个输入变量，应有 2^n 个输入变量取值的组合，即真值表中有 2^n 行。但有些实际问题，只出现部分输入变量取值的组合。未出现者，在真值表中可以不列出。如果列出，可在相应的输出处标记“×”号，以示区别，化简逻辑函数时，可做无关项处理。

（2）由真值表写出逻辑表达式。对于简单的逻辑问题，也可以不列真值表，而直接根据逻辑问题写出逻辑表达式。

（3）化简、变换逻辑表达式。因为由真值表写出的逻辑表达式不一定是最简式，为使所设计的电路最简，需要运用第 1 章介绍的化简逻辑函数的方法，将其化为最简。同时根据实际要求（如级数限制等）和客观条件（如使用门电路的种类、输入有无反变量等）将输出的逻辑表达式变换成适当的形式，例如要求用与非门来实现所设计的电路，则需将其变换成最简的与非与非式。

（4）画出逻辑图。

以上步骤并非是固定不变的，设计时应根据具体情况和问题的难易程度进行取舍。

【例 3.3】　试用与非门设计一个三变量表决电路。

解：（1）列出真值表。设 A, B, C 分别代表参加表决的三个输入变量，F 为表决结果。规定：$A=1$，$B=1$，$C=1$，表示赞成；反之表示不赞成。$F=1$ 表示多数赞成，即通过；反之表示不通过。表决电路的原则（功能）是“少数服从多数”，故可列出真值表如表 3.3 所示。

（2）写出最简的输出逻辑函数表达式。由真值表画出卡诺图如图 3.4（a）所示，经化简并变换得：

$$F = AB + BC + AC = \overline{\overline{AB} \cdot \overline{BC} \cdot \overline{AC}}$$

（3）画出逻辑图如图 3.4（b）所示。

表 3.3　例 3.3 真值表

A	B	C	F
0	0	0	0
0	0	1	0
0	1	0	0
0	1	1	1
1	0	0	0
1	0	1	1
1	1	0	1
1	1	1	1

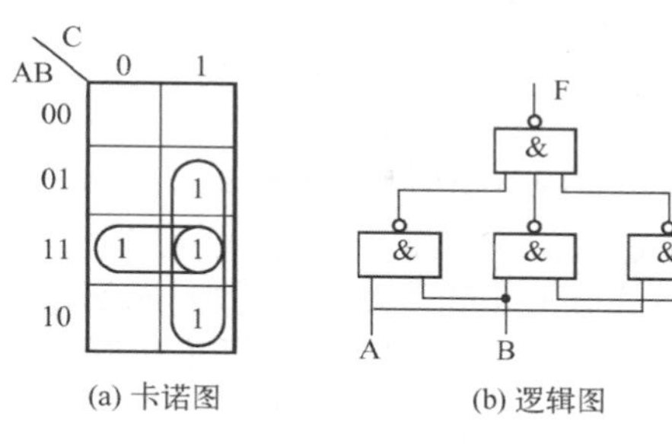

图 3.4　例 3.3 卡诺图和逻辑图

【例 3.4】　设计一个 8421BCD 码（表示一位十进制数 *N*）监视器，监视 8421BCD 码的传输情况。当传输的数 *N*≥4 时，监视器输出为 1，否则输出为 0。

解： 用 ABCD 表示 8421BCD 码输入，用 F 表示监视器输出。列出真值表如表 3.4 所示。因为 8421BCD 码只有 0000～1001 十个状态，其余 1010～1111 六个状态不能出现，相应的六个最小项就是无关项。可以利用无关项来化简逻辑函数。本例卡诺图如图 3.5（a）所示，经化简得 F 的最简式：F＝A＋B。

由于没有限制使用门的种类，最后画出逻辑图如图 3.5（b）所示。

表 3.4　例 3.4 真值表

N	A	B	C	D	F
0	0	0	0	0	0
1	0	0	0	1	0
2	0	0	1	0	0
3	0	0	1	1	0
4	0	1	0	0	1
5	0	1	0	1	1
6	0	1	1	0	1
7	0	1	1	1	1
8	1	0	0	0	1
9	1	0	0	1	1

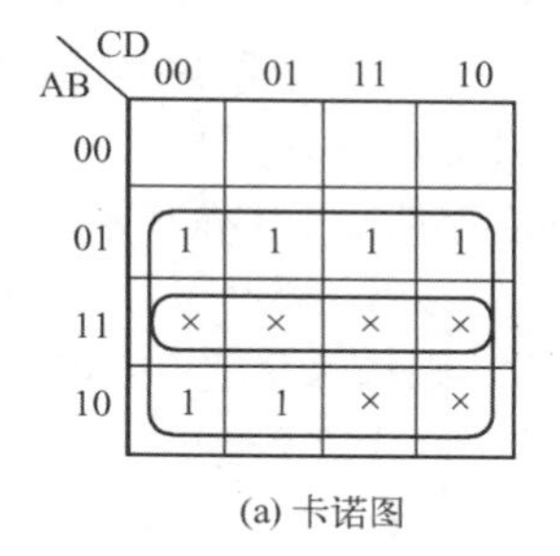

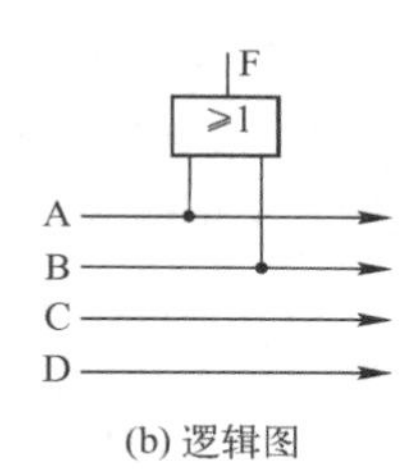

图 3.5　例 3.4 卡诺图和逻辑图

3.4　组合逻辑电路中的冒险

前面讨论的组合逻辑电路设计都是在理想情况下进行的，即都是在稳态情况下研究如何实现输入与输出之间的逻辑关系，并没有考虑电路中连线及逻辑门的延迟时间，也没有考虑电路中信号变化的过渡时间，即没有考虑瞬态的工作情况。事实上信号经过导线及门电路的传输都需要一定的响应时间，信号的变化也都存在一定的过渡时间，多个信号发生变化时，也可能有先后快慢的差别。因此，理想情况下设计出的逻辑电路，当考虑这些实际因素后，在输入信号变化的瞬间就可能产生错误的输出。

图 3.6 为组合电路冒险举例，图 3.6（a）所示电路的逻辑功能为 $F = A + \overline{A}$，不管 A 为 0 或为 1，稳态输出 F 总为 1。但是，在图 3.6（b）中，当 A 由 $1 \to 0$ 变化时，非门输出 $\overline{A}$ 应由 $0 \to 1$，由于非

门的延迟，使 $\overline{A}$ 的变化滞后于 A 的变化。这样在或门的两个输入端上便会出现同时为 0 的一段时间，从而在输出端将出现一个短暂的 0 脉冲，即发生了瞬时的错误输出。这种窄脉冲俗称“毛刺”。将组合电路出现毛刺这种错误现象称为组合电路的冒险。

冒险的出现给数字系统带来的危害，视它的负载电路性质而定。如果负载是组合电路或是惯性大的仪表，则影响不大；如果负载是时序电路，则可能使时序电路中的触发器错误动作。

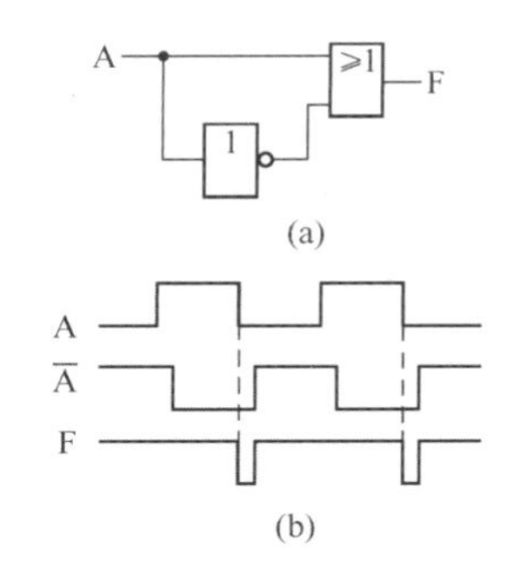

图 3.6　组合电路冒险举例

组合电路中的冒险，根据其产生的条件不同，可分为静态冒险和动态冒险。

静态冒险，是指在输入变化的前、后，稳态输出不应该变化，但在输入变化的过程中，输出产生了毛刺，即输出为$1\to0\to1$或$0\to1\to0$。静态冒险根据其产生的原因不同，又可分为功能冒险和逻辑冒险。

动态冒险，是指在输入变化的前、后，稳态输出应该变化，即输出应该由$1\to0$或由$0\to1$，但在输入变化的过程中，输出出现短暂的反复现象，即输出为$1\to0\to1\to0$或$0\to1\to0\to1$。电路输出端的动态冒险，一般都是由电路前级产生了静态冒险所引起的，如果消除了静态冒险，动态冒险也能消除。

下面仅就静态冒险产生的原因、判别和消除方法进行讨论。

3.4.1　功能冒险与消除方法

1．功能冒险

在组合电路中，若有多个输入变量发生变化，且变化前、后的稳态输出相同，在输入变化的过程中，输出出现瞬时的错误，这种冒险称为静态功能冒险。图 3.7 为功能冒险举例，在图 3.7 所示的卡诺图中，如果输入变量 ABC 从 001 变为 111，变化前、后的稳态输出相同，都为 1。这里输入变量 A、B 都发生了变化。事实上，两个信号绝对同时变化是不可能的，总会有先有后，因此输入由$001\to111$时可能经历不同的途径。若 B 先于 A 变化，则输入变量将由$001\to011\to111$，由于与中间状态 011 对应的输出也为 1，故不会出现冒险。但是，若 A 先于 B 变化，则输入变量将由$001\to101\to111$，由于与中间状态 101 对应的输出为 0，因此在输入变量变化的过程中，输出出现$1\to0\to1$的毛刺。将这种$1\to0\to1$型毛刺称为 0 冒险。

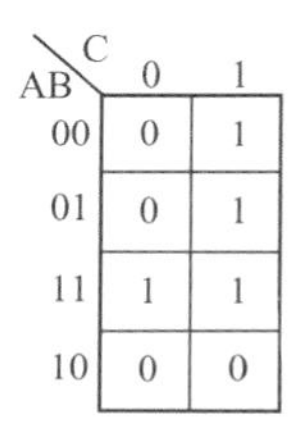

AB＼C	0	1
00	0	1
01	0	1
11	1	1
10	0	0

图 3.7　功能冒险举例

如果输入变量从 010 变到 100，变化前、后稳态输出相同，都为 0。同样，输入变量变化也会经历两条途径。若为$010\to000\to100$，由于对应中间状态的输出也为 0，故不会出现冒险。若为$010\to110\to100$，由于对应中间状态的输出为 1，输出出现$0\to1\to0$的毛刺。将这种$0\to1\to0$型毛刺，称为 1 冒险（有些书上的定义正好与之相反）。

2．功能冒险的判别与消除

从以上分析可见，静态功能冒险是在多个输入变量发生变化时，由于变量的变化有先后之别，因而可能经历不同的途径而产生的冒险现象。因此，可以归纳输入从 I_i 变到 I_j 时电路存在静态功能冒险的条件为：

（1）输入变量变化前、后稳态输出相同，即 $F(I_i)=F(I_j)$（I_i 和 I_j 分别为输入变量变化前、后的两组不同取值）；

（2）必须有 P（>1）个输入变量发生变化（如果仅有一个输入变量发生变化，则无功能冒险）；

（3）和发生变化的 P 个输入变量的各种取值组合（共 2^P 个）对应的输出值必须既有 1 又有 0（如果对应 2^P 个变量取值组合的输出值全为 1 或全为 0，则电路是不会产生功能冒险的）。

以上三条都具备，输入从 I_i 变化到 I_j 时，电路将可能出现静态功能冒险。

功能冒险是由电路的逻辑功能决定的，因此不能用修改逻辑设计的方法来消除。通常可以用选通输出的方法来避开冒险。

从以上冒险现象的分析可以看出，冒险现象仅仅发生在输入信号变化的瞬间。加入选通脉冲，使之出现的时间与输入信号变化的时间错开，即选通脉冲是在输入变化而引起电路的变化达到稳定后出现的，这样取出的是无冒险的稳态输出，从而可以有效地消除任何类型的冒险现象（包括下面介绍的逻辑冒险）。当然，这种方法对选通脉冲的宽度及产生的时间有严格要求。由于只有当负载电路是时序电路时冒险才会影响正常工作，而大多数时序电路都是按同步方式工作的，各部分都在同步脉冲 CLK 控制下协调工作，因此用同步脉冲的适当形式（CLK 或 $\overline{\text{CLK}}$ ）作为选通脉冲，就可以达到时间上的一致（时序电路的相关知识参见本书第 5 章）。

此外，加选通脉冲后，组合电路的输出不再是电位信号，而是脉冲信号。在选通脉冲存在时间内，若输出有脉冲，则表示组合电路输出为 1；无脉冲则输出为 0。图 3.8 为几种加入选通脉冲的电路。

选通脉冲加入的位置及极性，可以这样确定：

设原来函数为 F，经选通脉冲选通后为 Y，则 $\text{Y}=\text{F}\cdot\text{CLK}$ 。但在实际应用时，通常不是在输出端再加一个门来实现的，而是加在电路内部。

例如，用与非门实现函数 $\text{F}=\text{AB}+\text{CD}$ ，则有：

$$\text{Y}=\text{F}\cdot\text{CLK}=\text{AB}\cdot\text{CLK}+\text{CD}\cdot\text{CLK}=\overline{\overline{\text{AB}\cdot\text{CLK}}\cdot\overline{\text{CD}\cdot\text{CLK}}}$$

其电路如图 3.8（a）所示。选通脉冲加在从输出端数起的第二级门电路上，是正极性脉冲。

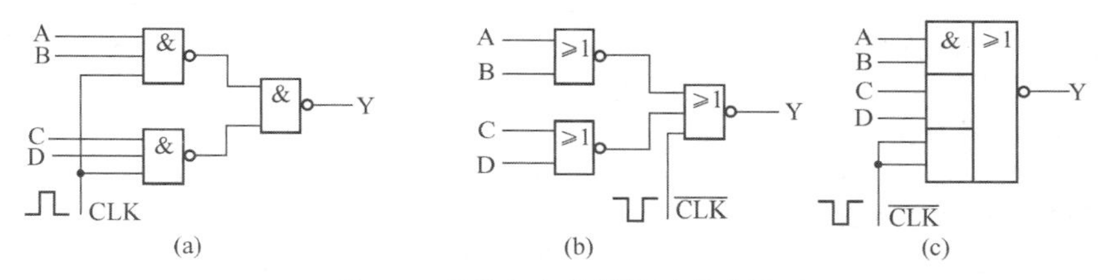

图 3.8　几种加入选通脉冲的电路

若用或非门实现函数 $\text{F}=(\text{A}+\text{B})(\text{C}+\text{D})$，则有：

$$\text{Y}=\text{F}\cdot\text{CLK}=(\text{A}+\text{B})(\text{C}+\text{D})\cdot\text{CLK}=\overline{\overline{\text{A}+\text{B}}+\overline{\text{C}+\text{D}}+\overline{\text{CLK}}}$$

其电路如图 3.8（b）所示。选通脉冲加在第一级门电路上，是负极性脉冲。

若用与或非门实现函数 $\text{F}=\overline{\text{AB}+\text{CD}}$ ，则有：

$$\text{Y}=\text{F}\cdot\text{CLK}=\overline{\text{AB}+\text{CD}}\cdot\text{CLK}=\overline{\text{AB}+\text{CD}+\overline{\text{CLK}}}$$

其电路如图 3.8（c）所示。选通脉冲加在一个与门上，是负极性脉冲。

此外，在对输出波形边沿要求不高的情况下，也可以在输出端到地之间接一个几十到几百皮法的滤波电容，以滤除毛刺。

3.4.2　逻辑冒险与消除方法

1．逻辑冒险

在组合电路中，若仅有一个输入变量变化，变化前、后的稳态输出相同，或虽有 P（>1）个输入变量发生变化，但对应 2^P 个取值组合的输出值全为 1 或全为 0，即电路已排除功能冒险。若当输入变量发生变化时，电路仍有瞬时的错误输出，则这种冒险称为静态逻辑冒险。

静态逻辑冒险举例（一）如图 3.9 所示，该电路输出逻辑表达式为$F = A\overline{B} + BC$。当输入变量 ABC 由 111 变为 101 时，A、C 没有变化，仅 B 由$1 \to 0$变化。无论 B 为 1 还是为 0，稳态输出$F(1,1,1) = F(1,0,1) = 1$。但在 B 由$1 \to 0$变化的过程中，门G_3、G_2的输出状态都发生了相反的变化，G_2的输出由$1 \to 0$，G_3的输出由$0 \to 1$。如果G_2的延迟时间小于G_1、G_3的延迟时间，即G_3的输出滞后于G_2的输出，则在 G_4的两个输入端上将有一段时间同时为 0，因而在输出端瞬时出现 0 脉冲，即产生了瞬时的错误输出，所以该电路存在静态逻辑冒险。

静态逻辑冒险举例（二）如图 3.10（a）所示，该电路中 ABCD 由 0111 变为 1110 时，稳态输出$F(0,1,1,1) = F(1,1,1,0) = 1$。发生变化的是 A 和 D 两个输入变量，而且与 A 和 D 四种取值组合对应的方格m_6, m_7, m_{14}, m_{15}均为 1，所以不会出现功能冒险。但是，是否就不会出现冒险了呢？上述分析没有考虑门的延迟，当输入由 0111 变到 1110 时，G_1输出由$1 \to 0$，G_2输出由$0 \to 1$，G_3输出由$0 \to 0$。由于有两个门的输出状态都发生了相反的变化，如果G_1的延迟时间小于G_2的延迟时间，则在输出端可能出现 0 冒险。因此，当输入由 0111 变到 1110 时，电路仍有冒险的可能。可见，逻辑冒险是在输入变量发生变化时，排除了功能冒险之后，由于门的延迟不同，而产生的冒险现象。

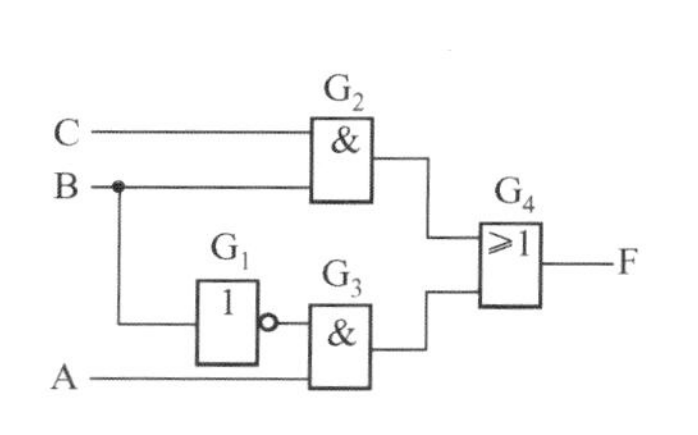

图 3.9　静态逻辑冒险举例（一）

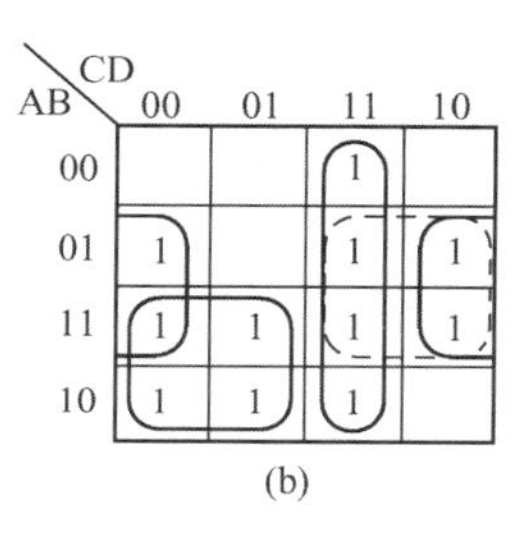

图 3.10　静态逻辑冒险举例（二）

2. 逻辑冒险的判别与消除

对图 3.10（a）所示电路做进一步分析后可以看出，当输入由 0111 变到 1110 时，由于有两个与门的输出状态都发生了相反的变化，而第三个与门的输出保持为 0，这样在考虑了门的传输延迟后，才有可能在或门的输出端出现逻辑冒险。可以设想，如果对一个与或电路，在输入变量变化时，有一个与门保持为 1，则不管其他与门输出如何变化，仍能使或门输出为 1。这样的“与门”就是图 3.10（b）卡诺图中虚线圈形成的乘积项 BC。

因此可以归纳出判别逻辑冒险的方法：当 P（≥1）个输入变量发生变化时，如果判断出不会发生功能冒险，但在函数的最简与或式中，不包含其余不变变量组成的乘积项，则电路可能出现静态逻辑冒险。例如，在图 3.10（b）中，若输入由 1001 变到 1011 时，因为只有一个变量 C 发生变化，所以不会出现功能冒险。但因输出表达式中不包含其余不变变量组成的乘积项$A\overline{B}D$，所以有逻辑冒险的可能。再如，若输入由 1001 变到 1101 时，因为只有一个变量 B 发生变化，所以不会出现功能冒险。但因最简的输出表达式中，$A\overline{C}$包含了由其余不变变量组成的乘积项$A\overline{C}D$，所以也不会出现逻辑冒险。

从上述判别逻辑冒险的方法可以看出，为了消除逻辑冒险，可以通过修改逻辑设计来实现，即在最简输出逻辑表达式中增加多余项。这样，本来化简时去掉的多余项，但为了消除冒险，却又成了必需的了。另外，也可以采用选通输出的方法来避开逻辑冒险，这在前面已经讨论过了。

3.5 硬件描述语言——Verilog

前面讨论的组合逻辑电路的分析与设计，都是基于小规模的集成电路来实现的。目前许多数字电路都是用可编程逻辑器件（Programmable Logic Device，PLD）来实现的，这类器件是由电子学方法构成的，其内部电路通过可编程连线的相互连接来形成逻辑电路，这种可编程的连线可认为是连接（1）或不连接（0）的节点。图 3.11 是用可编程逻辑器件实现数字系统设计示意图，图示为一小规模的可编程连接矩阵，行（水平导线）和列（垂直导线）之间的每一个交叉点为可编程连接，设计人员可以根据电路将其设置成为 1 或 0。而硬件描述语言（Hardware Description Language，HDL）就是用来描述硬件电路的功能、信号连接关系及定时关系的语言，其作用是为设计人员描述电路提供一种简洁而且方便的方法，且这种描述形式适于计算机的处理与存储。计算机通过运行编译程序的专用软件，把硬件描述语言转换成能加载到 PLD 可编程连线中的 1 或 0。可编程逻辑器件的详细内容将在第 7 章介绍。

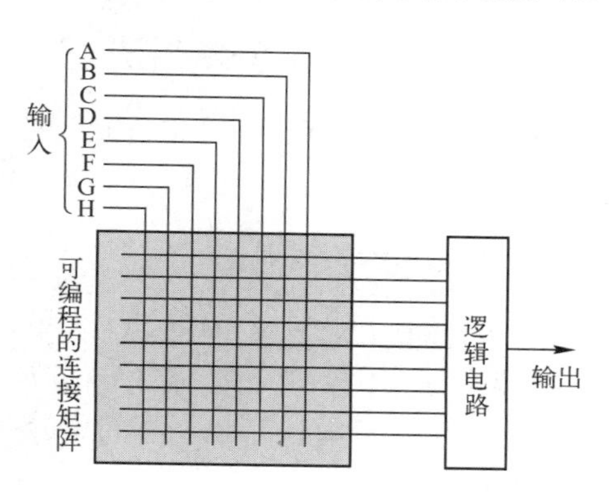

图 3.11　用可编程逻辑器件实现数字系统设计示意图

3.5.1 硬件描述语言

硬件描述语言（HDL）是为描述数字系统的功能（行为）而设计且经过优化的一种编程语言。它是硬件电路设计人员与 EDA 软件工具之间沟通的桥梁，其主要目的是用来编写设计文件，建立电子系统行为级的仿真模型，再对模型进行逻辑仿真，然后利用逻辑综合工具进行综合，自动生成符合要求且在电路结构上可以实现的数字电路网表（Netlist）。根据网表可以制造 ASIC 芯片或者对可编程逻辑器件进行配置。

在 HDL 中，有一部分语句描述的电路通过逻辑综合，可以得到具体的硬件电路，我们将这样的语句称为可综合的语句。另一部分语句则专门用于仿真分析，是对数字逻辑电路的结构和功能进行预测，判断电路的逻辑功能是否正确，而这部分语句不能进行逻辑综合。

HDL 的主要特点如下：

（1）支持数字逻辑电路的设计、验证、综合、仿真及测试，但不支持模拟电路的描述。

（2）既包含一些高级程序设计语言的结构形式，也兼顾描述硬件电路连接的具体组件。

（3）是并发的，即具有在同一时刻执行多任务的能力。

（4）有时序概念。一般来说，程序设计语言是没有时序概念的，但在硬件电路中，从输入到输出总是有延时存在的。为描述这些特征，HDL 需要建立时序的概念，因此使用 HDL 除了可以描述硬件电路的功能，还可以描述其时序关系。

在工业界中有许多公司有自己的 HDL 专利产品，可以用来进行数字设计或者帮助进行集成电路的设计。有两种标准的 HDL 已经得到 IEEE（电气和电子工程师协会）的支持：VHDL（VHSIC Hardware Description Language）和 Verilog HDL（简称 Verilog）。VHDL 是由美国国防部在 20 世纪 80 年代提出的，1987 年被采纳为 IEEE 1076 标准，1993 年被更新为 IEEE 1164 标准。Verilog 是 1983 年由 GDA（Gateway Design Automation）公司开发并推出的，1995 年 Verilog 被批准为 IEEE 的标准，称为 IEEE Standard 1364-1995（Verilog-1995），随后，该语言的修订增强版引入了一些新的特性，分别于 2001 年和 2005 年被批准为 IEEE 标准，即 IEEE Standard 1364-2001 和 IEEE

Standard 1364-2005。

VHDL 和 Verilog 这两种硬件描述语言功能都很强大，在一般的应用设计中，设计人员使用任何一种语言均可以完成设计任务。但 Verilog 的句法是在 C 语言的基础上发展而来的，从语法结构上看，Verilog 继承和借鉴了 C 语言的很多语法结构，两者有许多相似之处。与 VHDL 相比 Verilog 更为易学易用，便于设计人员上手，可以满足各个层次设计要求。

作为入门，本书简要讲解 Verilog 的基本知识，并介绍逻辑电路综合和设计用到的 Verilog 结构，对逻辑仿真时用到的语言结构没有介绍，想学习完整的 Verilog 知识的读者可以参考专门的书籍及资料。

3.5.2 Verilog 基本语法

Verilog 继承了 C 语言的许多语法结构，同时又增加了一些新的规则，下面介绍 Verilog 的基本语法规则。

1. 标识符和关键字

在 Verilog 中给对象（如模块名、电路的输入与输出端口、变量等）取名所用的字符串称为标识符，标识符通常由英文字母、数字、$或者下画线组成，并且规定标识符必须以英文字母或下画线开始，不能以数字或$符开头。标识符中的英文字母大小写是有区别的，例如，CLK 和 clk 是两个不同的标识符。

关键字是 Verilog 本身规定的特殊字符串，用来定义语言结构，每个关键字均有其特定的语法作用，用户不能随便将关键字当作标识符来使用。关键字均为小写的英文字符串，例如，module 是关键字，而 MODULE 则不是关键字。在 IEEE Standard 1364-2001 Verilog 中有 123 个关键字，例如，module、endmodule、input、output、wire、reg、and、assign、always 等。

2. 注释符和间隔符

注释符用于增强程序的可读性及便于文档管理，在程序编译时不起作用。Verilog 支持单行注释和多行注释这两种形式的注释符：

（1）单行注释以“//”开始到本行结束，注释内容只能写在一行中；

（2）多行注释以“/*”开始，到“*/”结束，注释内容可以跨越多行。

间隔符主要起分隔文本的作用，在必要的地方插入适当的空格或换行符，可以使文本错落有致，便于阅读与修改。间隔符包括空格符、制表符、换行符及换页符。如果间隔符并非出现在字符串中，则该间隔符被忽略。所以编写程序时，可以跨越多行书写，也可以在一行内书写。

3. 信号的值、整数和参数

Verilog 支持代表单位信号的标量线网和变量，以及代表多位信号的向量。每个单位信号有四种可能的值：0（逻辑 0、逻辑假）；1（逻辑 1、逻辑真）；x 或 X（不确定的值）；z 或 Z（高阻态、三态）。注意，这里 x 和 z 是不区分大小写的。

Verilog 中整数的表示形式有两种：

① 简单十进制数的格式，用这种形式表示的整数被认为是有符号数，正号（+）或负号（-）放在数值的前面，其中+可以忽略。负数用二进制补码表示。例如：

```
127      //有符号数，用 8 位二进制数表示为 0111 1111
-1       //有符号数，用 8 位二进制数表示为 1111 1111
-128     //有符号数，用 8 位二进制数表示为 1000 0000
```

② 用带基数格式的形式表示，表示方法如下：

<+/-><位宽>'<进制><数值>

+/-：表示该常量是正整数还是负整数，当常量是正整数时，前面的正号可以省略。注意，表示负整数时，负号必须写在表达式的前面，负数用二进制补码表示。

位宽：定义数值所对应的二进制数位宽，用十进制数表示，当没有说明位宽时，整数的位宽为机器的字长（至少为 32 位）。

'：是基数格式的固有字符，不可省略。

进制：定义数值的进制，即指明数值所用的基数格式，可以是 b 或 B（二进制）、o 或 O（八进制）、d 或 D（十进制）、h 或 H（十六进制），如没有特定声明，则默认为十进制。

数值：相应进制格式下的一串数字，最左边是最高有效位，最右边是最低有效位，数值中的 x、z 和十六进制中的 a~f 不区分大小写。如果定义的位数大于所需的位数，通常情况下用 0 来填充，当数值的左侧（或右侧）第一个字符是 x 或 z 时，左侧（或右侧）用 x 或 z 来填充。例如：

```
8'b1010 1100     // 位宽为 8 的无符号二进制数 1010 1100
-8'd5            // 十进制数-5，用 8 位二进制补码形式存储，即 1111 1011
6'o45            // 位宽为 6 的八进制数，即 100101
8'hfx            // 位宽为 8 的十六进制数，即 1111 xxxx
```

Verilog 中的参数（parameter）由标识符和常数组成，通常出现在模块内部，仅在声明该参数的模块内部起作用，一般用于指定传输延迟、变量的位宽等。例如：

```
parameter k=8;
parameter S0=2'b00,S1=2'b01,S2=2'b10,S3=2'b11;
```

则标识符 k 在代码中可以用在表示数字 8 的地方，而 S0 可以用于替换数值 2'b00、S1 用于替换 2'b01、S2 用于替换 2'b10、S3 用于替换 2'b11。

4．数据类型

在 Verilog 中，数据类型（Data Type）是用来表示数字电路中的物理连线、数据存储和传输单元等物理量的。Verilog 的数据类型有四种逻辑状态取值：0、1、x 或 X、z 或 Z，其中 0、1、z 是可综合的，而 x 表示不定值，通常只用在仿真中。Verilog 主要有两种数据类型：net 型、variable 型（在 Verilog-1995 标准中，variable 型变量称为 register 型的；在 Verilog-2001 标准中，将 register 改为 variable，以区分硬件电路中的寄存器概念）。

net 型数据相当于实际硬件电路中各种物理连接，其特点是输出的值随输入的值变化而变化。在 Verilog 中最常用的可综合的 net 型变量是 wire 型的，其定义格式如下：

```
wire[n-1:0] 变量名 1，变量名 2，…，变量名 n;
```

例如：

```
wire a,b,y;              //声明 3 个 1 位的 wire 型变量
wire [7:0]usb_data;      //声明 1 个 8 位位宽的 wire 型变量
```

在 Verilog 模块中如果没有明确地定义输入、输出信号的数据类型，则默认为是 wire 型的；如果没有明确地声明 wire 型的位宽，则位宽为 1 位。wire 型变量可以用做任何表达式的输入，也可以用做 assign 语句和实例元件的输出。net 型除了 wire，还有 wand、wor、tri、triand、trior、tirreg 等。当 net 型变量被定义后，若没有被驱动元件驱动，则默认值为高阻态 z（trireg 型除外，它的默认值为 x）。

variable 型数据表示一个抽象的数据存储单元，它具有状态保持作用，在综合器进行综合时，variable 型变量根据其被赋值的具体情况，映射为连线或映射为存储单元（触发器或寄存器）。这种

类型的变量必须放在过程语句（如 always、initial）中，通过过程语句赋值。在 Verilog 中最常用的可综合的 variable 型变量是 reg 型的，其定义格式如下：

reg [n-1:0] 变量名 1，变量名 2，……，变量名 n；

例如：

```
reg clock;              // 声明 1 个 1 位的 reg 型变量
reg [7:0] counter;      // 声明 1 个 8 位位宽的 reg 型变量
```

variable 型除了 reg，还有 integer、real、time。其中 integer 型变量在描述模块的行为时是很有用的，但它们不直接对应电路的节点，常用于 for 循环语句中的循环控制变量。

variable 型变量只能在过程语句中（例如：initial、always）被赋值，在下一条赋值语句再次给该变量赋值之前，变量的值保持不变。variable 型变量在没有赋值前，它的默认值为 x（real 型除外，它的默认值为 0）。

3.5.3 Verilog 运算符

Verilog 提供了丰富的运算符，如果按照功能来划分，则有算术运算符、逻辑运算符、位运算符、缩位运算符、关系运算符、等值运算符、条件运算符、移位运算符、位拼接运算符等 9 类；如果按照运算符所带操作数的个数来划分，则有单目运算符、双目运算符、多目运算符。下面按照功能来介绍这些运算符。

1. 算术运算符

算术运算符又称为二进制运算符，常用的算术运算符如下：

\+ 加

\- 减

* 乘

/ 除

% 取余

以上的算术运算符都属于双目运算符。在进行算术运算时，如果某个操作数的某一位为 x 或 z，则运算结果为 x。

2. 逻辑运算符

逻辑运算符是对操作数做与、或、非逻辑运算，3 种逻辑运算符如下：

&& 逻辑与

|| 逻辑或

! 逻辑非

“&&”和“||”是双目运算符，“!”是单目运算符。逻辑运算的操作数可以是 1 位或多位的信号，如果操作数是 1 位数，则 1 表示逻辑真，0 表示逻辑假；如果操作数由多位组成，则将操作数作为一个整体看待，对非零的数作为逻辑真处理，对每位均为 0 的数作为逻辑假处理。逻辑运算的结果为 1 位，1 表示逻辑真，0 表示逻辑假，x 表示不确定。如果操作数的某一位为 x，则运算结果为 x。

3. 位运算符

位运算符是对操作数按对应位分别进行逻辑运算，5 种位运算符如下：

~ 按位取反

&	按位与
|	按位或
^	按位异或
^～，～^	按位同或（符号^～和～^是等价的）

这里，按位取反(~)是单目运算符，其他运算符是双目运算符。双目运算符完成的功能是对两个操作数中的每一位进行按位运算，原来的操作数是几位，则运算的结果仍为几位。如果两个操作数的位宽不相等，则将短操作数的左端高位部分以0补足（注意，如果短的操作数最高位是x，则扩展得到的高位也是x）。

注意，位运算符“&”、“|”、“~”与逻辑运算符“&&”、“||”、“!”是不同的。逻辑运算符执行逻辑操作，运算结果是1位的逻辑值0、1或x；而位运算符是得到一个和操作数位宽相等的值，这个值的每一位都是操作数按位运算的结果。例如：

```
//a=4'b0011, b=4'b1010, c=4'b11x0
a&b     //按位与运算，结果为4'b0010
a&&b    //逻辑与运算，结果为1
b|c     //按位或运算，结果为4'b11x0
b||c    //逻辑或运算，结果为x
~c      //按位非运算，结果为4'b00x1
!c      //逻辑非运算，结果为x
```

4．缩位运算符

缩位运算符也称为缩减运算符，有些是和位运算符相同的，但缩位运算符仅对1个操作数进行运算，是单目运算符，运算结果是1位的逻辑值。6种缩减运算符如下：

&	缩位与
~&	缩位与非
|	缩位或
~|	缩位或非
^	缩位异或
^～，～^	缩位同或（符号^～和～^是等价的）

缩位运算时，按照从右到左的顺序依次对所有位进行相应的逻辑运算。如果操作数的某一位为x，则缩位运算的结果为x。

注意，带有非的缩位运算首先缩减所有的位，然后再将结果取反。缩位与非的结果跟缩位与运算的结果相反（即缩位与非运算跟与非门逻辑功能相同）；同样，缩位或非的结果跟缩位或运算的结果相反，缩位同或的结果跟缩位异或的结果相反。

5．关系运算符

关系运算符是对两个操作数进行数值大小的比较，是双目运算符，4种关系运算符如下：

<	小于
<=	小于或等于
>	大于
>=	大于或等于

进行关系运算时，如果声明的关系为真，则返回值是1；如果声明的关系为假，则返回值是0；如果操作数的某一位为x或z，则关系运算的结果为x。注意：“<=”操作符也用于表示信号的一种

赋值操作。

注意，两个有符号的数进行比较时，若操作数的位宽不同，则用符号位将位数较小的操作数的位数补齐。如果表达式中有一个操作数为无符号数，则该表达式的其余操作数均被当成无符号数处理。

6．等值运算符

等值运算符用于判别两个操作数是否相等，是双目运算符，4 种等值运算符如下：

==　　相等

!=　　不等

===　　全等

!==　　不全等

等值运算返回值是 1 位的。其中，"=="和"!="的运算结果可能是逻辑值 0、1 或 x，当参与运算的两个操作数中的某一位为 x 或 z 时，结果即为 x，即使它们出现在相同位上，比较结果依然是 x。"==="和"!=="的运算结果可能是逻辑值 0、1，当参与运算的两个操作数中的某些位上出现 x 或 z，只要它们出现在相同位，那么就认为二者是相同的，比较结果为 1；如果出现在不同位，则比较结果为 0，不会出现比较结果为 x 的情况。

7．条件运算符

条件运算符对三个操作数进行运算，是一个三目运算符，条件运算符如下：

?:　　条件运算符

条件运算的格式如下：

信号=条件表达式？表达式 1：表达式 2；

执行过程是，先计算条件表达式的值，若为真（即值为 1），则信号取表达式 1 的值；若为假（即值为 0），则信号取表达式 2 的值；若为 x，则表达式 1 和表达式 2 都进行计算，并对计算结果进行对应位逐位的比较及输出，若对应位的值相同则输出这个相同的值，若对应位的值不同则输出 x。

8．移位运算符

移位运算符的作用是将操作数进行左移或右移操作，移位运算符如下：

>>　　右移

<<　　左移

例如：//a=4'b1001

b=a>>2;　　//右移 2 位，左侧 2 位填 0，结果为 b=4'b0010

b=a<<3;　　//左移 3 位，右侧 3 位填 0，结果为 b=4'b1000

9．位拼接运算符

位拼接运算符是 Verilog 中比较特殊的运算符，其作用是把两个或多个信号中的某些位拼接在一起进行运算。其使用格式如下：

{信号 1 的某几位，信号 2 的某几位，…，信号 *n* 的某几位}

即把几个信号的某些位详细地列出来，中间用逗号隔开，最后用大括号括起来表示一个完整的信号。拼接运算符的每个操作数必须是有确定位宽的数。由于常数的位数是未知的，因此拼接运算中不允许出现未指定位宽的常数。如果需要多次拼接同一个操作数，则可以表示为 $\{n\{A\}\}$，这里 A 是被拼接的操作数，n 为一个常数，表明重复的次数，即表示 A 拼接 n 次。

3.5.4 Verilog 程序的基本结构

逻辑电路是实现特定逻辑关系的数字电路，通常可以用逻辑符号和逻辑关系表达式去描述它，而在基于文本的逻辑电路描述中，每一种硬件描述语言都具有其独特的语法。一般硬件描述语言的基本格式包括两个要素：①输入、输出的定义（输入、输出说明）；②对输出如何响应输入的定义（工作原理）。

Verilog 中程序的基本设计单元是模块（module），模块代表硬件上的实体，它可以表示一个简单的门电路，也可以表示功能复杂的数字电路系统。在用 Verilog 对电路进行建模时，通常可以使用一个或多个模块，不同的模块之间通过端口进行连接。而一个完整的模块包括以下几个主要部分：模块声明、输入/输出端口定义、信号数据类型定义和电路逻辑功能描述。模块的所有内容都嵌入在 module 和 endmodule 两个关键字之间。定义模块的基本语法结构如下：

```
module 模块名（端口名 1，端口名 2，端口名 3，…）;      ┐
端口模式说明(input, output, inout);                    │
参数定义（可选）;                                      ├ 说明部分
数据类型定义(wire, reg 等);                            ┘

实例化低层次模块或基本门级元件;                        ┐
连续赋值语句(assign);                                  │
过程块结构(initial 和 always)                          │ 逻辑功能描述部分，
行为描述语句;                                          │ 其顺序是任意的
任务和函数;                                            │
endmodule                                              ┘
```

模块的定义总是以关键字 module 开始，后面紧跟着的是“模块名”，模块名是模块唯一的标识符；在模块名后面的圆括号中列出该模块的输入、输出端口名，各个端口名之间以逗号分隔。在“端口模式说明”中，通常以 input（输入）、output（输出）、inout（双向）来说明信号流经端口的方向。“参数定义”是将数值常量用符号常量代替，以增强程序的可读性和可维护性，它是一个可选语句。“数据类型定义”用来指定模块内所用的数据对象是 net（wire 等）型的还是 variable（reg 等）型的。

逻辑功能描述部分是模块中最核心的内容，通常可以使用 3 种不同的风格来描述电路：一是例化（instantiate）低层次子模块，即调用（引用）其他已定义过的低层次模块对整个电路的功能进行描述，或者直接引用 Verilog 内部预先定义的逻辑门来描述电路的结构，通常称为结构描述方式；二是使用连续赋值语句（assign）对电路的逻辑功能进行描述，通常称为数据流描述方式，该方式对组合逻辑电路的建模非常方便；三是使用过程块结构（包括 initial 和 always）和比较抽象的高级程序语句对电路的逻辑功能进行描述，通常称为行为（功能）描述方式，这种描述方式侧重于描述模块的逻辑功能，不涉及实现该模块功能的详细硬件电路结构。设计人员可以选用这几种方式中的任意一种或混合使用几种方式来描述电路的逻辑功能，也就是说，一个模块可以包含连续赋值语句、always 块、initial 块和结构级描述方式，并且这些描述方式在程序中排列的先后顺序是任意的。

3.5.5 Verilog 逻辑功能的描述方式

一个 Verilog 模块中最核心的部分是对逻辑功能的描述。下面以图 3.12 所示的简单组合逻辑电路为例，来说明用 Verilog 3 种不同风格进行电路逻辑功能的描述方式。

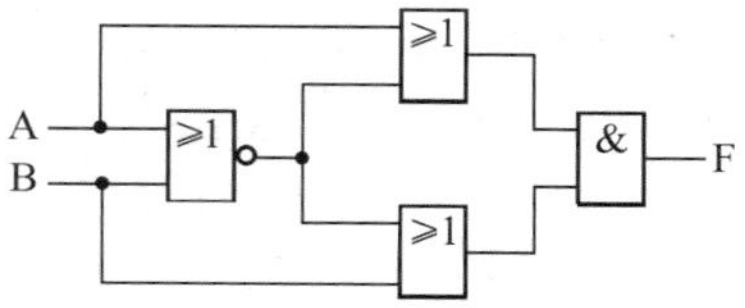

图 3.12　简单组合逻辑电路

1．结构描述方式

所谓结构描述方式，是指在 Verilog 程序设计中，通过调用库中的元件或已设计好的模块来完成设计实体功能的描述。在程序的逻辑功能描述部分中，只表示元件（或模块）和元件（或模块）之间的连线关系，就像网表一样。设计人员可以直接调用 Verilog 内部预先定义的基本门级元件，当调用库中不存在的元件时，必须首先进行元件的创建，然后将其放在工作库中，这样才可以通过调用工作库来调用元件。

如果一个模块在进行功能描述时，仅使用 Verilog 中内置的逻辑门来描述电路功能，则这种结构描述方式也称为门级描述方式。

【例 3.5】 图 3.12 所示简单组合逻辑电路的门级描述方式的 Verilog 程序代码。

```
module Vrxnor_1(A,B,F);        // Verilog-1995，定义模块名为"Vrxnor_1"
  input A,B;                   //输入端口声明
  output F;                    //输出端口声明
  wire F1,F2,F3;               //电路内部节点声明
  //电路的功能描述
  nor U1(F1,A,B);              //"nor"是 Verilog 内部定义的或非门，调用名 U1 可以省略
  or U2(F2,A,F1);              //"or"是 Verilog 内部定义的或门
  or U3(F3,B,F1);
  and U4(F,F2,F3);             //"and"是 Verilog 内部定义的与门
endmodule
```

在上述程序代码中，双斜线（//）开始到本行结尾之间的文本是一个注释语句，是对此行代码进行解释和说明。第 1 行以关键字 module 开始声明了一个模块，module 后面跟有模块名（Vrxnor_1）和端口名（A,B,F）列表。端口名列表给出了该模块的输入、输出端口，端口用圆括号括起来，多个端口之间以逗号进行分隔。除了 endmodule 之外的每一条语句以分号结尾。

接着，用关键字 input 和 output 定义了该模块的输入端口、输出端口。端口的数据类型默认为 wire 类型，此处将电路内部的节点信号(F1,F2,F3)定义为 wire 类型。

电路的结构（即逻辑功能）由基本门级元件（nor、or、and）进行描述。每个门级元件后面包含一个调用名（U1、U2 等），调用名可以直接使用，不需要预先定义，并且在调用基本门级元件时，调用名可以省略。调用名后面由圆括号括起来并以逗号分隔的是这个门级元件的输出端口和输入端口，Verilog 规定输出端口总是位于圆括号中左边的第 1 个位置，输入端口跟在其后面。例如，调用名为 U1 的或非门输出端口是 F1、输入端口是 A 和 B。最后模块以 endmodule 结尾（注意后面没有分号）。

在修订后的 Verilog 标准中，定义模块端口时也可以按照如下方式书写：

```
module Vrxnor_1(input A,B,output F);
```

在模块的端口列表中，直接声明端口模式，不再需要独立的端口模式说明 input 和 output 语句，这使得代码变得更加紧凑。

Verilog 中内置了 12 个基本门元件，表 3.5 列出其功能及用法举例。表中第 1 列给出了常用的逻辑门在 Verilog 中的名称；第 2 列描述了每个逻辑门的功能；最右边一列则给出了用法举例。其中 notif 和 bufif 代表三态缓冲器（驱动器），notif0 是一个低电平使能的反相三态缓冲器，表示当控制信号 e 为低电平时，输出 f 与输入 a 反相，否则输出 f 为高阻 z；而 notif1 则是高电平使能的反相三态缓冲器，表示

表 3.5　Verilog 中内置的逻辑门的功能及用法举例

名称	功能	用法
and	$f=(a\cdot b\cdots)$	and(f,a,b,…)
nand	$f=\overline{(a\cdot b\cdots)}$	nand(f,a,b,…)
or	$f=(a+b+\cdots)$	or(f,a,b,…)
nor	$f=\overline{(a+b+\cdots)}$	nor(f,a,b,…)
xor	$f=(a\oplus b\oplus\cdots)$	xor(f,a,b,…)
xnor	$f=(a\odot b\odot\cdots)$	xnor(f,a,b,…)
not	$f=\overline{a}$	not(f,a)
buf	$f=a$	buf(f,a)
notif0	f = (! e? $\overline{a}$:'bz)	notif0(f,a,e)
notif1	f = (e? $\overline{a}$:'bz)	notif1(f,a,e)
bufif0	f = (! e? a:'bz)	bufif0(f,a,e)
bufif1	f = (e? a:'bz)	bufif1(f,a,e)

当控制信号 e 为高电平时，输出 f 与输入 a 反相，否则输出 f 为高阻 z。而 bufif0 和 bufif1 则是不具有反相输出的三态缓冲器，表示方法及含义与 notif0 和 notif1 类似。

2．数据流描述方式

数据流描述方式主要使用持续赋值语句来说明电路的逻辑功能，多用于描述组合逻辑电路。它由关键字 assign 开始，后面跟着由操作数和运算符组成的逻辑表达式。持续赋值语句的赋值符号“=”左边变量的数据类型必须是 wire 型，赋值符号的右边表达式等同于实现该函数所用的逻辑门。

【例 3.6】 图 3.12 所示简单组合逻辑电路的数据流描述方式的 Verilog 程序代码。

```
module Vrxnor_2(A,B,F);                    //  定义模块名为“Vrxnor_2”
  input A,B;                               //输入端口声明
  output F;                                //输出端口声明
  wire F;                                  //变量的数据类型声明
  //电路的功能描述
assign F=(A|(~(A|B)))&(B|(~(A|B)));        /*表达式中的“~”为位运算符非、“|”为位运算符或、“&”
                                             为位运算符与 */
endmodule
```

用数据流描述方式来设计电路与传统的用逻辑方程来设计电路很相似。设计方案中只要有了逻辑代数表达式，就很容易将它用数据流方式表达出来。表达方法就是用 Verilog 语言中的运算符替换逻辑代数中的逻辑运算符。例如，图 3.12 所示简单组合逻辑电路的逻辑表达式为 $F=(A+\overline{A+B})(B+\overline{A+B})$，则可用数据流方式描述为 assign F=(A|(~(A|B)))&(B|(~(A|B)))。

持续赋值语句中方程式右边的输入信号受到持续监控，任何一个输入信号发生变化则整个表达式将重新计算，并将变化后的计算结果赋值给左边的 wire 型信号。对组合电路建模使用数据流的描述方式比较方便。

3．行为描述方式

对于功能复杂的逻辑电路，使用门级描述或者数据流描述电路的功能，工作效率会很低。而所谓行为描述，就是对设计实体的数学模型的描述，其抽象程度远高于结构描述。行为描述类似于高级编程语言，当描述一个设计实体的行为时，无须知道具体电路的结构，只要描述清楚输入与输出信号的行为，而不必花费精力关注设计功能的门级实现。可综合的 Verilog 行为描述方式多采用 always 过程语句实现，这种行为描述方式既适合设计组合逻辑电路，也适合设计时序逻辑电路。

【例 3.7】 图 3.12 所示简单组合逻辑电路的行为描述方式的 Verilog 程序代码。

```
module Vrxnor_3(A,B,F);                    //定义模块名为“Vrxnor_2”
  input A,B;                               //输入端口声明
  output F;                                //输出端口声明
  reg F;                                   //变量的数据类型声明
      //电路的功能描述
  always @ (A or B )
    begin
      case({A,B})                          //用 case 语句完成电路功能的描述
        2'b00: F=1;
        2'b01: F=0;
        2'b10: F=0;
```

```
            2'b11: F=1;
            default: F=0;
        endcase
    end
endmodule
```

在一个 Verilog 模块的行为描述中通常会用到条件语句、多路分支语句和循环语句等，这些语句只能出现在 initial 块和 always 块的内部，通常称为过程性赋值语句。initial 块常用于仿真中的信号初始化，在 initial 块中的过程语句只执行一次；always 块内过程语句是可综合的，always 块内的语句则是不断重复执行的。

下面对 always 块以及行为描述中可综合的几种常用语句进行说明。

（1）always 块

always 块主要用来描述硬件电路的逻辑功能（行为），也可以在测试模块中用来产生输入信号。典型的 Verilog 设计模块中可以包含几个 always 块，每个 always 块表示电路模型的一个部分。

always 块的一个重要特性是它内部所包含的语句是按代码排列顺序执行的，这与持续赋值语句 assign 是不同的，多条 assign 语句是并行执行的。always 块内语句是循环执行语句，即不停地循环执行其内部的过程赋值语句，当用它来描述硬件电路的逻辑功能时，通常在关键字 always 后面跟着执行循环语句的控制条件。always 块的一般格式如下：

```
always @（敏感信号列表）
  begin
    块内局部变量的定义；
    一条或多条过程赋值语句；
end
```

这里，符号@用来表示一个敏感信号列表，敏感信号在@后面的圆括号中列出，它表示圆括号内的某一信号发生变化或某一特定的条件变为“真”时，触发下面的过程赋值语句被执行一次，执行完最后一条语句后，执行挂起，always 块进入等待状态，不执行任何操作，直到敏感信号列表中的信号再次发生变化。

敏感信号通常有电平敏感信号和边沿触发信号两种类型。在组合逻辑电路和锁存器中，输入信号电平的变化通常会导致输出信号变化，在 Verilog 中，将这种输入信号的电平变化称为电平敏感信号（也可以称为电平敏感事件）。例如，在上述 Verilog 中的语句：

```
always @ (A or B )
```

说明输入信号 A 或 B 发生变化，程序将会执行一次后面的过程赋值语句。对组合逻辑电路来说，所有的输入信号都是敏感变量，都应该被写在圆括号内。修订后的 Verilog 标准在敏感变量列表中，可以用逗号代替 or，即 always @ (A,B)；也可以用一个*号来代替敏感变量列表中所有输入信号，即 always @ (*)。注意，过程赋值语句只能给 variable 型变量赋值，因此，程序中将输出变量 F 的数据类型定义成 reg。

在同步时序逻辑电路中（时序逻辑电路的相关概念及知识参见本书第 5 章和第 6 章），触发器状态的变化仅仅发生在时钟脉冲的上升沿或下降沿，Verilog 中用关键字 posedge（上升沿）和 negedge（下降沿）进行说明，这就是边沿触发信号。例如，语句：

```
always @(posedge CLK or negedge CLRn)
```

或

```
always @(posedge CLK , negedge CLRn）
```

说明在时钟信号 CLK 的上升沿到来或清零信号 CLRn 跳变为低电平时，后面的过程赋值语句就会被执行。

always 块内部有两种类型的过程赋值语句：阻塞型赋值语句和非阻塞型赋值语句，它们所使用的赋值符号分别为阻塞赋值符“=”和非阻塞赋值符“<=”。

使用“=”的阻塞赋值语句按照它们在块中排列的顺序依次执行，即前一条语句没有完成赋值之前，后面的语句不可能被执行，也就是后面语句的执行被前面语句阻塞了。例如，下面语句的执行过程是，首先执行第一条语句，将 A 的值赋给 B；接着执行第二条语句，将 B 的值（即 A）增加 1，并赋值给 C；程序执行完后，C 的值等于 A+1。

```
begin
    B=A;            //顺序执行    B 的值是 A；C 的值是 A+1
    C=B+1;
end
```

使用“<=”的非阻塞赋值语句的执行过程是，首先计算赋值符右边表达式的值，但并不给左边变量赋值，直到语句块中所有赋值符右边表达式都计算完，再对左边变量一起进行赋值操作。例如，下面语句的执行过程是，首先计算右边表达式的值并存储在一个暂存器中，即 A 的值被保存在一个临时寄存器中，而 B+1 的值被保存在另一个临时寄存器中，在 begin 和 end 之间所有赋值语句右边的表达式的值都被计算并存储后，对左边变量的赋值操作才会进行。这样，C 得到的值等于 B 的原始值（不是现在的 A）增加 1。

```
begin
    B<=A;           //并行执行    B 的值是 A；C 的值是 B+1
    C<=B+1;
end
```

综上所述，阻塞型赋值语句和非阻塞型赋值语句的主要区别是完成赋值操作的时间不同。阻塞型赋值语句的赋值操作是立即执行的，即执行后一句时，前一句的赋值操作已经完成；而非阻塞型赋值语句的赋值操作是在结束顺序语句块时才完成赋值操作的，即赋值操作完成后，语句块的执行就结束了，所以顺序语句块内部的多条非阻塞型赋值语句是并行执行的。注意，在可综合的电路设计中，一个语句块的内部不允许同时出现阻塞型赋值语句和非阻塞型赋值语句。在时序逻辑电路设计中，建议采用非阻塞型赋值语句。

（2）if-else 语句

if-else 语句是条件赋值语句，它根据语句中设置的一种或多种条件，有条件地执行指定的顺序语句，应放在 always 块内。使用格式可归纳为以下三种：

① if（条件表达式）　语句；

这是单重 if 语句，判断条件表达式是否成立，如果成立，那么程序会执行语句。

例如：if（A>B）　OUT=1;

② if（条件表达式）　语句 1；

　else　　　　　　语句 2；

这是二重选择的 if 语句，首先要判断条件表达式是否成立，如果成立，那么程序会执行语句 1，否则程序执行语句 2。

【例 3.8】　用 if-else 语句描述一个 2 选 1 数据选择器的 Verilog 程序代码。

```
module Vrmux2to1 (S,F,W1,W0);
  input S,W1,W0;
  output F;
```

```
    reg F;

    always @ (S or W1 or W0 )
        if (S==0)
            F=W0;
        else
            F=W1;
Endmodule
```

程序中 if 语句表明当 S=0 时，F=W0，否则 F=W1。

③ if （条件表达式 1）　　　　语句 1；
　else　if （条件表达式 2）　　语句 2；
　else　if （条件表达式 3）　　语句 3；
　……
　else　if （条件表达式 *n*）　　语句 *n*；
　else　语句 *n*+1；

这是多重选择的 if 语句，系统从条件表达式 1 开始判断，直到最后一个条件表达式 *n* 判断完毕，如果所有的条件表达式都不成立，才会执行 else 后面的语句。这种判断上的先后次序，隐含着一种优先级别，使用时需要注意。

上述描述中的条件表达式一般为逻辑表达式或关系表达式，也可能是 1 位的变量。系统对条件表达式的值进行判断，若为 0、x、z，则按“假”处理；若为 1，则按“真”处理，执行指定语向。语句可以是单句，也可以是多句，多句时需要将语句放在 begin-end 的中间，组成一个语句块，块内的语句按照排列的先后顺序依次执行。if 语句也可以多重嵌套，对于 if 语句的嵌套，若不清楚 if 和 else 的匹配，最好用 begin-end 将语句括起来。

【例 3.9】 用多重 if 语句描述一个 4 选 1 数据选择器的 Verilog 程序代码。

```
module Vrmux4to1 (S,F,W);
  input [3:0]W;
  input [1:0] S ;
  output F;
  reg F;

  always @ (* )
    if (S==2'b00)
        F=W[0];
    else if (S==2'b01)
        F=W[1];
    else if (S==2'b10)
        F=W[2];
    else
        F=W[3];
endmodule
```

程序中 if-else 语句根据 S 的取值，确定 F 的值是 4 位位宽的输入 W 的某 1 位信号。

（3）case 语句

case 语句是多路分支语句，使用格式如下：

```
case（表达式）
```

```
    分支表达式 1：语句 1；
    分支表达式 2：语句 2；
            ……
    分支表达式 n：语句 n；
    default ：语句 n+1；//如果前面列出了表达式所有可能取值，default 语句可以省略
  endcase
```

在 case 语句中，每一行冒号前的分支表达式代表 case 参数的值，这些值必须互不相同。执行时，首先计算 case 后面表达式的值，然后与各分支表达式的值进行比较，如果与分支表达式 1 的值相等，就执行语句 1；如果与分支表达式 2 的值相等，就执行语句 2；以此类推，如果与上面列出的分支表达式的值都不相同，就执行 default 后面的语句。每个分支表达式中的语句可以是单条语句，也可以是多条语句，如果是多条语句，则必须用 bcgin-end 块语句括起来构成复合语句。执行完任何一条分支项的语句后，跳出该 case 语句结构，终止 case 语句的执行。

【例 3.10】 用 case 语句描述一个 4 选 1 数据选择器的 Verilog 程序代码。

```
module Vrmux4to1_2 (S,F,W3,W2,W1,W0);
  input W3,W2,W1,W0;
  input [1:0] S ;
  output F;
  reg F;

  always @ (* )
    begin
      case(S)
        2'b00: F=W0;
        2'b01: F=W1;
        2'b10: F=W2;
        2'b11: F=W3;
        default: F=W0;
      endcase
    end
endmodule
```

case 语句还有两种变体，即 casez 语句和 casex 语句。在 casez 语句中，如果表达式的值与分支表达式的值有一方的某些位的值是 z，那么对这些位的比较就不予考虑，只需关注其他位的比较结果。而在 casex 语句中，则把这种处理方式进一步扩展到对 x 的处理，即如果比较的双方有一方的某些位的值是 z 或 x，那么这些位的比较就都不予考虑。

上述的 if 语句和 case 语句均为条件语句，即根据某个条件来确定是否执行其后的语句。在使用 if 语句和 case 语句时，应注意要列出所有条件分支，当 if 语句和 case 语句的条件描述不完备时，会产生不必要的锁存器。而锁存器容易引起竞争冒险，同时静态时序分析工具也很难分析穿过锁存器的路径。所以在设计中应该尽量避免产生锁存器。当然，一般不可能列出所有分支，因为每一个变量至少有 4 种取值 0、1、x、z。为了包含所有分支，可在 if 语句最后加上 else；在 case 语句的最后加上 default 语句。遵循上面两条原则，就可以避免引入不必要的锁存器，使设计者更加明确设计目标，同时也增强了 Verilog 程序的可读性。

（4）for 语句

for 语句是一种条件循环语句，只在指定的条件表达式成立时才进行循环。其格式如下：

```
for（循环变量赋初值；条件表达式；循环变量增值）
    执行语句；
```

for 语句是通过以下三个步骤来完成循环执行过程的：

① 先给控制循环次数的循环变量赋初值；

② 判断控制循环的条件表达式的值，如为假，则跳出循环语句；如为真，则完成接下来的执行语句后，转到第③步；

③ 执行一条增值语句来修正控制循环次数变量的值，然后返回第②步。

需要注意的是，循环变量必须为 integer 型变量，需在进行数据类型定义时声明。

下面通过 7 人表决器的例子说明 for 语句的使用方式。这个表决器的功能是通过循环语句来统计赞成的人数，当赞成人数为 4 人以上时，表决通过。

【例 3.11】 用 for 语句描述 7 人表决器的 Verilog 程序代码。

```
module Vrvoter7 (S,F);
   input [7:1]S;
   output F;
   reg F;
   reg[2:0] SUM;
   integer k;

   always @ (S )
      begin
       SUM=0;
        for(k=1;k<=7;k=k+1)
           if(S[k] )
              SUM=SUM+1;
            if (SUM[2] )
              F=1;
            else
                F=0;
      end
endmodule
```

3.5.6 Verilog 层次化的设计结构

对于电路结构相对简单的设计，Verilog 代码可以只包含一个模块。而对于较大规模或功能较为复杂的电路，采用层次化 Verilog 设计则更为方便。在这种层次化的设计结构中，一个顶层模块可以由多个低层的子模块组合而成，设计中对每个子模块分别建模，然后将这些子模块组合成一个总模块即顶层模块，完成电路设计所需功能。分层次、分模块的电路设计有自顶向下（top-down）和自底向上（bottom-up）两种设计方法。自顶向下设计是先定义顶层模块，再定义低层的子模块；而自底向上的设计，是先完成电路设计所需的低层子模块，然后再将各个子模块组合成顶层模块。

图 3.13 是一个带有两个模块的逻辑电路。顶层模块由加法器模块和显示模块两个低层子模块组成。其中加法器模块有 a、b、c 三个输入端口，s_1 和 s_0 两个输出端口，电路功能是完成三个 1 位二进制数的加法运算，加法器模块真值表如表 3.6 所示，从真值表可以得到两个输出端的逻辑表达式为：$s_1 = ab + bc + ac$，$s_0 = a \oplus b \oplus c$。

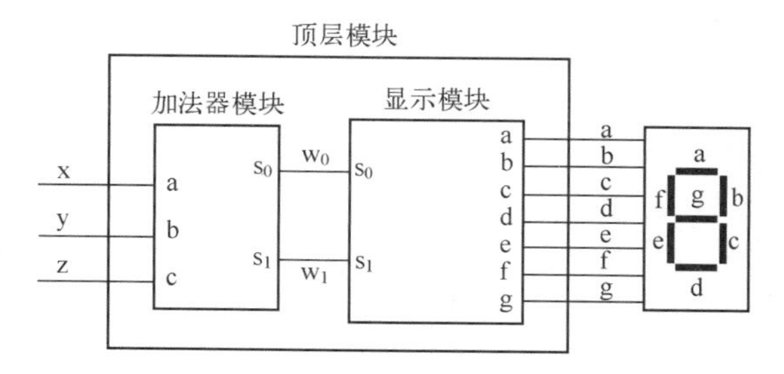

图 3.13　带有两个模块的逻辑电路

表 3.6　加法器模块真值表

a	b	c	s_1	s_0
0	0	0	0	0
0	0	1	0	1
0	1	0	0	1
0	1	1	1	0
1	0	0	0	1
1	0	1	1	0
1	1	0	1	0
0	1	1	1	1

【例 3.12】　图 3.13 中加法器模块的的 Verilog 程序代码。

```
module Vradder(a,b,c,s1,s0);
  input a,b,c;
  output s1,s0;

  assign s1=a&b|b&c|a&c;
  assign s0=a^b^c;
endmodule
```

图 3.13 中的显示模块有 s_1 和 s_0 两个输入端口，a,b,…,g 七个输出端口，电路功能是可以驱动七段数码管显示的逻辑电路。显示数码管共有 7 段，在图中标记为 a,b,…,g，每一段都是一个发光二极管（Light Emitting Diode，LED），为表示数字，7 个发光二极管排列成“日”字形，通过不同发光段的组合，显示 0~9 十进制数字。

在显示模块电路中，由输入端口 s_1 和 s_0 的逻辑值，产生 7 位输出，每位输出分别控制一个数码段的亮暗，当输出值为 1 时则可以点亮相应的数码段。在此电路中 s_1 和 s_0 的取值组合为 00、01、10 和 11，对应的十进制数为 0、1、2、3，显示模块真值表如表 3.7 所示，表的右侧标明了每种情况下数码管应显示的数字，该真值表分别定义了相应的七段数码管中每一个输出信号的值。例如，七段数码管数码段 a 在 s_1 和 s_0 的取值为十进制值 0、2、3 时点亮，但当取值为十进制的 1 时需要熄灭。由真值表可知对应七段数码管的 a~g 7 个输出逻辑表达式分别为

表 3.7　显示模块真值表

s_1	s_0	a	b	c	d	e	f	g	显示数字
0	0	1	1	1	1	1	1	0	0
0	1	0	1	1	0	0	0	0	1
1	0	1	1	0	1	1	0	1	2
1	1	1	1	1	1	0	0	1	3

$a = d = s_1 + \overline{s_0}$，$b = 1$，$c = \overline{s_1} + s_0$，$e = \overline{s_0}$，$f = \overline{s_1} \cdot \overline{s_0}$，$g = s_1$

【例 3.13】　图 3.13 中显示模块的的 Verilog 程序代码。

```
module Vrdisplay(s1,s0,a,b,c,d,e,f,g);
  input s1,s0;
  output a,b,c,d,e,f,g;

  assign a=s1|~s0;
  assign b=1;
  assign c=~s1|s0;
  assign d=s1|~s0;
  assign e=~s0;
  assign f=~s1&~s0;
  assign g=s1;
endmodule
```

【例 3.14】 图 3.13 中顶层模块的 Verilog 程序代码。

```
module Vradder_display(x,y,z,a,b,c,d,e,f,g);
  input x,y,z;
  output a,b,c,d,e,f,g;
  wire w1,w0;

  Vradder U1( x,y,z,w1,w0);
  Vrdisplay U2(
            .s1(w1), .s0(w0), .a(a), .b(b), .c(c), .d(d), .e(e), .f(f), .g(g)
            );
endmodule
```

顶层模块名为 Vradder_display，该模块有三个输入端口 x、y 和 z，用于三个 1 位二进制数的输入；七个输出端口 a,…，g，用于驱动七段数码管显示器。其中，语句“wire w1,w0;”是必需的，因为信号 w_1 和 w_0 在电路图中既不是输入也不是输出。这些信号在 Verilog 代码中不能标为输入或输出端口，它们只能标为（内部）连线。

模块例化语句的格式如下：

```
module_name    instance_name (port_associations);
```

其中，module_name 为低层子模块名；instance_name 为例化名；port_associations 为顶层模块与低层子模块之间端口信号的关联方式，通常有位置关联法和名称关联法。对于端口较少的 Verilog 模块，使用位置关联法比较方便；当端口较多时，建议采用名称关联法。

```
Vradder U1 ( x,y,z,w1,w0);
```

为采用位置关联法的模块例化语句。Vradder 是低层子模块加法器模块名；U1 是例化名（例化名只要是 Verilog 的有效命名即可）；顶层模块与低层子模块之间端口信号的关联方式采用位置关联法，即接到顶层模块的端口信号按照与低层子模块 Vradder 的端口列表相同的顺序列出。因此，低层加法器模块 Vradder 端口列表中的前三个输入端口 a、b、c 分别连接到顶层模块 Vradder_display 的输入端口 x、y 和 z；低层模块 Vradder 端口列表中的后两个输出端口 s_1 和 s_0 连接到顶层模块 Vradder_display 的 wire 型变量 w_1 和 w_0 上。

```
Vrdisplay U2(
        .s1(w1), .s0(w0), .a(a), .b(b), .c(c), .d(d), .e(e), .f(f), .g(g)
        );
```

为采用名称关联法的模块例化语句，用这种方法例化低层子模块时，直接通过名称建立端口的连接关系，不需要考虑端口的排列次序。Vrdisplay 是显示电路模块名；U2 是例化名。其中低层模块 Vdisplay 的输入端口 s_1 和 s_0，连接到顶层模块的 wire 型变量 w_1 和 w_0 上，低层模块 Vrdisplay 的输出端口 a, b, …，g 连接到顶层模块 Vradder_display 的输出端口 a, b, …，g 上。具体的端口连接关系描述方法为：带有圆点的名称（如.s1、.s0、.a 等）是定义子模块时使用的端口名称；写在圆括号内的名称（如(w1)、(w0)、(a)等）是顶层模块中的信号或端口名称。

下面采用层次化的设计结构，由 5 个 4 选 1 数据选择器构建 1 个 16 选 1 的数据选择器。其中低层子模块 4 选 1 数据选择器 Vrmux4to1 的 Verilog 代码如例 3.9 所示。

【例 3.15】 用层次化的设计构建 16 选 1 数据选择器的 Verilog 程序代码。

```
module Vrmux16to1 (S,F,W);
   input [15:0]W;
   input [3:0] S ;
   output F;
   wire[3:0]M;

   Vrmux4to1    Mux1 (S[1:0],M[0],W[3:0]);
   Vrmux4to1    Mux2 (S[1:0],M[1],W[7:4]);
   Vrmux4to1    Mux3 (S[1:0],M[2],W[11:8]);
   Vrmux4to1    Mux4 (S[1:0],M[3],W[15:12]);
   Vrmux4to1    Mux5 (S[3:2],F,M[3:0]);
endmodule
```

在例 3.14 中，模块 Vrmux16to1 的数据输入是一个 16 位向量 W，选择输入是 4 位向量 S，中间信号是 4 位向量 M，F 为输出变量。这里通过调用 5 个 4 选 1 的数据选择器 Mux1、Mux2、Mux3、Mux4 和 Mux5，完成了 1 个 16 选 1 的数据选择器的搭建。

在语句"Vrmux4to1　Mux1 (S[1:0],M[0],W[3:0])"中，Vrmux4to1 是例化的低层子模块，程序代码如例 3.9 所示，构建的是一个 4 选 1 数据选择器。这里采用了位置关联法的模块例化语句，Mux1 是例化名，圆括号中的 S[1:0]关联子模块中的选择输入 S[1:0]，中间信号 M[0]关联子模块中的输出 F，W[3:0]与子模块中的输入 W[3:0]关联。

在语句"Vrmux4to1　Mux5 (S[3:2],F,M[3:0])"中，Mux5 是例化名，圆括号中的 S[3:2]关联子模块中的选择输入 S[1:0]，F 关联子模块中的输出 F，中间信号 M[3:0]与子模块中的输入 W[3:0]关联。

复习思考题

R3.1　只知道某电路为组合电路，但不知道其电路结构，该如何确定其逻辑功能?

R3.2　如何判断一个组合电路是否会产生竞争和冒险？

R3.3　根据功能冒险产生的原因，试归纳消除功能冒险的方法。

R3.4　根据逻辑冒险产生的原因，试归纳消除逻辑冒险的方法。

习题

3.1　分析图 P3.1 所示电路的逻辑功能，写出 F 的逻辑表达式，列出真值表，说明电路完成何种逻辑功能。

3.2　分析图 P3.2 所示电路的逻辑功能，写出 F 的逻辑表达式，列出真值表，说明电路逻辑功能的特点。

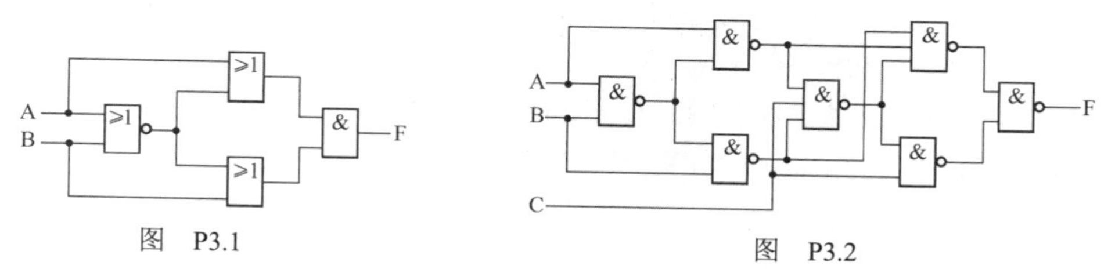

图　P3.1　　　　图　P3.2

3.3　分析图 P3.3 所示电路的逻辑功能，写出 F_1 和 F_2 的逻辑表达式，列出真值表，说明电路所完成的逻辑功能。

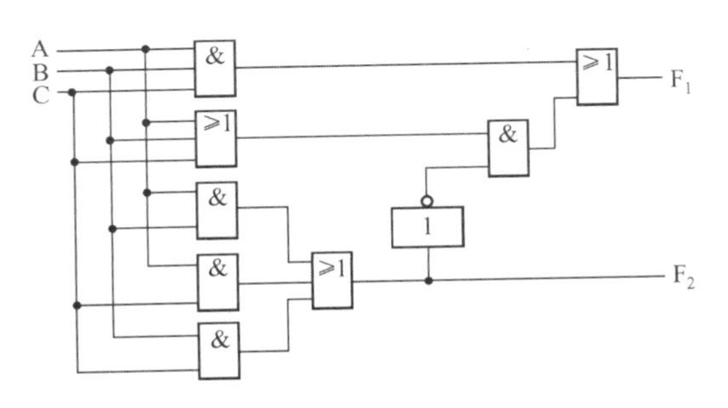

图 P3.3

*3.4 图 P3.4 是对十进制数 9 求补的集成电路 CCl4561 的逻辑图，写出当 COMP=1、Z=0 和 COMP = 0、Z = 0 时，Y_1,Y_2,Y_3,Y_4 的逻辑表达式，并列出真值表。（查阅本题题解请扫描二维码 3-1）

*3.5 写出图 P3.5 所示电路的逻辑表达式，其中，$S_3 \sim S_0$ 为控制信号，A 和 B 为数据输入。列表说明输出 Y 在 $S_3 \sim S_0$ 作用下与 A、B 的关系。（查阅本题题解请扫描二维码 3-2）

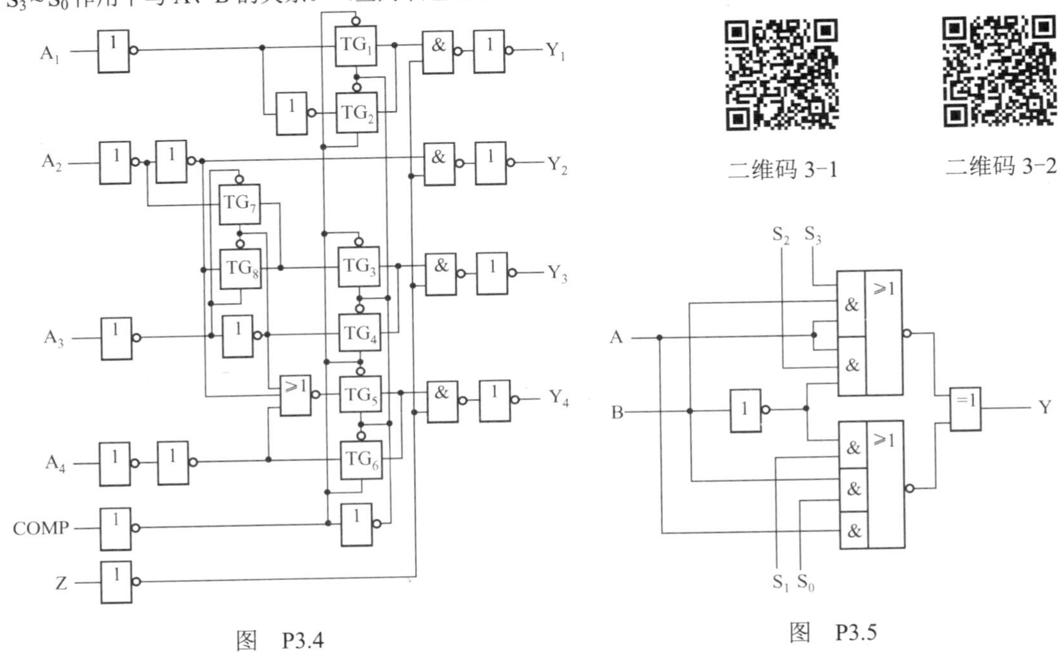

图 P3.4

图 P3.5

3.6 设计一个“逻辑不一致”电路。要求四个输入变量取值不一致时，输出为 1；取值一致时，输出为 0。

3.7 设计一个含三台设备工作的故障显示器。要求如下：三台设备都正常工作时，绿灯亮；仅一台设备发生故障时，黄灯亮；两台或两台以上设备同时发生故障时，红灯亮。

3.8 试用与非门和非门设计一个 3 位的偶校验器，即当 3 位数中有偶数个 1 时输出为 1，否则为 0。

3.9 设计一个组合逻辑电路，该电路有三个输入信号 A, B, C，三个输出信号 X, Y, Z，输入和输出信号均代表一个 3 位的二进制数。电路完成如下功能：当输入信号的值为 0, 1, 2, 3 时，输出是一个比输入大 1 的数值；当输入信号的值为 4, 5, 6, 7 时，输出是一个比输入小 1 的数值。

3.10 试用与非门组成与图 P3.10 所示电路具有相同逻辑功能的电路。

3.11 试用与非门设计一个组合电路，该电路的输入 X 及输出 Y 均为 3 位二进制数，要求：当 $0 \leqslant X \leqslant 3$ 时，$Y = X$；当 $4 \leqslant X \leqslant 6$ 时，$Y = X + 1$，且 $X \leqslant 6$。

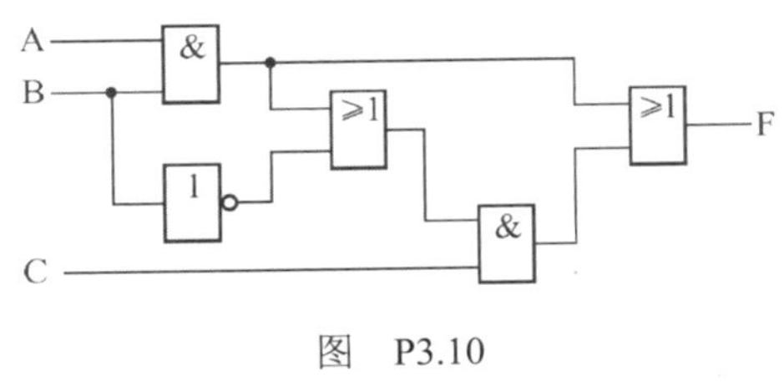

图 P3.10

3.12　试设计一个多功能逻辑电路，该电路有两个数据输入端 A 和 B，两个控制端 C_1 和 C_2，一个输出端 F。其功能要求为：当 $C_1C_2 = 00$ 时，$F = 1$；当 $C_1C_2 = 01$ 时，$F = B$；当 $C_1C_2 = 10$ 时，$F = A + \overline{B}$；当 $C_1C_2 = 11$ 时，$F = A$。

*3.13　设 A 和 B 分别为一个 2 位的二进制数，试用门电路设计一个可以实现 $Y = A \cdot B$ 的算术运算电路。（查阅本题题解请扫描二维码 3-3）

二维码 3-3

3.14　试用逻辑门电路设计一个代码转换电路，当输入控制信号 C=1 时，输入为 4 位二进制代码，输出为 4 位格雷码；当输入控制信号 C=0 时，输入为 4 位格雷码，输出为 4 位二进制代码。

3.15　判断逻辑函数 $F = \overline{A}\,\overline{B}D + B\overline{D} + \overline{A}B\overline{C} + A\overline{B}\,\overline{C}$，当输入变量 ABCD 按 0110→1100, 1111→ 1010, 0011→0110 变化时，是否存在静态功能冒险。

*3.16　试分析逻辑函数 $F = \overline{A}CD + A\overline{B}D + B\overline{C} + C\overline{D}$，当 A, B, C, D 中某一个改变状态时是否存在竞争冒险现象？如果存在竞争冒险现象，那么都发生在其他变量为何种取值的情况下？（查阅本题题解请扫描二维码 3-4）

二维码 3-4

Verilog 编程设计题

B3.1　用门级描述方式设计一个如图 B3.1 所示的电路。（查阅本题题解请扫描二维码 3-5）

B3.2　用数据流描述方式设计一个可以实现下述逻辑函数的电路。

$$X = A + B \qquad Y = A\overline{B}C \qquad Z = \overline{A + B + C}$$

（查阅本题题解请扫描二维码 3-6）

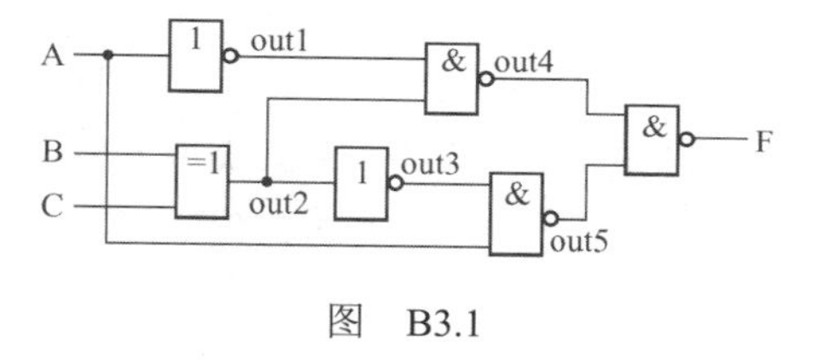

图　B3.1

B3.3　用数据流描述方式设计如例 3.3 所示电路。（查阅本题题解请扫描二维码 3-7）

B3.4　用行为描述方式 case 语句设计如例 3.3 所示电路。（查阅本题题解请扫描二维码 3-8）

B3.5　用行为描述方式 if-else 语句设计如例 3.4 所示电路。（查阅本题题解请扫描二维码 3-9）

二维码 3-5

二维码 3-6

二维码 3-7

二维码 3-8

二维码 3-9

第4章　常用组合逻辑功能器件

上一章所介绍的组合电路设计方法，一般只适用于实现一些逻辑功能较为简单的数字系统。对变量数较多、功能较复杂的系统，若仍采用这种设计方法（列真值表→写最小项之和表达式→化简→画电路图），就显得不切实际了。容易想到的一个问题是：随着电路输入变量的增加，真值表的建立会变得越来越困难。本章首先介绍组合电路自顶向下（Top-Down）模块化设计方法，该方法适用于较为复杂的数字系统设计。然后介绍几种常用的组合逻辑功能模块，这些功能模块都有其对应的商品化电路，属于中规模集成电路（MSI）；我们将研究由门电路实现这些功能模块的方法，并介绍如何由MSI模块构成更为复杂的数字系统。最后将介绍各种功能模块的Verilog描述。

4.1　自顶向下的模块化设计方法

自顶向下（也称为自上而下）的模块化设计方法，这里的“顶”指的是系统的总功能，它是由设计者最初提出的总要求，较为抽象；“向下”指的是根据系统总要求，将系统分解为若干个子系统，再将每个子系统分解为若干个功能模块……，直到分成许多各具特定子功能的基本模块为止。这些基本模块具有功能简单、容易实现的特点。当各个基本模块被确定以后，就可利用各基本模块所对应的商品电路，按上述分解的逆过程进行互连，以完成系统设计。

表4.1　数据检测系统功能表

S_1	S_2	输出功能
0	0	A + B
0	1	A – B
1	0	min(A,B)
1	1	max(A,B)

下面以一个例子来说明自顶向下的设计过程。假设我们要设计一个数据检测系统，系统输入的两路数据A和B分别来自两个传感器，系统另有两个控制码S_1和S_2，电路的功能如表4.1所示。

数据检测系统自顶向下设计示意图如图4.1所示。这是一个树状结构图，在树的根部是顶层功能模块B，它表示完整系统。要完成该系统的总功能，需要3种基本功能：将传感器信号转换为二进制数字信号，以便数字电路能进行运算；对A、B数据进行4种不同的运算操作；根据控制码S_1、S_2选择所需要的结果作为系统输出。因此，B被分解为B_1、B_2和B_3，它们分别对应于输入、运算和输出功能。

接下来考察第二层功能。B_1必须将两路传感器信号（一般为模拟信号）转换成二进制数字信号，因此，B_1被分解为两个模块，即转换电路B_{11}（对应于传感器A）和转换电路B_{12}（对应于传感器B）。实现将模拟信号转换成二进制数字信号的电路称为模数转换器，有专用集成电路能实现模数转换功能，有关模数转换的知识将在第9章介绍。所以，这两个电路不必再分解为更小的电路，标上星号*，称为设计树的叶节点。

B_2必须产生4个运算结果：A+B、A–B、min(A,B)和max(A,B)。这4个子功能分别被称为B_{21}、B_{22}、B_{23}和B_{24}。B_{21}和B_{22}分别可由简单的二进制加法器和减法器电路实现，因此不再往下细分，标上星号*。B_{23}进一步分解为B_{231}和B_{232}，B_{231}完成A和B的比较，B_{232}将选取比较结果。同样，B_{24}也被分解为B_{241}和B_{242}。

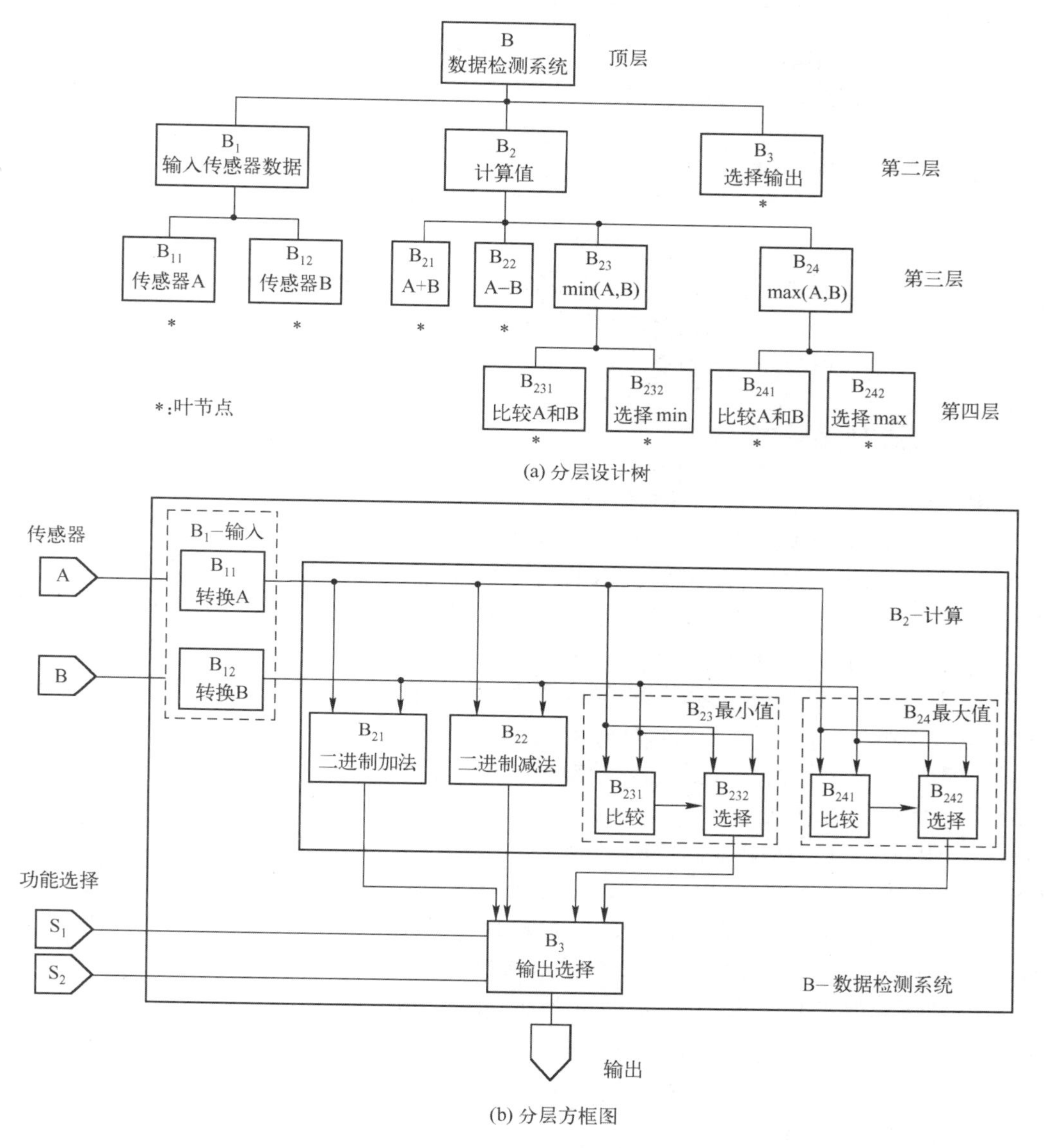

(a) 分层设计树

(b) 分层方框图

图 4.1　数据检测系统自顶向下设计示意图

输出电路只有一个功能，即对应于不同的控制码 S_1、S_2，从 4 个不同的数据中选取一个输出，它能用一个标准功能模块来实现，因此也不需进一步分解，标上星号*。

由图 4.1（a）可以得到如图 4.1（b）所示的分层方框图，图中每一个方框，对应于一个输入/输出被严格定义的设计树的叶节点。分层方框图完成后，我们既可以利用现有的商品化 MSI 模块，也可以对图中的每个方框按第 3 章介绍的方法进行设计，最后互连完成整个系统的设计。

由上面的例子可见，自顶向下的设计方法是由顶层向下层，由抽象到具体逐步展开的。我们在每个设计步骤上所要思考的问题都是一个不太复杂的问题，因而解决起来比较容易，不会有千头万绪之感。自顶向下的方法使我们每次面临的问题比较简单，这表明这种方法能有效地控制我们所面临问题的复杂程度，这是自顶向下方法的主要优点；自顶向下方法的第二个优点是，用这种方法设计的电路体现了设计过程，使电路具有良好的结构和易读性；其第三个优点是，在分层方框图中，各模块相对独立，改变一个模块的功能不影响其他模块的正确性，甚至通过更换或附加模块可使电路改变或增加一些其他功能。

下面介绍一些常用组合逻辑器件的设计和应用。

4.2 编　码　器

由于数字设备只能处理二进制码信息，因此对需要处理的任何信息（如数和字符等），必须转换成符合一定规则的二进制码。编码就是用特定码表示特定信息的过程。完成编码功能的逻辑电路称为编码器。常用的编码器有：二进制编码器、二-十进制编码器等。

4.2.1 二进制编码器

二进制编码器，是用 n 位二进制码对 $N=2^n$ 个特定信息进行编码的逻辑电路。根据输入是否互相排斥，又可分为两类，一类称为输入互相排斥的编码器，另一类称为优先编码器。所谓输入互相排斥，是指在某一时刻编码器的 N 个输入端中仅有一个为有效电平。换言之，编码器在某一时刻只对一个输入信号编码，而且一个输入信号对应一个 n 位二进制码，不能重复。而优先编码器去除了输入互相排斥这一特殊的约束条件，它允许在某个时刻有多个输入端为有效电平，但只对优先级最高的输入信号进行编码。优先级的高低是由设计者根据各个输入信号的轻重缓急而决定的。下面通过具体例子说明二进制编码器的工作原理及设计过程。

【例 4.1】 试设计一个输入互相排斥的编码器，将 X_0、X_1、X_2 和 X_3 4 个输入信号（设高电平为有效电平）编成二进制码。

解： 由于输入信号（被编码的对象）共有 4 个，即 $N=4$，则输出为一组 $n=2$ 的两位二进制码，设为 A_1、A_0，故称该编码器为两位二进制编码器。由于该编码器有 4 根输入线、2 根输出线，故常称为 4 线-2 线编码器。定义其输入信号和输出码之间的对应关系，即编码表如表 4.2 所示。由上述定义和输入互相排斥的约束条件，可以得到编码器的真值表如图 4.2（a）所示，图 4.2（b）给出了输出 A_1 和 A_0 的卡诺图。将卡诺图化简，可得

$$A_1 = X_2 + X_3 \quad A_0 = X_1 + X_3$$

画出的编码器的逻辑图如图 4.2（c）所示。

表 4.2　4 线-2 线编码器编码表

输入信号	输出码	
	A_1	A_0
X_0	0	0
X_1	0	1
X_2	1	0
X_3	1	1

上述编码器要求在任何时刻仅有一个输入信号有效，若不满足这个条件，输出将出现错误。例如，若同时使 X_1 和 X_2 为高电平，由 A_1 和 A_0 的表达式可得 $A_1A_0 = 11$，和 X_3 的码发生混淆。另外，在没有输入信号输入，即 X_i 均为 0 时，$A_1A_0 = 00$，它代表 X_0 的码。

下面仍以 4 线-2 线编码器为例，说明优先编码器的设计过程。首先去除上例中的约束条件，即允许多个输入端同时为有效电平，并规定输入信号优先级的高低次序为 X_3、X_2、X_1、X_0，即 X_3 的优先级最高，X_0 最低。根据优先级的高低和上例中的码定义，可列出 4 线-2 线优先编码器的真值表，如图 4.3（a）所示。为指示无信号输入情况，表中增加了 EO 输出端，EO=1 表示无信号输入。图 4.3（b）给出了 A_1 和 A_0 的卡诺图，将卡诺图化简，可得

$$A_1 = X_2 + X_3 \quad A_0 = X_3 + \overline{X_2}X_1 \quad EO = \bar{X}_3 \cdot \bar{X}_2 \cdot \bar{X}_1 \cdot \bar{X}_0 = \overline{X_3 + X_2 + X_1 + X_0}$$

4 线-2 线优先编码器的逻辑图如图 4.3（c）所示。

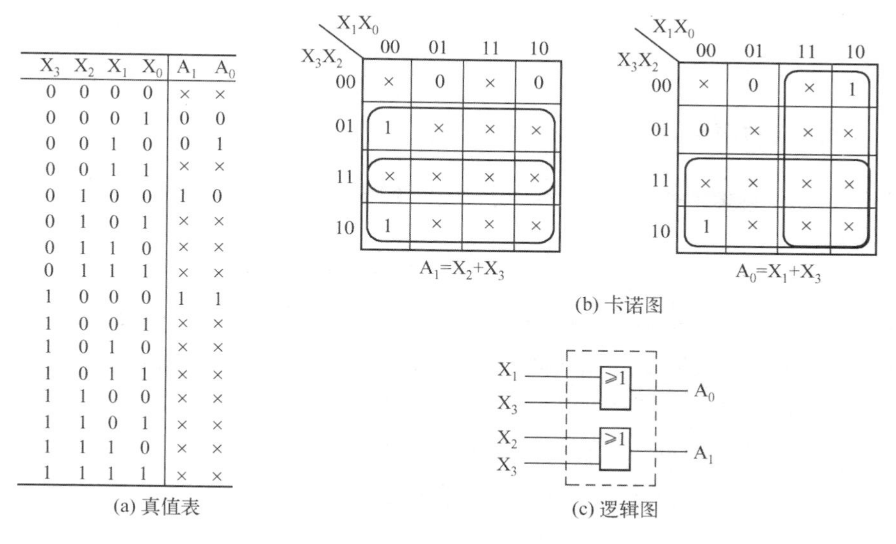

X_3	X_2	X_1	X_0	A_1	A_0
0	0	0	0	×	×
0	0	0	1	0	0
0	0	1	0	0	1
0	0	1	1	×	×
0	1	0	0	1	0
0	1	0	1	×	×
0	1	1	0	×	×
0	1	1	1	×	×
1	0	0	0	1	1
1	0	0	1	×	×
1	0	1	0	×	×
1	0	1	1	×	×
1	1	0	0	×	×
1	1	0	1	×	×
1	1	1	0	×	×
1	1	1	1	×	×

(a) 真值表　(b) 卡诺图　(c) 逻辑图

图 4.2　4 线-2 线编码器

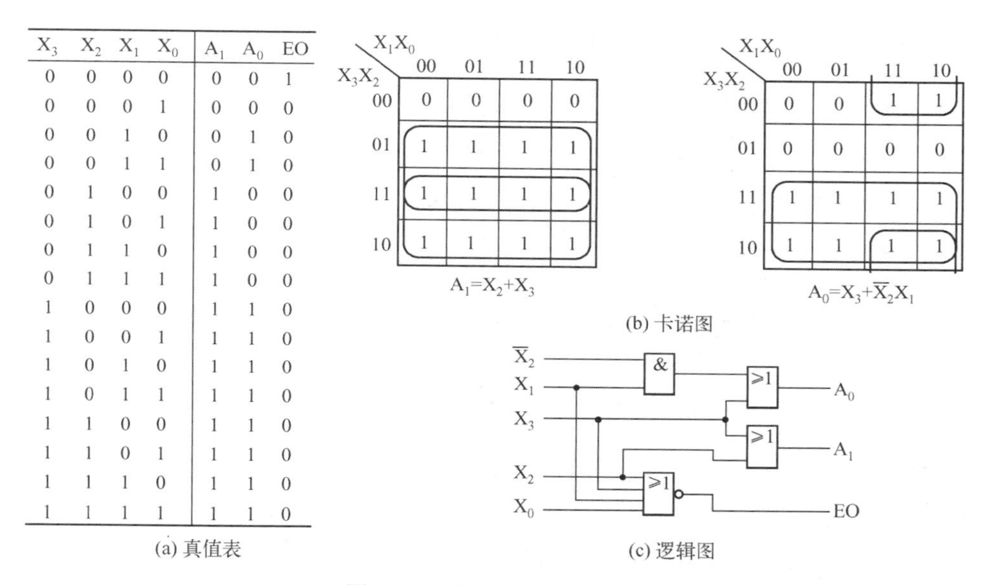

X_3	X_2	X_1	X_0	A_1	A_0	EO
0	0	0	0	0	0	1
0	0	0	1	0	0	0
0	0	1	0	0	1	0
0	0	1	1	0	1	0
0	1	0	0	1	0	0
0	1	0	1	1	0	0
0	1	1	0	1	0	0
0	1	1	1	1	0	0
1	0	0	0	1	1	0
1	0	0	1	1	1	0
1	0	1	0	1	1	0
1	0	1	1	1	1	0
1	1	0	0	1	1	0
1	1	0	1	1	1	0
1	1	1	0	1	1	0
1	1	1	1	1	1	0

(a) 真值表　(b) 卡诺图　(c) 逻辑图

图 4.3　4 线-2 线优先编码器

4.2.2　二-十进制编码器

二-十进制编码器，是用 BCD 码对 $I_0 \sim I_9$ 这 10 个输入信号进行编码的逻辑电路。显然，该电路有 10 根输入线，4 根输出线，故常称为 10 线-4 线编码器。10 线-4 线编码器也可分为输入信号互相排斥和优先编码两种，它们的设计方法和上述二进制编码器是相同的，只是当输入变量较多时（这里有 10 个），不宜再用卡诺图进行逻辑函数化简，必须使用公式法化简。具体设计过程，这里不再赘述。

4.2.3　常用编码器集成电路

这里介绍两种常用的优先编码器集成电路 74147 和 74148，它们都有 TTL 和 CMOS（74HC147、

74HC148）的定型产品，型号相同而工艺不同的集成电路，在逻辑功能上没有区别，只是电性能参数不同。

1．8 线–3 线优先编码器 74148

74148 的逻辑图和引脚图如图 4.4 所示，逻辑图中 HPRI 是最高位优先编码器的总说明符号，BIN 表示二进制编码器。

表 4.3 为 74148 的功能表。由功能表可知，该电路有 8 个编码信号输入端，3 个输出端，并且编码输入 $\bar{I}_0 \sim \bar{I}_7$ 与编码输出 $\bar{Y}_0 \sim \bar{Y}_2$ 均以低电平为有效电平。在输入信号中，$\bar{I}_7$ 优先级最高，$\bar{I}_0$ 最低。该编码器另设有选通输入端，即输入使能端 $\overline{EI}$、选通输出端 $\overline{EO}$ 及扩展输出端 $\overline{GS}$。从表 4.3 可以看出，当 $\overline{EI}=0$ 时，编码器处于工作状态，允许编码，即只要有一个输入 $\bar{I}_i$ 为 0，$\bar{Y}_2\bar{Y}_1\bar{Y}_0$ 就输出对应的二进制码的反码。同时 $\overline{GS}=0$，而 $\overline{EO}=1$。当所有输入 $\bar{I}_i$ 均为 1 时，$\bar{Y}_2\bar{Y}_1\bar{Y}_0=111$，而 $\overline{GS}=1$，$\overline{EO}=0$。当 $\overline{EI}=1$ 时，编码器处于禁止工作状态，此时 $\bar{I}_0 \sim \bar{I}_7$ 不论输入为何值，$\bar{Y}_2$、$\bar{Y}_1$、$\bar{Y}_0$ 均为 1，$\overline{GS}$ 和 $\overline{EO}$ 均为 1。

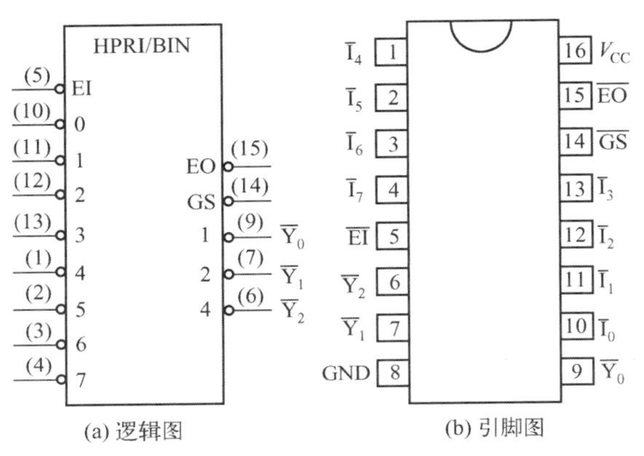

(a) 逻辑图　(b) 引脚图

图 4.4　74148

表 4.3　74148 的功能表

输入									输出				
$\overline{EI}$	$\bar{I}_0$	$\bar{I}_1$	$\bar{I}_2$	$\bar{I}_3$	$\bar{I}_4$	$\bar{I}_5$	$\bar{I}_6$	$\bar{I}_7$	$\bar{Y}_2$	$\bar{Y}_1$	$\bar{Y}_0$	$\overline{GS}$	$\overline{EO}$
1	×	×	×	×	×	×	×	×	1	1	1	1	1
0	1	1	1	1	1	1	1	1	1	1	1	1	0
0	×	×	×	×	×	×	×	0	0	0	0	0	1
0	×	×	×	×	×	×	0	1	0	0	1	0	1
0	×	×	×	×	×	0	1	1	0	1	0	0	1
0	×	×	×	×	0	1	1	1	0	1	1	0	1
0	×	×	×	0	1	1	1	1	1	0	0	0	1
0	×	×	0	1	1	1	1	1	1	0	1	0	1
0	×	0	1	1	1	1	1	1	1	1	0	0	1
0	0	1	1	1	1	1	1	1	1	1	1	0	1

当 $\bar{Y}_2$、$\bar{Y}_1$、$\bar{Y}_0$ 均为 1 时，判断究竟是 $\bar{I}_0=0$ 时的正常编码，还是 8 个输入均为 1（无编码信号输入），或是 $\overline{EI}=1$ 禁止编码时所对应的输出，这可由 $\overline{GS}$ 和 $\overline{EO}$ 的状态来确定。

根据 74148 的功能表，可以写出各输出的逻辑表达式：

$$\bar{Y}_2=\overline{EI(I_4+I_5+I_6+I_7)}$$

$$\bar{Y}_1=\overline{EI(I_2\bar{I}_4\bar{I}_5+I_3\bar{I}_4\bar{I}_5+I_6+I_7)}$$

$$\bar{Y}_0=\overline{EI(I_1\bar{I}_2\bar{I}_4\bar{I}_6+I_3\bar{I}_4\bar{I}_6+I_5\bar{I}_6+I_7)}$$

$$\overline{EO}=\overline{EI(\bar{I}_0\bar{I}_1\bar{I}_2\bar{I}_3\bar{I}_4\bar{I}_5\bar{I}_6\bar{I}_7)}$$

$$\overline{GS}=\overline{EI(I_0+I_1+I_2+I_3+I_4+I_5+I_6+I_7)}$$

图 4.5 给出了 74148 的逻辑图。

下面举例说明使用多片 74148 实现电路功能的扩展。

【例 4.2】 试用两片 74148 构成 16 线–4 线优先编码器。电路的 16 个输入信号分别为 $\bar{I}_0 \sim \bar{I}_{15}$，低电平为输入有效电平，其中以 $\bar{I}_{15}$ 的优先级最高，$\bar{I}_0$ 的优先级最低。要求编码器输出 $\bar{A}_3\bar{A}_2\bar{A}_1\bar{A}_0$ 为对应输入信号的 4 位二进制反码。

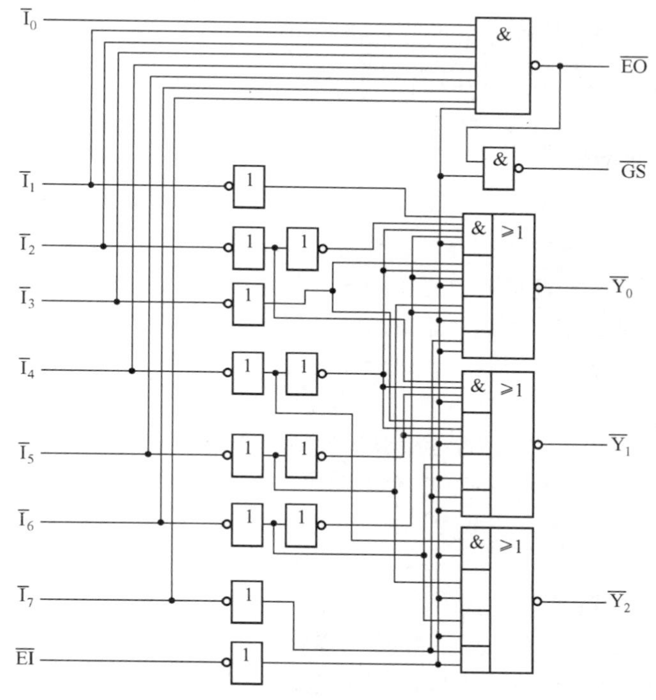

图 4.5　74148 的逻辑图

解：（1）编码输入信号的连接。因每片 74148 只有 8 个编码输入端，而现在要求编码的输入信号有 16 个，则可按优先级的高低，将 $\overline{I}_{15}\sim\overline{I}_8$ 这 8 个优先级高的输入信号接到（2）片上，而将 $\overline{I}_7\sim\overline{I}_0$ 这 8 个优先级低的输入信号接到（1）片上，如图 4.6 所示。

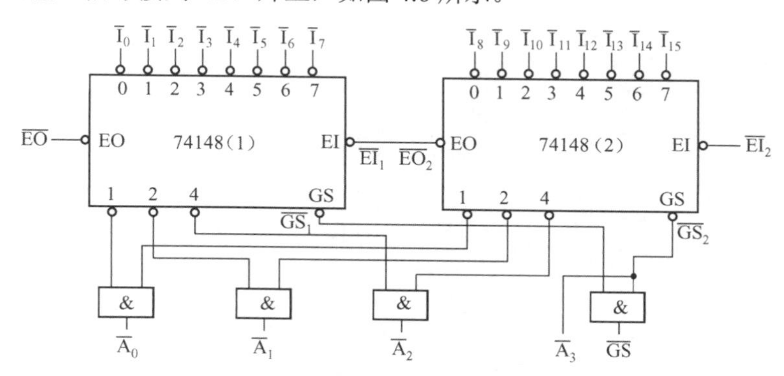

图 4.6　编码器扩展的逻辑图

（2）片间连接。按优先顺序要求，两片之间应有如下关系：

① 当（2）片的 $\overline{EI_2}=0$ 时，若该片有编码信号输入，即 $\overline{I}_{15}\sim\overline{I}_8$ 中存在低电平，则 $\overline{EO_2}=1$，（1）片应禁止编码（要求 $\overline{EI_1}=1$）；

② 当（2）片的 $\overline{EI_2}=0$ 时，若该片无编码信号输入，即 $\overline{I}_{15}\sim\overline{I}_8$ 均为高电平，则 $\overline{EO_2}=0$，（1）片允许编码（要求 $\overline{EI_1}=0$）。

为此，只要将（2）片的 $\overline{EO_2}$ 和（1）片的 $\overline{EI_1}$ 连接，就能满足片间优先顺序要求。

（3）输出连接。当（2）片输入使能有效时，若（2）片无有效编码信号输入，则 $\overline{GS_2}=1$，而（1）片处于允许编码状态，这时编码器输出 $\overline{A}_3\overline{A}_2\overline{A}_1\overline{A}_0$ 应对应 $\overline{I}_7\sim\overline{I}_0$ 的码，即最高位 $\overline{A}_3$ 必定为 1，低 3 位 $\overline{A}_2\overline{A}_1\overline{A}_0$ 就等于（1）片的输出码[该时刻（2）片的输出码为 111]；而当（2）片有编码信

号输入时，$\overline{GS}_2=0$，而（1）片处于禁止编码状态，这时 $\bar{A}_3\bar{A}_2\bar{A}_1\bar{A}_0$ 应对应 $\bar{I}_{15}\sim\bar{I}_8$ 的码，即 $\bar{A}_3$ 必定为 0，$\bar{A}_2\bar{A}_1\bar{A}_0$ 就等于（2）片的输出码[该时刻（1）片的输出码为 111]。于是，将两片编码器的码输出端按图 4.6 所示用 3 个与门相连，就可产生低 3 位输出码 $\bar{A}_2\bar{A}_1\bar{A}_0$，而 $\bar{A}_3=\overline{GS}_2$，这样，正好满足设计要求。

当有更多片编码器组成多输入、多输出编码器电路时，按优先顺序要求的片间连接，和上例类似，即只要将高优先级编码器的 $\overline{EO}$ 和低优先级编码器的 $\overline{EI}$ 相连。低 3 位输出码的产生也和例 4.2 相仿，只要通过 3 个与门即可。高位码的产生，可通过判断每个编码器的扩展输出 $\overline{GS}$ 来求得。这是因为在由多片编码器组成的电路中，任何时刻最多只有一个编码器在编码，而正在编码的编码器其 $\overline{GS}=0$。另外，在多芯片优先编码器电路中，任一个特定芯片进行编码时，不论是对输入 8 路信号中的哪一路进行编码，除低 3 位码外，其他的高位码是相同的。因此，我们可以设计一个简单的电路，根据各芯片的 $\overline{GS}$ 求得高位码。读者稍加思考便可意识到，根据各芯片的 $\overline{GS}$ 求高位码的电路，其实就是一个简单的二进制编码器。

2. 10 线-4 线优先编码器 74147

74147 的逻辑图和引脚图如图 4.7 所示。

表 4.4 为 74147 的功能表。由功能表和图 4.7 可以看出，这种编码器中没有 $\bar{I}_0$ 线，这是因为信号 $\bar{I}_0$ 的编码，同其他各输入线均无信号输入（功能表中输入为全 1 的情况）是等效的，故在商品电路中省去了 $\bar{I}_0$ 线。另由表 4.4 可知，输入编码信号为低电平有效，输出是反码形式的 8421BCD 码。

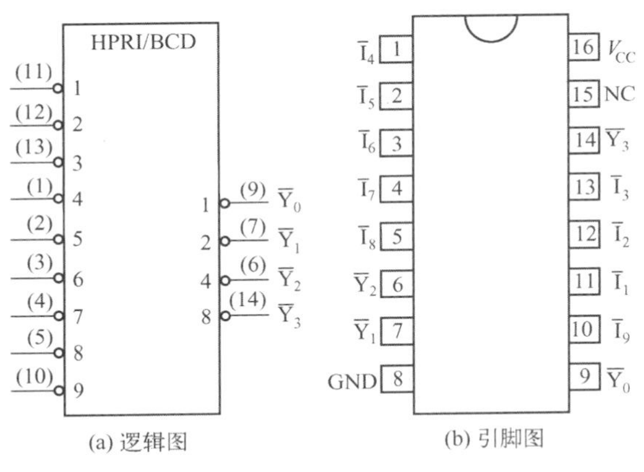

图 4.7　74147

表 4.4　74147 功能表

十进制数	输入									输出			
	$\bar{I}_1$	$\bar{I}_2$	$\bar{I}_3$	$\bar{I}_4$	$\bar{I}_5$	$\bar{I}_6$	$\bar{I}_7$	$\bar{I}_8$	$\bar{I}_9$	$\bar{Y}_3$	$\bar{Y}_2$	$\bar{Y}_1$	$\bar{Y}_0$
0	1	1	1	1	1	1	1	1	1	1	1	1	1
9	×	×	×	×	×	×	×	×	0	0	1	1	0
8	×	×	×	×	×	×	×	0	1	0	1	1	1
7	×	×	×	×	×	×	0	1	1	1	0	0	0
6	×	×	×	×	×	0	1	1	1	1	0	0	1
5	×	×	×	×	0	1	1	1	1	1	0	1	0
4	×	×	×	0	1	1	1	1	1	1	0	1	1
3	×	×	0	1	1	1	1	1	1	1	1	0	0
2	×	0	1	1	1	1	1	1	1	1	1	0	1
1	0	1	1	1	1	1	1	1	1	1	1	1	0

4.2.4　编码器应用举例

在数字设备中，优先编码器常用于优先中断电路及键盘编码等电路。图 4.8 所示为使用 74147 构成的简单数字键盘编码电路，键由 10 个按钮开关表示，每个开关的一端通过上拉电阻和电源 V_{CC} 相连，并和编码器对应输入端相连，另一端接地。分析电路可知，当开关没有按下时，对应的输入端呈高电平；当按下某个开关时，对应的输入端接地，相当于输入为低电平，电路输出该开关所表示的数字值的反码。电路中 0 键其实没必要接入，因为当其他键均没有按下时，编码器输出为 0 的反码。

4.2.5　编码器的 Verilog 描述

下面通过两个例子介绍编码器电路的 Verilog 描述，其中例 4.3 为普通编码器，即输入为相互排斥的，而例 4.4 为优先编码器。

【例 4.3】 低电平输入有效的普通 8 线-3 线编码器的 Verilog 程序代码。

```
module Vrencoder(I_L,Y);
    input [7:0] I_L;
    output [2:0] Y;
    reg [7:0] I;
    reg [2:0] Y;

    always @ (I_L)
      begin
        I =~I_L;
          case(I)
            128:   Y=3'b111;
             64:   Y=3'b110;
             32:   Y=3'b101;
             16:   Y=3'b100;
              8:   Y=3'b011;
              4:   Y=3'b010;
              2:   Y=3'b001;
              1:   Y=3'b000;
            default: Y=3'b111;
          endcase
      end
endmodule
```

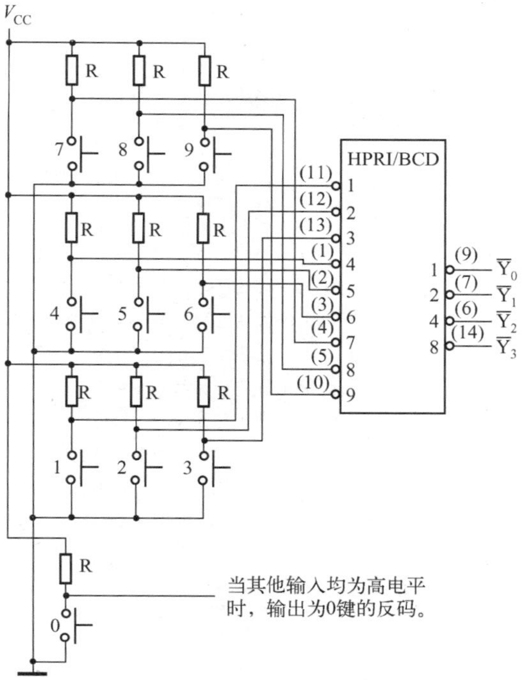

图 4.8 简单数字键盘编码电路

在例 4.3 中，为计算方便，在 always 程序块内对输入 I_L 取反，然后用 case 语句对输入信号的反 I 进行判断，并给输出 Y 赋对应的值。由于输入有 8 位，当输入为全“0”或“0”的个数大于 1 时，这里规定输出 Y=111。

【例 4.4】 优先编码器的 Verilog 程序代码。

```
module Vrpriencoder(I_L,Y);
    input [7:0] I_L;
    output [2:0] Y;
    reg [2:0] Y;
    integer j;

    always@(I_L)
      begin
        for (j=0;j<=7;j=j+1)
        begin if   (I_L[j]==0) Y=j;   end
      end
endmodule
```

在例 4.4 的程序代码中，always@后的括号中为敏感信号列表，这里的敏感信号只有 1 个（即输入 I_L），当敏感信号有多个时，列表有多种方式，可以使用文字 or 连接所有的敏感信号，也可以用逗号连接所有的敏感信号。在 always 程序块内，使用一个 for 循环语句来查找有效输入，从最低优先级开始查到最高优先级。最后将查出的优先权为最高的有效输入（如果有的话）的标号数置入 Y。当输入为全 1 时，Y 按系统默认的初始值置为“000”。注意，在 always 程序块内需要被赋值的信号声明为 reg 类型的。如果使用 if 条件语句，程序代码可写为下面形式：

```
module Vrpriencoder(I_L,Y);
    input [7:0] I_L;
    output [2:0] Y;
    reg [2:0] Y;
    integer j;

    always@(I_L)
      begin
        if (I_L[7]==0) Y<=7;
        else if   (I_L[6]==0) Y<=6;
        else if   (I_L[5]==0) Y<=5;
        else if   (I_L[4]==0) Y<=4;
        else if   (I_L[3]==0) Y<=3;
        else if   (I_L[2]==0) Y<=2;
        else if   (I_L[1]==0) Y<=1;
        else if   (I_L[0]==0) Y<=0;
        else   Y<=0;
      end
endmodule
```

4.3 译码器/数据分配器

在编码时，每一组代码都赋予了特定的含意，即表示一个确定的信息。而译码则是编码的逆过程，是把每一组代码的含意“翻译”出来的过程。完成译码功能的逻辑电路称为译码器。译码器的种类很多，但工作原理相似，设计方法相同。常见的译码器有二进制译码器、二–十进制译码器和显示译码器等。

4.3.1 二进制译码器

将具有特定含意的一组二进制码，按其原意“翻译”成为对应的输出信号的逻辑电路，叫做二进制译码器。由于 n 位二进制码可对应 2^n 个特定含意，所以二进制译码器是一个具有 n 根输入线和 2^n 根输出线的逻辑电路，其框图如图 4.9 所示。对每一组可能的输入码，译码器仅有一个输出为有效逻辑电平。因此，我们可以将二进制译码器当做一个最小项发生器，即每个输出正好对应一个最小项。

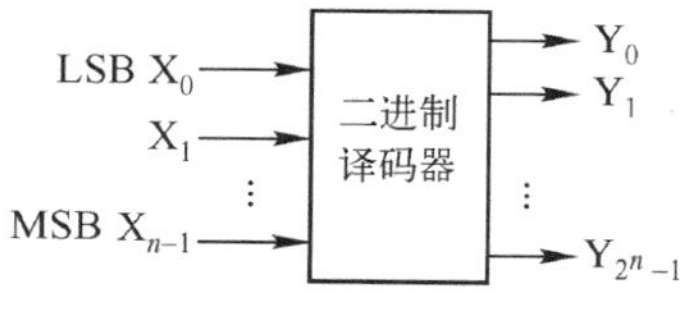

LSB X_0 → ；X_1 → ；⋮ ；MSB X_{n-1} → 二进制译码器 → Y_0；Y_1；⋮；Y_{2^n-1}

图 4.9　二进制译码器框图

1. 译码器电路结构

常见的二进制译码器有 2 线–4 线译码器、3 线–8 线译码器和 4 线–16 线译码器。图 4.10（a）为 2 线–4 线译码器的逻辑图，由该图可以看出，输入 BA 为不同码时，选择不同的输出。例如，BA＝00，选择 m_0 输出；BA＝10，选择 m_2 输出，等等。容易写出：

$$m_0=\bar{B}\bar{A},\ m_1=\bar{B}A,\ m_2=B\bar{A},\ m_3=BA$$

图 4.10（b）是另一种电路结构逻辑图，电路由与非门组成，与图 4.10（a）不同，该电路输出

为 $\overline{m}_i$，低电平有效，即当输出端为 0 时，表示有译码信号输出。

若采用图 4.10 所示的电路结构，则随着输入码位数的增加，输出级与门（或与非门）的输入端数也相应增加，这就往往会受到门的扇入数（每门的输入端数）的限制。为解决这个问题可采用矩阵式多组译码结构。图 4.11 所示为一个 4 输入的矩阵式译码器。该译码器采用两级译码方法，先将 B、A 及 D、C 输入到两个 2 线-4 线译码器进行译码，然后再用 16 个二输入端与门组成第二级译码器，共产生 16 个输出。这种译码器可使门的扇入数减少，但所用门数增加，也增加了译码时间。

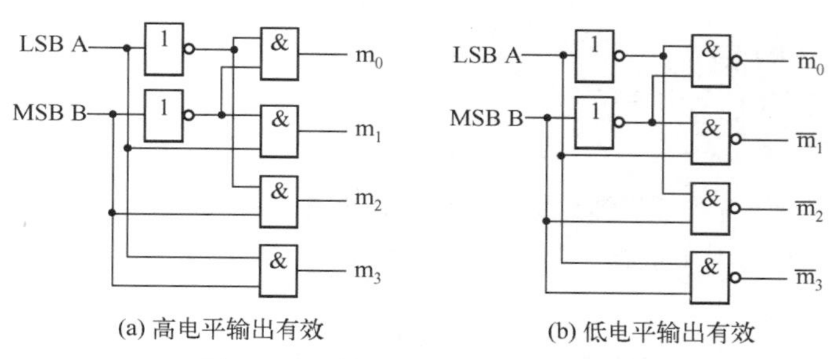

(a) 高电平输出有效　　(b) 低电平输出有效

图 4.10　2 线-4 线译码器的逻辑图

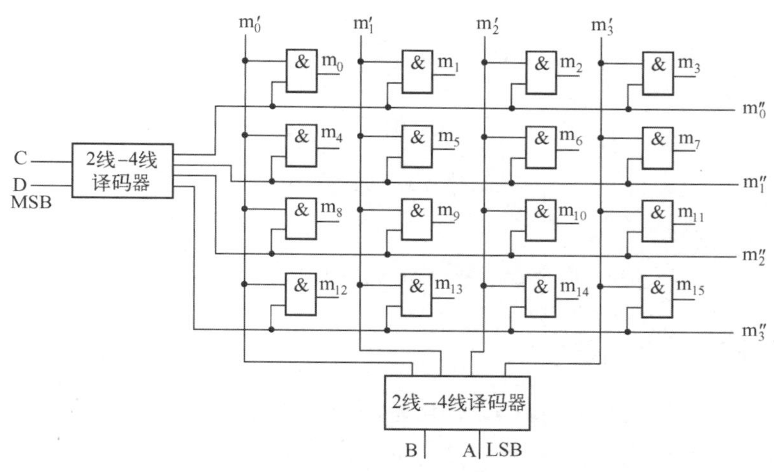

图 4.11　矩阵式译码器

2．译码器的使能控制输入端

译码器和其他功能模块经常含有一个或几个使能端，利用使能端控制输入，既能允许电路正常工作，也能使电路处于禁止工作状态，而迫使电路输出为无效状态。图 4.12（a）为一个带使能端（EN）2 线-4 线译码器，由图可知，$y_0 = \overline{x}_1\overline{x}_0\text{EN} = m_0\text{EN}$，$y_1 = \overline{x}_1 x_0\text{EN} = m_1\text{EN}$，…，写成一般形式：

$$y_k = m_k\text{EN}$$

当 EN = 0 时，所有的输出被强迫为 0，而当 EN = 1 时，$y_k = m_k$。

利用译码器的使能端，可将多个译码器级联在一起，实现译码器的容量扩展。图 4.13 为由两个 2 线-4 线译码器组成的 3 线-8 线译码器。由图可知，$I_2 = 0$ 时，允许译码器（1）译码，当输入码 $I_2I_1I_0$ 分别等于 000、001、010、011 时，输出分别对应于 Y_0、Y_1、Y_2、Y_3；$I_2 = 1$ 时，允许译码器（2）译码，当输入码 $I_2I_1I_0$ 分别等于 100、101、110、111 时，输出分别对应于 Y_4、Y_5、Y_6、Y_7。因此，该电路完成 3 线-8 线译码器功能。

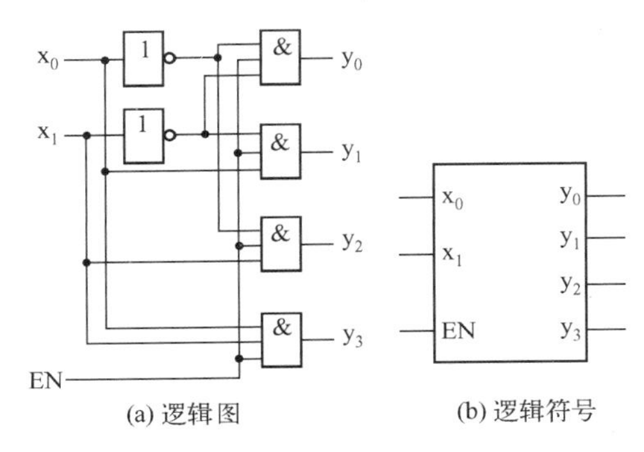

(a) 逻辑图　　(b) 逻辑符号

图 4.12　带使能端的 2 线-4 线译码器

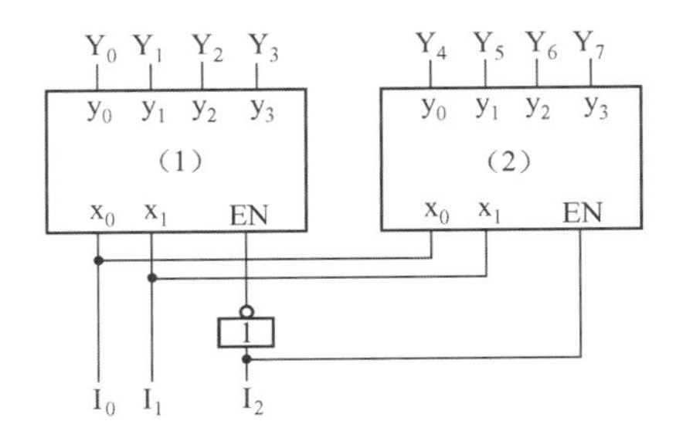

图 4.13　由两个 2 线-4 线译码器组成的 3 线-8 线译码器

图 4.14 为由 5 个 2 线-4 线译码器组成的 4 线-16 线译码器，电路为分层结构，由下层译码器的输出控制上层 4 个译码器的工作状态，最终实现 4 线-16 线译码功能。

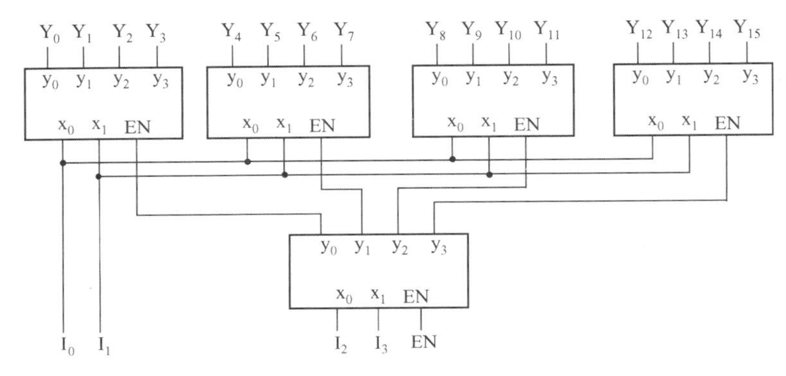

图 4.14　由 5 个 2 线-4 线译码器组成的 4 线-16 译码器

4.3.2　二-十进制译码器

二-十进制译码器的输入是 BCD 码，输出是 10 个高、低电平信号。因为该译码器有 4 根输入线，10 根输出线，故常称为 4 线-10 线译码器。假设输入是 8421BCD 码，对应输出端为低电平（低电平有效）。若输入为 BCD 码以外的伪码（1010～1111 6 个无效状态），则所有输出端均为高电平，即译码器拒绝译码，真值表如表 4.5 所示。

表 4.5　4 线-10 线译码器真值表

序号	A_3	A_2	A_1	A_0	$\bar{Y}_0$	$\bar{Y}_1$	$\bar{Y}_2$	$\bar{Y}_3$	$\bar{Y}_4$	$\bar{Y}_5$	$\bar{Y}_6$	$\bar{Y}_7$	$\bar{Y}_8$	$\bar{Y}_9$
0	0	0	0	0	0	1	1	1	1	1	1	1	1	1
1	0	0	0	1	1	0	1	1	1	1	1	1	1	1
2	0	0	1	0	1	1	0	1	1	1	1	1	1	1
3	0	0	1	1	1	1	1	0	1	1	1	1	1	1
4	0	1	0	0	1	1	1	1	0	1	1	1	1	1
5	0	1	0	1	1	1	1	1	1	0	1	1	1	1
6	0	1	1	0	1	1	1	1	1	1	0	1	1	1
7	0	1	1	1	1	1	1	1	1	1	1	0	1	1
8	1	0	0	0	1	1	1	1	1	1	1	1	0	1
9	1	0	0	1	1	1	1	1	1	1	1	1	1	0
伪码	1	0	1	0	1	1	1	1	1	1	1	1	1	1
	1	0	1	1	1	1	1	1	1	1	1	1	1	1
	1	1	0	0	1	1	1	1	1	1	1	1	1	1
	1	1	0	1	1	1	1	1	1	1	1	1	1	1
	1	1	1	0	1	1	1	1	1	1	1	1	1	1
	1	1	1	1	1	1	1	1	1	1	1	1	1	1

由真值表可得：

$$\bar{Y}_0 = \overline{\bar{A}_3\bar{A}_2\bar{A}_1\bar{A}_0} \qquad \bar{Y}_1 = \overline{\bar{A}_3\bar{A}_2\bar{A}_1A_0}$$

$$\bar{Y}_2 = \overline{\bar{A}_3\bar{A}_2A_1\bar{A}_0} \qquad \bar{Y}_3 = \overline{\bar{A}_3\bar{A}_2A_1A_0}$$

$$\bar{Y}_4 = \overline{\bar{A}_3A_2\bar{A}_1\bar{A}_0} \qquad \bar{Y}_5 = \overline{\bar{A}_3A_2\bar{A}_1A_0}$$

$$\bar{Y}_6 = \overline{\bar{A}_3A_2A_1\bar{A}_0} \qquad \bar{Y}_7 = \overline{\bar{A}_3A_2A_1A_0}$$

$$\bar{Y}_8 = \overline{A_3\bar{A}_2\bar{A}_1\bar{A}_0} \qquad \bar{Y}_9 = \overline{A_3\bar{A}_2\bar{A}_1A_0}$$

画出逻辑图如图 4.15 所示。

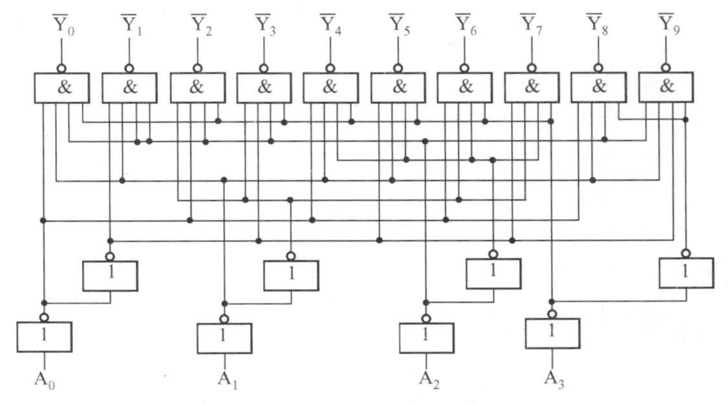

图 4.15　4 线-10 线译码器的逻辑图

4.3.3　常用译码器集成电路

译码器的中规模集成电路品种很多，有 2 线-4 线、3 线-8 线、4 线-10 线及 4 线-16 线译码器等。这里仅介绍 3 种常用译码器。

（1）3 线-8 线译码器，其商品型号为 74138，它是一种应用广泛的译码器。图 4.16 给出了 74138 的逻辑符号及引脚图，译码器的总限定符号是用输入/输出数码的缩写字符标注的，图 4.16（a）中的总限定符号 BIN/OCT，表示 74138 输入为二进制码，输出为 8 线。

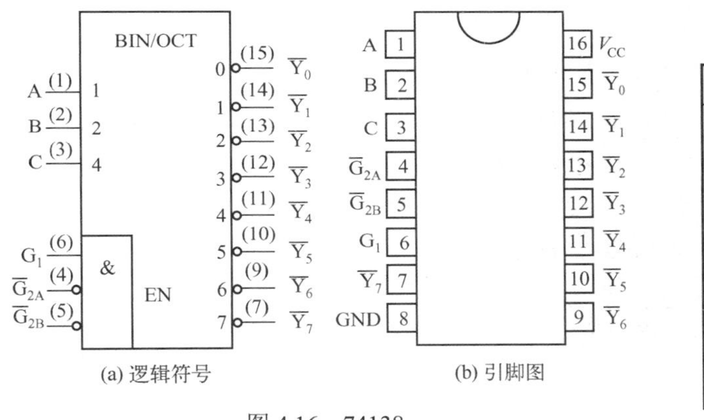

图 4.16　74138

表 4.6　74138 功能表

G_1	$\overline{G}_2^*$	C	B	A	$\overline{Y}_0$	$\overline{Y}_1$	$\overline{Y}_2$	$\overline{Y}_3$	$\overline{Y}_4$	$\overline{Y}_5$	$\overline{Y}_6$	$\overline{Y}_7$
1	0	0	0	0	0	1	1	1	1	1	1	1
1	0	0	0	1	1	0	1	1	1	1	1	1
1	0	0	1	0	1	1	0	1	1	1	1	1
1	0	0	1	1	1	1	1	0	1	1	1	1
1	0	1	0	0	1	1	1	1	0	1	1	1
1	0	1	0	1	1	1	1	1	1	0	1	1
1	0	1	1	0	1	1	1	1	1	1	0	1
1	0	1	1	1	1	1	1	1	1	1	1	0
×	1	×	×	×	1	1	1	1	1	1	1	1
0	×	×	×	×	1	1	1	1	1	1	1	1

注：$\overline{G}_2^* = \overline{G}_{2A} + \overline{G}_{2B}$

表 4.6 为 74138 的功能表。分析表 4.6 可知，74138 属于低电平输出有效的 3 线-8 线译码器，输入端为 C、B、A，C 为高位，A 为低位。电路中有 3 个使能端 G_1 、$\overline{G}_{2A}$ 和 $\overline{G}_{2B}$，当 $\overline{G}_{2A} = \overline{G}_{2B} = 0$，且 $G_1 = 1$ 时，译码器才能正常工作，否则译码器处于禁止状态，所有输出端为高电平。可见，74138 的逻辑表达式为：

$$\overline{Y}_i = \overline{m_i G_1 \overline{\overline{G}_{2A}}\,\overline{\overline{G}_{2B}}} \qquad i = 0,1,\cdots,7$$

式中，m_i 为由 C、B、A 组成的最小项。在实际电路内，每个输入端都接有反相缓冲器，这样可以减轻信号源的负载。

（2）4 线-16 线译码器，其商品型号为 74154。其逻辑符号如图 4.17 所示，总限定符号 BIN/SIXTEEN 表示它的输入是二进制码，输出为 16 线。输出端带小圈，表明低电平有效。74154 有两个使能端，当 $\overline{G}_1 = \overline{G}_2 = 0$ 时，译码器才能正常工作，否则译码器处于禁止状态，输出均呈现高电平。

（3）4 线-10 线译码器，其商品型号为 7442。其逻辑符号如图 4.18 所示，总限定符号 BCD/DEC 表示该译码器输入为 8421BCD 码，输出为 10 线，输出为低电平有效，该电路有拒绝伪码输入功能，而无使能端。

BCD 码的种类较多，对应的译码器商品电路还有余 3 码译码器等。

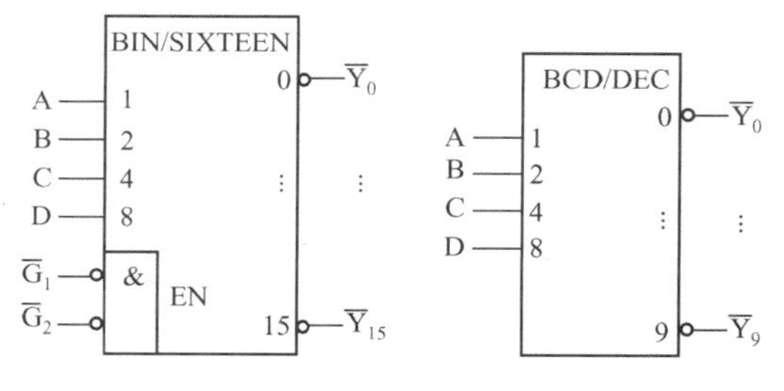

图 4.17　74154 逻辑符号　　图 4.18　7442 逻辑符号

4.3.4　数据分配器

数据分配是将一个数据源输入的数据根据需要送到不同的输出端。实现数据分配功能的逻辑电路称为数据分配器。数据分配器功能示意图如图 4.19 所示，图中每组输入和输出均有 m 位，而选择信号输入码（通常称为地址码）用来决定输入数据将被送到哪一路输出。可见，数据分配器是将一路输入数据有选择地送到 N 路输出通道中的某 1 路，它的作用相当于多个输出的单刀多掷开关，因此数据分配器又叫多路复用器。

数据分配器可以用带使能端的二进制译码器实现。例如，用 3 线-8 线译码器可以把 1 路数据信号分配到 8 路不同的输出通道上去。用 74138 作为数据分配器的逻辑图如图 4.20 所示。将 $\bar{G}_{2B}$ 接低电平，G_1 作为使能端，C、B 和 A 作为选择通道的地址码输入端，$\bar{G}_{2A}$ 作为数据输入端。

由上节分析可知，74138 的输出逻辑表达式为

$$\bar{Y}_i = \overline{m_i G_1 \bar{\bar{G}}_{2A} \bar{\bar{G}}_{2B}} \qquad i=0,1,\cdots,7$$

将上式中的 G_1、$\bar{G}_{2A}$ 和 $\bar{G}_{2B}$ 分别由 EN、D 和 0 代入，可得

$$\bar{Y}_i = \overline{m_i \mathrm{EN} \bar{D}}$$

若 EN = 1（使能有效），则当 CBA = 010 时，数据 D 被传送到 $\bar{Y}_2$ 端；当 CBA = 111 时，数据 D 被传送到 $\bar{Y}_7$ 端。当 EN=0 时，所有输出端均为高电平。可见，该电路为一个带使能端的 1 线-8 线数据分配器。74138 作为数据分配器时的功能表如表 4.7 所示。

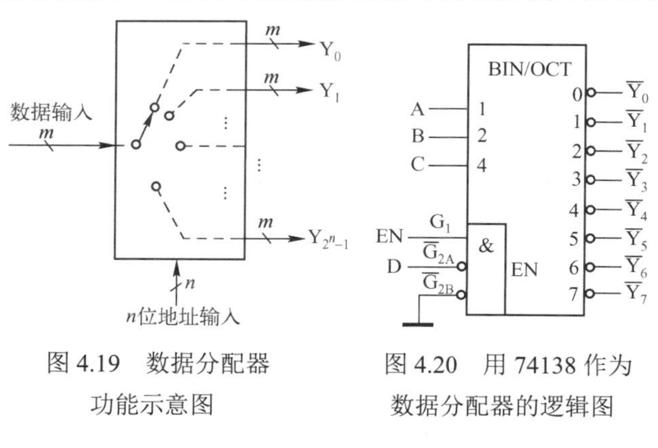

图 4.19　数据分配器功能示意图

图 4.20　用 74138 作为数据分配器的逻辑图

表 4.7　74138 作为数据分配器时的功能表

G_1	$\bar{G}_{2A}$	C	B	A	$\bar{Y}_0$	$\bar{Y}_1$	$\bar{Y}_2$	$\bar{Y}_3$	$\bar{Y}_4$	$\bar{Y}_5$	$\bar{Y}_6$	$\bar{Y}_7$
1	D	0	0	0	D	1	1	1	1	1	1	1
1	D	0	0	1	1	D	1	1	1	1	1	1
1	D	0	1	0	1	1	D	1	1	1	1	1
1	D	0	1	1	1	1	1	D	1	1	1	1
1	D	1	0	0	1	1	1	1	D	1	1	1
1	D	1	0	1	1	1	1	1	1	D	1	1
1	D	1	1	0	1	1	1	1	1	1	D	1
1	D	1	1	1	1	1	1	1	1	1	1	D
0	×	×	×	×	1	1	1	1	1	1	1	1

注：$\bar{G}_{2B} = 0$

数据分配器的用途比较多。例如，用它将一台 PC 与多台外部设备连接，将计算机的数据分送到外部设备中；它还可以与时钟源相连接，组成时钟脉冲分配器；和数据选择器连接组成分时数据传送系统，也是数据分配器的一种典型应用。

4.3.5　显示译码器

在数字系统中，经常需要将有用信息用字符或图形的形式直观地显示出来，以便记录和查看。

目前常用的数码显示器件是七段字符显示器，也称七段数码管。数码显示器件按发光物质不同，可分为下列几类：（1）半导体显示器，也称发光二极管显示器；（2）荧光数字显示器，如荧光数码管、场致发光数字板等；（3）液体数码显示器，如液晶显示器、电泳显示器等；（4）气体放电显示器，如辉光数码管、等离子体显示板等。由于各种数码显示器件（简称数码管）的工作方式不同，因而对译码器的设计要求也不同。下面以常用的半导体数码管和液晶显示器为例，说明其显示原理及相应译码器的设计过程。

1．半导体数码管

半导体数码管的 7 个发光段是 7 个条状的发光二极管（Light Emitting Diode，LED），发光二极管使用的材料和普通二极管不同，有磷砷化镓、磷化镓、砷化镓等几种，而且半导体中的杂质浓度很高。当外加正向电压时，大量的电子和空穴在扩散过程中复合，其中一部分电子从导带跃迁至导价带，把多余的能量以光的形式释放出来，便发出一定波长的可见光。为表示数字，7 个发光二极管排列成“日”字形，如图 4.21（a）所示。通过不同发光段的组合，显示出 0~9 十进制数字，如图 4.21（b）所示。

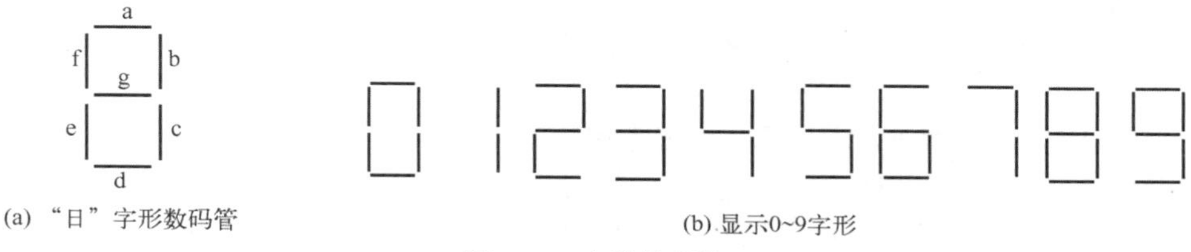

图 4.21 七段数码管

这种数码管的内部接法有两种：一种是将 7 个发光二极管的阳极连接在一起，称为共阳极显示器，如图 4.22（a）所示，使用时将公共阳极接高电平，当阴极为低电平时，则该段亮，否则不亮。另一种是 7 个发光二极管共用一个阴极，称为共阴极显示器，如图 4.22（b）所示，使用时将公共阴极接低电平，当阳极接高电平时，则该段亮，否则不亮。

图 4.22 两种类型的数码管

由于半导体数码管的工作电压比较低（1.5~3V），所以能直接用 TTL 或 CMOS 集成电路驱动。除电压比较低外，半导体数码管还具有体积小、寿命长、可靠性高等优点，而且响应时间短（一般不超过 0.1μs），亮度也比较高。其缺点是工作电流大，每一段的工作电流在 10mA 左右。

2．液晶显示器

另一种常用的七段字符显示器是液晶显示器（Liquid Crystal Display，LCD），液晶是一种既具有液体的流动性又具有光学特性的有机化合物。和电流流过发光二极管使其发光的原理不同，液晶显示器是通过控制可见光的反射来达到显示目的的，可见光可以是周围的日光或普通的室内光线。液晶显示器分两类，反射式和背光式，反射式使用的可见光是环境光线，而背光式的可见光则由在显示器内特制的小光源提供。

LCD 须用低频交流信号驱动，一般使用方波信号，工作频率为 25~60Hz，信号幅值可以很低，在 1V 以下仍能工作。图 4.23（a）所示为七段液晶显示器，图中，背极为所有段的公共电极，要把某段点亮，只要在该段与背极之间加方波信号即可。当信号频率低于 25Hz 时，会导致显示出现闪烁。

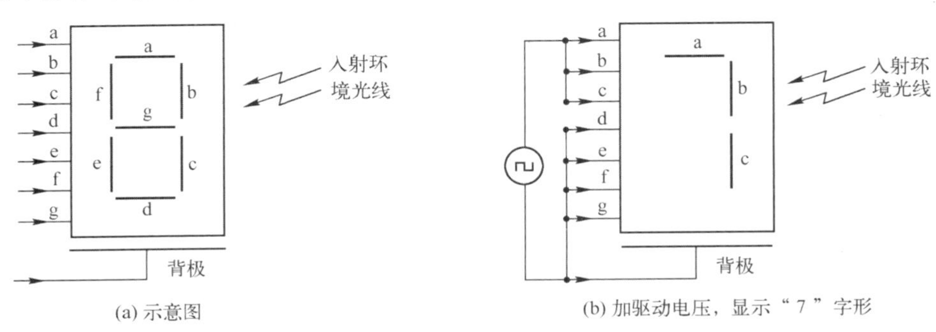

图 4.23　七段液晶显示器

液晶显示器的工作原理可简单解释为：当段与背极间的电压相同时，该段熄灭。在图 4.23（b）中，d、e、f 和 g 段熄灭，并将入射光反射，从而在背景上消失。当合适的方波电压加在段与背极间时，该段被点亮。图 4.23（b）中，a、b 和 c 段点亮，它们对入射光不会产生反射，因此与背景相比呈现暗色。

液晶显示器的最大优点是功耗极低，每平方厘米的功耗在 1μW 以下。液晶显示器工作电压低，功耗小的特点，使其在各种小型、便携式仪器、仪表中得到了广泛的应用。早期液晶显示器的缺点是速度低，效率差，对比度小，虽然能显示清晰的文字，但在快速显示图像时往往会产生阴影，影响视频的显示效果。随着科学技术的日新月异，LCD 技术也在不断发展进步，多项新技术的使用，使液晶显示器的显示效果得到了极大改善。当前，在电视机、计算机等设备中使用液晶显示器已越来越普及，并成为一种发展趋势。

3. 显示译码器设计

驱动七段数码管的译码器称为 BCD−七段显示译码器，通过它将数字系统中 BCD 码转换成七段数码管所需要的驱动信号，以便用十进制数字显示出 BCD 码所表示的数值。显示译码器有 4 个输入端 7 个输出端。输入为待显示的 BCD 码，输出为七段显示码。需要说明的是，显示译码器和上节介绍的二进制或二−十进制译码器不同，不再是某一个输出端为有效电平，而对每输入一组 BCD 码，译码器 7 个输出端中也许有几个为高电平，而其他为低电平。这是区别于上述两类译码器的地方。下面举例说明显示译码器的设计过程。

【例 4.5】 试用与非门设计一个驱动七段 LED 数码管的显示译码器。假设输入是 8421BCD 码，显示器为共阳极。

解：（1）分析要求，列出真值表。设输入 D、C、B、A 是表示 8421BCD 码的 4 个变量，输出 a～g 为驱动七段 LED 数码管相应显示段的信号。由题意，输出低电平时，对应发光段亮；输出高电平时，发光段熄灭。根据字段显示要求[见图 4.21（b）]，列出真值表如表 4.8 所示，表中未列出 6 种无效状态（1010～1111），可作为无关项处理。因此，在工作过程中应保证输入变量取值不出现这 6 种状态，否则译码器输出将发生混乱。

表 4.8　例 4.5 的真值表

十进制数	输入				输出							字形
	D	C	B	A	a	b	c	d	e	f	g	
0	0	0	0	0	0	0	0	0	0	0	1	0
1	0	0	0	1	1	0	0	1	1	1	1	1
2	0	0	1	0	0	0	1	0	0	1	0	2
3	0	0	1	1	0	0	0	0	1	1	0	3
4	0	1	0	0	1	0	0	1	1	0	0	4
5	0	1	0	1	0	1	0	0	1	0	0	5
6	0	1	1	0	0	1	0	0	0	0	0	6
7	0	1	1	1	0	0	0	1	1	1	1	7
8	1	0	0	0	0	0	0	0	0	0	0	8
9	1	0	0	1	0	0	0	0	1	0	0	9

（2）写出逻辑表达式。根据真值表，画出如图 4.24 所示的卡诺图，按照多输出逻辑函数化简方法可得

$$a = A\overline{B}\,\overline{C}\,\overline{D} + \overline{A}\,\overline{B}C \qquad b = A\overline{B}C + \overline{A}BC \qquad c = \overline{A}B\overline{C} \qquad d = \overline{A}\,\overline{B}C + ABC + A\overline{B}\,\overline{C}\,\overline{D}$$

$$e = A + \overline{A}\,\overline{B}C \qquad f = AB + A\overline{B}\,\overline{C}\,\overline{D} + \overline{A}B\overline{C} \qquad g = ABC + \overline{B}\,\overline{C}\,\overline{D}$$

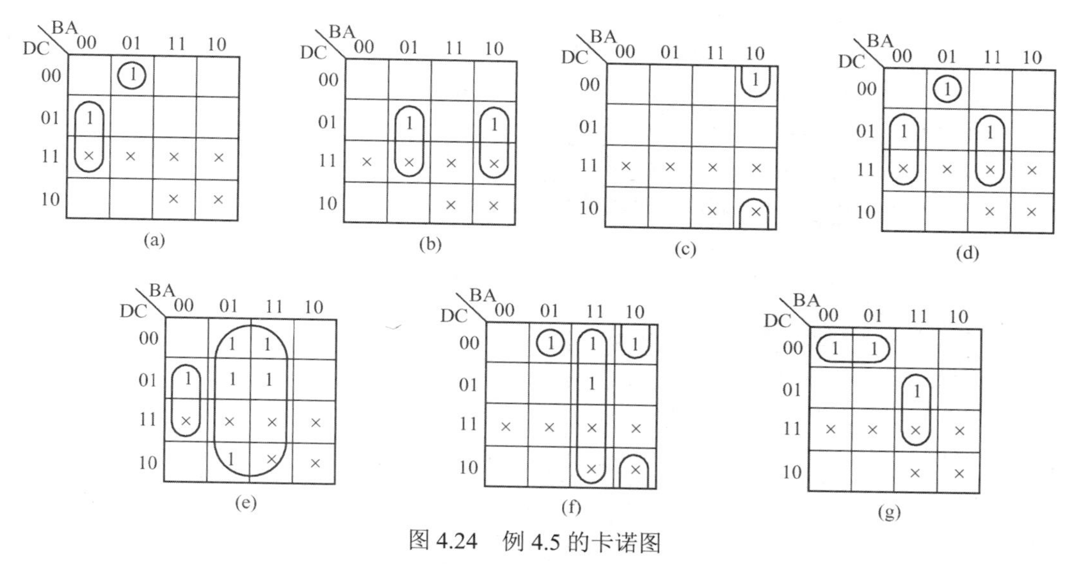

图 4.24 例 4.5 的卡诺图

（3）画出逻辑图。用与非门组成的译码器的逻辑图如图 4.25 所示。

4．常用七段显示译码器集成电路

常用的七段显示译码器集成电路种类较多，如 7446、7447、7448、7449 和 4511 等。下面重点介绍 7448。

7448 输出高电平有效，用以驱动共阴极显示器。该集成显示译码器设有多个辅助控制端，以增强器件的功能。图 4.26 为 7448 的逻辑符号和引脚图，7448 的功能表如表 4.9 所示，它有 LT 、RBI 、BI/RBO 3 个辅助控制端，现分别简要说明如下：

（1）灭灯输入 BI/RBO 。BI/RBO 是特殊控制端，有时作为输入，有时作为输出。当 BI/RBO 作为输入使用，且 BI = 0 时，无论其他输入是什么电平，所有各段输出 a ~ g 均为 0，所以字形熄灭。

（2）试灯输入 LT。当 LT = 0 时，BI/RBO 是输出端，且 RBO = 1，此时无论其他输入端是什么状态，各段输出 a ~ g 均为 1，显示“8”的字形。该输入端常用于检查 7448 本身及显示器的好坏。

（3）动态灭零输入 RBI 。当 LT = 1，RBI = 0 且输入 BCD 码为 0000 时，各段输出 a ~ g 均为低电平，这时不显示与之相应的“0”字形，故称“灭零”。利用 LT = 1 与 RBI = 0 可以实现某一位的“消隐”。此时 BI/RBO 是输出端，且 RBO = 0。

（4）动态灭零输出 RBO 。BI/RBO 作为输出使用时，受控于 LT 和 RBI 。当 LT = 1 且 RBI = 0，输入 BCD 码为 0000 时，RBO = 0；若 LT = 0 或 1 且 RBI = 1，则 RBO = 1。该端主要用于显示多位数字时，多个译码器之间的连接。

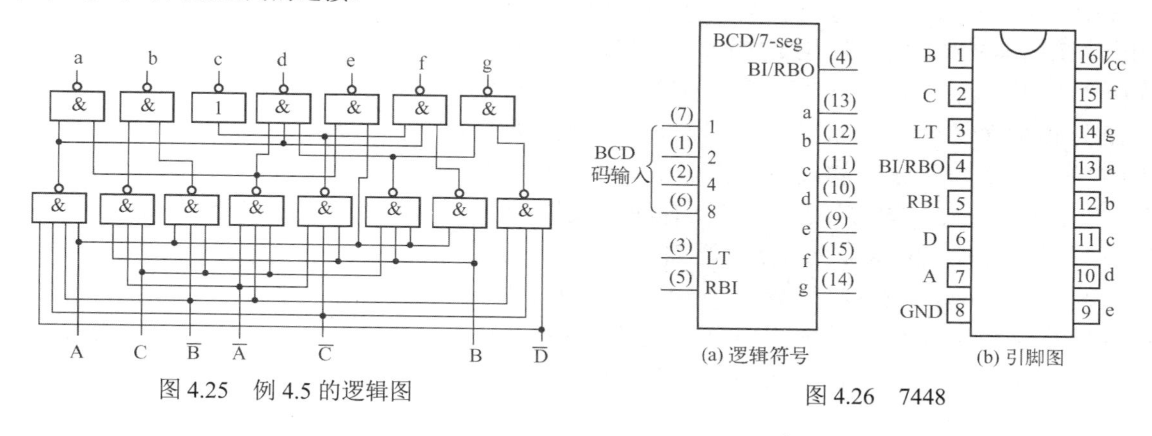

图 4.25 例 4.5 的逻辑图

图 4.26 7448

从功能表还可以看出，当输入 BCD 码为 0000 时，译码条件是：LT 和 RBI 同时等于 1，而对其他输入代码则要求 LT = 1，这时，译码器各段 a ~ g 输出的电平是由输入 BCD 码确定的并且满足显示字形的要求。

表 4.9　7448 功能表

十进制数或功能	输入						BI/RBO	输出							字形
	LT	RBI	D	C	B	A		a	b	c	d	e	f	g	
0	1	1	0	0	0	0	1	1	1	1	1	1	1	0	0
1	1	×	0	0	0	1	1	0	1	1	0	0	0	0	1
2	1	×	0	0	1	0	1	1	1	0	1	1	0	1	2
3	1	×	0	0	1	1	1	1	1	1	1	0	0	1	3
4	1	×	0	1	0	0	1	0	1	1	0	0	1	1	4
5	1	×	0	1	0	1	1	1	0	1	1	0	1	1	5
6	1	×	0	1	1	0	1	0	0	1	1	1	1	1	6
7	1	×	0	1	1	1	1	1	1	1	0	0	0	0	7
8	1	×	1	0	0	0	1	1	1	1	1	1	1	1	8
9	1	×	1	0	0	1	1	1	1	1	1	0	1	1	9
10	1	×	1	0	1	0	1	0	0	0	1	1	0	1	
11	1	×	1	0	1	1	1	0	0	1	1	0	0	1	
12	1	×	1	1	0	0	1	0	1	0	0	0	1	1	
13	1	×	1	1	0	1	1	1	0	0	1	0	1	1	
14	1	×	1	1	1	0	1	0	0	0	1	1	1	1	
15	1	×	1	1	1	1	1	0	0	0	0	0	0	0	
消隐	×	×	×	×	×	×	0	0	0	0	0	0	0	0	
脉冲消隐	1	0	0	0	0	0	0	0	0	0	0	0	0	0	
灯测试	0	×	×	×	×	×	1	1	1	1	1	1	1	1	8

图 4.27 所示电路是一个用 7448 实现多位数字译码显示的例子，通过它可以了解译码芯片各控制端的用法，特别是如何动态灭零，实现无意义位的“消隐”。图中 6 个显示器由 6 个 7448 驱动。各片 7448 的 LT 均接高电平，由于（1）片的 RBI = 0 且 DCBA = 0000，所以（1）片满足灭零条件，无字形显示，同时输出 RBO = 0；（1）片的 RBO 与（2）片的 RBI 相连，使（2）片也满足灭零条件，无显示并输出 RBO = 0；同理，（3）片也满足灭零条件，无显示。由于（4）、（5）、（6）片译码器的 RBI = 1，所以它们都正常译码，显示器显示 BCD 码所表示的数码字形。

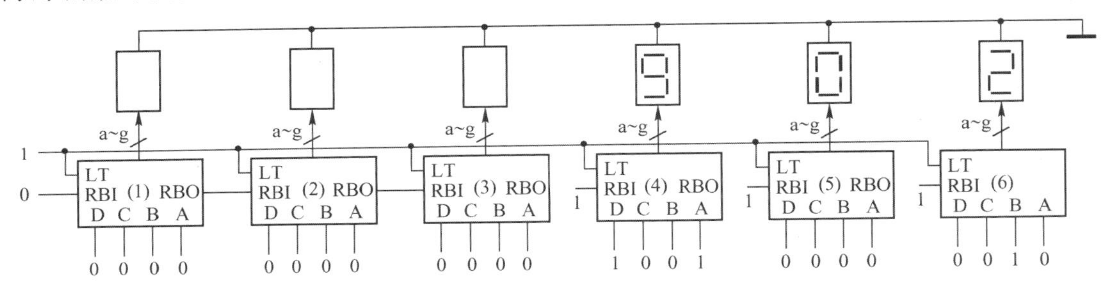

图 4.27　用 7448 实现多位数字译码显示

如果图 4.27 接法不变，但（1）片 7448 的输入码不是 0000 而是任何其他 BCD 码，则该片将正常译码并驱动显示，同时使 RBO = 1。这样，（2）片、（3）片就丧失了灭零条件。可见，用这样的连接方法，可达到使高位无意义的零被“消隐”的目的。

图 4.28 所示为用七段显示译码器 74HC4511 驱动液晶数码管的例子，74HC4511 为 CMOS 器件，输出为高电平有效。由于液晶数码管须用方波信号驱动，故在 74HC4511 后加了一排异或门，当 74HC4511 某个输出为 1 时，对应异或门的输出波形和输入 40Hz 驱动脉冲反相，这样就能在液晶数码管的对应段和背极之间形成电压，对应的字段就亮。而当 74HC4511 某个输出为 0 时，由异或门特性可以知道，对应异或门的输出波形和输入 40Hz 驱动脉冲同相，在液晶数码管的对应段和背极之间形不成电压，对应的字段就不亮。为驱动液晶数码管，可以将 74HC4511 和异或门做在一个单独的芯片上。CMOS 器件 CC14543 就是这样的器件，它的输入为 BCD 码，输出可直接驱动液晶数码管。用 CMOS 器件驱动 LCD 有两个优点：（1）CMOS 器件的能耗比 TTL 器件更低，更适合用于电池供电的 LCD 仪器中。（2）TTL 器件的低电平电压不是精确的 0V，而约为 0.3V，这将在段与背极之间形成一个直流电压成分，它将会缩短 LCD 的寿命。

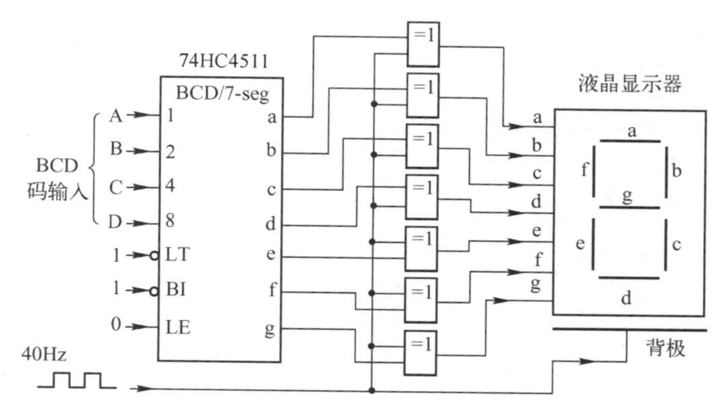

图 4.28　74HC4511 驱动液晶数码管

4.3.6　译码器应用举例

1．译码器实现组合逻辑函数

我们已经知道，任何组合逻辑函数都可以写成最小项之和或最大项之积的形式。而二进制译码器能产生输入信号的全部最小项。因此，附加适当的门电路，可以实现任何组合逻辑函数。

【例 4.6】　试用 3 线-8 线译码器和逻辑门实现下列函数：

$$F(Q,X,P)=\sum m(0,1,4,6,7)=\prod M(2,3,5)$$

解：可用下列几种方法来实现该函数。

① 利用高电平有效输出的译码器和或门：$F(Q,X,P)=m_0+m_1+m_4+m_6+m_7$。

② 利用低电平有效输出的译码器和与非门：$F(Q,X,P)=\overline{\bar{m}_0\,\bar{m}_1\,\bar{m}_4\,\bar{m}_6\,\bar{m}_7}$。

③ 利用高电平有效输出的译码器和或非门：$F(Q,X,P)=\overline{m_2+m_3+m_5}$。

④ 利用低电平有效输出的译码器和与门：$F(Q,X,P)=\bar{m}_2\cdot\bar{m}_3\cdot\bar{m}_5$。

其逻辑图分别如图 4.29（a）～（d）所示。图中，Q 为输入最高位，P 为输入最低位。

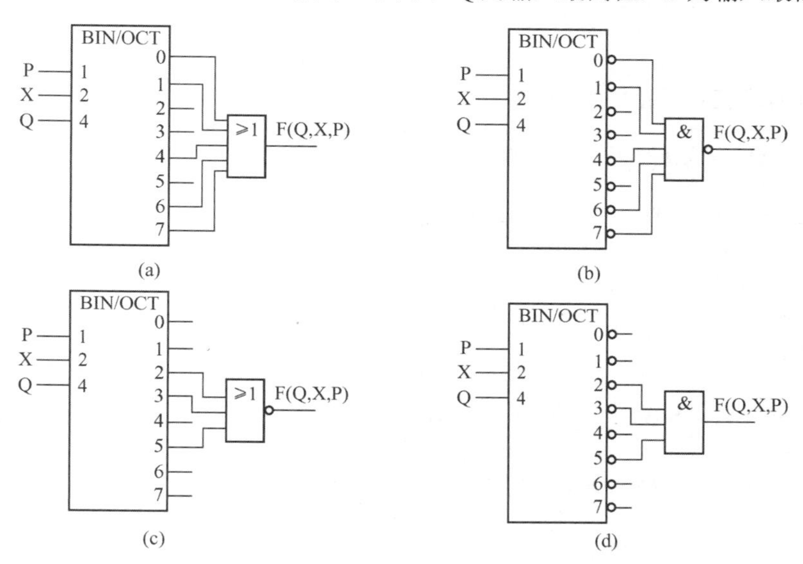

图 4.29　例 4.6 的逻辑图

2．计算机输入/输出接口地址译码电路

图 4.30 所示为计算机输入/输出接口的地址译码电路。计算机必须通过输入/输出接口和各种外部设备进行通信，这些外部设备包括键盘、显示器、打印机、扫描仪、调制解调器等。在图 4.30 中，地址译码器的作用是通过计算机选定一个输入/输出接口，使得计算机能和某一特定的外部设备进行数据传送。

每一个输入/输出接口都有一个号码，称为地址，每一个接口的地址都是唯一确定的。当计算机要和特定设备通信时，它发出与该设备相对应接口的地址码，该地址码通过地址译码器译码，使对应设备的接口使能端有效，这样计算机内的处理器就可以通过图中的数据总线及对应接口和指定外部设备进行数据传送。

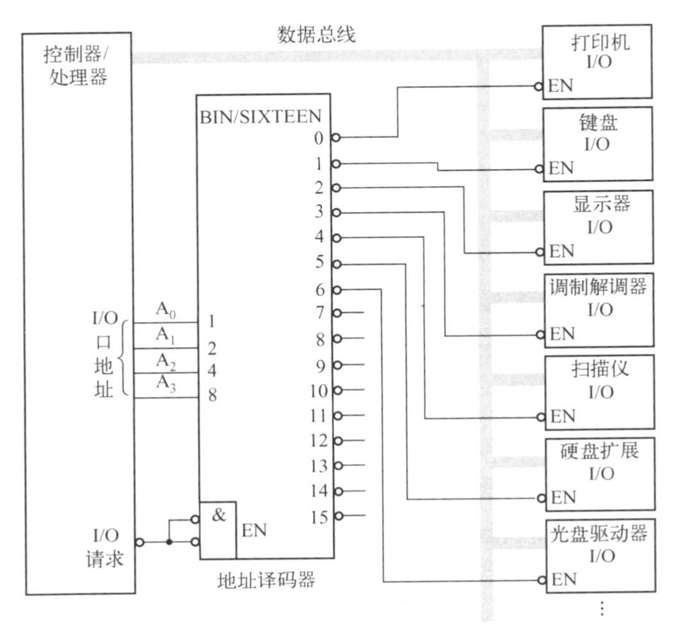

图 4.30　计算机输入/输出接口的地址译码电路

4.3.7　译码器的 Verilog 描述

【例 4.7】　3 线-8 线译码器 74138 的 Verilog 程序代码。

```
module Vr74138(G1,G2A_L,G2B_L,A,Y_L);
   input G1,G2A_L,G2B_L;
   input   [2:0] A;
   output [7:0] Y_L;
   reg [7:0] Y_L;

   always @ (G1 or G2A_L or G2B_L or A)
     begin
       if (G1 & ~G2A_L & ~G2B_L)
       case(A)
         0: Y_L=8'b01111111;
         1: Y_L=8'b10111111;
         2: Y_L=8'b11011111;
```

```
            3: Y_L=8'b11101111;
            4: Y_L=8'b11110111;
            5: Y_L=8'b11111011;
            6: Y_L=8'b11111101;
            7: Y_L=8'b11111110;
            default: Y_L=8'b11111111;
          endcase
        else Y_L=8'b11111111;
      end
endmodule
```

在例 4.7 的程序代码中，地址输入 A[2:0]和低电平有效译码器输出 Y_L[7:0]被声明为向量，以便改善可读性。用 if 语句来确定是否被使能。如果使能有效，则用 case 语句枚举出 8 种译码情况，并给输出信号 Y_L 赋以对应的低电平有效值。如果使能无效，就将输出端均赋“1”。注意，Y_L 同时被声明为一个 reg 变量，这样就可以在 always 程序块内设定它的值。

【例 4.8】 七段译码器的 Verilog 程序代码。

```
module Vr7seg(A,B,C,D,EN,
              SEGA,SEGB,SEGC,SEGD,SEGE,SEGF,SEGG);
   input A,B,C,D,EN;
   output SEGA,SEGB,SEGC,SEGD,SEGE,SEGF,SEGG;
   reg SEGA,SEGB,SEGC,SEGD,SEGE,SEGF,SEGG;
   reg [1:7] SEGS;

   always @ (A ,B, C ,D,EN)
     begin
       if (EN)
       case({D,C,B,A})
         0: SEGS=7'b1111110;
         1: SEGS=7'b0110000;
         2: SEGS=7'b1101101;
         3: SEGS=7'b1111001;
         4: SEGS=7'b0110011;
         5: SEGS=7'b1011011;
         6: SEGS=7'b0011111;
         7: SEGS=7'b1110000;
         8: SEGS=7'b1111111;
         9: SEGS=7'b1110011;
         default: SEGS=7'bx;
       endcase
       else SEGS=7'b0;
           {SEGA,SEGB,SEGC,SEGD,SEGE,SEGF,SEGG}=SEGS;
     end
endmodule
```

例 4.8 描述了一个带使能端（EN）的驱动共阴数码管的七段译码器，EN 高电平有效，输入 8421BCD 码为(D,C,B,A)，D 为高位，输出为 SEGA～SEGG。为增加程序的可读性，采用了辅助变量 SEGS。当输入为非 8421BCD 码时，作为无关项处理。代码中的{ }是并位运算符，作用是将多个信号按二进制位拼接在一起，作为一个信号使用。在该程序代码中，用逗号连接所有的敏感信号。

4.4 数据选择器

在数字系统中，经常需要从多路输入数据中选择其中一路送至输出端。完成这一功能的逻辑电路称为数据选择器。它的作用相当于多个输入的单刀多掷开关，其示意图如图 4.31 所示。由图可知，数据选择器的功能和数据分配器相反。通常把数据输入端的数目称为通道数，每个通道可以是一路，也可以是多路。选择信号输入端通常也称为地址码输入端。常见的有 2 选 1、4 选 1、8 选 1 和 16 选 1 等数据选择器。

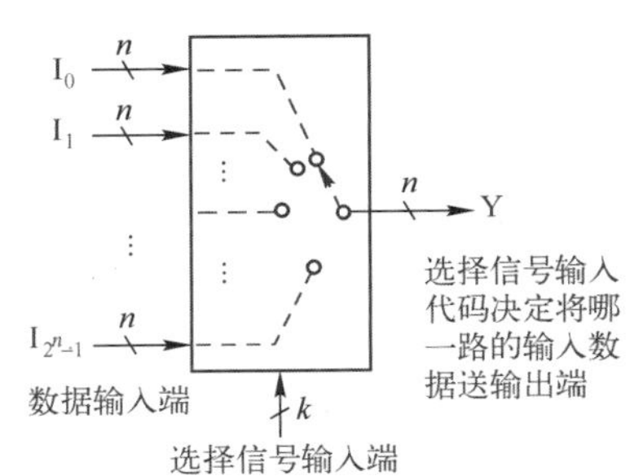

图 4.31　数据选择器示意图

4.4.1 数据选择器的电路结构

一个 N 选 1 的数据选择器，有 N 路数据输入端，1 路数据输出端，为确定选择何路输出，还须设有 k 路地址码输入端。为使地址码与数据输入端之间有一一对应关系，应满足 $2^k = N$ 。下面以 4 选 1 数据选择器为例，说明其电路结构。

图 4.32（a）为 4 选 1 数据选择器的功能表，表中，$D_0 \sim D_3$ 为输入数据，Y 为输出数据，A_1、A_0 为地址码，根据功能表的含义，可写出数据选择器的逻辑表达式为

$$
\begin{aligned}
Y &= (\bar{A}_1\ \bar{A}_0)D_0 + (\bar{A}_1 A_0)D_1 + (A_1\bar{A}_0)D_2 + (A_1 A_0)D_3 \\
&= \sum_{i=0}^{3} m_i D_i \quad (m_i \text{ 为地址输入变量组成的最小项})
\end{aligned}
$$

根据上述表达式，可画出 4 选 1 数据选择器的电路图，如图 4.32（b）所示。图 4.32（c）为该数据选择器的逻辑符号，其中 MUX 为数据选择器的缩写，G 为关联符号，后面的“$\frac{0}{3}$”，即 0~3 四个通道的简写，表示地址码和数据输入通道相关联。另外，根据上述表达式的提示，可以方便地写出 8 选 1、16 选 1 等数据选择器的逻辑表达式，并画出其电路图。

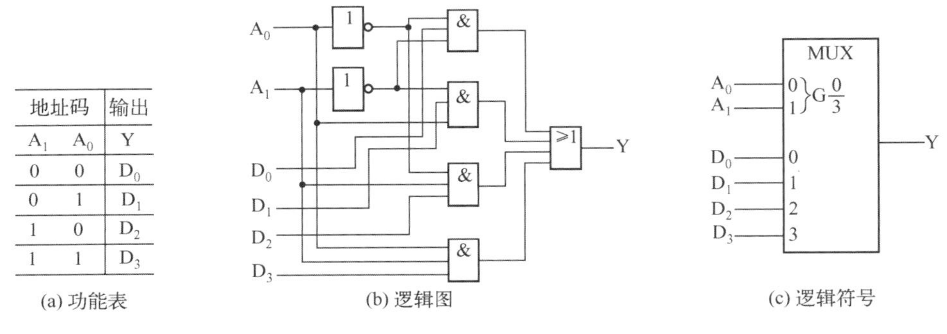

地址码		输出
A_1	A_0	Y
0	0	D_0
0	1	D_1
1	0	D_2
1	1	D_3

(a) 功能表　(b) 逻辑图　(c) 逻辑符号

图 4.32　4 选 1 数据选择器

当所采用的数据选择器通道数少于所要传输的数据通道时，可以进行通道扩展。图 4.33 给出了由 5 个 4 选 1 数据选择器组成一个 16 选 1 数据选择器的例子，由图可以看出，地址码 A_1A_0 为底层 4 个数据选择器所公用，A_3A_2 为顶层数据选择器的地址码，当 $A_3A_2A_1A_0$ 为 0000~1111 时，就能将对应的输入数据 $I_0 \sim I_{15}$ 有选择地送到输出端。

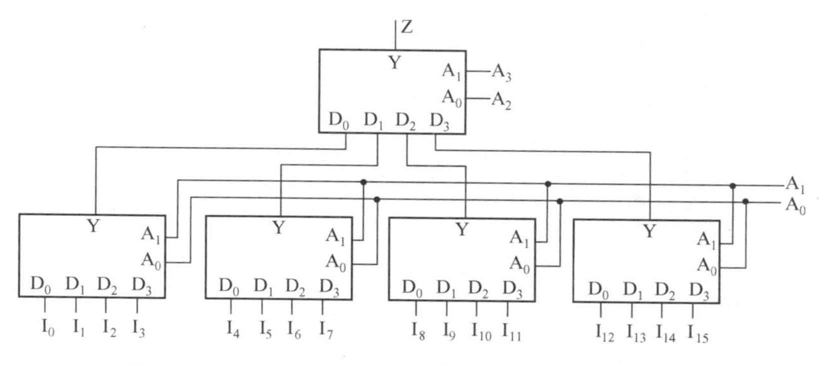

图 4.33　由 4 选 1 数据选择器组成 16 选 1 数据选择器

4.4.2　常用数据选择器集成电路

常用数据选择器集成电路产品较多，如表 4.10 所示。

由表可知，CMOS 的数据选择器有两大类，其中能传输模拟信号的又称为多路模拟开关，它是由地址译码器和多路双向模拟开关组成的，所以它既能传送数字信号又能传送模拟信号，并能在 N 线和 1 线之间实现双向传送。

74153 是一种常用的双 4 选 1 数据选择器。图 4.34（a）为 74153 的逻辑符号，符号顶部为公共控制框，因此地址 A_1A_0 是公用的；下部为两个相同的单元框，每单元有 4 路输入通道，另有 1 个选通控制端 $\overline{ST}$，$\overline{ST}$ 为低电平有效，用 EN 说明它的使能作用，由于这个 EN 后面无数字，所以它对本单元的所有输入均起作用，故可称之为单元选通端。当 $\overline{ST}=1$ 时，则该单元禁止工作，或称未被选中，输出为 0。根据图 4.34（b）可写出每单元的输出表达式为：

$$Y=(\overline{A}_1\overline{A}_0D_0+\overline{A}_1A_0D_1+A_1\overline{A}_0D_2+A_1A_0D_3)ST$$

表 4.10　常用数据选择器集成电路产品

输入数	TTL	CMOS（数字）	COMS（模拟）	ECL
16	74150	4515	4067	
2×8	74451		4097	
8	74151	4512	4051	10164
4×4	74453			
2×4	74153	4539	4052	10174
8×2	74604			
4×2	74157	4519		10159

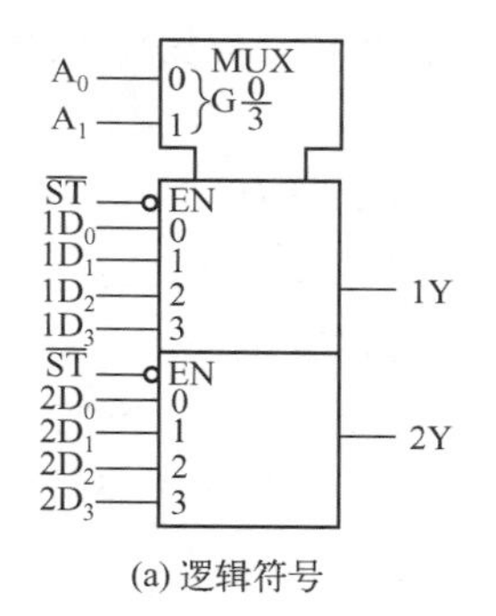

(a) 逻辑符号

输入			输出
A_1	A_0	$\overline{ST}$	Y
×	×	1	0
0	0	0	D_0
0	1	0	D_1
1	0	0	D_2
1	1	0	D_3

(b) 功能表

图 4.34　双 4 选 1 数据选择器 74153

在 CMOS 集成电路中经常用传输门组成数据选择器。图 4.35 中给出的双 4 选 1 数据选择器 74HC4539 就采用了这种传输门结构。它包含两个完全相同的 4 选 1 数据选择器，地址输入是公共的。由图可见，当 $A_0=0$ 时 TG_1 和 TG_3 导通，而 TG_2 和 TG_4 截止。当 $A_0=1$ 时 TG_1 和 TG_3 截止，而 TG_2 和 TG_4 导通。同理，当 $A_1=0$ 时 TG_5 导通、TG_6 截止。而 $A_1=1$ 时 TG_5 截止、TG_6 导通。因此，在 A_1A_0 的状态确定以后，$1D_0\sim1D_3$ 中只有一个能通过两级导通的传输门到达输出端。例如，当 $A_1A_0=01$ 时，第一级传输门中的 TG_2 和 TG_4 导通，第二级传输门中的 TG_5 导通，只有 $1D_1$ 端的输入数据能通过 TG_2 和 TG_5 到达输出端 $1Y$。

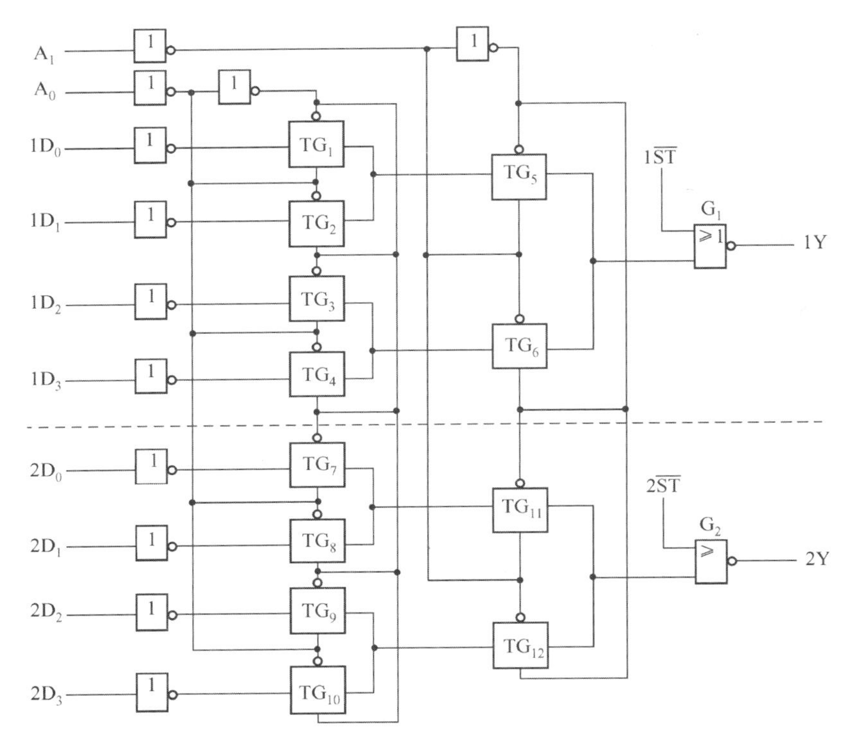

图 4.35　74HC4539

$\overline{ST}$ 为选通控制端，$\overline{ST}=0$ 时数据选择器工作，$\overline{ST}=1$ 时数据选择器被禁止工作，输出被封锁为低电平。此外，$\overline{ST}$ 也作为扩展端使用，以实现片间的连接。

【例 4.9】　试用一片 74HC4539 组成一个 8 选 1 数据选择器。

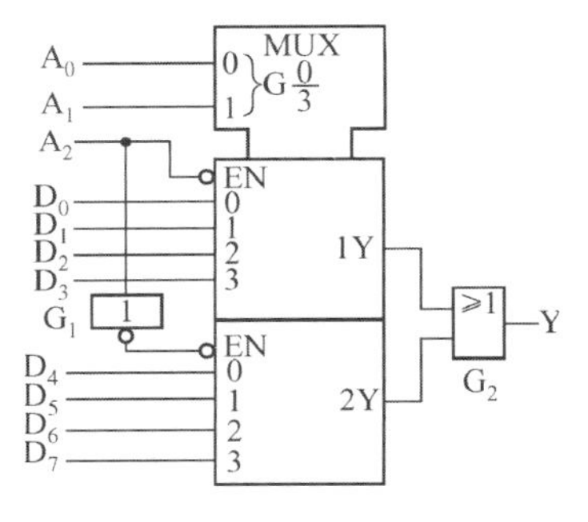

图 4.36　用 74HC4539 接成 8 选 1 数据选择器

解： 8 选 1 数据选择器有 8 个数据输入端，为了能指定 8 个输入数据中的任何一个，必须用 3 位输入地址代码，而 4 选 1 数据选择器的输入地址码只有 2 位，第三位地址输入端可借用选通控制端 $\overline{ST}$。我们将输入的低位地址代码 A_1 和 A_0 接到集成电路的公共地址输入端 A_1 和 A_0，将高位输入地址代码 A_2 接到 $1\overline{ST}$，而将 $\overline{A}_2$ 接到 $2\overline{ST}$，同时将两个 4 选 1 数据选择器的输出相或，就得到了如图 4.36 所示的 8 选 1 数据选择器。

当 $A_2=0$ 时，上边一个 4 选 1 数据选择器工作，通过给定 A_1 和 A_0 的状态，即可从 $D_0\sim D_3$ 中选中某一个数据，并经过 G_2 送到输出端 Y。反之，若 $A_2=1$，则下边一个 4 选 1 数据选择器工作，通过给定 A_1 和 A_0 的状态，便能从 $D_4\sim D_7$ 中选出一个数据，再经 G_2 送到输出端 Y。

如果用逻辑函数式表示图 4.36 电路输出与输入之间的逻辑关系，可得到：

$$
\begin{aligned}
Y &= 1Y+2Y \\
&= \overline{A}_2(\overline{A}_1\overline{A}_0D_0+\overline{A}_1A_0D_1+A_1\overline{A}_2D_2+A_1A_0D_3)+A_2(\overline{A}_1\overline{A}_0D_4+\overline{A}_1A_0D_5+A_1\overline{A}_2D_6+A_1A_0D_7) \\
&= m_0D_0+m_1D_1+m_2D_2+m_3D_3+m_4D_4+m_5D_5+m_6D_6+m_7D_7
\end{aligned}
$$

其中，$m_0\sim m_7$ 为地址变量 $A_2A_1A_0$ 的最小项表达式。若需要对所接成的 8 选 1 数据选择器进行工作状态控制，只需要在 G_2 后增加一个与门，在与门输入端加一个输入控制信号就可以了。

4.4.3 数据选择器应用举例

数据选择器的上述基本特性，使该功能模块在数字系统设计中得到了极为广泛的应用。下面介绍几种典型应用。

1. 用数据选择器实现组合逻辑函数

利用数据选择器实现组合逻辑函数的基本思想是：利用地址变量产生所有的最小项，通过数据输入信号 D_i 的不同取值，来选取组成逻辑函数所需的最小项。下面举例说明利用数据选择器实现组合逻辑函数的方法。

【例 4.10】 试用 8 选 1 数据选择器 74151 实现下列逻辑函数，74151 的逻辑符号如图 4.37（a）所示。

$$F(A,B,C)=\sum m(0,2,3,5)$$

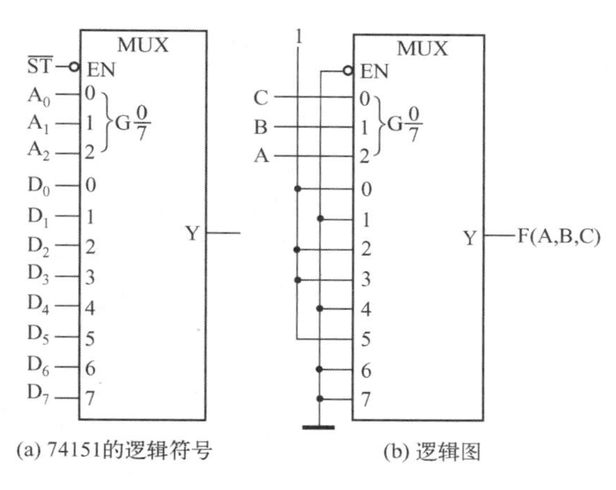

(a) 74151的逻辑符号　　(b) 逻辑图

图 4.37　例 4.10 的图

解：74151 的输出逻辑表达式为

$$Y=ST\sum_{i=0}^{7}m_iD_i$$

式中，m_i 为由地址输入变量 A_2、A_1、A_0 构成的最小项。为实现逻辑函数 F，令 $A_2=A$，$A_1=B$，$A_0=C$（将逻辑函数的输入变量 A、B、C 分别接到数据选择器的地址变量输入端 A_2、A_1、A_0 上），并使 $\overline{ST}=0$，使数据选择器处于工作状态。这样，Y 的表达式成为：

$$Y=\overline{A}\,\overline{B}\,\overline{C}D_0+\overline{A}\,\overline{B}CD_1+\overline{A}B\overline{C}D_2+\overline{A}BCD_3+A\overline{B}\,\overline{C}D_4+A\overline{B}CD_5+AB\overline{C}D_6+ABCD_7$$
$$=\sum_{i=0}^{7}m_iD_i$$

这里的 m_i 为由 A、B、C 构成的最小项。将 Y 和 F 相比较，可以发现，要使数据选择器实现 F 的功能，应使 Y 和 F 相等，即在 Y 的表达式中要保留 m_0、m_2、m_3、m_5，去除 m_1、m_4、m_6、m_7，为达到这一目的，只要使：$D_0=D_2=D_3=D_5=1, D_1=D_4=D_6=D_7=0$ 即可。则

$$Y(A,B,C)=m_0\cdot1+m_1\cdot0+m_2\cdot1+m_3\cdot1+m_4\cdot0+m_5\cdot1+m_6\cdot0+m_7\cdot0$$
$$=\sum m(0,2,3,5)=F(A,B,C)$$

其逻辑图如图 4.37（b）所示。需要强调的是，当 F 的输入变量接入数据选择器的地址输入端时，必须注意变量高低位次序。在数据选择器地址输入变量 A_2、A_1、A_0 中，A_2 是最高位，A_0 是最低位。而所要实现的 F 的输入变量中，A 是最高位，C 是最低位。所以应将 A、B、C 依次加到 A_2、A_1、A_0 端。若变量不按这样的次序加入，数据选择器输出表达式中的最小项的形式将和 F 中的最小项形式不一致，为达到设计目的，就必须重新确定 D_i 的取值。可以验证，在本例中，若使 $A_0=A$，$A_1=B, A_2=C$，则 D_i 的取值应为：$D_0=D_2=D_5=D_6=1$，$D_1=D_3=D_4=D_7=0$。

【例 4.11】 试用 4 选 1 数据选择器实现以下逻辑函数

$$F=\overline{A}\,\overline{B}\,\overline{C}+\overline{A}\,\overline{B}C+A\overline{B}\,\overline{C}+ABC$$

解：当 4 选 1 数据选择器处于工作状态（$\overline{ST}=0$）时，其输出逻辑表达式为

$$Y=\overline{A}_1\overline{A}_0D_0+\overline{A}_1A_0D_1+A_1\overline{A}_0D_2+A_1A_0D_3$$

因为 4 选 1 数据选择器只有两个地址变量 A_1、A_0，而 F 有 3 个输入变量 A、B、C，若选 A、B（也可以选其他任何两个变量）作为地址变量，则可将 F 写成下面的形式：

$$F=(\overline{A}\,\overline{B})(\overline{C}+C)+(\overline{A}B)\cdot0+(A\overline{B})\overline{C}+(AB)C$$

对照 F 和 Y 的表达式，容易看出，只要令 $A_1 = A$，$A_0 = B$，$D_0 = (\overline{C} + C) = 1$，$D_1 = 0$，$D_2 = \overline{C}$，$D_3 = C$，则 $Y = F$。

用 4 选 1 数据选择器实现上述 3 变量函数 F 的逻辑图如图 4.38 所示。

在上面的两个例子中，采用的方法是把要实现的逻辑函数式变换成与所采用的数据选择器输出逻辑表达式完全对应的形式，然后比较两个函数式，最后确定数据选择器的地址和数据输入，这种方法也称为代数法。除了代数法，也可借助卡诺图或真值表来实现电路设计，当要实现的逻辑函数的输入变量数大于数据选择器的地址输入端数时，借助卡诺图进行设计，往往更为简便直观。利用卡诺图或真值表实现电路设计的方法称为几何法。

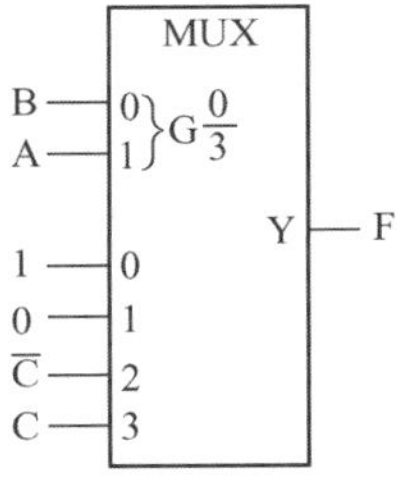

图 4.38　例 4.11 的逻辑图

【例 4.12】　试用 4 选 1 数据选择器实现以下逻辑函数

$$F(A, B, C, D) = \sum m(1,2,4,9,10,11,12,14,15)$$

解：首先画出 F 的卡诺图，如图 4.39（a）所示。其次从 4 个变量中选择 2 个作为地址变量。原则上讲，这种选择是任意的，但选择得恰当可使设计简化。现选择 A 和 B 作为地址变量，这两个地址变量按其取值的组合将卡诺图划分为 4 个区域—— 4 个子卡诺图（都是 2 变量卡诺图），如图中虚线框所示。各子卡诺图对应的函数就是与其地址码对应的数据输入函数 D_i。数据输入函数的化简可在各子卡诺图中进行。需要注意的是，由于一个数据输入对应一个地址码，因此画圈时只能在相应的子卡诺图内进行，不能越过图中的虚线。化简结果见图中实线圈。标注这些圈的合并项时，应去掉所有地址变量。于是可得各数据输入函数为：

$$D_0 = \overline{C}D + C\overline{D} = \overline{\overline{\overline{C}D} \cdot \overline{C\overline{D}}} \qquad D_1 = \overline{C}\overline{D} = \overline{\overline{\overline{C}\overline{D}}} \qquad D_2 = C + D = \overline{\overline{C}\overline{D}} \qquad D_3 = C + \overline{D} = \overline{\overline{C}D}$$

最后得到逻辑图如图 4.39（b）所示。

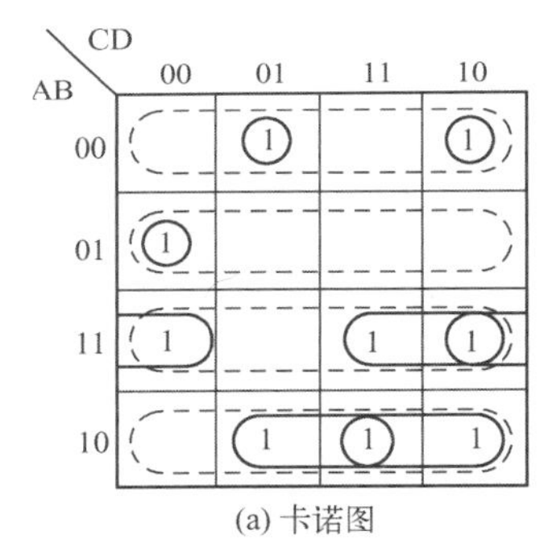

(a) 卡诺图

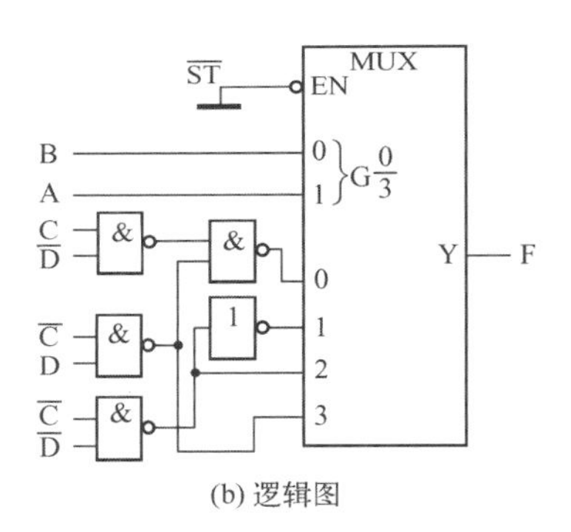

(b) 逻辑图

图 4.39　例 4.12 的图

为实现上述函数，也可以选择用其他变量作为地址变量。地址变量的不同选取，将使数据选择器前的门电路结构有所不同。可以验证，用 B 和 C 作为地址变量时，电路更简单。一般情况下，只有通过对各种选择地址变量方案的比较，才能得到最简单经济的设计方案。

2．动态显示电路

七段数码管驱动电路可分为两种，一种称为静态显示，另一种称为动态显示。所谓静态显示，即每一个数码管由单独的七段显示译码器驱动，如要显示 n 位数，必须用 n 个七段显示译码器，其电路结构类似于图 4.27。和静态显示不同，动态显示使用数据选择器的分时复用功能，将任意多位数码管的显示驱动，由一个七段显示译码器来完成。图 4.40 所示为一个动态显示电路。

图 4.40 中，需要显示的 BCD 码有两位，分别是 $A(A_3A_2A_1A_0)$ 和 $B(B_3B_2B_1B_0)$，它们通过一个七段显示译码器实现译码，并在对应的数码管上显示。电路工作原理如下。

两位 BCD 码被送到数据选择器的数据输入端，采用 74157，在 74157 芯片内集成了 4 个 2 选 1 数据选择器，它们的地址共用。由图可见，选择信号为周期方波，将它加在地址码输入端（G1 端）。这样，当选择信号为低电平时，数据 $A(A_3A_2A_1A_0)$ 可通过数据选择器，并送入七段显示译码器 7448 进行译码，产生七段显示码。由于选择信号同时作用在 2 线-4 线译码器 74139（图中在 74139 前加$\frac{1}{2}$，表示 74139 集成了两个相同的 2 线-4 线译码器，本例中仅使用一个）的 X_0 端，而译码器的 X_1 接地。所以，当 $X_0=0$ 时，输出 $1Y_0=0$，而 $1Y_1=1$。由于图中为共阴显示器，所以右边的数码管被点亮，显示数据 $A(A_3A_2A_1A_0)$ 的字形，而左边的数码管熄灭。同理分析可知，当选择信号为高电平时，左边的数码管被点亮，显示 $B(B_3B_2B_1B_0)$ 数据的字形，而右边的数码管熄灭。为了使我们能同时看到数码管上显示的所有字形，要求选择信号的频率足够高（当显示两位数码时，选择信号频率应大于 30Hz），否则将出现闪烁现象。根据该电路的工作原理，我们不难设计出能显示多位数码的动态显示电路。需要说明的是，本例的图 4.40 仅是简单的原理电路，一般情况下，在选择信号变化的时候，数据选择器输出会出现瞬间数据不稳定，为避免这种现象的产生，在实际电路中一般需加寄存器，寄存器的相关知识将在后面章节中介绍。

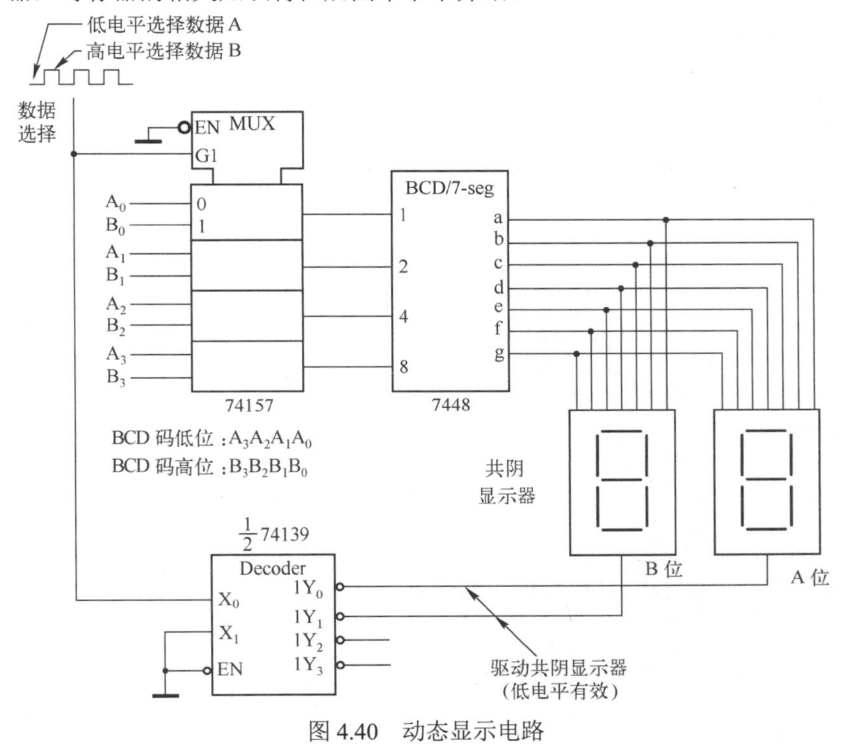

图 4.40 动态显示电路

4.4.4 数据选择器的 Verilog 描述

【例 4.13】 4 选 1 数据选择器的 Verilog 代码。

```
module Vrmux41(A,B,C,D,S1,S0,Y);
    input A,B,C,D;
    input S1,S0;
    output Y;
    reg Y;
```

```
    always @ (A or B or C or D or S1 or S0)
     begin
       case({S1,S0})
           2'b00: Y<=A;
           2'b01: Y<=B;
           2'b10: Y<=C;
           2'b11: Y<=D;
           default: Y<=A;
       endcase
     end
endmodule
```

例 4.13 是用 case 语句描述的 4 选 1 数据选择器，这里的数据选择器每路数据为 1 位。

【例 4.14】 总线数据选择器的 Verilog 程序代码。

```
module Vrbus_mux41(A,B,C,D,S1,S0,Y);
    input [3:0] A,B,C,D;
    input S1,S0;
    output [3:0] Y;
    reg [3:0] Y;

    always @ (A or B or C or D or S1 or S0)
      begin
        case({S1,S0})
          2'b00: Y<=A;
          2'b01: Y<=B;
          2'b10: Y<=C;
          2'b11: Y<=D;
          default: Y<=A;
        endcase
      end
endmodule
```

例 4.14 为总线数据选择器，和例 4.13 类似，它也是 4 选 1 的，但每路数据是 4 位的，在动态显示电路中，它可根据选择信号将对应的 BCD 码送到显示译码器。

4.5 算术运算电路

在数字系统中，除了进行逻辑运算，还经常需要完成二进制数之间的算术运算。数字信号的算术运算主要是加、减、乘、除 4 种，而加法运算最为基础，因为其他的几种运算都可以分解成若干步加法运算。因此，加法器是算术运算的基本单元电路。

4.5.1 基本加法器

1. 半加器（HA）

如果仅仅考虑两个一位二进制数 A 和 B 相加，而不考虑低位的进位，称为半加。实现半加运算的电路叫做半加器。半加器有两个输入端 A 和 B，两个输出端 S 和 C，其中 S 为本位和，C 为向高位的进位。半加器真值表如表 4.11 所示。由真值表可以写出输出逻辑表达式：

$$S = A \oplus B \qquad C = AB$$

显然，用异或门和与门即可分别实现 S 和 C 而构成半加器。其逻辑图及逻辑符号如图 4.41 所示。

表 4.11　半加器真值表

A	B	C	S
0	0	0	0
0	1	0	1
1	0	0	1
1	1	1	0

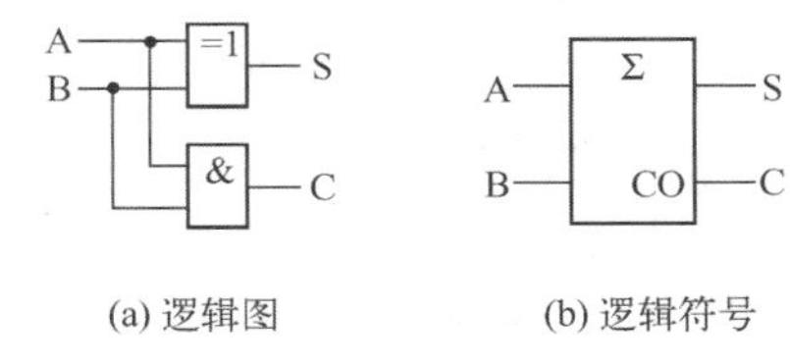

(a) 逻辑图　　(b) 逻辑符号

图 4.41　半加器

由于半加器没有考虑低位的进位，所以仅半加是不能解决加法问题的。

2. 全加器（FA）

为了说明什么是全加，我们先来分析两个二进制数相加的过程。设有两个 4 位二进制数相加，其竖式如下：

```
      1 1 0 1  ←— 被加数
      1 1 1 1  ←— 加数
+)  1 1 1 1 0  ←— 低位向高位的进位
    1 1 1 0 0  ←— 和
```

可见，在相加过程中，除最低位外，其余各位既要考虑本位的被加数 A_i 和加数 B_i，还要考虑低位向本位的进位 C_{i-1}，即在第 i 位相加过程中，C_{i-1} 也作为一个独立变量参与运算。因此，所谓全加就是求取 3 个变量（A_i、B_i 及 C_{i-1}）的和 S_i 及本位向高位的进位 C_i。由于全加器考虑了低位的进位，所以它反映了两个二进制数相加过程中任何一位相加的一般情况。实现全加运算的逻辑电路叫做全加器。显然，一位全加器有 3 个输入端（A_i，B_i, C_{i-1}）、两个输出端（S_i, C_i），其真值表如表 4.12 所示。

由真值表可以写出逻辑表达式：

$$S_i = (\overline{A}_i\,\overline{B}_i + A_iB_i)C_{i-1} + (A_i\overline{B}_i + \overline{A}_iB_i)\overline{C}_{i-1} \tag{4.1}$$

$$C_i = (\overline{A}_iB_i + A_i\overline{B}_i)C_{i-1} + A_iB_i \tag{4.2}$$

由于半加器的和为：　$S = \overline{A}_iB_i + A_i\overline{B}_i \qquad \overline{S} = A_iB_i + \overline{A}_i\,\overline{B}_i$

将 S、$\overline{S}$ 代入 S_i 和 C_i 的表达式，可得：

$$S_i = S\overline{C}_{i-1} + \overline{S}C_{i-1} = S \oplus C_{i-1} \qquad C_i = SC_{i-1} + A_iB_i$$

可见，S_i 是半加器的和 S 与低位进位 C_{i-1} 的异或逻辑，因此可用两个半加器和一个或门组成一个全加器，如图 4.42（a）所示。实际全加器的电路结构可有多种不同形式，它们都是通过变换 S_i 和 C_i 的表达式得到的。

表 4.12　全加器真值表

A_i	B_i	C_{i-1}	C_i	S_i
0	0	0	0	0
0	0	1	0	1
0	1	0	0	1
0	1	1	1	0
1	0	0	0	1
1	0	1	1	0
1	1	0	1	0
1	1	1	1	1

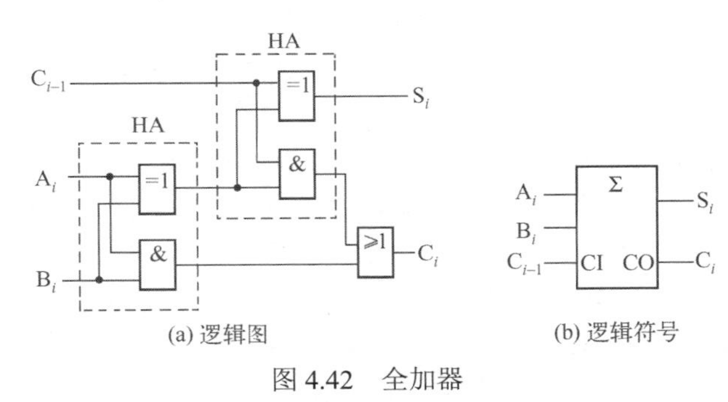

(a) 逻辑图　　(b) 逻辑符号

图 4.42　全加器

3. 串行进位加法器

当有多位数字相加时，须将进位信号依次传向高位。图 4.43 是 4 位串行进位加法器（也称为行波进位加法器）的示意图，电路由 3 个全加器和 1 个半加器组成。由于低位的进位输出信号作为高位的进位输入信号，故任一位的加法运算必须等到低位加法器运算完成之后送来进位信号时才能进行，这种进位方法称为串行进位（或行波进位）。串行进位加法器属并行加法器，数据并行输入，并行输出。

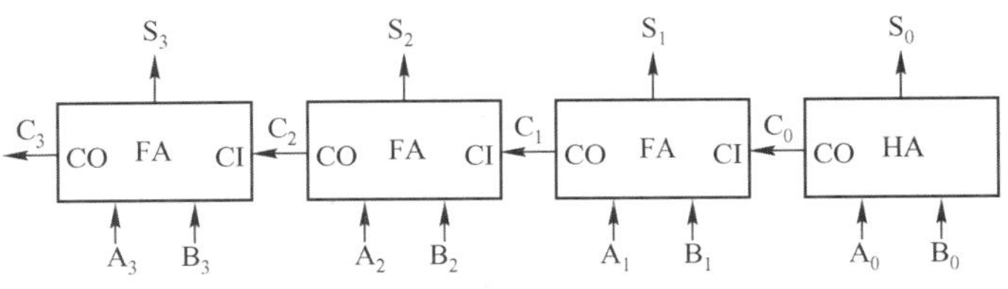

图 4.43　4 位串行进位加法器示意图

串行进位加法器的优点是电路结构比较简单，缺点是运算速度慢。为提高运算速度，应设法缩短由于进位信号逐级传递所耗费的时间。

4.5.2　高速加法器

串行进位加法器运算速度较慢，其原因是进位信号是依次传向高位的，加法器位数越多，进位信号传送所经过的路径就越长，延迟时间就越长。因此，在一些要求高速运算的场合，不宜采用串行进位加法器。

实现高速加法器的设计方案有多种，速度最快的一种称为全并行加法器，其结构示意图如图 4.44 所示。由图可见，它是一个二级门结构电路。按组合逻辑电路一般设计方法，多位加法器输出和 S 和最高位进位信号 CO 总能写成输入信号 A 和 B 的最简逻辑表达式，因此可用二级门结构来实现电路逻辑功能。按这种方案所设计的加法器，信号从输入到输出，仅需经过两级门，而与加法器输入信号的位数无关，故可使运算速度达到极限水平。但是，按这种方案设计电路，随着输入信号位数的增加，所需要的门电路个数急剧增加，电路结构会因过于复杂而无法采用。因此，高速加法器一般采用超前进位的设计方案。

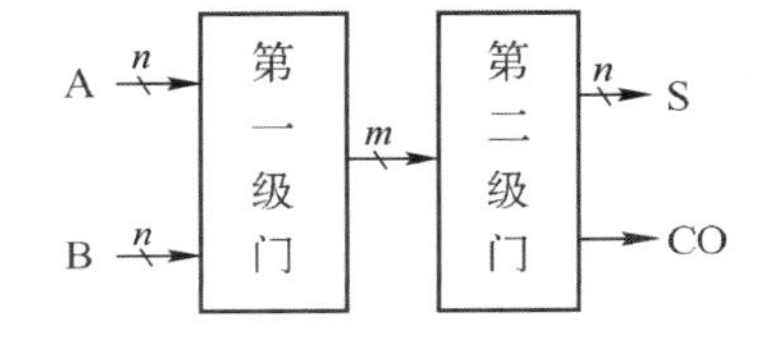

图 4.44　全并行加法器结构示意图

所谓超前进位，指在通过逻辑电路提前得出加到每一位全加器上的进位输入信号，而无须从最低位开始逐位传递进位信号。现以 3 位超前进位加法器为例说明其设计思想。

根据全加器的进位逻辑表达式[式（4.2）]

$$
\begin{aligned}
C_i &= (\overline{A}_i B_i + A_i \overline{B}_i)C_{i-1} + A_i B_i = \overline{A}_i B_i C_{i-1} + A_i \overline{B}_i C_{i-1} + A_i B_i \overline{C}_{i-1} + A_i B_i C_{i-1} \\
&= A_i B_i + (A_i + B_i)C_{i-1}
\end{aligned}
$$

令：$G_i = A_i B_i$ 为进位产生项，$P_i = A_i + B_i$ 为进位传送项，则 C_i 的一般逻辑表达式为：

$$C_i = G_i + P_i C_{i-1}$$

假设两个相加的 3 位二进制数为：$A = A_2A_1A_0$，$B = B_2B_1B_0$，则各位的进位逻辑表达式为：

$$C_0 = G_0 \quad C_1 = G_1 + P_1C_0 = G_1 + P_1G_0 \quad C_2 = G_2 + P_2C_1 = G_2 + P_2G_1 + P_2P_1G_0 \tag{4.3}$$

由式（4.3）可见，进位信号均可表示成 P_i 和 G_i 的函数，即在 P_i 和 G_i 已知的情况下，只要经过二级门电路的传输延迟就可得到进位信号 C_i，由 P_i 和 G_i 求 C_i 的电路称为超前进位电路(CLA)。3 位超前进位加法器如图 4.45 所示，图 4.45（a）是根据式（4.3）得到的超前进位电路，图 4.45（b）是一个完整的 3 位超前进位加法器的原理电路。在图 4.45（b）中，由 A_i 和 B_i 求 P_i 和 G_i 项的电路，包含在全加器单元（FA）中，而原全加器内的进位产生电路因不再需要而被删除。由于进位信号能提前得到，故进行多位数相加时，多个全加器可同时工作，缩短了电路传输延迟时间。

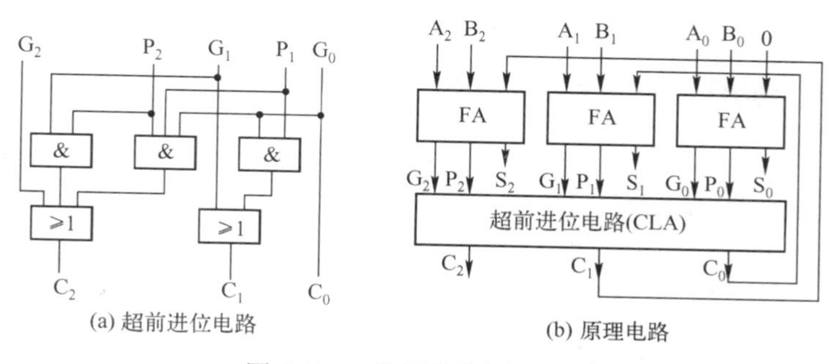

(a) 超前进位电路　　(b) 原理电路

图 4.45　3 位超前进位加法器

由式（4.3）可知，超前进位电路逻辑表达式随着加法器位数的增加会变得很复杂。因此，超前进位加法器的实现通常以 4 位加法器为基本模块，以分层结构实现位数为 4 的倍数的加法器。图 4.46 所示为一个 16 位超前进位加法器。与图 4.45 相似，图 4.46 使用了 4 个 4 位超前进位加法器。为使电路结构简单，我们没有对每一位都计算超前进位，而是每 4 位计算一次，并通过组进位传送项 P_G 和组进位产生项 G_G 计算得到下一级超前进位电路所需的超前进位。由式（4.3）容易得到超前进位表达式：

$$C_3 = G_3 + P_3C_2 = G_3 + P_3G_2 + P_3P_2G_1 + P_3P_2P_1G_0 + P_3P_2P_1P_0C_{-1} \tag{4.4}$$

将上式写为

$$C_3 = G_G + P_GC_{-1} = G_3 + P_3G_2 + P_3P_2G_1 + P_3P_2P_1G_0 + P_3P_2P_1P_0C_{-1} \tag{4.5}$$

可得到

$$G_G = G_3 + P_3G_2 + P_3P_2G_1 + P_3P_2P_1G_0 \qquad P_G = P_3P_2P_1P_0 \tag{4.6}$$

式（4.5）中，C_3 为本组 4 位加法器向高位组加法器的进位，而 C_{-1} 为低位组向本组加法器的进位，G_G 和 P_G 分别为组进位产生项和组进位传送项。在图 4.46 中，只要在 4 位超前进位全加器电路中，根据式（4.6）加入 G_G 和 P_G 信号产生电路，即可获得 G_G 和 P_G 信号，并通过 4 位 CLA 获得组间进位信号。

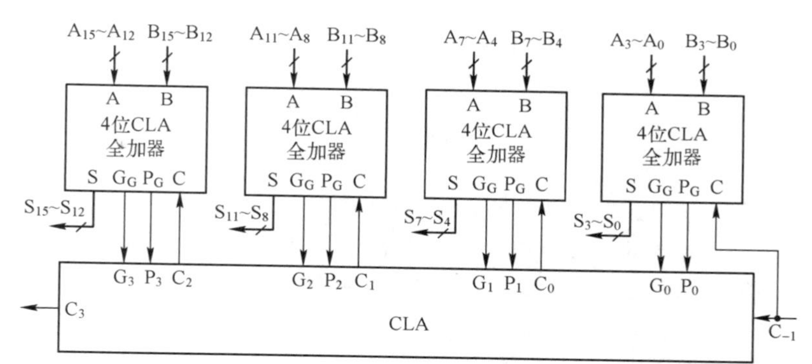

图 4.46　16 位超前进位加法器

4.5.3　常用加法器集成电路

常用的加法器集成电路有 7482 和 7483 等。其中 7482 是 2 位串行进位加法器，其逻辑符号如图 4.47（a）所示。图中，A、B 分别为两组加数输入端，CI 为进位输入端，Σ 为和输出端，CO 为向高位的进位输出端。该电路实际上是将两个一位全加器按串行进位结构集成到了一个电路中。

7483 是 4 位二进制加法器。7483 的 TTL 电路分为两种，一种为 74LS83，它属于串行进位加法器；另一种为 74LS83A

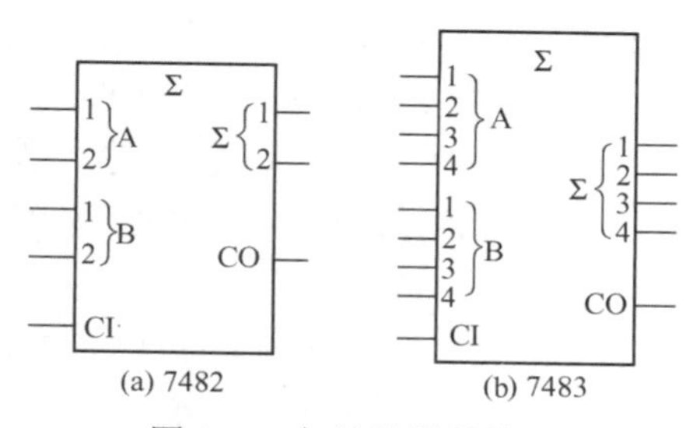

(a) 7482　　(b) 7483

图 4.47　加法器逻辑符号

（或 7483A），它属于超前进位加法器。同样是 4 位加法器，后者的速度比前者快一倍以上。还有一种 4 位二进制加法器为 74283，它和 7483A 电路结构完全相同，只是引脚安排不同。7483 的逻辑符号如图 4.47（b）所示。

4.5.4　加法器应用举例

加法器除了能进行多位二进制数的加法运算，还能实现其他功能。下面通过举例说明加法器的应用。

【例 4.15】　用 4×2 选 1 数据选择器 74157 和 4 位全加器 7483，构成 4 位二进制加/减器。

解：根据题意，所设计电路除了需进行加法运算，还需进行减法运算，而在二进制数制中，利用 2 的补码，减法可化成加法来实现，减法器就可以用加法器来替代。设两个二进制数 P 和 Q，其相减后的差为：

$$(\mathrm{R})_2=(\mathrm{P})_2-(\mathrm{Q})_2=(\mathrm{P})_2+(-\mathrm{Q})_2=(\mathrm{P})_2+[\mathrm{Q}]_2-2^n=(\mathrm{P})_2+(\bar{\mathrm{Q}})_2+1-2^n \tag{4.7}$$

式中，$[\mathrm{Q}]_2=(\bar{\mathrm{Q}})_2+1$，它是 $(-\mathrm{Q})_2$ 的 $2'$ 补，即为 $(\mathrm{Q})_2$ 的补码，$(\bar{\mathrm{Q}})_2$ 是 $(-\mathrm{Q})_2$ 的 $1'$ 补，即为 $(\mathrm{Q})_2$ 的反码。这里，举例说明式（4.7）的正确性。例如，$7-2=5$，其中 2 的二进制数表示为 010，其反码为 101，补码为 110，则

$$\begin{array}{r} 7 \\ -\ 2 \\ \hline 5 \end{array} \quad \longrightarrow \quad \begin{array}{r} 1\ 1\ 1 \\ +\ 1\ 1\ 0 \\ \hline \boxed{1}\ 1\ 0\ 1 \end{array} \longrightarrow 5$$

（舍去进位 ← $\boxed{1}$）

需要说明的是，上述运算的结果，仅是表达式（4.7）的前 3 项，即 $[\mathrm{R}]_2=(\mathrm{P})_2+(\bar{\mathrm{Q}})_2+1$，根据式（4.7）可得：

$$(\mathrm{R})_2=[\mathrm{R}]_2-2^n \tag{4.8}$$

即应在运算结果中减去 2^n，才能得到 R 的原码，这里的 n 为运算数的位数。本例中 $n=3$，因此舍去结果进位，等效于减去 2^n，结果为正，所以后 3 位 101 为 5 的二进制原码。如果出现小数减大数，情况要复杂一些。下面以 $2-7=-5$ 为例，讨论如下：由于 7 的二进制数表示为 111，补码为 001，所以

$$\begin{array}{r} 2 \\ -\ 7 \\ \hline -\ 5 \end{array} \quad \longrightarrow \quad \begin{array}{r} 0\ 1\ 0 \\ +\ 0\ 0\ 1 \\ \hline \boxed{0}\ 0\ 1\ 1 \end{array}$$

可见，补码相加的结果进位为 0，表明结果为负。绝对值部分可由 2^n（1000）减去 011 得到，所以最终结果为–101，即–5。由补码的定义可知，2^n 减去 011 的运算，即求最终结果的绝对值，其实是对运算结果 011 求补码，因此在电路中可以用取反加 1 来实现。

通过对上面两个例子的分析，可做如下归纳：（1）当两数相减差值为正时，其运算结果进位为 1，将进位 1 舍去后所得为差的原码；（2）当两数相减差值为负时，其运算结果进位为 0，应对运算结果求补码才能得到差的原码。因此，当用加法器进行二进制减法运算时，可以对进位信号进行判断，以决定是否要对结果进行求补变换。在实际电路中，可在进位信号输出端加一个非门，使进位信号取反后变为借位信号，并常把借位信号称为符号位。这样，当进位信号为 1 时，借位信号为 0，表示无借位，结果为正，不必进行求补变换；当进位信号为 0 时，借位信号为 1，表示有借位，结果为负，需要进行求补变换。

图 4.48（a）所示为既可以进行加法运算又可以进行减法运算的二进制加/减法器。图中，74157 为 4×2 选 1 数据选择器，S 为地址码输入端，由于 S 端和加法器的 CI 端连接在一起，所以当 $\mathrm{S}=0$ 时，加法器执行下列操作：

$$\begin{aligned}(\mathrm{Y})_2&=(\mathrm{B})_2+(\mathrm{A})_2+\mathrm{C}_0\\&=(\mathrm{P}_4\mathrm{P}_3\mathrm{P}_2\mathrm{P}_1)_2+(\mathrm{Q}_4\mathrm{Q}_3\mathrm{Q}_2\mathrm{Q}_1)_2+0\\&=(\mathrm{P})_2+(\mathrm{Q})_2\end{aligned}$$

这是加法运算。

现在考虑 $S=1$ 的情况。在 $S=1$ 时，数据选择器将 Q 信号取反后选通到输出端，所以加法器执行下列操作：

$$
\begin{aligned}
(Y)_2 &= (B)_2 + (A)_2 + C_0 \\
&= (P_4P_3P_2P_1)_2 + (\bar{Q}_4\,\bar{Q}_3\,\bar{Q}_2\,\bar{Q}_1)_2 + 1 \\
&= (P)_2 + (\bar{Q})_2 + 1 \\
&= (P)_2 - (Q)_2
\end{aligned}
$$

实现减法运算。

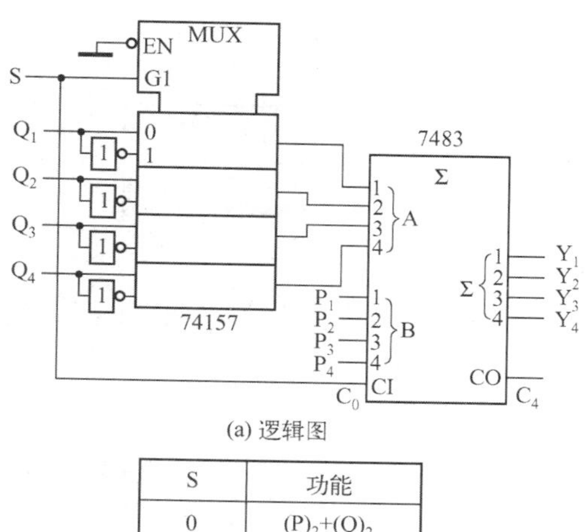

(a) 逻辑图

S	功能
0	$(P)_2+(Q)_2$
1	$(P)_2-(Q)_2$

(b) 功能表

图 4.48　二进制加/减法器

所以，图 4.48（a）能在 S 的不同取值下，完成加、减两种不同的运算，其功能表如图 4.48（b）所示。需要说明的是，图 4.48（a）在做减法运算时，并没有考虑符号判断及求补电路，作为练习题（见习题 4.17），请读者根据上面的分析，在图 4.48（a）的基础上，增加求补电路，完善电路设计。

【例 4.16】　试利用 4 位二进制加法器 7483 构成 8421BCD 码加法器。

解： 二进制加法器按二进制加法规则运算，要得到 8421BCD 码的结果，必须对二进制加法器输出结果进行转换。因为一位 8421BCD 码最大的数是 9（1001），那么，两个 8421BCD 码相加，如考虑低位的进位数，其和应在 0～19 之间。0～19 的二进制数和 8421BCD 码对照表见表 4.13。其中 C_4 是二进制加法器的进位位，K_4 是 8421BCD 码的进位位，即十位 8421BCD 码的最低位。由表可见，当两数之和小于或等于 9 时，8421BCD 码和二进制码相同。当和大于 9 时，8421BCD 码和二进制码不同，这时必须将二进制和转换为 8421BCD 码。分析表 4.13 可知，当和大于 9 时，无论二进制位是否有进位，8421BCD 码的进位 $K_4=1$。另外 $Y_4Y_3Y_2Y_1$ 和 $S_4S_3S_2S_1$ 满足如下关系：

$$Y_4Y_3Y_2Y_1 = S_4S_3S_2S_1 + 0110$$

所得结果不计进位，这个关系也称为加 6 校正。

表 4.13　二进制数和 8421BCD 码对照表

十进制数	二进制数（和）					8421BCD 码（和）				
	C_4	S_4	S_3	S_2	S_1	K_4	Y_4	Y_3	Y_2	Y_1
0	0	0	0	0	0	0	0	0	0	0
1	0	0	0	0	1	0	0	0	0	1
2	0	0	0	1	0	0	0	0	1	0
3	0	0	0	1	1	0	0	0	1	1
4	0	0	1	0	0	0	0	1	0	0
5	0	0	1	0	1	0	0	1	0	1
6	0	0	1	1	0	0	0	1	1	0
7	0	0	1	1	1	0	0	1	1	1
8	0	1	0	0	0	0	1	0	0	0
9	0	1	0	0	1	0	1	0	0	1
10	0	1	0	1	0	1	0	0	0	0
11	0	1	0	1	1	1	0	0	0	1
12	0	1	1	0	0	1	0	0	1	0
13	0	1	1	0	1	1	0	0	1	1
14	0	1	1	1	0	1	0	1	0	0
15	0	1	1	1	1	1	0	1	0	1
16	1	0	0	0	0	1	0	1	1	0
17	1	0	0	0	1	1	0	1	1	1
18	1	0	0	1	0	1	1	0	0	0
19	1	0	0	1	1	1	1	0	0	1

仔细观察表 4.13 可知，确定二进制数大于 9 的情况有 3 种：

（1）$C_4=1$（对应十进制数 16,17,18,19）

（2）$S_4=S_3=1$（对应十进制数 12,13,14,15）

（3）$S_4=S_2=1$（对应十进制数 10,11,14,15）

因此，8421BCD 码的进位 K_4 可以表示为：

$$K_4 = C_4 + S_4S_3 + S_4S_2 \tag{4.9}$$

由上述分析得到的 8421BCD 码加法器如图 4.49 所示。图中加法器（1）完成两个 4 位二进制数相加，两加法器之间的 3 个门电路实现式（4.9）的逻辑功能；加法器（2）完成加 6 校正功能。

如将图 4.49 作为一个单元电路，单元电路的输入端为 $A_4A_3A_2A_1$、$B_4B_3B_2B_1$、C_0，电路输出端为 $Y_4Y_3Y_2Y_1$、K_4，则很容易将多个单元电路级联，组成多位 8421BCD 码加法器。

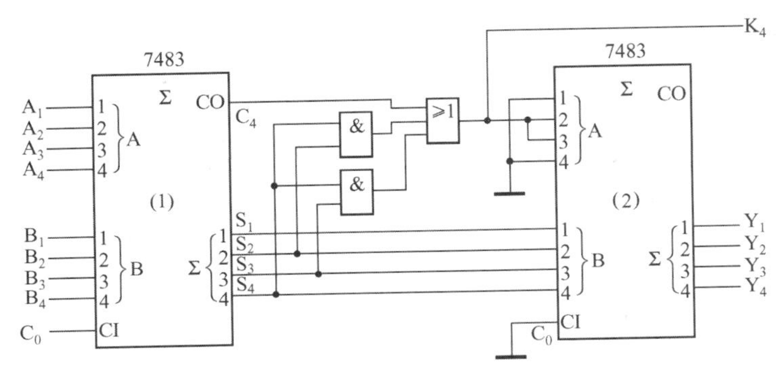

图 4.49　8421BCD 码加法器

4.5.5　加法器的 Verilog 描述

【例 4.17】　8 位无符号数加法器的 Verilog 程序代码。

```
module Vradder8(A,B,S,COUT);
    input [7:0] A,B;
    output [7:0] S;
    output COUT;

    assign {COUT,S}=A+B;
endmodule
```

考虑到两个 8 位无符号数 A 和 B 相加，有可能会产生进位位，这里的 COUT 即为进位位，当然也可以直接将和 S 定义为 9 位。

【例 4.18】　8 位带符号数加法器的 Verilog 程序代码。

```
module Vradders8(A,B,S,OVFL);
    input [7:0] A,B;
    output [7:0] S;
    output OVFL;

    assign S=A+B;
    assign OVFL=(A[7]==B[7])&&(S[7]!=A[7]);
endmodule
```

在例 4.18 所描述的加法器中，8 位的加数 A 和 B 以及和 S 都被看成 2 的补码。在 2 的补码加法中，最高位的任何进位都被舍去，所以和 S 的位数与加数的位数相同。这里定义了一个附加输出位 OVFL，用于表示溢出的情况，如果两个加数的符号相同，但和的符号却与加数的符号不同，就表示发生了溢出。

【例 4.19】　一位 8421BCD 码加法器的 Vreilog 程序代码。

```
module Vrbcdadder(A,B,CIN,S,COUT);
    input [3:0] A,B;
    input CIN;
    output [3:0] S;
    output COUT;
```

```
    reg [3:0] S;
    reg   COUT;
    reg [4:0] SBIN;

    always @ (A,B,CIN)
      begin SBIN<=A+B+CIN;
        if(SBIN>5'b01001)
          begin S<=SBIN[3:0]+4'b0110;COUT<=1'b1; end
        else
          begin S<=SBIN[3:0];COUT<=1'b0; end
      end
endmodule
```

在例 4.19 中，A、B 分别为由 8421BCD 码表示的加数，CIN 为进位输入，S 为由 8421BCD 码表示的和的个位，COUT 为和的进位位。SBIN 用于保存 A、B 和 CIN 三个数相加的二进制和，if 后的条件用于判断 SBIN 是否大于 9，如 SBIN 大于 9，则进行加 6（0110）调整，将 COUT 置为 1。否则将 SBIN 的低 4 位作为 S 进行输出，将 COUT 置为 0。

4.6 数值比较器

在一些数字系统，特别是计算机中，经常需要比较两个数的大小或是否相等，将能完成这种功能的逻辑电路统称为数值比较器。

1. 1 位数值比较器

1 位数值比较器的真值表如表 4.14 所示。根据此表可写出各输出的逻辑表达式：

$$Y_{(A>B)} = A\overline{B}\text{；}\quad Y_{(A<B)} = \overline{A}B\text{；}\quad Y_{(A=B)} = A \odot B$$

画出逻辑图如图 4.50 所示。实际应用中，可根据具体情况选用门电路。

表 4.14　1 位数值比较器真值表

A	B	$Y_{(A>B)}$	$Y_{(A<B)}$	$Y_{(A=B)}$
0	0	0	0	1
0	1	0	1	0
1	0	1	0	0
1	1	0	0	1

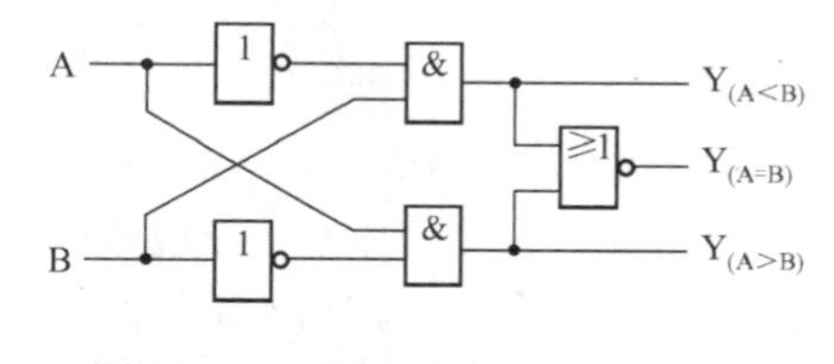

图 4.50　一位数值比较器的逻辑图

2. 多位数值比较器

比较两个多位数 A 和 B，应从最高位开始，逐位进行比较。现以 4 位数值比较器为例，介绍多位数值比较器的设计。设 $A = A_3A_2A_1A_0$， $B = B_3B_2B_1B_0$，若 $A_3 > B_3$（或 $A_3 < B_3$），则不管低位数值如何，必有 $A > B$（或 $A < B$）；若 $A_3 = B_3$，则需比较次高位；以此类推。显然，若对应的每一位都相等，则 $A = B$。若按照逻辑电路的一般设计方法，通过列真值表来求逻辑表达式，由于该电路有 8 个输入变量、3 个输出变量，会使电路设计变得非常烦琐。然而，根据对上面数值比较器描述的理解，可方便地写出多位数值比较器的逻辑表达式：

$$Y_{(A>B)} = A_3\overline{B}_3 + (A_3 \odot B_3)A_2\overline{B}_2 + (A_3 \odot B_3)(A_2 \odot B_2)A_1\overline{B}_1 + (A_3 \odot B_3)(A_2 \odot B_2)(A_1 \odot B_1)A_0\overline{B}_0$$

$$Y_{(A<B)}=\bar{A}_3B_3+(A_3\odot B_3)\bar{A}_2B_2+(A_3\odot B_3)(A_2\odot B_2)\bar{A}_1B_1+(A_3\odot B_3)(A_2\odot B_2)(A_1\odot B_1)\bar{A}_0B_0$$

$$Y_{(A=B)}=(A_3\odot B_3)(A_2\odot B_2)(A_1\odot B_1)(A_0\odot B_0)$$

读者可以练习画出其逻辑图。

3. 常用数值比较器集成电路

常用数值比较器集成电路有多个品种，属 CMOS 电路的 4 位数值比较器有 74HC85（对应的 TTL 电路为 74LS85）、CC14585 等。图 4.51 为 74HC85 的逻辑符号和引脚图，其功能表如表 4.15 所示。

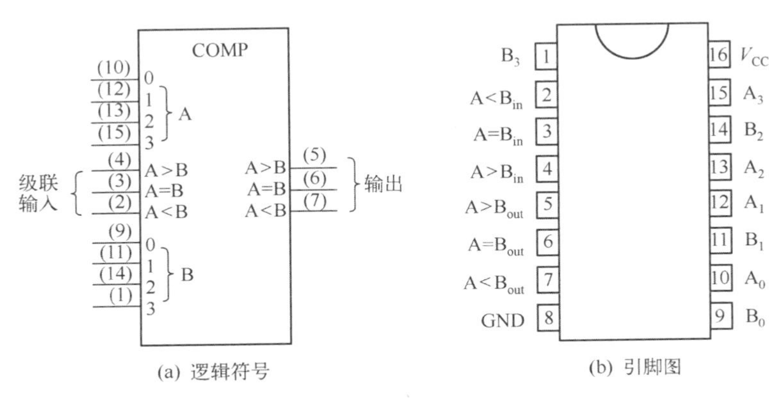

(a) 逻辑符号　　(b) 引脚图

图 4.51　74HC85

表 4.15 中，输出 $Y_{(A>B)}$、$Y_{(A<B)}$、$Y_{(A=B)}$ 是总的比较结果。输入 $A_3A_2A_1A_0$ 和 $B_3B_2B_1B_0$ 是两个相比较的 4 位二进制数。$I_{(A>B)}$、$I_{(A<B)}$、$I_{(A=B)}$ 是级联输入端，当比较的数位大于 4 位时，级联输入端可和低位比较器对应输出端相连，实现比较器位数扩展。分析表 4.15 可知，当单片使用时，应将 $I_{(A=B)}$ 接高电平。

利用上述 4 位数值比较器可以扩展为更多位数的数值比较器。扩展方法有串行接法和并行接法两种。

图 4.52 为用两片 4 位数值比较器 74HC85 扩展为 8 位数值比较器的串行接法，左边芯片比较低 4 位数据，右边芯片比较高 4 位数据。我们知道，对于两个 8 位数，若高 4 位相同，则总的输出状态由低 4 位的比较结果确定。这一点由功能表也可以看出。因此，低 4 位的比较结果应作为高 4 位比较的条件，即低 4 位比较器的输出端应分别和高 4 位比较器的级联输入端连接。另外，为了不影响低 4 位的输出状态，必须使低 4 位的 $I_{(A=B)}=1$，而 $I_{(A>B)}$ 和 $I_{(A<B)}$ 为任意值，这里 $I_{(A>B)}=I_{(A<B)}=0$。这种串行接法电路结构简单，但速度不快。

表 4.15　74HC85 功能表

比较输入				级联输入			输出		
A_3B_3	A_2B_2	A_1B_1	A_0B_0	$I_{(A>B)}$	$I_{(A<B)}$	$I_{(A=B)}$	$Y_{(A>B)}$	$Y_{(A<B)}$	$Y_{(A=B)}$
$A_3>B_3$	×	×	×	×	×	×	1	0	0
$A_3<B_3$	×	×	×	×	×	×	0	1	0
$A_3=B_3$	$A_2>B_2$	×	×	×	×	×	1	0	0
$A_3=B_3$	$A_2<B_2$	×	×	×	×	×	0	1	0
$A_3=B_3$	$A_2=B_2$	$A_1>B_1$	×	×	×	×	1	0	0
$A_3=B_3$	$A_2=B_2$	$A_1<B_1$	×	×	×	×	0	1	0
$A_3=B_3$	$A_2=B_2$	$A_1=B_1$	$A_0>B_0$	×	×	×	1	0	0
$A_3=B_3$	$A_2=B_2$	$A_1=B_1$	$A_0<B_0$	×	×	×	0	1	0
$A_3=B_3$	$A_2=B_2$	$A_1=B_1$	$A_0=B_0$	1	0	0	1	0	0
$A_3=B_3$	$A_2=B_2$	$A_1=B_1$	$A_0=B_0$	0	1	0	0	1	0
$A_3=B_3$	$A_2=B_2$	$A_1=B_1$	$A_0=B_0$	×	×	1	0	0	1
$A_3=B_3$	$A_2=B_2$	$A_1=B_1$	$A_0=B_0$	1	1	0	0	0	0
$A_3=B_3$	$A_2=B_2$	$A_1=B_1$	$A_0=B_0$	0	0	0	1	1	0

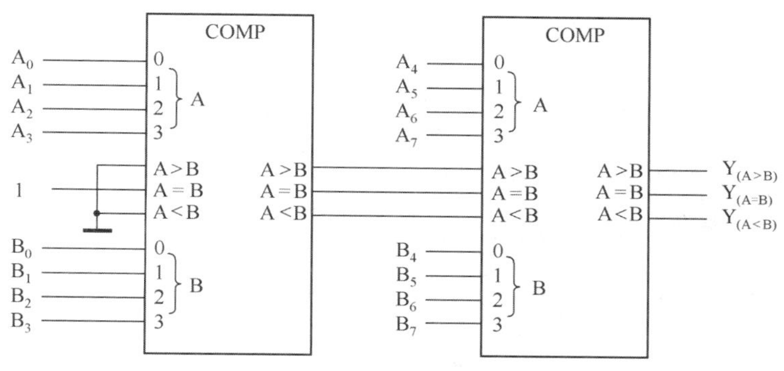

图 4.52　8 位数值比较器（串行接法）

下面以 16 位数值比较器为例，说明并行接法的数值比较器扩展电路的设计思想。设计可采用两级比较法。首先，将 16 位数按高低位次序分成 4 组，每组 4 位。用 4 个 4 位数值比较器实现每组的数值比较，然后将每组的比较结果再经一片 4 位数值比较器比较后得到结果。这种并行接法从输入到稳定输出，只需要 2 倍集成电路芯片的延迟时间。若用串行接法，比较 16 位数则需 4 倍集成电路芯片的延迟时间，使速度得到明显提高（见习题 4.26）。

4．数值比较器应用举例

数值比较器在数字系统设计中有广泛的应用。图 4.53 为利用 74HC85 和加法器 74HC83 实现的求两数之差绝对值的电路。电路输入 $A(A_3A_2A_1A_0)$ 和 $B(B_3B_2B_1B_0)$ 为两个 4 位无符号二进制数，74HC85 实现两数的比较，当 $A\geqslant B$ 时，$P=1$，$Q=0$，则信号 B 经过异或门求反加到 74HC83 的 A 输入端，而 A 信号则以原变量的形式加到 74HC83 的 B 输入端，电路实现 $(A_3A_2A_1A_0)-(B_3B_2B_1B_0)$ 功能。反之，当 $A<B$ 时，$P=0$，$Q=1$，信号 A 经过异或门求反加到 74HC83 的 B 输入端，而 B 信号则以原变量的形式加到 74HC83 的 A 输入端，电路实现 $(B_3B_2B_1B_0)-(A_3A_2A_1A_0)$ 功能。可见，该电路能判断两数的大小，并执行大数减小数的操作，实现了求两数之差的绝对值功能。

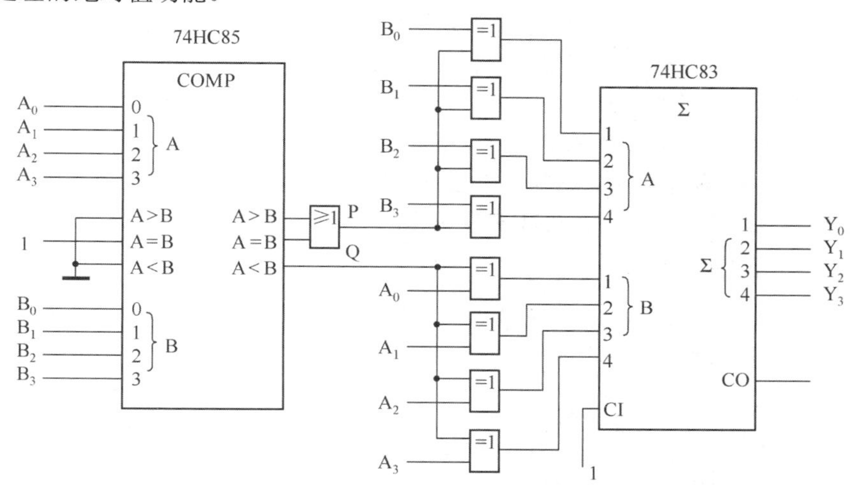

图 4.53　求两数之差绝对值电路

5．数值比较器的 Verilog 描述

电路功能和 74HC85 相类似的 Verilog 描述如例 4.20 所示。

【例 4.20】　带级联输入的 4 位数值比较器的 Verilog 程序代码。

```
module Vr7485(A,B,AGTBIN,ALTBIN,AEQBIN,AGTBOUT,ALTBOUT,AEQBOUT);
    input [3:0] A,B;
    input AGTBIN,ALTBIN,AEQBIN;
    output AGTBOUT,ALTBOUT,AEQBOUT;
    reg AGTBOUT,ALTBOUT,AEQBOUT;

    always @ (A,B,AGTBIN,ALTBIN,AEQBIN)
      if(A==B)
        begin AGTBOUT=AGTBIN;ALTBOUT=ALTBIN;AEQBOUT=AEQBIN; end
      else if (A>B)
        begin AGTBOUT=1'b1;ALTBOUT=1'b0;AEQBOUT=1'b0; end
      else if (A<B)
        begin AGTBOUT=1'b0;ALTBOUT=1'b1;AEQBOUT=1'b0; end
endmodule
```

在上述程序代码中，A、B 分别为输入 4 位二进制数，AGTBIN、ALTBIN 和 AEQBIN 分别为级联输入信号。在第一个 if 语句中，如果 A=B，则级联输出等于级联输入；如果 A≠B，那么由下一个 if 和 else 语句根据当前 A 和 B 的大小来选择级联输出。

4.7 码 转 换 器

在数字系统设计中，经常需要将 BCD 码转换为自然二进制码，或将自然二进制码转换为 BCD 码，能实现代码转换功能的数字电路称为码转换器。从严格意义上讲，我们前面讨论的编码器、译码器等电路均可看成码转换电路。在本节中，我们将重点介绍能实现 BCD 码和自然二进制码之间转换的码转换器的设计方法，并介绍常用码转换器集成电路的使用方法。

4.7.1 BCD–二进制码转换器

将 8421BCD 码转换为二进制码的一种方法是利用加法电路。基本转换过程如下：

（1）将 BCD 码中的每一位的权值用二进制数表示；

（2）将所给 BCD 码中“1”所代表的二进制数相加；

（3）相加的结果为所给 BCD 码的等效二进制数。

让我们考察一个表示两位十进制数的 8421BCD 码，以加深对 BCD 码和二进制数之间关系的理解。例如，有十进制数 87，它表示成 8421BCD 码为

$$\underbrace{1000}_{8}\quad\underbrace{0111}_{7}$$

这个数的左 4 位一组表示 80，右 4 位一组表示 7，即左边高位组的权为 10，右边低位组的权为 1。在每一组中，对应的二进制权值如下：

	十位				个位			
	80	40	20	10	8	4	2	1
位名称	B_3	B_2	B_1	B_0	A_3	A_2	A_1	A_0

BCD 码位权值和二进制数对照表如表 4.16 所示。

对给定的 BCD 码，将码中“1”所对应的权通过查表，可获得对应的二进制数；把所有的“1”所对应的二进制数相加，就得到所给 BCD 码对应的二进制数。

表 4.16 BCD 码位权值与二进制数对照表

BCD 位	BCD 权值	二进制数表示						
		64	32	16	8	4	2	1
A_0	1	0	0	0	0	0	0	1
A_1	2	0	0	0	0	0	1	0
A_2	4	0	0	0	0	1	0	0
A_3	8	0	0	0	1	0	0	0
B_0	10	0	0	0	1	0	1	0
B_1	20	0	0	1	0	1	0	0
B_2	40	0	1	0	1	0	0	0
B_3	80	1	0	1	0	0	0	0

例如，要将 BCD 码 1000 0111（十进制数 87）转换为二进制数，其算式如下：

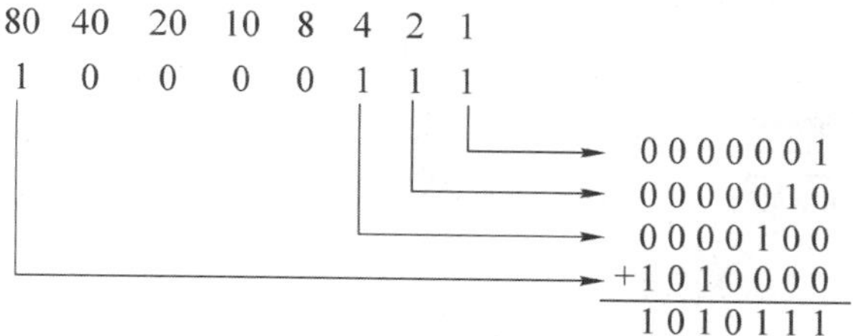

结果 1010111 为 BCD 码 1000 0111 所对应的二进制数。

加法器可以实现上面算式中每一列中“1”的相加，而每一列中是否有“1”，由 BCD 码中哪位是“1”来决定。因此，可根据表 4.16，通过输入 BCD 码来控制对应加法器的输入。由半加器和全加器实现的两位 BCD–二进制码转换器如图 4.54 所示，由于两位 BCD 码最大值为 1001 1001（99），所以输出为 7 位。电路共用了 3 个全加器和 4 个半加器。

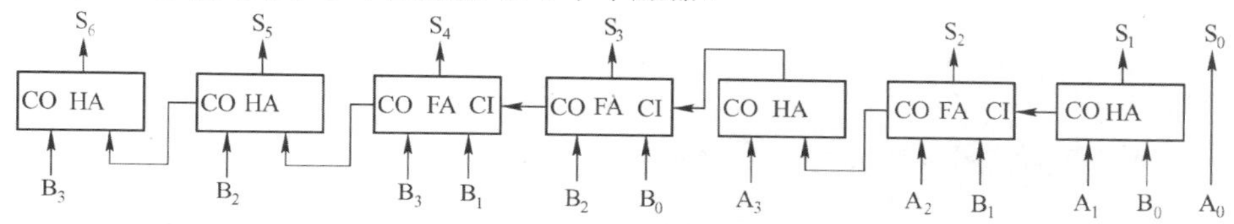

图 4.54　由半加器和全加器实现的两位 BCD–二进制码转换器

4.7.2　常用 BCD–二进制码转换器和二进制–BCD 码转换器集成电路

常用的码转换器集成电路有 BCD–二进制码转换器 74184 和二进制–BCD 码转换器 74185，它们都是 TTL 集成电路。图 4.55 为由 74184 和 74185 构成的 6 位码转换电路。

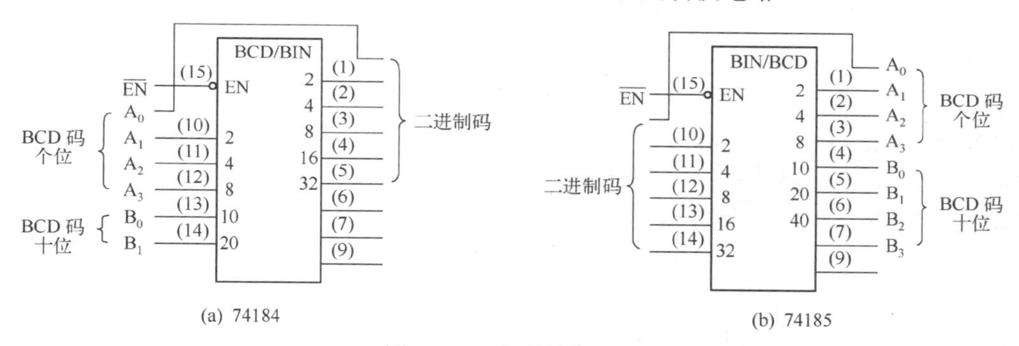

图 4.55　6 位码转换电路

图 4.56 和图 4.57 是 74184 和 74185 的扩展电路，即两位 BCD–二进制码转换器和 8 位二进制–BCD 码转换器。

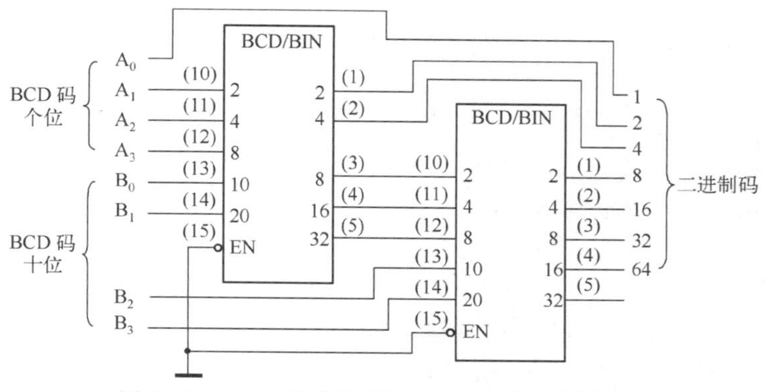

图 4.56　74184 组成的两位 BCD–二进制码转换器

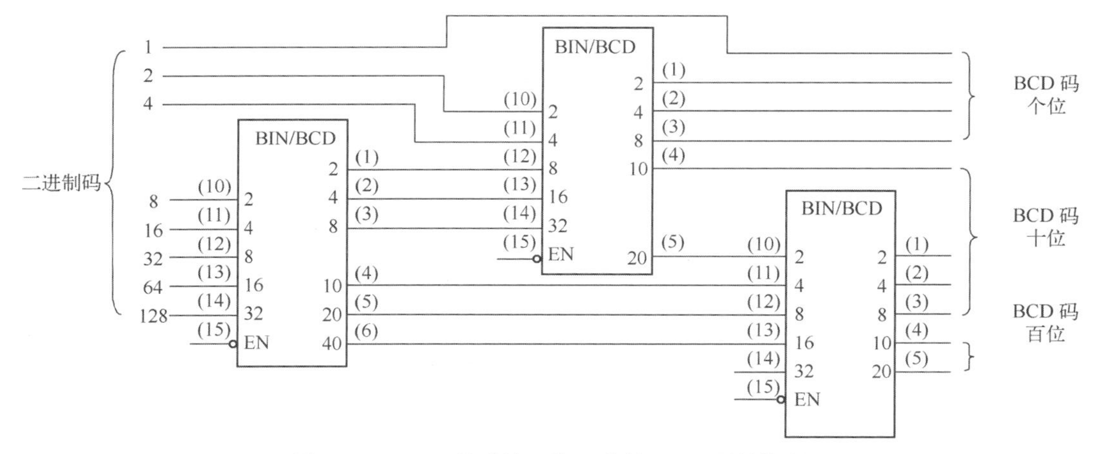

图 4.57　74185 组成的 8 位二进制–BCD 码转换器

4.7.3　码转换电路的 Verilog 描述

在 4.7.1 节中，我们讨论了用加法器实现 BCD –二进制码转换的方法，而在 4.5.5 节中我们用 Verilog 语言设计了半加器和全加器。因此，使用元件例化语句，可根据图 4.53 方便地写出 BCD –二进制码转换器的程序代码。然而，硬件描述语言允许设计者用最有意义、最简便的方式来描述电路。在 BCD –二进制码转换中，合理的转换方法是利用早在小学就熟悉的十进制数的概念。例如，我们知道十进制数 286 实际上是：

$$\begin{array}{r} 2\times100 = 200 \\ +\ 8\times10 = 80 \\ +\ 6\times1 = \underline{\ \ 6} \\ 286 \end{array}$$

而在 BCD 码计数系统中，十进制数 286 的 BCD 码是 0010 1000 0110，每个数位都用 4 位二进制数表示。如果用这些二进制数乘以其用二进制数表示的十进制位权，然后再将它们相加，即可得到与 BCD 码等值的二进制结果。

将两位（个位和十位）由 8421BCD 码表示的十进制数转换为二进制数的码转换器的 Verilog 描述如例 4.21 所示。

【例 4.21】　十进制数转换为二进制数的码转换器的 Verilog 程序代码。

```
module Vrbcd_to_bin(ONES,TENS,BINARY);
    input [3:0] ONES,TENS;
    output [6:0] BINARY;
    reg [6:0] BINARY;
    reg [6:0] TIMES;

    always @ (ONES,TENS)
      begin
        TIMES<=TENS*10;
        BINARY<=TIMES+ONES;
      end
endmodule
```

在例 4.21 的程序代码中，ONES 为个位码，TENS 为十位码，BINARY 为输出二进制数。由于两位十进制数的最大值为 99，所以输出 BINARY 需用 7 位表示。

【例 4.22】　设计一个能将 S 位二进制码转换为格雷码的码转换器。

解：在前面的章节中我们已知道，二进制码和格雷码的关系为：两码的最高位相同，从次高位起，格雷码的对应位等于二进制码的对应位和其高 1 位的异或。因此，由二进制码求格雷码的 Verilog 程序代码如下：

```
module Vrbin_to_gray(BIN,GOUT);
    parameter S=4;
    input [S:1] BIN;
    output [S:1] GOUT;
    reg [S:1] GOUT;
    integer j;

    always @ (BIN)
      begin
        GOUT[S]=BIN[S];
        begin
          for (j=1;j<S;j=j+1)
          begin
            GOUT[j]=BIN[j]^BIN[j+1];
          end
        end
      end
endmodule
```

在以上程序代码中，语句 parameter 定义了一个参数 S，S=4，用于表示输入二进制码 BIN 的位数。在 always 程序块内，采用了 for 循环语句，可见只要改变 S 的值，就可以实现任意位码转换器的设计。

4.8 数字系统设计举例——算术逻辑单元

算术逻辑单元（ALU）是计算机等数字系统中主要的运算部件，ALU 的逻辑符号如图 4.58 所示。ALU 的输入是两组 n 位二进制数，$A=(a_{n-1}\cdots a_0)_2$ 和 $B=(b_{n-1}\cdots b_0)_2$，称为被运算数；输出是 n 位二进制数，$F=(f_{n-1}\cdots f_0)_2$。选择码 $S=(S_{k-1}\cdots S_0)_2$ 控制 ALU 完成特定的运算功能，由于 S 有 k 位，ALU 可能实现的运算达 2^k 种。

下面来设计一个能完成 8 种运算功能的 ALU 电路。在 8 种功能中，有 4 种为算术运算功能，分别为加（A+B）、减（A–B）、加 1（A+1）和减 1（A–1）；有 4 种为逻辑运算功能，分别为与 $(A\cdot B)$、或（A+B）、非 $(\overline{A})$ 和异或 $(A\oplus B)$。需要说明的是，由于被运算数有多位，这里的与、或及异或运算是指 A 和 B 两数下标相同的位之间的对应运算，即位运算。由于总的运算功能为 8 种，所以选择码为 3 位，即 $S=S_2S_1S_0$。ALU 功能表如表 4.17 所示。

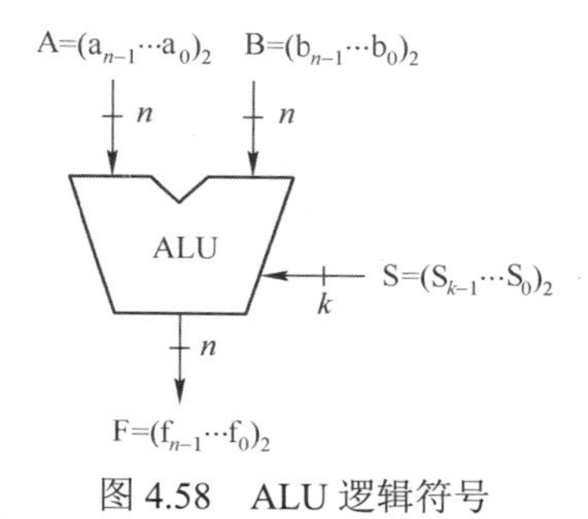

图 4.58　ALU 逻辑符号

表 4.17　ALU 功能表

S_2	S_1	S_0	ALU 功能	说　明
0	0	0	F=A+B	加
0	0	1	F=A–B	减
0	1	0	F=A+1	加 1
0	1	1	F=A–1	减 1
1	0	0	$F=A\cdot B$	与
1	0	1	F=A+B	或
1	1	0	$F=\overline{A}$	非
1	1	1	$F=A\oplus B$	异或

要求采用自顶向下的设计方法，这意味着首先要将顶层的 ALU 设计分解为一些小的模块，再将这些模块逐步进行分解，一直分解到能方便地实现为止。

根据自顶向下的设计要求，我们首先将能进行 n 位运算的 ALU 分解为由 n 个能进行 1 位运算的 ALU 相连接的电路结构。图 4.59（a）是一个 1 位 ALU，a_i 和 b_i 为被运算数，结果为 f_i。为了能进行算术运算，1 位 ALU 必须包括进位输入 C_{i-1} 和进位输出 C_i。图 4.59（b）是 n 位 ALU 结构，它由 n 个 1 位 ALU 级联而成，C-GEN（C 信号发生器）用于产生初始的进位输入 C_{-1}。

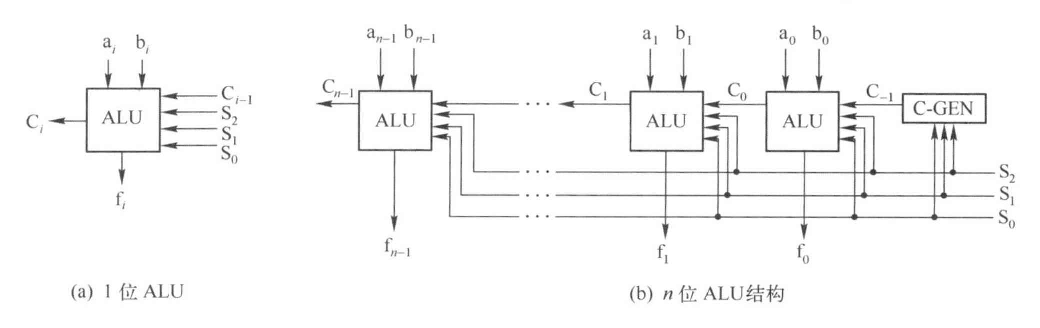

图 4.59　算术逻辑单元（ALU）

下面进行 1 位 ALU 电路的设计。由于 4 种算术运算具有某些关联，我们将完成算术运算功能的电路作为一个模块，称为算术单元（AU）。基于同样的理由，将执行逻辑操作的电路作为另一个模块，称为逻辑单元（LU）；完整的 ALU 还必须有一个输出选择器，以实现对 AU 和 LU 运算结果的选择。根据上述分析，可得 1 位 ALU 的原理框图如图 4.60 所示。由表 4.17 对选择码的定义可知，当 $S_2=0$ 时，ALU 执行算术运算，而 $S_2=1$ 时，执行逻辑运算，所以图 4.60 中的输出选择器由 S_2 确定其输出功能。

下面可以分别对图 4.60 中的 3 个模块进行电路设计。

1. 输出选择器

由于输出选择器是一个标准的 2 选 1 数据选择器，其电路设计过程在前面已经讨论过，故不必进一步分解。一个由与非门组成的 2 选 1 数据选择器如图 4.61 所示。

2. 逻辑单元

数字计算机中的逻辑运算是并行的位操作运算。例如，有 $A=(a_1a_0)_2$ 和 $B=(b_1b_0)_2$ 两个二进制数，它们进行与运算，运算结果为 $Y=(y_1y_0)_2$，则 $y_1=a_1\cdot b_1$，$y_0=a_0\cdot b_0$。LU 的功能表见表 4.18。一种实现 LU 模块的方法是用 4 个不同的逻辑门，分别完成对 a_i 和 b_i 的 4 种不同运算，然后再增加一个 4 选 1 数据选择器，根据选择码 S_1S_0，选择所需要的输出，其电路如图 4.62 所示，图中的输入 x 和 y

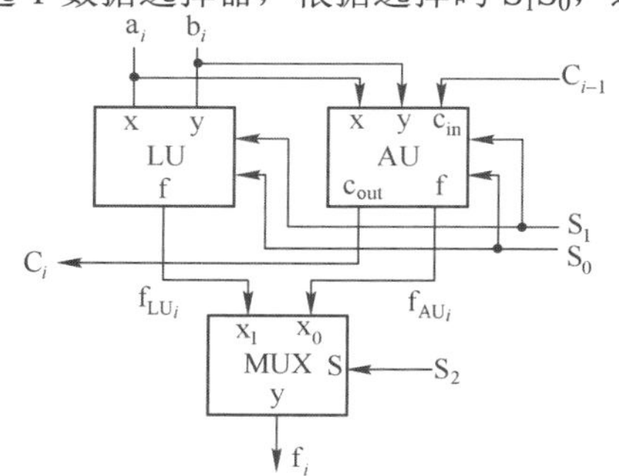

图 4.60　1 位 ALU 的原理框图

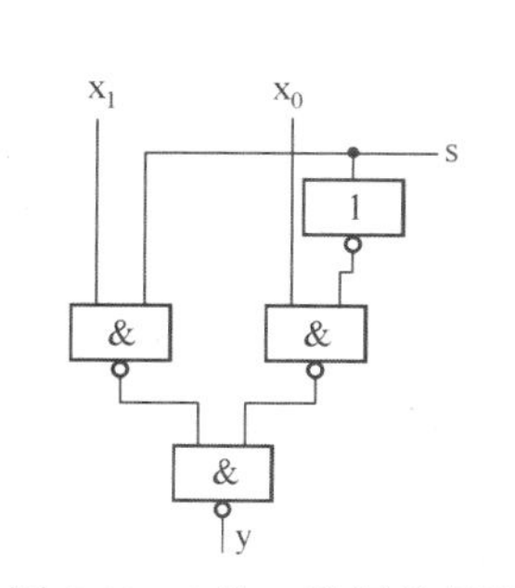

图 4.61　2 选 1 数据选择器

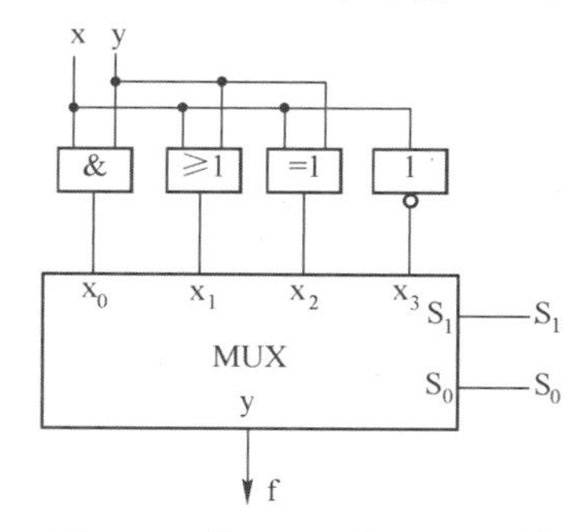

图 4.62　用 MUX 实现 LU 功能

分别和 ALU 的输入 a_i 和 b_i 相连。而 LU 输出 f 对应于图 4.60 中的 f_{LU}。4 选 1 数据选择器的内部电路结构前面已介绍过（见图 4.32）。

若不采用上述设计方法，也可以按组合电路设计的一般方法进行 LU 电路设计。根据表 4.18 可方便地写出 f 的逻辑表达式：

$$f = \overline{S}_1\overline{S}_0(xy) + \overline{S}_1 S_0(x + y) + S_1\overline{S}_0(\overline{x}) + S_1 S_0(x \oplus y)$$

根据上式画出的卡诺图如图 4.63（a）所示，通过卡诺图化简，可得 f 的最简表达式：

$$f = S_1 xy + S_0 x\overline{y} + S_0\overline{x}y + S_1\overline{S}_0\,\overline{x}$$

由与非门实现的逻辑图如图 4.63（b）所示。

表 4.18　LU 功能表

S_1	S_0	f_{LU_i}
0	0	$a_i \cdot b_i$
0	1	$a_i + b_i$
1	0	$\overline{a_i}$
1	1	$a_i \oplus b_i$

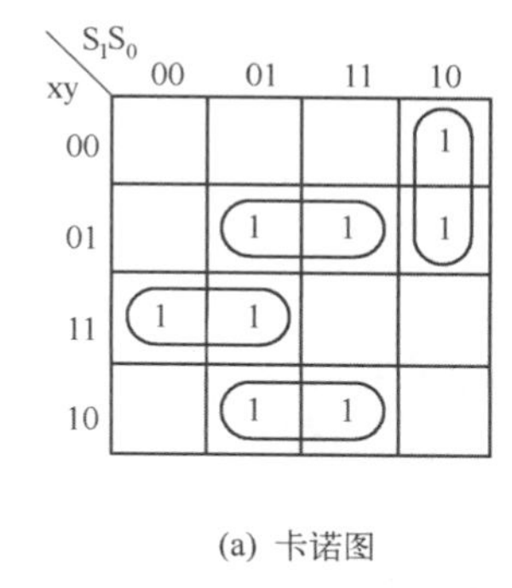

(a) 卡诺图

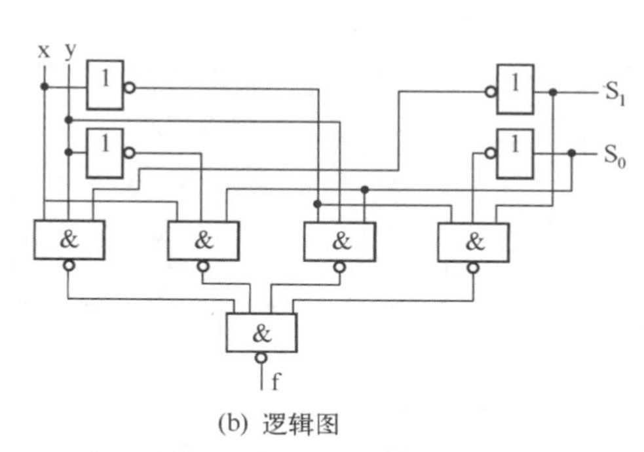

(b) 逻辑图

图 4.63　LU 的卡诺图与逻辑图

3. 算术单元

ALU 的算术单元也能用前面已介绍过的方法进行设计。使用补码进行运算时，加法和减法能由一个全加器来实现。在这个设计中，可采用图 4.42（a）所示的全加器电路。当一位 ALU 的算术单元级联时，全加器采用图 4.43 所示的串行进位结构。我们已知，一个 n 位全加器可完成下列表达式所描述的功能

$$F = X + Y + C_{-1}$$

式中，F、X 和 Y 为 n 位二进制数，C_{-1} 是进位输入。从下面的分析中可以知道，只要合理地控制 Y 和 C_{-1}，就能容易地实现所需要的 4 种算术运算功能。

图 4.64 是一个完整的一位算术单元的示意图，ALU 的被运算数 a_i 连接全加器（FA）的输入端 x_i，Y-GEN（Y 信号产生器）受 S_1S_0 控制，以产生合适的 y_i 信号，作为全加器的另一个输入。下面分 4 种不同情况进行介绍：

（1）加运算：$F = A + B$。由图可知，对全加器，只需简单地使 $X = A$，$Y = B$，$C_{-1} = 0$。因此，Y-GEN 模块只要连接 b_i 到全加器输入端 y_i 即可。

（2）减运算：$F = A - B$。由于减法运算可转换为补码的加法运算，即

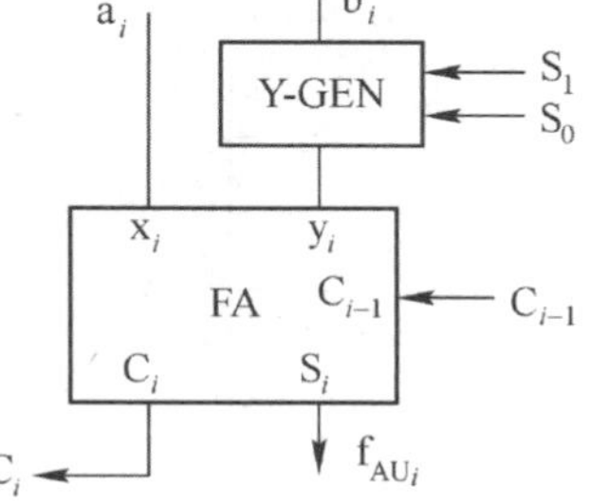

图 4.64　一位算术单元示意图

$$F = A - B = A + [B]_2 = A + \left(\overline{b}_{n-1}\cdots\overline{b}_1\overline{b}_0\right) + 1$$

因此，只要使 $y_i = \overline{b}_i$，并使 $C_{-1} = 1$，就能实现减法功能。故 Y-GEN 应将 b_i 取反后送到 y_i 端。

（3）加 1 运算：$F = A + 1$。在这种情况下，只需简单地使 $Y = 0$，并使 $C_{-1} = 1$。因此，Y-GEN 模块将 0 送到加法器的 y_i 端。

（4）减 1 运算：$F = A - 1$。可写出

$$F = A - 1 = A + (-1) = A + [00\cdots01]_2 = A + (11\cdots11) = A + (11\cdots11) + 0$$

因此，只要使 $y_i = 1$ 及 $C_{-1} = 0$，就能实现减 1 运算。

表 4.19 归纳了上述 4 种情况，根据该表，可容易地写出 y_i 和 C_{-1} 的表达式，以确定 Y-GEN 和 C-GEN 的电路结构。

对 Y-GEN，可写出：

$$y_i = \overline{S}_1\overline{S}_0 b_i + S_0\overline{b}_i + S_1S_0 = \overline{S}_0(\overline{S}_1 b_i) + S_0(S_1 + \overline{b}_i) = S_0 \oplus (\overline{S}_1 b_i) \tag{4.10}$$

由式（4.10）画出的逻辑图如图 4.65（a）所示。

表 4.19　y_i 和 C_{-1} 取值表

功能	S_1	S_0	y_i	C_{-1}
加	0	0	b_i	0
减	0	1	$\overline{b}_i$	1
加 1	1	0	0	1
减 1	1	1	1	0

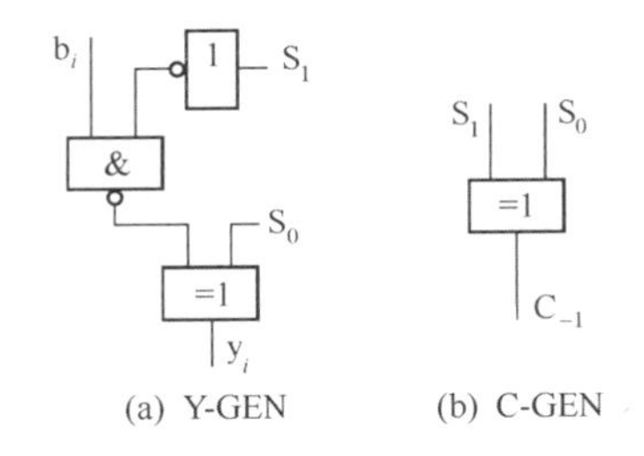

(a) Y-GEN　(b) C-GEN

图 4.65　Y-GEN 和 C-GEN 的逻辑图

对 C-GEN，可写出：

$$C_{-1} = S_1\overline{S}_0 + \overline{S}_1 S_0 = S_1 \oplus S_0 \tag{4.11}$$

由式（4.11）得到的逻辑图如图 4.65（b）所示。

最后，我们将 MUX 电路（图 4.61）、LU 电路[图 4.62 或图 4.63（b）]、AU 电路[包括 FA 和 Y-GEN 电路、FA 电路见图 4.42（a）、Y-GEN 电路见图 4.65（a）]按图 4.60 连接，便构成了一位 ALU 电路（图略）。将多个一位 ALU 电路按图 4.59（b）所示结构相连，就组成了多位 ALU，其中 C-GEN 电路如图 4.65（b）所示。

ALU 集成电路有多个品种，有些功能简单，有些较复杂。图 4.66 所示为 4 位 ALU 集成电路 74LS382（TTL）和 74HC382（CMOS）的逻辑符号和功能表。图中，$A_3A_2A_1A_0$ 和 $B_3B_2B_1B_0$ 为两组操作数，$F_3F_2F_1F_0$ 为输出结果。在任一时刻，电路所进行的操作取决于功能选择输入信号 $S_2S_1S_0$ 的取值。由图 4.66（b）所示功能表可见，该 ALU 可进行 8 种不同的操作。下面做简单说明。

（1）清零操作。$S_2S_1S_0 = 000$ 时，ALU 将所有输出清零，使 $F_3F_2F_1F_0 = 0000$。

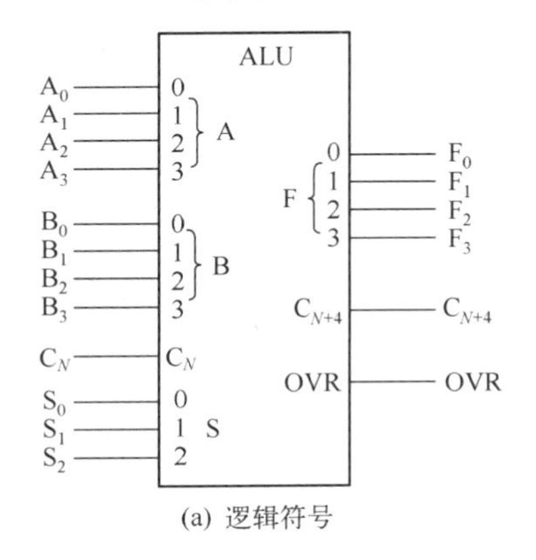

(a) 逻辑符号

S_2	S_1	S_0	操 作	说 明
0	0	0	清零	$F_3F_2F_1F_0$=0000
0	0	1	$F = B - A$	要求 C_N=1
0	1	0	$F = A - B$	要求 C_N=1
0	1	1	$F = A + B$	要求 C_N=0
1	0	0	$F = A \oplus B$	异或
1	0	1	$F = A + B$	或
1	1	0	$F = A \cdot B$	与
1	1	1	预置	$F_3F_2F_1F_0$=1111

(b) 功能表

图 4.66　74LS382/HC382

（2）加法运算。$S_2S_1S_0 = 011$ 时，ALU 将把 $A_3A_2A_1A_0$ 和 $B_3B_2B_1B_0$ 相加，输出 $F_3F_2F_1F_0$ 为两数之

和。在这个操作中，低位进位输入信号 C_N 必须置为零，C_{N+4} 为最高位的进位输出。OVR 是溢出指示输出端，在有符号数运算时用来检测溢出。当一个加法或减法运算所产生的结果太大，无法用 4 位（包括符号）表示时，OVR 将为 1。

（3）减法运算。$S_2S_1S_0=001$ 时，ALU 执行 $B_3B_2B_1B_0$ 减 $A_3A_2A_1A_0$ 的操作。而 $S_2S_1S_0=010$ 时，ALU 执行 $A_3A_2A_1A_0$ 减 $B_3B_2B_1B_0$ 的操作。输出 $F_3F_2F_1F_0$ 为两数之差。在减法运算时，要求 C_N 为 1。

（4）异或运算。$S_2S_1S_0=100$ 时，ALU 执行异或运算，异或运算为位运算。

（5）或运算。$S_2S_1S_0=101$ 时，ALU 执行或运算，或运算为位运算。

（6）与运算。$S_2S_1S_0=110$ 时，ALU 执行与运算，与运算为位运算。

（7）预置操作。$S_2S_1S_0=111$ 时，ALU 将所有输出置位，使 $F_3F_2F_1F_0=1111$。

复习思考题

R4.1　什么是编码？什么是优先编码？

R4.2　试根据本章例 4.2 的解题过程，总结出能将多片 8 线-3 线优先编码器 74148 扩展为多线优先编码器的一般方法。

R4.3　何种译码器可以作为数据分配器？如何将二-十进制译码器 7442 连接成 8 路数据分配器？

R4.4　二进制译码器和数据选择器均能作为通用器件来实现一般组合电路，试归纳出各自的设计方法和特点。

R4.5　超前进位加法器和串行加法器的区别是什么？它们各有什么优缺点？

R4.6　简要说明通过加补码实现减法运算的原理。

R4.7　如何用加法器实现乘法器电路。

习题

4.1　用门电路设计一个 4 线-2 线二进制优先编码器。编码器输入为 $\bar{A}_3\bar{A}_2\bar{A}_1\bar{A}_0$，$\bar{A}_3$ 优先级最高，$\bar{A}_0$ 优先级最低，输入信号低电平有效。输出为 $\bar{Y}_1\bar{Y}_0$，反码输出。电路要求加一个 G 输出端，以指示最低优先级信号 $\bar{A}_0$ 输入有效。

4.2　试用 5 片 8 线-3 线优先编码器 74148 和少量与门构成 32 线-5 线优先编码器。电路的 32 个输入信号分别为 $\bar{I}_0\sim\bar{I}_{31}$，低电平为输入有效电平，其中 $\bar{I}_{31}$ 的优先级最高，$\bar{I}_0$ 的优先级最低。要求编码器输出 $\bar{A}_4\bar{A}_3\bar{A}_2\bar{A}_1\bar{A}_0$ 为对应输入信号的 5 位二进制反码。74148 功能表如表 4.3 所示。（查阅本题题解请扫描二维码 4-1）

4.3　试用 3 线-8 线译码器 74138 扩展为 5 线-32 线译码器。74138 逻辑符号如图 4.16（a）所示。（查阅本题题解请扫描二维码 4-2）

二维码 4-1

二维码 4-2

4.4　试用 1 片 4 线-16 线译码器 74154 和适当的门电路实现以下多输出逻辑函数。

（1）$\begin{cases} F_1(A,B,C,D)=\bar{A}\,\bar{B}C+A\bar{C}D \\ F_2(A,B,C,D)=\sum m(1,3,5,7,9) \\ F_3(A,B,C,D)=\prod M(0,1,4\sim10,13\sim15) \end{cases}$

（2）$\begin{cases} F_1(A,B,C,D)=\prod M(1,3,4,5,7,8,9,10,12,14) \\ F_2(A,B,C,D)=\sum m(2,7,10,13) \\ F_3(A,B,C,D)=BC\bar{D}+A\bar{B}D \end{cases}$

4.5　写出图 P4.5 所示电路输出 F_1 和 F_2 的最简逻辑表达式。3 线-8 线译码器 74138 功能表如表 4.6 所示。

4.6　试用 3 线-8 线译码器 74138 和 2 个四输入与非门，设计一个有 3 个输入和 2 个输出的电路。电路以 2 位二进制码形式表示输入数据中“1”的个数。例如，输入 $ABC=101$ 时，输出 $C_{out}=10$。74138 功能表如表 4.6 所示。

4.7　试用一片 4 线-16 线译码器 74154 和与非门设计能将 8421BCD 码转换为格雷码的码转换器。74154 的逻辑符号如图 4.17 所示。

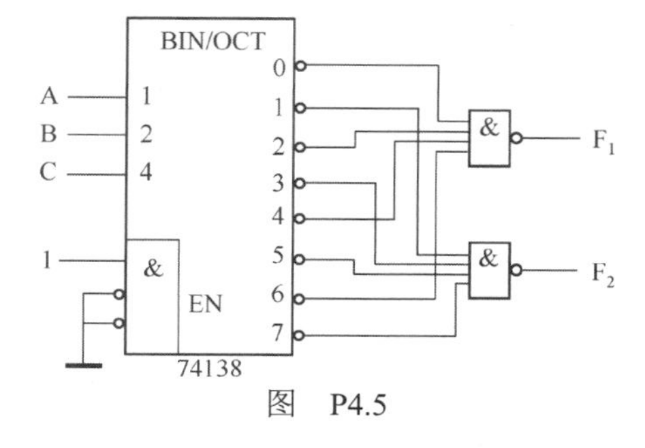

图　P4.5

4.8　试用两片双 4 选 1 数据选择器 74153 和少许门电路，通过控制选通端扩展为一个 16 选 1 数据选择器。74153 逻辑符号和功能表如图 4.34 所示。（查阅本题题解请扫描二维码 4-3）

4.9　试用 8 选 1 数据选择器 74151 实现下列逻辑函数。74151 的逻辑符号如图 4.37（a）所示。

（1）$F(A,B,C)=\sum m(2,4,5,7)$　　（2）$F(A,B,C)=\prod M(0,6,7)$

（3）$F(A,B,C)=(A+\overline{B})(\overline{B}+C)$　　（4）$F(A,B,C,D)=B\overline{C}+\overline{A}\,\overline{C}\,\overline{D}+A\overline{C}D+\overline{A}\,\overline{B}CD+A\overline{B}C\overline{D}$

（5）$F(A,B,C,D)=\sum m(0,2,3,5,6,7,8,9)+\sum d(10\sim 15)$

4.10　分别用 4 选 1 数据选择器和少许门电路实现上题中（4）和（5）所示逻辑函数。

4.11　图 P4.11 为 4 线-2 线优先编码器逻辑符号，其功能见图 4.3（a）的真值表。试用两个 4 线-2 线优先编码器、两个 2 选 1 数据选择器和少许门电路，设计一个带无信号编码输入标志的 8 线-3 线优先编码器。（查阅本题题解请扫描二维码 4-4）

4.12　试写出图 P4.12 所示电路的输出函数的最小项之和表达式。图中 74139 为双 2 线-4 线译码器；74151 为 8 选 1 数据选择器，74151 逻辑符号如图 4.37（a）所示。

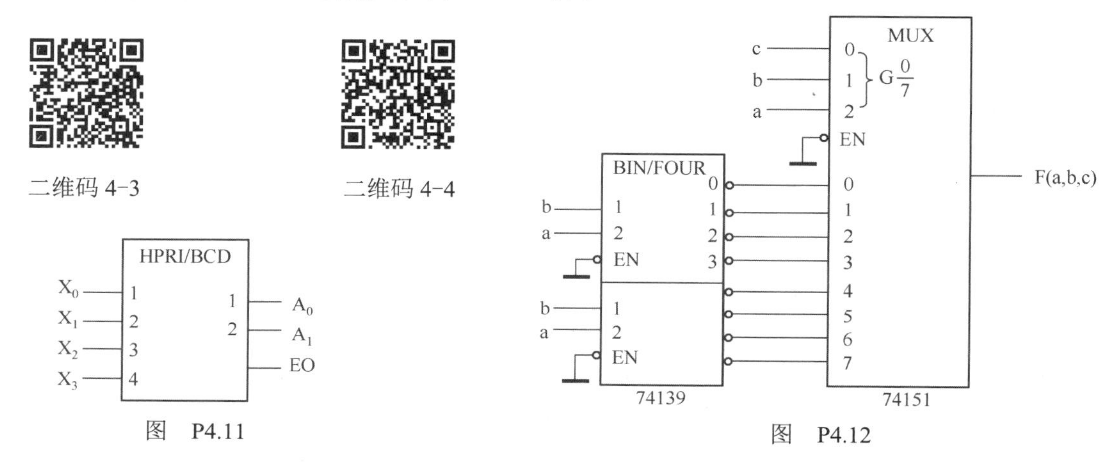

图　P4.12

4.13　试用一片 3 线-8 线译码器 74138 和两个与非门实现一位全加器。74138 的功能表如表 4.6 所示。

4.14　试用一片双 4 选 1 数据选择器 74153 和少量门实现一位全减器。74153 的逻辑符号和功能表如图 4.34 所示。（查阅本题题解请扫描二维码 4-5）

4.15　写出图 P4.15 所示电路的输出最小项之和表达式。

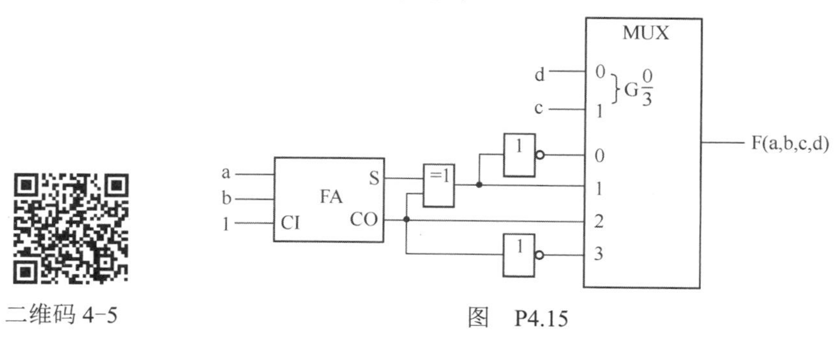

图　P4.15

4.16　试用 4 位二进制加法器 7483，设计一个能将余 3BCD 码转换为自反 2421BCD 码的码转换器。7483

的逻辑符号如图 4.47（b）所示。

4.17　试完善图 4.48 所示电路设计，使电路输出为带符号的二进制原码。（查阅本题题解请扫描二维码 4-6）

4.18　试设计一个 12 位二进制加/减法器，要求电路输出为带符号的二进制原码。（查阅本题题解请扫描二维码 4-7）

4.19　试用两片 4 位二进制加法器 7483 和少量门电路设计一个带借位输入和借位输出的 8421BCD 码减法器，要求电路输出为原码。7483 的逻辑符号如图 4.47（b）所示。（查阅本题题解请扫描二维码 4-8）

*4.20　试用两片 4 位二进制加法器 7483 和少量门电路设计一个一位 BCD 码加/减法器，电路有 4 组输入：$A = A_3A_2A_1A_0$ 和 $B = B_3B_2B_1B_0$ 为两个一位 BCD 码，C_i 为低位进位/借位输入，sel 为选择输入。输出为 $Z = Z_3Z_2Z_1Z_0$ 和 C_o，其中 Z 为本位结果，C_o 为向高位的进位/借位输出。要求：当 sel = 0 时，电路做加法（$A + B$）运算；当 sel = 1 时，电路做减法（$A - B$）运算。电路输出为带符号的原码。（查阅本题题解请扫描二维码 4-9）

二维码 4-6

二维码 4-7

二维码 4-8

二维码 4-9

*4.21　试设计一个 3 位 BCD 码加/减法器。要求电路输出为带符号原码。（查阅本题题解请扫描二维码 4-10）

4.22　用全加器和与门设计一个能完成两个 3 位无符号二进制数相乘的并行二进制乘法器。（查阅本题题解请扫描二维码 4-11）

4.23　试用一片双 4 选 1 数据选择器 74HC4539 和一片 3 线-8 线译码器 74138 构成一个 3 位并行数码比较器。电路输入为两个 3 位二进制数。电路功能为：当输入两数相同时，输出为 0，不同时输出为 1。74HC4539 功能表如图 4.34（b）所示，74138 功能表如表 4.6 所示。

4.24　试用一片 4 位数值比较器 74HC85 和少量门实现对两个 5 位二进制数进行比较的数值比较器。74HC85 功能表如表 4.15 所示。

4.25　试用一片 4 位数值比较器 74HC85 构成一个数值范围指示器，其输入变量 ABCD 为 8421BCD 码，用以表示一位十进制数 X。当 $X \geqslant 5$ 时，该指示器输出为 1，否则输出为 0。74HC85 功能表如表 4.15 所示。

4.26　用 5 片数值比较器 74HC85 设计并行结构的 16 位数值比较器。74HC85 功能表如表 4.15 所示。（查阅本题题解请扫描二维码 4-12）

4.27　试用 4 位数值比较器 74HC85 和逻辑门，设计一个能同时对 3 个 4 位二进制数进行比较的数值比较器，使该比较器的输出满足表 P4.27 所示真值表要求。设 3 个二进制数分别为：$X = (x_3x_2x_1x_0)_2$，$Y = (y_3y_2y_1y_0)_2$，$Z = (z_3z_2z_1z_0)_2$。74HC85 功能表如表 4.15 所示。（查阅本题题解请扫描二维码 4-13）

表　P4.27

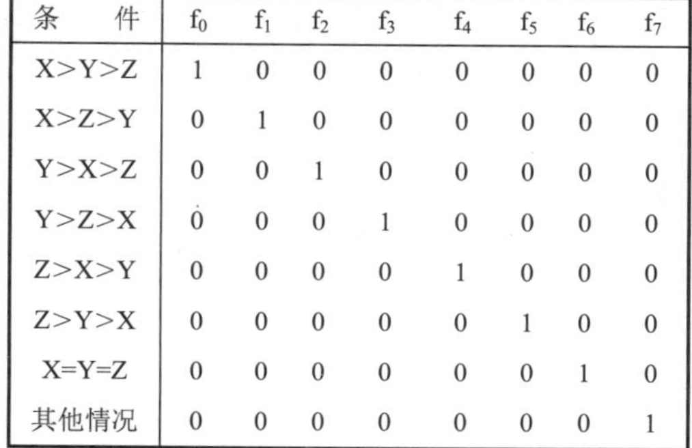

条　件	f_0	f_1	f_2	f_3	f_4	f_5	f_6	f_7
X>Y>Z	1	0	0	0	0	0	0	0
X>Z>Y	0	1	0	0	0	0	0	0
Y>X>Z	0	0	1	0	0	0	0	0
Y>Z>X	0	0	0	1	0	0	0	0
Z>X>Y	0	0	0	0	1	0	0	0
Z>Y>X	0	0	0	0	0	1	0	0
X=Y=Z	0	0	0	0	0	0	1	0
其他情况	0	0	0	0	0	0	0	1

二维码 4-10

二维码 4-11

二维码 4-12

二维码 4-13

4.28　74HC382 ALU 芯片的逻辑符号和功能表如图 4.66 所示。（查阅本题题解请扫描二维码 4-14）

（1）判断在下列输入时 74HC382 的输出是什么？

$S_2S_1S_0 = 010$，$A_3A_2A_1A_0 = 0100$，$B_3B_2B_1B_0 = 0001$，$C_N = 1$

（2）如将选择码改为 011，上一问的结果又是什么？

4.29　试用两片 74HC382 ALU 芯片连成 8 位减法器电路。74HC382 的逻辑符号和功能表如图 4.66 所示。（查阅本题题解请扫描二维码 4-15）

二维码 4-14

二维码 4-15

Verilog 编程设计题

B4.1　设计一个逻辑功能和 8 线-3 线优先编码器 74148 相同的编码器。74148 功能表如表 4.3 所示。（查阅本题题解请扫描二维码 4-16）

B4.2　设计一个带使能控制的七段显示译码器。设译码器输入 X 表示 4 位二进制数，使能端为 EN（EN 高电平有效，EN 为 0 时，显示器不亮），输出驱动共阳显示器，当输入为 0000~1111 时，其输出字符和 7448 正常显示时相同。7448 的功能表如表 4.9 所示。（查阅本题题解请扫描二维码 4-17）

B4.3　设计一个具有 4 通道且每个通道为 8 位的数据选择器。要求该数据选择器具有三态输出和使能控制功能。（查阅本题题解请扫描二维码 4-18）

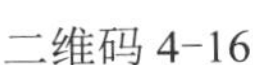

二维码 4-16

二维码 4-17

二维码 4-18

B4.4　（1）分别设计一个半加器和一个或门；（2）根据全加器结构示意图（见图 4.12），用半加器和或门模块，采用元件例化方法设计一个全加器；（3）用半加器和全加器，采用元件例化方法设计 4 位二进制串行进位加法器。（查阅本题题解请扫描二维码 4-19）

B4.5　设计一个和题 4.27 功能相同的比较器。（查阅本题题解请扫描二维码 4-20）

B4.6　设计一个功能和表 4.17 功能相同的 4 位 ALU 电路。（查阅本题题解请扫描二维码 4-21）

二维码 4-19

二维码 4-20

二维码 4-21

第 5 章　时序逻辑电路

5.1　概　　述

1. 时序逻辑电路的基本概念

数字逻辑电路按逻辑功能和电路组成的特点可分为组合逻辑电路（简称组合电路）和时序逻辑电路（简称时序电路）两大类。

在第 3、4 章中讨论的电路为组合电路，这种电路在任何时刻产生的稳定输出信号都仅仅取决于该时刻电路的输入信号，而与该时刻以前的输入信号无关，即组合电路无记忆功能。

时序电路和组合电路不同，时序电路在任何时刻的输出稳态值，不仅与该时刻的输入信号有关，而且与该时刻以前的输入信号也有关，即时序电路有记忆功能。例如，有一台自动售饮的机器，它有一个投币口，规定只允许投入一元面值的硬币。若一罐饮料的价格为三元，则当顾客连续投入三个一元的硬币后，机器将输出一罐饮料。在这一操作过程中，输出饮料这一动作，虽然发生在第三枚硬币投入以后，但却和前两次投入的硬币有关。机器之所以能在第三枚硬币投入后输出饮料，是因为在第三枚硬币投入之前它已把前两次投币的信息记录并保存了下来，自动售饮机内部的电路就是典型的时序电路。

2. 时序逻辑电路的结构模型

时序电路结构模型如图 5.1 所示，它包括组合电路和存储电路两个部分。图中，($x_1, \cdots, x_n$) 是时序电路的 n 个外部输入信号；($z_1, \cdots, z_m$) 是时序逻辑电路的 m 个外部输出信号；存储电路的输入信号（$w_1, \cdots, w_k$）是组合电路的部分输出信号，被称为驱动信号；存储电路的输出信号（$q_1, \cdots, q_r$）被反馈到组合电路的输入端，与外部输入信号共同决定时序电路的输出状态，($q_1, \cdots, q_r$) 被称为状态变量，它的每一种取值代表存储电路的一种状态。

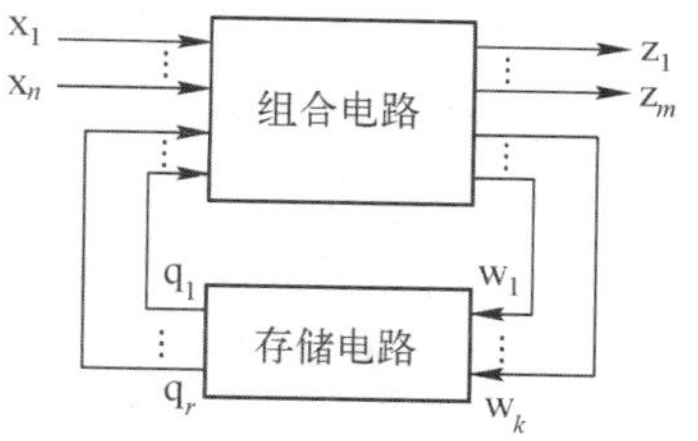

图 5.1　时序电路结构模型

由上述可知，时序电路在电路结构上有两个特点：一是具有存储电路；二是具有反馈支路。因而，时序电路的工作状态与时间因素相关。即时序电路的输出由电路的输入和原来的状态共同决定。

另外，从时序电路的结构模型中可以看出，存储电路是时序电路的重要组成部分，它一般是由存储器件组成的。在数字逻辑电路中，能存储一位二值信号的器件称为存储单元。最常用的存储单元有两类，一类是锁存器，另一类是触发器。本书 5.2 节和 5.3 节将专门介绍一些常用的锁存器和触发器的电路结构、工作原理及功能描述方法等。

3. 时序逻辑电路的描述方法

为了准确地描述时序电路的逻辑功能，常采用逻辑方程、状态表、状态图和时序图等方法，下面分别介绍这几种方法。

（1）逻辑方程

在时序电路中，所有输入、输出变量都是时间的函数，因此，在逻辑函数描述中，必须引入时间变量 t_n，这些时间变量取值的时刻都是离散的时间。由图 5.1 可知，时序电路的输入变量、输出变量和电路状态之间的逻辑关系可以采用下列三组方程描述：

① 输出方程： $$Z(t_n)=F\left[X(t_n),Q(t_n)\right] \tag{5.1}$$

② 驱动方程： $$W(t_n)=G\left[X(t_n),Q(t_n)\right] \tag{5.2}$$

③ 状态方程： $$Q(t_{n+1})=H\left[W(t_n),Q(t_n)\right] \tag{5.3}$$

式中， $Z=\begin{bmatrix} z_1 \\ z_2 \\ \vdots \\ z_m \end{bmatrix}$， $X=\begin{bmatrix} x_1 \\ x_2 \\ \vdots \\ x_n \end{bmatrix}$， $W=\begin{bmatrix} w_1 \\ w_2 \\ \vdots \\ w_k \end{bmatrix}$， $Q=\begin{bmatrix} q_1 \\ q_2 \\ \vdots \\ q_r \end{bmatrix}$。

上述方程中，t_n、t_{n+1} 表示相邻的两个离散时间。如果用 t_n 表示当前的考察时间，用 t_{n+1} 表示下一个考察时间，则 $Q(t_n)$表示存储电路的当前状态，称为原态，记为 Q^n；$Q(t_{n+1})$表示存储电路的下一个状态，称为新态（或次态），记为 Q^{n+1}。

由上述三组方程可以看出时序电路的内在联系，t_n 时刻的输出 $Z(t_n)$是由 t_n 时刻的输入 $X(t_n)$和该时刻存储电路的状态 $Q(t_n)$决定的；而 t_{n+1} 时刻存储电路的状态 $Q(t_{n+1})$是由 t_n 时刻存储电路的输入 $W(t_n)$和 t_n 时刻存储电路的状态 $Q(t_n)$决定的；$W(t_n)$又是由 $X(t_n)$和 $Q(t_n)$来决定的。这样依次递推下去，说明任何时刻的输出，不仅和该时刻的输入有关，而且和该时刻电路的状态，即和以前的外部输入也有关。

（2）状态表

状态表（或称状态转换表）是反映时序电路输出 Z、新态 Q^{n+1} 和输入 X、原态 Q^n 间对应取值关系的表格。表格可画成多种形式，图 5.2 为两种常见的格式。状态表能清楚地反映出状态转换的全部过程，从而使电路的逻辑功能一目了然。

（3）状态图

状态图是反映电路的状态数、状态转换规律及相应输入、输出取值的几何图形。图 5.3 为状态图的示意图，图中的圈表示状态，状态转换（由原状态 Q^n 转换到新状态 Q^{n+1}）由带箭头的弧线表示，在每个弧线边上标出输入 X 和输出 Z。状态图能更为形象和直观地反映出电路的逻辑功能。

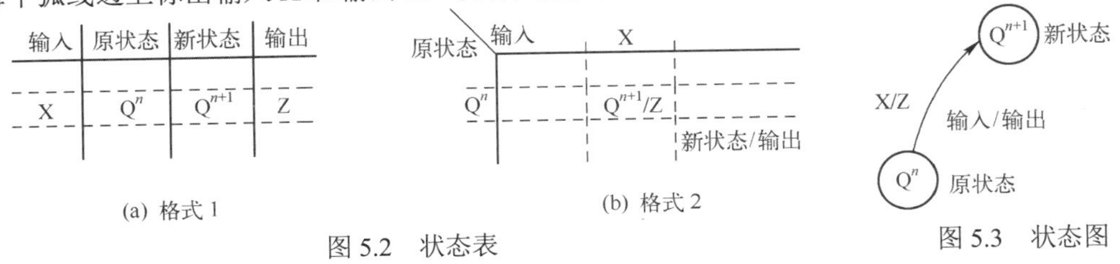

图 5.2 状态表　　图 5.3 状态图

（4）时序图

时序图，又称定时波形，是指反映时序电路中输入信号、存储单元的各个状态以及输出信号在时间上的对应关系的工作波形，它比较直观形象，可以很好地反映时序电路的工作过程。时序图所表示的工作波形可在实验室中利用多踪示波器或多通道逻辑分析仪测量获取。

4. 时序逻辑电路的分类

时序电路应用范围广，电路种类多，因此有多种分类方式。

（1）根据存储电路中存储单元状态改变的特点，可以将时序电路分为同步时序电路和异步时序电路两大类。在同步时序电路中，所有存储单元的状态改变是在统一的时钟控制下同时发生的。而异步时序电路中的存储单元是在不同的时钟控制下工作的，各存储单元的状态改变不是同时发生的。

（2）根据输出信号的特点，还可以将时序电路分为米里（Mealy）型和摩尔（Moore）型两类。在米里型电路中，输出信号不仅取决于存储电路的状态，而且还取决于外部输入信号；在摩尔型电路中，输出仅仅取决于存储电路的状态。

（3）根据时序电路的逻辑功能，可以将其分为计数器、寄存器、移位寄存器、序列信号发生器等。这些电路将在第 6 章中介绍。

5.2 锁 存 器

锁存器是一种直接由激励信号控制电路状态的存储单元。按照逻辑功能分类，锁存器可分为 RS 锁存器、D 锁存器；按照电路结构分类，锁存器可分为普通锁存器和门控锁存器。

5.2.1 普通锁存器

RS 锁存器（Reset-Set 锁存器，复位-置位锁存器）是普通锁存器中结构最简单的一种，下面以 RS 锁存器为例来介绍普通锁存器。

RS 锁存器是构成其他锁存器和触发器的最基本单元。

1. RS 锁存器的电路结构及逻辑符号

RS 锁存器可以用两个交叉耦合的或非门（或者与非门）组成，图 5.4（a）为由或非门组成的 RS 锁存器的电路结构，图 5.4（b）为它的逻辑符号。

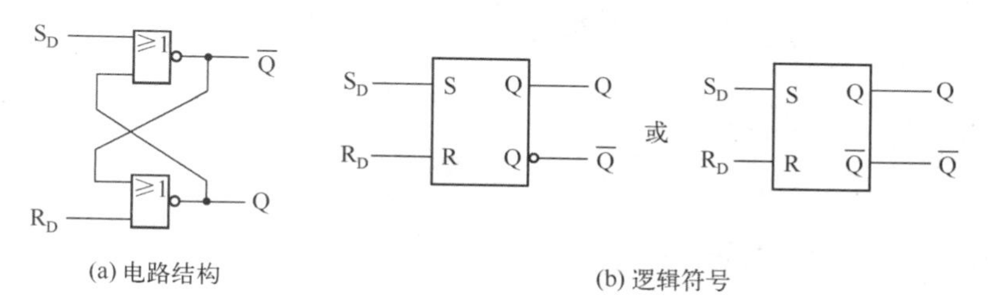

(a) 电路结构　　(b) 逻辑符号

图 5.4　或非门 RS 锁存器

RS 锁存器有两个输入端：S_D 称为置位端（或置 1 端），R_D 称为复位端（或置 0 端），下标 D（Direct）表示信号能直接起置位和复位作用。由于对或非门而言，只要输入端有 1（即高电平）就能使其输出为 0，故 S_D、R_D 端为 1 时表示有激励信号，为 0 时表示无激励信号。RS 锁存器有两个输出端 Q 和 $\overline{Q}$，正常工作时，Q 和 $\overline{Q}$ 的逻辑值是互补的，即若 Q=0，则 $\overline{Q}$=1；若 Q=1，则 $\overline{Q}$=0。锁存器（或触发器）的状态，是用输出端 Q 的值来命名的，若 Q=0，称锁存器（或触发器）为 0 状态（或复位状态）；若 Q=1，则称锁存器（或触发器）为 1 状态（或置位状态）。

2. RS 锁存器的逻辑功能分析

设激励信号作用前的锁存器状态为原状态，记为 Q^n，激励信号作用后的锁存器状态为新状态，记为 Q^{n+1}。下面分四种情况来讨论 RS 锁存器的工作原理。

（1）当 $S_D = R_D = 0$ 时，即两输入端均无激励信号，根据或非门的逻辑关系容易看出，不论电路原来是处于 0 状态还是 1 状态，锁存器都维持原状态不变。例如，设电路原状态为 1，即 Q=1，$\overline{Q}$=0，由于 R_D=0，所以 Q 将维持为 1，Q=1 又使 $\overline{Q}$ 维持为 0。

（2）当 S_D=0，R_D=1 时，即 R_D 输入端有激励信号，则 R_D=1 将迫使 Q=0，而 Q=0 和 S_D=0 又会使 $\overline{Q}$=1，电路进入 0 状态。这时如果将 R_D 的激励信号去除（即 R_D 由 1 变为 0），电路将维持为 0 状态。

（3）当 S_D=1，R_D=0 时，即 S_D 输入端有激励信号，则 S_D=1 将迫使 $\overline{Q}$=0，而 $\overline{Q}$=0 和 R_D=0 又会使 Q=1，电路进入 1 状态。这时如果将 S_D 的激励信号去除（即 S_D 由 1 变为 0），电路将维持为 1 状态。

（4）当 S_D=R_D=1 时，即 S_D 和 R_D 两输入端同时加激励信号，两个或非门的输出 Q 和 $\overline{Q}$ 全为 0，这种 Q 和 $\overline{Q}$ 的非互补状态属于不正常工作状态，并且当两个激励信号同时去除后，锁存器稳定在何种新的状态，将取决于两个或非门传输延迟时间的差别和外界干扰等因素，故不能确定锁存器的新状态。当然，如果 R_D 和 S_D 的激励信号不是同时消失的，则锁存器的新状态是确定的。

例如，S_D 先由 1 变为 0，则锁存器的 $\overline{Q}$ 将由 0 变为 1，即进入 0 状态，当 R_D 端的信号去除后，电路维持在 0 状态。反之，若先去除 R_D 端的激励信号，后去除 S_D 端的激励信号，锁存器的新状态将是 1。一般情况下，S_D=R_D=1 应禁止使用，即要求 R_D 和 S_D 满足 S_DR_D=0 的约束条件。

在 RS 锁存器中，由于 S_D 和 R_D 的激励信号直接作用于两个或非门上，所以输入信号在全部作用时间内，都能直接改变电路的状态。这是 RS 锁存器的动作特点。

RS 锁存器也可以由与非门构成，如图 5.5 所示。和或非门电路比较，其有两个地方不同：一是输入信号位置不同；二是输入信号写成 $\overline{S}_D$ 和 $\overline{R}_D$ 形式。变量带非的这种形式（逻辑符号中输入端加小圆圈）是指输入低电平有效，即 $\overline{S}_D$ 或 $\overline{R}_D$ 端为 0 时表示有激励信号，为 1 时表示无激励信号。同时规定 $\overline{S}_D$ 和 $\overline{R}_D$ 不能同时为 0，即要求满足 $\overline{S}_D+\overline{R}_D$=1 或 S_DR_D=0 的约束条件。

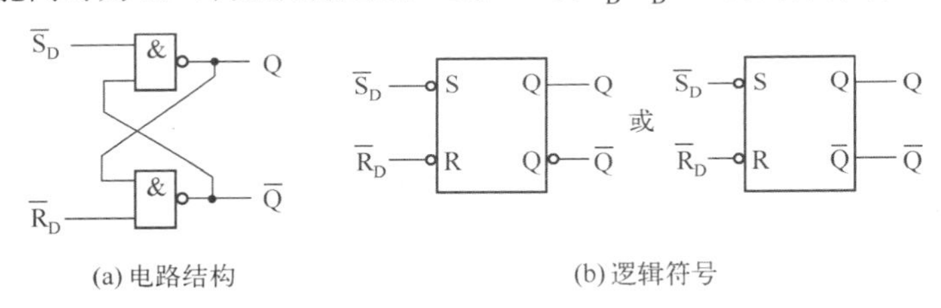

(a) 电路结构　　(b) 逻辑符号

图 5.5　与非门 RS 锁存器

3. RS 锁存器的逻辑功能描述

对锁存器和触发器逻辑功能的描述，通常采用特性表、特性方程、状态图和时序图等几种方法。

（1）特性表

RS 锁存器的特性表如表 5.1 所示。特性表是反映锁存器的新状态 Q^{n+1} 和原状态 Q^n 及输入信号之间关系的一种真值表，也称为状态转换真值表。通过特性表，可以清楚地看出，锁存器的状态不仅和输入信号有关，而且和锁存器的原状态也有关。

（2）特性方程

特性方程就是锁存器新状态逻辑函数表达式，是用以描述锁存器的新状态 Q^{n+1} 和原状态 Q^n 及输入信号之间逻辑关系的一种方法。由表 5.1 可画出相应的状态转换卡诺图，如图 5.6（a）所示。由此，可写出 RS 锁存器的特性方程：

$$\begin{cases} Q^{n+1}=S_D+\overline{R}_DQ^n \\ S_DR_D=0 \end{cases} \tag{5.4}$$

表 5.1　RS 锁存器特性表

S_D	R_D	Q^n	Q^{n+1}
0	0	0	0
0	0	1	1
0	1	0	0
0	1	1	0
1	0	0	1
1	0	1	1
1	1	0	×
1	1	1	×

（3）状态图

RS 锁存器的状态图，如图 5.6（b）所示。状态图形象而直观地描述了锁存器的逻辑功能。

为了更形象化地理解 RS 锁存器的工作特性，图 5.7 画出了 RS 锁存器在状态转换过程中各输入、输出信号的工作波形，它包含了各种可能出现的输入情况。波形中的阴影部分为不确定状态，起始状态 Q=0 是假设的。

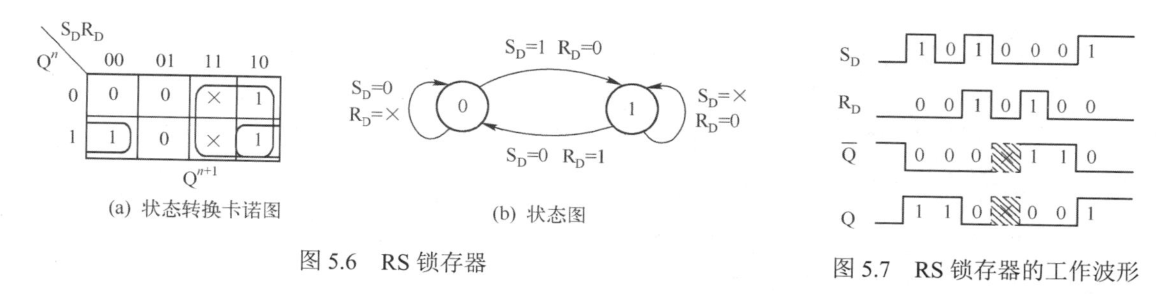

(a) 状态转换卡诺图

(b) 状态图

图 5.6　RS 锁存器

图 5.7　RS 锁存器的工作波形

4．RS 锁存器的 Verilog 描述

下面通过例子介绍 RS 锁存器的 Verilog 描述。

【例 5.1】　描述一个输入高电平有效的 RS 锁存器。当 S=0、R=1 时，锁存器工作于置 0 状态；当 S=1、R=0 时，锁存器工作于置 1 状态；当 S=0、R=0 时，锁存器保持原来的状态不变。

```
module Vrrslatch(R,S,Q,QB);
  input R,S;
  output reg Q,QB;

  always @ (R,S)
    if ((S==0)&&(R==1))          Q<=0;
    else
      if ((S==1)&&(R==0))        Q<=1;
      else
        if ((S==0)&&(R==0))      Q<=Q;
  always @ (Q)
    QB<=~Q;
endmodule
```

例 5.1 的程序用了两个 always 块，第一个 always 块的敏感信号为 RS 锁存器的输入 R 和 S，always 块内部用了 if 语句，实现根据 R 和 S 的值控制状态信号 Q 改变的功能。第二个 always 块的敏感信号为 Q，将 $\overline{Q}$ 赋值给 QB，当 Q 的状态发生改变时，QB 跟着做出相应的改变。

5.2.2　门控锁存器

1．门控 RS 锁存器

前面介绍的 RS 锁存器的状态仅由加在 S_D 和 R_D 端的有效电平信号决定，而在实际的数字系统中为了协调各部分的动作，往往需要有一个特定的控制信号去控制锁存器状态转换的时间，当 S_D 和 R_D 信号改变时（这时信号往往不稳定），控制信号无效，禁止锁存器状态转换；当 S_D 和 R_D 稳定以后，控制信号有效，使锁存器对新的 S_D 和 R_D 的值做出响应。这样的器件称门控 RS 锁存器。

（1）门控 RS 锁存器的电路结构及逻辑符号

一种门控 RS 锁存器的电路结构如图 5.8（a）所示。该电路有两个组成部分：一是由 G_1、G_2 两个或非门组成的 RS 锁存器；二是由 G_3、G_4 两个与门组成的输入控制门电路。C 为控制信号，加在 G_3、G_4 的输入端。

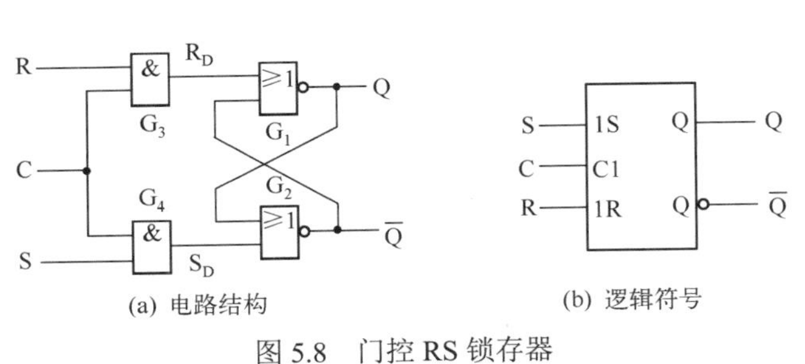

(a) 电路结构　　(b) 逻辑符号

图 5.8　门控 RS 锁存器

表 5.2　门控 RS 锁存器特性表

C	S	R	Q^n	Q^{n+1}
0	×	×	×	Q^n
1	0	0	0	0
1	0	0	1	1
1	0	1	0	0
1	0	1	1	0
1	1	0	0	1
1	1	0	1	1
1	1	1	0	×
1	1	1	1	×

门控 RS 锁存器的逻辑符号如图 5.8（b）所示，S、R 是锁存器的激励信号输入端，C 是控制信号输入端。方框内用 C1 和 1S、1R 表示内部逻辑关系，其中 C1 是控制关联标记，受其影响的数据输入前面以数字 1 标记，如 1S 和 1R。

（2）门控 RS 锁存器的逻辑功能分析

由图 5.8（a）可知 $R_D=R\cdot C$，$S_D=S\cdot C$，所以，当 C=0 时，$R_D=S_D=0$，锁存器状态 Q 维持不变；当 C=1 时，$R_D=R$，$S_D=S$，它等效为一个输入信号分别为 R 和 S 的 RS 锁存器。

（3）门控 RS 锁存器的逻辑功能描述

当控制信号 C=1 时，门控 RS 锁存器的特性方程为

$$\begin{cases} Q^{n+1}=S+\overline{R}Q^n \\ SR=0 \end{cases} \tag{5.5}$$

其中 SR=0 也是约束条件。可见，在 C=1 时，门控 RS 锁存器和 RS 锁存器的功能是相同的。

门控 RS 锁存器的特性表如表 5.2 所示，工作波形如图 5.9 所示。

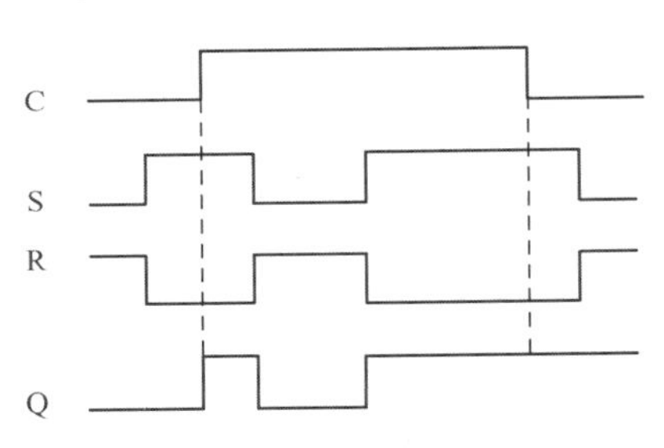

图 5.9　门控 RS 锁存器工作波形

2. 门控 D 锁存器

在数字系统中，经常要进行存储数据的操作。因此，需要一种器件，它能将呈现在激励输入端的单路数据 D 存入交叉耦合结构的锁存器单元中。能够完成这种功能的器件称为 D 锁存器。

（1）门控 D 锁存器的电路结构及逻辑符号

一种门控 D 锁存器的电路结构如图 5.10（a）所示。图中的 D 为数据输入端，C 为控制信号输入端。该门控 D 锁存器由与非门组成，G_1、G_2 组成了一个 RS 锁存器，G_3、G_4 为输入控制门，控制激励信号的输入。图 5.10（e）为门控 D 锁存器的逻辑符号。

（2）门控 D 锁存器的逻辑功能分析

下面分两种情况来分析门控 D 锁存器的逻辑功能。

① 当 C=0 时，$\overline{R}_D=\overline{S}_D=1$，电路维持原状态不变。

② 当 C=1 时，$\overline{R}_D=D$，$\overline{S}_D=\overline{D}$。这时若 D=0，则 $\overline{R}_D=0$，$\overline{S}_D=1$，锁存器的结果为 Q=0，$\overline{Q}=1$，

即 0 状态；若 D=1，则 $\overline{R}_D=1$，$\overline{S}_D=0$，锁存器结果为 Q=1，$\overline{Q}=0$，即为 1 状态。也就是说，C=1 时门控 D 锁存器的状态由输入 D 来确定，并和 D 值相同。

需要注意的是，在门控 D 锁存器的电路结构图中，G_4 的输出 $\overline{S}_D=\overline{D}$，因而可以把 G_5 省去，把 $\overline{S}_D$ 直接引到 G_3 的一个输入端即可，其简化电路如图 5.10（b）所示。

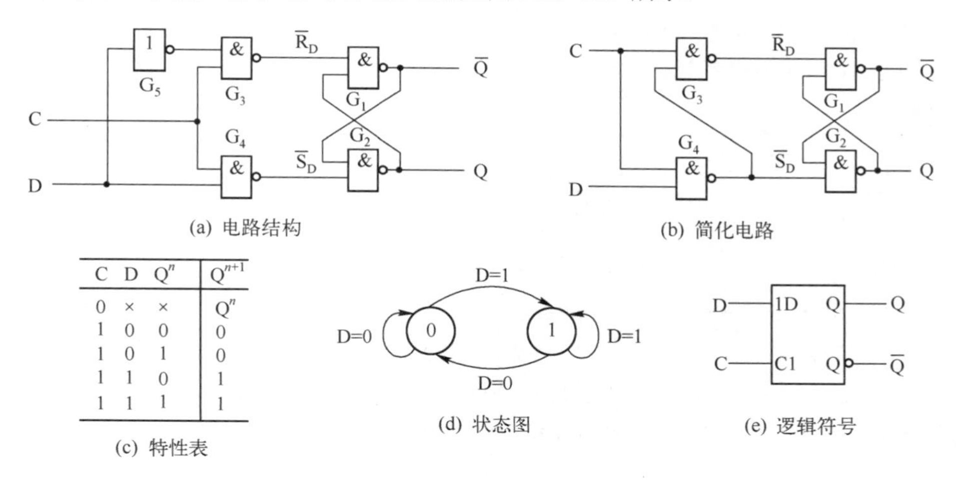

C	D	Q^n	Q^{n+1}
0	×	×	Q^n
1	0	0	0
1	0	1	0
1	1	0	1
1	1	1	1

(c) 特性表

图 5.10　门控 D 锁存器

（3）门控 D 锁存器的逻辑功能描述

根据上述分析过程可知，控制信号 C=1 时，门控 D 锁存器的特性方程为：

$$Q^{n+1}=D \tag{5.6}$$

由此可列出其特性表，如图 5.10（c）所示；C=1 时的状态图如图 5.10（d）所示。

图 5.11 是门控 D 锁存器的工作波形。由图可以看出，当 C=0 时，门控 D 锁存器处于锁存状态，Q 保持不变；当 C=1 时，D 的所有变化都将直接引起 Q 的变化。

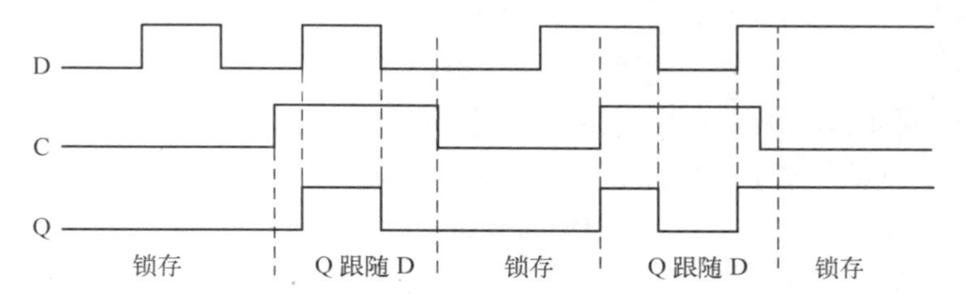

图 5.11　门控 D 锁存器的工作波形

（4）门控 D 锁存器的 Verilog 描述

下面通过例子介绍门控 D 锁存器的 Verilog 描述。

【例 5.2】　描述一个控制信号 C 为高电平有效的门控 D 锁存器。当 C 为高电平时，输入的数据 D 存入锁存器；当 C 为低电平时，锁存器保持原来的状态不变。

```
module Vrdlatchc(C,D,Q,QB);
  input C,D;
  output reg Q,QB;

  always @(C,D)
    if (C==1)    Q<=D;
```

```
        else            Q<=Q;
    always @(Q)
        QB<=~Q;
endmodule
```

随着集成电路的迅速发展，很多锁存器已经做成了集成电路芯片，表 5.3 列出了部分常用集成锁存器，其中 $\overline{R}_D$ 为置 0 端。

表 5.3 部分常用集成锁存器

型 号	集成器件数	功 能 说 明
7475	4	门控 D 锁存器
74116	2	四位门控 D 锁存器 有 $\overline{R}_D$ 和双使能控制端
74279	4	低电平有效 RS 锁存器
74LS373	1	八位 D 锁存器，三态输出
74LS375	4	门控 D 锁存器

5.3 触 发 器

在时序电路中，往往要求电路中的存储器件能在同一控制信号的作用下同步工作。回顾 5.2 节所介绍的锁存器，可以发现，将锁存器作为时序电路中的存储器件是不合适的，其原因如下：

（1）在门控锁存器的控制信号 C 有效的期间内，都可以接收输入信号，所以，激励信号的任何变化，都将直接引起该锁存器输出状态的改变。这时输入信号若发生多次变化，输出状态也可能发生多次变化，这一现象称为锁存器的空翻。

（2）当门控锁存器的控制信号 C 有效时，该锁存器等效为由两个组合电路构成的一个互为反馈网络的系统，该系统有可能因其瞬态特性不稳定而产生振荡现象。

为了解决上述问题，可以利用一个称为“时钟”的特殊定时控制信号去限制存储单元状态的改变时间，只在时钟发生跳变（上升沿或下降沿）期间（严格说还应包括跳变前后极短一段时间在内）接收输入信号，并使输出状态发生改变，而在时钟为稳定的 1 或 0 电平期间，输入信号都不能进入电路，也就影响不了输出状态，具有这种特点的存储单元电路称为触发器。触发器只要求在时钟发生跳变的极短时间内输入信号保持稳定，且一个时钟周期内电路的状态最多只改变一次，这不但有效地避免了空翻现象的发生，也大大提高了其抗干扰能力及工作的可靠性。

根据有效时钟边沿的不同，触发器可以分为上升沿（或称正边沿，指时钟信号由低电平 0 变为高电平 1）触发和下降沿（或称负边沿，指时钟信号由高电平 1 变为低电平 0）触发两种；根据电路结构的不同，触发器可以分为主从触发器、维持阻塞触发器和利用传输延迟的触发器等；根据逻辑功能的不同，触发器可以分为 D 触发器、RS 触发器、JK 触发器、T 触发器和 T′触发器。下面将按照触发器的逻辑功能来介绍各种类型的触发器。

5.3.1 D 触发器

这里主要介绍主从 D 触发器和维持阻塞 D 触发器的电路结构、工作原理及功能描述。

1. 主从 D 触发器

（1）电路结构

图 5.12（a）给出了主从 D 触发器的电路结构。图中 CLK 为时钟信号输入端，D 为数据输入端，Q 和 $\overline{Q}$ 为输出端。该电路由两个相同的门控 D 锁存器连接而成，前者为主锁存器，后者为从锁存器。它们的控制信号由 CLK 提供，互为反相。从图中可以看出，主锁存器的输出信号 Q_m 就是从锁存器的输入信号，从锁存器的输出状态将按照与主锁存器相同的输出状态来动作，因此，称该触发器为主从 D 触发器。

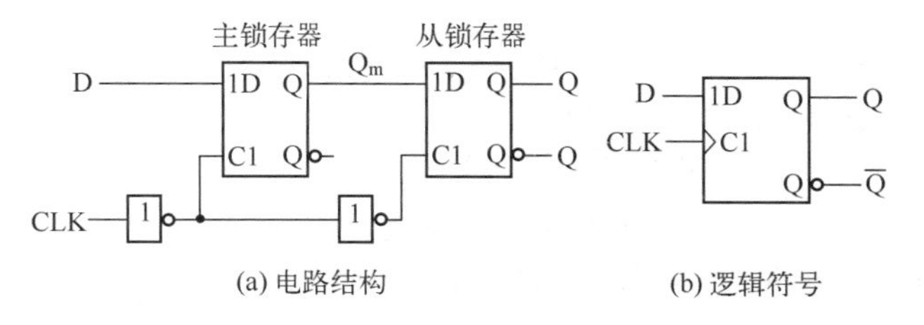

图 5.12　主从 D 触发器

（2）工作原理

当 CLK 为低电平 0 时，主锁存器被选通，处于工作状态，其输出 Q_m 随输入信号 D 的变化而变化；从锁存器处于锁存的状态，输出 Q 保持不变。

当 CLK 由低电平 0 变为高电平 1 时，主锁存器处于锁存状态，并将 CLK 上升沿到来之前一瞬间的 D 锁存到 Q_m；从锁存器被选通，处于工作状态，从锁存器接收 Q_m 信号，由于在 CLK=1 期间 Q_m 被主锁存器锁存不变，所以从锁存器的输出 Q 也保持不变。可见 Q 的状态只能在 CLK 从 0 跳变为 1（即上升边沿）的瞬间发生改变，所以该触发器被称为上升沿触发的触发器。其逻辑符号如图 5.12（b）所示，图中在触发器时钟的 C1 端加上了动态符号“>”，表示上升沿触发。如果将该主从 D 触发器中两个锁存器的控制信号反过来，即主锁存器在 CLK 为高电平 1 时工作，从锁存器在 CLK 为低电平 0 时工作，电路就变成了下降沿触发的触发器，其逻辑符号在时钟端方框外侧对应“>”的位置再加一个“∘”。

通过主从 D 触发器的工作过程可以看出，在 CLK 的一个周期中，触发器的输出 Q 最多只可能改变一次，从而克服了空翻现象。而且在一个 CLK 周期中，主锁存器和从锁存器总有一个处于保持状态，阻断了电路的反馈回路，破坏了不稳定瞬态特性。因此，将主从 D 触发器应用于时序电路中，不会因不稳定而产生振荡。

目前在 CMOS 集成触发器中主要采用这种主从电路结构，图 5.13 就是 CMOS 主从 D 触发器的典型电路。图中 D 是输入端，Q 和 $\overline{Q}$ 为输出端。该电路中的主锁存器为由非门 G_1、G_2 和传输门 TG_1、TG_2 构成的 D 锁存器，从锁存器为由非门 G_3、G_4 和传输门 TG_3、TG_4 构成的 D 锁存器。

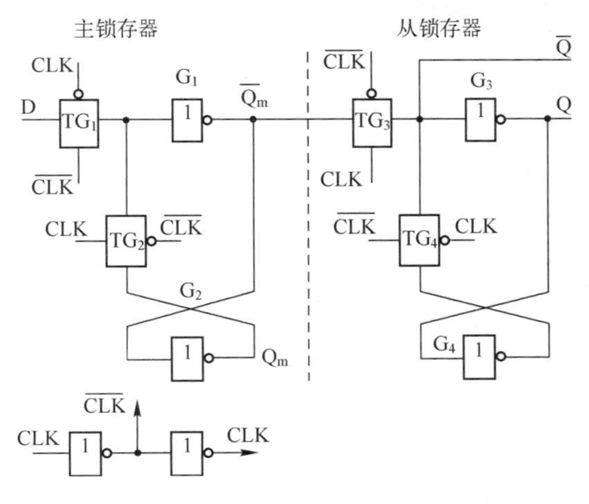

图 5.13　CMOS 主从 D 触发器的典型电路

当 CLK=0，$\overline{CLK}$ =1 时，主锁存器中 TG_1 导通，TG_2 截止。输入信号 D 经 TG_1 进入主锁存器中，使 Q_m =D，由于 TG_2 截止，Q_m 的状态不能反馈到 G_1 输入端，所以主锁存器尚不具备保持功能，即主锁存器中 Q_m 和 $\overline{Q}_m$ 的状态在 CLK=0 期间跟随 D 的状态而变化。在从锁存器中，TG_3 截止，它和主锁存器之间的联系被切断，TG_4 导通，Q 端的状态经 G_4 和 TG_4 后返回到 G_3 的输入端，因此 G_3 的输入是 $\overline{Q}$，从而使触发器输出 Q 保持不变。

当 CLK=1，$\overline{CLK}$=0 时，TG_1 截止，TG_2 导通，主锁存器形成反馈连接，Q_m 将 TG_1 切断前一瞬间的输入信号 D 保存下来。与此同时，TG_3 导通、TG_4 截止，主锁存器保存下来的状态直接传送到从锁存器的输出端，使 $Q=Q_m=D$。另外，由于 TG_1 截止，所以 CLK 上升沿到来后，D 的变化不会影响输出。可见，这是一个上升沿触发的 D 触发器。

（3）功能描述

由上面分析可知，当有效的触发边沿到来时，主从 D 触发器的特性方程为：

$$Q^{n+1}=D \tag{5.7}$$

主从 D 触发器的特性表如表 5.4 所示。表中"↑"标记表示 CLK 的上升沿，说明只有 CLK 的上升沿来到时触发器的状态才发生变化。

图 5.14 为主从 D 触发器的工作波形。当 CLK 为低电平 0 时，主锁存器处于工作状态，其输出 Q_m 随 D 的变化而变化；从锁存器处于锁存状态，输出 Q 保持不变。当 CLK 由低电平 0 变为高电平 1 时，主锁存器处于锁存状态，Q_m 不变，从锁存器工作，Q 变为与 Q_m 相同。

表 5.4　主从 D 触发器特性表

CLK	D	Q^n	Q^{n+1}
×	×	×	Q^n
↑	0	0	0
↑	0	1	0
↑	1	0	1
↑	1	1	1

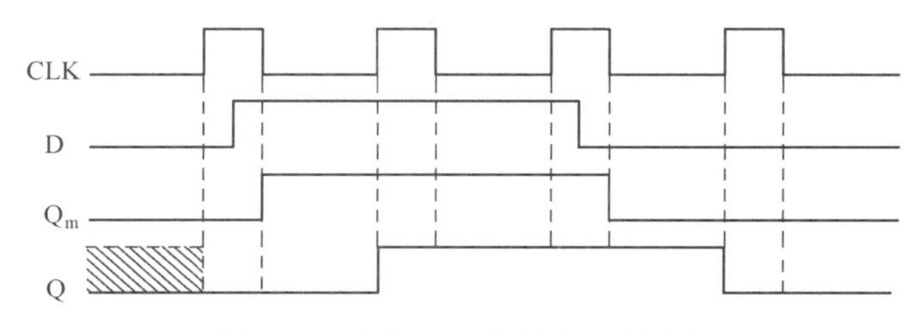

图 5.14　主从 D 触发器的工作波形

2. 维持阻塞 D 触发器

（1）电路结构

图 5.15（a）所示为带异步置 1 和置 0 功能的上升沿触发的维持阻塞 D 触发器电路结构。该电路由六个与非门组成，其中 G_1 和 G_2、G_3 和 G_5、G_4 和 G_6 分别构成三个 RS 锁存器。图中 CLK 为时钟信号输入端，D 为数据输入端，Q 和 $\overline{Q}$ 为输出端。$\overline{S}_D$ 和 $\overline{R}_D$ 分别为异步置 1、置 0 端，低电平有效。图 5.15（b）为其逻辑符号。

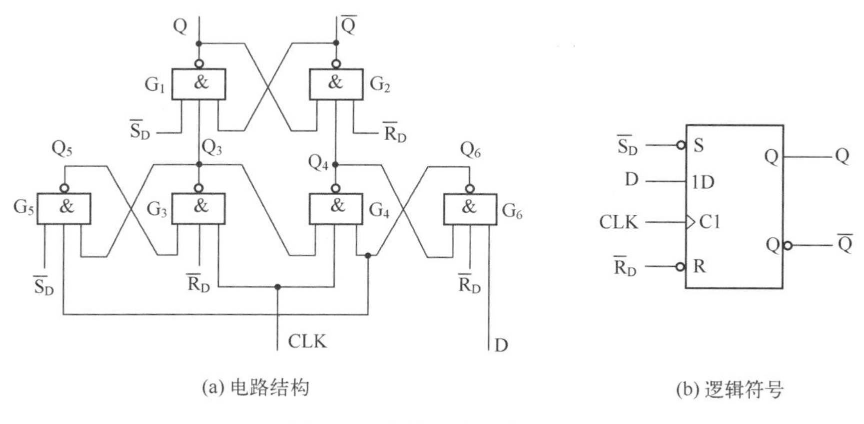

(a) 电路结构　　(b) 逻辑符号

图 5.15　维持阻塞 D 触发器

(2) 工作原理

图 5.15(a)中，$\overline{S}_D$ 和 $\overline{R}_D$ 为触发器的异步置 1 和置 0 端，它们不受 CLK 的控制，一旦 $\overline{S}_D$ 有效(即 $\overline{S}_D=0$、$\overline{R}_D=1$)，触发器马上被强迫置 1；一旦 $\overline{R}_D$ 有效(即 $\overline{R}_D=0$、$\overline{S}_D=1$)，触发器马上就被强迫置 0；正常工作时，$\overline{S}_D$ 和 $\overline{R}_D$ 均处于高电平状态。

下面来分析异步置 1、置 0 输入无效(即 $\overline{S}_D=1$，$\overline{R}_D=1$)时电路的工作情况。

① 在 CLK=0 期间，触发器输出状态 Q 保持不变。因为当 CLK=0 时，G_3、G_4 的输出 Q_3、Q_4 都是高电平，由 G_1、G_2 组成的锁存器处于保持状态，因而触发器的输出 Q 和 $\overline{Q}$ 保持不变。在此期间，由于 $Q_3=1$ 打开了 G_5，$Q_4=1$ 打开了 G_6，所以 $Q_6=\overline{D}$，$Q_5=D$，为 CLK 上升沿的到来建立了准备状态。

② 当 CLK 由 0 变为 1 时，新状态 $Q^{n+1}=D$。因为 CLK 由 0 变为 1 后，G_3、G_4 被打开，使得 $Q_3=\overline{D}$，$Q_4=D$(需要注意，这里的 D 应是 CLK 上升沿到来前一瞬间已经稳定下来的输入信号 D)。

若 D=0，则输出状态置 0，即 $Q^{n+1}=0$；

若 D=1，则输出状态置 1，即 $Q^{n+1}=1$。

所以 $Q^{n+1}=D$。

③ 在 CLK=1 期间，触发器输出状态保持不变。CLK 刚从 0 变为 1 后，G_6 的另一个输入 $Q_4=D$，那么，在 CLK=1 期间如果 D 变为 $\overline{D}$，则 G_6 的输出 Q_6 一定变为 1。Q_6 置 1 将不会使由 G_3 和 G_5 组成的 RS 锁存器的状态发生变化，即 $Q_3=\overline{D}$ 仍保持不变(由与非门组成的 RS 锁存器低电平为有效信号)，而这时 G_4 的输出为：

$$Q_4=\overline{Q_6\cdot CLK\cdot Q_3}=\overline{1\cdot 1\cdot \overline{D}}=D$$

这表明，在 CLK=1 期间，输入信号的改变，不能引起 Q_3 和 Q_4 的变化，因而触发器输出状态仍然维持 CLK 上升沿到来时由原来输入信号 D 作用的结果，而 CLK=1 期间 D 的变化被阻塞掉了，故称此触发器为维持阻塞触发器。

从上面的分析可以看出维持阻塞 D 触发器的特点：输出状态的改变发生在 CLK 的上升沿，而且输出的新状态仅仅由 CLK 上升沿到来前一瞬间的输入信号 D 决定，其他时刻 D 的变化对输出无影响。

(3) 功能描述

维持阻塞 D 触发器的特性表如表 5.5 所示，其工作波形(假设 $\overline{S}_D=1$)如图 5.16 所示。

表 5.5 维持阻塞 D 触发器特性表

CLK	$\overline{S}_D$	$\overline{R}_D$	D	Q^n	Q^{n+1}
×	0	1	×	×	1
×	1	0	×	×	0
↑	1	1	0	0	0
↑	1	1	0	1	0
↑	1	1	1	0	1
↑	1	1	1	1	1

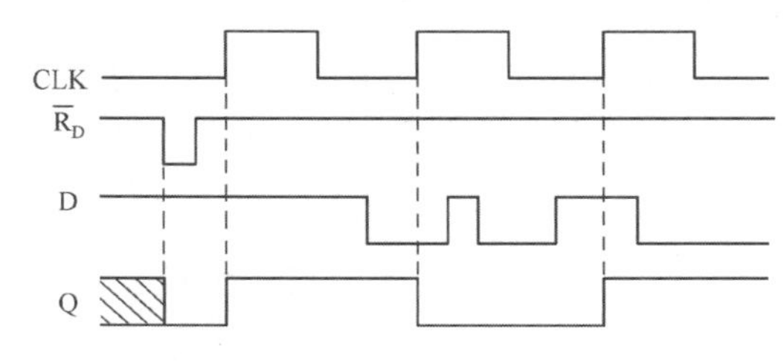

图 5.16 维持阻塞 D 触发器的工作波形

(4) D 触发器的 Verilog 描述

下面通过例子介绍带异步置 0 和异步置 1 功能的 D 触发器的 Verilog 描述。

【例 5.3】 描述一个带异步置 0 和异步置 1 功能的上升沿触发的 D 触发器。当异步置 0 信号 $R_D=0$ 且异步置 1 信号 $S_D=1$ 时，D 触发器的状态马上变为 0；当 $S_D=0$ 且 $R_D=1$ 时，D 触发器的状态马上变为 1；若 R_D 和 S_D 都为 1，则在 CLK 的上升沿来到时，将输入的 D 存入触发器。

```
module Vrdffrs(RD,SD,CLK,D,Q,QB);
  input RD,SD,CLK,D;
```

```
    output reg Q,QB;

  always @ (posedge CLK or negedge RD or negedge SD)
    begin
      if (!RD && SD)
        Q<=0;
      else
        if (RD && !SD)
           Q<=1;
        else
           Q<=D;
    end
  always @ (Q)
        QB<=~Q;
endmodule
```

例 5.3 的程序说明：

① 该程序描述的是一个上升沿触发的 D 触发器，它具有四个输入端，即时钟信号输入端 CLK、数据输入端 D、异步置 0 端 R_D 和异步置 1 端 S_D，有两个互补的输出端 Q 和 Q_B。

② 该触发器的异步置 0 信号 R_D 和异步置 1 信号 S_D 的优先级别比时钟信号 CLK 高。

③ posedge CLK 语句描述的是时钟的上升沿，若描述时钟的下降沿，则用 negedge CLK 语句，它们是对触发器时钟进行描述时常用的语句。

5.3.2 JK 触发器

（1）电路结构

JK 触发器的电路如图 5.17（a）所示，图中 CLK 为时钟输入，J 和 K 为两个外部输入，做触发器的驱动信号，Q 和 $\overline{Q}$ 为触发器的输出状态。该 JK 触发器是在上升沿触发的 D 触发器基础上，加若干门电路组成的，图中 CLK 经过非门接到 D 触发器的时钟端，所以构成的是一个下降沿触发的 JK 触发器，图 5.17（b）为其逻辑符号。

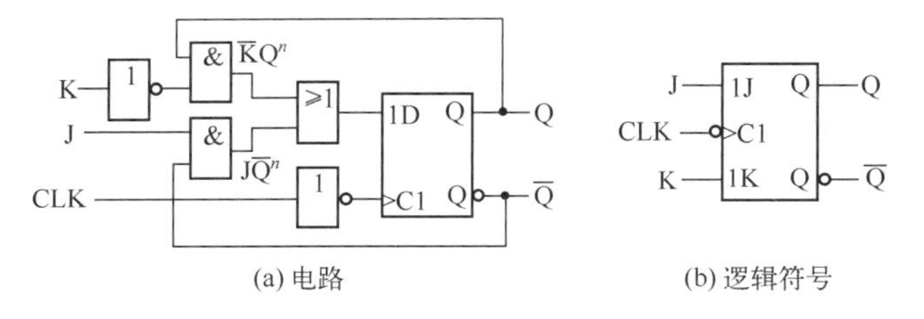

图 5.17　JK 触发器

（2）功能描述

由图 5.17（a）可以看出，D 触发器的输入方程可表示为

$$D = J\overline{Q}^n + \overline{K}Q^n$$

将其代入 D 触发器的特性方程，有

$$Q^{n+1} = D = J\overline{Q}^n + \overline{K}Q^n \tag{5.8}$$

这就是 JK 触发器的特性方程。

根据特性方程，可以得到 JK 触发器的特性表和状态图，如图 5.18 所示。从 JK 触发器的特性表可以看出，它具有保持、置 0、置 1 和翻转的功能，具体如下：

当 J=K=0 时，JK 触发器保持原来的状态不变；

当 J=0、K=1 时，JK 触发器为置 0 的功能；

当 J=1、K=0 时，JK 触发器为置 1 的功能；

当 J=K=1 时，JK 触发器为翻转的功能。

CLK	J	K	Q^n	Q^{n+1}	
×	×	×	×	Q^n	
↓	0	0	0	0	保持
↓	0	0	1	1	
↓	0	1	0	0	置0
↓	0	1	1	0	
↓	1	0	0	1	置1
↓	1	0	1	1	
↓	1	1	0	1	翻转
↓	1	1	1	0	

(a) 特性表

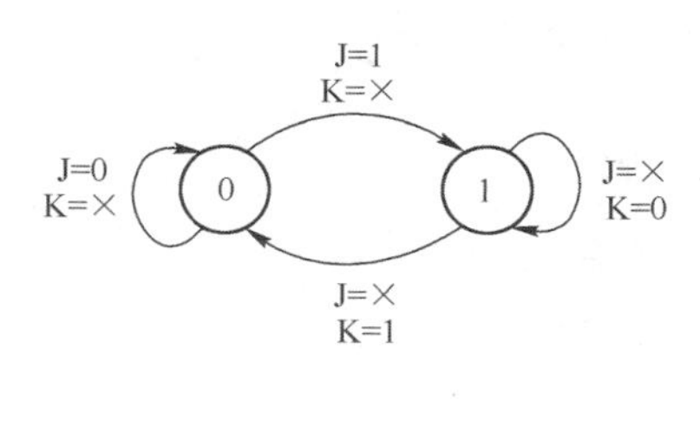

(b) 状态图

图 5.18　JK 触发器的特性表和状态图

图 5.19 为带异步置 1 和置 0 端的 JK 触发器逻辑符号，其工作波形（假设 $\overline{S}_D$ =1）如图 5.20 所示。

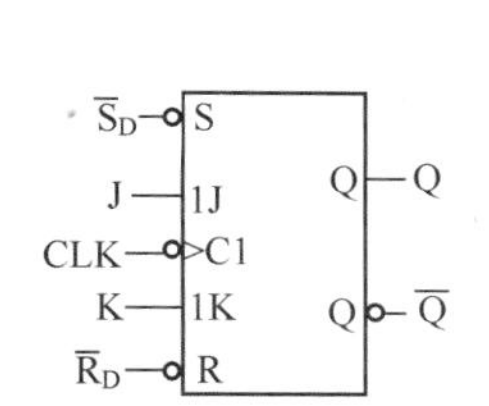

图 5.19　带异步置 1 和置 0 端的 JK 触发器逻辑符号

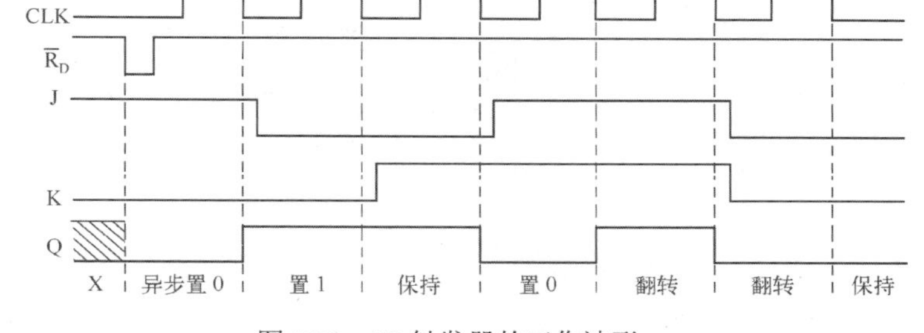

图 5.20　JK 触发器的工作波形

（3）JK 触发器的 Verilog 描述

下面通过例子介绍 JK 触发器的 Verilog 描述。

【例 5.4】　描述一个上升沿触发的 JK 触发器。

```
module Vrjkff(CLK,J,K,Q,QB);
  input CLK,J,K;
  output reg Q,QB;

  always @ (posedge CLK)
    case({J,K})
      2'b00:Q<=Q;
      2'b01:Q<=0;
      2'b10:Q<=1;
      2'b11:Q<=~Q;
    endcase
```

```
  always @ (Q)
          QB<=~Q;
endmodule
```

例 5.4 的程序用了两个 always 块，第一个 always 块的敏感信号为 CLK 的上升沿，always 块内部用了一个 case 语句，其敏感信号为输入信号 J 和 K，实现了在 CLK 上升沿来到时，根据 J 和 K 的值决定状态信号 Q 发生改变的功能。第二个 always 块的敏感信号为 Q，将 $\overline{Q}$ 赋值给 Q_B，当 Q 发生改变时，Q_B 跟着做出相应的改变。

5.3.3 其他功能的触发器

1．RS 触发器

（1）逻辑符号及功能

图 5.21 为上升沿触发的 RS 触发器逻辑符号，R 和 S 为触发器的两个驱动信号，输入高电平有效。当 CLK 的上升沿来到时，若 S=R=0，触发器保持原来的状态不变；当 S=0、R=1 时，触发器置 0，Q=0、$\overline{Q}=1$；当 S=1、R=0 时，触发器置 1，Q=1、$\overline{Q}=0$；S 和 R 同为 1 的情况是禁止出现的。

RS 触发器的特性方程为

$$\begin{cases} Q^{n+1} = S + \overline{R}Q^n \\ SR = 0 \end{cases} \quad (5.9)$$

其中 SR=0 是 RS 触发器的约束条件。

RS 触发器的特性表如表 5.6 所示，图 5.22 是它的工作波形。

表 5.6 RS 触发器特性表

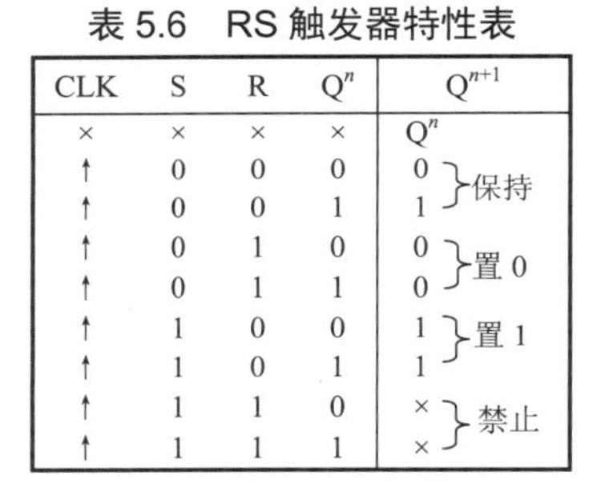

CLK	S	R	Q^n	Q^{n+1}
×	×	×	×	Q^n
↑	0	0	0	0 } 保持
↑	0	0	1	1
↑	0	1	0	0 } 置 0
↑	0	1	1	0
↑	1	0	0	1 } 置 1
↑	1	0	1	1
↑	1	1	0	× } 禁止
↑	1	1	1	×

图 5.21 RS 触发器逻辑符号

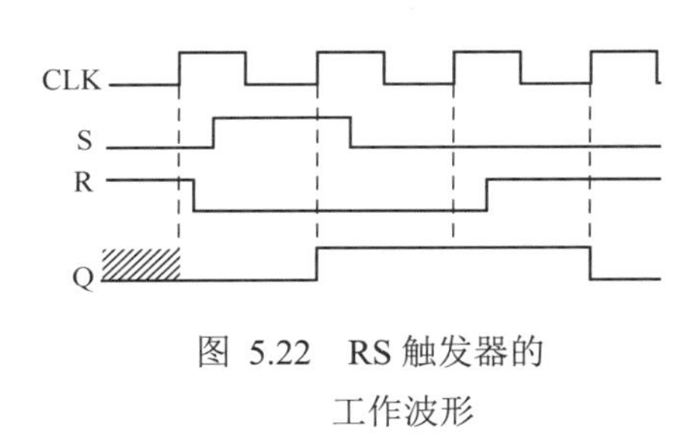

图 5.22 RS 触发器的工作波形

（2）RS 触发器的 Verilog 描述

下面通过例子介绍 RS 触发器的 Verilog 描述。

【例 5.5】 描述一个上升沿触发且置 1 和置 0 信号都为高电平有效的 RS 触发器。

```
module Vrrsff(CLK,R,S,Q,QB);
  input CLK,R,S;
  output reg Q,QB;

  always @ (posedge CLK)
    if ((S==1)&&(R==0))         Q<=1;
    else
      if ((S==0)&&(R==1))       Q<=0;
      else
        if ((S==0)&&(R==0))     Q<=Q;
  always @ (Q)
          QB<=~Q;
```

endmodule

2. T 触发器

（1）逻辑符号及功能

图 5.23 为上升沿触发的 T 触发器逻辑符号，T 为触发器的驱动信号。

T 触发器在时钟脉冲的作用下，具有保持和翻转两种功能：

当 T=0 时，状态保持不变，即 $Q^{n+1}=Q^n$；

当 T=1 时，状态翻转一次，即 $Q^{n+1}=\overline{Q}^n$ 。

所以，T 触发器的特性方程为

$$Q^{n+1}=T\overline{Q}^n+\overline{T}Q^n=T\oplus Q^n \tag{5.10}$$

T 触发器的特性表和状态图如图 5.24 所示。

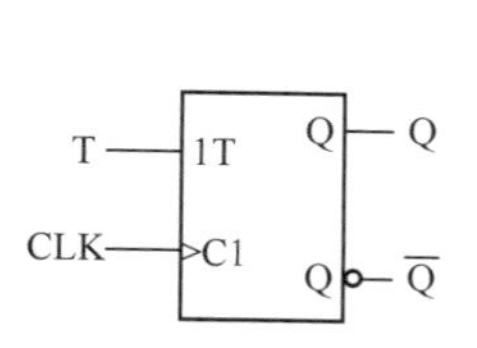

图 5.23　T 触发器逻辑符号

CLK	T	Q^n	Q^{n+1}
×	×	×	Q^n
↑	0	0	0
↑	0	1	1
↑	1	0	1
↑	1	1	0

(a) 特性表

T=1
T=0　0　1　T=0
T=1

(b) 状态图

图 5.24　T 触发器的特性表和状态图

（2）T 触发器的 Verilog 描述

下面通过例子介绍 T 触发器的 Verilog 描述。

【例 5.6】　描述一个上升沿触发的 T 触发器。

```
module Vrtff(CLK,T,Q,QB);
  input CLK,T;
  output reg Q,QB;

 always @ (posedge CLK)
   if (T)
     Q<=~Q;
   else
     Q<=Q;
 always @ (Q)
     QB<=~Q;
endmodule
```

3. T′触发器

如果 T 触发器的输入端 T 接固定的高电平（即 T 恒等于 1），则触发器状态每经过一个 CLK 作用后翻转一次，这样的触发器称为 T′触发器。上升沿触发的 T′触发器的逻辑符号如图 5.25 所示。

T′触发器的特性方程为

$$Q^{n+1}=\overline{Q}^n \tag{5.11}$$

图 5.26 为 T′触发器的工作波形。从图中可以看出，输出状态 Q 的频率正好是 CLK 频率的二分之一，所以 T′触发器也被称为二分频电路。

在各种触发器中，JK 触发器和 D 触发器用得相对较多，表 5.7 列出了部分常用集成触发器，其

中 $\overline{R}_D$ 和 $\overline{S}_D$ 分别为异步置 0 和置 1 端。

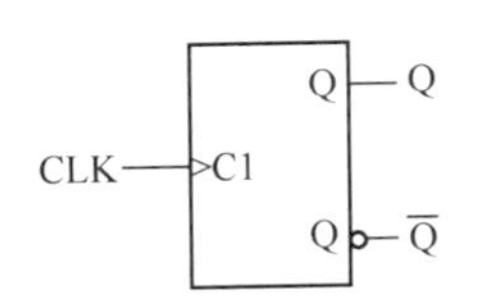

图 5.25　T′触发器逻辑符号

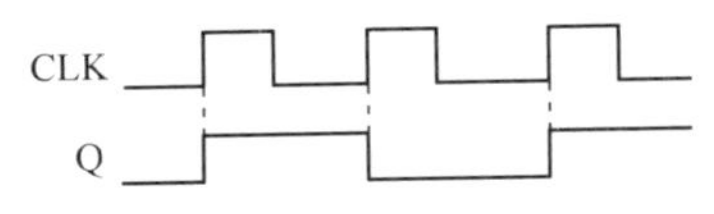

图 5.26　T′触发器的工作波形

表 5.7　部分常用集成触发器

型　号	集成器件数	功 能 说 明
7473A	2	负边沿 JK 触发器，有 $\overline{R}_D$ 端
7474	2	正边沿 D 触发器，有 $\overline{R}_D$ 和 $\overline{S}_D$ 端
74109	2	正边沿 JK 触发器，有 $\overline{R}_D$ 和 $\overline{S}_D$ 端
74LS112	2	负边沿 JK 触发器，有 $\overline{R}_D$ 和 $\overline{S}_D$ 端
74S113	2	负边沿 JK 触发器，有 $\overline{S}_D$ 端
74LS114	2	负边沿 JK 触发器，有 $\overline{R}_D$ 和 $\overline{S}_D$ 端
74174	6	正边沿 D 触发器，有 $\overline{R}_D$ 端
74175	4	正边沿 D 触发器，有 $\overline{R}_D$ 端
74273	8	正边沿 D 触发器，有 $\overline{R}_D$ 端
74276	4	负边沿 JK 触发器，有 $\overline{R}_D$ 和 $\overline{S}_D$ 端
74LS374	8	正边沿 D 触发器，含输出使能，三态输出

5.4　触发器使用中的几个问题

5.4.1　触发器逻辑功能的转换

由表 5.7 可以看出，目前市场可提供的集成触发器型号虽然比较多，但大多都是 JK 触发器和 D 触发器。而在实际应用中，有可能用到各种功能的触发器，这就需要进行不同类型触发器之间的相互转换。

通常，要将已有触发器转换成待求触发器，只要在其输入端加上一定的转换逻辑电路即可。图 5.27 为触发器逻辑功能转换示意图。由图可见，转换的关键就是求转换电路，即求已有触发器输入 X、Y 的逻辑表达式（驱动方程）：

$$X=f_1(A,B,Q^n) \quad (5.12)$$

$$Y=f_2(A,B,Q^n) \quad (5.13)$$

根据 X，Y 的逻辑表达式，画出转换电路，即可得到待求触发器的逻辑图。

常用的触发器逻辑功能转换方法有代数法和图表法。下面分别举例说明。

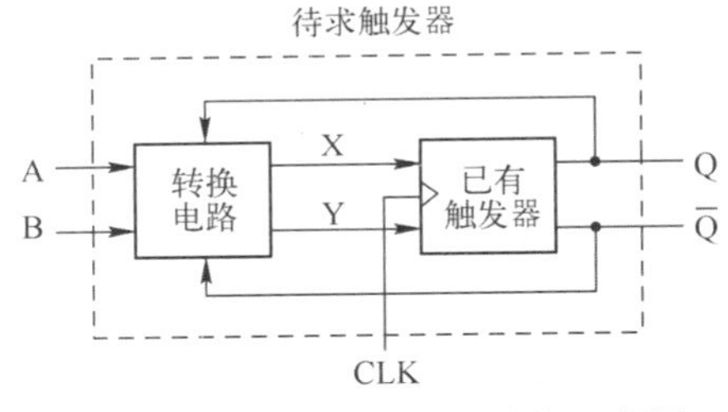

图 5.27　触发器逻辑功能转换示意图

1. 代数法

代数法就是通过比较已有触发器和待求触发器的特性方程，从而求出已有触发器的驱动方程。

【例 5.7】　把 JK 触发器转换为 D 触发器。

解：已有的 JK 触发器的特性方程为

$$Q^{n+1}=J\overline{Q}^n+\overline{K}Q^n \quad (5.14)$$

而待求 D 触发器的特性方程为

$$Q^{n+1}=D \quad (5.15)$$

为了求出 J、K 的逻辑表达式，将式（5.15）变换成式（5.14）的相似形式：

$$Q^{n+1}=D=D(\overline{Q}^n+Q^n)=D\overline{Q}^n+DQ^n$$

然后与式（5.14）比较。显然，若取

$$J = D,\ K = \overline{D} \tag{5.16}$$

则式（5.14）就等于式（5.15）。

式（5.16）就是要求的已有触发器的驱动方程，根据它可以画出将 JK 触发器转换为 D 触发器的逻辑图，如图 5.28 所示。

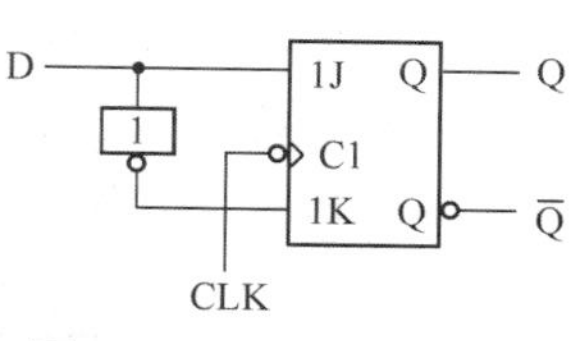

图 5.28　例 5.7 的逻辑图

【例 5.8】　把 JK 触发器转换为 T 触发器。

解： T 触发器的特性方程为

$$Q^{n+1} = T\overline{Q}^n + \overline{T}Q^n = T \oplus Q^n \tag{5.17}$$

将式（5.17）和 JK 触发器特性方程（式（5.14））比较，可以发现，当 J=K=T 时，两式完全相等。所以，只要将 JK 触发器的 J 和 K 连接在一起，令其为 T 输入端，就能实现 T 触发器的逻辑功能，如图 5.29 所示。

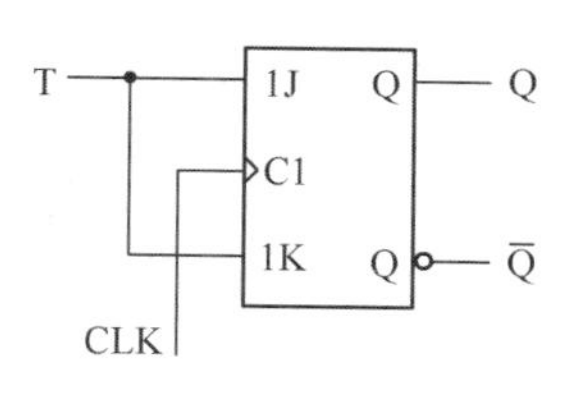

图 5.29　例 5.8 的逻辑图

2. 图表法

用图表法实现触发器逻辑功能转换的步骤如下：

（1）列出待求触发器的特性表。

（2）根据步骤（1）所列特性表中 Q^n 转换为 Q^{n+1} 的要求，逐行列出已有触发器所需的驱动信号（可从已有触发器的状态图中得到）。

需要注意的是，这里的 Q^n 和 Q^{n+1} 既是待求触发器的原态和新态，也是已有触发器的原态和新态。所以 Q^n 和 Q^{n+1} 的对应关系也反映了对已有触发器的驱动要求。

（3）根据步骤（2）的驱动信号，求出已有触发器的驱动方程，画出逻辑图。

【例 5.9】　把 RS 触发器转换为 JK 触发器。

解： 首先根据图表法的步骤（1）和（2）列出 RS 触发器实现 JK 触发器的功能设计表，见表 5.8。然后由表 5.8 画出 S、R 的卡诺图，求出相应的驱动方程，如图 5.30 所示。

由 S、R 的驱动方程可得 $S \cdot R = J\overline{Q}^n \cdot KQ^n = 0$，显然满足 RS 触发器的约束条件。

最后，画出逻辑图如图 5.31 所示。

表 5.8　RS 触发器实现 JK 触发器功能设计表

J	K	Q^n	Q^{n+1}	S	R
0	0	0	0	0	×
0	0	1	1	×	0
0	1	0	0	0	×
0	1	1	0	0	1
1	0	0	1	1	0
1	0	1	1	×	0
1	1	0	1	1	0
1	1	1	0	0	1

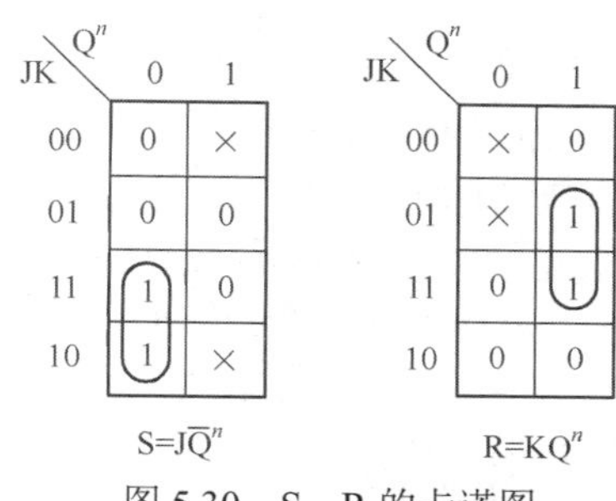

图 5.30　S、R 的卡诺图及驱动方程

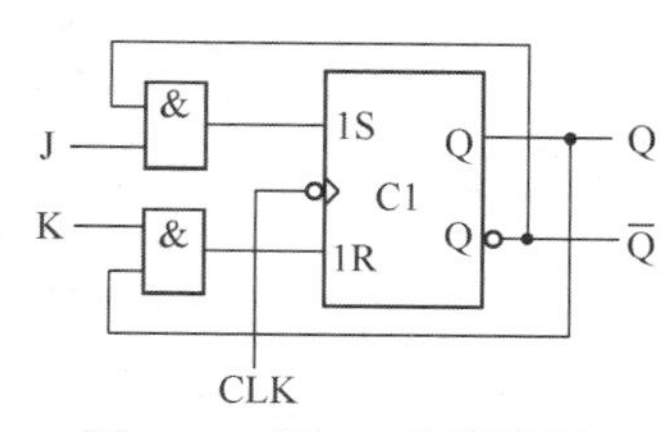

图 5.31　例 5.9 的逻辑图

注意，如果用代数法来实现 RS 触发器到 JK 触发器的功能转换，得到的结果是 $S=J\overline{Q}^n$，R=K，此时，S·R≠0，不能满足 RS 触发器的约束条件，有可能造成逻辑错误。可见，图表法比较麻烦，但不容易出错；而代数法比较简单，但需要一定的技巧。

【例 5.10】　试用 D 触发器和四选一数据选择器构成一个多功能触发器，该多功能触发器有两个控制变量 L 和 T，一个数据输入变量 N，其功能表如表 5.9 所示。

解：根据图表法的步骤（1）和（2）列表，如表 5.10 所示，可画出如图 5.32 所示的转换卡诺图。若将 L 和 T 作为数据选择器的地址变量，则数据输入信号如卡诺图右侧所示。根据 D_i 的表达式，可画出逻辑图，如图 5.33 所示。

表 5.9　多功能触发器功能表

L	T	N	Q^{n+1}
0	0	×	Q^n
0	1	×	$\overline{Q}^n$
1	0	N	N
1	1	N	N

表 5.10　D 触发器实现多功能触发器设计用表

L	T	N	Q^{n+1}	D
0	0	×	Q^n	Q^n
0	1	×	$\overline{Q}^n$	$\overline{Q}^n$
1	0	N	N	N
1	1	N	N	N

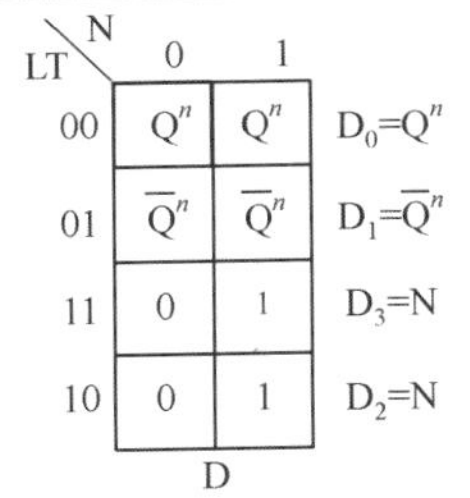

图 5.32　多功能触发器的转换卡诺图

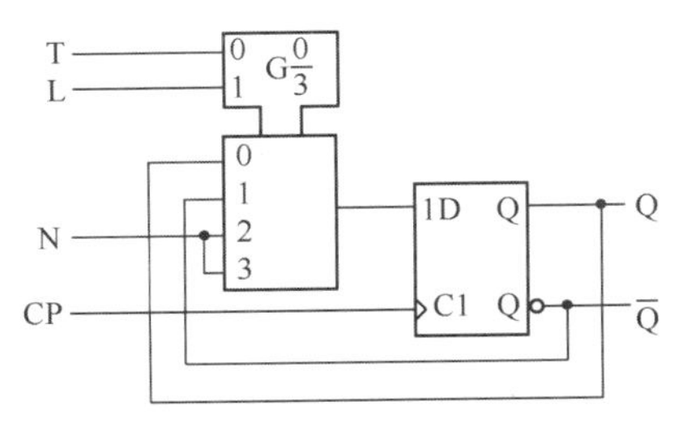

图 5.33　多功能触发器逻辑图

5.4.2　触发器的脉冲工作特性

所谓触发器的脉冲工作特性，是指为了保证触发器可靠地动作，而对时钟脉冲、输入信号，以及它们之间的时间关系所提出的要求。为了定量地说明触发器的脉冲工作特性，通常给出建立时间、保持时间、传输延迟时间、最高时钟频率、脉冲宽度和功耗等几个动态开关参数。下面以不带异步置 1 和置 0 端的维持阻塞 D 触发器为例，说明这些参数的物理意义。

1. 输入信号的建立时间和保持时间

（1）建立时间

为使触发器做好触发准备，要求输入信号在时钟脉冲的边沿到来之前，提前一段时间到来，提前的这段时间叫做建立时间，用 t_{set} 表示。

在图 5.34 所示的维持阻塞 D 触发器中，由于时钟信号加在 G_3 和 G_4 的输入端，所以要求 CLK 上升沿到达时，G_5、G_6 的输出状态必须已经根据 D 的状态稳定地建立起来，只有这样，G_3、G_4 才能根据 D 的状态给出 $\overline{S}_D$ 和 $\overline{R}_D$ 信号，使输出状态翻转。从输入信号到达 D 端开始，要经过 G_6 传输延迟时间 t_{pd6} 以后，G_6 的输出状态才能建立起来。而 G_5 输出状态的建立，则需要在此以后再延迟一段时间 t_{pd5}。因此，要求 D 端输入信号先于 CLK 上升沿到达时间为

$$t_{set} \geqslant t_{pd5}+t_{pd6} \tag{5.18}$$

用波形来表示输入信号的建立时间，如图 5.35 所示。

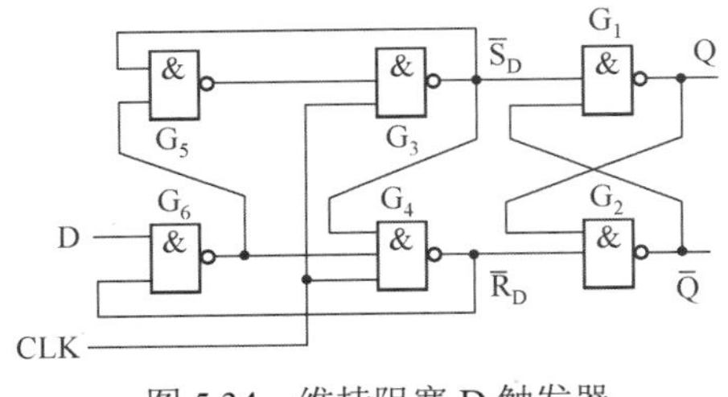

图 5.34　维持阻塞 D 触发器

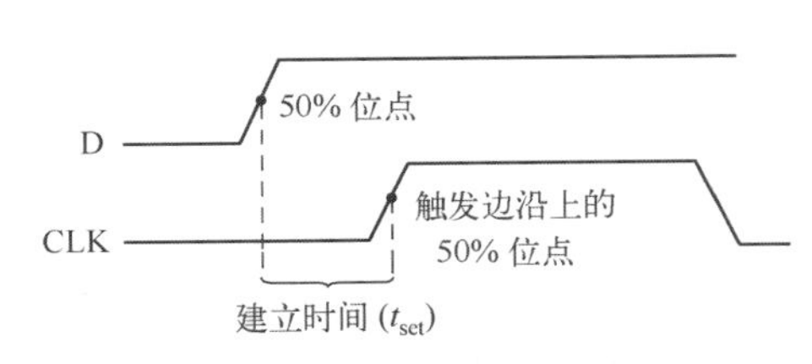

图 5.35　建立时间的波形表示

（2）保持时间

为了保证触发器可靠翻转，在时钟脉冲到达后，输入信号必须维持一段时间不变。这段时间称为保持时间，用 t_h 表示。

仍以图 5.34 为例，当 D=0 时，G_6 输出为 1，CLK 上升沿到达后，D 端的 0 状态不能立即改变，必须等到 G_4 产生低电平输出信号返回到 G_6 输入端后，D 端的数据才允许改变。因此，输入信号的保持时间，应大于 G_4 的传输延迟时间 t_{pd4}，即

$$t_h \geqslant t_{pd4} \tag{5.19}$$

图 5.36 为输入信号的保持时间的波形表示。

由以上分析可知，对于维持阻塞 D 触发器，为了能使其可靠地翻转，输入信号必须比 CLK 上升沿早一段时间到达，而在 CLK 上升沿到达后，输入信号还得再保持一段时间。所以，在 CLK 上升沿到达前后的这两段时间为敏感区。在敏感区内，数据容易受到干扰，一般情况下，触发器的敏感时间越短越好。

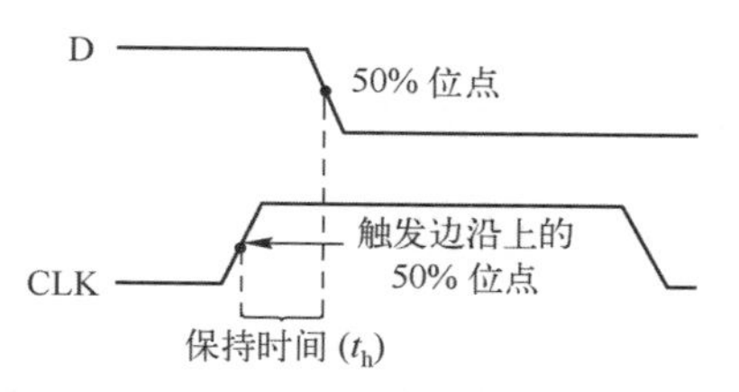

图 5.36　保持时间的波形表示

2. 触发器的传输延迟时间

从时钟脉冲边沿到达到触发器的新状态稳定地建立起来所需要的时间叫做传输延迟时间。常用 t_{PHL} 表示输出端由高电平变为低电平的传输延迟时间，用 t_{PLH} 表示输出端由低电平变为高电平的传输延迟时间，分别如图 5.37（a）和（b）所示。一般情况下，t_{PHL} 和 t_{PLH} 不相等。

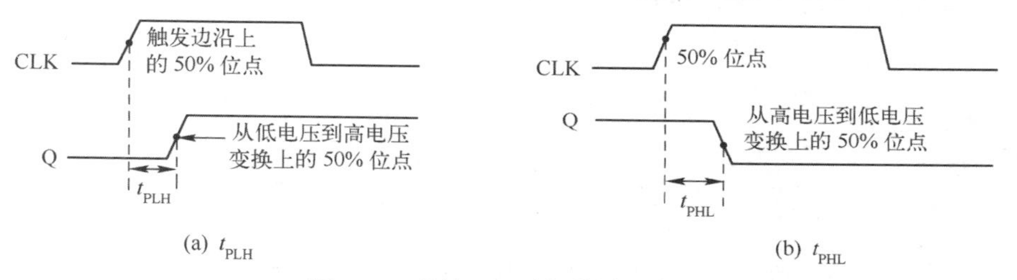

图 5.37　传输延迟时间的波形表示

3. 触发器的最高时钟频率

由于触发器各级门电路都有传输延迟时间，因此电路状态的改变需要一段时间才能完成，这样对触发器时钟脉冲频率就有一定的要求。否则，当时钟频率高到一定程度以后，触发器的状态将来不及翻转。在保证触发器可靠翻转的条件下，所允许的时钟频率有一个上限值（最高频率），该上限值即为触发器的最高时钟频率，用 f_{max} 表示。

4. 脉冲宽度

为保证时序电路能够正常稳定地工作，要求输入信号的脉冲宽度大于最小脉冲宽度（t_w）。时钟信号、预置输入，以及清零输入信号的最小脉冲宽度通常由生产商来指定，如时钟信号的最小脉冲宽度由它的最小高电压时间和最小低电压时间来决定。

5. 功耗

数字电路的功耗是指它的总功率消耗，根据该参数可以确定所需直流电源的输出容量。例如，在+5V 直流电源上工作的一个 D 触发器，如果流经它的电流是 5mA，那么功耗就是

$$P = V_{CC} \cdot I_{CC} = 5\text{V} \times 5\text{mA} = 25\text{mW} \tag{5.20}$$

假设某数字系统总共需要 10 个触发器，并且每一个触发器都耗用 25mW 的功率，则所需的总功率是

$$P_T = 10 \times 25\text{mW} = 250\text{mW} \tag{5.21}$$

说明直流电源所需要的输出容量是 250mW。如果该数字系统也工作在+5V 的直流电源上，那么电源必须提供的电流量为

$$I = 250\text{mW}/5\text{V} = 50\text{mA} \tag{5.22}$$

注意，上述 t_{set}、t_h、t_{PHL}、t_{PLH} 等动态开关参数，无须具体计算。当选定了触发器的型号以后，可以从器件手册中查到。

6．几种触发器运行参数的比较

表 5.11 提供了 4 个同类型的 CMOS 和 TTL 触发器在 25℃时的运行参数比较。

表 5.11　4 个同类型的 CMOS 和 TTL 触发器在 25℃时的运行参数比较

参数	说　明	CMOS		TTL	
		74HCT74A	74AHC74	74LS74A	74F74
t_{set}	建立时间	14ns	5ns	20ns	2ns
t_h	保持时间	3ns	0.5ns	5ns	1ns
t_{PHL}	从 CLK 有效沿到 Q 由 1 变 0 的传输延迟时间	17ns	4.6ns	40ns	6.8ns
t_{PLH}	从 CLK 有效沿到 Q 由 0 变 1 的传输延迟时间	17ns	4.6ns	25ns	8ns
t_{PHL}	从 $\overline{R}_D$ 到 Q 的传输延迟时间	18ns	4.8ns	40ns	9ns
t_{PLH}	从 $\overline{S}_D$ 到 Q 的传输延迟时间	18ns	4.8ns	25ns	6.1ns
t_{WL}	CLK 低电平时间	10ns	5ns	25ns	5ns
t_{WH}	CLK 高电平时间	10ns	5ns	25ns	4ns
t_W	$\overline{R}_D$ 或 $\overline{S}_D$ 低电平时间	10ns	5ns	25ns	4ns
f_{max}	最高时钟频率	35MHz	170MHz	25MHz	100MHz
P	静态时的功耗	0.012mW	1.1mW		
P	50%忙闲度时的功耗			44mW	88mW

5.5　触发器应用举例

1．消颤开关

一般的机械开关在接通或断开过程中，由于受触点金属片弹性的影响，通常会产生一串脉动式的振动。如果将它装在电路中，则会相应地引起一串电脉冲，若不采取措施，将造成电路的误操作。利用简单的 RS 锁存器可以很方便地消除这种因机械颤动而造成的不良后果。

图 5.38（a）为由 RS 锁存器构成的消颤开关电路。图中 S 为单刀双掷开关，假设开始时 S 与下部触点接通，即锁存器的 $\overline{R}_D$=0，$\overline{S}_D$=1，这时 Y=0。现在开始置位，将 S 拨至上方，然而，在 S 与 $\overline{R}_D$ 脱离接触、与 $\overline{S}_D$ 稳定接通的过程中，S 的抖动使 $\overline{S}_D$ 和 $\overline{R}_D$ 两触点上会产生不规则的噪声脉冲。但由于 RS 锁存器的记忆作用，它只对 $\overline{S}_D$ 的第一个负跳变产生置位响应，使 Y 升到 1。同样地，在将 S 拨向下方时，在 $\overline{S}_D$ 和 $\overline{R}_D$ 两触点处照样会产生颤动，但锁存器只响应 $\overline{R}_D$ 中第一个下跳变，使 Y 复位到 0。这样输送到后面电路中去的表示 S 动作的信号或数据，是无颤动的波形，如图 5.38（b）所示。

另一种用按钮开关的消颤启动电路，如图 5.39 所示。它是很多数字仪表所采用的单边启动电路，按钮开关 S 的颤动也是被触发器所吸收的，输出 Q 或$\overline{Q}$的波形将启动设备中其他电路的工作。当设备工作经过一个完整的程序后，可以设法使该启动触发器复零。例如，可以通过$\overline{R}_D$端直接清零，或使 D＝0，通过 CLK 使电路清零。

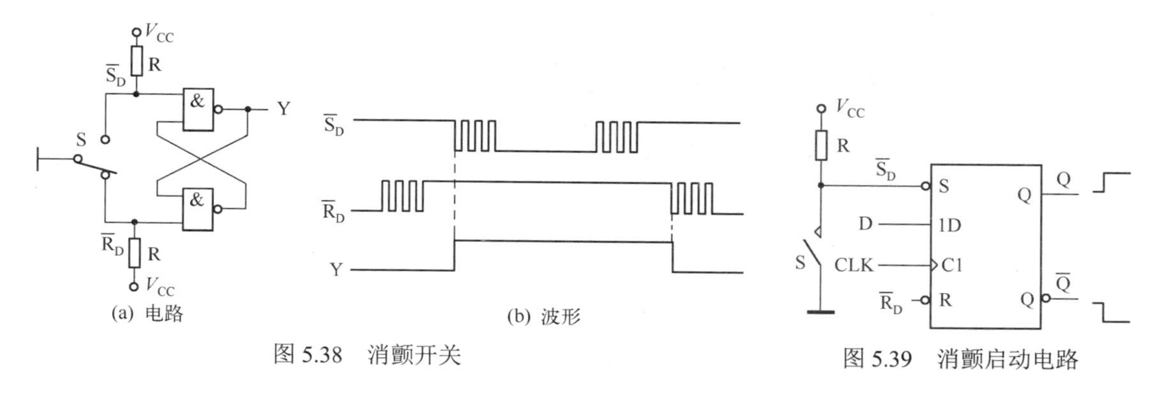

(a) 电路　　(b) 波形

图 5.38　消颤开关

图 5.39　消颤启动电路

2. 异步脉冲的同步化

异步脉冲同步化电路如图 5.40（a）所示，异步脉冲 D 加到 D 触发器 FF_1 的 D 端，CLK 同时加到 FF_1 和 FF_2。从图 5.40（b）可以看出，输出 Q_1 的波形已经和 CLK 同步化了，它的前沿是由 D 输入后的第一个时钟上升沿所定时的。但是，当 D 的上升沿与 CLK 上升沿几乎重合时，Q_1 的上升沿会变得不定，因为 FF_1 的数据预置时间 t_{set} 未得到保证。为此添加 FF_2，就是保证得到稳定的同步化输出脉冲 Y（Q_2），当然它要比 Q_1 延迟一个时钟周期。

图 5.40（a）所示电路的缺点，就是对太短的输入脉冲可能失落，如图中 D 的第二个脉冲。图 5.41 为一个对短输入脉冲也能同步的改进电路。它利用了 FF_1 的直接置位端，使 D 一开始就直接进入 FF_1，这样，即使脉冲较窄也不易失落，该改进电路在对窄脉冲同步化的同时又起到了加宽的作用。

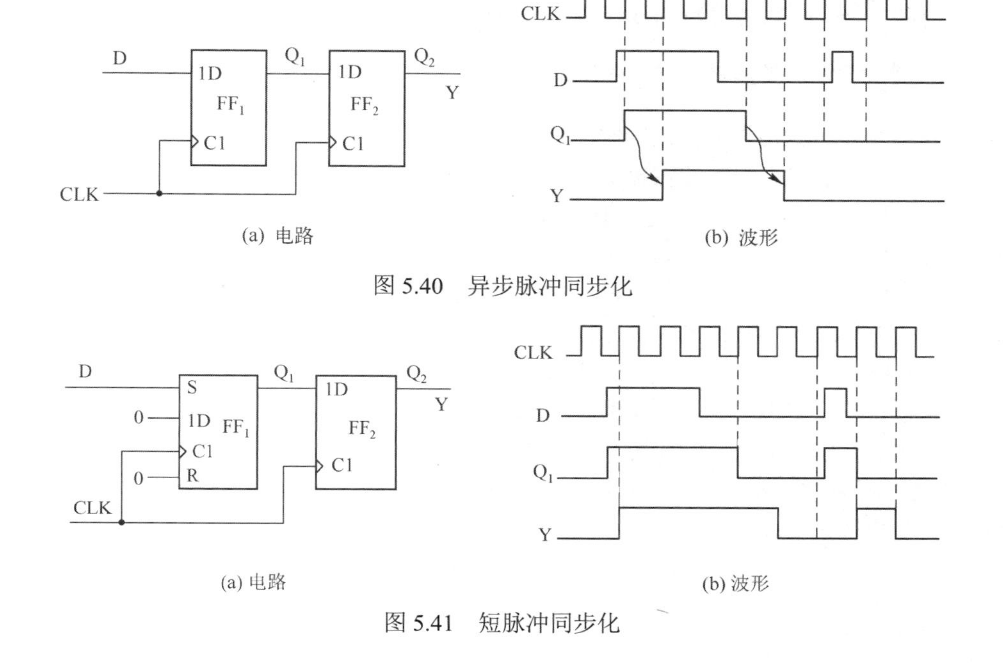

(a) 电路　　(b) 波形

图 5.40　异步脉冲同步化

(a) 电路　　(b) 波形

图 5.41　短脉冲同步化

3．单脉冲发生器

单脉冲发生器可将一个任意宽度的输入脉冲转换为具有确定宽度的单个脉冲。很多数字设备都用单脉冲发生器作为调测信号源。

图 5.42 是一个输出脉宽 t_W 等于一个时钟周期 T_C 的单脉冲发生器。

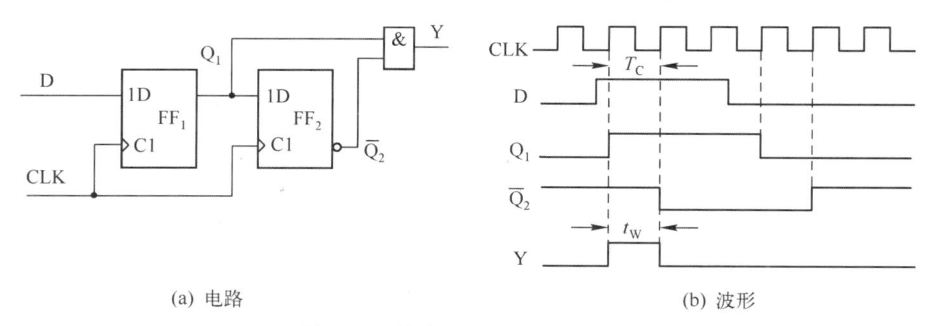

(a) 电路　　　　(b) 波形

图 5.42　单脉冲发生器（$t_W=T_C$）

图 5.42（a）所示电路中，设 FF_1 和 FF_2 的起始状态为零，当外加控制信号 D 由 0 变 1 后，随后而来的 CLK 的上升沿将使 Q_1 变 1，下一个 CLK 的上升沿使 $\overline{Q}_2$ 变 0，在与门输出端 Y 便获得一个单脉冲。这里，D 的宽度不影响输出脉冲的宽度，因为 $\overline{Q}_2$ 变 0 后，与门就被封闭了。

但是，这个电路也存在控制信号 D 过短问题，D 过短就可能遇不到时钟的上升沿，而未能存入触发器。为解决这个问题，可采用图 5.41 所示方法，让 D 先直接置位 FF_1，再用附加 FF_2 使之同步化。如果遇到 D 与 CLK 上升沿几乎同时发生的情况，而使 FF_1 的状态 Q_1 不定，也可像图 5.41 那样，采用附加触发器再完成同步化的操作。

5.6　时序逻辑电路的分析与设计

同组合电路一样，电路的分析和设计也是时序电路所讨论的两个基本问题。

5.6.1　同步时序逻辑电路的分析

时序电路的分析，就是根据给定的时序电路，指出其逻辑功能。具体地说，就是找出电路在不同的外部输入和当前状态条件下的输出情况和状态转换规律。在同步时序电路中，由于所有触发器都是在同一个公共时钟脉冲作用下工作的，所以分析起来比较简单，可以忽略时钟条件。

同步时序电路分析的一般步骤如下：

（1）由给定的时序电路，写出其输出方程和各触发器的驱动方程；

（2）将驱动方程代入触发器的特性方程，导出电路的状态方程；

（3）根据状态方程和输出方程，列出状态表；

（4）由状态表画出状态图（或时序图）；

（5）由状态表或状态图（或时序图）说明电路的逻辑功能。

【例 5.11】　分析图 5.43 所示同步时序电路的逻辑功能。

解：（1）写出触发器驱动方程。

$$D_0 = Q_0^n \cdot \overline{Q}_1^n + \overline{Q}_2^n \qquad D_1 = Q_0^n \qquad D_2 = Q_1^n$$

（2）将驱动方程代入 D 触发器的特性方程，写出电路的状态方程。

$$Q_0^{n+1} = Q_0^n \cdot \overline{Q}_1^n + \overline{Q}_2^n \qquad Q_1^{n+1} = Q_0^n \qquad Q_2^{n+1} = Q_1^n$$

（3）列出状态表。由上述状态方程，列出状态表如表 5.12 所示。表中第一栏为各触发器当前状态 Q_0^n、Q_1^n 和 Q_2^n 的所有可能取值组合，第二栏为将当前状态代入状态方程求出的各触发器下一个状态的值。

（4）画出状态图。根据状态表画出的状态图如图 5.44 所示。

（5）说明逻辑功能。由状态表或状态图可以看出，该电路是一个能自启动的右移位扭环形计数器（相关概念将在第 6 章中详细介绍）。

表 5.12　例 5.11 状态表

Q_0^n	Q_1^n	Q_2^n	Q_0^{n+1}	Q_1^{n+1}	Q_2^{n+1}
0	0	0	1	0	0
0	0	1	0	0	0
0	1	0	1	0	1
0	1	1	0	0	1
1	0	0	1	1	0
1	0	1	1	1	0
1	1	0	1	1	1
1	1	1	0	1	1

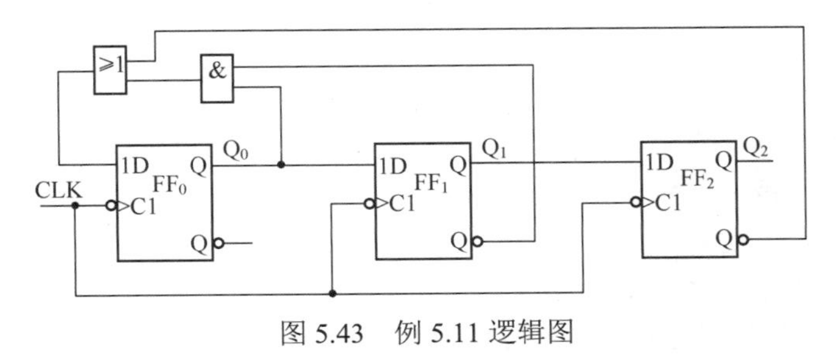

图 5.43　例 5.11 逻辑图

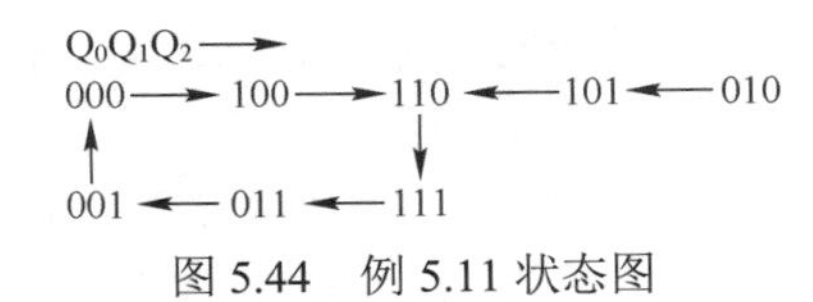

图 5.44　例 5.11 状态图

【例 5.12】　分析图 5.45 所示同步时序电路的逻辑功能。图中，X 为输入变量，Z 为输出变量。

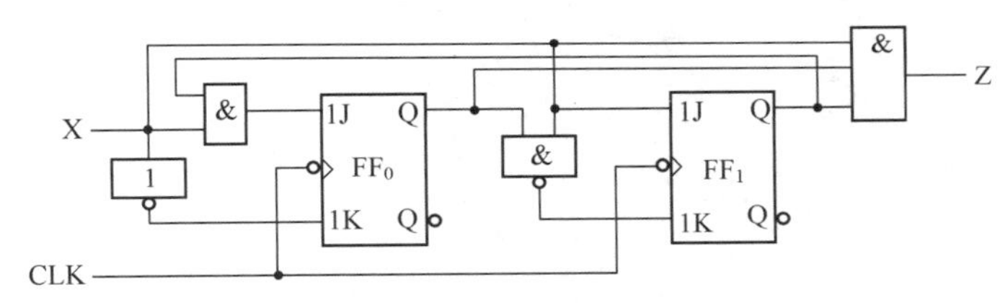

图 5.45　例 5.12 逻辑图

解：（1）写出各触发器驱动方程和输出方程。

驱动方程为　$J_0 = XQ_1^n$，$K_0 = \overline{X}$；　$J_1 = X$，$K_1 = \overline{XQ_0^n}$

输出方程为　$Z = XQ_0^n Q_1^n$

（2）写出电路的状态方程。

$$Q_0^{n+1} = J_0\overline{Q_0^n} + \overline{K_0}Q_0^n = XQ_1^n\overline{Q_0^n} + XQ_0^n = XQ_1^n + XQ_0^n$$

$$Q_1^{n+1} = J_1\overline{Q_1^n} + \overline{K_1}Q_1^n = X\overline{Q_1^n} + XQ_0^nQ_1^n = X\overline{Q_1^n} + XQ_0^n$$

（3）列出状态表。由状态方程和输出方程，列出状态表，如表 5.13 所示。

（4）画状态图。由状态表画出状态图，如图 5.46 所示。

表 5.13　例 5.12 状态表

X	Q_0^n	Q_1^n	Q_0^{n+1}	Q_1^{n+1}	Z
0	0	0	0	0	0
0	0	1	0	0	0
0	1	0	0	0	0
0	1	1	0	0	0
1	0	0	0	1	0
1	0	1	1	0	0
1	1	0	1	1	0
1	1	1	1	1	1

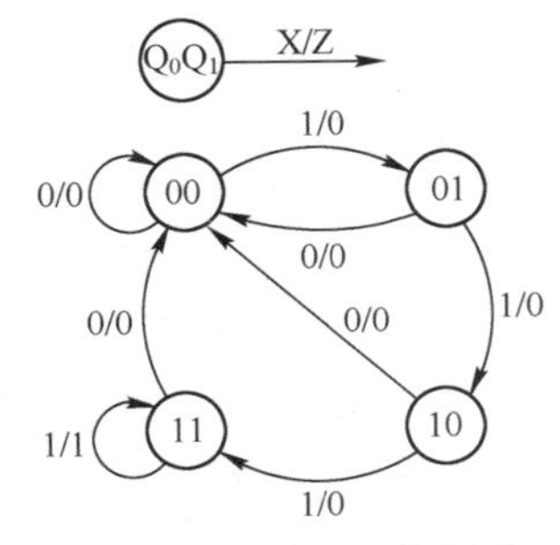

图 5.46　例 5.12 状态图

（5）功能说明。由状态图可知，该电路是用来检测输入序列是否为“1111”的检测器。每当检测到输入序列为连续四个或者四个以上的 1 时，电路的输出 Z=1；否则，Z=0。

以上通过两个典型电路给出了分析同步时序电路的完整过程。事实上，对有些电路，只要执行其中某些步骤，例如写出方程或画出波形图，就可以充分理解电路的功能。在这种情况下，就不必机械地执行上述全过程。

另外，分析电路的最后一步（即说明逻辑功能），对初学者来说是比较困难的。它需要读者具备一定的电路知识，初学者应注意不断地积累。

5.6.2 异步时序逻辑电路的分析

异步时序电路和同步时序电路主要的区别在于电路中没有统一的时钟脉冲，各个存储单元的状态不是同时发生改变。因此，在分析异步时序电路时，既要考虑每个存储单元的驱动信号，又要考虑其时钟信号，时钟信号决定该存储单元的状态什么时候发生改变，驱动信号决定该存储单元的状态怎么改变。在具体的分析过程中，首先看各个存储单元的时钟信号是否有效，如果时钟信号无效，则该存储单元的状态保持不变；如果时钟信号有效，再去看对应存储单元的驱动信号，此时由驱动信号决定状态怎么改变。

下面通过例子说明异步时序电路的分析方法和步骤。

【例 5.13】 试分析图 5.47 所示异步时序电路的逻辑功能。

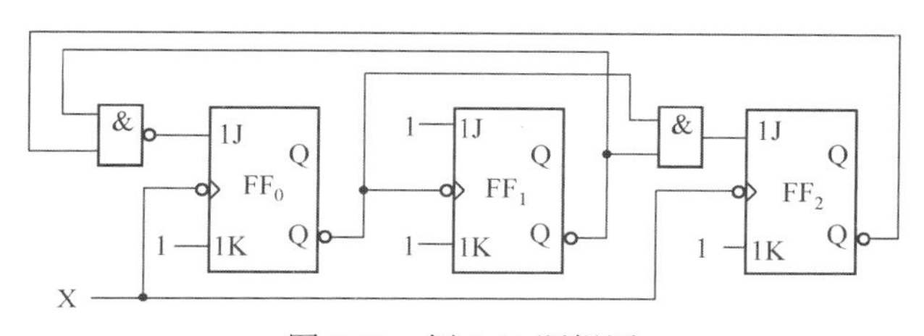

图 5.47　例 5.13 逻辑图

解： 由图 5.47 可见，该电路由三个 JK 触发器组成，没有统一的时钟脉冲，FF_0 和 FF_2 的时钟由输入脉冲 X 控制，FF_1 的时钟由 FF_0 的输出 $\overline{Q}_0$ 的下降沿控制，所以属于异步时序电路。

（1）写出驱动方程和输出方程。由于该电路没有专设输出端，故不必写输出方程，仅写出驱动方程

$$J_0 = \overline{\overline{Q}_2^n \overline{Q}_1^n} = Q_2^n + Q_1^n,\quad K_0 = 1;\quad J_1 = K_1 = 1;\quad J_2 = \overline{Q}_1^n \overline{Q}_0^n,\quad K_2 = 1$$

（2）写出时钟表达式和状态方程，并列出状态表。对于用触发器构成的异步时序电路，时钟脉冲也作为输入信号，在推导状态方程的过程中要注意两点：

① 应把时钟信号作为一个逻辑变量引入触发器的特性方程中。例如，对 JK 触发器，其特性方程应修改为

$$Q^{n+1} = (J\overline{Q}^n + \overline{K}Q^n)\cdot CLK + Q^n \cdot \overline{CLK}$$

对于 D 触发器，其特性方程应修改为

$$Q^{n+1} = D\cdot CLK + Q^n \cdot \overline{CLK}$$

上述表达式表明，只有在 CLK 有效（即 CLK=1）时，触发器才根据驱动信号（J，K 或 D）及原状态转换成对应的新状态。而当 CLK 无效（即 CLK=0）时，触发器维持原状态不变。需要说明的是，这里所谓的 CLK=1 有效，并不是指触发器 CLK 脉冲输入端的电压值为 1，而是指出现有效的脉冲边沿。在本例中，触发器为下降沿有效，故当时钟信号出现 1→0 跳变时，记为 CLK=1，否则记为 CLK=0。

② 确定各级触发器的 CLK 信号表达式。当触发器使用外部输入脉冲作为时钟时，由于时钟信

号始终有效，故 CLK=1。当 CLK 由内部电路产生时，则必须分析 CLK 端的信号变化规律，求得有效时钟表达式。

由图 5.47 可以看出，FF_0 和 FF_2 的时钟直接由外来输入脉冲 X 提供，X 作用时，始终有效，故不必在状态方程中反映。则

$$Q_0^{n+1} = J_0\overline{Q}_0^n + \overline{K}_0 Q_0^n = (Q_2^n + Q_1^n)\overline{Q}_0^n = Q_2^n\overline{Q}_0^n + Q_1^n\overline{Q}_0^n$$

$$Q_2^{n+1} = J_2\overline{Q}_2^n + \overline{K}_2 Q_2^n = \overline{Q}_1^n\,\overline{Q}_0^n\,\overline{Q}_2^n = \overline{Q}_2^n\overline{Q}_1^n\overline{Q}_0^n$$

为求 CLK_1 的表达式，可根据上述两个状态方程，把 Q_0^{n+1} 和 Q_2^{n+1} 的值先填入状态表，如表 5.14 所示。

由于 FF_1 的时钟是由 FF_0 的 $\overline{Q}_0$ 提供的，即当 $\overline{Q}_0$ 出现 1→0（或 Q_0 出现 0→1）跳变时，CLK_1=1。由表 5.14 可以看出，Q_0^n 为 0，而 Q_0^{n+1} 为 1 共有三处，分别对应于 $Q_2^n\ Q_1^nQ_0^n$ 为 010、100 和 110，即

$$CLK_1 = \overline{Q}_2^n Q_1^n\overline{Q}_0^n + Q_2^n\overline{Q}_1^n\overline{Q}_0^n + Q_2^n Q_1^n\overline{Q}_0^n = Q_2^n\overline{Q}_0^n + Q_1^n\overline{Q}_0^n$$

由 CLK_1 的表达式和 J_1、K_1 驱动方程，可求得 FF_1 的状态方程

$$\begin{aligned}
Q_1^{n+1} &= (J_1\overline{Q}_1^n + \overline{K}_1 Q_1^n)CLK_1 + Q_1^n\overline{CLK_1} \\
&= \overline{Q}_1^n(Q_2^n\overline{Q}_0^n + Q_1^n\overline{Q}_0^n) + Q_1^n\overline{(Q_2^n\overline{Q}_0^n + Q_1^n\overline{Q}_0^n)} \\
&= Q_2^n\overline{Q}_1^n\overline{Q}_0^n + Q_1^n Q_0^n
\end{aligned}$$

在状态表中填入 Q_1^{n+1} 的值，得到本例完整的状态表，如表 5.14 所示。

（3）画出状态图，如图 5.48 所示。由状态图可见，这是一个异步五进制减法计数器（计数器的概念将在第 6 章中详细介绍）。在该电路中，有 100、011、010、001、000 五个有效工作状态，101、110、111 三个无效工作状态，电路进入任意一个无效状态时，经过有限个时钟作用，都能自动返回到某个有效状态，具有这种特点的电路称为能够自启动的电路。所以，该电路是一个能够自启动的异步五进制减法计数器。

另外，分析异步时序电路，也可采用画波形图的方法，将在第 6 章异步计数器中介绍。

表 5.14　例 5.13 状态表

Q_2^n	Q_1^n	Q_0^n	Q_2^{n+1}	Q_1^{n+1}	Q_0^{n+1}	CLK_1
0	0	0	1	0	0	0
0	0	1	0	0	0	0
0	1	0	0	0	1	1
0	1	1	0	1	0	0
1	0	0	0	1	1	1
1	0	1	0	0	0	0
1	1	0	0	0	1	1
1	1	1	0	1	0	0

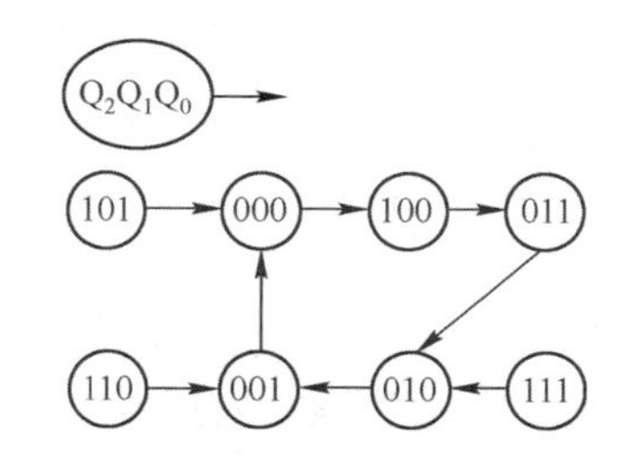

图 5.48　例 5.13 状态图

5.6.3　同步时序逻辑电路的设计

时序电路的设计是分析的逆过程，就是根据给定的逻辑功能要求，设计出相应的逻辑电路。一般来说，同步时序电路比异步时序电路工作更稳定可靠，所以实际的应用电路大多数情况下都被设计成同步时序电路。

对于同步时序电路而言，电路设计的关键是确定状态转换的规律，求出各触发器的驱动方程和外部输出方程。其设计的一般步骤如下：

（1）建立原始状态表或状态图。根据逻辑要求，确定输入变量、输出变量、电路状态的数目和

名称，并找出不同输入条件下所有状态之间的转换关系，建立原始状态表或状态图。

（2）状态化简。状态化简能去除原始状态表或原始状态图中的多余状态，状态越少，意味着使用的触发器也越少。如果电路中某两个状态在相同的输入下，转移到的新状态和输出都相同，则这两个状态称为等价状态。状态化简的关键就是找到等价状态，将其合并为一个状态。

（3）状态编码。状态编码指将简化后的状态用一组二进制代码表示。编码时首先确定代码位数，假设电路有 M 个状态，需要 n 个触发器，则应满足 $2^{n-1}<M\leqslant 2^n$。然后对每个状态进行编码，即从 2^n 组二进制代码组合中选取 M 个表示电路的工作状态，这个选取可能有很多种方案，意味着状态编码的方式是不唯一的，选择的状态编码方式不同，在后续设计中得到的驱动方程和输出方程的形式将不同，其复杂程度也不同。所以设计时要经过仔细研究，反复比较，才能选择出最佳方案。

（4）选择触发器类型，求驱动方程和输出方程。关于触发器类型，在实际设计中采用比较多的是 D 触发器和 JK 触发器。触发器确定后，求出相应的驱动方程和输出方程。首先从状态表中分离输出信号的卡诺图，化简求得输出方程；然后借助于状态表及触发器输入表来确定各个触发器驱动信号的卡诺图，从而求得驱动方程。图 5.49 列出了 D 触发器、RS 触发器、T 触发器和 JK 触发器的输入表，在各表的左侧两列表示触发器状态转换前后的情况，而表的右侧，则表示对应于某一特定的状态转换，所需要的驱动信号。

Q^n	Q^{n+1}	D
0	0	0
0	1	1
1	0	0
1	1	1

(a) D 触发器

Q^n	Q^{n+1}	S	R
0	0	0	×
0	1	1	0
1	0	0	1
1	1	×	0

(b) RS 触发器

Q^n	Q^{n+1}	T
0	0	0
0	1	1
1	0	1
1	1	0

(c) T 触发器

Q^n	Q^{n+1}	J	K
0	0	0	×
0	1	1	×
1	0	×	1
1	1	×	0

(d) JK 触发器

图 5.49　触发器输入表

（5）检查自启动特性。当时序电路的状态数不等于 2^n 时，将存在多余的无效状态，需要检查电路的自启动特性。所设计的电路如果不能自启动，则需修改设计使其能够自启动。

（6）画逻辑图。

下面通过举例来具体介绍同步时序电路的设计。

【例 5.14】 设计一个可控计数电路：X 为控制信号，当 X=0 时，电路按照 0, 1, 2, 3, 0, 1, 2, 3, …的规律做加法计数；当 X=1 时，电路按照 3, 2, 1, 0, 3, 2, 1, 0, …的规律做减法计数。（该电路称为模 4 可逆计数器）

解：（1）建立原始状态表或状态图。模 4 可逆计数器有 4 个状态，设分别为 S_0、S_1、S_2 和 S_3，由题意可得可逆计数器的原始状态图如图 5.50（a）所示，其对应的原始状态表如图 5.50（b）所示。

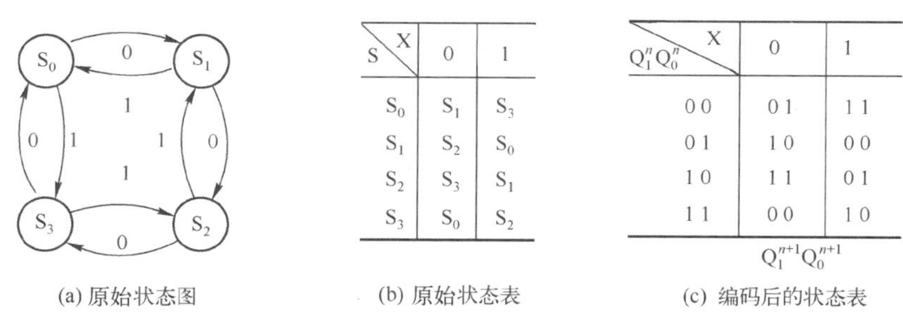

(a) 原始状态图

S \ X	0	1
S_0	S_1	S_3
S_1	S_2	S_0
S_2	S_3	S_1
S_3	S_0	S_2

(b) 原始状态表

$Q_1^nQ_0^n$ \ X	0	1
00	01	11
01	10	00
10	11	01
11	00	10

$Q_1^{n+1}Q_0^{n+1}$

(c) 编码后的状态表

图 5.50　例 5.14 的模 4 可逆计数器设计

（2）状态化简。观察该电路的原始状态表或状态图，可以发现没有等价状态，所以无须进行状态化简。

（3）状态编码。该电路共有 4 个不同的工作状态，每个状态用 2 位二进制数表示，电路中需要 2 个触发器。将状态按如下方式编码：$S_0=00$，$S_1=01$，$S_2=10$，$S_3=11$，可得编码后的状态表如图 5.50（c）所示。

（4）选择触发器类型，求驱动方程和输出方程。若采用 D 触发器设计该模 4 可逆计数器，根据 D 触发器的输入表（见图 5.49（a）），可得到两个 D 触发器的驱动卡诺图，如图 5.51（a）所示。化简该卡诺图，可得驱动方程为

$$D_1=\overline{X}\overline{Q}_1^nQ_0^n+\overline{X}Q_1^n\overline{Q}_0^n+X\overline{Q}_1^n\overline{Q}_0^n+XQ_1^nQ_0^n=X\oplus Q_0^n\oplus Q_1^n;\quad D_0=\overline{Q}_0^n$$

（5）检查自启动特性。该电路中没有无效状态，不需要检查自启动特性。

（6）画逻辑图。根据上面所得 D 触发器的驱动方程，可画出模 4 可逆计数器的逻辑图，如图 5.51（b）所示。

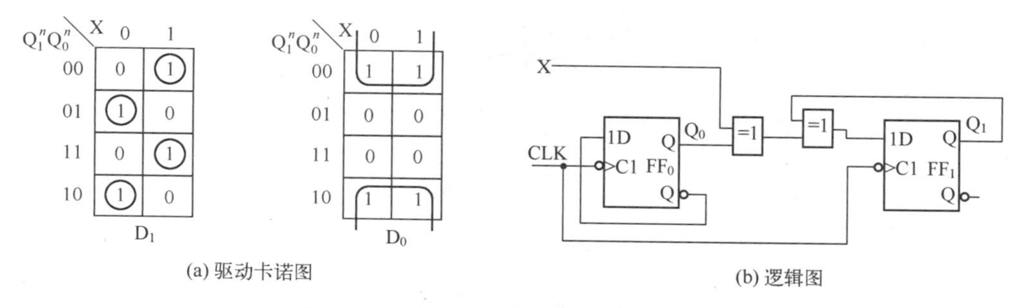

图 5.51　用 D 触发器设计的例 5.14 电路

若采用 JK 触发器设计该模 4 可逆计数器，根据 JK 触发器的输入表（见图 5.49（d）），可得到两个 JK 触发器的驱动卡诺图，如图 5.52（a）所示。化简卡诺图，可得驱动方程为

$$J_1=K_1=X\overline{Q}_0^n+\overline{X}Q_0^n=X\oplus Q_0^n\;;\quad J_0=K_0=1$$

因此，用 JK 触发器设计模 4 可逆计数器的逻辑图如图 5.52（b）所示。

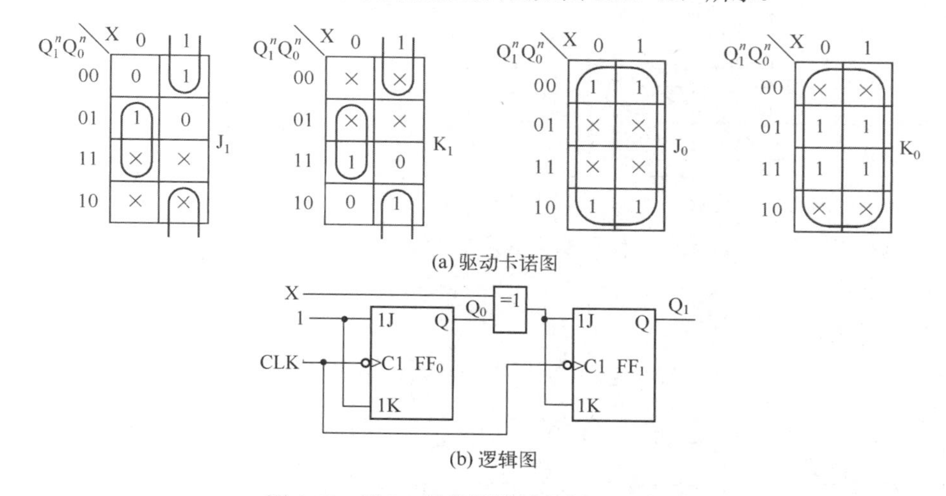

图 5.52　用 JK 触发器设计的例 5.14 电路

【例 5.15】　设计一个“111”序列检测器。要求是：当连续输入三个（或三个以上）1 时，输出为 1，否则输出为 0。

解：（1）建立原始状态表或状态图。序列检测器的输入信号为一串随机信号，假设用变量 X 表示，其输出为检测结果，用变量 Z 表示。根据设计要求，输入和输出序列之间满足如下关系：

$$X: 0\,1\,1\,0\,1\,1\,1\,0\,1\,1\,1\,1\,0$$

$$\downarrow \quad \downarrow\downarrow$$

$$Z: 0\,0\,0\,0\,0\,0\,1\,0\,0\,0\,1\,1\,0$$

为了能从串行输入信号中识别“111”序列，电路必须具有记忆功能，即通过电路的状态来记忆并区分前面已经输入的情况。设在没有输入 1 之前电路的状态是 S_0，输出为 0；输入一个 1 后状态变为 S_1，输出为 0；输入两个 1 后状态为 S_2，输出为 0；输入三个或三个以上 1 后状态为 S_3，输出为 1。

根据题意，可得到本电路的原始状态表如表 5.15 所示，其原始状态图如图 5.53 所示。

（2）状态化简。由图 5.53 可以发现，如分别以 S_2 和 S_3 为原态，则在 X=0 和 X=1 的情况下，输出相同，而次态也相同，可见 S_2 和 S_3 两个状态是等价的，可以去掉一个，如果去掉 S_3，用 S_2 代替 S_3，则可得化简后的状态图，如图 5.54 所示。

表 5.15 例 5.15 原始状态表

S \ X	0	1
S_0	S_0/0	S_1/0
S_1	S_0/0	S_2/0
S_2	S_0/0	S_3/1
S_3	S_0/0	S_3/1

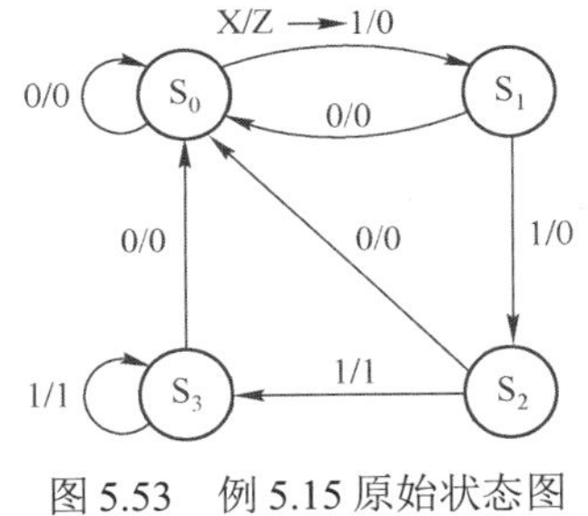

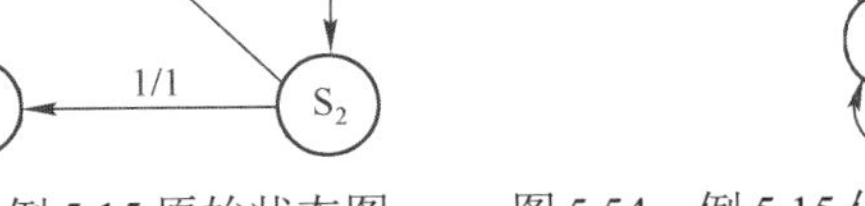

图 5.53 例 5.15 原始状态图

图 5.54 例 5.15 化简后的状态图

（3）状态编码。图 5.54 中有 3 个状态，可以确定需要 2 个触发器，由于 2 个触发器有 4 种不同的组合（00，01，10，11），假设选取 S_0=00，S_1=01，S_2=10，可得编码后的状态表，如表 5.16 所示，表中 11 为无效状态，其状态图如图 5.55 所示。

表 5.16 例 5.15 编码后的状态表

$Q_0^nQ_0^n$ \ X	0	1
0 0	00/0	01/0
0 1	00/0	10/0
1 1	××/×	××/×
1 0	00/0	10/1
	$Q_1^{n+1}Q_0^{n+1}$ / z	

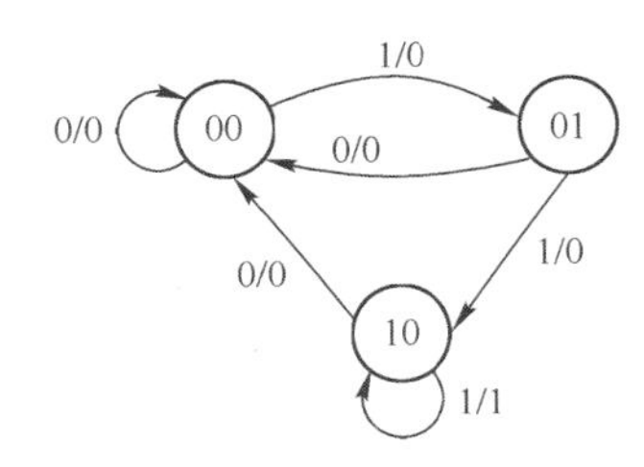

图 5.55 例 5.15 编码后的状态图

（4）选择触发器类型，求驱动方程和输出方程。假设选用 JK 触发器，由表 5.16，并对照图 5.49（d）所示 JK 触发器输入表，可分别画出驱动卡诺图和输出卡诺图，如图 5.56 所示。化简卡诺图可得相应的驱动方程和输出方程为

$$J_1 = XQ_0^n,\ K_1 = \overline{X}\ ;\quad J_0 = X\overline{Q}_1^n,\ K_0 = 1;\quad Z = XQ_1^n$$

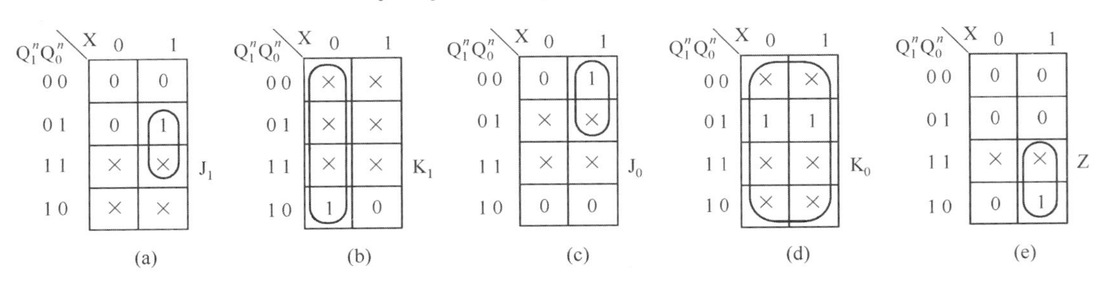

图 5.56 例 5.15 驱动卡诺图和输出卡诺图

除了通过画卡诺图来求得驱动方程，我们也可以先从状态表中分离出状态信号的卡诺图，求出状态方程，然后根据状态方程再求得驱动方程。下面结合本例说明之。

由表 5.16 所示的状态表，分离出新态 Q_1^{n+1}、Q_0^{n+1} 和输出信号 Z 的卡诺图，如图 5.57 所示。

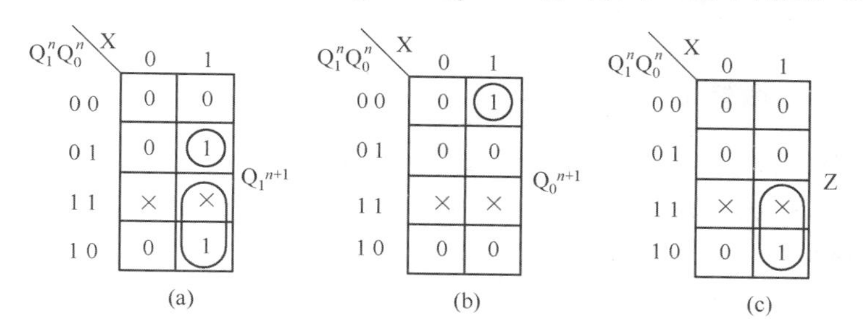

图 5.57　例 5.15 电路新态和输出卡诺图

为了便于求驱动方程，在利用新态卡诺图化简时，应当首先考虑使所得状态方程的形式和 JK 触发器的特性方程一致。在此基础上，再使表达式最简。因此，在新态卡诺图中画圈时，应将对应 $Q^n=0$ 的所有小方格划为一个区域，而将对应的 $Q^n=1$ 的所有小方格划为另一个区域。然后分别在每个区域充分利用无关项，使所画的圈子最少而且最大。例如图 5.57（a），求 Q_1^{n+1} 时，就是按 $Q_1^n=0$ 的区域和 $Q_1^n=1$ 的区域分别圈选的。这样所得状态方程的形式一定符合 JK 触发器特性方程的形式（如果选用 D 触发器，则不存在此问题）。

化简卡诺图可得相应的状态方程和输出方程为

$$Q_0^{n+1}=X\bar{Q}_1^n\bar{Q}_0^n,\quad Q_1^{n+1}=XQ_0^n\bar{Q}_1^n+XQ_1^n,\quad Z=XQ_1^n$$

将该状态方程和 JK 触发器特性方程 $Q^{n+1}=J\bar{Q}^n+\bar{K}Q^n$ 比较，可得驱动方程为

$$J_1=XQ_0^n,\ K_1=\bar{X};\quad J_0=X\bar{Q}_1^n,\ K_0=1$$

（5）检查自启动特性。因为本例存在无效状态 11，因此需要检查电路一旦进入无效状态 11，经过有限个 CLK 脉冲的作用，能否进入有效状态。可以直接利用图 5.57 中的卡诺图来检查，如果电路进入无效状态 11，当 X＝0 时，下一状态为 00，当 X=1 时，下一状态为 10（图中未包含在圈中的×当成 0 来处理，包含在圈中的×当成 1 来处理），故电路能自启动。其完整的状态图如图 5.58（a）所示。

（6）画逻辑图，如图 5.58（b）所示。

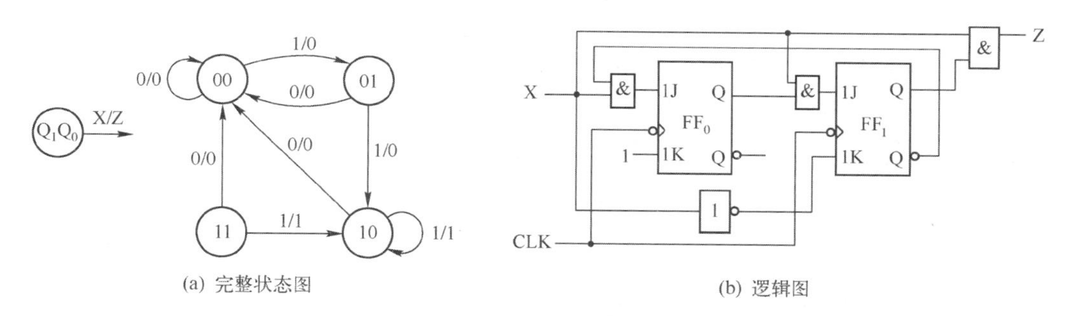

图 5.58　例 5.15 的完整状态图和逻辑图

5.6.4　有限状态机的 Verilog 描述

通过前面的分析可以看出，时序电路实际表示的是有限个状态以及这些状态之间的转移，这样的电路也被称为有限状态机（Finite State Machine，FSM）。它一般由存储状态的寄存器和组合电路构成，能够根据控制信号按照预先的设定进行状态间的转移，是协调相关信号动作、完成特定操作的

控制中心，属于一种同步时序电路。有限状态机的优点在于状态间的关系清晰直观，是一种易于建立、以描述控制特性为主的建模方法，对数字系统的设计具有十分重要的作用。

根据有限状态机的输出与当前状态和输入的关系，可以将其分为 Moore 型有限状态机和 Mealy 型有限状态机。下面分别来介绍这两种不同类型的状态机及其 Verilog 描述。

1. Moore 型有限状态机及其 Verilog 描述

Moore 型有限状态机的输出只与有限状态机当前时刻的状态有关，而与当前时刻的输入信号无关，其示意图如图 5.59 所示。

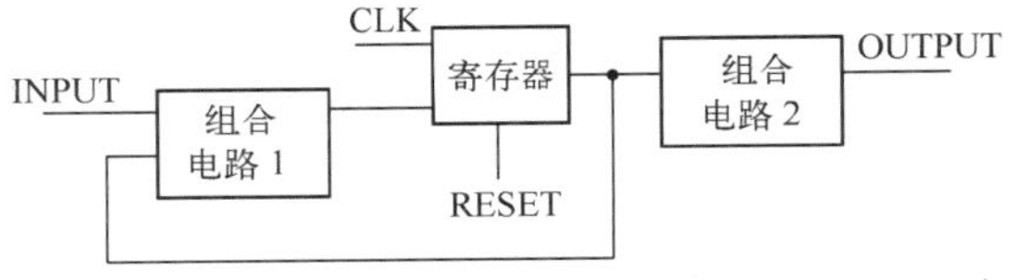

图 5.59 Moore 型有限状态机示意图

Moore 型有限状态机在时钟脉冲的有效边沿来到后，输出才发生变化。即使在一个时钟周期内输入信号发生变化，输出也会在一个完整的时钟周期内保持稳定状态不变，输入对输出的影响要到下一个时钟周期才反映出来。Moore 型有限状态机最重要的特点就是将输入与输出信号隔离开来。

建立有限状态机主要有两种方法：状态图和状态表，它们是等价的，相互之间可以转换。Moore 型有限状态机的状态图与 Mealy 型有限状态机的状态图的表示方法不一样，前者的输出信号写在状态圈内，而后者的输出信号写在箭头旁，与输入信号之间用“/”隔开。

【例 5.16】 用 Verilog 语言设计一个状态图如图 5.60 所示的 Moore 型有限状态机。

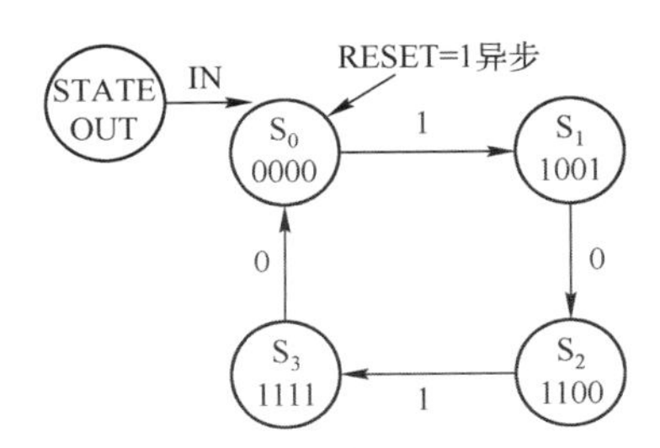

图 5.60 Moore 型有限状态机的状态图

```
module Vrfsmmoore(CLK,IN,RESET,OUT);
  input CLK,IN,RESET;
  output[3:0] OUT;
  reg[3:0] OUT_R;
  reg [1:0] STATE;
  parameter S0=2'b00,S1=2'b01,S2=2'b10,S3=2'b11;

  always @(posedge CLK or posedge RESET)
    if(RESET)
      STATE<=S0;
    else
      case(STATE)
        S0: if(IN==1) STATE<=S1;
            else STATE<=S0;
        S1: if(IN==0) STATE<=S2;
            else STATE<=S1;
        S2: if(IN==1) STATE<=S3;
            else STATE<=S2;
        S3: if(IN==0) STATE<=S0;
            else STATE<=S3;
      endcase
  always @(STATE)
     case(STATE)
       S0: OUT_R<=4'b0000;
       S1: OUT_R<=4'b1001;
       S2: OUT_R<=4'b1100;
       S3: OUT_R<=4'b1111;
```

```
    endcase
  assign OUT=OUT_R;
endmodule
```

例 5.16 的程序说明：

① 用 parameter 常量定义了 S_0、S_1、S_2 和 S_3 四个状态信号，并指定状态编码分别为 00、01、10 和 11。

② 用第一个 always 块描述有限状态机各个状态之间的转换。always 块的敏感信号为异步复位信号 RESET 和时钟信号 CLK，当 RESET 为 1 时，复位至 S_0 状态，当 RESET 为 0 时，在 CLK 的上升沿来到时，根据原状态和输入 IN 转移至新状态，具体状态的转移是用 case 语句和 if-else 语句实现的。

③ 因为状态机的输出 OUT 为 wire 类型，不能用 always 块进行赋值，所以定义了一个对应 OUT 的 reg 型中间变量 OUT_R，利用 always 块对其赋值后，再用 assign 语句将 OUT_R 的值赋给 wire 型的输出 OUT。

④ 在程序的第二个 always 块中，用 case 语句实现了输出逻辑。可以看出，对应 OUT 的中间变量 OUT_R 的值完全取决于状态信号 STATE，与输入信号 IN 没有关系，正好符合 Moore 型有限状态机的特点。

2. Mealy 型有限状态机及其 Verilog 描述

与 Moore 型有限状态机不同，Mealy 型有限状态机的输出不仅与当前时刻的状态有关，而且与当前时刻的输入有关，其示意图如图 5.61 所示。

Mealy 型有限状态机的输出直接受当前输入的影响，而输入可能在一个时钟周期内的任意时刻变化，这使得 Mealy 型有限状态机对输入的响应发生在当前时钟周期，比 Moore 型有限状态机对输入的响应要早。因此，输入信号的噪声可能影响 Mealy 型有限状态机的输出信号。

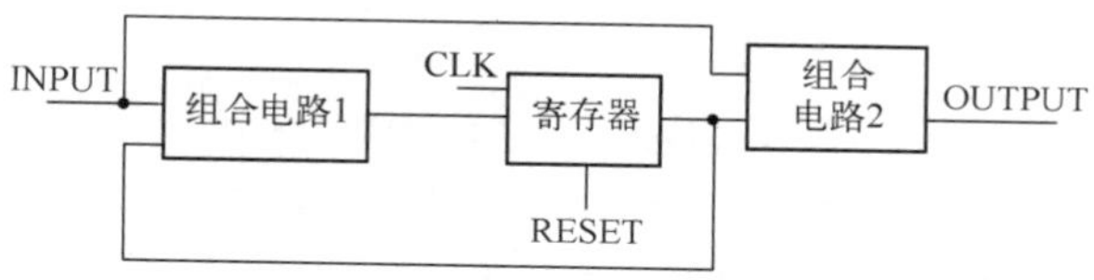

图 5.61　Mealy 型有限状态机示意图

【例 5.17】　用 Verilog 语言将例 5.16 设计成一个 Mealy 型有限状态机，其状态图如图 5.62 所示。

```
module Vrfsmmealy(CLK,IN,RESET,OUT);
  input CLK,IN,RESET;
  output[3:0] OUT;
  reg[3:0] OUT_R;
  reg [1:0] STATE;
  parameter S0=2'b00,S1=2'b01,S2=2'b10,S3=2'b11;

  always @(posedge CLK or posedge RESET)
    if(RESET)
      STATE<=S0;
    else
      case(STATE)
        S0: if(IN==1) STATE<=S1;
              else STATE<=S0;
        S1: if(IN==0) STATE<=S2;
              else STATE<=S1;
        S2: if(IN==1) STATE<=S3;
              else STATE<=S2;
```

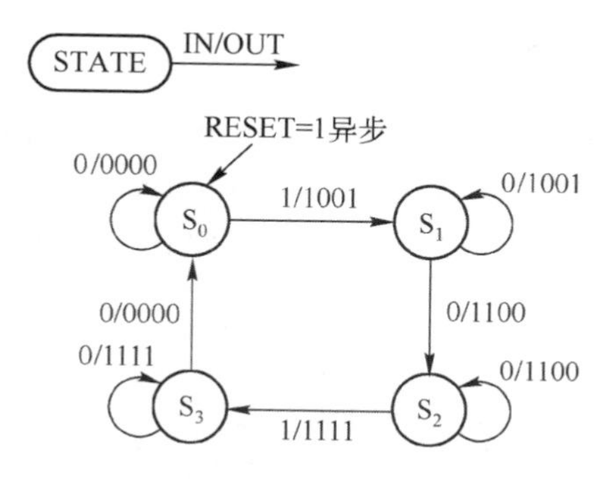

图 5.62　Mealy 型有限状态机的状态图

```
            S3: if(IN==0) STATE<=S0;
                 else STATE<=S3;
        endcase
    always @(STATE,IN)
        case(STATE)
            S0: if(IN==1) OUT_R<=4'b1001;
                 else OUT_R<=4'b0000;
            S1: if(IN==0) OUT_R<=4'b1100;
                 else OUT_R<=4'b1001;
            S2: if(IN==1) OUT_R<=4'b1111;
                 else OUT_R<=4'b1100;
            S3: if(IN==0) OUT_R<=4'b0000;
                 else OUT_R<=4'b1111;
        endcase
    assign OUT=OUT_R;
endmodule
```

例 5.17 的程序与例 5.16 的程序在状态信号定义及状态转换的实现方面是一样的，区别在于对输出信号的处理上。从例 5.17 的程序中可以看出，产生输出的 always 块中的敏感信号包括状态信号 STATE 和输入信号 IN 两个，说明 OUT_R 不仅与当前时刻的状态有关，与输入也有关，当外部输入发生变化时，输出马上跟着做出改变，这与 Mealy 型有限状态机的特点是一致的。

复习思考题

R5.1 时序电路和组合电路的区别是什么？

R5.2 同步时序电路和异步时序电路的区别是什么？

R5.3 如何理解 RS 锁存器的“不确定”状态？

R5.4 RS 锁存器、门控 RS 锁存器和 RS 触发器的工作有什么不同之处？

R5.5 RS 触发器、D 触发器、JK 触发器、T 触发器和 T′ 触发器的逻辑功能分别是什么？

R5.6 设计时序电路时，设计成同步电路好还是异步电路好？为什么？

R5.7 Moore 型电路和 Mealy 型电路有什么区别？

习题

5.1 请根据图 P5.1 所示的状态表画出相应的状态图，其中 X 为外部输入信号，Z 为外部输出信号，A、B、C、D 是时序电路的四种状态。

5.2 请根据图 P5.2 所示的状态表，求出当外部输入 X＝010101 序列时所对应的输出序列及状态序列（设电路的初始状态为 A）。

Q^n \ X (Q^{n+1}/Z)	0	1
A	D/1	B/0
B	D/1	C/0
C	D/1	A/0
D	B/1	C/0

图 P5.1

Q^n \ X (Q^{n+1}/Z)	0	1
A	D/0	B/0
B	C/0	B/0
C	B/0	C/0
D	B/1	C/0

图 P5.2

5.3 在 RS 锁存器中，已知 S 和 R 端的波形如图 P5.3 所示，试画出 Q 和 $\overline{Q}$ 的波形。（设电路的初始状态为 0）

5.4 普通 RS 锁存器与门控 RS 锁存器的输入波形如图 P5.4 所示，画出其输出波形。（设电路的初始状态为 0）

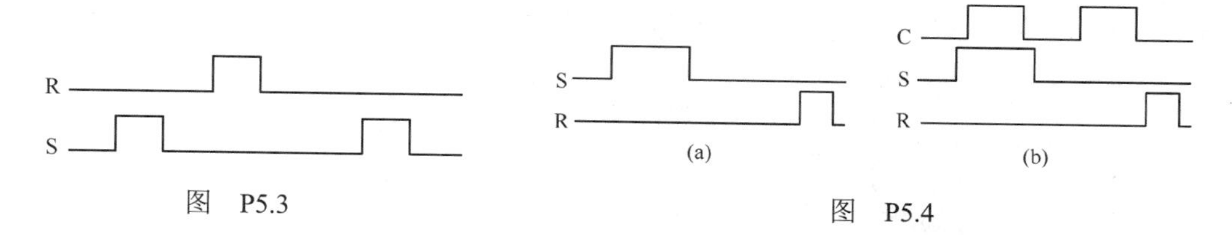

图 P5.3　　图 P5.4

5.5　在门控 D 锁存器中，已知 C 和 D 端的波形如图 P5.5 所示，试画出 Q 和 $\overline{Q}$ 的波形。（设电路初始状态为 0）

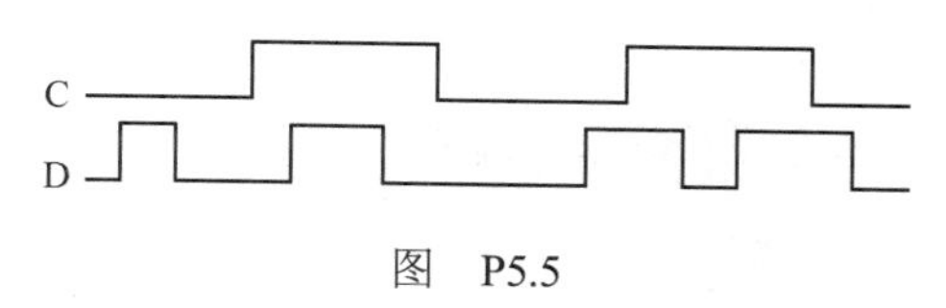

图 P5.5

5.6　在图 P5.6（a）中，FF_1 为 D 锁存器，FF_2 和 FF_3 为 D 触发器，试根据图 P5.6（b）所示的波形，画出 Q_1、Q_2 和 Q_3 的波形（设 FF_1、FF_2 和 FF_3 的初始状态均为 0）。

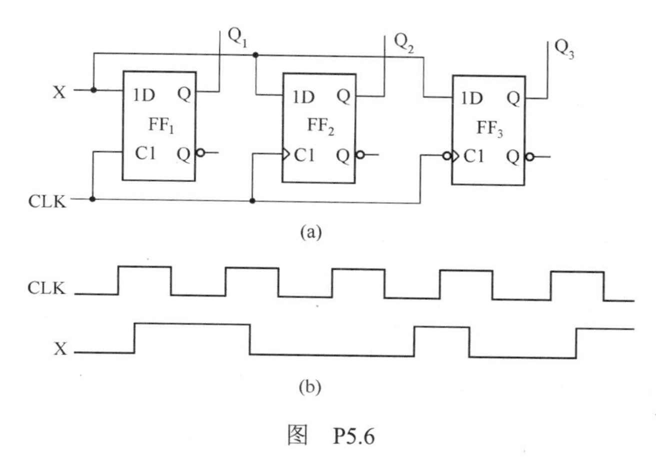

图 P5.6

5.7　已知 RS 触发器的逻辑符号和波形如图 P5.7 所示，试画出 Q 的波形（设触发器的初始状态为 0）。

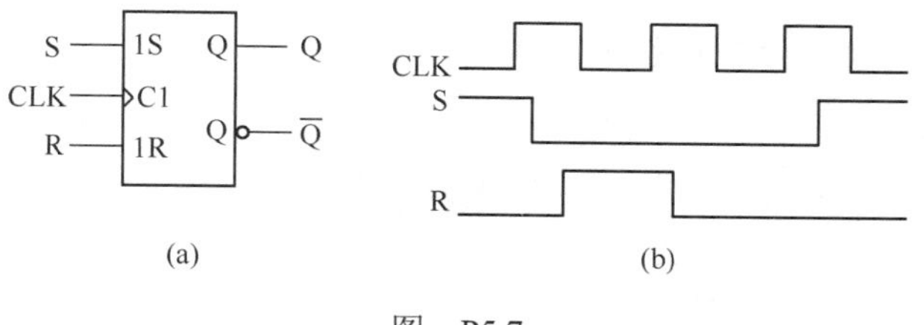

图 P5.7

5.8　已知 JK 触发器的逻辑符号和波形如图 P5.8 所示，试画出 Q 的波形（设触发器的初始状态为 0）。

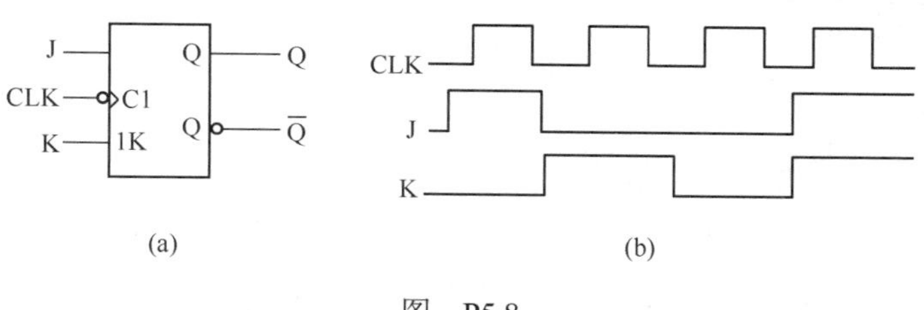

图 P5.8

5.9　已知 T 触发器的逻辑符号和波形如图 P5.9 所示，试画出 Q 的波形（设触发器的初始状态为 0）。

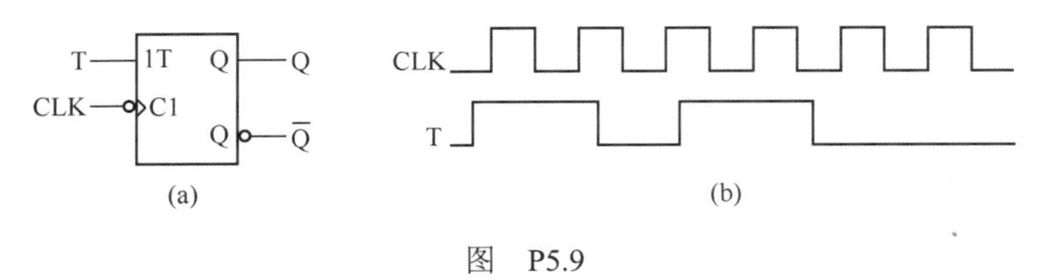

图　P5.9

5.10　某 T′触发器为下降沿触发的，试画出连续 6 个 CLK 时钟脉冲作用下其输出端 Q 的波形（设触发器的初始状态为 0）。

5.11　在图 P5.11（a）中，FF_1 和 FF_2 均为下降沿触发的触发器，试根据 P5.11（b）所示波形，画出 Q_1、Q_2 的波形（设 FF_1、FF_2 的初始状态均为 0）。

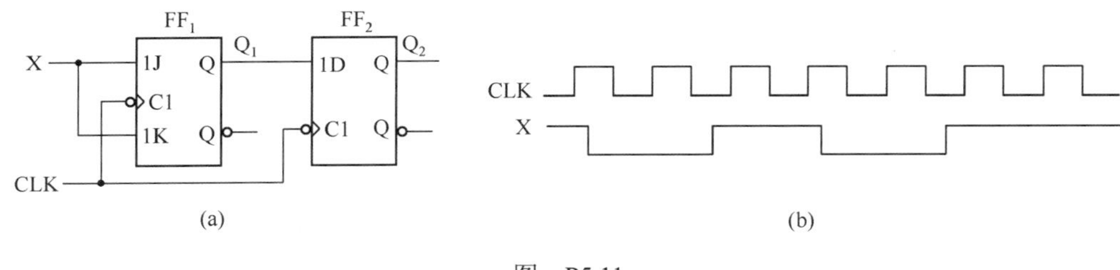

图　P5.11

5.12　试根据 P5.12（a）所示电路，画出在 CLK 和 X 信号（如图 P5.12（b）所示）作用下 Q_1 及 Q_2 的波形（设各触发器的初始状态均为 0）。

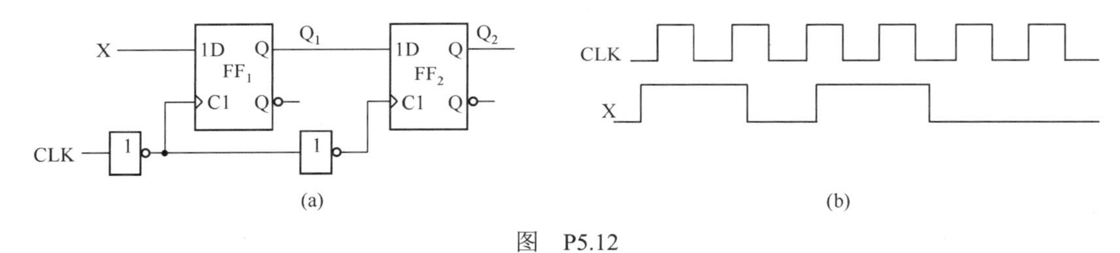

图　P5.12

5.13　试画出图 P5.13 所示电路在连续 3 个 CLK 时钟脉冲作用下 Q_1 及 Q_2 的波形（设各触发器的初始状态均为 0）。

5.14　试画出图 P5.14 所示电路在连续 5 个 CLK 时钟脉冲作用下 Q_1、Q_2 及 F 的输出波形（设各触发器的初始状态均为 0）。

5.15　试用 D 触发器构成 T 触发器。

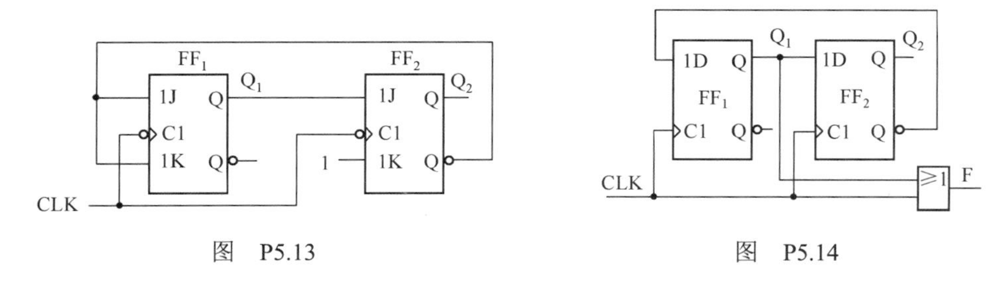

5.16　画出图 P5.16 所示电路在连续 8 个 CLK 时钟脉冲作用下 Q_1、Q_2 及 Q_3 的波形（设各触发器的初始状态均为 0）。

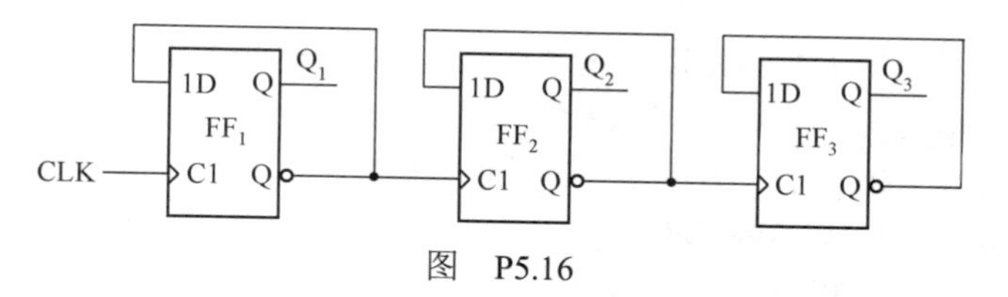

图 P5.16

5.17 分析图 P5.17 所示的电路，要求：

（1）写出各触发器的驱动方程和输出方程；

（2）写出各触发器的状态方程；

（3）列出状态表（要求按 XQ_1Q_0 的顺序列表）；

（4）画出状态转换图。

5.18 分析图 P5.18 所示的电路，要求：

（1）写出各触发器的驱动方程；

（2）写出各触发器的状态方程；

（3）列出状态表；

（4）画出状态转换图(要求画成 $Q_3Q_2Q_1 \rightarrow$)。

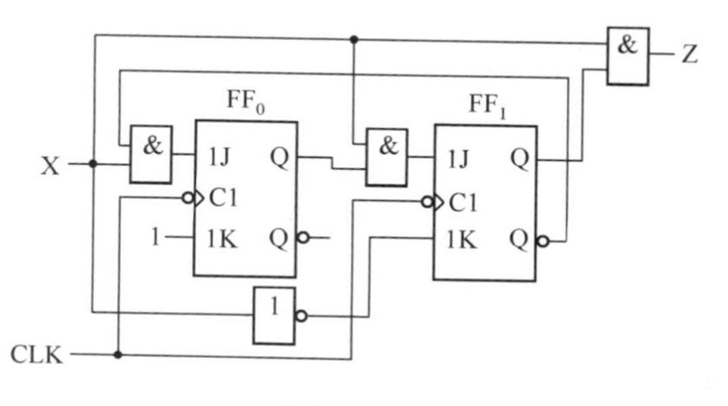

图 P5.17

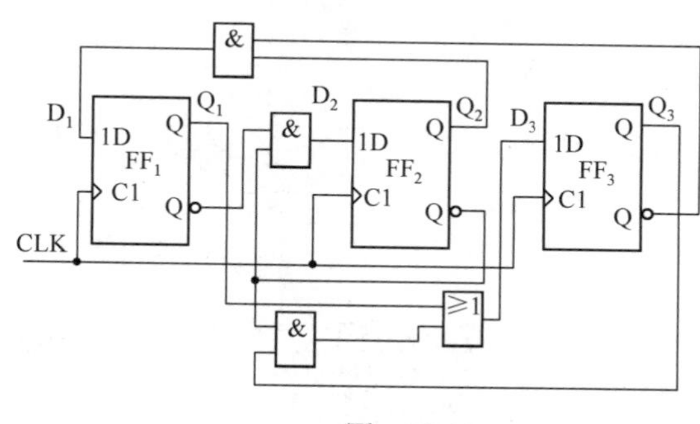

图 P5.18

5.19 分析图 P5.19 所示的电路，要求：

（1）写出各触发器的驱动方程；

（2）写出各触发器的状态方程；

（3）列出状态表；

（4）画出状态转换图(要求画成 $Q_3Q_2Q_1 \rightarrow$)。

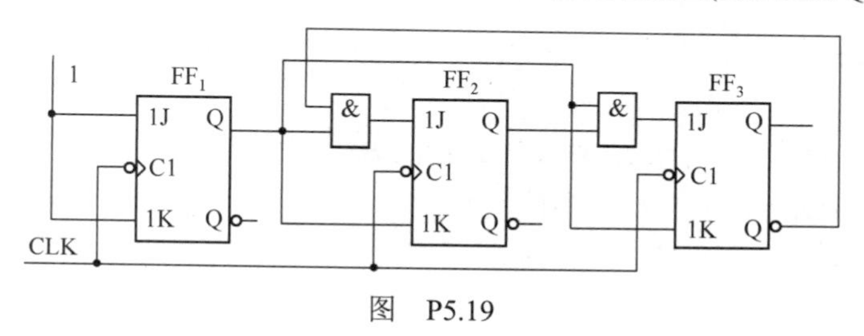

图 P5.19

5.20 分析图 P5.20 所示的电路，要求：

（1）写出各触发器的驱动方程和输出方程；

（2）写出各触发器的状态方程；

（3）列出状态表（要求按 XQ_2Q_1 的顺序列表）；

（4）画出状态转换图；

（5）若已知输入序列（串行输入）X 为 01011011110，试求输出序列（设电路初始状态 Q_2Q_1=00）。

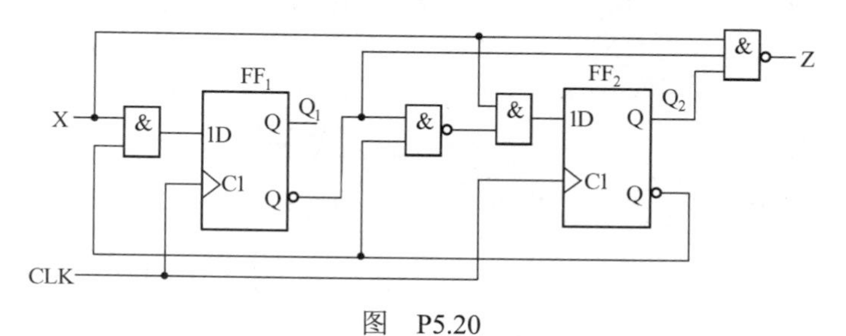

图 P5.20

5.21　图 P5.21 是某时序电路的状态图，该电路是由两个 D 触发器 FF_1 和 FF_0 组成的，试求出这两个触发器的输入信号 D_1 和 D_0 的表达式。图中 A 为输入变量。

5.22　根据图 P5.22 所示状态表，分别用 D 触发器和 JK 触发器设计一个同步时序电路。若已知输入序列 X 为 00101100111，试求输出序列（设各触发器的初始状态均为 0）。（查阅本题题解请扫描二维码 5-1）

5.23　用 JK 触发器和少量门设计一个模 6 可逆同步计数器。计数器受输入信号 X 控制，当 X=0 时，计数器按照 0, 1, 2, 3, 4, 5, 0, 1, …的规律做加法计数；当 X=1 时，计数器按照 5, 4, 3, 2, 1, 0, 5, 4…的规律做减法计数。（查阅本题题解请扫描二维码 5-2）

*5.24　设计一个自动售饮机的逻辑电路。要求：每次只允许投入 1 枚 5 角或 1 元的硬币，累计投入 2 元硬币给出 1 瓶饮料；如果投入 1 元 5 角硬币以后再投入 1 枚 1 元硬币，则给出饮料的同时还应找回 5 角钱。（查阅本题题解请扫描二维码 5-3）

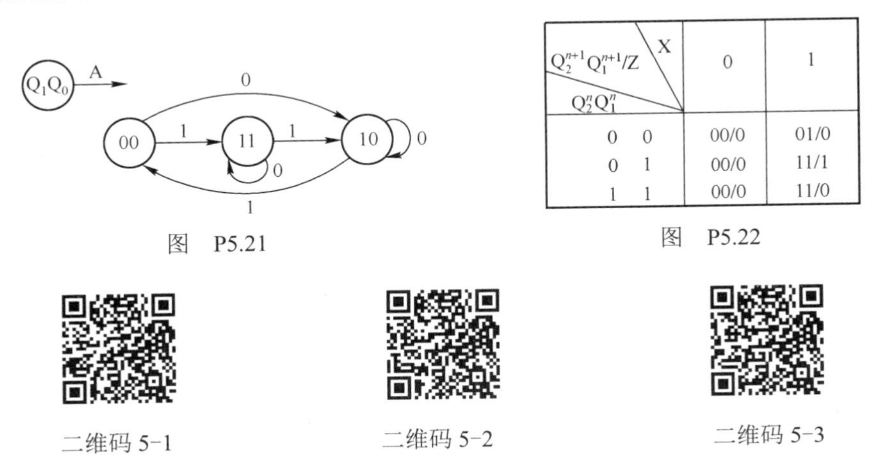

图　P5.21

$Q_2^nQ_1^n$ \ X ($Q_2^{n+1}Q_1^{n+1}/Z$)	0	1
0　0	00/0	01/0
0　1	00/0	11/1
1　1	00/0	11/0

图　P5.22

二维码 5-1　　二维码 5-2　　二维码 5-3

Verilog 编程设计题

B5.1　设计一个控制信号 C 高电平有效、置位信号 S 及复位信号 R 低电平有效的门控 RS 锁存器。（查阅本题题解请扫描二维码 5-4）

B5.2　设计一个二分频电路。（查阅本题题解请扫描二维码 5-5）

B5.3　设计一个带有异步清 0 和置 1 功能的下降沿触发的 JK 触发器。（查阅本题题解请扫描二维码 5-6）

B5.4　设计一个带有异步清 0 和置 1 功能的上升沿触发的 T 触发器。（查阅本题题解请扫描二维码 5-7）

B5.5　设计一个状态图如图 B5.5 所示的 Mealy 型有限状态机。该状态机有 2 个输入信号：RESET 和 X；1 个输出信号 Z。该状态机有 SA、SB、SC 和 SD 共 4 个状态。RESET 为异步复位信号，当 RESET 为“1”时，状态机复位到 SA 状态；当 RESET 为“0”时，状态机正常工作。（查阅本题题解请扫描二维码 5-8）

B5.6　请设计一个状态图如图 B5.6 所示的 Moore 型有限状态机。该状态机有 1 个输入信号 RESET，1 个输出信号 C；有 S0、S1、S2、S3、S4 和 S5 共 6 个状态。RESET 为异步复位信号，当 RESET 信号为“1”时，状态机复位到 S0 状态；当 RESET 信号为“0”时，状态机正常工作。（查阅本题题解请扫描二维码 5-9）

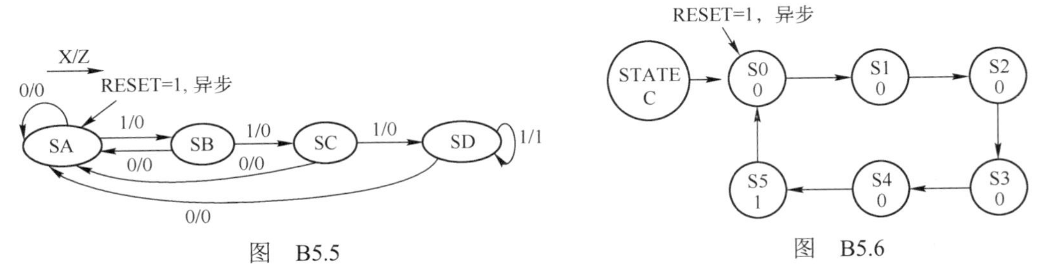

图　B5.5　　图　B5.6

二维码 5-4

二维码 5-5

二维码 5-6

二维码 5-7

二维码 5-8

二维码 5-9

第 6 章　常用时序逻辑功能器件

第 5 章介绍了存储器件和时序逻辑电路的一般分析和设计方法，在实际数字系统设计中，常采用自顶向下模块化的设计方法，计数器和寄存器是数字系统设计中最常用的两类功能器件。在本章中，我们将重点介绍计数器和寄存器，内容包括各种类型计数器和寄存器的电路组成、典型计数器和寄存器集成电路、计数器和寄存器的典型应用，以及计数器和寄存器的 Verilog 描述。

6.1　计　数　器

计数器是一种能统计输入脉冲个数的时序电路，而输入脉冲可以是有规律的，也可以是无规律的。计数器除了直接用于计数，还可以用于定时器、分频器、程序控制器、信号发生器等多种数字设备中，有时甚至可以把它当做通用部件来实现时序电路的设计。因此，计数器几乎已成为现代数字系统中不可缺少的组成部分。

目前常用的计数器种类繁多。

按计数脉冲的作用方式分类，可分为同步计数器和异步计数器。在同步计数器中，各个触发器的时钟输入端均和同一个时钟脉冲源相连，因而所有触发器状态（即计数器状态）的改变都与时钟脉冲同步。而在异步计数器中，有的触发器直接受输入计数脉冲控制，有的则是把其他触发器的输出作为时钟输入信号，因此所有触发器状态的改变有先有后，是异步的。

按进位基数（模）来分类，可分为二进制计数器和非二进制计数器。

6.1.1　异步计数器

1．异步二进制计数器

（1）电路组成和逻辑功能分析

图 6.1（a）所示计数器由 4 个下降沿触发的 JK 触发器组成，其中低位（左边）触发器的输出 Q 作为高位触发器的时钟。由于电路中各触发器没有公共的时钟，故为异步时序电路。由图可见，每个触发器的输入 J = K = 1（常将仅具有翻转功能的触发器称为 T′ 触发器），所以它们均处于翻转工作模式。每当输入时钟由 1 变为 0，即出现负跳变时，触发器就转换一次状态。这种状态转换由低位向高位逐级推进，形似波浪，故图 6.1（a）所示计数器又称为行波计数器。

分析该计数器，可用直观的方法进行。在计数脉冲输入之前，首先在 $\overline{R}_D$ 端输入一个较窄的负脉冲，使所有触发器处于 0 状态。然后将待计数的脉冲从第一级触发器 FF_0 的 CLK 端输入，每输入一个脉冲 FF_0 的状态就翻转一次，而每当 Q_0 的状态从 1 变为 0 时，就引起触发器 FF_1 状态翻转一次，以此类推，可以直接画出 Q_0、Q_1、Q_2、Q_3 相对于 CLK 脉冲的波形图，如图 6.1（b）所示。图中初始状态为 $Q_3Q_2Q_1Q_0$=0000，到 15 个脉冲以后，$Q_3Q_2Q_1Q_0$=1111，如再输入第 16 个脉冲，该计数器便复位到全 0 状态，完成一个循环周期。同时可利用 Q_3 产生的负跳变，作为向高位计数器的进位信号。若将它接到高位触发器的时钟端，则高位触发器状态翻转一次，从而完成“逢十六进一”的功能。所以该电路为 4 位异步二进制加法计数器，或称为模 16 异步加法计数器。

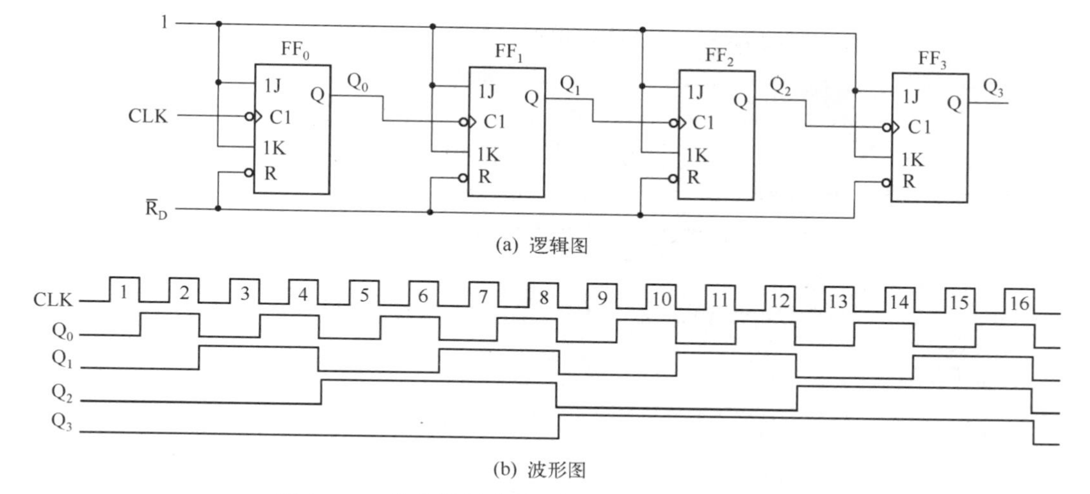

图 6.1　JK 触发器组成的 4 位异步二进制加法计数器

（2）异步二进制计数器的特点

1）异步二进制计数器由触发器组成，每个触发器本身接成 T′ 触发器形式，触发器之间串接而成，低位触发器的输出，作为高位触发器的输入时钟。假设 CLK_i 是第 i 位触发器 FF_i 的时钟脉冲输入端，Q_{i-1} 和 $\overline{Q}_{i-1}$ 是其低位触发器 FF_{i-1} 的输出，则级间连接的规律是：

① 组成加法计数器时，如果采用上升沿触发的触发器，则高位触发器的 CLK_i 应接低位触发器的 $\overline{Q}_{i-1}$ 端；如果是下降沿触发的触发器，则应接 Q_{i-1} 端。图 6.1（a）所示就是这种情况。

② 组成减法计数器时，和上述情况正好相反，如果采用上升沿触发的触发器，则 CLK_i 应接 Q_{i-1}；如果是下降沿触发的触发器，则应使 CLK_i 和 $\overline{Q}_{i-1}$ 相连接。

图 6.2 所示为由 4 个 D 触发器构成的 4 位异步二进制计数器，由于触发器为上升沿触发的，读者可以验证图示电路为 4 位异步二进制减法计数器。

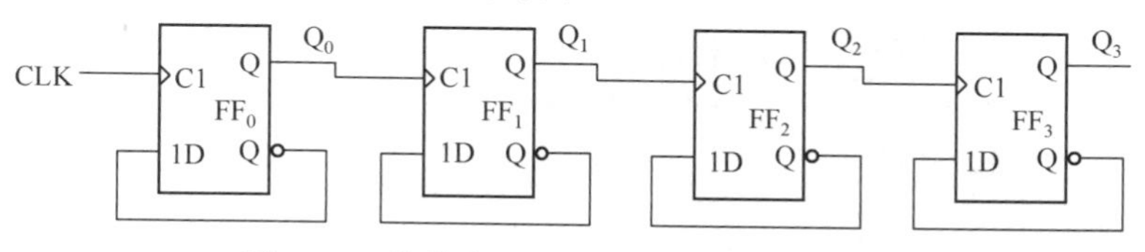

图 6.2　4 位异步二进制减法计数器的逻辑图

2）异步二进制计数器中，触发器状态翻转是由低位到高位逐级进行的，因此计数速度（最高计数脉冲频率）较低。这是因为每个实际的触发器均存在传输延迟，即每当触发脉冲的有效边沿作用于触发器的时钟输入端时，触发器的状态都不会立刻改变，它需要一定时间。为便于计数器电路分析，图 6.1（b）所示波形图为理想的，没有考虑触发器的传输延迟。

图 6.3 为 3 位异步二进制计数器的实际波形图，图中 t_{PLH} 和 t_{PHL} 分别为触发器的正跳变传输延迟时间和负跳变传输延迟时间。由图可见，当第 4 个 CLK 下降边沿来到后，计数器要经过 3 倍的传输延迟时间，数据才能稳定。因此，在这段时间内不允许下一个计数脉冲输入,否则就有可能出错。换句话说，计数器的计数脉冲周期必须大于这 3 个传输延迟时间之和。由此可以得到如下推论：对由 n 个触发器组成的 n 位异步二进制计数器，计数器的最高工作频率为

$$f_{\max}=\frac{1}{nt_{PF}}$$

式中，t_{PF} 为触发器的平均传输延迟时间。可见，异步计数器级数越多，速度越低。

3）由图 6.1（b）的波形图可以看出，若 CLK 的频率为 f，则 $Q_0 \sim Q_3$ 输出脉冲的频率分别为 $f/2$，

$f/4$，$f/8$，$f/16$。基于计数器的这种分频功能，也把计数器叫做分频器。

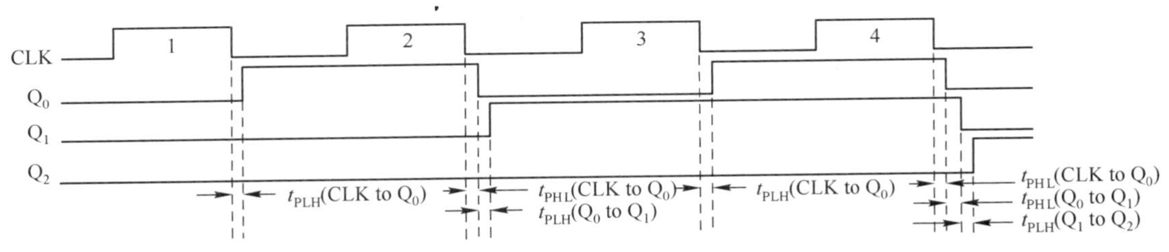

图 6.3　3 位异步二进制加法计数器的实际波形图

2. 异步十进制计数器

（1）电路组成和逻辑功能分析

十进制计数器一般称为 BCD 码计数器，或模 10 计数器。异步十进制计数器的电路有多种，这里仅介绍使用最多的 8421BCD 码加法计数器。图 6.4 所示电路为异步 8421BCD 码加法计数器的典型结构。由图可见，该电路是在图 6.1（a）所示异步二进制加法计数器的基础上经改进后得到的。和异步二进制加法计数器相比较，该电路增加了一个与非门，该与非门的两个输入端分别接 Q_3 端和 Q_1 端，用来检测 Q_3 和 Q_1 是否同时为 1，当 Q_3 和 Q_1 同时为 1 时，与非门输出变为低电平，使计数器中所有触发器清零。由于在二进制加法计数的过程中，首次出现 Q_3 和 Q_1 同时为 1 的状态为 $Q_3Q_2Q_1Q_0$ =1010，所以，该计数器每个循环周期中的状态数为 10 个，从 $Q_3Q_2Q_1Q_0$ =0000 开始，到 $Q_3Q_2Q_1Q_0$ =1001 结束。若再输入一个 CLK 脉冲，计数器将先进入 $Q_3Q_2Q_1Q_0$ =1010 状态，即刻便自动回到 $Q_3Q_2Q_1Q_0$ =0000 状态，进入下一个循环。故该电路是一个异步十进制加法计数器。图 6.5 给出了图 6.4 所示电路的状态图和波形图。在状态图中，虚线表示的状态为瞬间即逝的过渡状态，它们不是计数器的稳定状态，但又是不可缺少的，否则就无法产生清零信号。

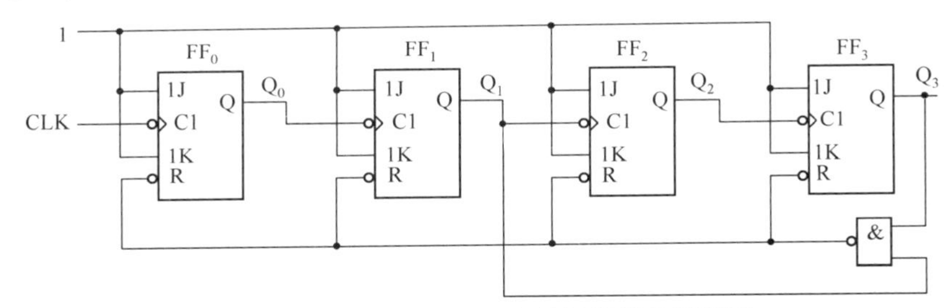

图 6.4　异步 8421BCD 码加法计数器的逻辑图

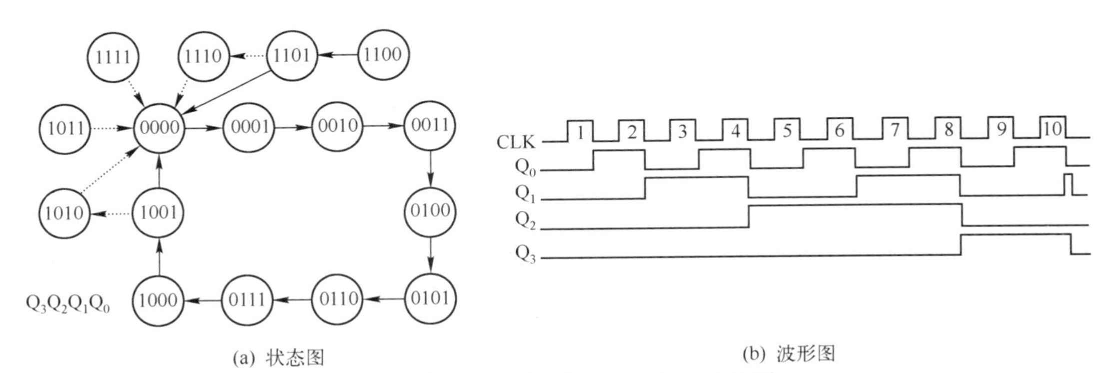

(a) 状态图　　(b) 波形图

图 6.5　图 6.4 所示电路的状态图和波形图

（2）自启动特性

由图 6.5（a）可知，该计数器有 6 个无效状态，计数器一旦进入无效状态，最多经过两个计数脉冲作用，就可自行返回到有效循环中，所以该计数器能自启动。

一般来说，当计数器的模不等于 2^n（n 为触发器个数）时，就会存在无效状态，因而在分析电路逻辑功能时，都需检查该电路是否具有自启动特性。

3. 常用异步计数器集成电路

异步计数器集成电路型号较多。

属二进制计数器的有 74LS93A、74HC93、74LS197 等，它们均为 4 位计数器。这些计数器的共同特点是：每个集成电路内部有两组彼此独立的计数器，一组为模 2 计数器，另一组为模 8 计数器，通过外电路将这两组计数器相连，可构成模 16 计数器，这类集成电路也称为二-八-十六进制计数器。图 6.6 为 4 位异步二进制计数器 74LS93A 的逻辑图，图中括号内的数字为引脚号。由图可知，FF_0 构成了一个 1 位二进制计数器，而 FF_1、FF_2 和 FF_3 构成了一个 3 位二进制计数器（即模 8 计数器）。若将 Q_0（第 12 引脚）和 CLKB（第 1 引脚）相连，并将计数脉冲从 CLKA 输入，就构成了 4 位二进制计数器（即模 16 计数器）。图中 $R_{0(1)}$ 和 $R_{0(2)}$ 为异步清零端，高电平有效。

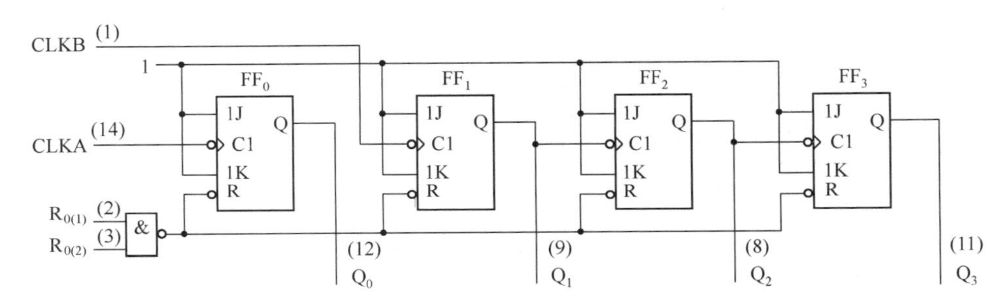

图 6.6　74LS93A 的逻辑图

属中规模集成异步十进制计数器的有 74290、74176 和 74196 等，其共同特点和异步二进制计数器类似：每个集成电路内部也是由两组彼此独立的计数器组成的，一组为模 2 计数器，另一组为模 5 计数器，通过外电路可将这两组计数器相连，构成模 10 计数器，故这类集成电路也称为二-五-十进制计数器。下面详细介绍 74290 的工作原理。

（1）74290 的基本功能

图 6.7 是 74290 的逻辑图，图中括号内数字为引脚号。

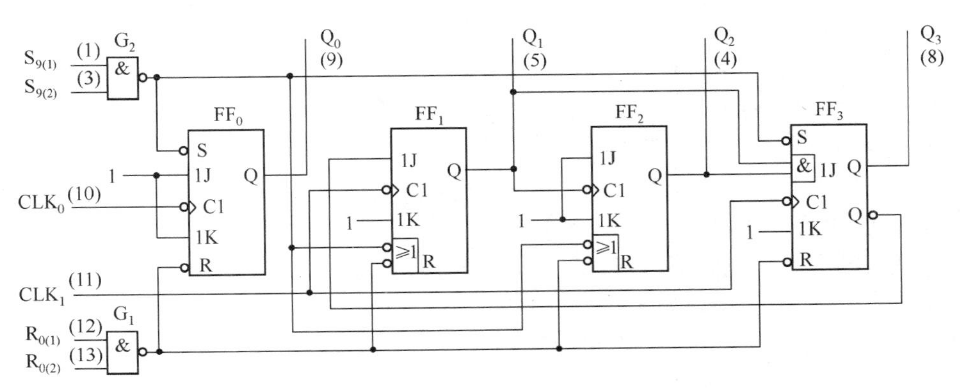

图 6.7　74290 的逻辑图

由逻辑图可知，该电路有两个时钟输入端 CLK_0 和 CLK_1，其中，CLK_0 是 T′ 触发器（由于 J_0=

$K_0=1$）FF_0的时钟输入端，而CLK_1为由FF_3、FF_2、FF_1这3个触发器组成的计数器电路的时钟输入端。该电路的逻辑功能如下：

① 直接清零（$Q_3Q_2Q_1Q_0=0000$）。当$R_{0(1)}=R_{0(2)}=1$，且$S_{9(1)}\cdot S_{9(2)}=0$时，由于与非门G_1输出为0，使所有触发器清零，计数器实现异步清零功能。

② 置9（$Q_3Q_2Q_1Q_0=1001$）。当$S_{9(1)}=S_{9(2)}=1$，且$R_{0(1)}\cdot R_{0(2)}=0$时，与非门G_2输出为0，该信号使FF_3、FF_0置1，使FF_2、FF_1清零，计数器实现异步置9功能。

③ 计数。当$S_{9(1)}\cdot S_{9(2)}=0$，且$R_{0(1)}\cdot R_{0(2)}=0$时，可实现二-五-十进制计数。其中，若在CLK_0端输入计数脉冲，由于FF_0已转换成T′触发器，所以在Q_0输出，可实现1位二进制计数（模2计数）功能。

下面说明由FF_3、FF_2和FF_1所构成的电路为异步模5加法计数器，图6.8给出了其逻辑图。

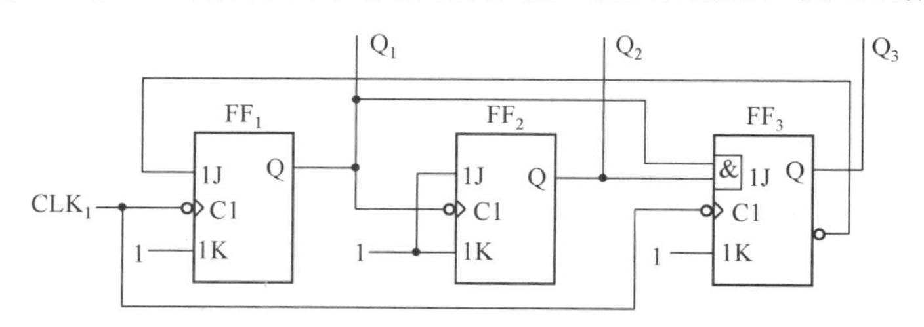

图6.8　异步模5加法计数器的逻辑图

图6.8中，FF_3和FF_1这两个触发器为同步的，CLK_1是其公共时钟输入端。FF_2的时钟信号由Q_1从高电平到低电平的变化所形成的下降沿产生。由于$J_2=K_2=1$，所以Q_1的下降沿将引起FF_2的状态翻转。该电路的工作原理如下。

① 当电路清零时，$Q_3Q_2Q_1=000$，则$\overline{Q}_3=1$，所$J_1=K_1=1$，FF_1处于翻转状态。由FF_1和FF_2的连接可以看出，在最初几个输入脉冲的作用下，只要Q_3保持0，FF_1和FF_2所构成的电路就等效为一个2位的异步二进制加法计数器。所以在CLK_1的作用下，Q_2Q_1所经历的状态依次为00，01，10，11。在前3种状态下，由于$Q_2\cdot Q_1=0$，故$J_3=Q_2\cdot Q_1=0$，而$K_3=1$，FF_3处于0状态，故Q_3保持为零；而当Q_2Q_1进入11状态后，由于Q_2和Q_1均为1，使$J_3=1$，使FF_3由置0状态转变成翻转状态，这样，在CLK_1的作用下，在Q_2Q_1由11状态变为00状态的同时Q_3由0变为1，即$Q_3Q_2Q_1=100$。

② 当$Q_3Q_2Q_1=100$时，$J_1=\overline{Q}_3=0$，FF_1处于置0状态；由于$J_3=Q_2\cdot Q_1=0$，FF_3也处于置0状态。因此，在下一个CLK_1的作用下，Q_2和Q_1将保持0状态不变，而Q_3将由1状态转换成0状态，使计数器再一次回到$Q_3Q_2Q_1=000$。

由上述分析，可画出图6.8所示电路的状态图，如图6.9所示，可见，这是一个异步模5加法计数器。它由3个触发器组成，除5个有效状态外，还有3个无效状态。读者可以验证，一旦进入无效状态，在时钟脉冲作用下，能自动回到有效状态，即该电路是能自启动的。

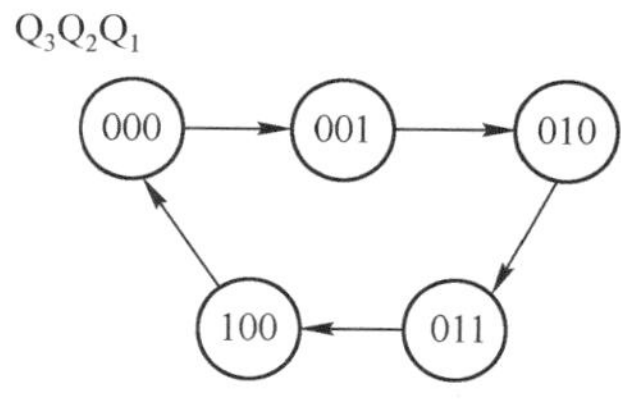

图6.9　电路的状态图

（2）由74290构成模10计数器

若在CLK_0端输入计数脉冲，将Q_0和CLK_1连接，从Q_3，Q_2，Q_1，Q_0输出，可实现8421BCD码十进制计数器功能。这种连接方式，实际上是将计数脉冲先经过一级由FF_0组成的模2计数器进行分频，并将Q_0端获得的二分频信号输入模5计数器进行计数，以实现8421BCD码十进制计数器功能。

若在CLK_1端输入计数脉冲，将Q_3和CLK_0连接，从Q_0，Q_3，Q_2，Q_1输出，可实现5421BCD码十进制计数器功能。这种连接方式是将计数脉冲先输入模5计数器，在Q_3端获得五分频信号，再经过模 2 计数器进行二分频，以实现 5421BCD 码十进制计数器功能。此时，Q_0 为计数器的最高位，输出波形为方波（高电平持续时间等于低电平持续时间）。图 6.10 给出了 5421BCD 码十进制计数器的波形图和状态图。

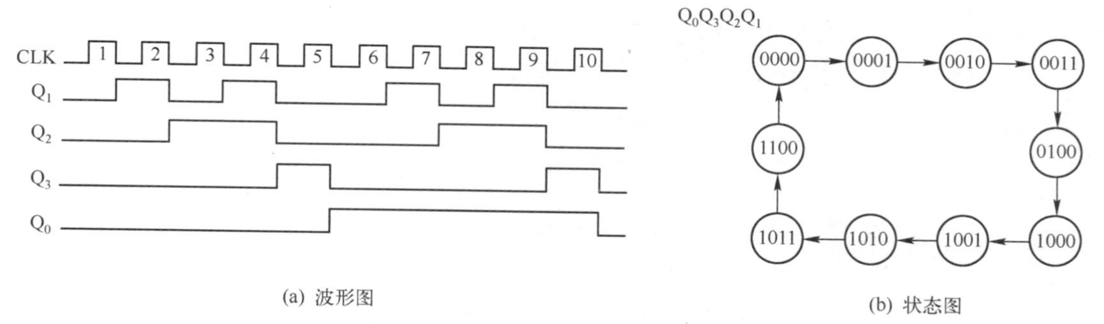

图 6.10　5421BCD 码十进制计数器

将两片 74290 级联，可以实现模 100 计数器。这时，只需将低位片的 Q_3 端与高位片的 CLK_0 端相连即可，如图 6.11 所示。

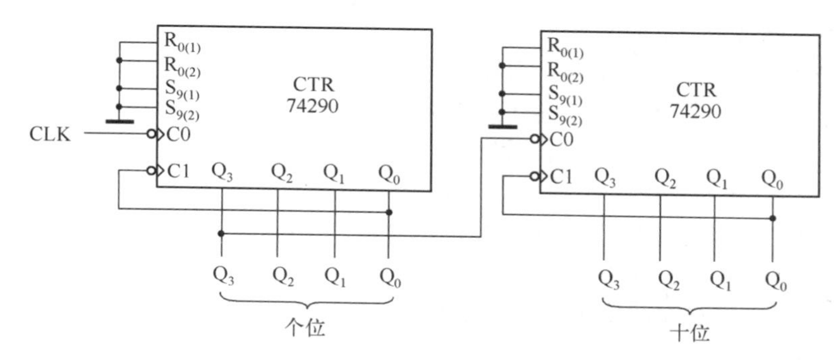

图 6.11　模 100 计数器的逻辑图

6.1.2　同步计数器

1．同步二进制计数器

（1）电路组成和逻辑功能分析

同步二进制计数器的电路结构可有多种形式。图 6.12 所示电路为 4 位同步二进制加法计数器的逻辑图，它由 4 个下降沿触发的 JK 触发器组成。由于每个触发器的 J 和 K 相连接，变换为 T 触发器，所以，可以看做由 4 个 T 触发器组成。4 个 T 触发器的时钟端并联作为计数脉冲 CLK 的输入端，所以是同步时序电路。C 为进位输出信号。

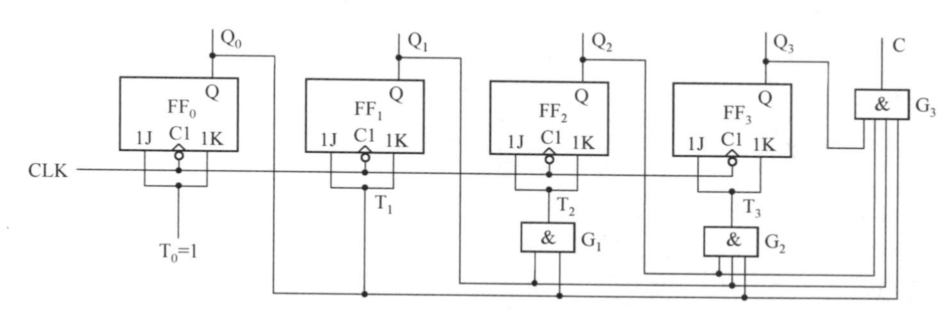

图 6.12　4 位同步二进制加法计数器的逻辑图

由图 6.12，可以写出驱动方程：

$$T_0 = 1 \quad T_1 = Q_0^n \quad T_2 = Q_1^n Q_0^n \quad T_3 = Q_2^n Q_1^n Q_0^n \tag{6.1}$$

和输出方程：

$$C = Q_3^n Q_2^n Q_1^n Q_0^n \tag{6.2}$$

将上述驱动方程代入 T 触发器特性方程（$Q^{n+1} = T \oplus Q^n$），可得电路的状态方程：

$$Q_0^{n+1} = \bar{Q}_0^n \quad Q_1^{n+1} = Q_1^n \oplus Q_0^n \quad Q_2^{n+1} = Q_2^n \oplus (Q_1^n Q_0^n) \quad Q_3^{n+1} = Q_3^n \oplus (Q_2^n Q_1^n Q_0^n) \tag{6.3}$$

根据上述状态方程和输出方程，可列出 4 位同步二进制加法计数器的状态表，如表 6.1 所示。由于该电路除了 CLK 没有其他输入信号，因此状态表中就不用标明输入值。

表 6.1 4 位同步二进制加法计数器状态表

Q_3^n	Q_2^n	Q_1^n	Q_0^n	Q_3^{n+1}	Q_2^{n+1}	Q_1^{n+1}	Q_0^{n+1}	C
0	0	0	0	0	0	0	1	0
0	0	0	1	0	0	1	0	0
0	0	1	0	0	0	1	1	0
0	0	1	1	0	1	0	0	0
0	1	0	0	0	1	0	1	0
0	1	0	1	0	1	1	0	0
0	1	1	0	0	1	1	1	0
0	1	1	1	1	0	0	0	0
1	0	0	0	1	0	0	1	0
1	0	0	1	1	0	1	0	0
1	0	1	0	1	0	1	1	0
1	0	1	1	1	1	0	0	0
1	1	0	0	1	1	0	1	0
1	1	0	1	1	1	1	0	0
1	1	1	0	1	1	1	1	0
1	1	1	1	0	0	0	0	1

由表 6.1 可以看出：若把触发器的状态 $Q_3Q_2Q_1Q_0$ 的取值视为 4 位二进制数，那么从初始状态 0000 开始（一般工作时先用清零信号将各触发器复位成 0，使电路处于初始状态。图中未画出），电路的每种状态所显示的二进制数恰好等于输入脉冲个数，而且每输入一个脉冲，计数器加 1。当计到 16 个脉冲时，状态由 1111 变为 0000，完成一个循环周期。同时由进位输出端 C 产生一个由 1→0 的下降沿，这个下降沿可作为向高位计数器的进位输出信号，使高位计数器加 1，从而实现“逢十六进一”的功能，所以该电路也称为模 16 同步加法计数器。

（2）同步二进制计数器的特点

1）同步二进制计数器的模为 2^n（n 为触发器的个数，也就是该计数器所用二进制编码的位数），没有多余状态，因此状态利用率最高。

2）用 T 触发器构成的同步二进制加法计数器，电路连接有以下两条规律，据此可以很方便地构成任意位同步二进制计数器。

① $T_0 = 1$，即每输入一个计数脉冲，最低位的触发器状态翻转一次。其原因是二进制数只有 0 和 1 两个数码，而最低位每输入一个计数脉冲就必须加 1，导致该位状态翻转一次。

② $T_i = Q_{i-1}Q_{i-2}\cdots Q_1Q_0$（$i \neq 0$），即除最低位外，其他各位的状态翻转条件是它的低位均为 1。原因是当所有低位均为 1 时，表明低位已计满，再增加 1 时，必须向高位进位加 1，导致此高位状态翻转一次。

3）由于这种计数器属于同步时序电路，应该翻转状态的触发器直接受计数脉冲控制而同时翻转状态，所以工作速度较快。例如，在图 6.12 中，当计数脉冲的下降沿到达后，仅需经过一级触发器的传输延迟时间 t_{PF}，应该翻转状态的触发器就完成状态翻转，然后其进位信号再经过一级门的延迟时间 t_{PG}，即可到达任何一个高位触发器的 T 输入端，为下次计数做好准备。可见，这种电路结构计数器的最高频率可达：

$$f_{\max} = \frac{1}{t_{PF} + t_{PG}} \tag{6.4}$$

2. 同步十进制计数器

（1）电路组成和逻辑功能分析

同步十进制计数器，也称为 BCD 码计数器或模 10 计数器。由于 BCD 码种类较多，因而相应的十进制计数器电路也各式各样，最常见的为 8421BCD 码十进制计数器。图 6.13 为 8421BCD 码同步十进制加法计数器的逻辑图。该图实际上是在图 6.12 的基础上修改而成的。在计数器的状态未到达

9（1001）之前，按二进制计数，一旦计数器状态到达 9(1001)，则在下一个计数脉冲输入后，计数器状态由 1001 变为 0000。

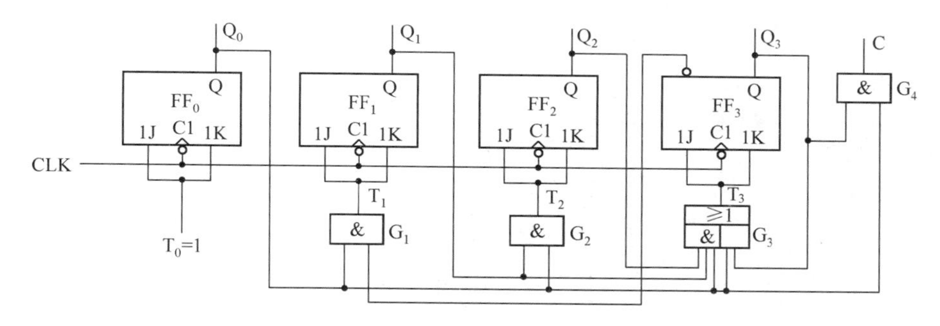

图 6.13　8421 码同步十进制加法计数器的逻辑图

由图 6.13 可以写出驱动方程

$$T_0 = 1 \quad T_1 = \bar{Q}_3^n Q_0^n \quad T_2 = Q_1^n Q_0^n \quad T_3 = Q_2^n Q_1^n Q_0^n + Q_3^n Q_0^n \tag{6.5}$$

和输出方程

$$C = Q_3^n Q_0^n \tag{6.6}$$

将驱动方程代入 T 触发器的特性方程（$Q^{n+1} = T \oplus Q^n$），可得状态方程

$$Q_0^{n+1} = \bar{Q}_0^n \quad Q_1^{n+1} = Q_1^n \oplus (\bar{Q}_3^n Q_0^n) \quad Q_2^{n+1} = Q_2^n \oplus (Q_1^n Q_0^n) \quad Q_3^{n+1} = Q_3^n \oplus (Q_2^n Q_1^n Q_0^n + Q_3^n Q_0^n) \tag{6.7}$$

由状态方程和输出方程列出的状态表如表 6.2 所示，状态图如图 6.14 所示。

表 6.2　图 6.13 电路的状态表

Q_3^n	Q_2^n	Q_1^n	Q_0^n	Q_3^{n+1}	Q_2^{n+1}	Q_1^{n+1}	Q_0^{n+1}	C
0	0	0	0	0	0	0	1	0
0	0	0	1	0	0	1	0	0
0	0	1	0	0	0	1	1	0
0	0	1	1	0	1	0	0	0
0	1	0	0	0	1	0	1	0
0	1	0	1	0	1	1	0	0
0	1	1	0	0	1	1	1	0
0	1	1	1	1	0	0	0	0
1	0	0	0	1	0	0	1	0
1	0	0	1	0	0	0	0	1
1	0	1	0	1	0	1	1	0
1	0	1	1	0	1	1	0	1
1	1	0	0	1	1	0	1	0
1	1	0	1	0	1	0	0	1
1	1	1	0	1	1	1	1	0
1	1	1	1	0	0	1	0	1

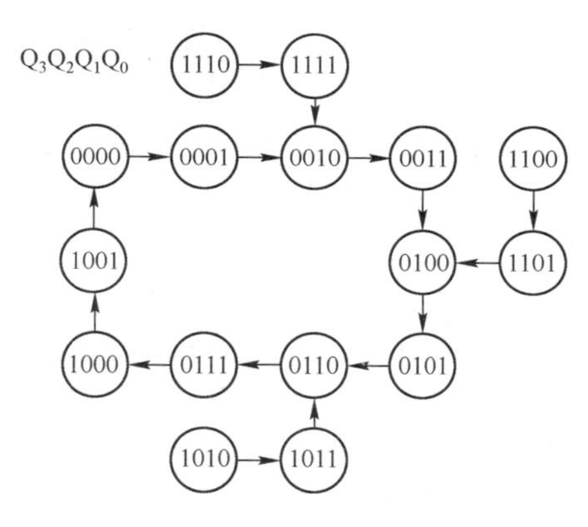

图 6.14　图 6.13 电路的状态图

由状态图可以看出：该计数器从初始状态 $Q_3Q_2Q_1Q_0$=0000 开始，以 8421BCD 码显示输入计数脉冲的个数。当计数到第 10 个脉冲时，状态由 1001 变为 0000，完成一个循环。同时由进位输出端 C 产生一个由 1→0 的下降沿，这个下降沿可以作为向高位计数器的进位输出信号，使高位计数器加 1，从而完成“逢十进一”的功能。所以该电路是 8421BCD 码同步十进制加法计数器，它可以用来计一位十进制数。观测状态图可以发现，该电路是可以自启动的。

（2）同步十进制计数器设计

下面介绍用 T 触发器设计同步 8421BCD 码十进制计数器的方法。

1）列出该计数器的状态表，如表 6.3 所示，表中最后 6 个状态为无效状态。

2）列激励表。为画出该计数器的逻辑图，必须求得其输出方程和驱动方程，由表 6.3 可方便地求得输出方程：$C = Q_3^n Q_0^n$（和式（6.6）的输出方程相同）。为求得驱动方程，可以在表 6.3 的基础上，列出在不同状态下 4 个触发器（这里选用的是 T 触发器）所对应的驱动信号，如表 6.4 所示。

表 6.3 状态表

Q_3^n	Q_2^n	Q_1^n	Q_0^n	Q_3^{n+1}	Q_2^{n+1}	Q_1^{n+1}	Q_0^{n+1}	C
0	0	0	0	0	0	0	1	0
0	0	0	1	0	0	1	0	0
0	0	1	0	0	0	1	1	0
0	0	1	1	0	1	0	0	0
0	1	0	0	0	1	0	1	0
0	1	0	1	0	1	1	0	0
0	1	1	0	0	1	1	1	0
0	1	1	1	1	0	0	0	0
1	0	0	0	1	0	0	1	0
1	0	0	1	0	0	0	0	1
1	0	1	0	×	×	×	×	×
1	0	1	1	×	×	×	×	×
1	1	0	0	×	×	×	×	×
1	1	0	1	×	×	×	×	×
1	1	1	0	×	×	×	×	×
1	1	1	1	×	×	×	×	×

表 6.4 激励表

Q_3^n	Q_2^n	Q_1^n	Q_0^n	Q_3^{n+1}	Q_2^{n+1}	Q_1^{n+1}	Q_0^{n+1}	C	T_3	T_2	T_1	T_0
0	0	0	0	0	0	0	1	0	0	0	0	1
0	0	0	1	0	0	1	0	0	0	0	1	1
0	0	1	0	0	0	1	1	0	0	0	0	1
0	0	1	1	0	1	0	0	0	0	1	1	1
0	1	0	0	0	1	0	1	0	0	0	0	1
0	1	0	1	0	1	1	0	0	0	0	1	1
0	1	1	0	0	1	1	1	0	0	0	0	1
0	1	1	1	1	0	0	0	0	1	1	1	1
1	0	0	0	1	0	0	1	0	0	0	0	1
1	0	0	1	0	0	0	0	1	1	0	0	1
1	0	1	0	×	×	×	×	×	×	×	×	×
1	0	1	1	×	×	×	×	×	×	×	×	×
1	1	0	0	×	×	×	×	×	×	×	×	×
1	1	0	1	×	×	×	×	×	×	×	×	×
1	1	1	0	×	×	×	×	×	×	×	×	×
1	1	1	1	×	×	×	×	×	×	×	×	×

3）求驱动方程。根据表 6.4，利用卡诺图化简技术，可写出化简后的驱动方程：

$$T_0 = 1 \quad T_1 = \bar{Q}_3^n Q_0^n \quad T_2 = Q_1^n Q_0^n \quad T_3 = Q_2^n Q_1^n Q_0^n + Q_3^n Q_0^n \qquad (6.8)$$

可以发现，式（6.8）和式（6.5）是完全相同的。

4）画逻辑图，完成电路设计。由于本设计所求得的输出方程和驱动方程和式（6.5）完全相同，所以逻辑图和图 6.13 相同，所设计电路的状态图和图 6.14 也完全相同。

由上面的讨论，可以总结出同步计数器设计的一般步骤：

① 根据该计数器的计数规律列出状态转换表。

② 选择触发器，根据状态转换表所反映的状态转换规律列出各触发器输入端所对应的驱动信号，形成激励表。

③ 求输出方程和驱动方程。根据激励表，借助卡诺图或其他化简方法，写出输出方程和驱动方程的简化表达式。

④ 根据输出方程和驱动方程画出计数器逻辑图。

需要说明的是，在计数器电路设计中，必须考虑计数器的自启动问题。在上述同步十进制计数器的设计中，我们按照最简标准求出驱动方程（式（6.8）），这时并没有考虑自启动问题，而最终状态图（见图 6.14）符合自启动特性，纯属巧合。若所设计的计数器不能自启动，就必须修改驱动方程，这往往会使电路变得复杂。

3. 可逆计数器

有些场合，要求计数器既有加法计数功能，又有减法计数功能。这种兼有两种计数功能的计数器称为可逆计数器。可逆计数器从结构上看有两种形式：一种是具有加/减控制端的计数器，这种计数器当加/减控制信号为不同逻辑值时，分别执行加或减两种不同的计数操作；另一种是用加、减两个时钟分别作用的计数器，当加计数时钟输入时做加法计数；当减计数时钟输入时做减法计数。

图 6.15 所示为有加/减控制的同步二进制可逆计数器的逻辑图，由 JK 触发器和与非门组成，由于每个触发器的 J 和 K 相连，故 JK 触发器已转换为 T 触发器。$U/\overline{D}$ 为计数器的加/减控制端。

按图 6.15 可以分别得出在 $U/\overline{D}$ 为不同逻辑值时各触发器的驱动方程。

当 $U/\overline{D} = 1$ 时，各触发器的驱动方程为：

$$T_0 = 1 \quad T_1 = Q_0 \quad T_2 = Q_1 Q_0 \quad T_3 = Q_2 Q_1 Q_0$$

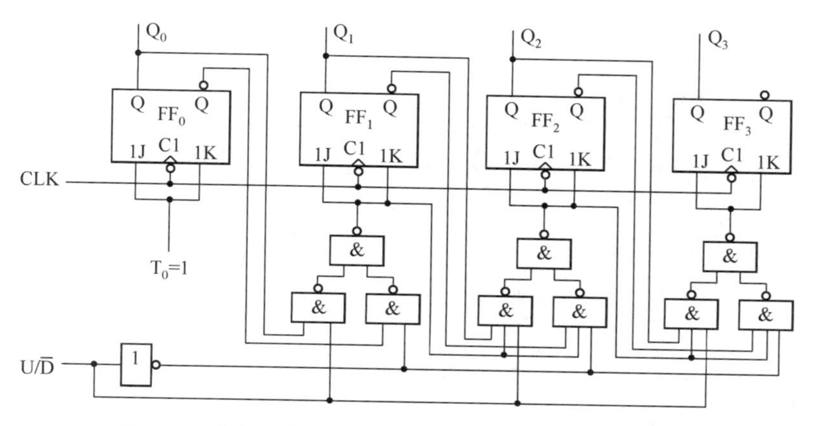

图 6.15 有加/减控制的同步二进制可逆计数器的逻辑图

显然，这时计数器为同步二进制加法计数器。

当 $U/\overline{D}=0$ 时，各触发器的驱动方程为：

$$T_0=1 \quad T_1=\overline{Q}_0 \quad T_2=\overline{Q}_1\overline{Q}_0 \quad T_3=\overline{Q}_2\overline{Q}_1\overline{Q}_0$$

由驱动方程可以看出，这时计数器的计数规律为：最低位触发器 FF_0 每收到一个 CLK 脉冲其状态就翻转一次。而高位触发器 FF_i 在 CLK 脉冲到来时状态是否翻转，将由低位触发器的状态来决定；当低位触发器均为零状态时，$T_i=1$，FF_i 的状态在 CLK 脉冲作用下就翻转一次；当低位触发器的状态不为全零时，$T_i=0$，则在 CLK 脉冲作用下 FF_i 的状态保持不变。不难想象，该计数规律和二进制减法计数的要求是完全相同的。所以，这时计数器为同步二进制减法计数器。

另一种具有加/减时钟（双时钟）控制的二进制可逆计数器见图 6.16。图中 CLK_U 为加法时钟，CLK_D 为减法时钟。触发器均连接成 T′ 触发器。当 $CLK_D=0$ 时，只有当某位之前的触发器状态均为 1 时，CLK_U 才能送到该触发器的时钟输入端，使其状态翻转；当 $CLK_U=0$ 时，只有当某位之前的触发器状态全为 0 时，CLK_D 才能送到该触发器的时钟输入端，使其状态翻转。可见电路符合二进制可逆计数器的计数规律。

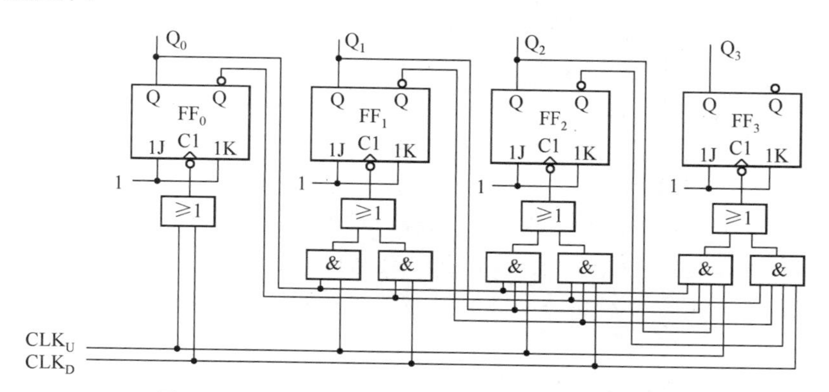

图 6.16 双时钟控制的二进制可逆计数器的逻辑图

4．常用同步计数器集成电路

同步计数器的集成电路产品型号较多，属 4 位二进制计数器的有 74161、74163 等，属十进制计数器的有 74160，属 4 位二进制可逆计数器的有 74169、74191、74193 等，属十进制可逆计数器的有 74190、74192 等，这些计数器均有对应的 CMOS 集成电路，其型号为 74HC。作为商品电路，除了能进行计数，一般的计数器还具有一些其他功能，使计数器的应用范围变得更为广泛。限于篇幅，本节仅介绍其中几个较典型产品。

（1）74163

74163是具有清零、置数、计数和禁止计数（保持）4种功能的4位同步二进制加法计数器，其引脚图和逻辑符号如图6.17所示，其中图（b）为ANSI/IEEE（美国国家标准化组织/电气和电子工程师协会）标准规定的逻辑符号，图（c）为该逻辑符号的传统画法。图中，CLK是时钟输入端，$\overline{\text{CLR}}$是同步清零控制端，$\overline{\text{LD}}$是预置数控制端，$D_3 \sim D_0$是预置数据输入端，ENP和ENT是计数使能（控制）端，RCO（$\text{RCO}=\text{ENT}\cdot Q_3\cdot Q_2\cdot Q_1\cdot Q_0$）是进位输出端，它的设置为多片集成计数器的级联提供了方便。

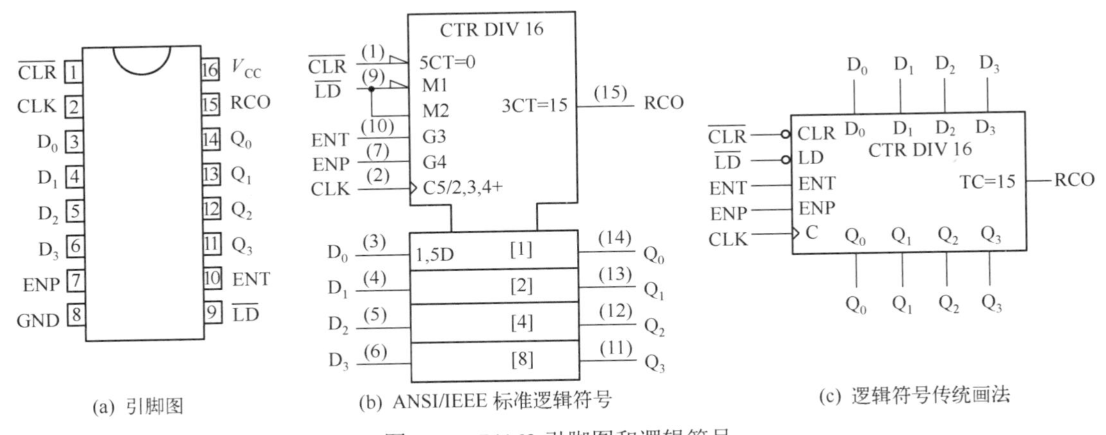

(a) 引脚图　(b) ANSI/IEEE标准逻辑符号　(c) 逻辑符号传统画法

图6.17　74163引脚图和逻辑符号

74163的功能表如表6.5所示。由表可知，74163具有以下功能。

表6.5　74163功能表

CLK	$\overline{\text{CLR}}$	$\overline{\text{LD}}$	ENP	ENT	功　　能
↑	0	×	×	×	同步清零
↑	1	0	×	×	同步置数
×	1	1	0	1	保持（包括RCO的状态）
×	1	1	×	0	保持（RCO=0）
↑	1	1	1	1	加计数

① 同步清零。$\overline{\text{CLR}}=0$时，不管其他输入端的状态如何，当CLK上升沿来到，计数器输出将被置零。由于清零和CLK上升沿同步，称为同步清零。

② 同步并行预置数。在$\overline{\text{CLR}}=1$的条件下，当$\overline{\text{LD}}=0$，且有CLK的上升沿作用时，$D_3 \sim D_0$输入端的数据将分别被$Q_3 \sim Q_0$所接收。

③ 保持。在$\overline{\text{CLR}}=\overline{\text{LD}}=1$的条件下，当$\text{ENT}\cdot\text{ENP}=0$，即两个使能端中有0时，不管有无CLK作用，计数器都将保持原状态不变（禁止计数）。需要说明的是，当$\text{ENP}=0$，$\text{ENT}=1$时，RCO（$\text{RCO}=\text{ENT}\cdot Q_3\cdot Q_2\cdot Q_1\cdot Q_0$）保持不变；而当$\text{ENT}=0$时，不管状态如何，$\text{RCO}=0$。

④ 计数。当$\overline{\text{CLR}}=\overline{\text{LD}}=\text{ENP}=\text{ENT}=1$时，74163处于计数状态，其状态表与表6.1相同。

图6.18是74163的时序图。由时序图可以清楚地看到74163的功能和各控制信号间的时序关系。

首先加入一清零信号$\overline{\text{CLR}}=0$，该信号需维持到下一个CLK的上升沿来到，在清零信号和CLK上升沿的共同作用下，计数器输出被置为全零状态（图中为$Q_3Q_2Q_1Q_0=0000$）。在$\overline{\text{CLR}}$变为1后，加入一个置数信号$\overline{\text{LD}}=0$，同样该信号要维持到下一个CLK上升沿来到，使计数器的输出状态和预置的输入数据相同（图中为$D_3D_2D_1D_0=1100$），这就是预置操作。接着，$\text{ENP}=\text{ENT}=1$，在此期间74163处于计数状态。这里从预置的$D_3D_2D_1D_0=1100$开始计数，直到$\text{ENP}=0,\text{ENT}=1$，计数结束，转为保持状态，计数器输出保持ENP负跳变前的状态不变，图中为$Q_3Q_2Q_1Q_0=0010$，$\text{RCO}=0$。

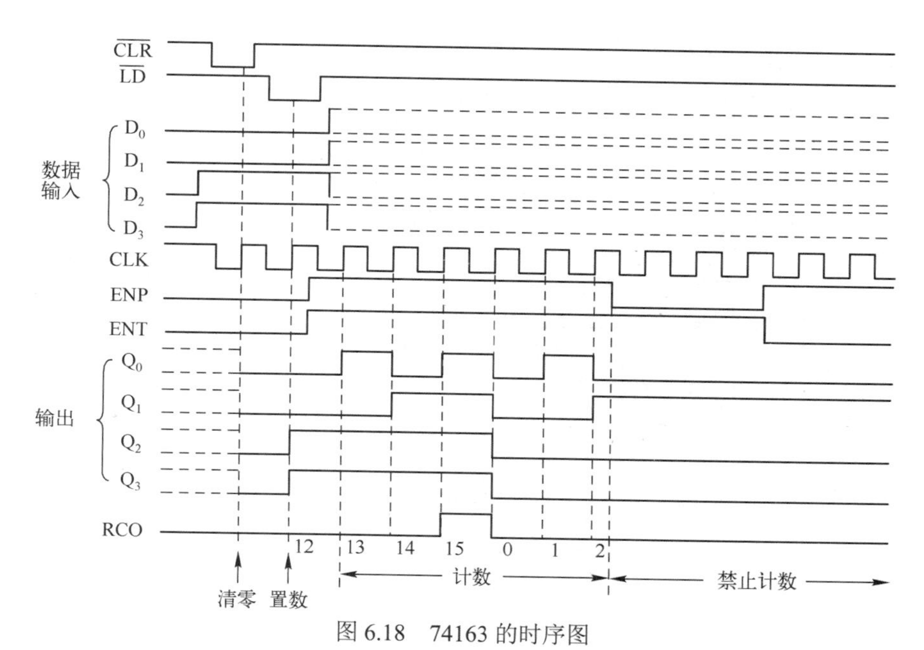

图 6.18　74163 的时序图

高速 CMOS 集成器件 74HC163 的逻辑功能、外形和尺寸、引脚排列顺序与 74163 完全相同。

（2）74160

74160 是具有清零、置数、计数和禁止计数（保持）4 种功能的集成同步十进制加法计数器，其引脚图和逻辑符号如图 6.19 所示。图中，CLK 是时钟输入端，$\overline{CLR}$ 是异步清零端，$\overline{LD}$ 是预置数控制端，$D_0 \sim D_3$ 是预置数输入端，ENP 和 ENT 是计数使能（控制）端，$RCO = ENT \cdot Q_0 \cdot Q_3$ 是进位输出端，它的设置为多片集成计数器的级联提供了方便。

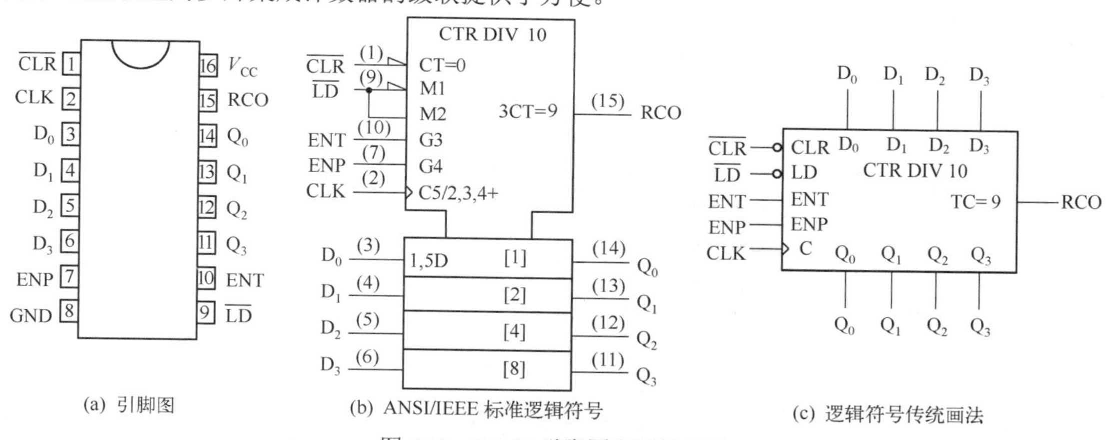

(a) 引脚图　(b) ANSI/IEEE 标准逻辑符号　(c) 逻辑符号传统画法

图 6.19　74160 引脚图和逻辑符号

表 6.6 为 74160 的功能表。分析功能表可发现，74160 和 74163 在功能上非常类似，也具有置数、保持和计数功能。其和 74163 的区别主要有两点：

① 异步清零。所谓异步清零是指只要 $\overline{CLR} = 0$，不管其他输入端的状态如何（包括 CLK），计数器将直接置零。而 74163 为同步清零。

② BCD 码计数。74160 在正常计数时，按 8421BCD 码加法计数规律计数，因此当 $Q_3Q_2Q_1Q_0 = 1001$，且 $ENT = 1$ 时，$RCO = 1$。而 74163 为 4 位二进制加法计数器。

表 6.6　74160 功能表

CLK	$\overline{CLR}$	$\overline{LD}$	ENP	ENT	功　能
×	0	×	×	×	异步清零
↑	1	0	×	×	同步置数
×	1	1	0	1	保持（包括 RCO 的状态）
×	1	1	×	0	保持（RCO=0）
↑	1	1	1	1	加计数

图 6.20 是 74160 的时序图。由时序图可以清楚地看到 74160 的功能和各控制信号间的时序关系。

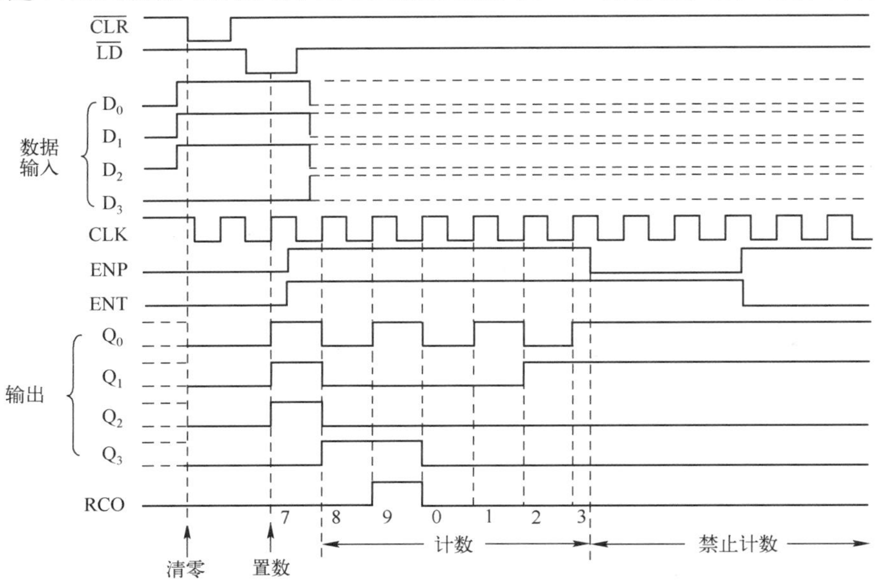

图 6.20　74160 的时序图

和 74160 对应的高速 CMOS 集成器件为 74HC160，其逻辑功能、外形和尺寸、引脚排列顺序与 74160 完全相同。

图 6.21 所示为用两片 74160 构成的模 100 计数器，也称为两位 BCD 码计数器。其中，片（1）为个位计数器，片（2）为十位计数器。由电路连线可知，当个位计满时（即 $Q_3Q_2Q_1Q_0=1001$），片（1）的进位输出 RCO =1，使十位片进入计数状态，待下一个计数脉冲输入，在个位计数器复零的同时，十位计数器加 1，符合计数器的进位规则。另外，电路中将两片的异步清零端和置数控制端并联，使两个计数器能同时清零或置数。

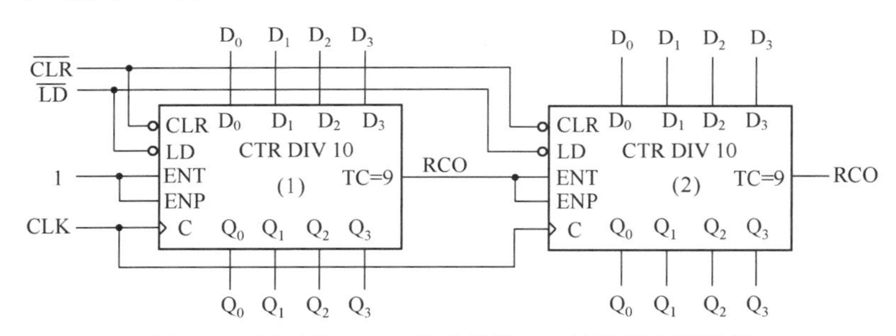

图 6.21　用两片 74160 构成的模 100 计数器的逻辑图

（3）74190

74190 是十进制可逆计数器，图 6.22 为其逻辑符号（括号内为引脚号）。图中，加减控制输入端（$D/\overline{U}$）控制计数器的计数方向。当 $D/\overline{U}=1$ 时，计数器处于减法计数状态；当 $D/\overline{U}=0$ 时，计数器处于加法计数状态。$\overline{LD}$ 为异步置数控制端，和同步置数不同，74190 的 $\overline{LD}$ 只要为 0，计数器就立刻置数，将 D_3 D_2　D_1 D_0 所表示的 BCD 码送到计数器的输出端，而与其他控制信号以及时钟脉冲无

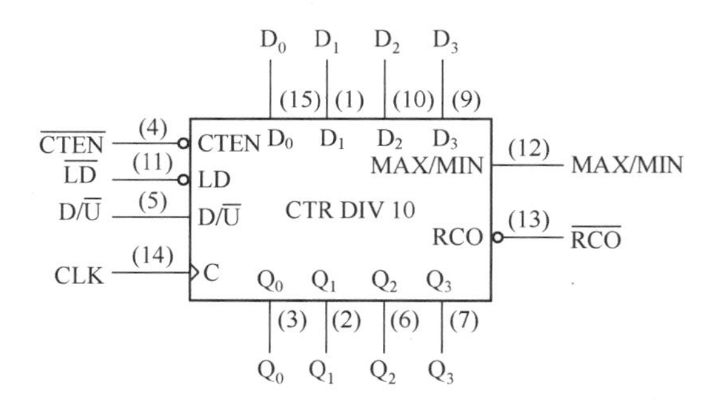

图 6.22　74190 的逻辑符号

关。MAX/MIN 为最大/最小值指示信号输出端，当电路在加计数状态下，计数器输出为 9（1001）时，或者在减计数状态下，计数器输出为 0（0000）时，MAX/MIN 端产生一个高电平脉冲。MAX/MIN、脉动时钟输出端 $\overline{\text{RCO}}$ 和计数使能端 $\overline{\text{CTEN}}$ 可用来实现多片计数器的级联。

图 6.23 是 74190 的时序图，图中最初给计数器置数（置 7（0111）），然后使计数器进入加计数模式，经过一段时间保持后，最后使计数器进入减计数状态。由时序图可见，该计数器为异步置数，$\overline{\text{CTEN}}$ 为低电平有效。另外，当 MAX/MIN 输出为高电平（说明计数器的状态为 0000 或 1001）时，如 CLK=0，则 $\overline{\text{RCO}}$ 产生一个负向脉冲。

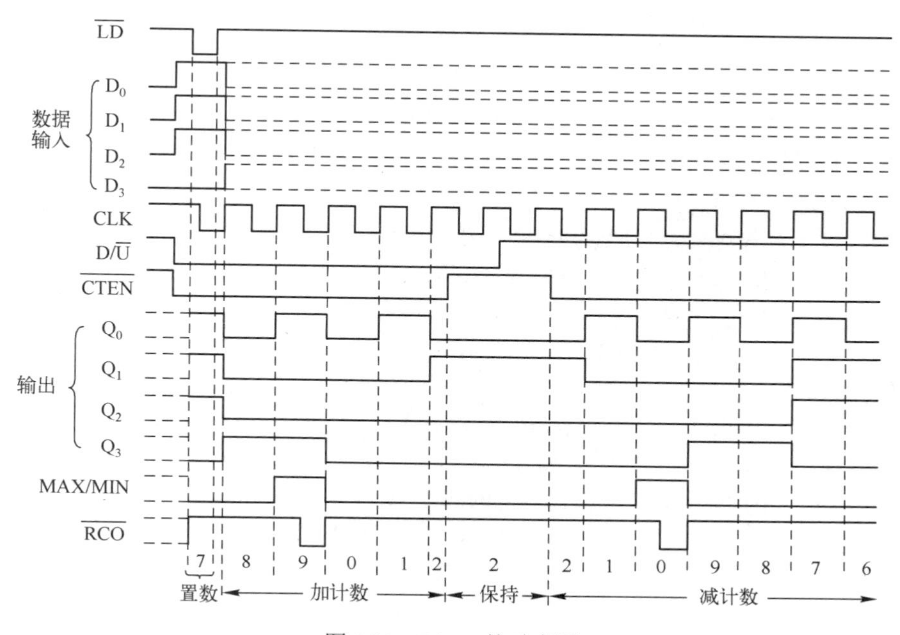

图 6.23　74190 的时序图

（4）用集成计数器构成任意进制计数器

目前市售的中规模集成计数器产品中，除二进制和十进制计数器外，还有六进制和十二进制等其他进制计数器。利用已有的中规模集成计数器，经过外电路的不同连接，可以很方便地获得任意进制计数器。当然，这个“任意”必须限制在已有计数器计数范围之内。任意进制计数器的设计思想是：假定已有 N 进制计数器，而需要得到 M 进制计数器。在 $N>M$ 的条件下，只要设法使 N 进制计数器在顺序计数过程中跳跃 $N-M$ 个状态，就可获得 M 进制计数器。实现这种状态跳跃的方法，常用的有反馈复位法（清零法）和反馈置位法（置数法）两种。下面举例说明。

① 反馈复位法（清零法）

反馈复位法是通过控制已有计数器（设模为 N）的异步清零端来获得任意进制（模为 M）计数器的一种方法。其原理是：假设已有计数器从初始状态 S_0（通常是触发器全为 0 的状态）开始计数，当接收到 M 个计数脉冲后，电路进入 S_M 状态。如果这时利用 S_M 的二进制代码通过组合电路产生异步清零信号，并反馈到已有计数器的 $\overline{\text{CLR}}$ 端，于是电路仅在 S_M 状态短暂停留后就立即复位到 S_0 状态，这样就跳越了 $N-M$ 个状态而获得 M 进制计数器。

【例 6.1】　用反馈复位法将中规模同步十进制加法计数器 74160 构成模 6 加法计数器。

解：由于 $M=6$，S_M 的状态为 $Q_3Q_2Q_1Q_0=0110$。考虑到 74160 的 $\overline{\text{CLR}}$ 为低电平有效，故反馈电路的输出简化表达式为 $\overline{\text{CLR}}=\overline{Q_2Q_1}$，由此，可得到模 6 加法计数器的连线图，如图 6.24（a）所示，图 6.24（b）和（c）分别为该计数器的状态图和波形图。

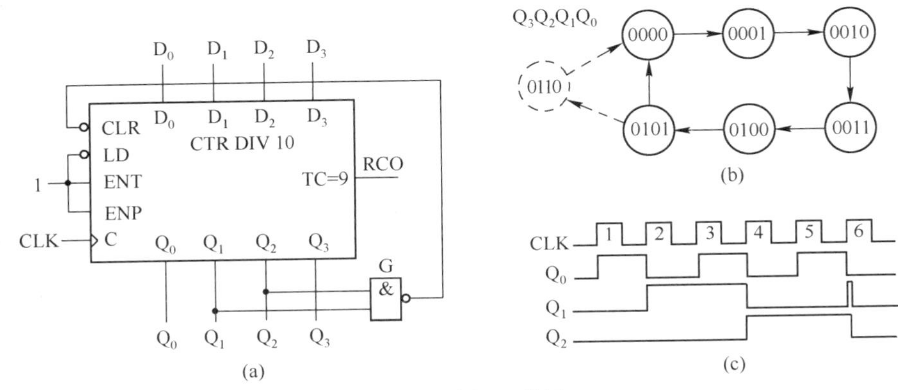

图 6.24　例 6.1 的图

由图可见，计数器从 0000 开始计数，当计到第 6 个脉冲后，电路进入 $Q_3Q_2Q_1Q_0=0110(S_M)$ 状态时，担任译码器功能的反馈门 G 输出低电平信号给 $\overline{CLR}$ 端使计数器强迫清零。随后，$\overline{CLR}$ 端又恢复到 1。下一个计数脉冲到来时，计数器又从初始状态 0000 开始，从而实现从 0000 →0101 的六进制（模 6）计数功能。

用反馈复位法获得的任意进制计数器存在两个问题：一是有一个极短暂的过渡状态 S_M；二是清零的可靠性较差。

由图 6.24（a）可知，当计数到 0101 时，再输入一个计数脉冲应该立即清零。然而用反馈复位法所得的电路，不是立即清零，而是先转换到 0110 状态，通过译码反馈电路，使 $\overline{CLR}$=0，再使计数器清零。随后状态 0110 消失，$\overline{CLR}$ 又恢复到 1。可见，0110 这个状态不是真正的计数状态，而是瞬间即逝的过渡状态（在图 6.24（b）中用虚线表示）。然而它又是不可缺少的，否则就无法产生清零信号。由于 0110 这个短暂的过渡状态的出现，在输入第 6 个计数脉冲时，使 $Q_3Q_2Q_1Q_0$ 状态变化的途径为 0101→0110→0000，这样在 Q_1 端将有一个很窄的脉冲（毛刺）发生，如图 6.24（c）所示。这样，如果在 Q_1 端接有负载，就应当考虑这个窄脉冲对负载电路的影响。

另外，由于计数器停留在过渡状态 S_M 的时间极短，因而在 $\overline{CLR}$ 端产生的清零负脉冲也极窄。考虑到计数器内各个触发器性能的差异及负载情况的不同，它们直接清零的速度有快有慢，而只要有一个动作快的触发器先清零，经过门 G 的作用，就会使 $\overline{CLR}$ 立刻恢复到 1，结果使动作慢的触发器来不及清零，从而达不到清零的目的。为了克服这一缺点，常采用如图 6.25 所示的改进电路。其思路是：用一个 RS 锁存器将 $\overline{CLR}$=0 信号暂存一下，即加长清零负脉冲的宽度，从而保证有足够的作用时间，使计数器可靠清零。

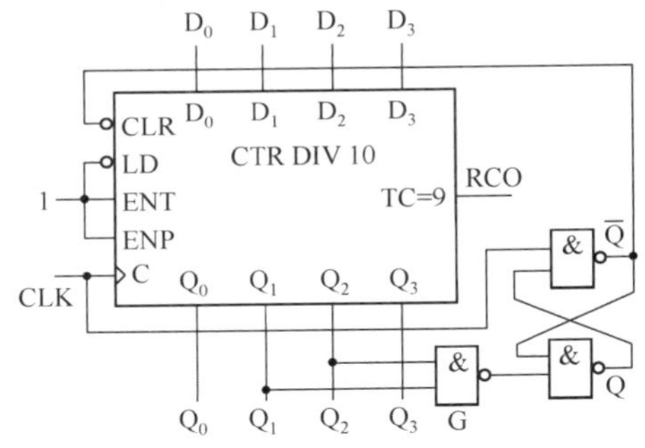

图 6.25　图 6.24（a）的改进电路的逻辑图

平时 RS 锁存器在 CLK 作用下，总是处于 $Q=0$，$\overline{Q}=\overline{CLR}=1$ 状态。当第 6 个 CLK 的上升沿（因为 74160 的 CLK 上升沿有效）来到，计数器状态进入 0110，门 G 的输出为 0，使 RS 锁存器置 1，即 $Q=1$，$\overline{Q}=\overline{CLR}=0$，于是计数器清零。随后，当 Q_1 或 Q_2 中有一个（或两个同时）清零时，将使门 G 的输出变为 1，RS 锁存器保持 $Q=1$，$\overline{Q}=\overline{CLR}=0$ 不变，使清零信号继续有效。待到第 6 个 CLK 的下降沿到达时，才使 RS 锁存器复位到 0 状态，使计数器清零信号撤销。这样可使 $\overline{CLR}=0$ 的时间加长到等于 CLK 的宽度。

除了对可靠性要求特别高的地方，一般可不采用改进电路，而直接用图 6.24（a）所示的电路结构。

② 反馈置位法（置数法）

反馈置位法是通过控制已有计数器的预置数控制端 $\overline{LD}$（当然以计数器有预置数功能为前提）来获得任意进制计数器的一种方法，其基本原理是：利用给计数器重复置入某个数值来跳跃 *M–N* 个状态，从而获得 M 进制计数器。

【例 6.2】 试用 74163 通过反馈置位法实现 8421BCD 码计数器功能。

解：由于 8421BCD 码中无 1010~1111，所以必须利用反馈置位法来跳过这 6 个状态。图 6.26（a）为逻辑图，图中，门 G 用来检测 8421BCD 码的最后一个码 1001，一旦 $Q_3Q_2Q_1Q_0=1001$，门 G 将输出低电平信号给 $\overline{LD}$，使计数器处于预置数工作状态；待第 10 个计数脉冲来到，计数器的输出状态 $Q_3Q_2Q_1Q_0=D_3D_2D_1D_0=0000$，回到初始状态，下一个计数脉冲来到，计数器又从 0000 开始计数，从而实现从 0000→1001 的 8421BCD 码计数功能。其有效循环的状态图如图 6.26（b）所示。

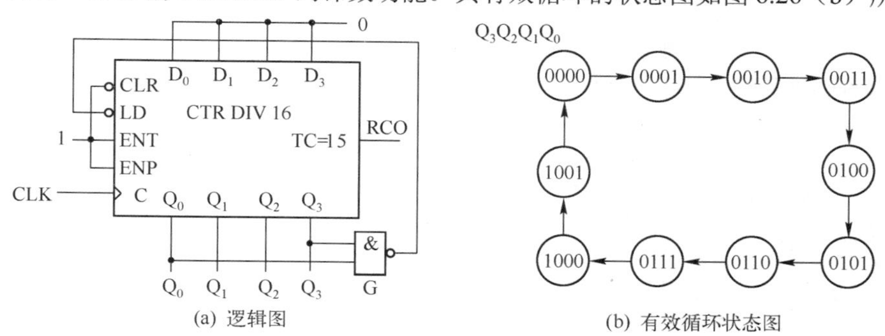

图 6.26 例 6.2 的图

【例 6.3】 试用 74163 通过反馈置位法实现 5421BCD 码计数器功能。

解：5421BCD 码的有效循环状态图如图 6.27（a）所示，观察状态图可以发现，在循环圈中存在两个跳跃点，第一个跳跃点为 0100，第二个跳跃点为 1100，在这两个跳跃点上，计数器将不再按照加 1 规律计数，而需要跳过几个连续的状态。为求得 $\overline{LD}$ 和 $D_3D_2D_1D_0$ 的逻辑表达式，我们可以借助如图 6.27（b）所示的 $\overline{LD}$ 的卡诺图，图中对应于 $Q_3Q_2Q_1Q_0=0100$ 和 1100 的两个方格中填 0，表示在这两个状态下 $\overline{LD}=0$，电路进入置数状态；图 6.27（c）为 $D_3D_2D_1D_0$ 的卡诺图，这里其实是将表示 4 个信号的 4 个卡诺图合到了一起。通过卡诺图化简，可求得 $\overline{LD}=\overline{Q}_2$，$D_3D_2D_1D_0=\overline{Q}_3000$。图 6.27（d）给出了 5421BCD 码计数器的逻辑图。

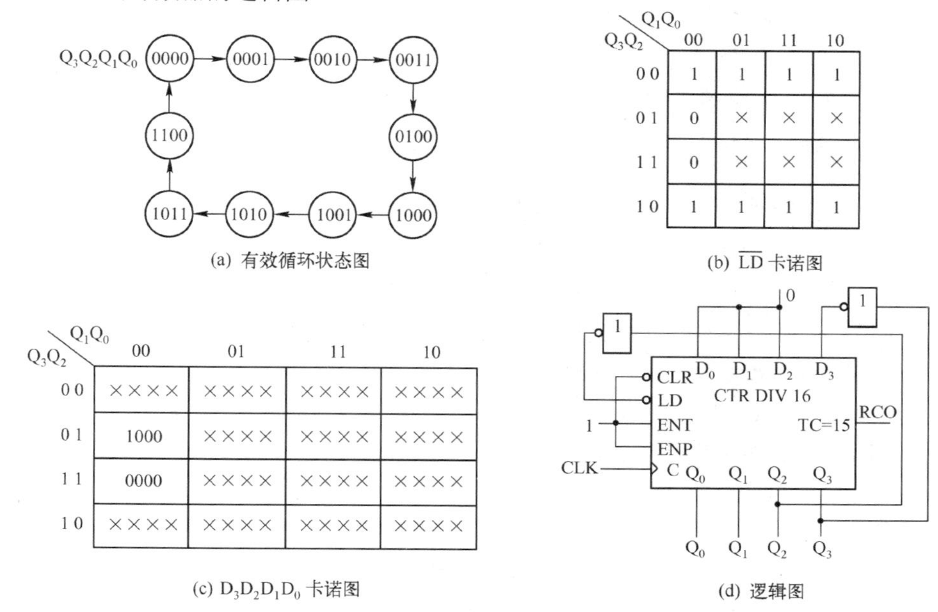

图 6.27 例 6.3 的图

当然，利用具有同步清零或异步置数功能的计数器，也能构成任意进制计数器。

6.1.3 计数器应用

1. 序列信号发生器

在数字信号的传输和数字系统的测试中，有时需要用到一组特定的串行数字信号，通常称其为序列信号。产生序列信号的电路称为序列信号发生器。

序列信号发生器的构成方法有多种，一种比较简单、直观的方法是用计数器和数据选择器构成。例如，要产生一个 8 位的序列信号 00011011（时间顺序为自左而右），则可用一个八进制计数器和一个 8 选 1 数据选择器构成，如图 6.28 所示。其中八进制计数器由 74163 实现，74151 是 8 选 1 数据选择器。

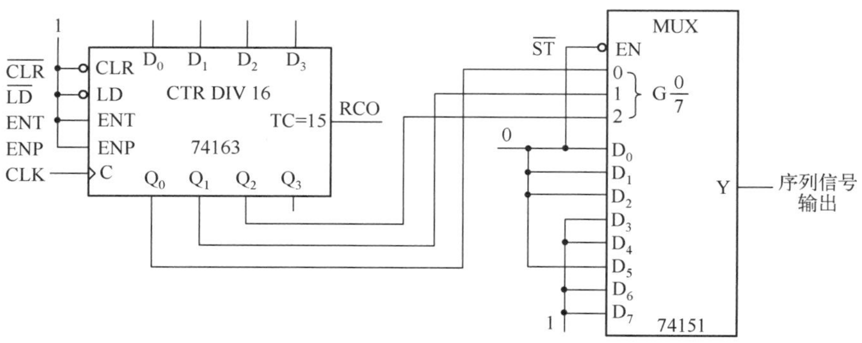

图 6.28 用计数器和数据选择器构成序列信号发生器的逻辑图

当 CLK 信号连续不断地加到计数器上时，$Q_2Q_1Q_0$ 的状态（也就是加到 74151 上的地址输入代码）便按照表 6.7 所示的顺序不断循环，$D_0 \sim D_7$ 的状态就循环不断地依次出现在 Y 端。只要令 $D_0 = D_1 = D_2 = D_5 = 0$，$D_3 = D_4 = D_6 = D_7 = 1$，便可以在 Y 端得到不断循环的序列信号 00011011。在需要修改序列信号时，只要修改加到 $D_0 \sim D_7$ 的信号即可，而不需对电路结构做任何更动。因此，使用这种电路既灵活又方便。

表 6.7 图 6.28 电路的状态转换表

CLK 顺序	Q_2	Q_1	Q_0	Y
0	0	0	0	$D_0(0)$
1	0	0	1	$D_1(0)$
2	0	1	0	$D_2(0)$
3	0	1	1	$D_3(1)$
4	1	0	0	$D_4(1)$
5	1	0	1	$D_5(0)$
6	1	1	0	$D_6(1)$
7	1	1	1	$D_7(1)$
8	0	0	0	$D_0(0)$

2. 键盘扫描电路

在 4.2.4 节中，作为编码器应用的例子，我们曾介绍过键盘编码电路，其电路如图 4.8 所示。在该例中，键盘规模较小，仅有 0~9 共 10 个键。如果键盘的规模较大，则用优先编码器等组合元件来实现编码将是不经济的。为此人们设计了键盘扫描电路。图 6.29 给出了 128 键的键盘扫描电路。128 个键排成 16 列 8 行，第 0~15 列依次与 4 线-16 线译码器 74154 的输出端 $\overline{Y}_0 \sim \overline{Y}_{15}$ 相连；第 0~7 行依次与 74151 的 $D_0 \sim D_7$ 相连。行、列的每个交叉点处设置一个按键。当按键未按下时，行、列线互不相连；而当按键按下时，对应的行、列线将被连通。由于图 6.29 中 74151 的 $D_0 \sim D_7$ 均通过一个限流电阻和电源相连，因此，当所有键均未按下时，数据选择器输出 $Y = 1$，$\overline{Y} = 0$（74151 具有互补输出功能）。在 CLK 作用下，两片 74163 不断地进行模 128 加法计数，通过 74154 和 74151 对阵列进行逐行逐列快速扫描。若第 8 列、第 6 行的键（标记为 K_{86}）被按下，则当计数器的输出状态为 $Q_6Q_5Q_4 = 110$，$Q_3Q_2Q_1Q_0 = 1000$ 时，74154 的 $\overline{Y}_8 = 0$，因为 K_{86} 被按下，又使 74151 的 $D_6 = 0$。由于该时刻 $Q_6Q_5Q_4 = 110$，使 74151 的输出 $\overline{Y}$ 由 0 变 1，产生正跳变，把两片计数器的状态同时置入两片 4 位 D 触发器 74175 中，两片 74175 的输出 $W_6W_5W_4W_3W_2W_1W_0$ 即为与 K_{86} 对应的码。与此同时，因 $Y = 0$，使两片 74163 停止计数，直到 K_{86} 被放开，使计数器重新计数，继续进行扫描。

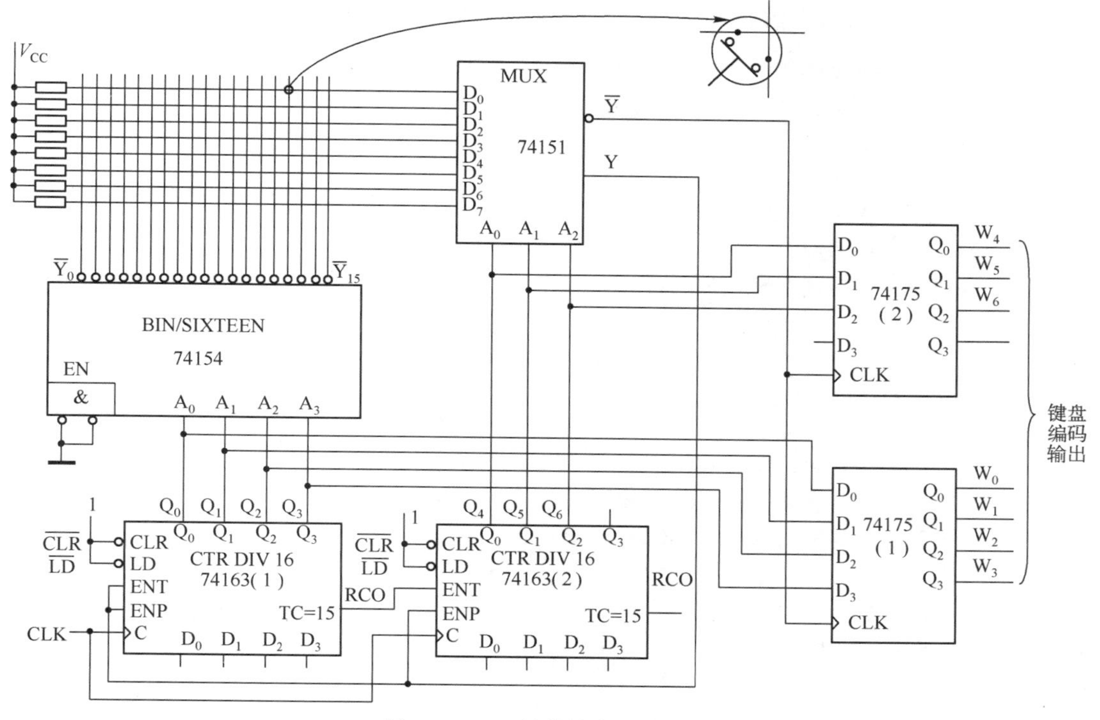

图 6.29　128 键的键盘扫描电路

6.1.4　计数器的 Verilog 描述

【例 6.4】　具有同步清零、同步置数与使能的 4 位同步计数器的 Verilog 程序代码。

```
module Vr74163(CLK,CLR_L,LD_L,ENP,ENT,D,Q,RCO);
   input CLK,CLR_L,LD_L,ENP,ENT;
   input [3:0] D;
   output [3:1] Q;
   output RCO;
   reg [3:0] Q;
   reg RCO;

   always @ (posedge CLK)
     if (CLR_L==0)          Q<=4'b0;
     else if (LD_L==0)        Q<=D;
     else if ((ENT==1) && (ENP==1))       Q<=Q+1;
     else   Q<=Q;
   always @ (Q,ENT)
     if ((ENT==1) && (Q==4'd15))        RCO=1;
     else   RCO=0;
endmodule
```

代码中 CLK 为时钟输入端，CLR_L 为同步清零控制端，LD_L 为预置数控制端，D 为并行数据输入端，ENT、ENT 为使能控制输入端，Q 为状态输出端，RCO 为进位输出标志。分析代码可发现，该计数器和 74163 具有完全相同的功能。

【例 6.5】 具有异步置数的同步十进制码可逆计数器的 Verilog 程序代码。

```
module Vr74190(CLK,LD_L,UPN_DOWN,EN_L,D,Q,MAX_MIN,RCON);
    input CLK,LD_L,UPN_DOWN,EN_L;
    input [3:0] D;
    output [3:1] Q;
    output MAX_MIN,RCON;
    reg [3:0] Q;
    reg MAX_MIN,RCON;

    always @ (posedge CLK,negedge LD_L)
      if (!LD_L)      Q<=D;
      else if (!EN_L)
        begin if (UPN_DOWN==0)
          begin if (Q==4'd9)    Q<=4'b0; else Q<=Q+1; end
             else begin if (Q==4'd0) Q<=4'd9; else Q<=Q-1; end
        end
      else    Q<=Q;
    always @ (Q,UPN_DOWN,MAX_MIN)
      if (((Q==4'd9) && (UPN_DOWN==0))||((Q==4'd0) && (UPN_DOWN==1)))
        begin   MAX_MIN<=1'b1; end
      else   MAX_MIN<=1'b0;
    always @ (CLK,MAX_MIN,RCON)
      if   ((MAX_MIN==1) &&(CLK==0)) RCON<=1'b0;
      else   RCON<=1'b1;
endmodule
```

代码中 CLK 为时钟输入端，LD_L 为异步预置数控制端，UPN_DOWN 为加/减计数控制输入端，EN_L 为计数使能输入端，D 为并行数据输入端，MAX_MIN 为最大/最小值指示信号输出端，Q 为状态输出端，RCON 为脉动时钟输出端。为便于理解，采用 3 个 always 程序块，第一个 always 程序块为时序过程，描述计数功能，第二和第三个 always 程序块为组合过程，分别描 MAX_MIN 和 RCON 的输出情况。分析上面代码可发现，该计数器的功能和 74190 是完全相同的。

6.2 寄存器和移位寄存器

6.2.1 寄存器

寄存器是用于暂时存放二进制数据的时序逻辑部件，广泛地应用于各类数字系统中。因为 1 个触发器（或锁存器）可以存放 1 位二进制数据，*N* 个触发器就可以组成一个能存放 *N* 位二进制数据的寄存器。此外，为了控制信号的接收、清除或输出，还必须有相应的控制电路与触发器相配合。所以，寄存器作为一个逻辑部件来使用，一般都包含有触发器堆和控制电路这两个部分。通常将 MSI 多位数据寄存器分为两类，一类由多位 D 触发器并行组成，数据是在时钟有效边沿到来时存入的；另一类由 D 锁存器组成，数据是在时钟某个约定电平下存入的。

图 6.30（a）所示为 4 位 D 触发器寄存器 74175，它有公共的时钟端和清零端，当时钟脉冲上升沿来到，数据便送到寄存器保存起来。另外，寄存器的每位输出都是互补的。

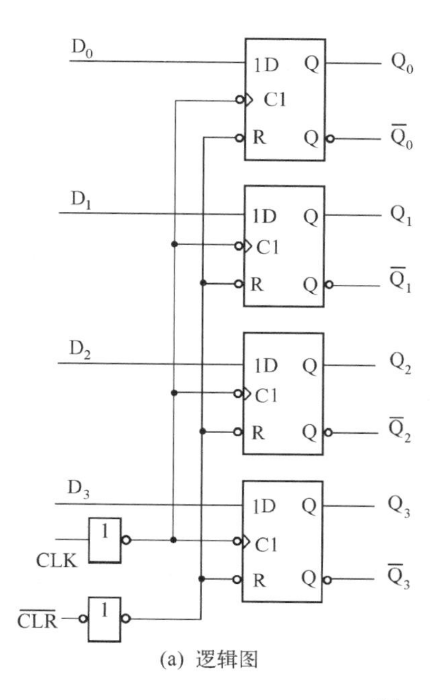

(a) 逻辑图

输入			输出	
$\overline{CLR}$	CLK	D	Q^{n+1}	$\overline{Q}^{n+1}$
0	×	×	0	1
1	↑	1	1	0
1	↑	0	0	1
1	0	×	Q^n	$\overline{Q}^n$

(b) 功能表

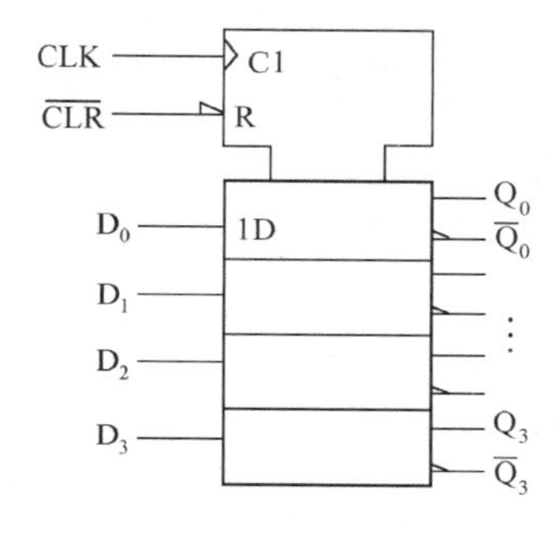

(c) ANSI/IEEE 标准逻辑符号

图 6.30　74175

在组成中规模集成电路功能组件时，往往在它的公共控制端或输入端，插入反相器或缓冲器，目的是减轻这些控制或输入信号的负载。如图 6.30（a）中 CLK 和 $\overline{CLR}$ 输入处所示。

由图 6.30（b）的功能表可以看出，这种寄存器有 3 种工作状态，即清零、存数和保持，由于输出是互补的，这还可以使寄存器作为原码–反码转换器。

图 6.31 所示的是具有三态输出的 4 位缓冲寄存器 74173 的 ANSI/IEEE 标准逻辑符号，其中“▿”是三态输出符号，“▹”符号表明具有放大和驱动缓冲能力，$\overline{M}$、$\overline{N}$ 是输出控制端，$\overline{G}_1$、$\overline{G}_2$ 是置数使能控制端，其功能表如表 6.8 所示。由功能表可以看出与逻辑符号的一一对应关系。表中“Z”表示高阻态。

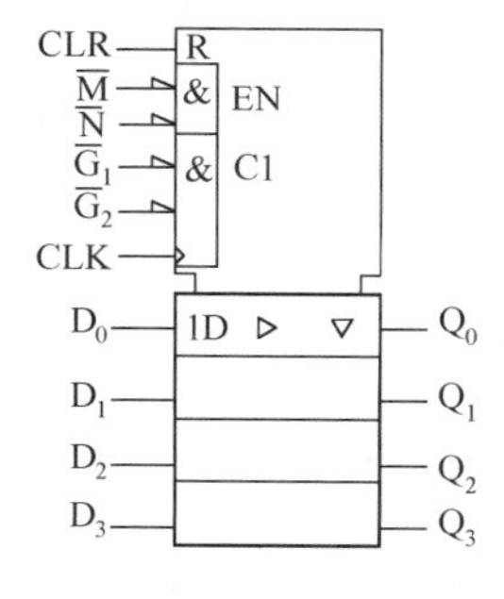

图 6.31　74173 的 ANSI/IEEE 标准逻辑符号

表 6.8　74173 的功能表

CLR	CLK	$\overline{G}_1$	$\overline{G}_2$	$\overline{M}$	$\overline{N}$	Q_0	Q_1	Q_2	Q_3
1	×	×	×	0	0	0	0	0	0
0	↑	0	0	0	0	D_0	D_1	D_2	D_3
0	↑	×	1	0	0	Q_0^n	Q_1^n	Q_2^n	Q_3^n
0	↑	1	×	0	0	Q_0^n	Q_1^n	Q_2^n	Q_3^n
×				1 0	× 1	Z	Z	Z	Z

用 D 锁存器组成的寄存器，其形式上与用 D 触发器组成的寄存器类似。但由于 D 锁存器在控制信号作用期间是透明的，存在空翻现象，因此抗干扰性差。通常，D 锁存器结构的寄存器适用于数据处理单元和输入/输出接口，以及显示单元之间的暂存。

除上面介绍的寄存器外，还有一种称为可选址锁存器，它也是一种常用的 MSI 寄存器。图 6.32 所示为 8 位可选址锁存器 74259。由图 6.32（a）可见，74259 有一个数据输入端 D，输出为 8 路，输入数据存入哪一路锁存器，由地址码确定。

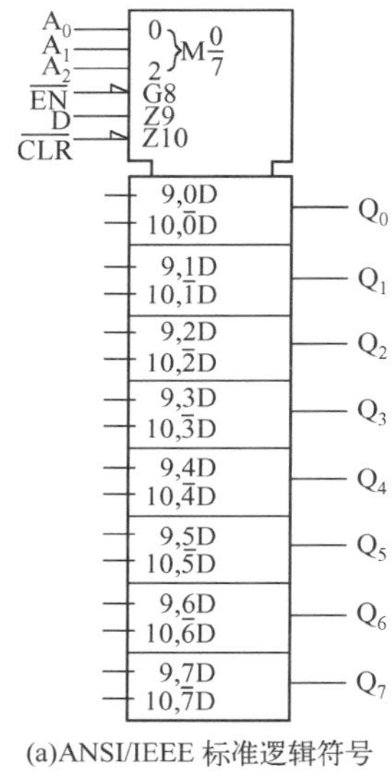

(a)ANSI/IEEE 标准逻辑符号

地址输入			选址锁存
A_2	A_1	A_0	
0	0	0	0
0	0	1	1
0	1	0	2
0	1	1	3
1	0	0	4
1	0	1	5
1	1	0	6
1	1	1	7

(b) 锁存器地址码表

输入		地址锁存输出	未选址锁存输出	功能
$\overline{CLR}$	$\overline{EN}$			
1	0	D	Q_i^n	选址锁存
1	1	Q_i^n	Q_i^n	保持
0	0	D	0	数据分配
0	1	0	0	清零

(c) 功能表

图 6.32　74259

6.2.2　移位寄存器

移位寄存器（简称移存器）除了具有存放代码的功能，还具有移位功能。所谓移位，就是寄存器中所存数据能够在移位脉冲（即时钟脉冲）作用下依次左移或右移。

（1）按移位方向，移位寄存器可分为：

① 单向移位寄存器——只能向一个方向（向左或向右）移位。

② 双向移位寄存器——既能向左也能向右移位。

（2）按输入/输出的方式，移位寄存器可分为：

① 串入-串出——数据序列从第一级逐位输入，经移位从末级逐位输出。

② 串入-并出——数据序列串入后，由各级触发器 Q（或 $\overline{Q}$）端同时取出。

③ 并入-串出——这是把一组数据序列的各位，用预置的方式先同时存入移位寄存器中，然后逐次移位输出。

④ 并入-并出——把一组数据序列的各位同时预置到移位寄存器，然后各位仍以并行的方式同时输出。前面介绍的寄存器就属于并入-并出方式。

移位寄存器中的触发器可用时钟控制的无空翻的 D、RS 或 JK 触发器组成。

1. 单向移位寄存器

（1）串入-串/并出单向移位寄存器

图 6.33（a）是用 4 个 D 触发器组成的串入-串/并出单向移位寄存器的逻辑图。由图可见，移位（即 CLK）同时加至各触发器的时钟端，所以它是同步时序电路；其中每个触发器的输出端 Q 依次接到相邻右侧触发器的 D 端；D_0 端为串行输入端；Q_3 端为串行输出端，Q_0~Q_3 为并行输出端。因此它是串行输入、串行或并行输出的移位寄存器。

图中各触发器的状态方程为：

$$Q_0^{n+1}=D_0=V_I \quad Q_1^{n+1}=D_1=Q_0^n \quad Q_2^{n+1}=D_2=Q_1^n \quad Q_3^{n+1}=D_3=Q_2^n$$

可见，在第一个 CLK 作用下，将输入数据 V_I 存入 FF_0，同时 FF_0 内原有的数据 Q_0^n 移到 FF_1，FF_1 内原有的数据 Q_1^n 移至 FF_2，FF_2 内原有的数据 Q_2^n 移至 FF_3。总的效果是，经过一个移位脉冲作用，寄存器的数据依次右移了一位。假设各触发器的初始状态都为 0，由串行输入端 V_I 输入一组与移位脉冲同步的串行数据依次是 1011（如图 6.33（b）所示），则在移位脉冲作用下，移存器内数据移动的情况如表 6.9 所示。相应的波形如图 6.33（b）所示。

表 6.9　图 6.32 的状态表

CLK	V_I	Q_0	Q_1	Q_2	Q_3
0	1	0	0	0	0
1	0	1	0	0	0
2	1	0	1	0	0
3	1	1	0	1	0
4	×	1	1	0	1

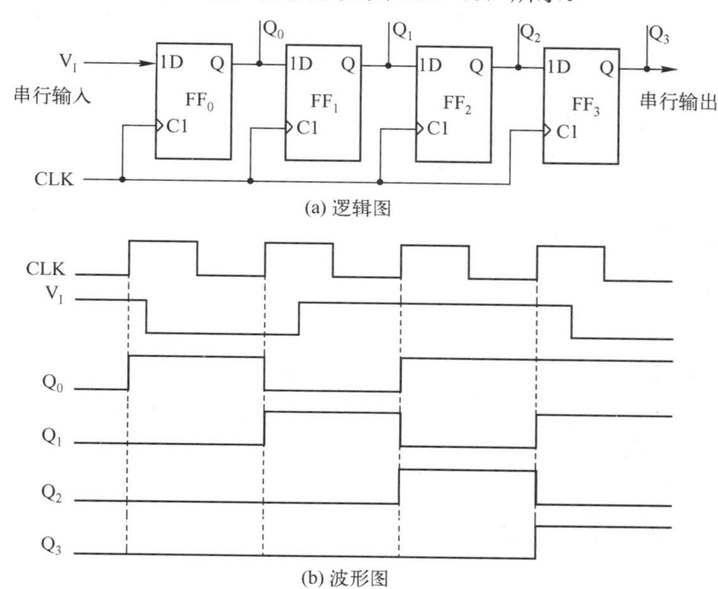

图 6.33　串入-串出单向移位寄存器

可以看出，经过 4 个 CLK 作用之后，串行输入的 4 位数据全部移入移存器中，这时可以在 4 个触发器的 Q 端得到并行输出的数据，即完成串入-并出的功能。因此，移存器可以用于数据的串行-并行转换。

如果需要得到串行输出的数据，则只要再经过 3 个 CLK，移存器中存放的 4 位数据便可由串行输出端 Q_3 依次移出，从而实现串入-串出的功能。利用这种串入-串出功能，可以实现对串行数据的时间延迟。因为一组串行数据经过 n 级串入-串出移存器，传输到串行输出端，需要 n 个移位脉冲的作用，所以这组数据被移存器延迟了 nT 时间（T 为移位脉冲周期）。

移位寄存器也可以进行左移，其原理和右移无本质差别，只是在连线上将每个触发器的输出端依次接到相邻左侧触发器的 D 端即可。

（2）串/并入-串出单向移位寄存器

移位寄存器也可以采用并行输入方式。图 6.34 所示为串/并入-串出单向移位寄存器的逻辑图。在并行输入时，该电路采用了两拍接收方式。第一步，在触发器的公共清零端 $\overline{R}_D$ 作用一低电平清零脉冲，把所有的触发器置零；第二步，在接收端作用一高电平接收脉冲，将并行输入数据 D_i 置入对应触发器中。当电路串行输入时，该电路的工作原理和图 6.33 所示电路相同。

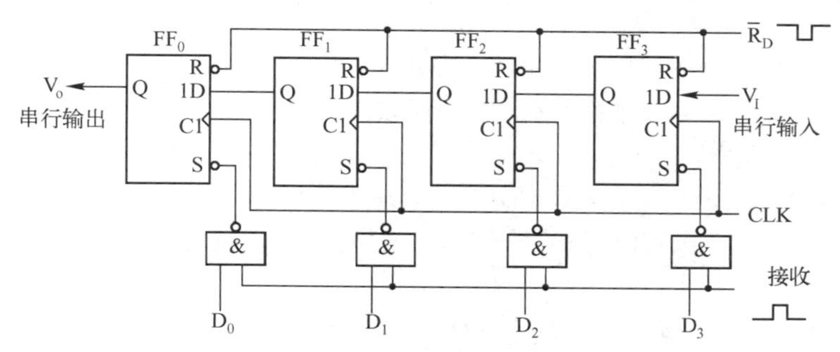

图 6.34　串/并入-串出单向移位寄存器的逻辑图

2．双向移位寄存器

图 6.35 所示为中规模 4 位双向移位寄存器 74194 的逻辑图。它除了具有双向移位功能，还有并行置数、保持、异步清零功能，是一种功能较强、使用广泛的中规模集成移存器。

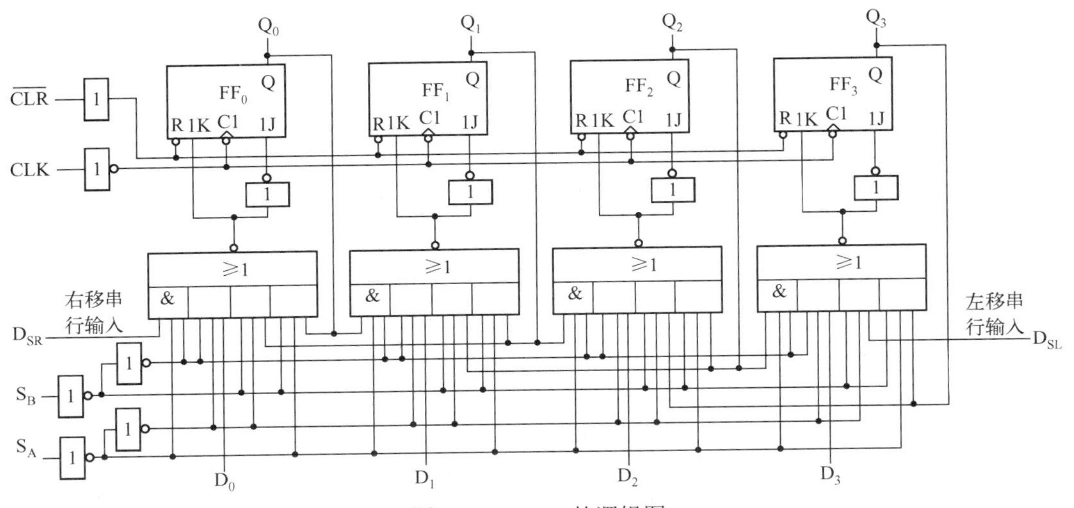

图 6.35　74194 的逻辑图

图 6.35 中，由 4 个边沿型 JK 触发器（已经转换成 D 触发器）作为寄存单元，4 个与或非门构成 4 个 4 选 1 数据选择器，对保持、右移、左移和并行置数功能进行选择。其中 D_{SR} 为右移串行数据输入端，D_{SL} 为左移串行数据输入端。$D_0 \sim D_3$ 为并行数据输入端，$Q_0 \sim Q_3$ 为并行数据输出端。S_A 和 S_B 为移存器工作状态控制端，$\overline{CLR}$ 为异步清零端，低电平有效。CLK 为时钟输入端，上升沿有效。

现以触发器 FF_1 为例，分析一下在 S_A 和 S_B 为不同取值时移存器的逻辑功能。

由于 JK 触发器已经转换成 D 触发器，由 D 触发器特性方程

$$Q^{n+1} = D$$

当 $S_AS_B = 00$ 时，$Q_1^{n+1} = \overline{\overline{Q}}{}_1^n = Q_1^n$。CLK 上升沿到来后，$FF_1$ 保持原来状态不变，即实现“保持”功能。

当 $S_AS_B = 01$ 时，$Q_1^{n+1} = \overline{\overline{Q}}{}_0^n = Q_0^n$。CLK 上升沿到来后，$FF_1$ 的新状态等于 FF_0 的原状态，即实现“右移”功能。

当 $S_AS_B = 10$ 时，$Q_1^{n+1} = \overline{\overline{Q}}{}_2^n = Q_2^n$。CLK 上升沿到来后，$FF_1$ 的新状态等于 FF_2 的原状态，即实现“左移”功能。

当 $S_AS_B = 11$ 时，$Q_1^{n+1} = \overline{\overline{D}}{}_1 = D_1$。CLK 上升沿到来后，$FF_1$ 的新状态等于外输入数据 D_1，即实现“并行置数”功能。

此外，当 $\overline{CLR} = 0$ 时，各触发器同时被清零。所以，正常工作时，应使 $\overline{CLR}$ 处于 1 状态。

综上所述，74194 的功能表如表 6.10 所示。在图 6.36（b）的 ANSI/IEEE 标准逻辑符号中，CLK 后的“→”表示右移，“←”表示左移。

表 6.10　74194 功能表

$\overline{CLR}$	S_A	S_B	CLK	功能
0	×	×	×	清零
1	0	0	↑	保持
1	0	1	↑	右移
1	1	0	↑	左移
1	1	1	↑	并行置数

用 74194 可以方便的组成多位移存器。图 6.37 是由两片 74194 组成的 8 位双向移位寄存器逻辑图。图中，（1）片 74194 的 Q_3 端接到（2）片的 D_{SR} 端，而将（2）片的 Q_0 端接到（1）片的 D_{SL} 端，

并将两片的 CLK、$\overline{\text{CLR}}$、S_A 和 S_B 分别并联。这样连接后两片的 8 个输出端构成 8 位移位寄存器的输出端 Y_0~Y_7；两片的 8 位并行输入端构成 8 位数据并行输入端 A_0~A_7。（1）片的 D_{SR} 就是 8 位移位寄存器的右移输入端；（2）片的 D_{SL} 就是 8 位移位寄存器的左移输入端。

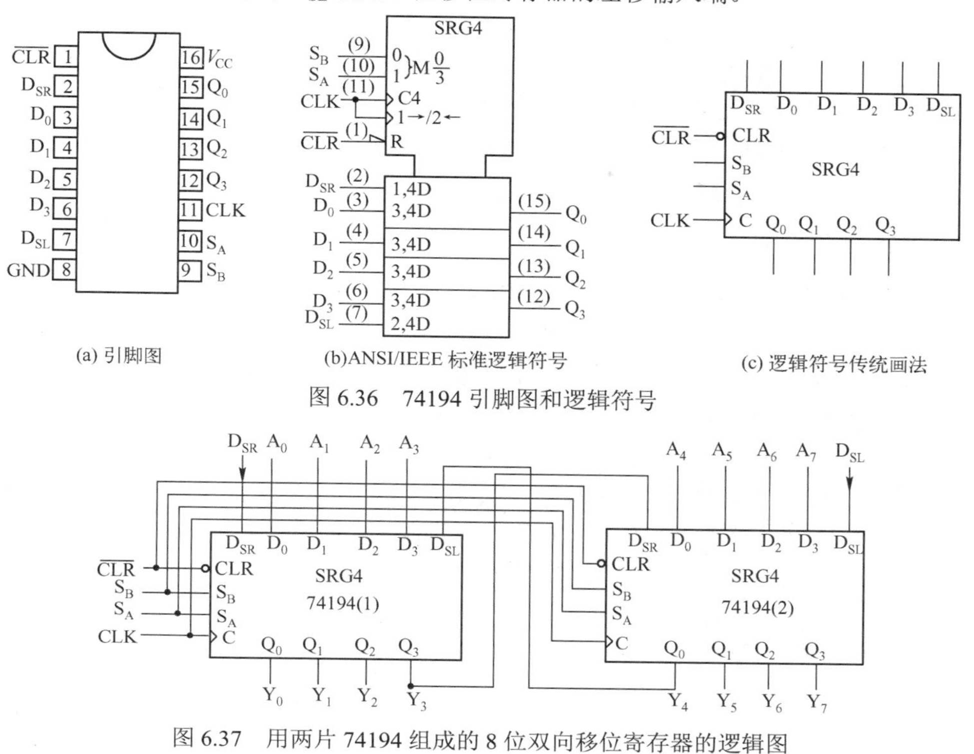

(a) 引脚图　　(b)ANSI/IEEE 标准逻辑符号　　(c) 逻辑符号传统画法

图 6.36　74194 引脚图和逻辑符号

图 6.37　用两片 74194 组成的 8 位双向移位寄存器的逻辑图

6.2.3　移位寄存器应用举例

1．可编程分频器

用两片 74194 和一片 74138 译码器组成的可编程分频器的逻辑图如图 6.38 所示。图中两片 74194 组成 8 位寄存器，分频后的脉冲信号从（2）片的 Q_3 端输出，分频比由 74138 的地址码 $A_2A_1A_0$ 决定。当地址码为 N 时，可以从输出端 Z 得到 N+1 分频的输出脉冲（1≤N≤7）。

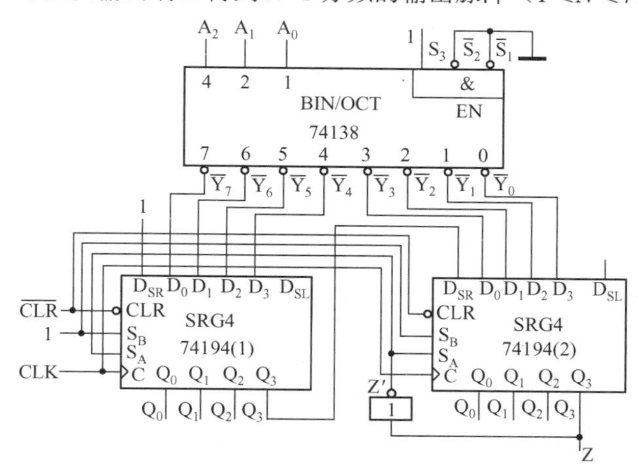

图 6.38　可编程分频器的逻辑图

在清零脉冲作用后，寄存器所有的输出均为 0。由于（2）片的 Q_3=0，所以两片的 S_A=S_B=1，寄存器处于置数的准备状态。当第 1 个 CLK 脉冲上升沿来到后，寄存器进行并行置数。假设此时 $A_2A_1A_0$=110（即十进制数 6），则 74138 除 $\overline{Y}_6$ 为 0 外，其余输出均为 1，移位寄存器输出为 10111111。与此同时，两片的 S_A=0，S_B =1，移位寄存器进入右移状态。因此，从第 2 个 CLK 脉冲开始，8 位移位寄存器进行右移移位，直到第 7 个 CLK 脉冲作用后，移位寄存器输出为 11111110，从而使两片的 S_A 为 1。当第 8 个 CLK 脉冲上升沿来到后，8 位移位寄存器再次进行置数，开始下一个循环周期，从而在 Z 端（（2）片的 Q_3 端）获得 7 分频的输出脉冲（Z 端输出的是负脉冲，Z′ 端输出的则为正脉冲）。

2. 串行加法器

由移位寄存器和全加器组成的串行多位加法器的示意图如图 6.39 所示。图中，移位寄存器（1）和（2）分别为 n 位并入-串出结构，用以实现对两组并行输入数据（X 和 Y）的并-串转换。移位寄存器（3）为串入-并出结构，为 n+1 位，用以存放两数之和。D 触发器为进位触发器，用以存放运算过程中产生的进位信号。

串行加法器的工作受清零信号、置数信号和移存脉冲的控制。首先，清零脉冲使 3 个移位寄存器中的所有触发器和进位触发器清零，然后，输入置数脉冲，分别将 X 和 Y 这两个 n 位并行数据存入移位寄存器（1）和（2）中。这时，全加器对 X 和 Y 两数的最低位进行相加运算，产生本位结果和进位信号。接着，当第一个移存脉冲到达时，全加器输出的本位结果被存入移位寄存器（3），而进位信号被存入进位触发器。同时，移位寄存器（1）和（2）移出 X 和 Y 的次低位，全加器重新运算，产生次低位运算结果和进位输出。这样，随着移存脉冲的输入，全加器将对 X 和 Y 进行逐位运算，而运算的结果也被逐位存入移位寄存器（3）中。当输入 n+1 个移存脉冲后，移位寄存器（3）的输出 Z 即为 X 和 Y 两数之和。

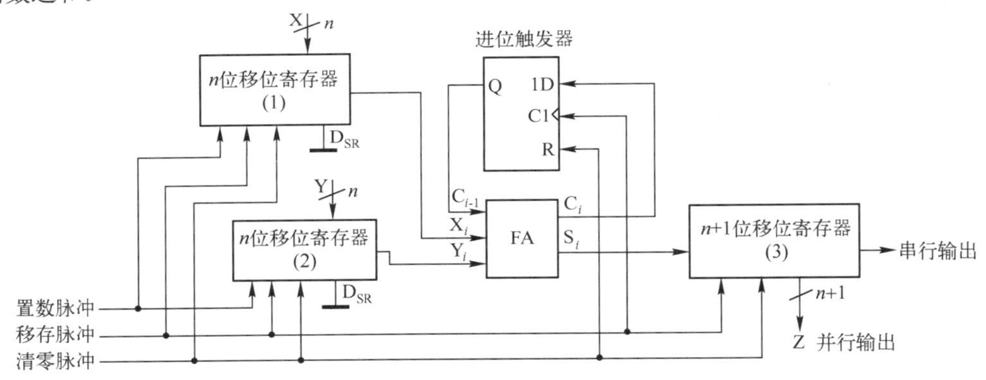

图 6.39　串行多位加法器示意图

3. 串行累加器

串行累加器是能对逐次输入的二进制数进行总数相加的加法器。这里的二进制数，既可以是一位的，也可以是多位的。例如，对一个有 4 位输入的累加器，依次输入 0011、1000、0101 这 3 个 4 位二进制数，累加器将依次对这 3 个数进行相加运算，最后得到的结果为 10000。若再输入 0111，则累加器的结果变为 10111。

由移位寄存器和全加器组成的串行累加器的示意图如图 6.40 所示，该图和图 6.39 的串行多位加法器类似，只是去除了移位寄存器（2），并将原移位寄存器（3）的串行输出端反馈到全加器的输入端。

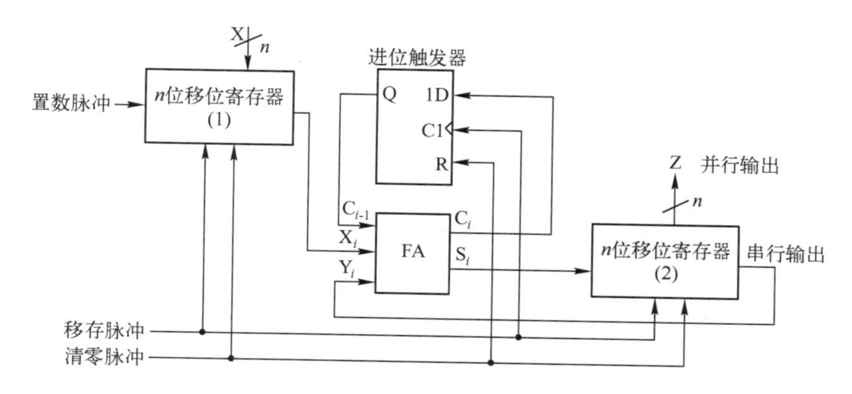

图 6.40 串行累加器示意图

串行累加器的工作过程为：首先输入清零脉冲，使移位寄存器和进位触发器清零；然后输入置数脉冲，将第一组数 X_1 存入移位寄存器（1）；再输入 n 个移存脉冲，这样，X_1 就以串行的形式通过全加器，被存入了移位寄存器（2）中。这时将第二组数 X_2 送到移位寄存器（1）的并行输入端，并输入置数脉冲，X_2 即存入移位寄存器（1）。随后在输入 n 个移存脉冲后，移位寄存器（2）中的数即为 X_1 和 X_2 的和。按上述步骤操作，可以完成任意组数的求和运算。要注意的是，当数的累加值超过 n 位时，必须扩展移位寄存器（2）的位数，否则高位数将溢出，造成运算错误。

串行累加器电路简单，但速度较慢，常用于低速数字系统中。

4．序列信号发生器

除上面介绍过的计数型序列信号发生器，序列信号发生器的另一种类型为移存型，由移位寄存器辅以组合电路组成。下面通过两个例子说明移存型序列信号发生器的设计方法。

【例 6.6】 试设计一个能产生序列信号 00011101 的移存型序列信号发生器。

解：移存型序号信号发生器的一般结构如图 6.41 所示。其基本工作原理为：将移位寄存器和外围组合电路构成一个移存型计数器，使该计数器的模和所要产生的序列信号的长度相等，并使移位寄存器的串行输入信号 F（即组合电路的输出信号）和所要产生的序列信号相一致。

在本例中，由于待产生的序列信号的长度为 8，故考虑采用 3 位移位寄存器。如选用 74194，仅用其中的 3 位：Q_0、Q_1 和 Q_2。由于输出序列的最左边 3 位为 000，故电路中必包含状态 $Q_0Q_1Q_2=000$，同理必包含由左边第 2~4 位构成的 001 状态。为此，我们可以把序列信号以 3 位为一组进行划分，如图 6.42 所示。由此得出该电路应具有 8 个状态，其状态表如表 6.11 所示。表中的 F 即为移位寄存器所需的右移串行输入信号（即 D_{SR}）。直接从移位寄存器的 Q_2 端输出，即可获得所需序列信号。

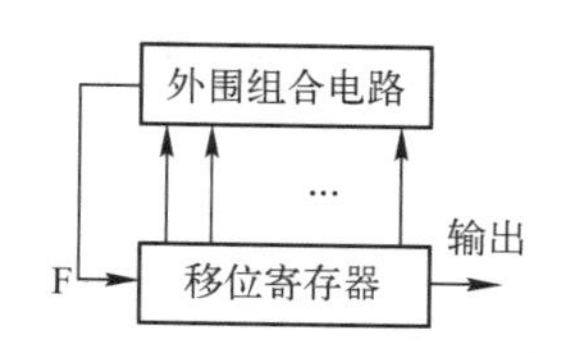

图 6.41 移存型序列信号发生器的一般结构

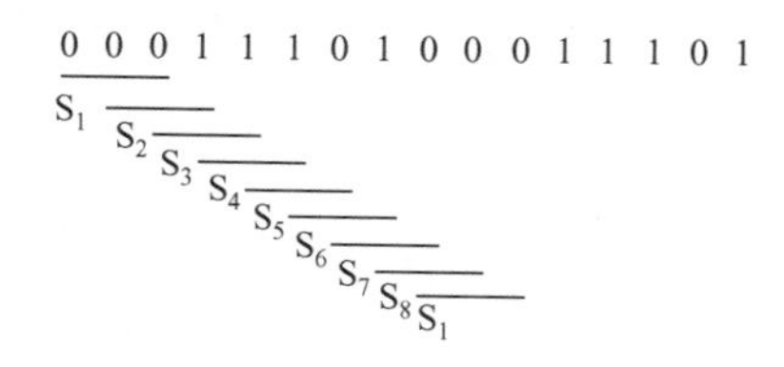

图 6.42 例 6.6 状态划分示意图

根据表 6.11 可画出用于求 F（D_{SR}）的卡诺图，如图 6.43 所示。若选用 4 选 1 数据选择器来实现 F，并取数据选择器的地址信号 $A_1=Q_1$，$A_0=Q_2$，则由图 6.43 容易看出，数据选择器的数据输入分别为：$D_0=1$，$D_1=0$，$D_2=Q_0$，$D_3=\overline{Q}_0$。最后的逻辑图如图 6.44 所示。

表 6.11　例 6.6 状态表

Q_0^n	Q_1^n	Q_2^n	Q_0^{n+1}	Q_1^{n+1}	Q_2^{n+1}	F（D_{SR}）
0	0	0	1	0	0	1
1	0	0	1	1	0	1
1	1	0	1	1	1	1
1	1	1	0	1	1	0
0	1	1	1	0	1	1
1	0	1	0	1	0	0
0	1	0	0	0	1	0
0	0	1	0	0	0	0

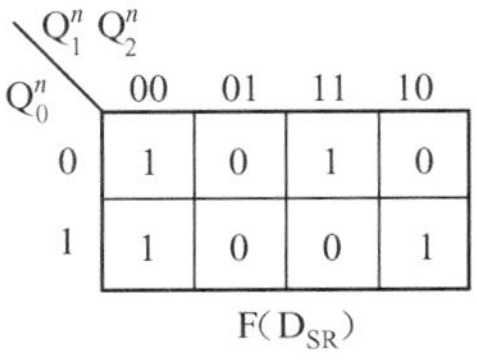

Q_0^n \ $Q_1^n Q_2^n$	00	01	11	10
0	1	0	1	0
1	1	0	0	1

F(D_{SR})

图 6.43　例 6.6 卡诺图

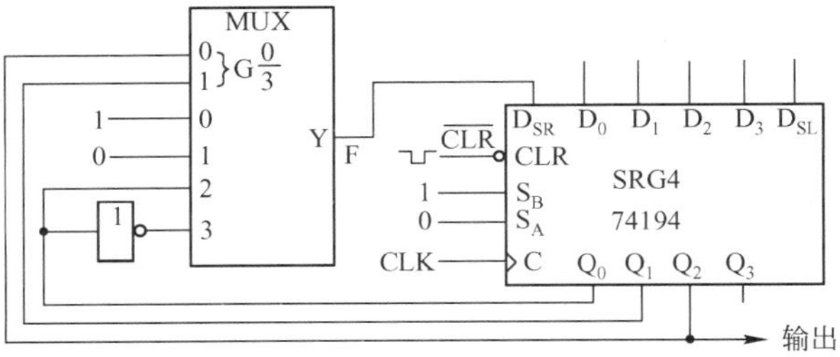

图 6.44　例 6.6 的逻辑图

【例 6.7】　试设计一个能产生序列信号 10110 的移存型序列信号发生器。

解： 由于序列信号的长度为 5，按例 6.6 的设计方法把序列按 3 位划分，所得状态图如图 6.45（a）所示，可以发现 S_1 和 S_4 两个状态都是 101。参见图 6.41，在状态 S_1 时要求 F=1，在状态 S_4 时又要求 F=0，这显然是不可能的。这就表明，用 3 位移位寄存器和组合电路是不能产生这个序列信号的。为此采用 4 位移位寄存器，并将序列信号 10110 按 4 位划分状态，得到的状态图如图 6.45（b）所示。

在本例的设计中，仍选用 74194，并使其处于左移工作状态（即 S_A =1，S_B =0），由图 6.45（b）所示状态图可画出用于求 F（即 D_{SL}）的卡诺图，如图 6.45（c）所示。化简卡诺图得：

$$F = \bar{Q}_0^n + \bar{Q}_3^n = \overline{Q_0^n \cdot Q_3^n}$$

最后画出逻辑如图 6.45（d）所示。可以验证该序列信号发生器是能自启动的。

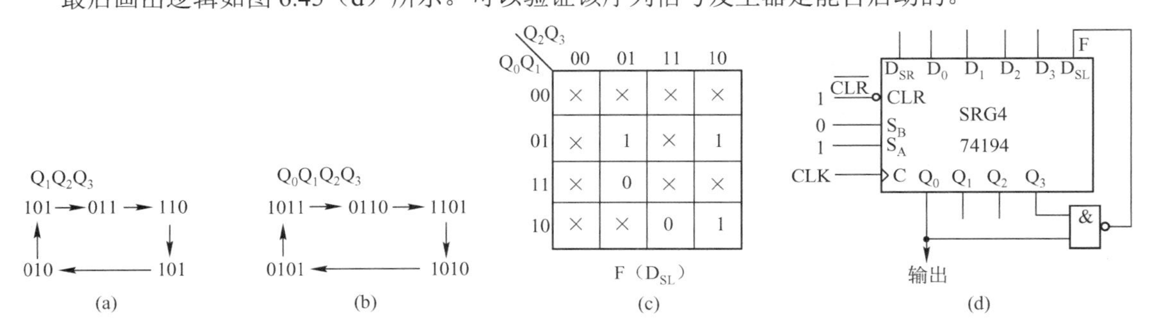

图 6.45　例 6.7 设计过程

6.2.4　移位寄存器型计数器

移位寄存器型计数器，是指在移位寄存器的基础上加上反馈电路而构成的具有特殊编码的同步计数器。这种计数器的状态转移符合移位寄存器的规律。即除第一级外，其余各级间满足 $Q_i^{n+1} = Q_{i-1}^n$。移位寄存器型计数器框图如图 6.46 所示，图中，采用不同的反馈逻辑电路，就可构成不同形式的计数器。下面介绍两种常用的电路。

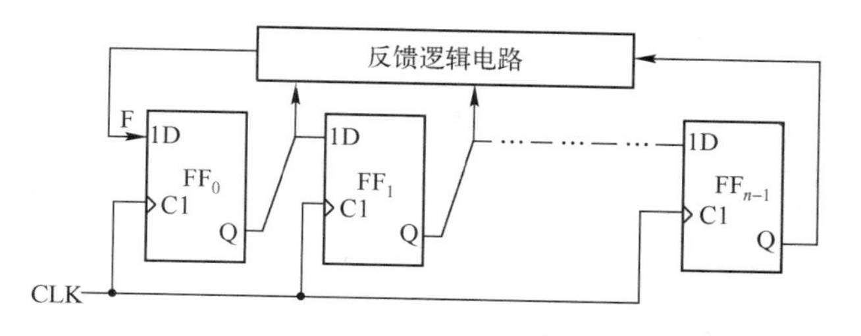

图 6.46　移位寄存器型计数器框图

1. 环形计数器

（1）电路组成

环形计数器的逻辑图如图 6.47 所示。它是将移位寄存器的串行输出端 Q_3 反馈到串行输入端 D_0 而构成的。由图可见，若去掉 Q_3 的反馈线，就是一个用 D 触发器构成的 4 位右移寄存器（当然，触发器级数可以不限于 4 级，也可以采用 JK 触发器，也可以连成左移的形式）。现在加了反馈线以后，就是一个自循环的右移寄存器，当做计数器来使用。

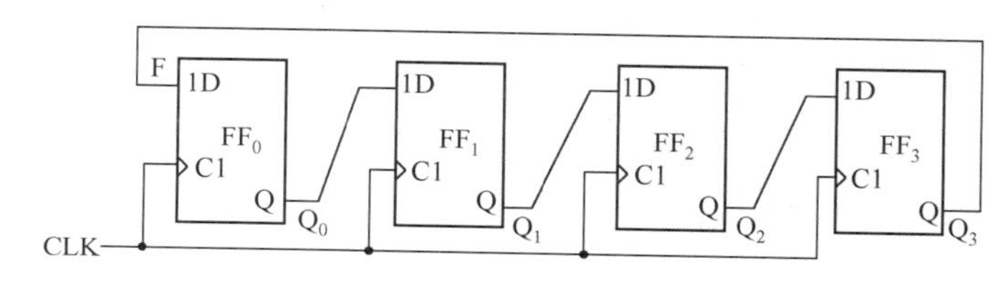

图 6.47　环形计数器的逻辑图

（2）逻辑功能分析

图 6.47 所示的环形计数器，其状态转换规律是：除了 FF_0 的新状态由反馈逻辑决定（即 $Q_0^{n+1}=Q_3^n$），其余各级触发器均应按照右移的规律移位。

假设电路的初始状态为 $Q_0Q_1Q_2Q_3=1000$，则在时钟脉冲的不断作用下，电路将按照 1000→0100→0010→0001→1000 的次序循环。如果用电路的不同状态来表示输入时钟脉冲的数目，显然该电路就可以用做模 4 计数器。

如果电路的初始状态不同，将会有不同的状态循环。画出的完整状态图如图 6.48 所示。如果取由 1000、0100、0010 和 0001 组成的状态循环为所需要的有效循环，那么其他几种即为无效循环。由图可见，该电路是不能自启动的。

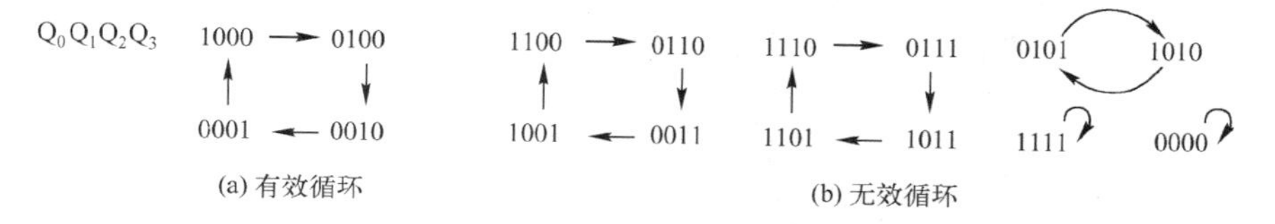

图 6.48　图 6.47 的完整状态图

（3）实现自启动的方法

实现自启动的一种方法是，利用触发器的直接置位复位端，将电路初始状态预置成有效循环中的某一状态。这种方法虽然简单，但有两个缺点，其一，电路在工作中一旦受干扰脱离了有效循环，就不能自动返回；其二，对于中规模集成电路，由于受到引出线的限制，一个单片中的几个触发器不会同时引出直接置位端和直接复位端，因而不能采用预置的办法对某一触发器单独置 0 或置 1。为使环形计数器具有自启动特性，需重新设计反馈逻辑电路，其步骤如下：

① 列出反馈函数 F 的真值表，如表 6.12 所示。

② 根据状态转换要求，写出各个状态下反馈到 D_0 端的反馈函数 F 的值。F 的选择要保证环形计数器状态的 4 位代码中向只有一个 1 的方向发展，以保证计数器进入有效循环工作状态。

③ 画出 F 的卡诺图，如图 6.49 所示，可得到

$$F=\overline{Q}_0\overline{Q}_1\overline{Q}_2。$$

④ 画出能自启动的 4 位环形计数器逻辑图，如图 6.50 所示，其完整的状态图如图 6.51 所示。

表 6.12　反馈函数 F 的真值表

	Q_0	Q_1	Q_2	Q_3	F
有效状态	1	0	0	0	0
	0	1	0	0	0
	0	0	1	0	0
	0	0	0	1	1
无效状态	0	0	0	0	1
	0	0	1	1	0
	0	1	0	1	0
	0	1	1	0	0
	0	1	1	1	0
	1	0	0	1	0
	1	0	1	0	0
	1	0	1	1	0
	1	1	0	0	0
	1	1	0	1	0
	1	1	1	0	0
	1	1	1	1	0

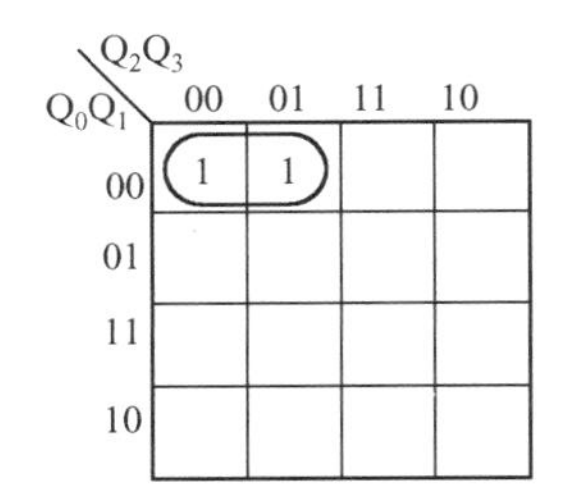

图 6.49　反馈函数 F 的卡诺图

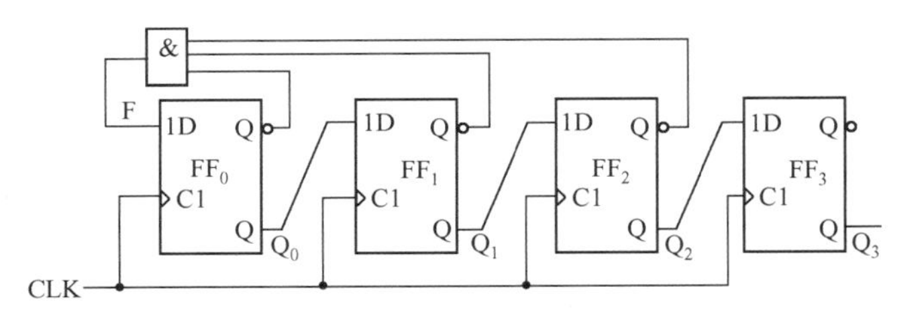

图 6.50　能自启动的 4 位环形计数器的逻辑图

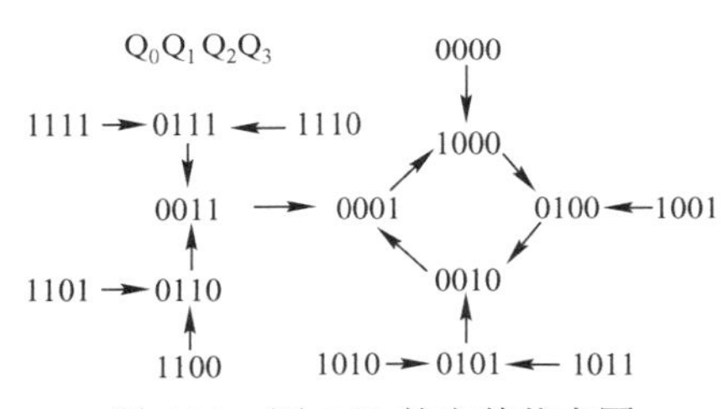

图 6.51　图 6.50 的完整状态图

（4）用中规模集成移位寄存器构成的环形计数器

用中规模集成移位寄存器可以很方便地构成环形计数器。图 6.52 是用 74194 构成的能自启动的环形计数器。图中的反馈连接利用了 74194 的预置功能并进行全 0 序列检测，从而能有效地实现自启动。

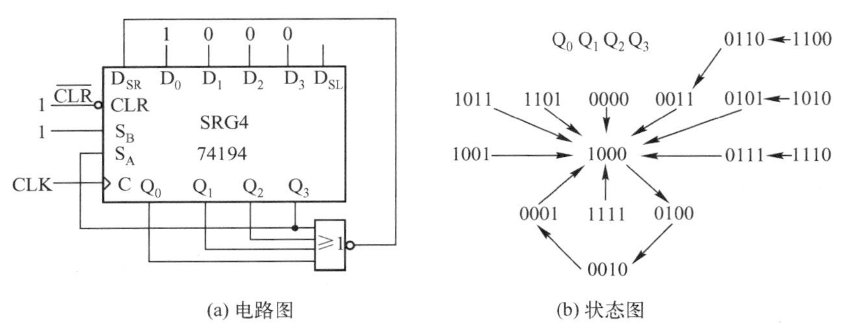

(a) 电路图　　(b) 状态图

图 6.52　74194 构成的能自启动的环形计数器

（5）环形计数器的特点

环形计数器的突出优点是，正常工作时所有触发器中只有一个是 1（或 0）状态，因此可以直接利用各个触发器的 Q 端作为电路状态的输出，而不需要附加译码器。当连续输入时钟脉冲时，各个触发器的 Q（或 $\overline{Q}$）端将按顺序出现矩形脉冲，所以常把这种电路叫顺序脉冲发生器。其缺点是状态利用率低。因为 n 级环形计数器仅有 n 个有效状态，2^n-n 个无效状态。

2．扭环形计数器

（1）电路组成和逻辑功能分析

扭环形计数器的逻辑图如图 6.53 所示。它与环形计数器不同之处是，将最后一级触发器的 $\overline{Q}_3$ 端连接到串行输入端 D_0，即 $D_0=\overline{Q}_3$。该电路的状态图如图 6.54 所示。可见，它有两个状态循环。一般选择图 6.54（a）为有效循环（其状态编码称为右移码），则图 6.54（b）即为无效循环。显然，该电路可以用做模 8 计数器，但不能自启动。

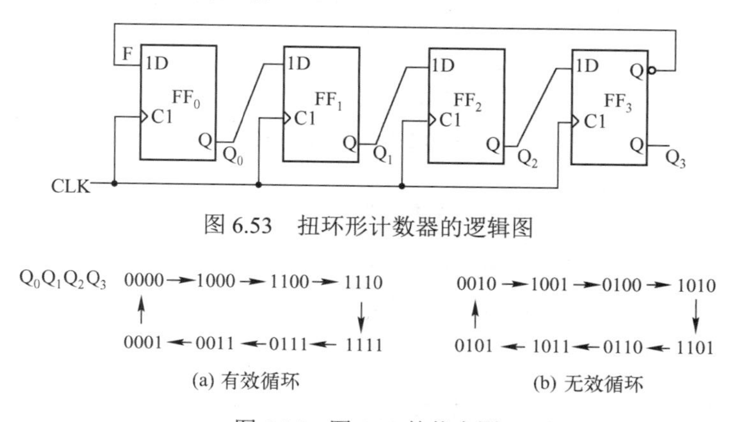

图 6.53　扭环形计数器的逻辑图

图 6.54　图 6.53 的状态图

（2）实现自启动特性的方法

为使扭环形计数器获得自启动特性，也可以采用修改反馈函数的方法。其基本思想是修改无效循环的状态转换关系，即切断无效循环，将断开处的无效状态引导到相应的有效状态，从而实现自启动特性。具体步骤如下：可以先由状态图（见图 6.54）直接画出所有状态下的反馈函数 F 的卡诺图，如图 6.55（a）所示。其中和有效状态对应的 $F=\overline{Q}_3^n$，以确保有效循环中的状态转换关系；无效状态当做无关项处理。再由卡诺图求出 F 的最简表达式。这里就存在一个如何合理地利用无关项的问题。如果按照图 6.55（a）那样的圈法，则得 $F=\overline{Q}_3^n$，由该表达式构成的扭环形计数器，即图 6.53 所示电路，是不能自启动的，说明图 6.55（a）的圈法不合理。例如，和无效状态 0010 对应小方格中的×包含在圈中，意即当做 1 处理，所以 0010 的下一状态是 1001，为无效状态。如果把和 0010 对应小方格中的×当做 0 处理，那么 0010 的下一状态即为有效状态 0001，从而进入有效循环。这样修改后的反馈函数 F 的卡诺图圈法如图 6.55（b）所示。由该卡诺图可得：

$$F=D_0=\overline{Q}_2^n\,\overline{Q}_3^n+Q_1^n\overline{Q}_3^n=\overline{Q}_3^n\,\overline{Q_2^n\overline{Q}_1^n}$$

画出逻辑图和状态图分别如图 6.56 和图 6.57 所示。

上述修改反馈函数的方案不是唯一的。但所选方案应当保证每一个无效状态都能直接或间接地（即经过其他无效状态以后）转为某一个有效状态（当然状态转换要符合移位规律），并使所得电路为最简。

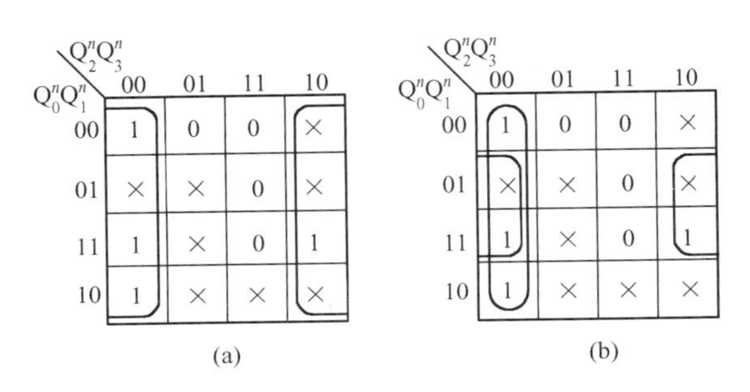

图 6.55　求反馈函数 F 的卡诺图

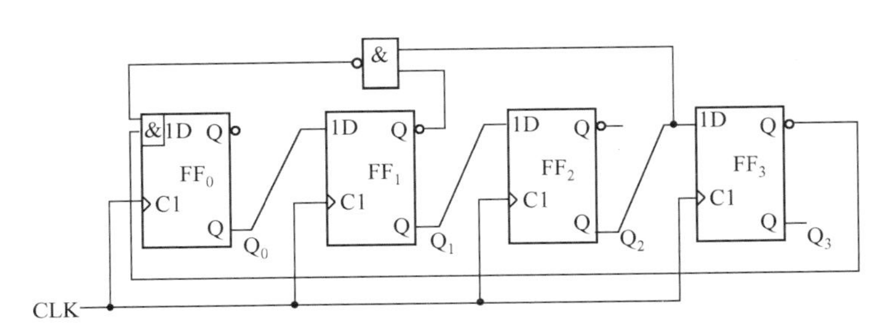

图 6.56　能自启动的扭环形计数器的逻辑图

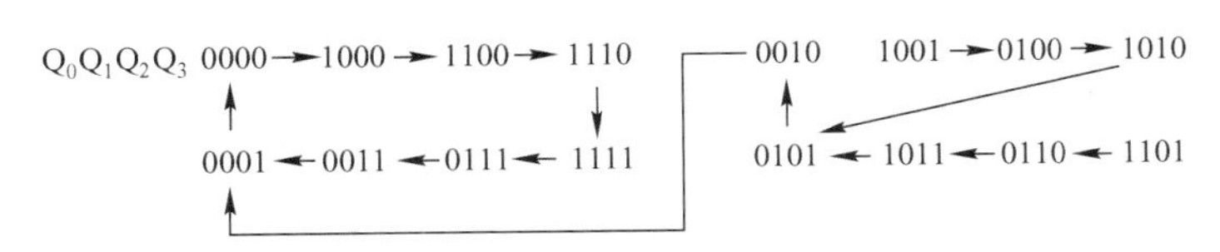

图 6.57　图 6.56 电路的状态图

（3）用中规模集成移位寄存器构成的扭环形计数器

用中规模集成移位寄存器也可以很方便地构成扭环形计数器。图 6.58 为用 74194 构成的一种能自启动的四位扭环形计数器。

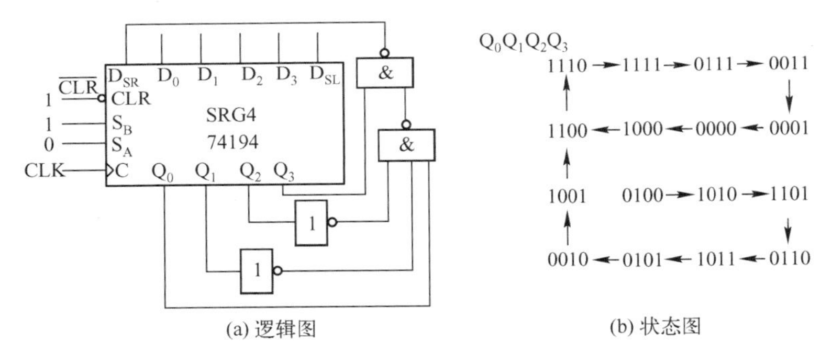

图 6.58　用 74194 构成的能自启动的扭环形计数器

（4）扭环形计数器的特点

由以上分析可知，扭环形计数器有以下特点：若采用图 6.54（a）的有效循环，由于电路在每次转换状态时，仅有一个触发器改变状态，因而将电路状态进行译码时不会产生功能冒险。另外，n 位移位寄存器构成的扭环形计数器共有 $2n$ 个有效状态（即计数器的模为 $2n$），状态利用率比环形计数器提高了一倍，但仍有 2^n-2n 个无效状态。为了进一步提高状态利用率，可以使用最大长度移位寄存器型计数器（也称 m 序列发生器）。这方面的内容，有兴趣的读者请参阅有关资料。

6.2.5　移位寄存器的 Verilog 描述

1．串行输入、串行输出移位寄存器

图 6.59 所示为一个由 D 触发器组成的串行输入、串行输出的 8 位移位寄存器的逻辑图，它有两个输入端：数据输入端 CIN 和时钟输入端 CLK；一个数据输出端 COUT。在时钟作用下，前级的数据向后级移动。

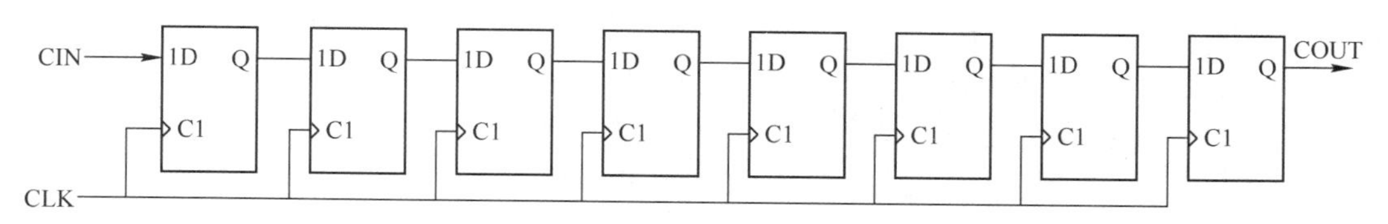

图 6.59　串行输入、串行输出的 8 位移位寄存器的逻辑图

【例 6.8】　用数据拼接方式实现图 6.59 所示电路的 Verilog 程序代码。

```
module Vrshift8(CIN,CLK,COUT);
   input CIN,CLK;
   output COUT;
   reg [0:6] Q;
   reg COUT;

   always @ (posedge CLK)
      {Q[0:6],COUT}<={CIN,Q[0:6]};
endmodule
```

2．多功能移位寄存器

表 6.13 为一个带扩展功能的 8 位移位寄存器功能表。这个移位寄存器除了具有类似于 74194 的保持、置数和移位功能，还可以执行循环移位和算术移位操作。在循环移位操作中，移位时从一端移出的那一位又反馈回另一端。而在算术移位操作中，最右/左数据位的输入值取决于做乘 2 运算还是做除 2 运算。左移（乘 2 运算）时，最右端输入为 0；而右移（除 2 运算）时，最左边那一位（即符号位）被复制。

【例 6.9】　表 6.13 所示移位寄存器的 Verilog 程序代码。

```
module Vrshftreg(CLK,CLR,RIN,LIN,S,D,Q);
input CLK,CLR,RIN,LIN;
input [2:0] S;
input [7:0] D;
output [7:0] Q;
reg [7:0] Q;

      always @ (posedge CLK or
posedge CLR)
         if (CLR==1)      Q<=0;
         else case (S)
               0:   Q<=Q;
               1:   Q<=D;
```

表 6.13　带扩展功能的 8 位移位寄存器功能表

功能	输入			次　态							
	S2	S1	S0	Q7	Q6	Q5	Q4	Q3	Q2	Q1	Q0
保持	0	0	0	Q7	Q6	Q5	Q4	Q3	Q2	Q1	Q0
置数	0	0	1	D7	D6	D5	D4	D3	D2	D1	D0
右移	0	1	0	RIN	Q7	Q6	Q5	Q4	Q3	Q2	Q1
左移	0	1	1	Q6	Q5	Q4	Q3	Q2	Q1	Q0	LIN
循环右移	1	0	0	Q0	Q7	Q6	Q5	Q4	Q3	Q2	Q1
循环左移	1	0	1	Q6	Q5	Q4	Q3	Q2	Q1	Q0	Q7
算术右移	1	1	0	Q7	Q7	Q6	Q5	Q4	Q3	Q2	Q1
算术左移	1	1	1	Q6	Q5	Q4	Q3	Q2	Q1	Q0	0

```
        2:  Q<={RIN,Q[7:1]};
        3:  Q<={Q[6:0],LIN};
        4:  Q<={Q[0],Q[7:1]};
        5:  Q<={Q[6:0],Q[7]};
        6:  Q<={Q[7],Q[7:1]};
        7:  Q<={Q[6:0],1'b0};
        default Q<=8'bx;
        endcase
endmodule
```

代码中，CLK 为时钟输入端，CLR 为异步清零端（表 6.13 中未列出清零功能），RIN 和 LIN 分别为右移信号和左移信号输入端，S 为功能控制信号输入端，D 为并行数据输入端，Q 为移位寄存器输出端。当 CLR（高电平有效）无效时，利用 case 语句使移位寄存器按控制码 S 的值进行对应的操作。

复习思考题

R6.1　如何用 4 个负边沿触发的 D 触发器连接成一个 4 位异步二进制减法计数器？

R6.2　如何修改图 6.12，使其成为同步二进制减法计数器？

R6.3　相对于异步计数器，同步计数器的优点是什么？缺点是什么？

R6.4　计数器的同步清零方式和异步清零方式有什么不同？同步置数和异步置数有何区别？

R6.5　采用反馈复位法设计任意进制计数器的主要缺点是什么？

R6.6　用钟控 D 锁存器能否组成如图 6.33（a）所示的移位寄存器？

R6.7　如何把 74194 连接成一个 12 位的移位寄存器？

R6.8　如何理解环形计数器的译码功能？

R6.9　如何将模 6 扭环形计数器转换为模 6 环形计数器？

R6.10　组成模均为 16 的环形计数器、扭环形计数器和二进制计数器各需要多少个触发器？

习题

6.1　试用 4 个带异步清零和置数输入端的负边沿触发的 JK 触发器和门电路设计一个异步余 3BCD 码计数器。

6.2　试用异步十进制计数器 74290 实现模 48 计数器。74290 的电路见图 6.7。

6.3　试用 D 触发器和门电路设计一个同步 4 位格雷码计数器。

6.4　分析图 P6.4 的计数器电路，画出电路的状态图，说明这是多少进制计数器。4 位同步二进制计数器 74163 功能表如表 6.5 所示。

6.5　试用 4 位同步二进制加法计数器 74163 实现 12 进制计数器。74163 功能表如表 6.5 所示。

6.6　试分析图 P6.6 的计数器在 M = 1 和 M = 0 时各为几进制计数器。同步十进制加法计数器 74160 功能表如表 6.6 所示。

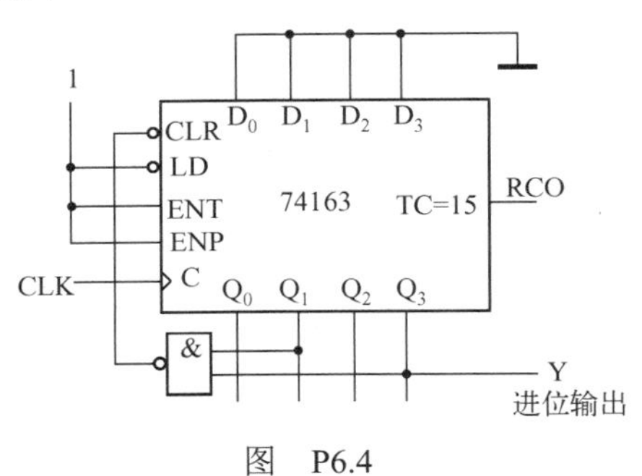

图　P6.4

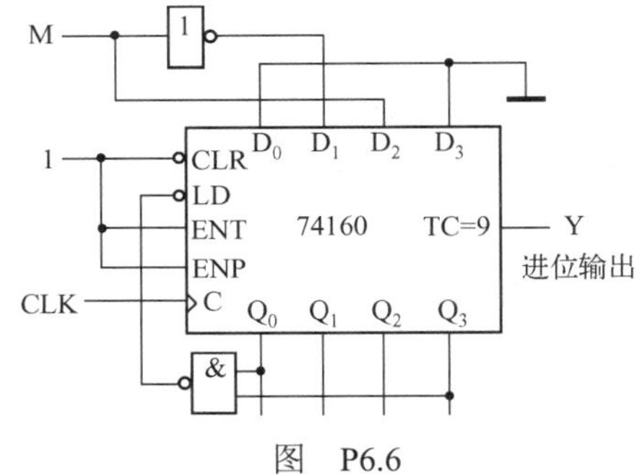

图　P6.6

6.7 试用 4 位同步二进制加法计数器 74163 和门电路设计一个编码可控计数器，当输入控制变量 M = 0 时电路为 8421BCD 码十进制计数器，M = 1 时电路为 5421BCD 码十进制计数器。5421BCD 码计数器状态图如图 P6.7 所示。74163 功能表如表 6.5 所示。

$Q_3Q_2Q_1Q_0$

0000 → 0001 → 0010 → 0011 → 0100
↑ ↓
1100 ← 1011 ← 1010 ← 1001 ← 1000

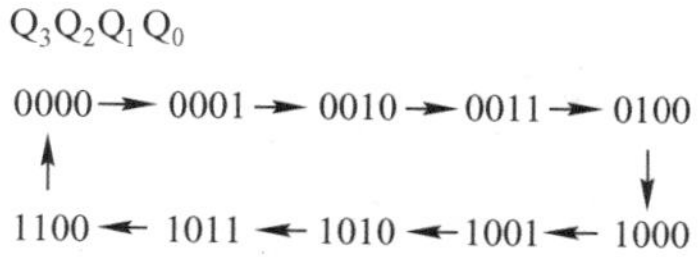

图 P6.7

6.8 图 P6.8 是由两片同步十进制加法计数器 74160 组成的计数器，试分析这是多少进制计数器。74160 功能表如表 6.6 所示。

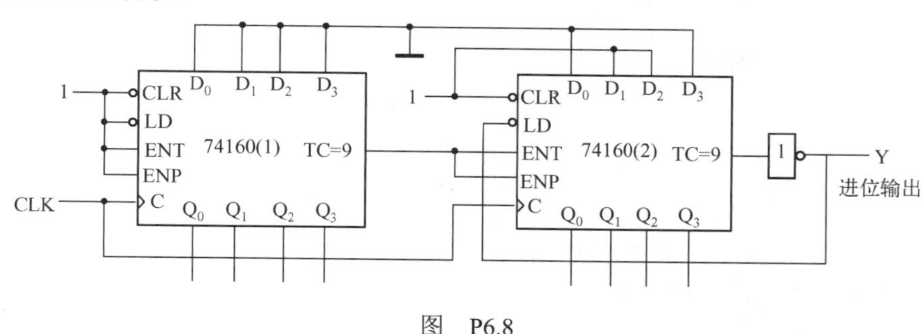

图 P6.8

6.9 试用同步十进制加法计数器 74160 和必要的门电路设计一个 365 进制计数器。要求各位之间为十进制关系。74160 功能表如表 6.6 所示。

6.10 用同步十进制加法计数器 74160、七段显示译码器 7448、七段数码管显示器和必要的门电路设计一个数字钟电路。数字钟显示范围为 0 时 0 分 0 秒到 23 时 59 分 59 秒。74160 功能表如表 6.6 所示，7448 功能表如表 4.9 所示。

6.11 图 P6.11 是用二-十进制优先编码器 74147 和同步十进制加法计数器 74160 组成的可控制分频器。已知 CLK 端输入脉冲的频率为 10kHz，试说明当输入控制信号 A~I 分别为低电平时，Y 端输出的脉冲频率各为多少。74147 功能表如表 4.4 所示，74160 功能表如表 6.6 所示。（查阅本题题解请扫描二维码 6-1）

二维码 6-1

6.12 试用 4 位同步二进制加法计数器 74163 辅以 4 选 1 数据选择器设计一个 0110100111 序列信号发生器。74163 功能表如表 6.5 所示。（设计可加少量门）

6.13 试用 D 触发器、与非门和一个 2 线-4 线译码器设计一个 4 位多功能移位寄存器，其功能表如图 P6.13 所示。

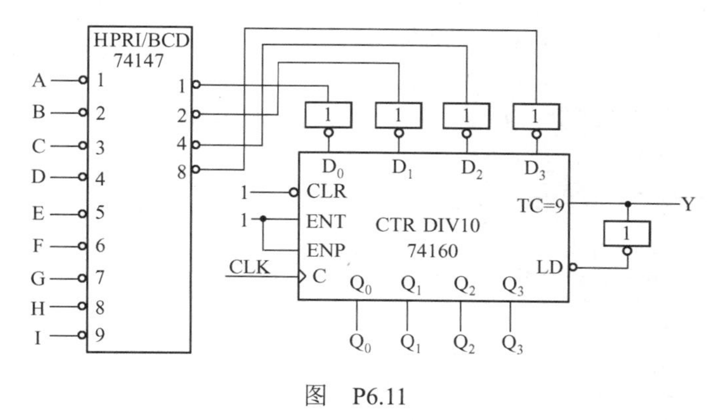

图 P6.11

S_A	S_B	功能
0	0	右移
0	1	左移
1	0	同步清零
1	1	同步置数

图 P6.13

6.14　试用 2 片 4 位加法器 7483（7483 的逻辑符号如图 4.47（b）所示）和 1 片 8 位寄存器 74273（逻辑符号和功能表如图 P6.14（b）所示）设计一个 8 位步长可控加法计数器，其框图如图 P6.14（a）所示，$\overline{RST}$ 为异步复位控制端（低电平有效），CLK 为时钟信号输入端，$X_3\cdots X_0$ 为 4 位步长控制信号，其取值表示计数器步长，例如 $X_3\cdots X_0$=0100，则表示步长为 4（即计数时，在每一次时钟作用下，计数器输出端加 4（0100）），$Q_7\cdots Q_0$ 为计数器的 8 位输出端。请写出设计过程，画出电路图。

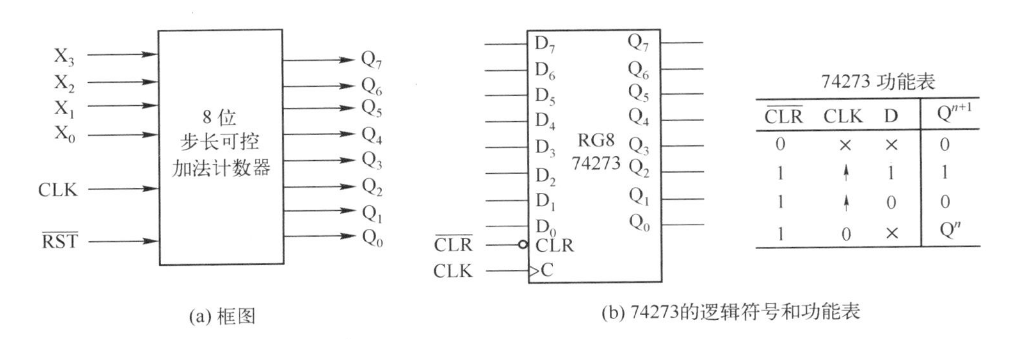

$\overline{CLR}$	CLK	D	Q^{n+1}
0	×	×	0
1	↑	1	1
1	↑	0	0
1	0	×	Q^n

(a) 框图　　(b) 74273的逻辑符号和功能表

图　P6.14

6.15　在图 P6.15 中，若两个移位寄存器的原始数据分别为 $A_3A_2A_1A_0$=1001，$B_3B_2B_1B_0$=0011，试问经过 4 个 CLK 脉冲作用以后两个移位寄存器中的数据如何？这个电路完成什么功能？

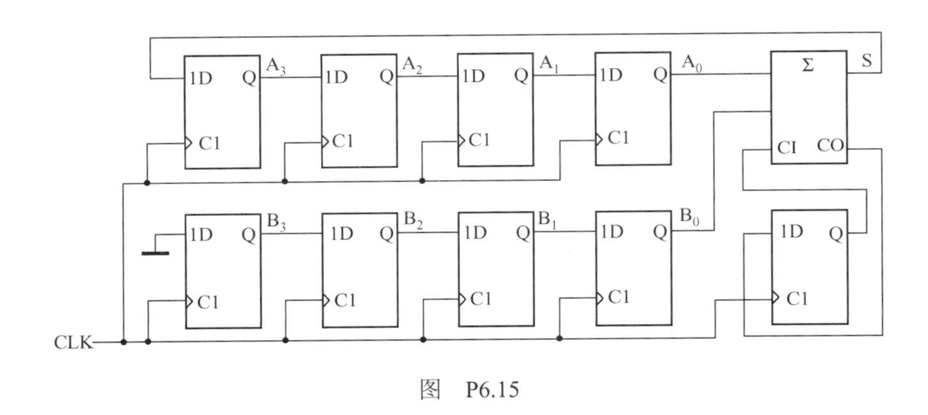

图　P6.15

6.16　参照串行累加器示意图（见图 6.40），试用 4 片 4 位双向移位寄存器 74194、1 个全加器和 1 个 D 触发器设计一个 8 位累加器，说明累加器的工作过程，画出逻辑图。74194 功能表如表 6.10 所示。（查阅本题题解请扫描二维码 6-2）

二维码 6-2

6.17　试用 D 触发器和少量门设计一个能产生序列信号为 00001101 的移存型序列信号发生器。

6.18　试用 4 位双向移位寄存器 74194 和少量门设计一个能产生序列信号为 00001101 的移存型序列信号发生器。74194 功能表如表 6.10 所示。

6.19　图 P6.19 是一个移位寄存器型计数器，试画出它的状态转换图，说明这是几进制计数器，能否自启动？

6.20　试分析图 P6.20 所示电路，画出完整状态转换图，说明这是几进制计数器，能否自启动？4 位双向移位寄存器 74194 功能表如表 6.10 所示。

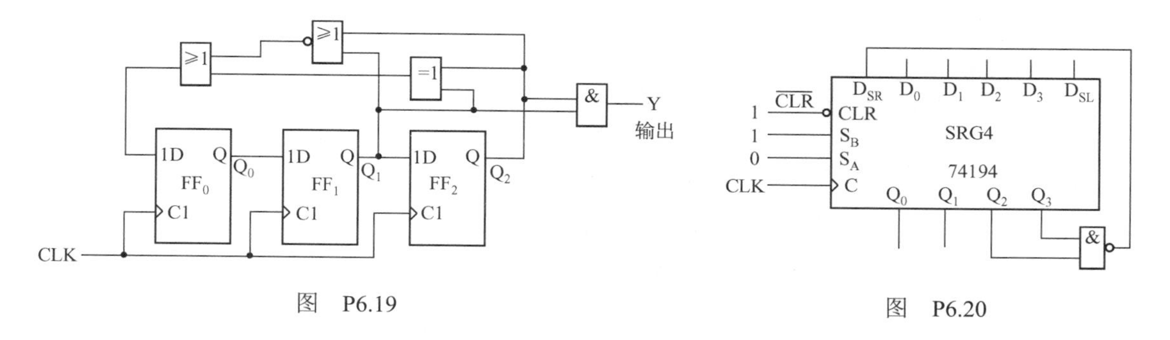

图 P6.19　　　　图 P6.20

6.21　试用 D 触发器和少量门设计一个能自启动的 3 位扭环计数器。要求画出电路图，画出完整状态转换图。

*6.22　试设计一个串行输入、并行输出的二进制-8421BCD 码转换电路。要求电路能在连续串行输入 9 位二进制码后，并行输出 3 位 8421BCD 码。（如电路自高到低串行输入码为 111011111（由二进制码表示的 479），电路并行输出为 0100 0111 1001，即为 8421BCD 码表示的 479）（查阅本题题解请扫描二维码 6-3）

二维码 6-3

Verilog 编程设计题

B6.1　设计一个带异步清零功能的 4 位异步二进制减法计数器。（查阅本题题解请扫描二维码 6-4）

B6.2　设计一个带同步清零和异步置数功能的同步 8421BCD 码计数器。（查阅本题题解请扫描二维码 6-5）

B6.3　设计一个带异步清零功能的同步 4 位格雷码计数器。（查阅本题题解请扫描二维码 6-6）

二维码 6-4　　二维码 6-5　　二维码 6-6

B6.4　设计一个十分频电路，要求输出波形的占空比为 0.5。（查阅本题题解请扫描二维码 6-7）

B6.5　设计一个 4 位多功能移位寄存器，其功能表如图 P6.13 所示。（查阅本题题解请扫描二维码 6-8）

B6.6　设计一个带异步清零功能的 8 位累加器电路。（查阅本题题解请扫描二维码 6-9）

B6.7　设计一个能自启动的 4 位扭环计数器。（查阅本题题解请扫描二维码 6-10）

B6.8　设计一个带异步清零和同步并行置数的 8 位移位寄存器。其逻辑图如图 B6.8（a）所示，a~h 为 8 位并行数据输入端，se 为串行数据输入端，q 为串行数据输出端，CLK 为时钟信号输入端，fe 为时钟禁止端，sl 为移位/置数控制端，clr 为异步清零端。寄存器的功能表如图 B6.8（b）所示。该移位寄存器所对应的集成电路型号为 74166。（查阅本题题解请扫描二维码 6-11）

二维码 6-7　　二维码 6-8　　二维码 6-9

B6.9　设计一个串行输入、并行输出的二进制-8421BCD 码转换电路。要求电路能在连续串行输入 9 位二进制码后，并行输出 3 位 8421BCD 码。（如电路自高到低串行输入码为 111011111（由二进制码表示的 479），电路并行输出为 0100 0111 1001，即由 8421BCD 码表示的 479）（查阅本题题解请扫描二维码 6-12）

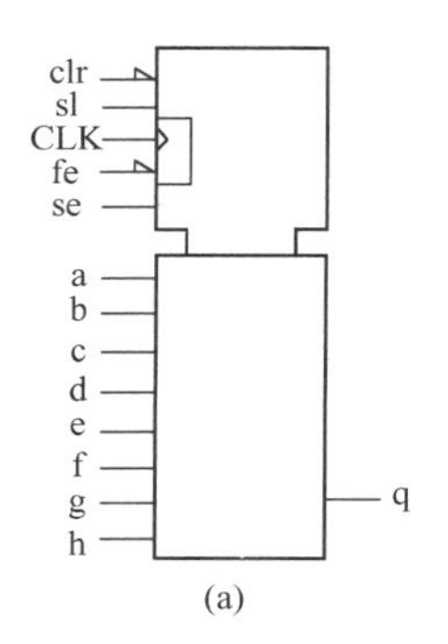

(a)

输入						内部输出		输出
clr	sl	fe	CLK	a～h	se	qa	qb～qh	qh=q
0	×	×	×	×	×	0	0	0
1	×	0	0	×	×	不改变		不改变
1	×	1	×	×	×	不改变		不改变
1	0	0	↑		×	a～h 置入 qa～qh		
1	1	0	↑	×		se	右移一位	

(b)

图 B6.8

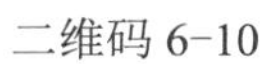

二维码 6-10

二维码 6-11

二维码 6-12

第7章　半导体存储器和可编程逻辑器件

7.1　概　　述

自20世纪60年代初数字集成电路问世以来，由于集成电路工艺的不断改进和完善，电路的集成度得到了迅速提高，在一个芯片上集成10^3~10^5个元器件的大规模集成电路（LSI）及在一个芯片上集成10^5个以上元器件的超大规模集成电路（VLSI）比比皆是，已经发展为由器件集成、部件集成到系统的集成。大规模和超大规模集成电路在各种电子仪器及数字设备中得到了广泛的应用。

1．大规模集成电路分类

目前应用较多、发展较为迅速的大规模集成电路主要有以下几类。

（1）半导体存储器

半导体存储器是现代数字系统特别是计算机中的重要组成部分之一。它用于存放二进制信息，主要以半导体器件为基本存储单元，用集成工艺制成。每一片存储芯片包含大量的存储单元，每一个存储单元由唯一的地址代码加以区分，并能存储一位或多位二进制信息。

（2）可编程逻辑器件

可编程逻辑器件（Programmable Logic Device，PLD）是20世纪70年代后期发展起来的一种功能特殊的大规模集成电路，它是一种可以由用户定义和设置逻辑功能的器件。与前面各章介绍的中小规模标准集成器件相比，该类器件具有结构灵活、集成度高、处理速度快和可靠性高等特点。可编程逻辑器件的出现，使设计观念发生了改变，设计工作变得非常容易，因而得到了迅速发展和应用。

（3）微处理器

微处理器主要指通用的微处理机芯片，这类器件的功能由汇编语言编写的程序来确定，也就是说，其结构由用户自己设置，具有一定的灵活性。但该器件很难与其他类型的器件直接配合，应用时需要用户设计专门的接口电路。目前除用做CPU外，多用于实时处理系统。

微处理器是构成计算机的主要部件，在计算机类的相关课程中有详细的介绍，本章将主要介绍存储器和可编程逻辑器件。

2．可编程逻辑器件的表示方法

由于PLD的阵列连接规模庞大，所以在PLD的描述中常使用一种简化的方法。

（1）PLD的连接表示法

PLD的连接表示法如图7.1所示。在图7.1中，“固定连接”在交叉点处加“•”表示。这与传统表示法是相同的，可以理解为“焊死”的连接点。“可编程连接”在交叉点处加“×”表示，这表明行线和列线通过耦合元件接通。交叉点处无任何标记则表示“不连接”。

（2）PLD的门表示法

图7.2给出了PLD的门表示法。图7.2（a）为输入缓冲器，它的两个输出分别是输入的原码和反码。图7.2（b）和（c）分别为与门和或门的表示法。因为PLD中的与门和或门输入端很多，传统画法已不适用，而PLD表示法更适合于阵列图。图7.2（d）为输出缓冲器的表示方法。

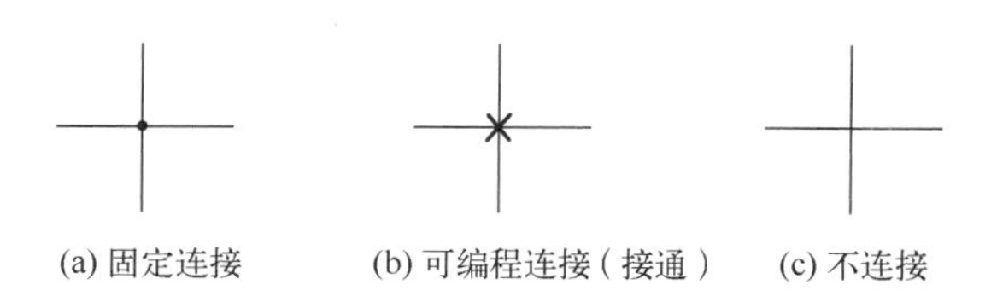

图 7.1　PLD 的连接表示法

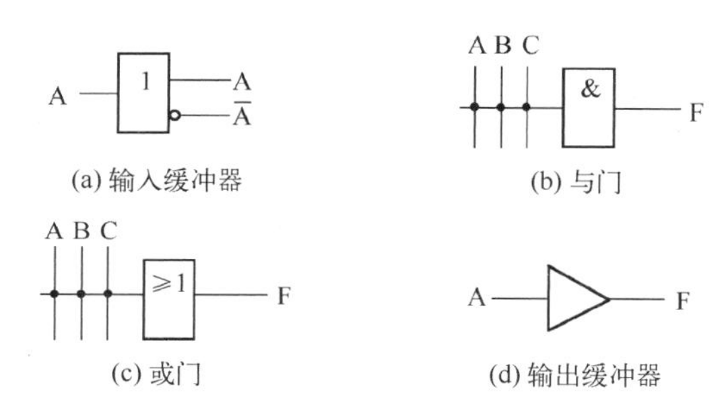

图 7.2　PLD 的门表示法

（3）PLD 的阵列图表示法

为简化图形，PLD 的逻辑电路一般画成阵列图形式。图 7.3 是有三个输入的 PLD 的阵列图表示法，其中与门 G_1 的输出 $E = A \cdot \bar{A} \cdot B \cdot \bar{B} \cdot C \cdot \bar{C} = 0$，$G_1$ 的输入与输入 A、B、C 的 3 对互补输出都是接通的，该乘积项总为逻辑 0，这种状态称为与门的默认状态。为了画图方便，对于这种全部输入项都连通的默认状态，可简单地在对应的与门符号中用“×”来代替所有输入项所对应的编程连接符号“×”，如与门 G_2 所表示的那样。与门 G_3 与任何输入都不连通，表示其输出总为逻辑 1。

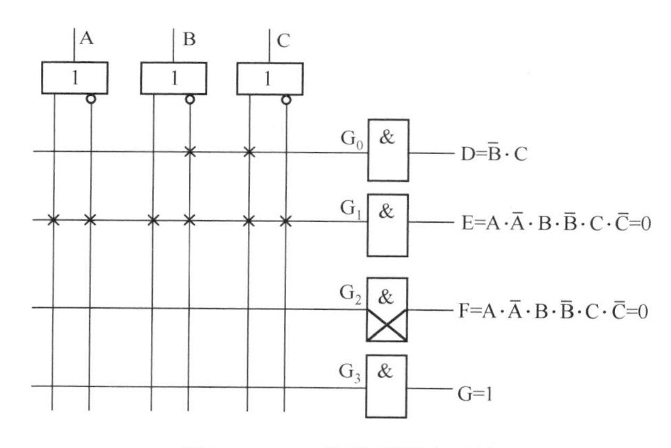

图 7.3　PLD 的阵列图表示法

7.2　半导体存储器

7.2.1　半导体存储器概述

半导体存储器是用半导体器件来存储二值信息的大规模集成电路。它具有集成度高、功耗小、可靠性高、价格低、体积小、外围电路简单、便于自动化批量生产等优点。

半导体存储器主要用来在计算机或一些数字系统中存放程序、数据、资料等，目前在数字通信、数据采集与处理、工业自动控制及人工智能等学科领域获得了广泛的应用。

1．半导体存储器的分类

（1）按存取方式分类

按存取方式分类，半导体存储器可分为只读存储器（Read Only Memory，ROM）和随机存取存储器（Random Access Memory，RAM）两类。

ROM 在正常工作时只能读出数据，而不能随时修改或重新写入数据。它是一种存放固定信息的半导体器件，其中存储的信息是在制造时由生产厂家一次写入的，即使切断电源，器件中的信息也不会消失。所以，ROM 通常用来存储那些不经常改变的信息。

RAM 可以随时从任一指定地址读出数据，也可以随时把数据写入任何指定的存储单元，其中的数据不可长期保留，断电后立即消失。RAM 主要用于计算机中存放程序及程序执行过程中产生的中间数据、运算结果等。

（2）按制造工艺分类

按制造工艺分类，半导体存储器可分为双极型和 MOS 型两类。

双极型半导体存储器以双极型触发器为基本存储单元，具有工作速度快、功耗大、价格较高的特点，主要用于对速度要求较高的场合，如在计算机中用做高速缓冲存储器。

MOS 型半导体存储器以 MOS 触发器或电荷存储结构为基本存储单元，具有集成度高、功耗小、工艺简单、价格低的特点，主要用于大容量存储系统中，如在计算机中用做主存储器。

2．半导体存储器的主要技术指标

（1）存储容量

存储容量是指存储器所能存放的二进制信息的总量，容量越大，表明能存储的二进制信息越多。存储器中的一个基本存储单元能存储 1 位（bit）的信息，也就是可以存储一个 0 或一个 1，所以存储容量就是存储器所包含的基本存储单元的总数。

（2）存取时间

存取时间一般用读（或写）周期来描述，连续两次读（或写）操作的最短时间间隔称为读（或写）周期。读（或写）周期越短，存储器的工作速度就越快。

7.2.2　只读存储器（ROM）

ROM 种类繁多，按数据的写入方式分，有固定 ROM 和可编程 ROM。

1．固定 ROM

固定 ROM，也叫掩模 ROM，主要由地址译码器和存储阵列两部分组成，其基本结构框图如图 7.4 所示。

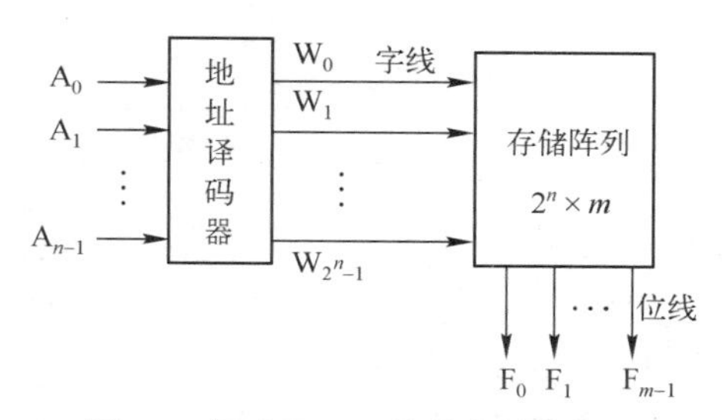

图 7.4　固定 ROM 的基本结构框图

图 7.4 中，$A_0 \sim A_{n-1}$ 为 n 条地址输入线，地址译码器是全译码器，有 $W_0 \sim W_{2^n-1}$ 共 2^n 条译码输出线。当给定一个地址输入码时，译码器只有一个输出 W_i 被选中，这个被选中的线可以在存储阵列中取得 m 位的二进制信息，使其呈现在数据输出线 $F_0 \sim F_{m-1}$ 上，这 m 位的二进制信息称为一个“字”。因而 $W_0 \sim W_{2^n-1}$ 又称为“字线”，$F_0 \sim F_{m-1}$ 又称为“位线”，字的位数称为“字长”。对于有 n 条地址输入线、m 条位线的 ROM，能存储 2^n 个字的信息，每个字有 m 位，每位可存储一个 0 或一个 1 的信息，整个存储阵列的存储容量用字数乘位数来表示，图 7.4 所示 ROM 的存储容量为 $2^n \times m$ 位。

注意，衡量存储容量时，1K 表示 1024。例如 1K×4 的存储器，其存储容量为 1024×4 位；2K×8 的存储器，其存储容量为 2048×8 位。

存储器中能存储 1 位二进制信息的电路称为“基本存储单元”，它位于存储阵列的字线和位线的交叉处。ROM 中的基本存储单元不用触发器，而是用半导体二极管、三极管或 MOS 管组成。这种基本存储单元虽然写入不方便，但电路结构简单，有利于提高集成度。

下面以二极管固定 ROM 为例，来分析 ROM 的工作原理。

图 7.5 是 4×4 的二极管固定 ROM。其中图 7.5（a）是用半导体二极管作为基本存储单元的电路结构，可知当地址输入 A_1A_0=00 时，只有字线 $W_0=\overline{A}_1\overline{A}_0$ 为高电平，W_1、W_2 和 W_3 均为低电平，因此只有与 W_0 相连的二极管导通，此时数据输出 $F_0F_1F_2F_3$=0100。同理，可得其他地址输入时的数据输出值，如图 7.5（b）的真值表所示。可见，在图 7.5（a）所示的 ROM 中，共存有 4 个字，分别为 0100、1001、0110 和 0010，这是一个容量为 $2^2\times4$ 的 ROM。

在图 7.5（a）中，字线和位线的每个交叉点都是一个基本存储单元，交叉点处接有二极管时，相当于存储 1 信息，没有接二极管时相当于存储 0 信息。交叉点处的二极管也称为存储管。

由图 7.5（b）所示的真值表可以得到输出数据与输入地址变量之间的逻辑关系如下：

$$F_0=\overline{A}_1A_0 \quad F_1=\overline{A}_1\overline{A}_0+A_1\overline{A}_0 \quad F_2=A_1\overline{A}_0+A_1A_0 \quad F_3=\overline{A}_1A_0$$

显然，这是一组组合逻辑函数表达式，因此，用 ROM 可以实现组合逻辑函数。

为了简化固定 ROM 电路，可将有二极管的交叉点画成实心圆点，无二极管的交叉点保持不变，将电源、电阻和二极管等元件省略，简化后的固定 ROM 的电路结构如图 7.6 所示，称为固定 ROM 阵列图。ROM 电路中的地址译码器是一个与阵列，存储阵列是一个或阵列，因此 ROM 的阵列图是“与或”阵列。固定 ROM 中与阵列和或阵列均为固定连接。

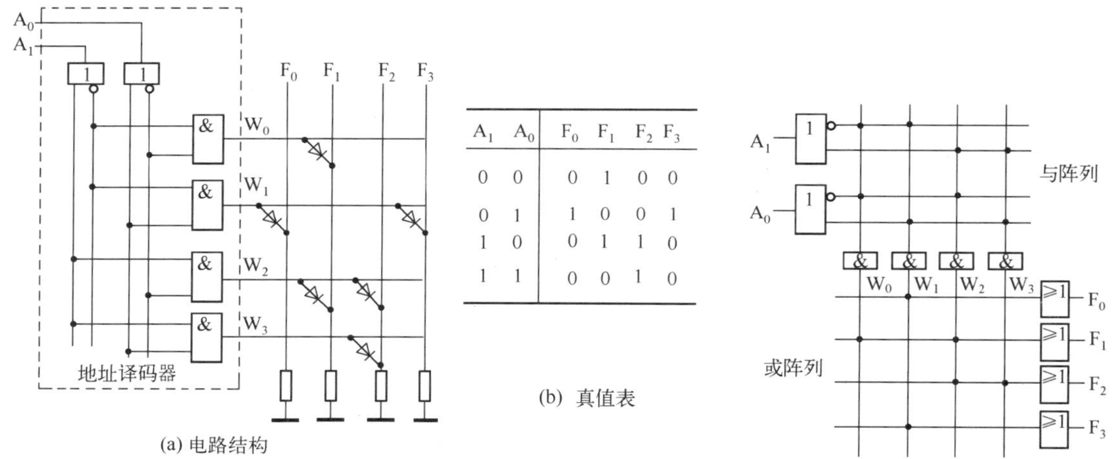

A_1	A_0	F_0	F_1	F_2	F_3
0	0	0	1	0	0
0	1	1	0	0	1
1	0	0	1	1	0
1	1	0	0	1	0

(a) 电路结构　(b) 真值表

图 7.5　二极管固定 ROM

图 7.6　简化后的固定 ROM 的阵列图

2. 可编程 ROM

固定 ROM 中的信息是制造时存入的，产品出厂后用户无法改动。然而用户经常希望根据自己的需要来确定 ROM 的存储内容，满足这种要求的器件称为可编程只读存储器。它主要有以下四种类型。

（1）一次性可编程 ROM（Programmable Read Only Memory，PROM）

PROM 为能进行一次编程的 ROM。其结构和 ROM 的结构基本相同，只是 PROM 的每个基本存储单元都接有存储管，每个存储管的一个电极通过一根易熔的金属丝接到相应的位线上，如图 7.7 所示。

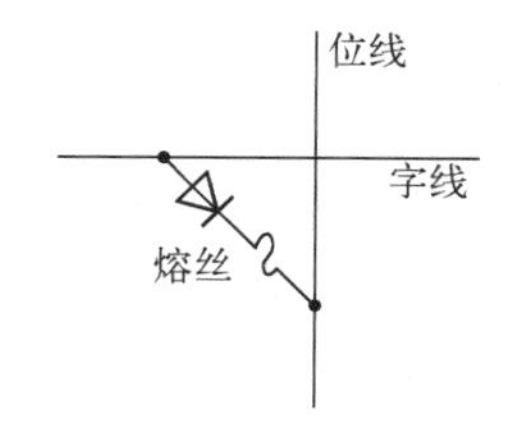

图 7.7　PROM 结构

出厂时未编程的所有存储单元的熔丝都是通的，即所有存储单元全部存入 1。当用户需要写入信息（即编程）时，将需要写入 0 的存储单元的熔丝熔断即可。熔丝一旦熔断，不可恢复，因此编程只允许进行一次。

（2）光可擦除可编程 ROM（Erasable Programmable Read Only Memory，EPROM）

EPROM 是一种可以多次擦除和改写内容的 ROM。它与 PROM 的总体结构相似，只是采用了不同的存储单元。EPROM 的存储单元多采用叠层栅注入 MOS 管（Stacked-gate Injection Metal-Oxide-Semiconductor，SIMOS），也称这种存储单元为叠层栅存储单元，如图 7.8（a）所示。图 7.8（b）是其阵列图符号，因为该存储单元是可编程的，所以在阵列图的交叉点处画“×”，而不是实心圆点。

叠层栅注入 MOS 管的剖面示意图如图 7.9 所示，它有两个重叠的多晶硅栅，上面的栅极称为控制栅，与字线 W_i 相连，以控制信息的读出和写入。下面的栅极称为浮栅，埋在二氧化硅绝缘层内，处于电“悬浮”状态，不与外部导通，注入电荷后可长期保存。

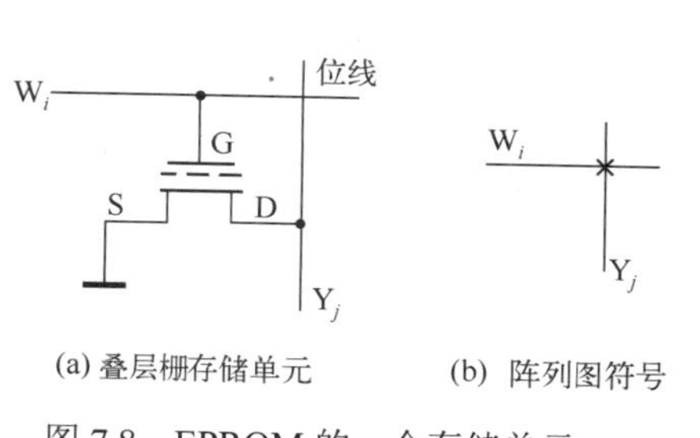

图 7.8　EPROM 的一个存储单元

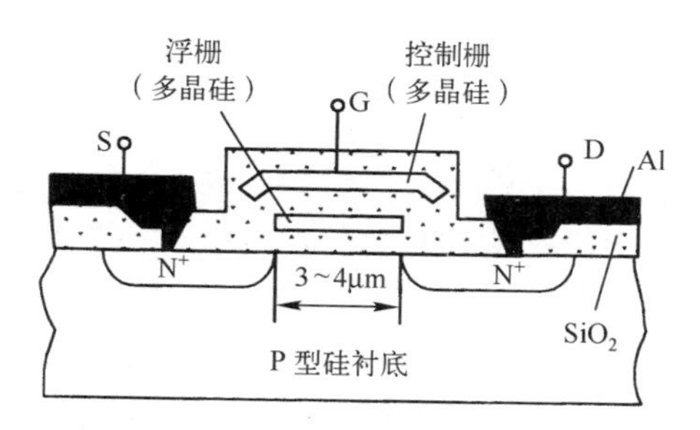

图 7.9　叠层栅注入 MOS 管的剖面示意图

EPROM 芯片封装后出厂时所有存储单元的浮栅均无电荷，可认为全部存储了 1 信息。要写入 0 信息，即用户需编程时，必须在 SIMOS 管的漏极（Y_j）和源极（地）之间加上较高的电压（约 25V），使得沟道内的电场足够强而形成雪崩击穿现象，产生大量高能电子。若同时在控制栅极（W_i）上加高压正脉冲（50ms，25V），则在控制栅正脉冲电压的吸引下，部分高能电子将穿过二氧化硅层到达浮栅，被浮栅俘获，浮栅注入电荷，注入电荷的浮栅可认为写入 0，而原来没有注入电荷的浮栅仍然存储 1。当高电压去掉后，由于浮栅被高电压包围，电子很难泄漏，所以可长期保存。

在正常工作时，栅极加+5V 电压，该 SIMOS 管不导通，只能读出所存储的内容，不能写入信息。

当紫外线照射 SIMOS 管时，浮栅上的电子形成光电流而泄放，又恢复到编程前的状态，即将其存储内容全部擦除。

（3）电可擦除可编程 ROM（Electrical Erasable Programmable Read Only Memory，E^2PROM）

虽然 EPROM 可以多次擦除，但是擦除操作需用紫外线或 X 射线，擦除时间较长，而且只能整体擦除，不能单独擦除某一存储单元的内容。为克服这些缺点，后来又研制出了电可擦除可编程 ROM，即 E^2PROM。E^2PROM 不需借助紫外线照射，只需在高电压或工作电压下就可进行擦除，同时还具有字擦除和字改写的功能，所以使用起来更加灵活方便。

E^2PROM 的存储单元的电路结构如图 7.10（a）所示，图中 VT_2 是门控管，VT_1 是浮栅隧道氧化层 MOS（Floating gate Turnnel Oxide MOS，简称 Flotox）管，它是另一种类型的叠层栅 MOS 管。图 7.10（b）是 Flotox 管的剖面示意图，它也有两个栅极，上面有引出线的栅极为控制栅，称为擦写栅；下面无引出线的栅极是浮栅，浮栅与漏极区（N^+）之间有一小块面积极薄的二氧化硅绝缘层区域，称为隧道区。

在图 7.10（a）中，浮栅注入电子是利用隧道效应进行的，根据浮栅上是否注入电子来定义 0 和 1 状态。令 W_i =1，Y_j =0，则 VT_2 导通，VT_1 漏极 D_1 接近 0 电平，然后在 G_1 加上 21V 正脉冲，就可以在浮栅与漏极区之间的极薄绝缘层内出现隧道，通过隧道效应使电子注入浮栅。正脉冲消失后，浮栅将长期保存这些电子，定义为 1 状态。若使 G_1 接 0 电平，$W_i=1$，Y_j 加上 21V 正脉冲，使 D_1 获得大约+20V 的高电压，则浮栅上的电子通过隧道返回衬底，则浮栅上就没有注入电子，定义为 0 状态。

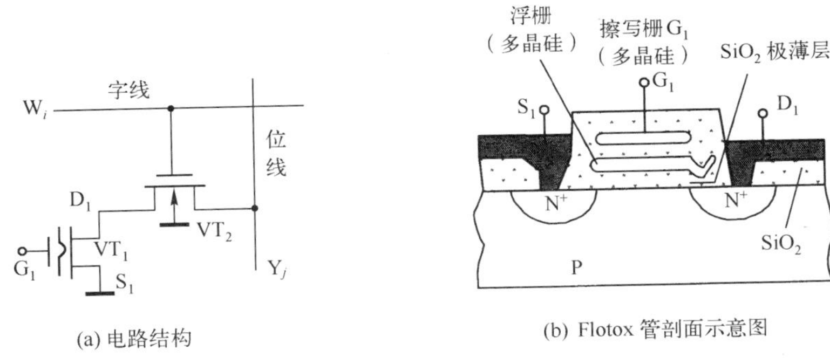

(a) 电路结构　　(b) Flotox 管剖面示意图

图 7.10　E^2PROM 存储单元

在读出操作时，G_1 加+3V 电压，字线 W_i 加+5V 正常电平，这时 VT_2 导通，若浮栅上有注入电子，则 VT_1 不能导通，在位线 Y_j 上可读出 1；若浮栅上没有注入电子，则 VT_1 导通，在位线 Y_j 上可读出 0。

在擦除 E^2PROM 中的内容时，擦写栅和待擦除单元的字线上加 21V 的正脉冲，漏极接低电平，即可使存储单元回到写入 0 前的状态，完成擦除操作。

（4）快闪只读存储器（Flash Memory）

前面介绍的 E^2PROM 擦写比较方便，但是它的存储单元用了两只 MOS 管，这限制了其集成度的进一步提高；而 EPROM 存储单元虽然结构比较简单，只用了一只 MOS 管，利于集成度的提高，但是擦除及改写内容很不方便。快闪只读存储器是在吸收 E^2PROM 擦写方便和 EPROM 结构简单、编程可靠的基础上研制出来的器件，它是采用一种类似于 EPROM 的单管叠栅结构的存储单元制成的用电信号擦除的可编程 ROM。

图 7.11（a）是快闪存储器采用的叠栅 MOS 管的结构，该结构与 EPROM 中的 SIMOS 管相似，但叠栅 MOS 管的浮栅衬底间的氧化层更薄；此外，快闪存储器中浮栅与源极重叠的面积很小，有利于产生隧道效应。快闪存储器的存储单元就是用这样一只叠栅 MOS 管组成的，如图 7.11（b）所示。

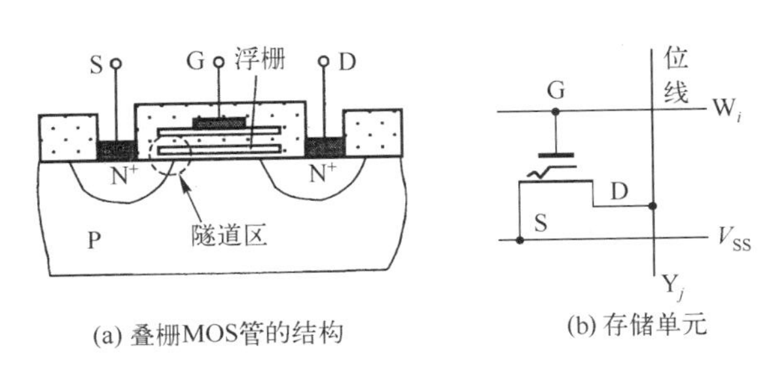

(a) 叠栅MOS管的结构　　(b) 存储单元

图 7.11　快闪存储器

读出快闪只读存储器中存储的数据时，令 $W_i=1$，$V_{SS}=0$，若浮栅上没有注入电子，则叠栅 MOS 管导通，位线 Y_j 输出低电平；反之，叠栅 MOS 管截止，位线 Y_j 输出高电平。故只需鉴别位线 Y_j 的电平便可读出存储内容。

快闪只读存储器的写入方法与 EPROM 相同，即利用雪崩注入的方法使浮栅充电，相当于存储 0；浮栅未注入电子，相当于存储 1。

快闪只读存储器的擦除方法与 E^2PROM 类似，是利用隧道效应来完成的。在擦除状态下，控制栅 G 处于 0 电平，源极加入高压脉冲，在浮栅与源极间很小的重叠区域产生隧道效应，使浮栅上的电荷经隧道释放。

快闪只读存储器自问世以来，由于具有集成度高、容量大、成本低、使用方便等优点而被引起普遍关注，应用日益广泛，如用于数码相机、数字式录音机等。

3．PROM 的应用

ROM、PROM、EPROM 及 E^2PROM，除编程和擦除方法不同外，在应用时并无根本区别，为此以下讨论以 PROM 为例进行。

PROM 除用于存储器存储二进制信息（如计算机程序、码转换表等）外，还可以用来实现各种组合逻辑函数和数学函数表。

（1）实现组合逻辑函数

因为 PROM 的地址译码器实际上为一个与阵列，若把地址端当做逻辑函数的输入变量，则可在地址译码器的输出端对应产生全部最小项；而存储阵列是一个或阵列，可把有关最小项相或后获得输出变量。PROM 有几个数据输出端就可得到几个逻辑函数的输出。

【例 7.1】 试用 PROM 实现下列逻辑函数。

$$F_1(A,B,C)=AB+\overline{B}C,\quad F_2(A,B,C)=(A+\overline{B}+C)(\overline{A}+B),\quad F_3(A,B,C)=A+BC$$

解： 首先将上列逻辑函数转换为最小项之和的形式。

$$F_1(A,B,C)=AB+\overline{B}C=AB\overline{C}+ABC+\overline{A}\overline{B}C+A\overline{B}C=\sum m(1,5,6,7)$$

$$F_2(A,B,C)=(A+\overline{B}+C)(\overline{A}+B)=(A+\overline{B}+C)(\overline{A}+B+\overline{C})(\overline{A}+B+C)$$
$$=\prod M(2,4,5)=\sum m(0,1,3,6,7)$$

$$F_3(A,B,C)=A+BC=A\overline{B}\,\overline{C}+A\overline{B}C+AB\overline{C}+ABC+\overline{B}BC$$
$$=\sum m(3,4,5,6,7)$$

根据所要实现的组合逻辑函数的输入和输出变量数，可知选用的 PROM 的容量最小为 $2^3\times3$ 位。然后只要将输入变量 A、B、C 从 PROM 的地址输入端输入，再根据上述最小项之和表达式，通过对或阵列编程就可实现逻辑函数。其 PROM 的阵列图如图 7.12 所示。

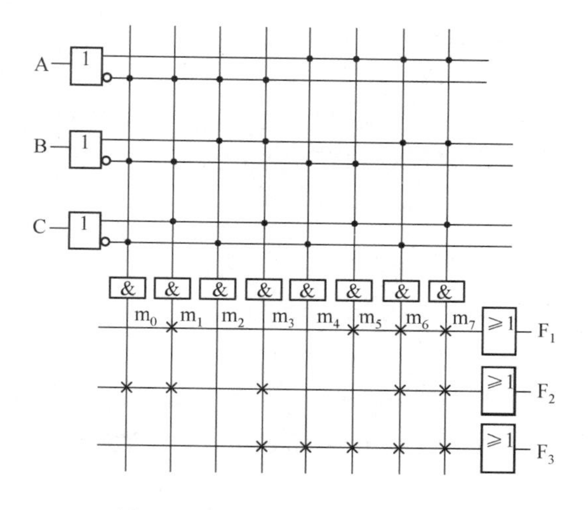

图 7.12　例 7.1 的 PROM 阵列图

（2）实现数学函数表

PROM 可以用来存放一些数学函数表，如三角、对数、指数函数，以及加法和乘法表格等。用 PROM 存储某函数表后，使用时只要将变量作为地址码输入，在 PROM 的数据输出端就可以得到相应的函数值，这比通用电路运算要快得多。

【例 7.2】 试用 PROM 构成 2×2 乘法器。

解： 2×2 乘法器的输入是两个 2 位的二进制数 A_1A_0 和 B_1B_0，其乘积的最大值为 1001（即 11×11），所选用的 PROM 的容量为 $2^4\times4$ 位。

根据二进制数的乘法规则，可得到乘法器的真值表如表 7.1 所示。对照真值表，可直接画出用

PROM 实现该乘法器的阵列图，如图 7.13 所示。

表 7.1　2×2 乘法器真值表

A_1	A_0	B_1	B_0	F_3	F_2	F_1	F_0
0	0	0	0	0	0	0	0
0	0	0	1	0	0	0	0
0	0	1	0	0	0	0	0
0	0	1	1	0	0	0	0
0	1	0	0	0	0	0	0
0	1	0	1	0	0	0	1
0	1	1	0	0	0	1	0
0	1	1	1	0	0	1	1
1	0	0	0	0	0	0	0
1	0	0	1	0	0	1	0
1	0	1	0	0	1	0	0
1	0	1	1	0	1	1	0
1	1	0	0	0	0	0	0
1	1	0	1	0	0	1	1
1	1	1	0	0	1	1	0
1	1	1	1	1	0	0	1

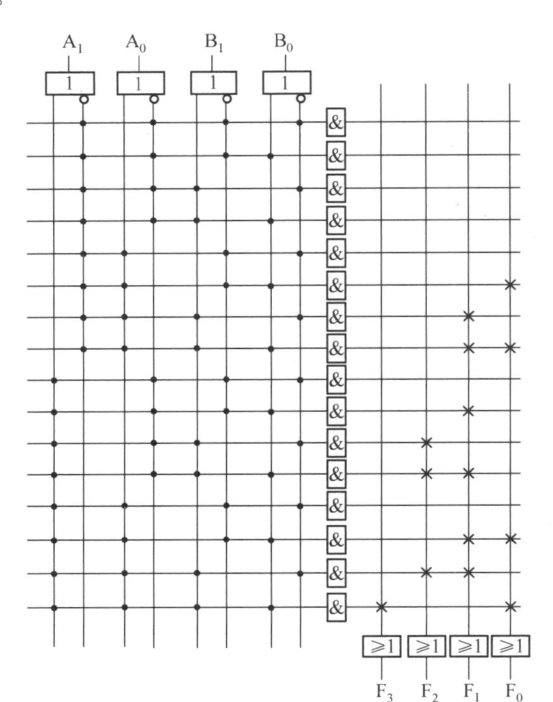

图 7.13　例 7.2 的 PROM 阵列图

由上面的两个例子可知，利用 PROM 中的与阵列和或阵列，可以实现任何与或函数，即 PROM 可以实现各种组合电路。若再加上触发器，就可以构成各种时序电路。

7.2.3　随机存取存储器（RAM）

随机存取存储器也叫随机读/写存储器，简称 RAM。RAM 在工作时可以随时从任一指定地址读出数据，也可以随时把数据写入任何指定的存储单元。它的最大优点是读、写方便，使用灵活。但是，它也具有数据易失性的缺点，即一旦停电以后所存储的数据将随之丢失。

RAM 按制造工艺可分为双极型 RAM 和场效应管 RAM。场效应管 RAM 又分为静态 RAM（SRAM）和动态 RAM（DRAM）。双极型 RAM 的存储速度高，但集成度低，功耗比场效应管 RAM 大；场效应管 RAM 功耗小，集成度高，特别是动态 RAM 集成度更高。

1. RAM 的结构

RAM 通常由地址译码器、存储矩阵和读/写控制电路三部分组成，如图 7.14 所示。

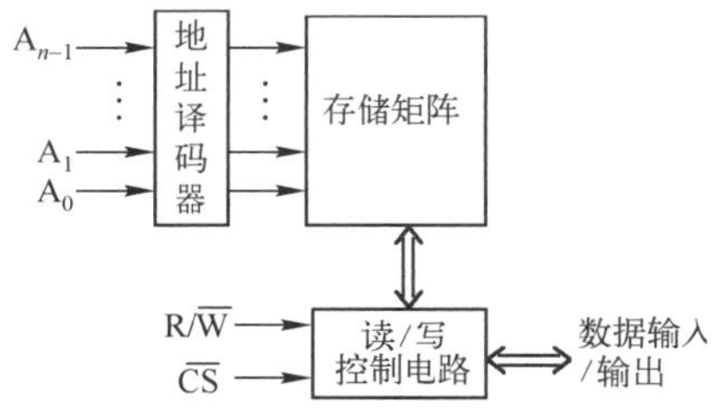

图 7.14　RAM 的结构框图

地址译码器将地址输入 A_{n-1}~A_0 译成某一条字线的输出信号，以指定待访问的存储单元。存储矩阵用于存放二进制信息，它由存储单元组成，每个存储单元在地址译码器和读/写控制电路的作用下，既能读出数据，又可以写入数据。读/写控制电路用于对电路的工作状态进行控制，其中 $\overline{CS}$ 为片选输入端，当 $\overline{CS}$=0 时，RAM 的输入/输出有效，芯片正常工作；$\overline{CS}$=1 时，RAM 的输入/输出端对外呈高阻抗，芯片无效。当芯片正常工作（即 $\overline{CS}$=0）时，其工作状态受读/写控制

信号 $R/\overline{W}$ 控制，当 $R/\overline{W}=1$ 时执行读操作，这时数据输入/输出端输出由地址码指定的存储单元的数据；当 $R/\overline{W}=0$ 时执行写操作，数据从输入/输出端输入，被送到地址码指定的存储单元保存起来。可见，RAM 的数据输入/输出结构为双向三态结构。

2. RAM 的存储单元

（1）SRAM 的基本存储单元

SRAM 的基本存储单元由六个 NMOS 管组成，如图 7.15 的虚线框中所示。在图 7.15 中，由 VT_1、VT_2 构成的 NMOS 反相器和由 VT_3、VT_4 构成的 NMOS 反相器交叉耦合组成一个 RS 锁存器，可存储 1 位二进制信息。Q 和 $\overline{Q}$ 是 RS 锁存器的互补输出。VT_5、VT_6 是行选通管，受行选线 X_i（相当于字线）控制，X_i 为高电平时，Q 和 $\overline{Q}$ 存储的信息分别被送到位线 B_j、$\overline{B}_j$ 上。VT_7、VT_8 为列选通管，受列选线 Y_j 控制，Y_j 为高电平时，B_j 和 $\overline{B}_j$ 上的信息分别被送到输入/输出线 I/O 和 $\overline{I/O}$ 上，从而使位线上的信息同外部数据线连通。

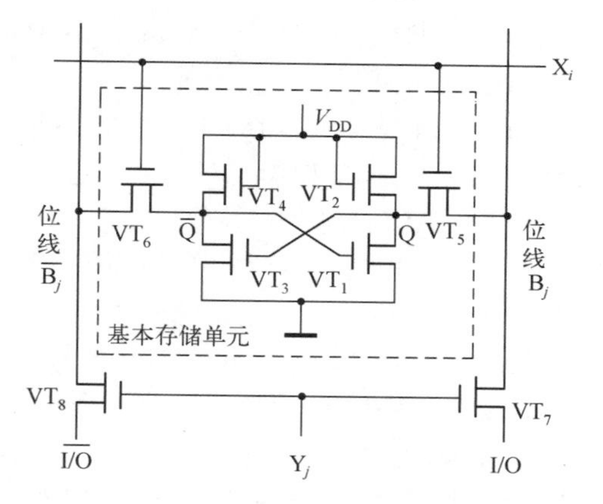

图 7.15 六管 NMOS SRAM 存储单元

读出操作时，行选线 X_i 和列选线 Y_j 同时为 1，则存储信息由 Q 和 $\overline{Q}$ 处被读到 I/O 和 $\overline{I/O}$ 线上。写入信息时，X_i 和 Y_j 仍必须为 1，同时将要写入的信息加到 I/O 线上，其 $\overline{I/O}$ 线上为该信息的反码，信息经 VT_7、VT_5 和 VT_8、VT_6 分别加到触发器的 Q 和 $\overline{Q}$ 端，也就是加到了 VT_3 和 VT_1 管的栅极，从而使触发器触发，信息被写入。

（2）DRAM 的基本存储单元

DRAM 的存储矩阵由动态 MOS 基本存储单元组成。动态 MOS 基本存储单元通常利用 MOS 管栅极电容或其他寄生电容的电荷存储效应来存储信息。但由于栅极电容的容量很小，而漏电流又不可能绝对等于零，所以电荷保存的时间有限。为避免存储信息的丢失，必须定时给电容补充漏掉的电荷。通常把这种操作叫“刷新”或“再生”，刷新是 DRAM 工作中不可缺少的操作。

DRAM 的基本存储单元有单管电路、三管电路和四管电路等。单管电路最简单，只由一只场效应管 VT 和一个电容 C_S 组成，如图 7.16 所示。

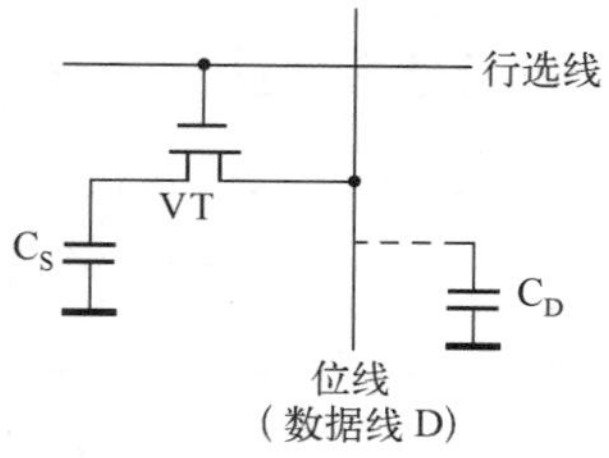

行选线
VT
C_S
C_D
位线
（数据线 D）

图 7.16 单管 DRAM 存储单元

写入信息时，使行选线为高电平，门控管 VT 导通，待写入的信息由位线（数据线 D）存入 C_S。

读出信息时，同样使行选线为高电平，VT 导通，存储在 C_S 上的信息通过 VT 送到位线上。位线作为输出时可以等效为一个输出电容 C_D（如图 7.16 中虚线所示），因而读到位线上的信息（电荷）要对 C_D 充电，这就会使 C_S 上的电压下降，破坏了 C_S 上所保存的信息，因此，此读出过程为“破坏性读出”。

单管电路的存储矩阵结构简单，但由于读出是“破坏性”的，故要保持原存储信息，读出后必须重写（刷新），使 C_S 上的信号电平得到恢复，这就需要附加刷新电路。另外，通常在 C_S 上呈现的代表 1 和 0 信号的电平值相差不大，而信号较弱，故在数据输出端必须附加高鉴别能力的输出放大器，这就使得外围电路比较复杂。通常容量较大的 RAM 集成电路采用单管电路。

三管和四管电路比单管电路复杂，但外围电路比较简单。容量较小的 RAM 集成电路多采用多管电路。

3. RAM 容量的扩展

当一片 RAM 的容量不满足要求时，可以将多片 RAM 按一定的方式连接起来，达到增加字数、位数或两者同时增加的目的，这就是 RAM 容量的扩展。下面以 RAM 集成电路 Intel 2114 为例，说明 RAM 的容量扩展。

Intel 2114 是容量为 1K×4 位的 MOS 静态 RAM，其引脚排列图如图 7.17 所示。图中 A_0~A_9 为地址线，I/O_1~I/O_4 为数据输入/输出线，$\overline{CS}$ 为片选输入端，$R/\overline{W}$ 为读写控制端。

（1）RAM 的位扩展

如果一片 RAM 的字数已够用而每个字的位数（即字长）不够用时，可以对 RAM 进行位扩展。

图 7.18 给出了用两片 Intel 2114 扩展成容量为 1K×8 位存储器的接法。连接方法很简单，只要把两片 Intel 2114 的地址端、$R/\overline{W}$ 及 $\overline{CS}$ 端分别并联起来即可，这时两片 Intel 2114 的数据输入/输出端合起来形成总的数据输入/输出端。

图 7.17 Intel 2114 引脚排列图

（2）RAM 的字扩展

如果一片 RAM 的位数已够用而字数不够用时，可以对其进行字扩展。

图 7.19 给出了用两片 Intel 2114 扩展成容量为 2K×4 位的存储器的连接方法。两个片子的数据输入/输出端分别并联在一起，扩展后 RAM 的最高位地址线 A_{10} 经虚线框中的译码电路后分别连接到两片 Intel 2114 的 $\overline{CS}$ 端。当 A_{10}=0 时，选中第一片；当 A_{10}=1 时，选中第二片。从而使整个存储器的容量扩展为 2K×4 位。

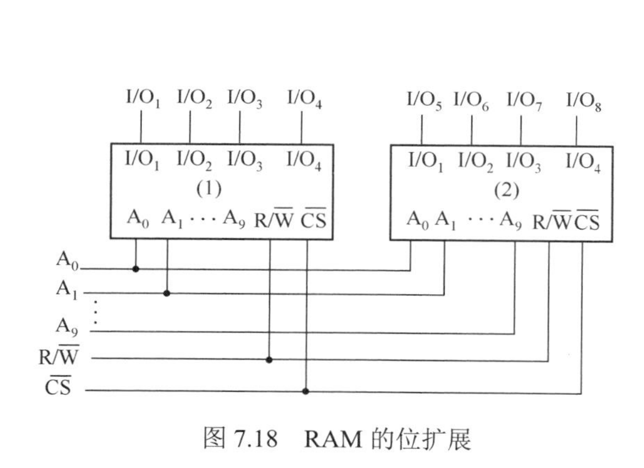

图 7.18 RAM 的位扩展

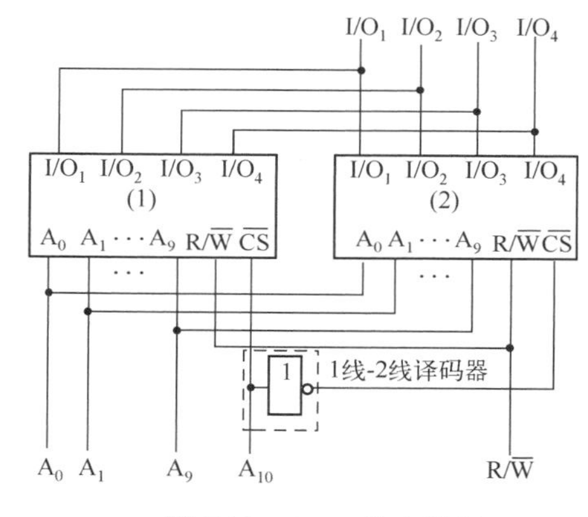

图 7.19 RAM 的字扩展

这里介绍的位扩展和字扩展的方法也同样适用于 ROM 芯片。如果一片 RAM 或 ROM 的位数和字数都不够用，就需要同时采用位扩展和字扩展方法，用多个芯片组成一个大的存储器系统，以满足对存储容量的要求。

7.3 可编程逻辑器件（PLD）

7.3.1 PLD 概述

数字系统中使用的数字逻辑器件，如果按照逻辑功能的特点来分类，可以分为通用型和专用型两大类。前面所介绍的中、小规模数字集成电路都属于通用型，这些器件具有很强的通用性，但它们的逻辑功能都比较简单，而且是固定不变的。理论上可以用这些通用型的中、小规模集成电路组成任意复杂的系统，但系统可能包含大量的芯片及连线，不仅功耗体积大，而且可靠性差。为改善性能，将所设计的系统做成一片大规模集成电路，这种为某种专门用途而设计的集成电路称为专用集成电路（Application Specific Integrated Circuit，ASIC）。然而，在用量不大的情况下，设计和制造这样的专用集成电路成本较高、周期较长，这又是一个很大的矛盾。

PLD 的成功研制为解决这个矛盾提供了一条比较有效的途径。PLD 是作为通用型器件生产的，具有批量大、成本低的特点，它的逻辑功能可由用户通过对器件编程自行设定，且具有专用型器件构成数字系统体积小、可靠性高的优点。有些 PLD 的集成度很高，足以满足设计一般数字系统的需要。这样就可以由设计人员自行编程将一个数字系统“集成”在一片 PLD 上，做成“片上系统（System on Chip，SoC）”，而不必由芯片制造商设计和制造专用集成芯片。

自 20 世纪 80 年代以来，PLD 发展得非常迅速，它的出现改变了传统数字系统采用通用型器件实现系统功能的设计方法，通过定义器件内部的逻辑功能和输入、输出端将原来由电路板设计完成的大部分工作放在芯片设计中进行，增强了设计的灵活性，减轻了电路图和电路板设计的工作量和难度，提高了工作效率。PLD 已在计算机硬件、工业控制、现代通信、智能仪表和家用电器等领域得到越来越广泛的应用。

1. PLD 的分类

按 PLD 的集成度，PLD 可分为以下两类。

（1）低密度 PLD

低密度 PLD（Low Density PLD，LDPLD）的集成度较低，每个芯片集成的逻辑门数大约在 1000 门以下，早期出现的可编程只读存储器（PROM）、可编程逻辑阵列（Programmable Logic Array，PLA）、可编程阵列逻辑（Programmable Array Logic，PAL），以及通用阵列逻辑（Generic Array Logic，GAL）都属于这类，低密度 PLD 有时也称为简单 PLD（Simple PLD，SPLD）。

（2）高密度 PLD

高密度 PLD（High Density PLD，HDPLD）的集成度较高，一般可达数万门，甚至几百万门，具有在系统可编程或现场可编程特性，可用于实现较大规模的逻辑电路。高密度 PLD 的主要优点是集成度高、速度快。可擦除的可编程逻辑器件（Erasable Programmable Logic Device，EPLD）、复杂的可编程逻辑器件（Complex Programmable Logic Device，CPLD）和现场可编程门阵列（Field Programmable Gate Array，FPGA）都属于高密度 PLD。

2. PLD 的基本结构

PLD 种类繁多，但它的基本结构主要有两种：与或阵列结构和查找表结构。

（1）与或阵列结构

与或阵列结构器件也叫乘积项结构器件，大部分简单 PLD 和 CPLD 都属于此类器件。该类器件的基本组成和工作原理是相似的，其基本结构框图如图 7.20 所示。

由图 7.20 可知，多数与或阵列结构的 PLD 都是由输入电路、与阵列、或阵列、输出电路和反馈路径组成的。

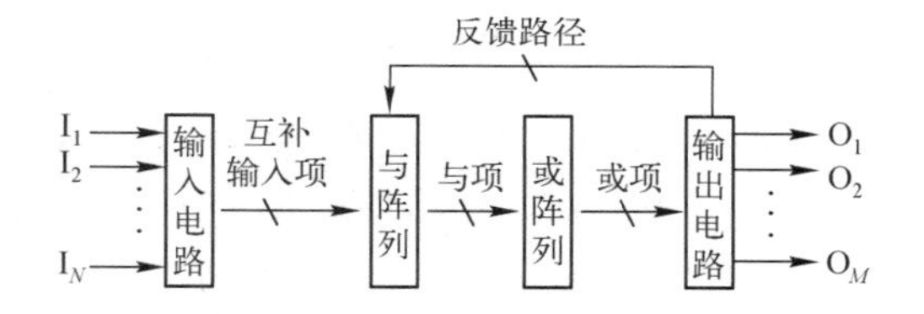

图 7.20　与或阵列结构 PLD 的基本结构框图

根据与、或阵列的可编程性，PLD 可分为三种基本结构。

① 与阵列固定、或阵列可编程型结构。前面介绍的 PROM 就属于这种结构，它的与阵列为固定的（即不可编程的），且为全译码方式。当输入端数为 n 时，与阵列中与门的个数为 2^n，这样，随着输入端数的增加，与阵列的规模会急剧增加。因此，这种结构 PLD 器件的工作速度一般要比其他

结构的慢。

② 与阵列、或阵列均可编程型结构。PLA 属于这种结构，它的与阵列可编程，不是全译码方式，因而其工作速度比 PROM 快。但由于其与、或阵列都可编程，增加了编程的难度和费用。

③ 与阵列可编程、或阵列固定型结构。这种结构的与阵列也不是全译码方式的，因而它具有速度快的优点。同时，它只有一个阵列（与阵列）是可编程的，比较容易实现，费用也低。PAL 和 GAL 都属于这种结构。

（2）查找表（Look-Up-Table，LUT）结构

查找表结构在实现逻辑运算的方式上跟与或阵列结构不同，与或阵列结构用与阵列和或阵列来实现逻辑运算，而查找表结构用存储逻辑的存储单元来实现逻辑运算。查找表器件由简单的查找表组成可编程门，再构成阵列形式。FPGA 属于此类器件。

查找表实际上是一个根据真值表或状态转移表设计的 RAM 逻辑函数发生器，其工作原理类似于用 ROM 实现组合逻辑电路。在查找表结构中，RAM 存储器预先加载要实现的逻辑函数真值表，输入变量作为地址用来从 RAM 中选择输出逻辑值，因此可以实现输入变量的所有可能的逻辑函数。

【例 7.3】 试用查找表实现逻辑函数

$$F(A,B,C,D)=A\overline{B}+A\overline{C}+BC+A\overline{C}\,\overline{D}$$

解： 首先列出真值表，如表 7.2 所示。

以 ABCD 作为地址，将 F 的值写入 RAM 中，如图 7.21 所示。

表 7.2 例 7.3 的真值表

A	B	C	D	F
0	0	0	0	0
0	0	0	1	0
0	0	1	0	0
0	0	1	1	0
0	1	0	0	0
0	1	0	1	0
0	1	1	0	1
0	1	1	1	1
1	0	0	0	1
1	0	0	1	1
1	0	1	0	1
1	0	1	1	1
1	1	0	0	1
1	1	0	1	1
1	1	1	0	1
1	1	1	1	1

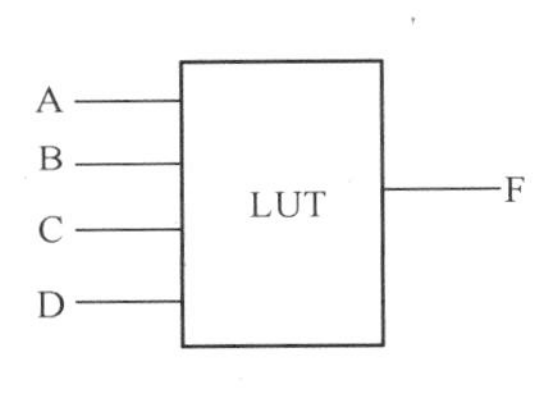

图 7.21 例 7.3 的图

这样，每输入一组 ABCD 信号进行逻辑运算，就相当于输入一个地址进行查表，找出地址所对应的输出，在 F 端便得到该组输入信号逻辑运算的结果。

7.3.2 低密度可编程逻辑器件

常见的低密度可编程逻辑器件有：可编程只读存储器（PROM）、可编程逻辑阵列（PLA）、可编程阵列逻辑（PAL）和通用阵列逻辑（GAL），其中 PROM 已在半导体存储器部分介绍过，下面分别介绍 PLA、PAL 和 GAL 的结构及工作原理。

1. 可编程逻辑阵列（PLA）

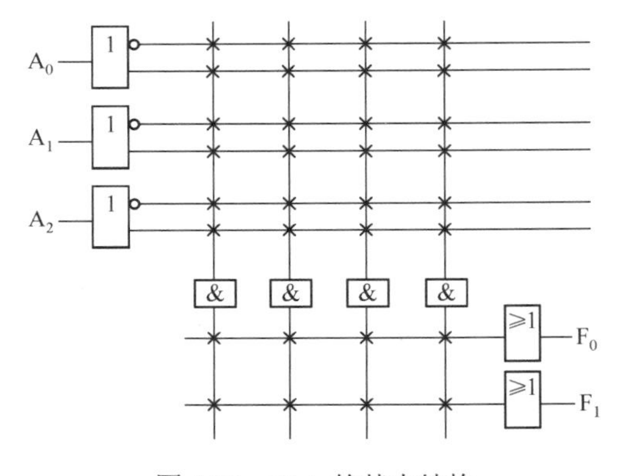

图 7.22 PLA 的基本结构

PLA 的基本结构如图 7.22 所示，由与阵列和或阵列构成，且二者都是可以编程的，在进行逻

辑电路设计时，不必像 PROM 那样把逻辑函数用最小项之和的形式表示，而可以采用函数的简化形式，提高了电路工作的速度。但同时对与阵列和或阵列编程增加了设计的难度和费用，缺乏质高价廉开发工具的支持。

【例 7.4】 试用 PLA 实现下列逻辑函数。

$$\begin{cases} F_0(A,B,C) = A \oplus C + \overline{B}(AC + \overline{A}\,\overline{C}) \\ F_1(A,B,C) = \sum m(0,2,4,6,7) \end{cases}$$

解： 因为 PLA 的与阵列和或阵列都可以编程，所以利用逻辑函数的最简与或式来实现电路，借助卡诺图化简 F_0 和 F_1，可得

$$\begin{cases} F_0(A,B,C) = \overline{B} + \overline{A}C + A\overline{C} \\ F_1(A,B,C) = AB + \overline{C} \end{cases}$$

根据该表达式，可画出用 PLA 实现逻辑函数 F_0 和 F_1 的电路如图 7.23 所示。

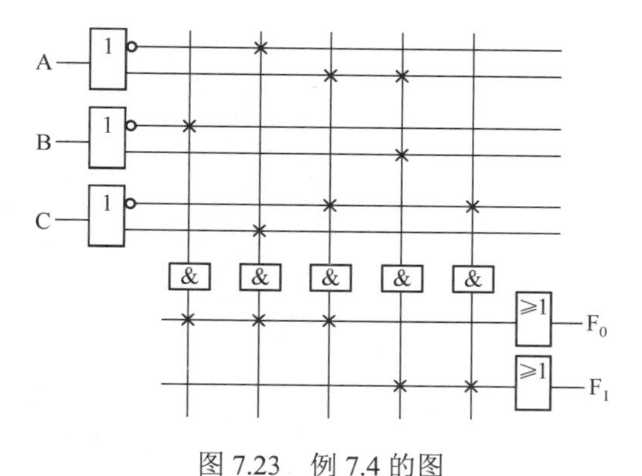

图 7.23　例 7.4 的图

2．可编程阵列逻辑（PAL）

PAL 的基本结构如图 7.24 所示，它的与阵列可以编程，或阵列是固定的，所以在进行逻辑电路设计时，也可以采用函数的简化形式，使得电路工作速度较快。另外，只对一个阵列编程，降低了实现难度和费用。

在 PAL 的逻辑电路图中，一般用或门来代替固定的或阵列。为方便实现各种不同的电路，PAL 提供了多种输出结构，如可编程的输入输出结构、寄存器输出结构、带异或门的输出结构、算术运算反馈结构等。

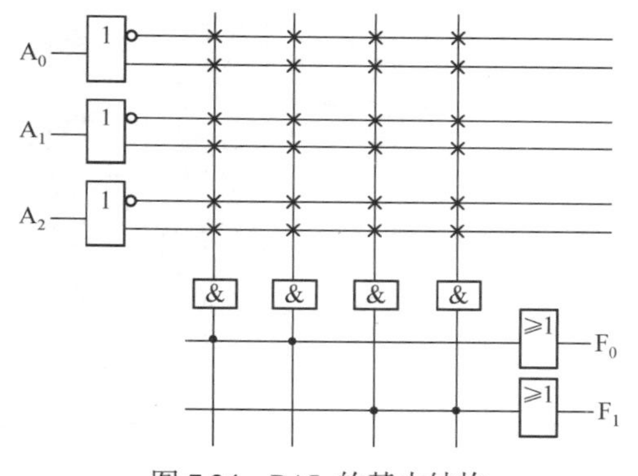

图 7.24　PAL 的基本结构

【例 7.5】 PAL16R8 是一种带寄存器和三态反相器输出的 PAL，它有 16 个输入端（包括反馈），8 个输出端。试用该器件实现可逆 4 位二进制同步计数器。X 为计数控制端，当 X=0 时做加法计数；当 X=1 时做减法计数。

解： 假设计数器的 4 位输出分别为 F_3~F_0，则 PAL16R8 中对应的 D 触发器状态分别为 $\overline{Q}_3 = F_3$，$\overline{Q}_2 = F_2$，$\overline{Q}_1 = F_1$，$\overline{Q}_0 = F_0$。若不考虑输出反相器，则相当于 X=0 时做减法计数；X=1 时做加法计数。

由第 6 章内容可知，4 位二进制同步加法计数器的状态方程为：

$$Q_0^{n+1} = \overline{Q}_0^n \qquad Q_1^{n+1} = Q_1^n \oplus Q_0^n \qquad Q_2^{n+1} = Q_2^n \oplus (Q_1^n Q_0^n) \qquad Q_3^{n+1} = Q_3^n \oplus (Q_2^n Q_1^n Q_0^n)$$

4 位二进制同步减法计数器的状态方程为：

$$Q_0^{n+1} = \overline{Q}_0^n \qquad Q_1^{n+1} = Q_1^n \oplus \overline{Q}_0^n \qquad Q_2^{n+1} = Q_2^n \oplus (\overline{Q}_1^n \overline{Q}_0^n) \qquad Q_3^{n+1} = Q_3^n \oplus (\overline{Q}_2^n \overline{Q}_1^n \overline{Q}_0^n)$$

因此，可逆 4 位二进制同步计数器的状态方程为：

$$Q_0^{n+1} = \overline{Q}_0^n \qquad Q_1^{n+1} = \overline{X}(Q_1^n Q_0^n + \overline{Q}_1^n \overline{Q}_0^n) + X(Q_1^n \overline{Q}_0^n + \overline{Q}_1^n Q_0^n)$$

$$Q_2^{n+1} = \overline{X}(\overline{Q}_2^n \overline{Q}_1^n \overline{Q}_0^n + Q_2^n Q_1^n + Q_2^n Q_0^n) + X(\overline{Q}_2^n Q_1^n Q_0^n + Q_2^n \overline{Q}_1^n + Q_2^n \overline{Q}_0^n)$$

$$Q_3^{n+1} = \overline{X}(\overline{Q}_3^n \overline{Q}_2^n \overline{Q}_1^n \overline{Q}_0^n + Q_3^n Q_2^n + Q_3^n Q_1^n + Q_3^n Q_0^n) + X(\overline{Q}_3^n Q_2^n Q_1^n Q_0^n + Q_3^n \overline{Q}_2^n + Q_3^n \overline{Q}_1^n + Q_3^n \overline{Q}_0^n)$$

由于 PAL16R8 输出结构中的寄存器为 D 触发器，其特征方程为 $Q^{n+1} = D$，于是，可得用 PAL16R8 实现的可逆 4 位二进制同步计数器如图 7.25 所示。

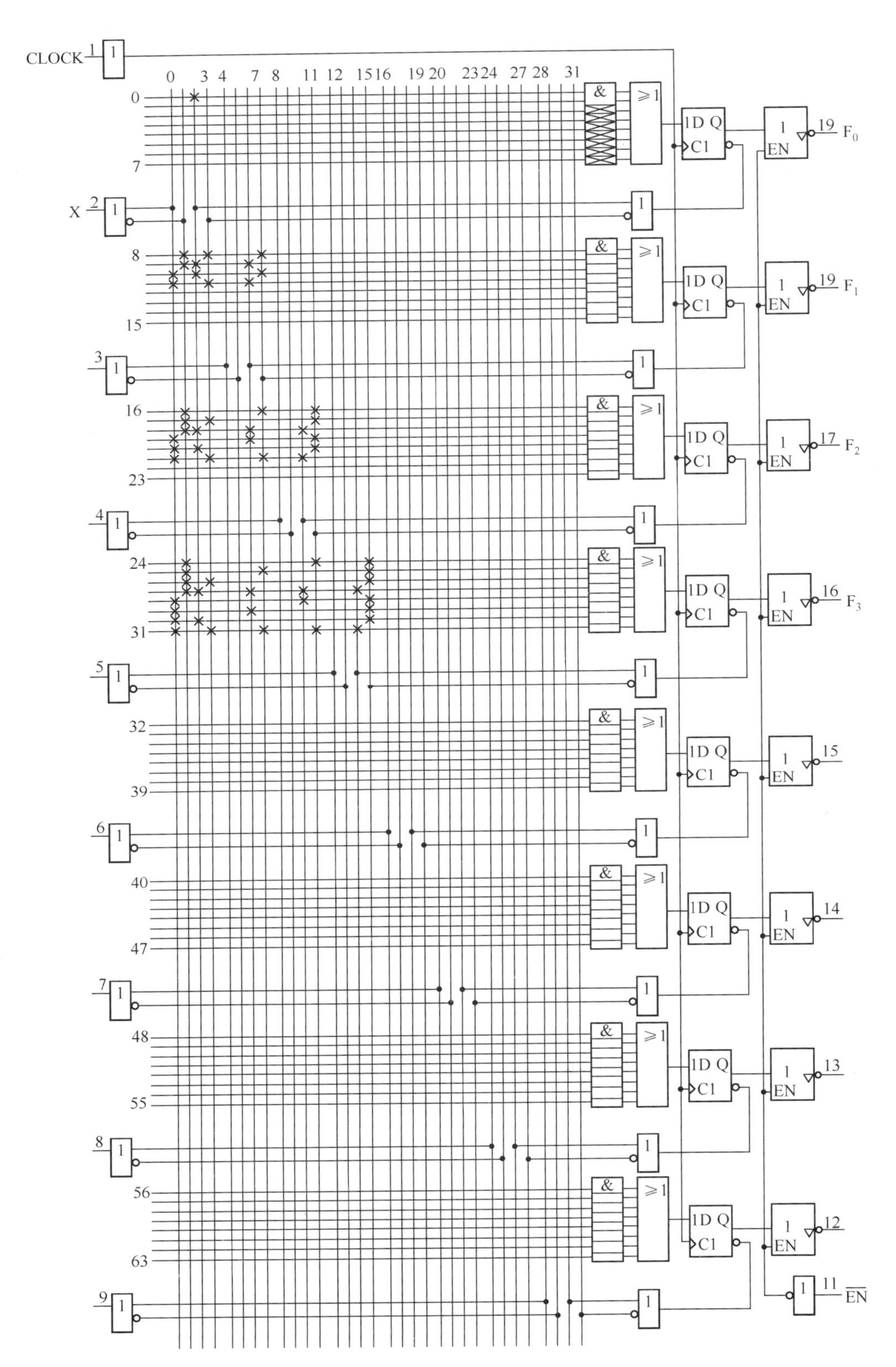

图 7.25　用 PAL16R8 实现的可逆 4 位二进制同步计数器

3. 通用阵列逻辑（GAL）

GAL 是在 PAL 的基础上发展起来的一种可编程逻辑器件，它的基本结构与 PAL 类似，都是由可编程的与阵列和固定的或阵列组成的，其差别主要是输出结构不同，它的每个输出引脚上都集成了一个输出逻辑宏单元（Output Logic Macro Cell，OLMC），增强了器件的通用性。

图 7.26 是 GAL16V8 的逻辑图，它由输入缓冲器、可编程与阵列、OLMC、反馈缓冲器和三态输出缓冲器几部分组成，或阵列包含在 OLMC 中。

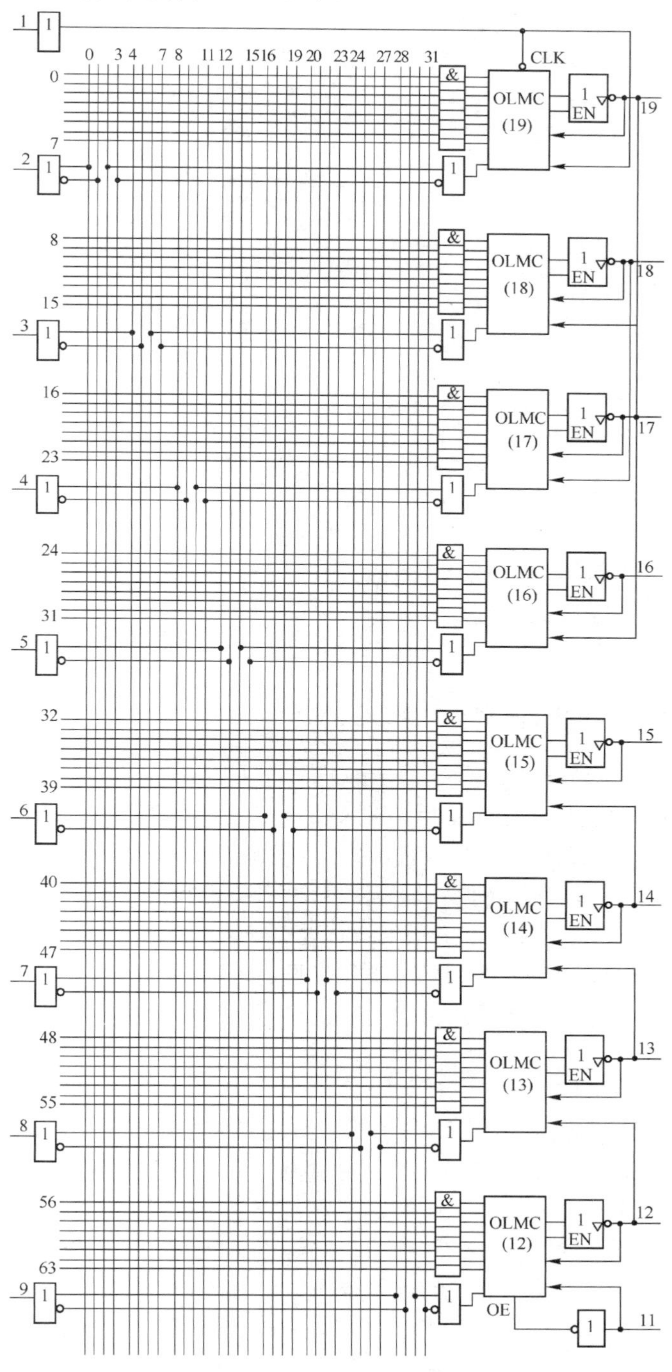

图 7.26　GAL16V8 的逻辑图

OLMC 的结构如图 7.27 中虚线框内所示，主要由或门、异或门、D 触发器和 4 个数据选择器组成。或门有 8 个输入端，可以产生不超过 8 个与项的与或逻辑函数。异或门用于控制 OLMC 输出信号的极性。D 触发器为时序逻辑电路的寄存器单元，用于存放异或门的输出信号。4 个数据选择器分别是：乘积项数据选择器 PTMUX、三态数据选择器 TSMUX、输出数据选择器 OMUX 和反馈数据选择器 FMUX。AC_0、$AC_1(n)$及 XOR(n)为 GAL 片内结构控制字中的结构控制位，通过对它们的编程，可使 OLMC 被配置成不同的功能组态。

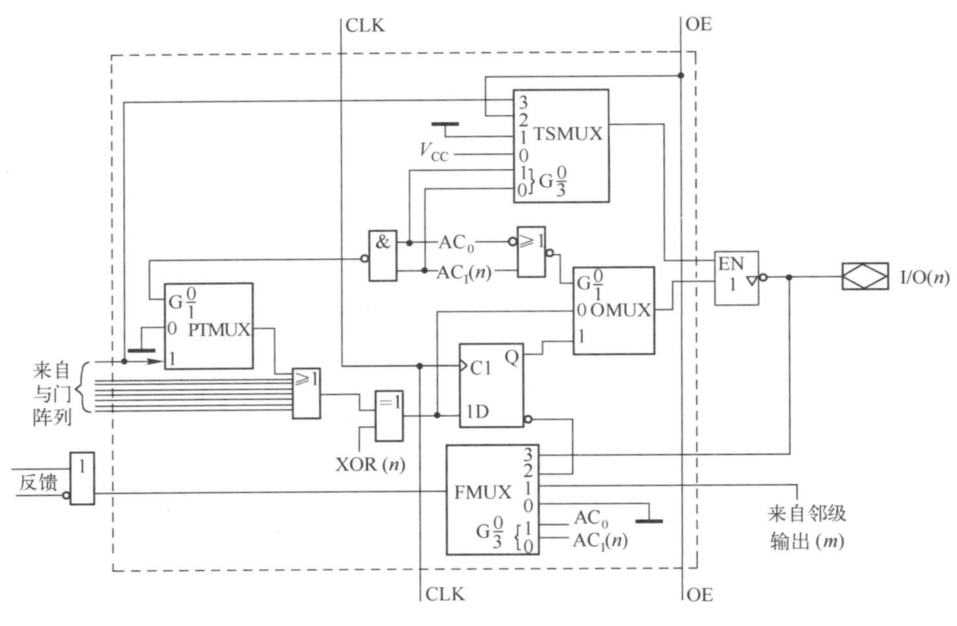

图 7.27　OLMC 的结构

7.3.3　复杂可编程逻辑器件（CPLD）

复杂可编程逻辑器件（Complex Programmable Logic Device，CPLD）是在可擦除的可编程逻辑器件（Erasable Programmable Logic Device，EPLD）的基础上发展而来的。EPLD 的基本结构和 PAL、GAL 类似，由可编程的与、或阵列和 OLMC 组成。但与阵列的规模及 OLMC 的数目都有大幅增加，而且 OLMC 的结构有所改进，功能更强，缺点是内部互连功能较弱。

在 EPLD 的基础上，通过采用增加内部连线、对 OLMC 结构和可编程 I/O 控制结构进行改进等技术，研制出了 CPLD，它属于高密度可编程逻辑器件，采用 CMOS 工艺、E^2PROM 和 Flash 技术，具有可靠性高、保密性好、体积小、速度快等优点。

1. CPLD 的基本结构

CPLD 产品种类和型号繁多，不同公司生产的 CPLD 在具体电路结构形式上会有些差别，但基本构成是类似的，大多数产品都由若干个可编程的逻辑模块、输入/输出模块和一些可编程的内部连线阵列组成。

下面以 Lattice 公司生产的 ispLSI2000 系列在系统可编程器件为例，介绍 CPLD 的具体结构。

图 7.28 是 ispLSI2000 系列器件的电路结构框图，它主要由全局布线区（Global Routing Pool，GRP）、通用逻辑块（Generic Logic Block，GLB）、输入/输出单元（Input/Output Cell，IOC）、输出布线区（Output Routing Pool，ORP）和时钟分配网络（Clock Distribution Network，CDN）构成。

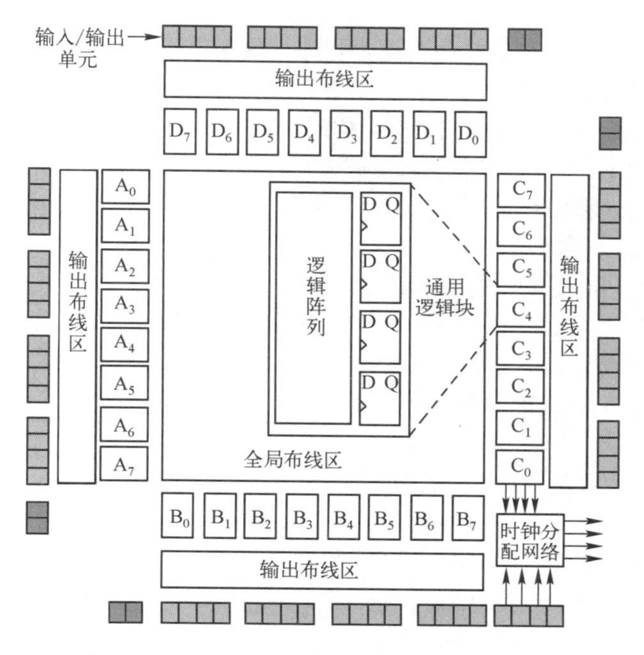

图 7.28　ispLSI2000 系列器件的电路结构框图

（1）全局布线区（GRP）

GRP 位于器件的中心，是器件的专用内部互连结构，提供高速的内部连线。它将 GLB 的输出信号或 I/O 单元的输入信号连接到 GLB 的输入端。GRP 可连接任何一个 I/O 单元到任何一个 GLB，也可连接任何一个 GLB 输出到其他 GLB，它可将所有器件内的逻辑连接起来。

（2）通用逻辑块（GLB）

GLB 位于 GRP 的四周，每个 GLB 相当于一个 GAL。GLB 的电路结构如图 7.29 所示。

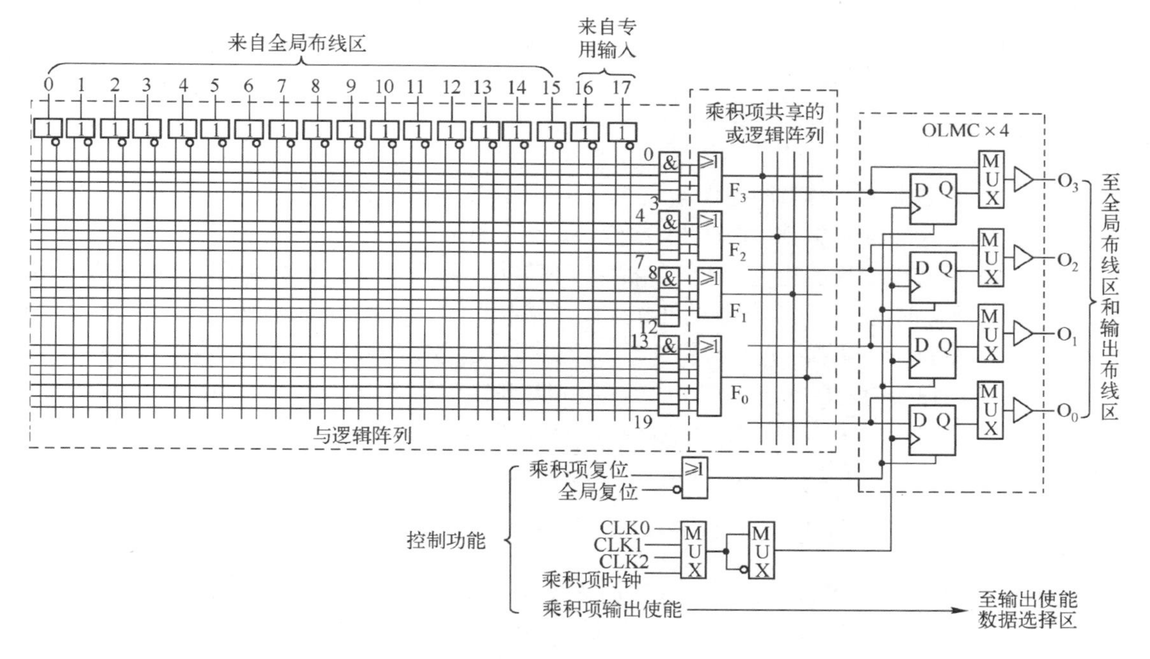

图 7.29　GLB 的电路结构

GLB 主要用于实现逻辑功能，它由与逻辑阵列、乘积项共享的或逻辑阵列和输出逻辑宏单元（OLMC）组成。这种结构形式与 GAL 类似，但做了如下改进：

① 它的或逻辑阵列采用了乘积项共享的结构形式。

② 通过编程可以将 GLB 设置成多种连接模式，如标准模式、高速旁路模式、异或逻辑模式等，增加了 GLB 组态的灵活性和多样性。

（3）输入/输出单元（IOC）

IOC 位于器件的最外层，它可编程为输入、输出和双向输入/输出模式。图 7.30 是 IOC 的电路结构，它由输入缓冲器、D 触发器/锁存器、三态输出缓冲器和几个可编程的数据选择器组成。

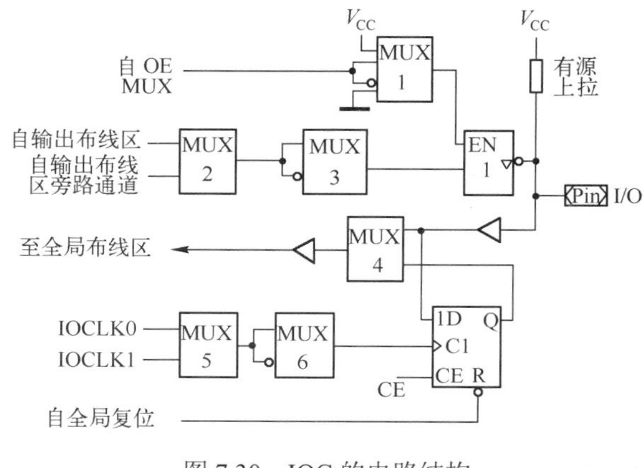

图 7.30　IOC 的电路结构

IOC 中的 D 触发器/锁存器有两种工作模式：当 CE 为高电平时，它被设置成 D 触发器；当 CE 为低电平时，它被设置成 D 锁存器。数据选择器 MUX1 用于控制三态输出缓冲器的工作状态；MUX2 用于选择输出信号的传送通道；MUX3 用来选择输出极性；MUX4 用于选择输入方式；MUX5 和 MUX6 用于选择时钟信号的来源和极性。根据这些数据选择器编程状态的组合，可得到多种 IOC 组态。

（4）输出布线区（ORP）

ORP 是介于 GLB 和 IOC 之间的可编程互连阵列，以连接 GLB 输出到 IOC。通过对 ORP 的编程，可以把任何一个 GLB 的输出信号灵活地与某一个 IOC 相连，即 GLB 与 IOC 之间不采用一一对应的连接关系，不需改变器件引脚的外部连线，通过修改 ORP 的布线逻辑，便可使引脚的输出信号符合设计要求。它将对 GLB 的编程和对外部引脚的排列分开进行，赋予外部引脚分配更大的灵活性。

（5）时钟分配网络（CDN）

CDN 产生 5 个全局时钟信号：CLK0、CLK1、CLK2、IOCLK0 和 IOCLK1，前 3 个用做 GLB 的时钟，后 2 个用做 IOC 的时钟。

2．CPLD 的编程

大多数 CPLD 都是在系统可编程器件（in system programmable Logic Device，ispPLD），编程时不需要专门的编程器，通过专用电缆就可直接编程，使用更加方便灵活。

CPLD 编程时需要专用编程电缆、计算机和编程软件。编程电缆的一端接到计算机的数据传输端口，另一端接到电路板上被编程器件的 ISP 接口，器件插于目标系统或线路板上，各端口与实际电路相连。对器件编程时，计算机运行编程软件，根据用户编写的源程序产生编程数据和编程命令，通过编程电缆将编译后的文件下载到 CPLD 中，完成编程工作。

CPLD 通常采用 EPROM、E^2PROM 或闪存作为编程元件，具有非易失特性，进行一次编程后，其逻辑门组合方式就保存了下来，经过断电，再通电后它仍可以执行上一次的逻辑功能。

7.3.4　现场可编程门阵列（FPGA）

现场可编程门阵列（Field Programmable Gate Array，FPGA）是 20 世纪 80 年代中期发展起来的一种基于静态存储器（SRAM）技术和查找表（LUT）结构的可编程逻辑器件，它的基本电路结构由若干独立的可编程模块组成，模块的排列形式和门阵列中单元的排列形式类似，所以沿用了门阵列的名称，用户可以通过对这些模块编程连接成所需要的数字系统。

与 CPLD 相比，FPGA 的集成度更高，设计数字系统更加方便灵活，已在许多领域得到广泛的应用。

1. FPGA 的基本结构

FPGA 的产品种类繁多，不同公司生产的 FPGA 的结构和性能不尽相同，下面以 Xilinx 公司的 XC4000 系列器件为例介绍 FPGA 的基本结构和各模块功能。

XC4000 系列 FPGA 的基本结构如图 7.31 所示。它主要包括 3 个可编程模块：可配置逻辑模块（Configurable Logic Block，CLB）、可编程输入/输出模块（Input/Output Block，IOB）和互连资源（Interconnect Resource，ICR）。另外，FPGA 还包含 1 个用于存放编程数据的 SRAM，每个可编程模块的工作状态由 SRAM 中存储的数据设定。

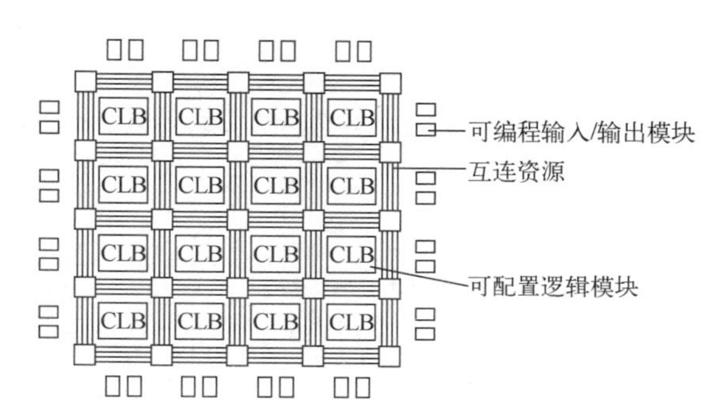

图 7.31　XC4000 系列 FPGA 的基本结构

（1）可配置逻辑模块（CLB）

CLB 是实现逻辑功能的基本单元，多个 CLB 以阵列的形式分布在器件的中部，由 ICR 相连，实现复杂的逻辑功能。CLB 是 FPGA 的核心，其基本组成结构如图 7.32 所示，由逻辑函数发生器、D 触发器、数据选择器及其他控制电路组成。

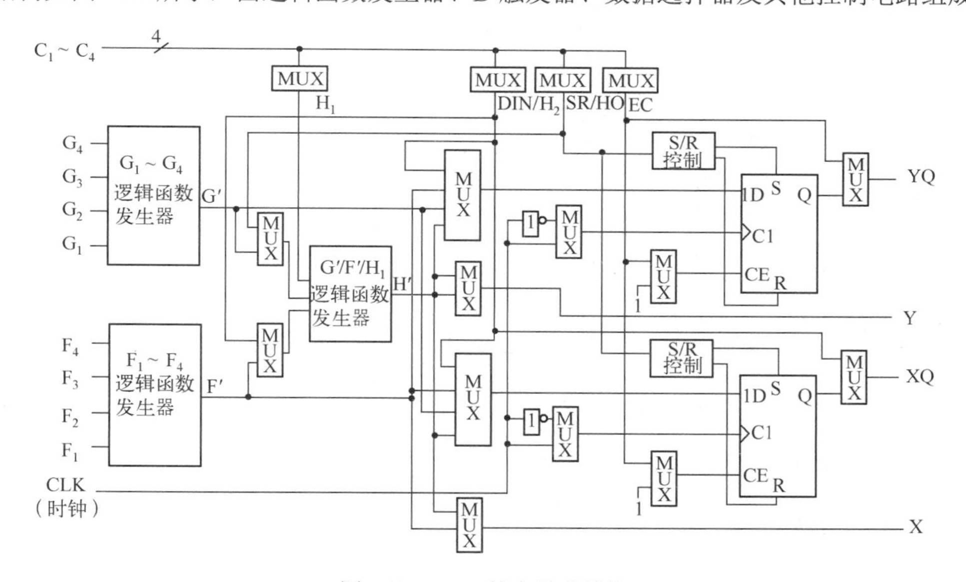

图 7.32　CLB 基本组成结构

① 逻辑函数发生器

CLB 中的逻辑函数发生器为查找表结构，可实现组合逻辑功能。查找表的工作原理类似于用 ROM 实现组合逻辑函数，其输入等效于 ROM 的地址码，存储的内容为相应的逻辑函数取值，通过查找地址表，可得到逻辑函数的输出。

图 7.32 中，逻辑函数发生器 G_1~G_4 和 F_1~F_4 各有 4 个独立的输入变量，可分别实现对应的输入 4 变量的任意组合逻辑函数。逻辑函数发生器 G′/F′/H_1 的输入信号是前两个逻辑函数发生器的输出信号 G′ 和 F′ 以及信号变换电路的输出 H_1，它可实现 3 输入变量的任意组合逻辑函数。将 3 个逻辑函数发生器进行组合配置，1 个 CLB 可以完成任意 4 变量、5 变量，最多 9 变量的逻辑函数。

② D 触发器

CLB 中有两个 D 触发器，用于实现时序逻辑电路。通过两个 4 选 1 数据选择器可分别选择 DIN、F′、G′和 H′之一作为 D 触发器的输入信号，两个 D 触发器共用时钟脉冲 CLK，通过两个 2 选 1 数据选择器选择上升沿或下降沿触发。时钟使能端 CE 可通过另外的 2 选 1 数据选择器选择来自 CLB 内部的控制信号 EC 或高电平 1，S/R 控制电路控制 D 触发器的异步置位信号 S 和异步清零信号 R。

（2）可编程输入/输出模块（IOB）

IOB 位于器件的四周，它提供了器件外部引脚和内部逻辑之间的连接，其结构如图 7.33 所示。IOB 主要由输入触发/锁存器、输入缓冲器和输出触发/锁存器、输出缓冲器组成。每个 IOB 控制一个外部引脚，它可以被编程为输入、输出或双向输入/输出功能。

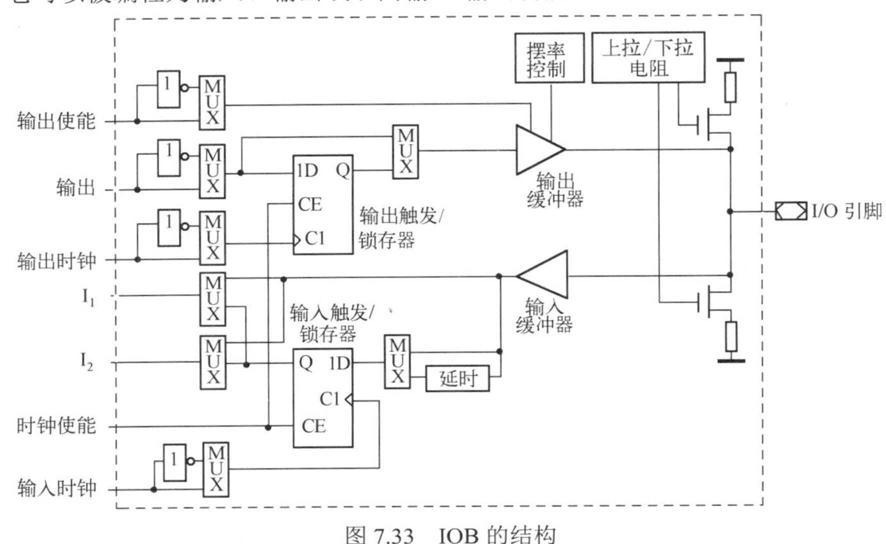

图 7.33　IOB 的结构

当 IOB 用做输入接口时，通过编程可以将输入 D 触发器旁路，将对应引脚经输入缓冲器，定义为直接输入 I_1；还可编程输入 D 触发器或 D 锁存器，将对应引脚经输入缓冲器，定义为寄存输入或锁存输入 I_2。

当 IOB 用做输出时，来自器件内部的输出信号，经输出 D 触发器或锁存器直接送至输出缓冲器的输入端。输出缓冲器可编程为三态输出或直接输出，并且输出信号的极性也可编程选择。

（3）互连资源（ICR）

ICR 由分布在 CLB 阵列之间的连线和阵列交叉点上的可编程开关矩阵（Programmable Switch Matrix，PSM）组成，经编程可实现 CLB 与 CLB 及 CLB 与 IOB 之间的互连。XC4000 系列采用的是分层连线资源结构，根据应用的不同，ICR 一般提供以下 3 种连接结构：

① 单/双线连接。这种结构中，任意两点间的连接都要通过开关矩阵，主要用于 CLB 之间的连接。它提供了相邻 CLB 之间快速互连的灵活性，但传输信号每通过一个可编程开关矩阵，就增加一次时延。因此，FPGA 内部时延与器件结构和逻辑布线等有关，它的信号传输时延不可预知。

② 长线连接。在单/双线的旁边还有 3 条从阵列的一头连接到另一头的线段，称为水平长线和垂直长线。这些长线不经过可编程开关矩阵，信号传输时延小。长线连接主要用于长距离或关键信号的传输。

③ 全局连接。在 XC4000 系列器件中，共有 8 条全局线，它们贯穿于整个器件，可到达每个 CLB。全局连接主要用于传送一些公共信号，如全局时钟信号、公用控制信号等。

2. FPGA 的编程

FPGA 是在系统可编程器件，不需专门的编程器，通过专用电缆、计算机和集成开发软件就可完成编程。

FPGA 的编程单元采用 SRAM 结构，编程数据存放于 SRAM 中，可以无限次编程，但它属于易失性元件，掉电后芯片内的所有信息都会丢失，FPGA 所实现的逻辑功能也随之消失，每次接通电源后，必须重新将编程数据写入 SRAM（这个过程称为装载）。所以，FPGA 在使用时需要外接一个 E^2PROM 或其他类似的非易失性存储器，在将编程数据装载至 SRAM 的同时存入这个非易失性存储器，这样再断电重启后，FPGA 的控制电路便会启动一个装载程序，将 E^2PROM 中的数据重新写入 SRAM 中。

3. FPGA 和 CPLD 的区别

FPGA 和 CPLD 都是高密度可编程逻辑器件，它们之间的区别主要包括以下几个方面：

（1）逻辑结构：FPGA 采用查找表结构，而 CPLD 采用与或阵列结构。

（2）集成度：FPGA 的集成度通常比 CPLD 高，FPGA 可以包含更多的逻辑单元和输入/输出引脚，所以能实现更复杂的电路设计。

（3）互连结构：FPGA 采用全连接结构，意味着其内部的逻辑单元之间可以进行任意连接，从而能实现更加灵活的电路设计。而 CPLD 的连接相对固定，通常只能实现较为简单的电路设计。

（4）逻辑资源：FPGA 中的触发器等时序逻辑资源比 CPLD 多，更适合实现时序逻辑电路，而 CPLD 的组合逻辑资源较丰富，更适合实现组合逻辑电路。

（5）配置方式：FPGA 采用 SRAM 技术，掉电后编程信息会丢失，而 CPLD 采用 E^2PROM 和 Flash 技术，掉电后编程信息仍然存在。

（6）传输时延：FPGA 的内部连线分布在 CLB 周围，编程的种类和编程点很多，使得布线相当灵活，传输时延不可预测。而 CPLD 的信号通路固定，传输时延可以预测。

（7）保密性：大多数 FPGA 的保密性较差，而 CPLD 设有专用加密编程单元，加密的数据不易被读出，具有很好的保密性。

（8）成本与功耗：FPGA 比 CPLD 的功耗低，但成本和价格更高。

7.3.5 PLD 的开发过程

PLD 的种类和型号繁多，不同的公司都针对自己的器件研制了各种功能完善的 PLD 开发系统。PLD 开发系统包括开发硬件和开发软件两部分，开发硬件包括计算机和编程器（或编程电缆），开发软件由各 PLD 生产厂商提供，不同公司的 PLD 对应有不同的开发软件，比如 Xilinx 公司目前使用较多的开发软件为 Vivado，Altera 公司使用的开发软件主要是 Quartus Prime。

PLD 的开发过程一般包括设计分析、设计输入、设计处理和器件编程 4 个设计步骤，与后 3 个设计步骤对应的有功能仿真、时序仿真和器件测试 3 个设计校验过程。其设计流程图如图 7.34 所示。

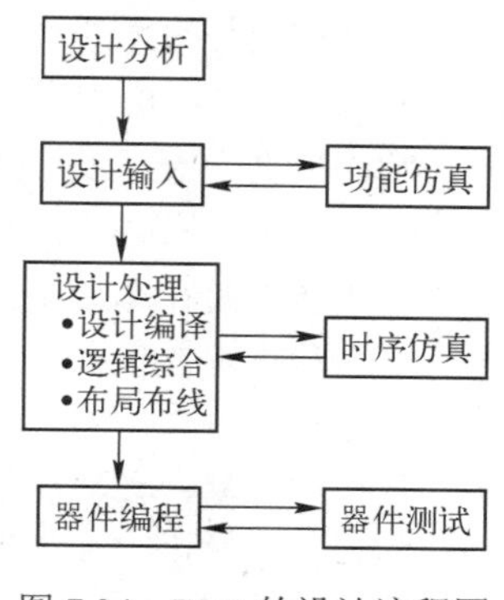

图 7.34 PLD 的设计流程图

1. 设计步骤

（1）设计分析

设计分析是指在利用 PLD 进行数字系统设计之前，根据 PLD 开发环境及目标系统设计要求（如功能、性能、可靠性、工作频率、引脚数、封装形式、功耗及成本等），选择适当的设计方案和器件类型。

（2）设计输入

设计输入是指设计者将所要设计的数字系统以开发软件所要求的某种形式表达出来，并输入到相应的开发软件中。设计输入有多种方式，常用的有原理图输入方式、硬件描述语言文本输入方式和混合输入方式。

原理图输入方式和硬件描述语言文本输入方式各有特点，硬件描述语言的设计简单，但不适合描述模块间的连接关系；原理图可以很直观地描述连接关系，但在设计逻辑功能时非常烦琐。在逻辑设计的过程中，要根据具体的情况选择适当的输入方式，必要时也可两者混合使用，如顶层设计采用原理图输入，底层设计采用硬件描述语言文本输入。

（3）设计处理

设计处理主要是根据所选择的 PLD 型号，将设计输入文件转换为具体的编程下载（或配置）文件。设计处理是设计的核心环节，它包括以下任务：

① 设计编译。设计编译的主要功能是检查设计输入的逻辑完整性和一致性，并建立各种设计输入文件之间的连接关系。

② 逻辑综合。逻辑综合是指将原理图、硬件描述语言等高层次的设计输入转换成由门、触发器等基本单元组成的低层次逻辑连接，并根据目标与要求优化所生成的逻辑连接，输出标准格式的网表文件，它将软件设计与硬件的可实现性挂钩。逻辑综合还会通过删除不必要的逻辑门或重新排列逻辑门等方式来对设计进行优化，以改进时序性能、减少设计所占用的器件资源。

③ 布局和布线。布局和布线也称为适配。布局是指将逻辑综合产生的网表文件中列出的逻辑资源合理地配置到 PLD 内部的固有硬件结构上，布局的优劣对设计实现的速度和面积等性能影响较大。布线是指利用器件的连线资源，完成各个功能块之间的信号连接。

设计处理最后生成供 PLD 编程使用的数据文件，如对 CPLD 产生的是熔丝图文件，对 FPGA 产生的是位流文件。

（4）器件编程

器件编程也称下载或配置，它是将设计处理生成的编程数据文件下载到具体的 PLD 中，使其按照所设计的功能来工作。

2. 设计校验

设计校验是对上述逻辑设计进行仿真和测试，以验证逻辑设计是否满足功能要求。它与设计过程同步进行，包括功能仿真、时序仿真和器件测试。

功能仿真一般在设计输入阶段进行，它只验证逻辑设计的正确性，而不考虑器件内部由于布局、布线可能造成的传输时延等因素。

时序仿真是在选择了具体的器件并完成了布局、布线后进行的仿真。由于选择不同的器件、不同的布局及布线方案会给设计带来极大的影响，因此，时序仿真对于分析定时关系、估计设计性能是非常必要的。

器件编程后，需要在线测试器件的功能和性能指标，看其是否达到最终的目标。

在设计校验中，如果发现有问题或不符合预期的行为，需要回到设计阶段进行修改，这个过程可能反复多次。设计校验是确保最终产品满足功能和性能要求的关键步骤。

复习思考题

R7.1　RAM 和 ROM 的主要区别是什么？它们各有什么优缺点？

R7.2　ROM 有哪些种类？各有什么特点？

R7.3　静态 RAM 和动态 RAM 各有什么优缺点？

R7.4　如何理解 Flash 只读存储器能够重新编程？

R7.5　各种 PLD 的共同特点是什么？它们和标准化的数字集成电路器件有什么不同？

R7.6　试比较 EPROM、PLA、PAL 在与阵列和或阵列上的异同。

R7.7　FPGA 和 CPLD 在电路结构和工作特性上有哪些不同之处？

R7.8　用 FPGA 设计电路时，为什么有时还需要配上一个 E^2PROM？

R7.9　PLD 的开发过程是怎样的？

习题

7.1　若某存储器的容量为 1M×4 位，则该存储器的地址线、数据线各有多少条？

7.2　若有一个 256K×8 位的存储芯片，请问该片有多少个字？每个字有多少位？

7.3　某计算机的内存储器有 32 位地址线、32 位并行数据输入/输出线，求该计算机内存的最大容量是多少？

二维码 7-1

7.4　试用 PROM 实现能将 4 位格雷码转换为 4 位二进制码的转换电路，指出需要多大容量的 PROM，画出阵列图。（查阅本题题解请扫描二维码 7-1）

7.5　已知 ROM 的数据表如表 P7.5 所示，若将地址输入 A_3~A_0 作为 4 个输入逻辑变量，将数据输出 F_3~F_0 作为函数输出，试写出输出与输入间的逻辑函数表达式。

7.6　请用两片 1K×8 位的 EPROM 实现一个能将 10 位二进制数转换成等值的 4 个 8421BCD 码的码转换器，要求：

（1）画出电路接线图，并标明输入和输出；

（2）当地址输入 $A_9A_8A_7A_6A_5A_4A_3A_2A_1A_0$ 分别为 0000000011、0100000000、1111111110 时，两片 EPROM 对应地址中的数据各为什么值？（查阅本题题解请扫描二维码 7-2）

二维码 7-2

7.7　请用容量为 1K×4 位的 Intel 2114 构成 4K×4 位的 RAM，要求画出电路图。

7.8　具有 16 位地址码可同时存取 8 位数据的 RAM 集成芯片，存储容量是多少？求用多少片这样的芯片可组成容量为 128K×32 位的存储器？

7.9　已知四输入四输出的可编程逻辑阵列器件的逻辑图如图 P7.9 所示，请写出其输出函数的逻辑表达式。

表　P7.5

A_3	A_2	A_1	A_0	F_3	F_2	F_1	F_0
0	0	0	0	0	0	0	0
0	0	0	1	0	0	0	1
0	0	1	0	0	0	1	1
0	0	1	1	0	0	1	0
0	1	0	0	0	1	1	0
0	1	0	1	0	1	1	1
0	1	1	0	0	1	0	1
0	1	1	1	0	1	0	0
1	0	0	0	1	1	0	0
1	0	0	1	1	1	0	1
1	0	1	0	1	1	1	1
1	0	1	1	1	1	1	0
1	1	0	0	1	0	1	0
1	1	0	1	1	0	1	1
1	1	1	0	1	0	0	1
1	1	1	1	1	0	0	0

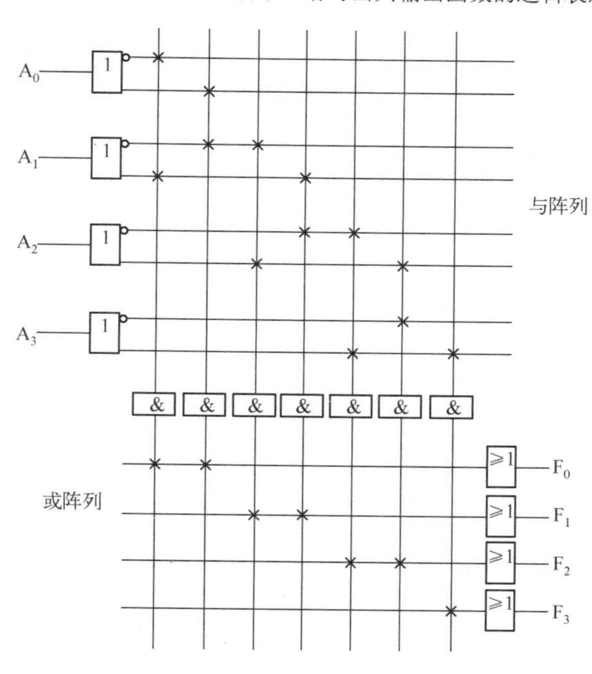

图　P7.9

7.10 用 PAL 器件设计一个 1 位全加器。

7.11 简述 GAL 和 PAL 器件的异同点。

7.12 给出能实现两个 2 位二进制数乘法的查找表。（查阅本题题解请扫描二维码 7-3）

二维码 7-3

7.13 CPLD 的基本结构包括哪几部分？各部分的功能是什么？

7.14 简述 FPGA 的基本结构。

7.15 若用 XC4000 系列的 FPGA 实现 4 线-16 线译码器，最少需占用几个 CLB?

7.16 若用 XC4000 系列的 FPGA 实现一个十进制同步计数器，最少需占用几个 CLB?

第 8 章　脉冲信号的产生与整形

脉冲信号广泛地存在于数字电路或系统中，如触发器的时钟信号、计数器的计数脉冲信号等。所谓脉冲信号，从狭义上讲，是指一种持续时间极短的电压或电流信号；从广义上讲，凡不具有连续正弦波形状的信号，几乎都可以统称为脉冲信号，如矩形波、方波、尖顶波和锯齿波等各种波形的信号，都是脉冲信号。最常见的脉冲电压的波形是矩形波和方波。

获得脉冲信号的方法一般有两种：一种是利用已有的周期性信号通过变换整形得到脉冲信号；另一种则是利用脉冲振荡器直接产生脉冲信号。产生和处理这些脉冲信号的电路有施密特触发电路、单稳态触发电路和多谐振荡器等。其中，施密特触发电路能对已有的信号进行变换、整形，单稳态触发电路可用于脉冲信号的定时、延迟，多谐振荡器能直接产生脉冲信号等。

8.1　555 集成定时器

555 集成定时器（简称 555 定时器）是一种将模拟和数字电路集成于一体的电子器件，使用十分灵活方便，只要外加少量的阻容元件，就能构成多种用途的电路，如施密特触发电路、单稳态触发电路、多谐振荡器等，使其在电子技术中得到了非常广泛的应用。

自从 Signetics 公司于 1972 年推出这种产品以后，国际上各主要的电子器件公司也都相继生产出了各自的 555 定时器产品。尽管 555 定时器的型号较多，但所有双极型产品型号后的 3 位数字都是 555，所有 CMOS 产品型号最后的 4 位数字都是 7555，而且它们的功能和外部引脚的排列完全相同。为了提高集成度，随后又生产了双定时器产品 556（双极型）和 7556（CMOS 型）。下面以国产双极型定时器的典型产品 5G555 为例（仍简写为 555），介绍其电路结构及功能。

1. 555 定时器的电路结构

图 8.1 所示为国产双极型 555 定时器的电路结构图和引脚排列图，它由以下五部分组成。

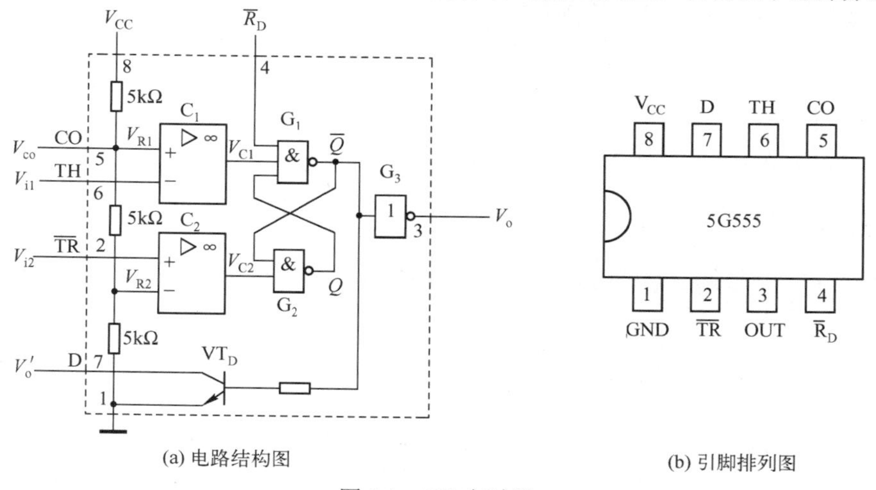

(a) 电路结构图　　(b) 引脚排列图

图 8.1　555 定时器

（1）电阻分压器

由三个阻值均为 5kΩ的电阻串联构成分压器，为电压比较器 C_1 和 C_2 提供参考电压。若控制电压输入端（CO 端，引脚 5）外加控制电压 V_{CO}，则 C_1、C_2 的参考电压分别为 $V_{R1}=V_{CO}$，$V_{R2}=\frac{1}{2}V_{CO}$；不加控制电压时，该端不可悬空，一般要通过一个小电容（如 0.01μF）接地，以旁路高频干扰。这时两参考电压分别为 $V_{R1}=\frac{2}{3}V_{CC}$，$V_{R2}=\frac{1}{3}V_{CC}$。

（2）电压比较器

C_1 和 C_2 是两个结构完全相同的高精度电压比较器，分别由高增益运算放大器（简称运放）构成。C_1 的信号输入端为运放的反相输入端（TH 端，引脚 6），C_1 的同相端接参考电压 V_{R1}；C_2 的信号输入端为运放的同相输入端（$\overline{TR}$ 端，引脚 2），C_2 的反相输入端接参考电压 V_{R2}。两比较器的输出分别为 V_{C1} 和 V_{C2}。

（3）RS 锁存器

两个与非门 G_1 和 G_2 构成 RS 锁存器，低电平有效。C_1 和 C_2 的输出 V_{C1} 和 V_{C2} 控制 RS 锁存器的状态，也就决定了电路的输出状态。$\overline{R}_D$ 是 RS 锁存器的外部复位端，低电平有效。当 $\overline{R}_D=0$ 时，$\overline{Q}=1$，使电路输出（引脚 3）为 0。正常工作时，$\overline{R}_D$ 端应接高电平。

（4）三极管放电开关

三极管 VT_D 构成放电开关，其状态受 RS 锁存器的 $\overline{Q}$ 控制。当 $\overline{Q}=0$ 时，VT_D 截止；当 $\overline{Q}=1$ 时，VT_D 饱和导通。此时，放电端（D 端，引脚 7）如有外接电容，则通过 VT_D 放电。由于放电端的逻辑状态与输出 V_o 是相同的，故放电端也可以作为集电极开路输出 V_o'。

（5）输出缓冲器

由反相器 G_3 构成，其作用是提高定时器的带负载能力，并隔离负载对定时器的影响。

2. 555 定时器的逻辑功能

当 CO 端不外接控制电压时，555 定时器的功能表如表 8.1 所示。

（1）只要 $\overline{R}_D=0$，不管 V_{i1}、V_{i2} 为何值，都使 $\overline{Q}=1$，因此电路输出 $V_o=0$，VT_D 导通。正常工作时 $\overline{R}_D=1$。

表 8.1　555 定时器功能表

$\overline{R}_D$	V_{i1}（TH）	V_{i2}（$\overline{TR}$）	V_o（OUT）	VT_D（放电管）
0	×	×	0	导通
1	$>\frac{2}{3}V_{CC}$	$>\frac{1}{3}V_{CC}$	0	导通
1	$<\frac{2}{3}V_{CC}$	$<\frac{1}{3}V_{CC}$	1	截止
1	$<\frac{2}{3}V_{CC}$	$>\frac{1}{3}V_{CC}$	不变	不变

（2）当 $\overline{R}_D=1$，且 $V_{i1}>\frac{2}{3}V_{CC}$，$V_{i2}>\frac{1}{3}V_{CC}$ 时，C_1 输出 $V_{C1}=0$，C_2 输出 $V_{C2}=1$，从而使 RS 锁存器的 $\overline{Q}=1$，$V_o=0$，VT_D 导通。

（3）当 $\overline{R}_D=1$，且 $V_{i1}<\frac{2}{3}V_{CC}$，$V_{i2}<\frac{1}{3}V_{CC}$ 时，$V_{C1}=1$，$V_{C2}=0$，从而使 $\overline{Q}=0$，$V_o=1$，VT_D 截止。

（4）当 $\overline{R}_D=1$，且 $V_{i1}<\frac{2}{3}V_{CC}$，$V_{i2}>\frac{1}{3}V_{CC}$ 时，两个比较器输出均为 1，根据与非门构成 RS 锁存器的特性，其状态保持不变，所以 V_o 和 VT_D 的状态也保持不变。

由以上讨论可知，当 $\overline{R}_D=1$ 时，只要 TH 端（即 V_{i1} 输入端）加高电平（大于 $\frac{2}{3}V_{CC}$），$\overline{Q}$ 总为 1，$V_o=0$，所以称 TH 为高电平触发端。同样，只要当 $\overline{TR}$ 为低电平（小于 $\frac{1}{3}V_{CC}$）时，Q 总为 1，$V_o=1$，所以称 $\overline{TR}$ 为低电平触发端。

555 定时器能在很宽的电源电压范围内工作，并可承受较大的负载电流。双极型 555 定时器的电源电压范围为 5~16V，最大的负载电流达 200mA。CMOS 型 7555 定时器的电源电压范围为 3~18V，但最大负载电流在 4mA 以下。

8.2 施密特触发电路

施密特触发（Schmitt Trigger）电路又称为电平触发的双稳态触发电路，在电子电路中常用来完成波形变换、幅度鉴别等工作。根据输入相位、输出相位关系的不同，施密特触发电路有同相输出和反相输出两种电路形式，其逻辑符号及电压传输特性如图 8.2 所示。

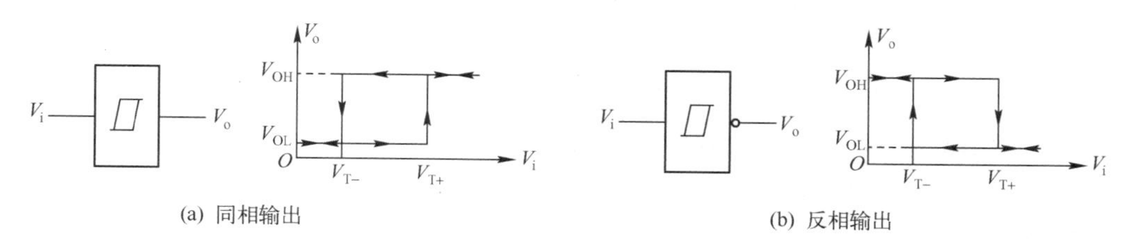

图 8.2　施密特触发电路的逻辑符号及电压传输特性

由电压传输特性可以看出，它具有如下特点。

（1）有两个稳定状态。一个稳态输出为高电平 V_{OH} ，另一个稳态输出为低电平 V_{OL} 。但是这两个稳态要靠输入信号电平来维持。

（2）具有滞回电压传输特性。当输入信号高于 V_{T+} 时，电路处于某稳定状态，V_{T+} 称为上触发电平或正向阈值电压；当输入信号低于 V_{T-} 时，电路处于另一稳定状态，V_{T-} 称为下触发电平或负向阈值电压；而当输入信号处于两触发电平之间时，其输出保持原状态不变。正向阈值电压与负向阈值电压之差，用 ΔV_T 表示，即回差电压 $\Delta V_T = V_{T+} - V_{T-}$ 。

1. 用 555 定时器构成施密特触发电路

将 555 的 TH 端（引脚 6）和 $\overline{TR}$ 端（引脚 2）连在一起作为信号输入端，同时将复位端 $\overline{R}_D$ 接电源 V_{CC} ，即可构成施密特触发电路，如图 8.3（a）所示。

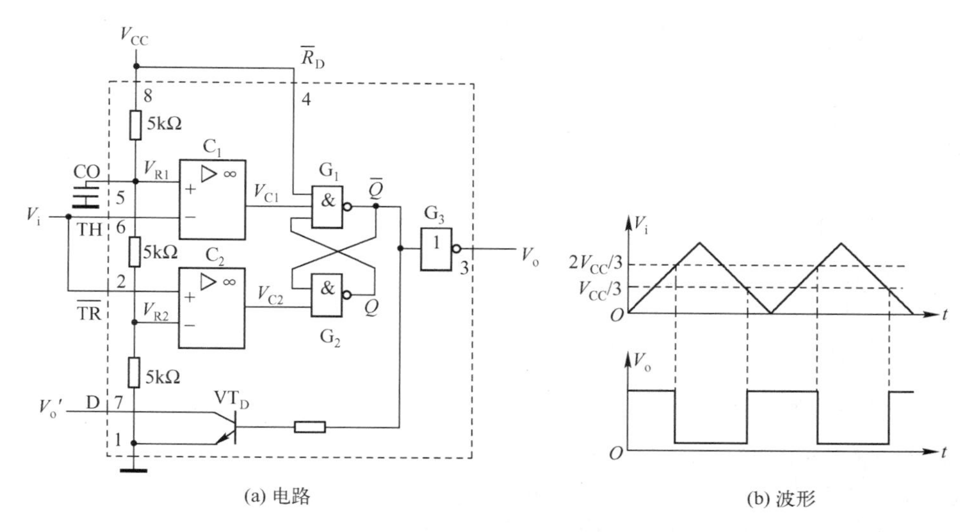

图 8.3　用 555 定时器构成的施密特触发电路及波形

设输入 V_i 如图 8.3（b）所示，则电路的工作原理如下。

（1）V_i 由 0 逐渐升高的工作过程：当 $V_i < \frac{1}{3}V_{CC}$ 时，$V_{C1}=1$，$V_{C2}=0$，$V_o=V_{OH}$；当 $\frac{1}{3}V_{CC}<V_i<\frac{2}{3}V_{CC}$ 时，$V_{C1}=1$，$V_{C2}=1$，$V_o=V_{OH}$ 不变；当 $V_i>\frac{2}{3}V_{CC}$ 以后，$V_{C1}=0$，$V_{C2}=1$，$V_o=V_{OL}$。

（2）V_i 从高于 $\frac{2}{3}V_{CC}$ 开始下降的工作过程：当 $\frac{1}{3}V_{CC}<V_i<\frac{2}{3}V_{CC}$ 时，$V_{C1}=1$，$V_{C2}=1$，$V_o=V_{OL}$ 不变；当 $V_i<\frac{1}{3}V_{CC}$ 以后，$V_{C1}=1$，$V_{C2}=0$，$V_o=V_{OH}$。

根据以上分析，可以画出如图 8.3（b）所示的输出 V_o 的波形。由此可得该施密特触发电路的 $V_{T+}=\frac{2}{3}V_{CC}$，$V_{T-}=\frac{1}{3}V_{CC}$，回差电压 $\Delta V_T=V_{T+}-V_{T-}=\frac{1}{3}V_{CC}$。

若在 555 定时器的控制电压输入端（CO 端，引脚 5），外接直流电压 V_{CO}，则 $V_{T+}=V_{CO}$，$V_{T-}=V_{CO}/2$，$\Delta V_T=V_{T+}-V_{T-}=V_{CO}/2$。可见改变 V_{CO} 的值，就能调节电路的回差电压。

【例 8.1】 图 8.4（a）为由 555 定时器构成的施密特触发电路，当 R 为无穷大时，试根据图 8.4（b）给定的输入 V_i 的波形，定性地画出输出 V_o 的波形；欲使 $\Delta V_T=6\text{V}$，求 R 的值。

解：（1）当 R 为无穷大时，即表示 CO 端无外接控制电压，$V_{T+}=\frac{2}{3}V_{CC}=\frac{2}{3}\times 15=10\text{V}$，$V_{T-}=\frac{1}{3}V_{CC}=\frac{1}{3}\times 15=5\text{V}$，根据图 8.4（b）可得 V_o 的波形如图 8.4（c）所示。

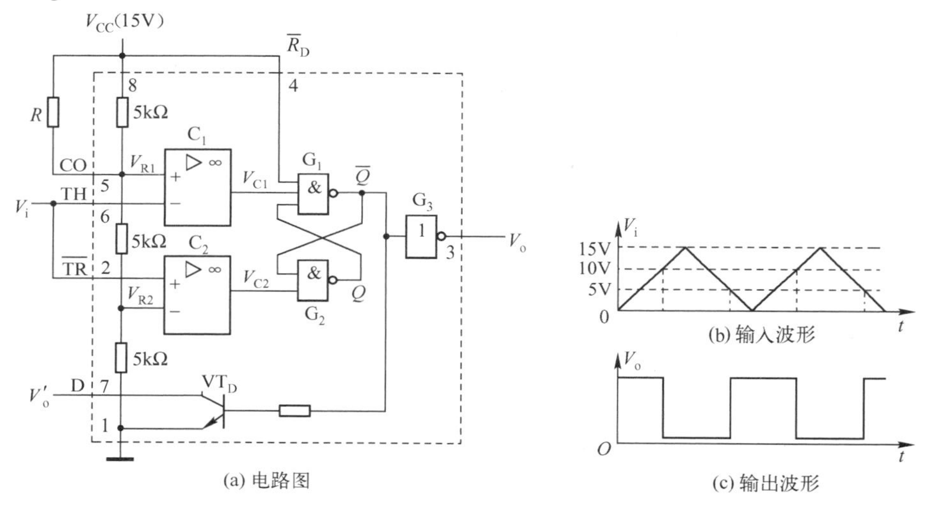

图 8.4　例 8.1 的图

（2）欲使 $\Delta V_T=6\text{V}$，即 $\Delta V_T=V_{T+}-V_{T-}=6\text{V}$，且 $V_{T+}=2V_{T-}$，得到 $V_{T+}=12\text{V}$。根据电阻分压原理，可得 $V_{T+}=\dfrac{5+5}{5+5+5//R}\times 15\text{V}=12\text{V}$，故 $R=5\text{k}\Omega$。

2. 集成施密特触发电路

由于施密特触发电路的应用非常广泛，因此集成施密特触发电路的种类较多，有施密特非门（74HC/HCT14、CC40106）、施密特与非门（74HC/HCT132、CC4093）等。施密特六反相器 CC40106 的阈值电压见表 8.2。

表 8.2　CC40106 的阈值电压

参数	V_{DD}/V	最小值/V	最大值/V
V_{T+}	5	2.2	3.6
	10	4.6	7.1
	15	6.8	10.8
V_{T-}	5	0.3	1.6
	10	1.2	3.4
	15	1.6	5.0

3．施密特触发电路的应用

在数字脉冲电路中，施密特触发电路常用于波形变换、脉冲整形及脉冲幅度鉴别等。

（1）波形变换

利用施密特触发电路状态转换过程中的正反馈作用，可以将输入的三角波、正弦波、锯齿波等边沿变化缓慢的周期性信号变换为同频率的矩形脉冲。图 8.5（b）是把规则的正弦波变换成矩形波的例子。

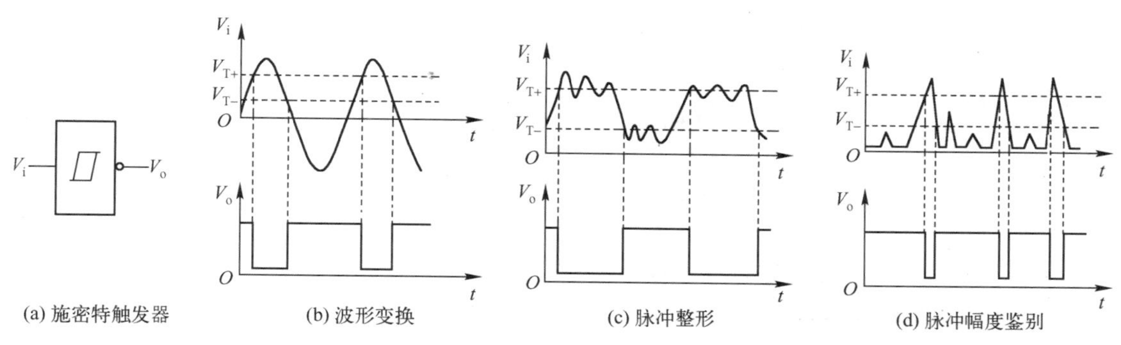

(a) 施密特触发器　(b) 波形变换　(c) 脉冲整形　(d) 脉冲幅度鉴别

图 8.5　施密特触发电路应用举例

（2）脉冲整形

若输入信号是一个顶部和前后沿受干扰而发生畸变的不规则波形，可以适当调节施密特触发电路的回差电压，得到整齐的矩形脉冲，如图 8.5（c）所示。需要注意的是，在将施密特触发电路整形运用时，应当适当提高回差电压，才能收到较好的整形效果。如果回差电压较小，例如 ΔV_T 小于顶部干扰信号的幅度，则不但整形效果较差，而且可能产生错误输出。但回差电压过大，又会降低触发灵敏度，所以应当根据具体情况灵活运用。

（3）脉冲幅度鉴别

施密特触发电路的触发方式属于电平触发，其输出状态与输入信号的幅值有关。根据这一工作特点，可以用它作为脉冲幅度鉴别电路。当施密特触发电路的输入信号是一串幅度不等的脉冲时，可以通过调整电路的 V_{T+} 和 V_{T-}，只有当输入信号中幅度超过 V_{T+} 的脉冲才能使施密特触发电路翻转，从而得到所需要的矩形脉冲。即将输入信号中幅度超过 V_{T+} 的脉冲选出，幅度较小的脉冲消除。所以其具有脉冲幅度鉴别能力。图 8.5（d）是用施密特触发电路实现脉冲幅度鉴别的波形。

此外，利用施密特触发电路的滞回特性还能构成单稳态触发电路和多谐振荡器，是应用较广泛的脉冲电路。

8.3　单稳态触发电路

单稳态触发（Monostable Multivibrator，又称 One-shot）电路具有以下特点。

（1）它有一个稳定状态和一个暂稳态；

（2）在外界触发脉冲作用下，能从稳定状态翻转到暂稳态；

（3）暂稳态维持一段时间以后，将自动返回稳定状态。暂稳态的持续时间，就是电路输出脉冲的宽度，它仅取决于电路本身的参数，而与触发脉冲的宽度和幅度无关。

单稳态触发电路常用于脉冲整形、定时（产生固定时间宽度的脉冲信号）及延时（产生滞后于触发脉冲的输出脉冲）等。

8.3.1 用 555 定时器构成单稳态触发电路

1. 电路组成及工作原理

用 555 定时器构成的单稳态触发电路，如图 8.6（a）所示。输入的负触发脉冲加在低电平触发端（$\overline{\text{TR}}$ 端，引脚 2），R、C 是外接的定时元件，同时将复位端 $\overline{R}_{\text{D}}$ 接电源 V_{CC}。

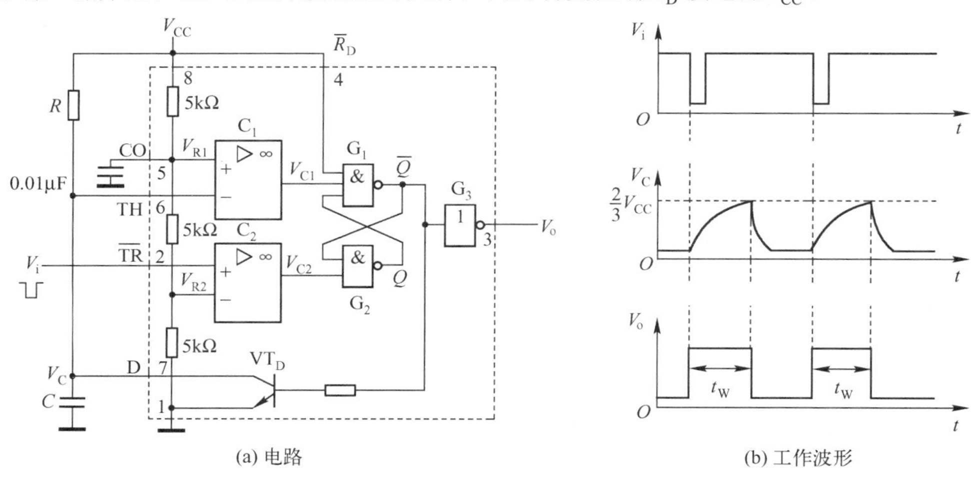

图 8.6　555 定时器构成的单稳态触发电路及工作波形

该电路为负脉冲触发的单稳态触发电路。其工作原理如下。

（1）稳态

未加入负触发脉冲时，V_{i} 为高电平（大于 $V_{\text{CC}}/3$），则 $V_{\text{C2}}=1$。下面讨论 TH 端的电平。

不妨假设接通电源后定时器的输出 $V_{\text{o}}=V_{\text{OH}}$，则 G_3 的输入必然为低电平，放电管 VT_{D} 必然截止，D 端对外如同开路。这样，V_{CC} 通过 R 对 C 充电，使 V_{C} 的电位升高。当 V_{C} 略大于 $\frac{2}{3}V_{\text{CC}}$ 时，将使比较器 C_1 的输出 V_{C1} 为低电平，即 $V_{\text{C1}}=0$，使 $\overline{Q}=1$，$V_{\text{o}}=V_{\text{OL}}$。$\overline{Q}=1$ 将使 VT_{D} 导通，C 通过 VT_{D} 迅速放电，使 V_{C} 回到低电平上，这时 $V_{\text{C1}}=V_{\text{C2}}=1$，RS 锁存器保持 0 状态不变，因而输出保持 $V_{\text{o}}=V_{\text{OL}}$ 的稳定状态。

（2）暂稳态

当输入的负触发脉冲的下降沿到达时，首先使比较器 C_2 的输出 $V_{\text{C2}}=0$，由于 $V_{\text{C1}}=1$，则 RS 锁存器被置 1，即 $Q=1$，$\overline{Q}=0$，输出 V_{o} 由 V_{OL} 跳变为 V_{OH}，电路进入暂稳态。

（3）暂稳态持续时间

在暂稳态期间，由于 $\overline{Q}=0$，VT_{D} 截止，V_{CC} 经过 R 向 C 充电，时间常数 $\tau=RC$。在 C 上的电压 V_{C} 上升到 $\frac{2}{3}V_{\text{CC}}$ 以前，电路将保持暂稳态不变。

（4）自动返回稳定状态

当 C 充电到 V_{C} 略高于 $\frac{2}{3}V_{\text{CC}}$ 时，使 $V_{\text{C1}}=0$（要注意的是：输入的负向触发脉冲必须是窄脉冲，在 C 充电到 $\frac{2}{3}V_{\text{CC}}$ 之前，输入要提前回到高电平，使 $V_{\text{C2}}=1$）。这样，RS 锁存器被置 0，输出 V_{o} 又返回到 $V_{\text{o}}=V_{\text{OL}}$ 的起始状态。同时，由于 $\overline{Q}=1$，VT_{D} 导通，C 经过 VT_{D} 放电，直到 $V_{\text{C}}\approx 0$，电路恢复到原来的稳态。

电路的工作波形如图 8.6（b）所示。

2．输出脉冲宽度估算

由工作原理的分析知道，输出脉冲宽度 t_W 即为暂稳态的持续时间，它等于电容电压 V_C 从 0 上升到 $\frac{2}{3}V_{CC}$ 所需的时间。根据一阶 RC 电路的三要素法可知：

$$t_W = \tau \ln\frac{V_C(\infty)-V_C(0^+)}{V_C(\infty)-V_C(t_W)}$$

式中 $$\tau = RC\,,\quad V_C(\infty)=V_{CC}\,,\quad V_C(0^+)=0\,,\quad V_C(t_W)=\frac{2}{3}V_{CC}$$

故 $$t_W = RC\ln\frac{V_{CC}}{V_{CC}-\frac{2}{3}V_{CC}} = RC\ln 3 \approx 1.1RC$$

上式说明，该电路输出脉冲宽度 t_W 仅取决于外接定时元件 R 和 C 的值，而与电源电压无关。通常 R 的取值范围为几百欧到几兆欧，C 的取值范围为几百皮法到几百微法，相应的 t_W 为几微秒到几分钟，精度可达 0.1%。这种单稳态触发电路要求输入的触发负脉冲的宽度小于输出脉冲的宽度 t_W。

8.3.2　用施密特触发电路构成单稳态触发电路

图 8.7（a）所示是用 CMOS 集成施密特触发电路构成的单稳态触发电路。图中，触发脉冲经 RC 微分电路加到施密特触发电路的输入端，在输入脉冲作用下，使得施密特触发电路的输入电压依次经过 V_{T+} 和 V_{T-} 两个转换电平，从而在输出端得到一定宽度的矩形脉冲。具体工作过程如下。

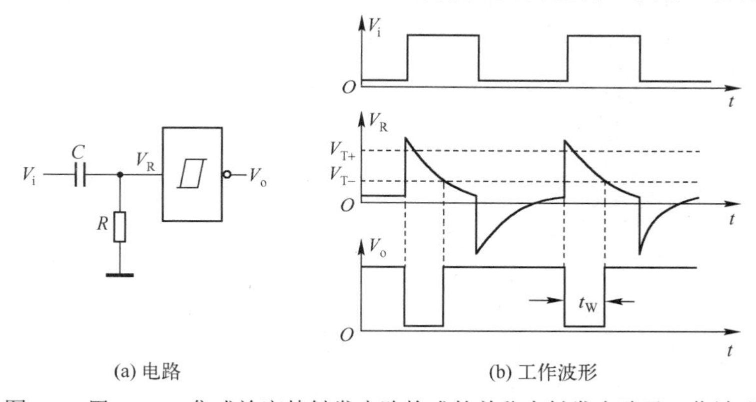

(a) 电路　　(b) 工作波形

图 8.7　用 CMOS 集成施密特触发电路构成的单稳态触发电路及工作波形

稳态时，$V_i=0$，$V_R=0$，$V_o=V_{OH}$。当幅度为 V_{DD} 的正触发脉冲加到电路输入端时，V_R 跳变到 V_{DD}。由于 $V_{DD}>V_{T+}$，所以电路状态翻转，$V_o=V_{OL}$，进入暂稳态。在暂稳态期间，随着对 C 的充电，V_R 按指数规律下降，当 V_R 下降到略低于 V_{T-} 时，电路状态再次翻转，返回到原来的稳态，$V_o=V_{OH}$。

电路各点的工作波形如图 8.7（b）所示。输出脉冲的宽度 t_W 取决于 RC 微分电路中电阻 R 上的电压 V_R 从初始值 V_{DD} 下降到 V_{T-} 所需的时间。根据简单 RC 电路过渡过程分析的三要素法，可得：

$$t_W = RC\ln\frac{V_R(\infty)-V_R(0^+)}{V_R(\infty)-V_R(t_W)} = RC\ln\frac{V_{DD}}{V_{T-}}$$

8.3.3 集成单稳态触发电路

单稳态触发电路应用很广泛，在 TTL 电路和 CMOS 电路的产品中，都有单片集成的单稳态触发电路，如 TTL 系列 74121、74122、74123 等，CMOS 系列 CC14528、CC4098 等。根据电路工作特性不同，集成单稳态触发电路分为不可重复触发和可重复触发两种。不可重复触发单稳态触发电路，是指在暂稳态期间，若有新的触发脉冲输入，电路的输出脉宽不受其影响，仍由电路中的 R、C 参数的值确定。可重复触发单稳态触发电路，则是指在暂稳态期间，若有新的触发脉冲输入，暂稳态将以最后一个脉冲触发沿为起点，再延长 t_W 时间后，才返回到稳定状态。可重复触发单稳态触发电路的输出脉宽可根据触发脉冲输入情况的不同而改变，可方便地产生时间较长的输出脉冲。图 8.8（a）为不可重复触发单稳态触发电路的工作波形，图 8.8（b）为可重复触发单稳态触发电路的工作波形。

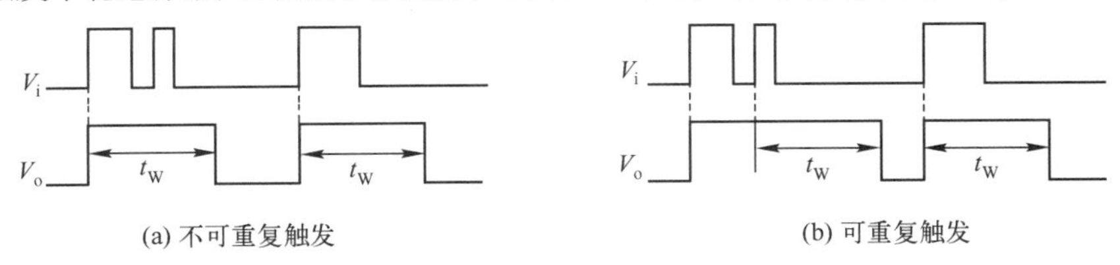

(a) 不可重复触发　　(b) 可重复触发

图 8.8　集成单稳态触发电路的工作波形

1. 不可重复触发单稳态触发电路

74121 是一种不可重复触发单稳态触发电路，其逻辑符号如图 8.9 所示。

74121 的 $\overline{A}_1$ 和 $\overline{A}_2$ 为两个下降沿有效的触发输入端，B 为上升沿有效的触发输入端。引脚 9、10、11 上的“×”表示“非逻辑连接”，即用以表示没有任何逻辑信息的连接，如外接电阻、电容或基准电压等。Q、$\overline{Q}$ 为互补输出，“1⎍”表示“不可重复触发单稳”。74121 稳态时处于 $Q=0$ 和 $\overline{Q}=1$ 的状态，一旦被触发，Q 端和 $\overline{Q}$ 端能分别输出一个正脉冲和一个负脉冲。74121 功能表如表 8.3 所示。

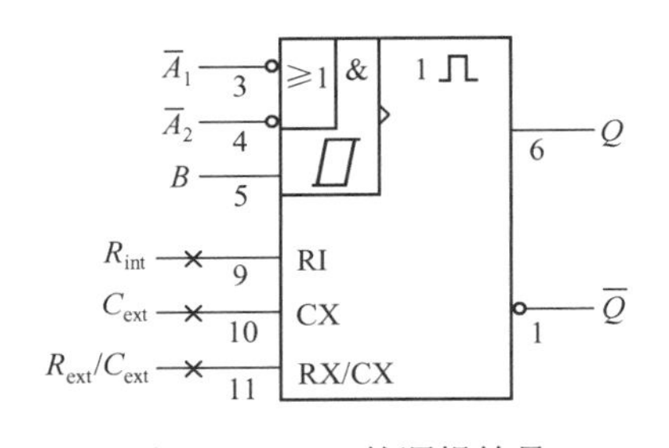

图 8.9　74121 的逻辑符号

表 8.3　74121 功能表

$\overline{A}_1$	$\overline{A}_2$	B	Q	$\overline{Q}$
0	×	1	0	1
×	0	1	0	1
×	×	0	0	1
1	1	×	0	1
1	↓	1	⎍	⊔
↓	1	1	⎍	⊔
↓	↓	1	⎍	⊔
0	×	↑	⎍	⊔
×	0	↑	⎍	⊔

74121 在使用时，要在芯片的引脚 10 和 11 之间接定时电容，当采用电解电容时，电容 C_{ext} 的正极接引脚 10。根据输出脉宽的要求，定时电阻可采用芯片内部电阻 R_{int}（阻值约 2kΩ左右）或外接电阻 R_{ext}。图 8.10（a）为利用 R_{int} 的连接图，图 8.10（b）为使用 R_{ext} 的连接图，这时 Q 和 $\overline{Q}$ 端输出脉冲宽度 $t_W \approx 0.7RC_{ext}$，式中，R 为 R_{int} 或者 R_{ext}。

2. 可重复触发单稳态触发电路

74122 是一种可重复触发单稳态触发电路，其逻辑符号如图 8.11 所示。

74122 的 $\overline{A}_1$ 和 $\overline{A}_2$ 为两个下降沿有效的触发输入端，B_1 和 B_2 为上升沿有效的触发输入端。$\overline{R}_D$ 为

直接复位输入端，低电平有效。引脚 9、11、13 上的“×”表示“非逻辑连接”，即用以表示没有任何逻辑信息的连接，如外接电阻、电容或基准电压等。Q、$\overline{Q}$ 是两个互补输出端，“⊓”表示“可重复触发单稳”。74122 功能表如表 8.4 所示。

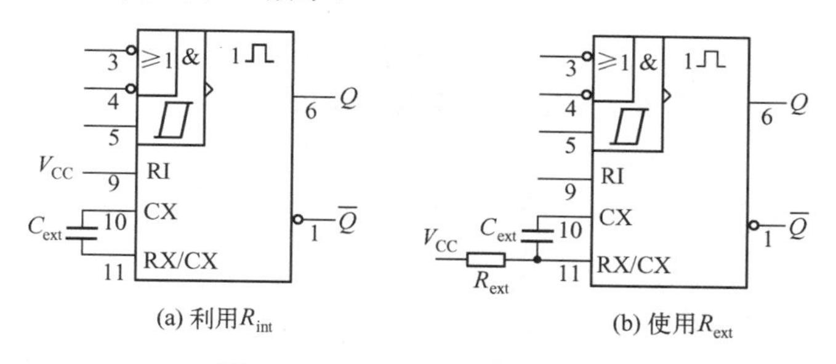

(a) 利用R_{int}　　(b) 使用R_{ext}

图 8.10　74121 的两种连接方法

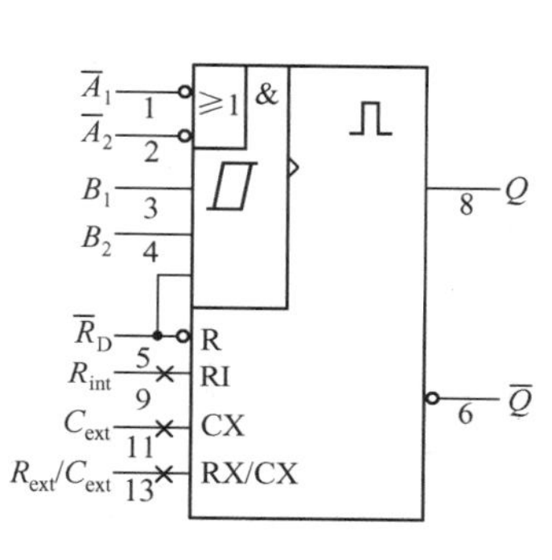

图 8.11　74122 的逻辑符号

表 8.4　74122 功能表

$\overline{R}_D$	$\overline{A}_1$	$\overline{A}_2$	B_1	B_2	Q	$\overline{Q}$
0	×	×	×	×	0	1
×	1	1	×	×	0	1
×	×	×	0	×	0	1
×	×	×	×	0	0	1
1	1	↓	1	1	⊓	⊔
1	↓	↓	1	1	⊓	⊔
1	↓	1	1	1	⊓	⊔
1	0	×	↑	1	⊓	⊔
1	0	×	1	↑	⊓	⊔
1	×	0	↑	1	⊓	⊔
1	×	0	1	↑	⊓	⊔
↑	0	×	1	1	⊓	⊔
↑	×	0	1	1	⊓	⊔

74122 的定时电阻、电容连接方式与 74121 相同，但输出脉冲宽度 $t_W \approx 0.32RC_{ext}$，式中 R 为 R_{int} 或者 R_{ext}。需要注意的是，74122 是可重复触发的单稳态触发电路，只要在输出脉冲结束之前重新输入触发信号，就可以方便地延长输出脉冲的持续时间。

8.3.4　单稳态触发电路的应用

单稳态触发电路的应用很广，下面举例说明其主要用途。

1. 脉冲整形

把不规则的脉冲波形输入到单稳态触发电路，只要能使其工作状态翻转，输出就成为具有一定宽度和一定幅度，而且边沿陡峭的矩形脉冲，从而起到脉冲整形的作用。图 8.12 为用 74121 实现脉冲整形的电路及工作波形，调节 R_{ext} 和 C_{ext}，可改变输出脉冲的宽度。

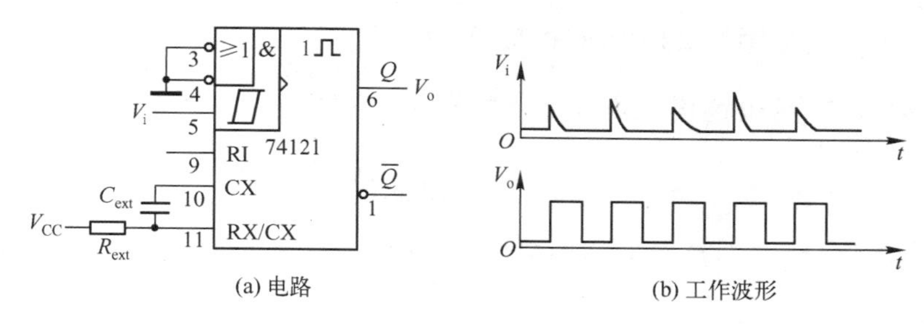

(a) 电路　　(b) 工作波形

图 8.12　用 74121 实现脉冲整形

2. 脉冲延时

在某些数字系统中，有时需要在一个脉冲信号到达后，经一段时间的延迟后再产生一个滞后的脉冲信号，以控制两个相继进行的操作。图 8.13（a）为用 74121 实现的脉冲延时电路，图 8.13（b）为其工作波形。由工作波形可以看出，输出脉冲 V_o 滞后于输入脉冲 V_i 一段时间。延迟时间 t_d 恰好为由 74121(1)的定时参数 C_{ext1} 和 R_{ext1} 所决定的暂稳态时间 t_{W1}，且 V_o 的脉冲宽度 t_{W2} 可由 74121(2)的 C_{ext2} 和 R_{ext2} 的值来调节。由于延迟时间是从 V_i 的上升沿算起的，故 V_i 应接在 74121（1）的 B 触发端。由于 74121（1）以其 Q 端信号触发 74121（2），故应将 Q_1 接在 74121（2）的下降沿触发端。

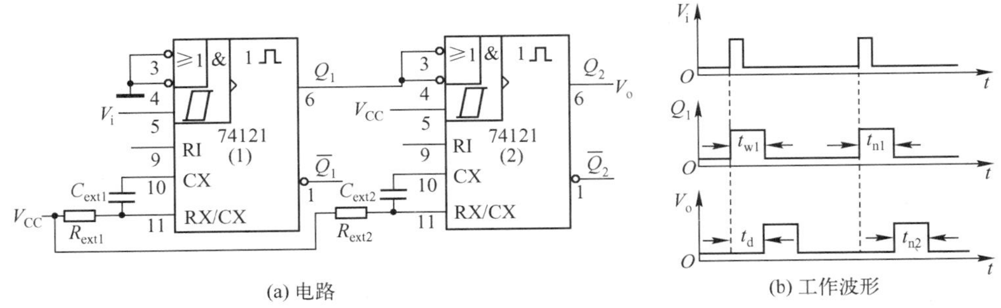

(a) 电路　　(b) 工作波形

图 8.13　用 74121 实现脉冲延时

3. 脉冲定时

由于单稳态触发电路能输出一定宽度的矩形脉冲，如果利用此脉冲去控制某一电路，使之在有脉冲期间动作，这就起到了定时的作用。图 8.14（a）为脉冲定时电路，利用单稳态触发电路产生的脉冲宽度为 t_W 的正矩形脉冲来控制一个与门，与门的另一输入端加入待测高频信号 V_A，由于只有在这个矩形脉冲存在的时间 t_W 内，信号 V_A 才能通过与门，因此如果调节 $t_W = 1\ \text{s}$，则输出 V_o 的脉冲个数便是 V_A 的频率。

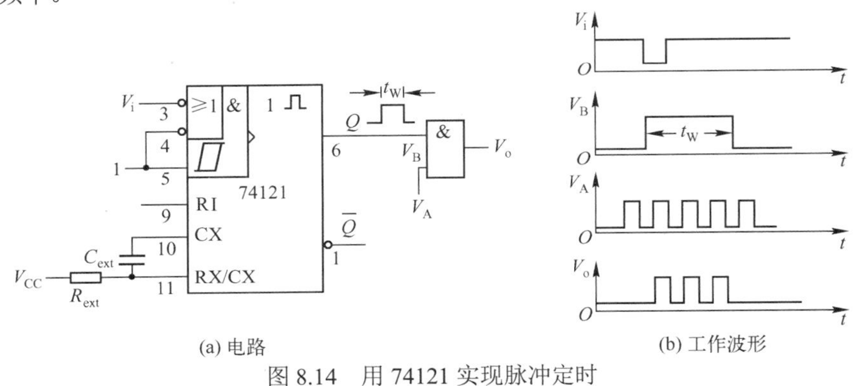

(a) 电路　　(b) 工作波形

图 8.14　用 74121 实现脉冲定时

8.3.5　单稳态触发电路的 Verilog 描述

基于计数器的概念，采用 Verilog 语言完成单稳态触发电路设计。下面通过两个例子介绍单稳态触发电路的 Verilog 描述。

【例 8.2】　不可重复触发单稳态触发电路的 Verilog 代码。

```
module Vrnonretrigger(CLK,TRIGGER,CLR,DELAY,Q);
parameter WIDTH=4;
input CLK,TRIGGER,CLR;
input [WIDTH-1:0] DELAY;
```

```
output reg Q;
reg [WIDTH-1:0] COUNT;

always @ (posedge CLK or negedge CLR)
begin
  if(!CLR)
    COUNT<=4'b0;
  else if((TRIGGER==1'b1) && (COUNT==4'b0))
    COUNT<=DELAY;
  else if(COUNT==4'b0)
    COUNT<=4'b0;
  else
    COUNT<=COUNT-1'b1;
end
always @ (*)
begin
  if(COUNT!=4'b0)
    Q<=1'b1;
  else
    Q<=1'b0;
end
endmodule
```

例 8.2 的代码中，首先测试复位信号 CLR，如果它有效，则计数器立刻清零；如果复位信号无效，则寻找一个时钟脉冲的上升沿。接下来检测触发信号 TRIGGER 状态，如果触发信号在计数值为 0（即前一个输出脉冲已结束）期间的任意时刻触发，那么将脉冲宽度的值置数到计数器中。通过检查计数值是否递减到 0 来测试输出脉冲是否结束：如果为 0，那么计数器不用翻转而保持 0 状态不变；如果不为 0，那么它必须计数，在下一个时钟脉冲到来时减 1。

【例 8.3】 可重复触发单稳态触发电路的 Verilog 代码。

```
module Vrretrigger(CLK,TRIGGER,CLR,DELAY,Q);
parameter WIDTH=4;
input CLK,TRIGGER,CLR;
input [WIDTH-1:0] DELAY;
output reg Q;
reg [WIDTH-1:0] COUNT;
reg TRIG_WAS;

always @ (posedge CLK or negedge CLR)
begin
  if(!CLR)
    COUNT<=4'b0;
  else if((TRIGGER==1'b1) && (TRIG_WAS==1'b0))
    begin
      COUNT<=DELAY;
    end
  else if(COUNT==4'b0)
    COUNT<=4'b0;
  else
```

```
        COUNT<=COUNT-1'b1;
    end
    always @ (posedge CLK)
    begin
      if((TRIGGER==1'b1) && (TRIG_WAS==1'b0))
        TRIG_WAS<=1'b1;
      if(TRIGGER==1'b0)
        TRIG_WAS<=1'b0;
    end
    always @ (*)
    begin
      if(COUNT!=4'b0)
        Q<=1'b1;
      else
        Q<=1'b0;
    end
    endmodule
```

例 8.3 相对于例 8.2，在单稳态触发电路中所做的改进是可重复触发。

8.4　多谐振荡器

多谐振荡器（Astable Multivibrator）是一种自激振荡器，在接通电源以后，不需要外加触发信号，便能自行产生具有一定频率和一定脉宽的矩形波。由于矩形波中包含有丰富的高次谐波分量，所以又称为多谐振荡器。和单稳态触发电路或施密特触发电路不同，多谐振荡器没有稳定状态，只有两个暂稳态。

8.4.1　用 555 定时器构成多谐振荡器

1. 电路组成及工作原理

用 555 定时器构成的多谐振荡器电路如图 8.15（a）所示，图中 R_1、R_2 和 C 为外接定时元件。

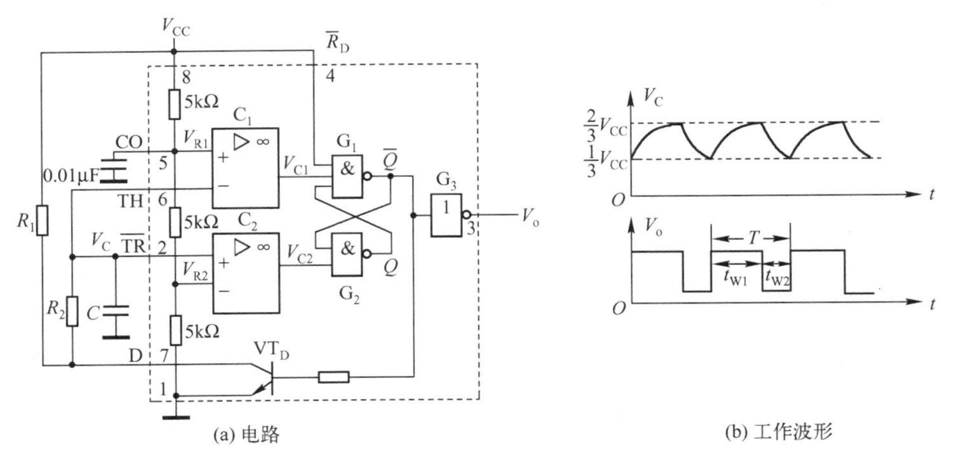

(a) 电路　　　(b) 工作波形

图 8.15　用 555 定时器构成的多谐振荡器

在电路没加电源电压之前，定时电容 C 上的电压 $V_C=0$。下面讨论电路接通电源后的情况。

（1）第一个暂稳态（充电过程）

在电路刚接通电源的瞬间，由于电容 C 两端电压不能突变，故V_C仍保持为 0，这时两个比较器的输出分别为$V_{C1}=1$，$V_{C2}=0$，则$\overline{Q}=0$，放电管 VT_D 截止，输出$V_o=1$，是多谐振荡器电路的一个暂稳态。在这种状态下，电源V_{CC}经电阻 R_1 和 R_2 向电容 C 充电，V_C按指数规律上升，充电时间常数$\tau_1=(R_1+R_2)C$。

（2）自行翻转

当V_C上升到略大于$\frac{2}{3}V_{CC}$时，比较器 C_1 和 C_2 的输出电压分别为$V_{C1}=0$，$V_{C2}=1$，RS 锁存器的状态翻转为$Q=0$，$\overline{Q}=1$，VT_D 导通，输出V_o由 1 转换为 0。

（3）第二个暂稳态（放电过程）

输出$V_o=0$，是多谐振荡器电路的另一个暂稳态。在该状态下，VT_D 导通以后，电容 C 经电阻 R_2 和 VT_D 放电，V_C由$\frac{2}{3}V_{CC}$开始呈指数规律下降，放电时间常数$\tau_2=R_2C$。

（4）再次自行翻转

当V_C下降到略低于$\frac{1}{3}V_{CC}$时，$V_{C1}=1$，$V_{C2}=0$，RS 锁存器的状态又翻转为$Q=1$，$\overline{Q}=0$，输出$V_o=1$，VT_D 截止，多谐振荡器电路再次进入充电过程的暂稳态。如此周而复始形成振荡，从而在输出端可以得到周期性矩形脉冲。多谐振荡器工作波形如图 8.15（b）所示。

2．振荡周期估算

由工作原理分析可知，电路稳定工作之后，电路的振荡周期为：

$$T=t_{W1}+t_{W2}$$

式中，t_{W1}为电容 C 充电时间，即V_C从$\frac{1}{3}V_{CC}$上升到$\frac{2}{3}V_{CC}$所需时间，故：

$$t_{W1}=\tau_1\ln\frac{V_C(\infty)-V_C(0^+)}{V_C(\infty)-V_C(t_{W1})}=(R_1+R_2)C\ln\frac{V_{CC}-\frac{1}{3}V_{CC}}{V_{CC}-\frac{2}{3}V_{CC}}=(R_1+R_2)C\ln 2$$

t_{W2}为电容 C 放电时间，即V_C从$\frac{2}{3}V_{CC}$下降到$\frac{1}{3}V_{CC}$所需时间，故：

$$t_{W2}=\tau_2\ln\frac{V_C(\infty)-V_C(0^+)}{V_C(\infty)-V_C(t_{W2})}=R_2C\ln\frac{0-\frac{2}{3}V_{CC}}{0-\frac{1}{3}V_{CC}}=R_2C\ln 2$$

因此

$$T=t_{W1}+t_{W2}=(R_1+2R_2)C\ln 2\approx 0.7(R_1+2R_2)C$$

t_{W1}与周期T之比称为占空比，即

$$q=\frac{t_{W1}}{T}=\frac{R_1+R_2}{R_1+2R_2}$$

可见，输出脉冲的占空比总是大于 50%。当$R_2\gg R_1$时，$q\approx 50\%$，输出振荡波形近似为方波。

3．改进电路

在图 8.15（a）所示电路的基础上增加一个可调电位器 RP，再用 VD_1、VD_2 两个二极管把充电

回路和放电回路完全分开，如图 8.16 所示，就构成了占空比可调的多谐振荡器。调节 RP 就可改变输出脉冲的占空比。

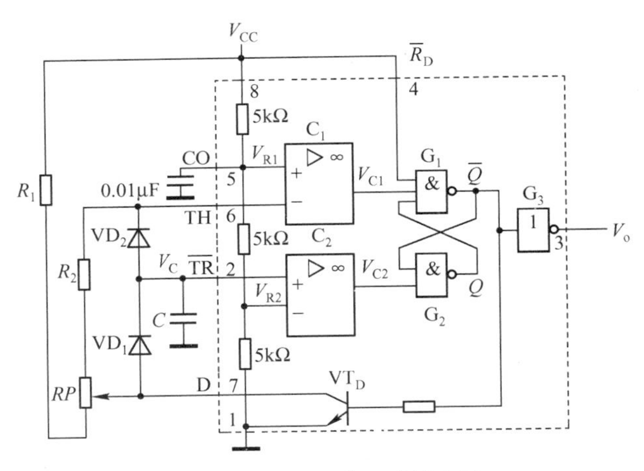

图 8.16　多谐振荡器改进电路

如果把 RP 分成两部分，把靠近 R_1 一侧的部分归并到 R_1，靠近 R_2 一侧的部分归并到 R_2，那么其充电回路是 V_{CC} 经 R_1、VD_1 对电容 C 充电，充电时间常数 $\tau_1 = R_1C$；放电回路是电容通过 VD_2、R_2 和 VT_D 放电，放电时间常数 $\tau_2 = R_2C$。因此：

$$t_{W1} \approx 0.7R_1C, \qquad t_{W2} \approx 0.7R_2C, \qquad q = \frac{t_{W1}}{T} = \frac{R_1}{R_1 + R_2}$$

由上式可知：$R_1 > R_2$，$q > 1/2$；$R_1 = R_2$，$q = 1/2$；$R_1 < R_2$，$q < 1/2$。

8.4.2　用施密特触发电路构成多谐振荡器

1. 电路组成和工作原理

利用施密特触发电路电压传输具有的迟滞特性很容易构成多谐振荡器，电路如图 8.17（a）所示，它是将施密特触发电路的反相输出端经 RC 积分电路接至输入端构成的。

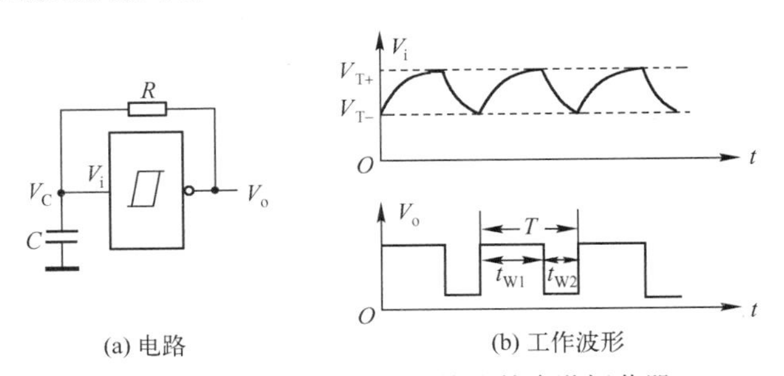

(a) 电路　　(b) 工作波形

图 8.17　用施密特触发器构成的多谐振荡器

接通电源的瞬间，由于电容 C 的初始电压为零，施密特触发电路的输入 V_i 为低电平，故输出 V_o 为高电平，电路进入第一个暂稳态。在此期间，输出高电平经电阻 R 向电容 C 充电，使 V_i 以指数规律增加。当电容 C 上的电压增加到略大于施密特触发电路的上触发电平 V_{T+} 时，输出 V_o 从高电平跳变到低电平，电路从第一个暂稳态转换为第二个暂稳态。

在第二个暂稳态期间，电容 C 经电阻 R 放电，使 V_i 按指数规律下降。当电容 C 上的电压下降到略低于施密特触发电路的下触发电平 V_{T-} 时，输出 V_o 从低电平跳变到高电平，电路从第二个暂稳态又返回到第一个暂稳态。

电路如此周而复始地改变状态，产生自激振荡。电路的工作波形如图 8.17（b）所示。

2．振荡周期估算

若使用的是 CMOS 集成施密特触发电路，且 $V_{\mathrm{OH}} \approx V_{\mathrm{DD}}$，$V_{\mathrm{OL}} \approx 0$，则由图 8.17（b）可得电路的振荡周期为：

$$T = t_{\mathrm{W1}} + t_{\mathrm{W2}} = RC\ln\frac{V_{\mathrm{DD}} - V_{\mathrm{T-}}}{V_{\mathrm{DD}} - V_{\mathrm{T+}}} + RC\ln\frac{0 - V_{\mathrm{T+}}}{0 - V_{\mathrm{T-}}} = RC\ln\left(\frac{V_{\mathrm{DD}} - V_{\mathrm{T-}}}{V_{\mathrm{DD}} - V_{\mathrm{T+}}} \cdot \frac{V_{\mathrm{T+}}}{V_{\mathrm{T-}}}\right)$$

8.4.3　石英晶体多谐振荡器

前面介绍的多谐振荡器结构简单、使用灵活、电源电压范围宽、调节方便，因此得到了广泛的应用。但缺点是电路的振荡频率取决于时间常数 RC、转换电平及电源电压等参数，导致输出频率稳定性较低，在一些要求频率稳定度高的场合，其应用受到限制。例如在数字钟表中，计数脉冲频率的稳定性会直接决定计时的精度，频率越稳定，计时越精确。所以，在对振荡频率稳定性要求很高的场合，常采用石英晶体多谐振荡器。

1．石英晶体的选频特性

图 8.18 所示是石英晶体的符号和阻抗频率特性。由图可以看出，石英晶体对频率特别敏感，在石英晶体两端加不同频率的信号时，石英晶体呈不同的阻抗特性和不同的阻抗值。在 f_{s}~f_{p} 的频率范围内，X 为正值，呈感性；而在其他频段内，X 均为负值，呈容性。在 f_{s} 上，X=0，具有串联谐振特性，相应的 f_{s} 称为串联谐振频率；在 f_{p} 上，X→∞，具有并联谐振特性，相应的 f_{p} 称为并联谐振频率。石英晶体的谐振频率与石英片的物理特性、几何尺寸和外形有关，而振荡频率的稳定性则与石英片的材料和切割方式有关。由于石英晶体的物理性能和化学性能十分稳定，对湿度、温度和大气压力等周围环境条件的变化不敏感，故石英振荡器的谐振频率十分稳定，而且准确度也可以做得很高。

2．石英晶体多谐振荡器

图 8.19 所示电路是用 CMOS 反相器和石英晶体构成的多谐振荡器。图中反相器 $\mathrm{G_1}$ 用于产生振荡；$\mathrm{R_f}$ 是反馈电阻（阻值约为 10~100MΩ），其作用是为 $\mathrm{G_1}$ 提供适当的偏置，使之工作在放大区，以增强电路的稳定性和改善振荡器的输出波形；振荡器的振荡频率取决于石英晶体的固有频率 f_{o}；$\mathrm{C_1}$ 是温度特性校正电容（一般取 20~40pF）；$\mathrm{C_2}$ 是频率微调电容（调节范围一般为 5~35pF）。反相器 $\mathrm{G_2}$ 的作用是对输出信号整形和缓冲，以便得到较为理想的矩形波和增加电路的驱动能力。

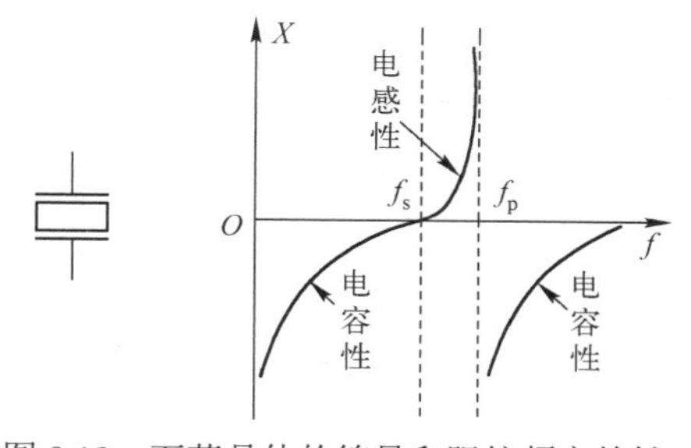

图 8.18　石英晶体的符号和阻抗频率特性

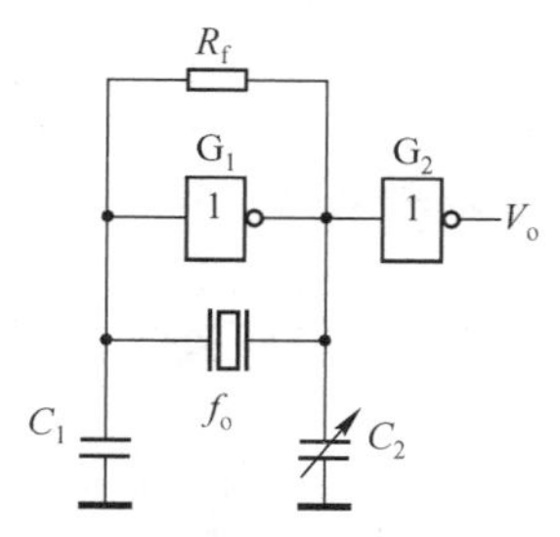

图 8.19　多谐振荡器

图 8.20 所示电路中，CD4060 是一个 14 级二进制串行计数/分频/振荡器，其中振荡器电路可由外接电阻、电容形成 RC 振荡，也可使用外加石英晶体形成振荡。$\mathrm{C_1}$、$\mathrm{C_2}$、$\mathrm{R_1}$ 和石英晶体是外接元件，石英晶体型号可根据不同的谐振频率要求选取。例如，该电路石英晶体的谐振频率为 32 768Hz，经 CD4060 的多级分频，从 $\mathrm{Q_{14}}$～$\mathrm{Q_{12}}$、$\mathrm{Q_{10}}$～$\mathrm{Q_4}$ 端可分别获得 2Hz, 4Hz, 8Hz, …, 1024Hz, 2048Hz 等

10 级不同频率的输出信号（Q_{11} 没有引出端）。如果要得到 1Hz 的信号，只需在 Q_{14} 端接一个二分频电路即可。

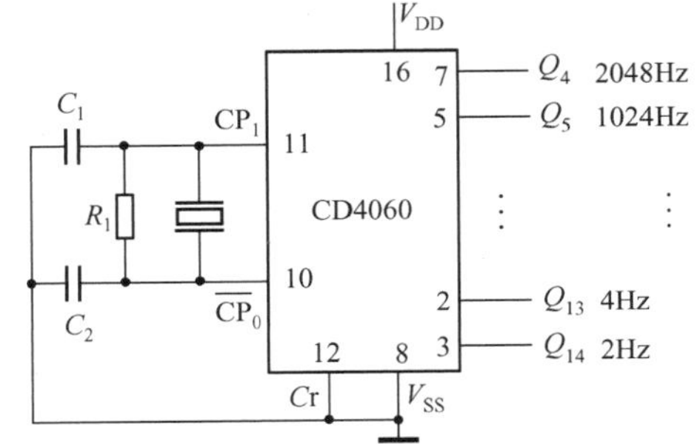

图 8.20　二进制串行计数/分频/振荡电路

复习思考题

R8.1　555 定时器中缓冲器 G_3 有什么作用？为什么？

R8.2　在图 8.3（a）所示的用 555 定时器接成的施密特触发电路中，用什么方法能调节回差电压的大小？

R8.3　在图 8.6 所示的用 555 定时器构成的单稳态触发电路中，对输入触发脉冲的宽度有无限制？当输入触发脉冲的宽度大于输出脉冲宽度时，电路应做何改动？

R8.4　施密特触发电路、单稳态触发电路、多谐振荡器，各有几个暂稳态、几个稳定状态？

习题

8.1　在图 8.3（a）所示的用 555 定时器接成的施密特触发电路中，试问：

（1）当 $V_{CC}=12V$，而且没有外接控制电压时，V_{T+}、V_{T-} 和 ΔV_T 各为多少伏？

（2）当 $V_{CC}=10V$，控制电压 $V_{CO}=6V$ 时，V_{T+}、V_{T-} 和 ΔV_T 各为多少伏？

8.2　分析图 P8.2 所示由 555 定时器构成的电路。

（1）说明该电路为何种电路？

（2）画出该电路的电压传输特性曲线（请标明相应的参数）。

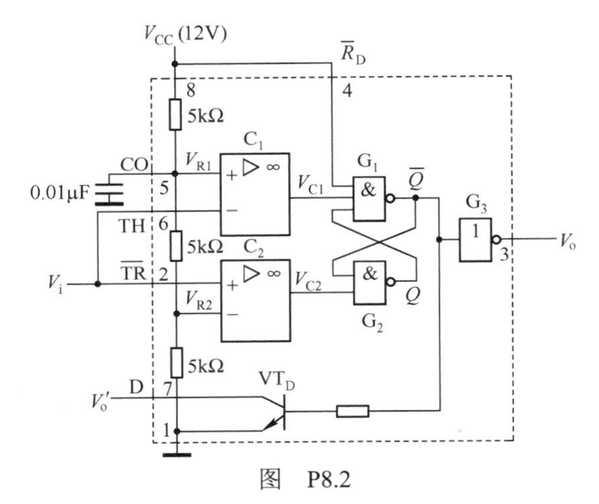

图　P8.2

*8.3　图 P8.3（a）所示是一个脉冲展宽电路，图中施密特触发电路和反相器均为 CMOS 电路。若已知输入信号 V_i 的波形如图 P8.3（b）所示，并假定它的低电平持续时间比时间常数 RC 大得多，试定性画出 V_C 和输出 V_o 对应的波形。

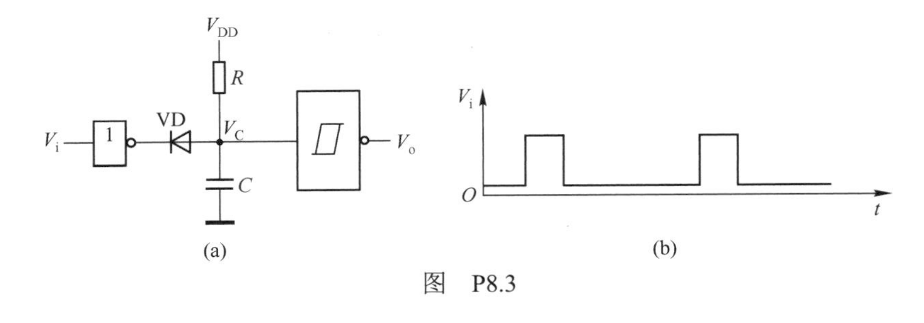

图　P8.3

8.4　图 P8.4（a）为由 555 定时器构成的单稳态触发电路，若已知输入信号 V_i 的波形如图 P8.4（b）所示，电路在 $t=0$ 时刻处于稳态。

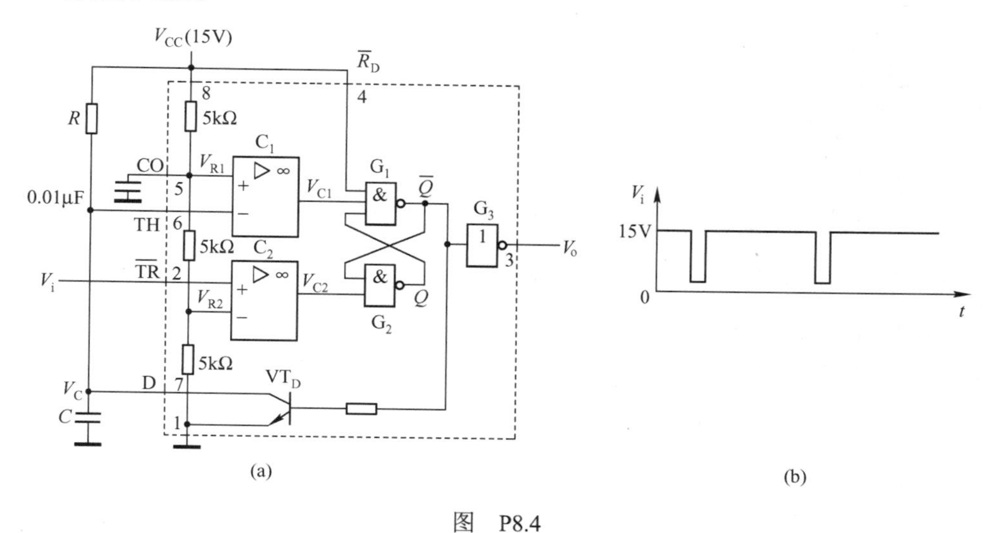

图　P8.4

（1）根据输入信号 V_i 的波形定性画出 V_C 和输出 V_o 对应的波形。

（2）如在 555 定时器的 5 脚和 1 脚间并接一个 10kΩ的电阻，试说明输出波形会发生怎样的变化？

（查阅本题题解请扫描二维码 8-1）

8.5　555 定时器接成如图 P8.5（a）所示的电路，试问这是什么电路？若 V_{CO} 和 V_i 所加波形如图 P8.5（b）所示，试定性画出 V_C 和输出电压 V_o 的对应波形（设输入 V_i 的触发负脉冲宽度小于输出 V_o 的脉冲宽度）。

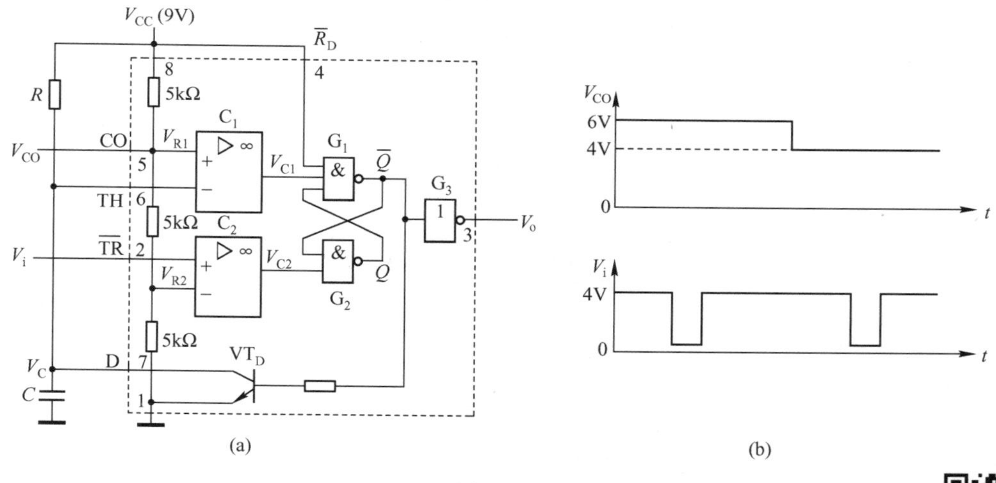

图　P8.5

二维码 8-1

8.6　图 P8.6（a）所示是用集成单稳态触发电路 74121 和 D 触发器构成的噪声消除电路，图 P8.6（b）为输入信号 V_i 的波形。设单稳态触发电路的输出脉冲宽度 t_w 满足：$t_n < t_w < t_s$，其中 t_n 为噪声，t_s 为信号脉宽，试定性画出 $\overline{Q}$ 和 V_o 的波形。

8.7　图 P8.7（a）是由集成单稳态触发电路 74121 和门电路构成的脉冲宽度鉴别电路，图 P8.7（b）为输入信号 V_i 的波形。若单稳态触发电路输出 Q 的脉宽为 t_w，则当 V_i 的正向脉冲宽度小于 t_w 时，V_{o1} 输出负脉冲；而当 V_i 的正向脉冲宽度大于 t_w 时，V_{o2} 输出负脉冲。试根据图 P8.7（b）定性画出 Q、V_{o1}、V_{o2} 的波形。

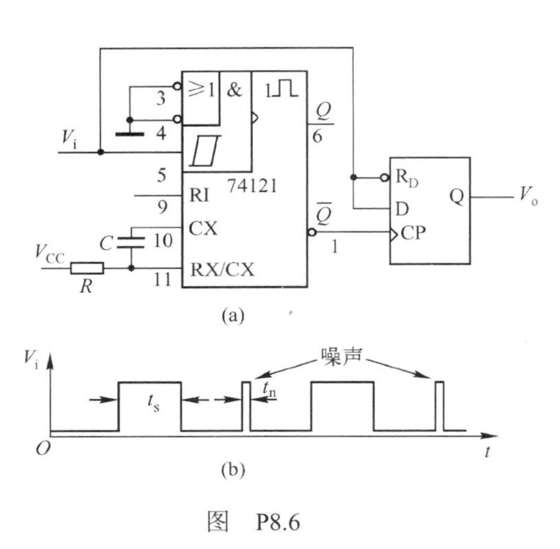
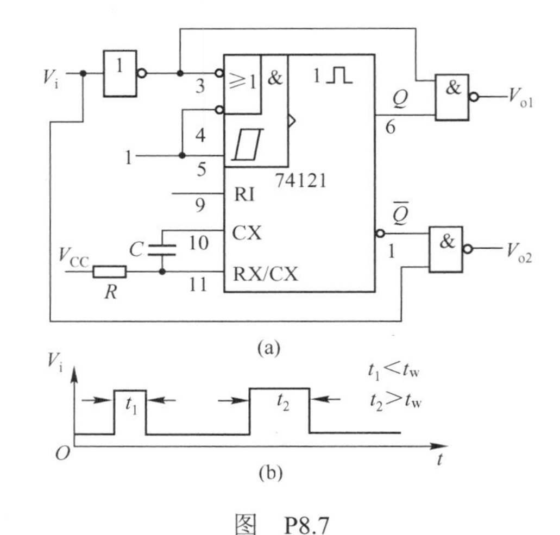

图　P8.6　　　　　　　　　　　　　　　图　P8.7

8.8　在图 8.15 所示的用 555 定时器构成的多谐振荡器中，若 $R_1 = R_2 = 5.1\text{k}\Omega$，$C = 0.01\mu\text{F}$，$V_{CC} = 12\text{V}$，试计算电路的振荡频率和占空比。若保持频率不变，而使占空比为 1/2，试画出改进电路。（查阅本题题解请扫描二维码 8-2）

二维码 8-2

8.9　分析图 P8.9 所示由 555 定时器外加少量其他器件构成的电路。

（1）说明该电路为何种电路？

（2）画出 V_C 和 V_O 点的波形（要求标明必要的参数）。

（3）若减小 C 的值，定性说明输出信号是否有变化？若有，请说明如何变化？

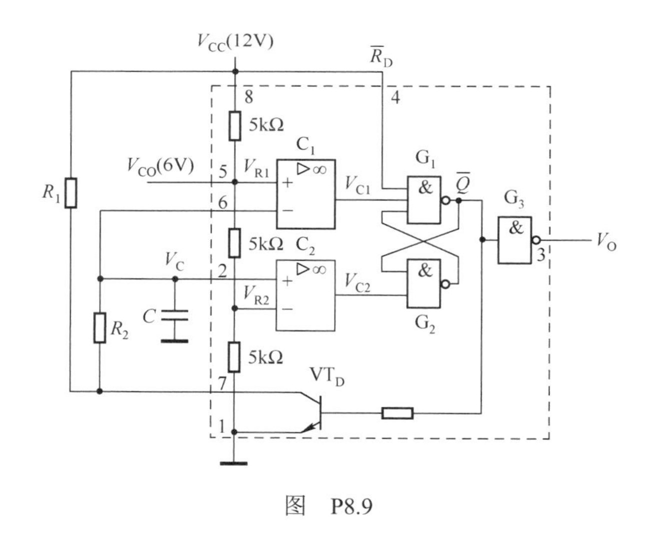

图　P8.9

*8.10　试修改图 8.17 所示的用施密特触发电路构成的多谐振荡器电路，使其输出脉冲占空比可调。请画出改进电路。

8.11　分析图 P8.11 所示电路，回答：

（1）按钮 S 未按下时，两个 555 定时器工作在什么状态？

（2）每按动一下按钮后两个 555 定时器如何工作？

（3）画出每次按动按钮后两个 555 定时器的输出电压波形。（查阅本题题解请扫描二维码 8-3）

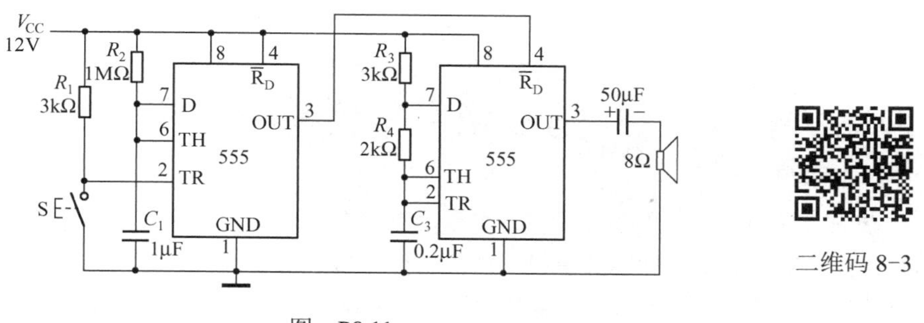

图　P8.11

第 9 章　数模和模数转换

随着数字电子技术的迅速发展，各种数字设备，特别是计算机的应用日益广泛，几乎渗透到了国民经济的所有领域之中。计算机只能对数字信号进行处理，处理的结果还是数字量，而在生产过程自动控制领域，所要处理的变量往往是连续变化的物理量（模拟量），如温度、压力、速度等，这些非电的模拟量先要经过传感器变成电压或电流等电的模拟量，然后再转换为数字量，才能送入计算机进行处理。计算机处理后得到的数字量必须再转换成电的模拟量，方能去控制执行元件，以实现自动控制的目的。

模拟量转换成数字量的过程被称为模数转换，简称 A/D（Analog to Digital）转换；完成模数转换的电路被称为 A/D 转换器，简称 ADC（Analog to Digital Converter）。数字量转换成模拟量的过程被称为数模转换，简称 D/A（Digital to Analog）转换；完成数模转换的电路被称为 D/A 转换器，简称 DAC（Digital to Analog Converter）。

ADC 和 DAC 是数字设备与控制对象之间的接口电路，是计算机用于工业过程控制的关键部件。转换器在转换过程中会带来误差，为了确保转换结果的准确性，ADC 和 DAC 必须有足够的精度。其次，为了适应对快速过程的控制或检测，ADC 和 DAC 还必须有足够快的转换速度。因此，转换精度和转换速度是衡量 ADC 和 DAC 性能优劣的重要标志。近年来，A/D 和 D/A 转换技术发展非常迅速，正在向高精度、高速度和高可靠性的方向发展，而且新的转换方法和转换电路不断出现。

下面将介绍 ADC 和 DAC 的常用典型电路及其工作原理。由于在许多 A/D 转换的方法中用到了 D/A 转换过程，因此首先介绍 D/A 转换器。

9.1　D/A 转换器

9.1.1　D/A 转换器的基本原理

D/A 转换器是指将以数字代码形式表示的输入量转换为与输入数字量成比例的输出电压或电流量的过程。D/A 转换器输入的数字量，可以是二进制码或 BCD 码等编码形式。

设 D/A 转换器的输入数字量为一个 n 位的二进制数 D，输出模拟量为 V_o（或 I_o），如图 9.1 所示。

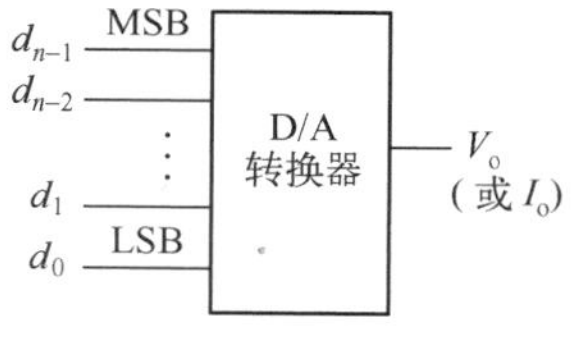

图 9.1　D/A 转换器方框图

二进制数 D 的按权展开式为

$$D = d_{n-1} \times 2^{n-1} + d_{n-2} \times 2^{n-2} + \cdots + d_1 \times 2^1 + d_0 \times 2^0 \qquad (9.1)$$

输出模拟量与输入数字量之间的一般关系为

$$V_o(或I_o) = KD = K(d_{n-1} \times 2^{n-1} + d_{n-2} \times 2^{n-2} + \cdots + d_1 \times 2^1 + d_0 \times 2^0) \qquad (9.2)$$

式（9.2）中，K 为转换比例系数。

因此，D/A 转换的过程是，先把输入数字量的每一位代码按其权的大小转换成相应的模拟量，然后将代表各位的模拟量相加，即可得到与该数字量成正比的总模拟量，从而实现数模转换。

D/A 转换器通常由译码网络、模拟开关、运算放大器和基准电压源等部分组成。按照译码网络的不同，可以构成多种 D/A 转换器，如权电阻网络 D/A 转换器、倒 T 形电阻网络 D/A 转换器、权电流型 D/A 转换器、权电容网络 D/A 转换器等。下面仅介绍权电阻网络 D/A 转换器和目前集成 D/A 转换器中常用的倒 T 形电阻网络 D/A 转换器。

9.1.2 权电阻网络 D/A 转换器

图 9.2 是 4 位权电阻网络 D/A 转换器的原理图，它主要由权电阻网络、模拟开关、运算放大器和基准电压 V_{REF} 四部分组成。

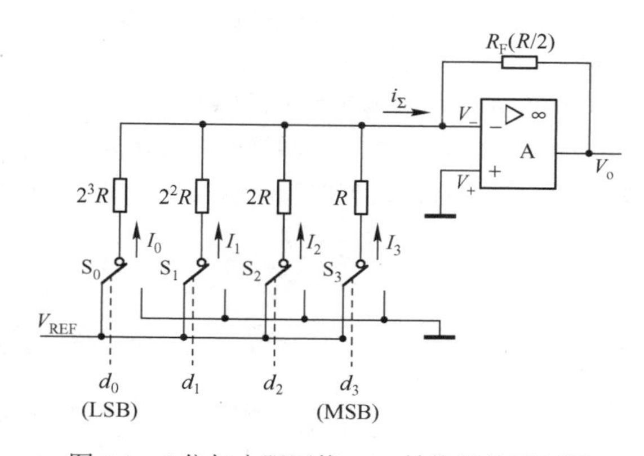

图 9.2　4 位权电阻网络 D/A 转换器的原理图

权电阻网络和运算放大器组成求和电路。电子开关 $S_3 \sim S_0$ 的状态分别受输入代码 $d_3 \sim d_0$ 的取值控制，代码为 1 时开关接到 V_{REF} 上，代码为 0 时开关接地。因此，当 $d_i=1$ 时有支路电流 I_i 流向求和电路，$d_i=0$ 时 I_i 为 0。

根据线性运用条件下，运放虚短、虚断的特点有：

$$V_o = -R_F i_\Sigma = -R_F(I_3 + I_2 + I_1 + I_0) \tag{9.3}$$

电路中 $R_F = \dfrac{R}{2}$，$I_3 = \dfrac{V_{REF}}{R}d_3$，$I_2 = \dfrac{V_{REF}}{2R}d_2$，$I_1 = \dfrac{V_{REF}}{2^2R}d_1$，$I_0 = \dfrac{V_{REF}}{2^3R}d_0$，将它们代入式（9.3）中可得

$$V_o = -\frac{V_{REF}}{2^4}(d_3 \times 2^3 + d_2 \times 2^2 + d_1 \times 2^1 + d_0 \times 2^0) \tag{9.4}$$

对于 n 位的权电阻网络 D/A 转换器，当反馈电阻取 $R/2$ 时，输出电压的计算公式为：

$$V_o = -\frac{V_{REF}}{2^n}(d_{n-1} \times 2^{n-1} + d_{n-2} \times 2^{n-2} + \cdots + d_1 \times 2^1 + d_0 \times 2^0) \tag{9.5}$$

结果表明，电路实现了从数字量到模拟量的转换。

权电阻网络 D/A 转换器结构比较简单，所用的电阻元件数很少。缺点是各个电阻的阻值相差较大，尤其在输入信号的位数较多时，这个问题就更加突出。因此要想在极为宽的阻值范围内保证每个电阻都有很高的精度是十分困难的，尤其对制作集成电路更加不利。

9.1.3 倒 T 形电阻网络 D/A 转换器

图 9.3 为 4 位倒 T 形电阻网络 D/A 转换器的原理图。由图可见，倒 T 形电阻网络中只有 R 和 $2R$ 两种阻值的电阻，克服了权电阻网络 D/A 转换器中电阻阻值相差太大的缺点，给集成电路的设计与制作带来了很大的方便。

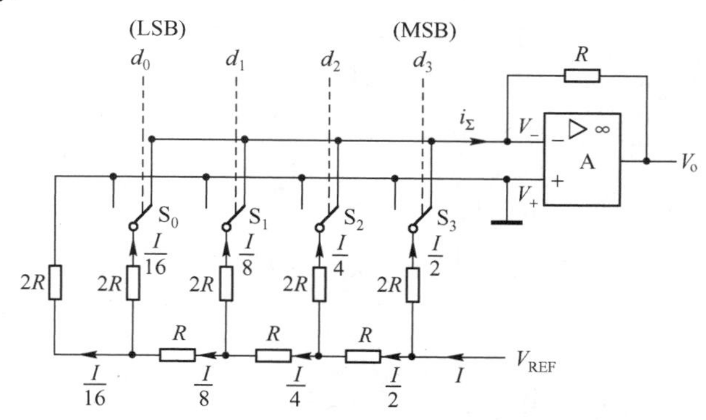

图 9.3　4 位倒 T 形电阻网络 D/A 转换器的原理图

开关 S_3~S_0 分别受输入 4 位二进制数中相应位的数码 $d_3 \sim d_0$ 的状态控制，当某位数码为 1 时，相应的开关将电阻接到运算放大器的反相输入端（求和点虚地）；当某位数码为 0 时，相应的开关将电阻接到运算放大器的同相输入端（地）。这样，不管输入的数码是 1 还是 0，开关 S_i 均相当于接地。

分析 R-$2R$ 电阻网络可以发现，从每个节点向左看，每个二端网络的等效电阻均为 R，因此从基准电压流入倒 T 形电阻网络的总电流为 $I = V_{\text{REF}} / R$。每经过一个节点，支路的电流衰减 $1/2$，根据输入数字量的数值，可以写出流入放大器虚地的总电流为：

$$i_{\Sigma} = \frac{I}{2}d_3 + \frac{I}{4}d_2 + \frac{I}{8}d_1 + \frac{I}{16}d_0 = \frac{V_{\text{REF}}}{2^4 R}(d_3 \times 2^3 + d_2 \times 2^2 + d_1 \times 2^1 + d_0 \times 2^0) \tag{9.6}$$

因此输出电压为：

$$V_{\text{o}} = -i_{\Sigma} R = -\frac{V_{\text{REF}}}{2^4}(d_3 \times 2^3 + d_2 \times 2^2 + d_1 \times 2^1 + d_0 \times 2^0) \tag{9.7}$$

如果是 n 位输入的倒 T 形电阻网络 D/A 转换器，则输出电压为：

$$V_{\text{o}} = -\frac{V_{\text{REF}}}{2^n}(d_{n-1} \times 2^{n-1} + d_{n-2} \times 2^{n-2} + \cdots + d_1 \times 2^1 + d_0 \times 2^0) \tag{9.8}$$

倒 T 形电阻网络 D/A 转换器的特点是：

（1）电阻种类少，其值只有 R 和 $2R$ 两种，有利于提高制作精度；

（2）模拟开关在地和虚地之间转换，不论开关状态如何，各支路的电流始终不变，因此不需要电流建立时间；

（3）各支路电流直接流入运算放大器的输入端，不存在传输时间差，因而提高了转换速度，并减少了动态过程中输出端可能出现的尖峰脉冲。

9.1.4 集成 D/A 转换器及主要技术参数

1. 集成 D/A 转换器

集成 D/A 转换器产品的种类多，性能指标各异。图 9.4 为 AD 公司生产的 AD7520 的电路原理图。它的输入为10位二进制数，芯片内只含倒T形电阻网络、CMOS 电流开关和反馈电阻（$R = 10\text{k}\Omega$），组成 D/A 转换器时，必须外接运算放大器。运算放大器的反馈电阻可采用片内电阻 R（见图 9.4），也可另选反馈电阻接到 I_{OUT1} 与 V_{o} 之间。

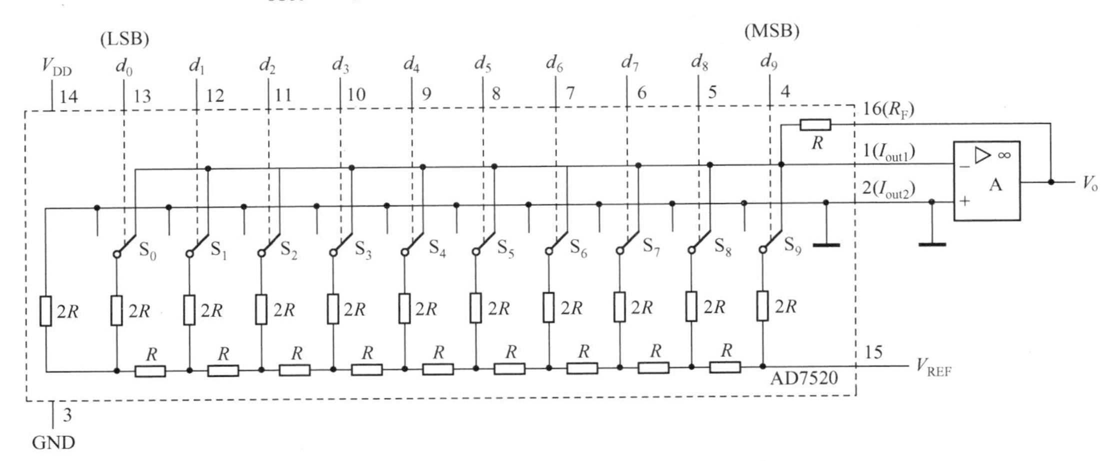

图 9.4　AD7520 的电路原理图

AD7520 芯片内部的倒 T 形电阻网络的结构和分流原理如前所述，若基准电压为–10 V，则提供的总电流为$I=-10\text{V}/10\text{k}\Omega=-1\text{mA}$。当输入数字量$d_9 \sim d_0$均为 1 时，输出电压为$V_o=-\frac{2^{10}-1}{2^{10}}\times(-10)\approx 9.99\text{V}\approx 10\text{V}$；当$d_9 \sim d_0$均为 0 时，$V_o=0\text{V}$。

2．主要技术参数

（1）分辨率

分辨率是指对输出最小电压的分辨能力，定义为最小输出电压V_{LSB}（此时输入数字代码中只有最低有效位为 1，其余各位均为 0）与最大输出电压V_{OM}（或称满量程输出电压，此时输入数字代码中各位均为 1）之比，即

$$\text{分辨率}=V_{LSB}/V_{OM}=1/(2^n-1) \tag{9.9}$$

例如，输入数字代码为 10 位的 AD7520 的分辨率为：$1/(2^{10}-1)=1/1023\approx 0.001$，若输出模拟电压满量程为 10V，则其能够分辨的最小电压为$10/1023\approx 0.01\text{V}$；而对于一个 8 位的 D/A 转换器，其分辨率为$1/(2^8-1)=1/255\approx 0.004$，若输出模拟电压满量程为 10V，则其能够分辨的最小电压为$10/255\approx 0.04\text{V}$。可见位数越多，分辨能力越强。所以有时也用输入数字代码的位数来描述分辨率。

（2）转换误差

由于 D/A 转换器的各个环节在参数和性能上与理论值之间不可避免地存在着差异，所以实际能达到的转换精度要由转换误差来决定。造成 D/A 转换器转换误差的原因主要有基准电压V_{REF}的波动、运算放大器的零点漂移、模拟开关的导通内阻和导通压降、电阻网络中电阻阻值的偏差等。

转换误差通常用输出电压满量程（Full Scale Range，FSR）的百分数表示，也可以用最低有效位的倍数表示。例如，转换误差为$\frac{1}{2}$LSB，就表示输出模拟电压的绝对误差等于最小输出电压V_{LSB}的一半。

（3）转换速度

通常用建立时间t_{set}来定量描述 D/A 转换器的转换速度。其定义为：从输入的数字量发生突变开始，直到输出电压进入与稳态值相差$\pm\frac{1}{2}$LSB 范围以内的这段时间，如图 9.5 所示。

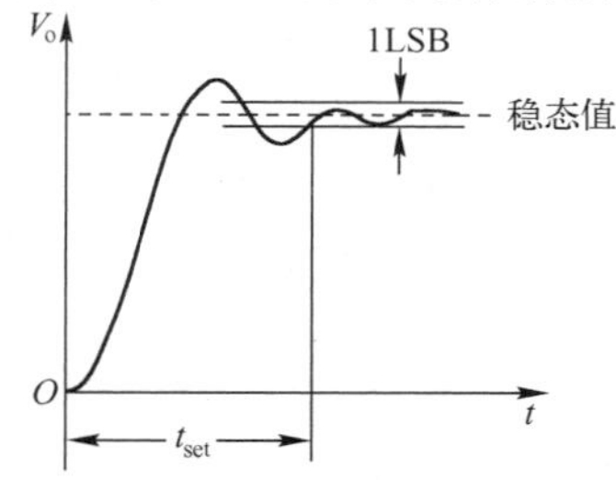

图 9.5　D/A 转换器建立时间

因为输入数字量的变化越大，建立的时间就越长，所以一般产品说明中给出的都是输入从全 0 跳变为全 1（或全 1 跳变为全 0）时的建立时间。例如，AD7520 的建立时间小于 500ns。目前在不包含运算放大器的集成 D/A 转换器中，建立时间最短的可达到 0.1μs 以内，在包含运算放大器的集成 D/A 转换器中，建立时间最短的可达 1.5μs 以内。

9.2　A/D 转换器

9.2.1　A/D 转换器的基本原理

A/D 转换器的功能是将输入的模拟量转换成数字量进行输出。由于输入的模拟量在时间上和幅度上都是连续的，而转换后输出的数字量在时间上和数值上都是不连续（离散）的，因此，要将模拟量变为数字量，首先要按一定的时间间隔取模拟电压值，此过程称为取样，而且还要将取样下来

的电压保持一段时间，以便进行转换。取样和保持的功能常用一个电路来实现，叫取样保持电路。取样保持下来的电压是时间上离散的模拟电压，它的幅度仍然是任意的，而要用数字量来表示，只能用 0 和 1 的各种组合来实现。由于数字量的位数是有限的，只能表示有限个数值（n 位数字量只能表示 2^n 个数值），因此，用数字量来表示幅度上可以连续取值的模拟量时，就有一个类似于四舍五入的取整问题，取整的过程称为量化。量化后的电压还必须用代码来表示，以便于数字系统进行传输和处理，这个过程称为编码。这些代码便是 A/D 转换器的输出信号。

因此，一个完整的 A/D 转换过程，通常要经过取样和保持、量化、编码过程。

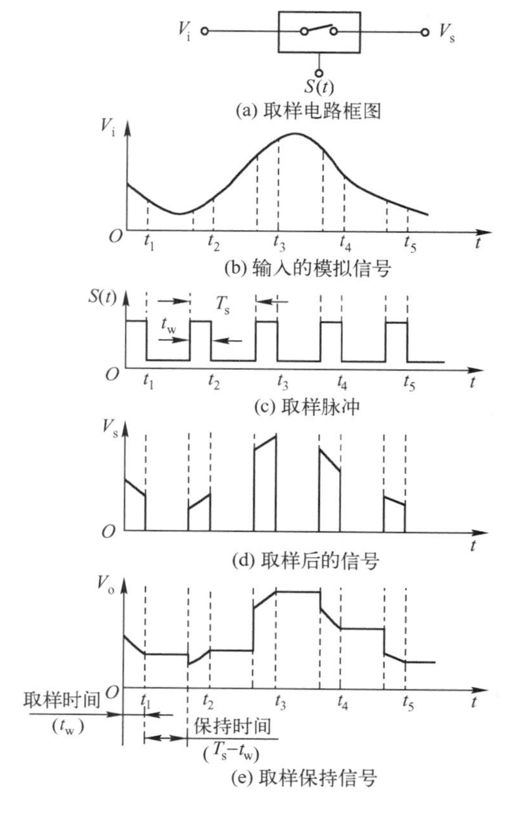

图 9.6　取样保持过程

1. 取样和保持

取样是将时间上连续变化的模拟量转换成时间上离散的模拟量的过程。取样电路可以用图 9.6（a）所示的框图来描述。图 9.6（c）所示的 $S(t)$ 为取样控制信号，简称取样信号，它是一串脉宽为 t_w、周期为 T_s 的脉冲信号，用来控制图 9.6（a）中的模拟开关。显然，在取样脉冲到来的 t_w 期间，开关接通，输出等于输入；而在 T_s-t_w 时间，开关断开，输出等于 0。V_i 经开关取样，其取样后信号 V_s 的波形如图 9.6（d）所示。

为了使取样输出信号能不失真地复现原来的输入信号，取样信号必须有足够高的频率。根据取样定理，必须满足：

$$f_s \geqslant 2f_{imax} \tag{9.10}$$

式中，f_s 为取样信号的频率，即取样频率；f_{imax} 为输入模拟信号中最高频率分量的频率。

由于取样输出的脉冲宽度很窄，而紧接在后面的 A/D 转换又需要一定的转换时间，所以需要在取样电路后接一个保持电路，将 t_w 时间内采集到的模拟信号暂时保存起来，直到下一个取样脉冲的到来，从而为后面的量化、编码提供一个稳定的输入信号。

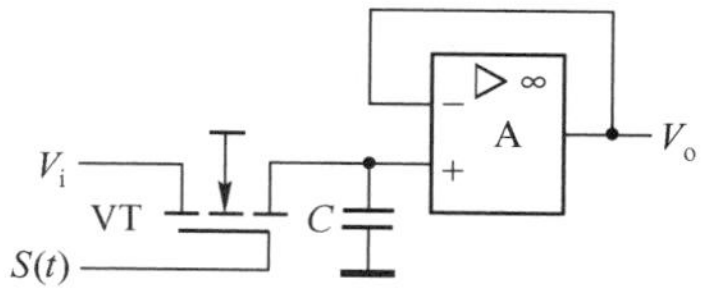

通常取样和保持是由取样保持电路来实现的，如图 9.7 所示。图中，场效应管 VT 作为模拟开关，受取样信号 $S(t)$ 控制；电容 C 为保持电路；运算放大器接成跟随器，起缓冲隔离作用。在 $S(t)$ 高电平持续时间 t_w 内，VT 导通，输入模拟信号 V_i 经 VT 向 C 充电。假定 C 的充电时间常数远小于 t_w，则 C 上的电压 V_C 在 t_w 时间内，完全能跟上 V_i 的变化，因而跟随器的输出 V_o 也就跟得上 V_i 的变化。取样脉冲结束时，VT 截止。如果 VT 的截止电阻和跟随器的输入电阻都足够大，V_C 就能保持到下一个取样脉冲到来之前基本不变。当下一个取样脉冲到来时，VT 又导通，V_C 重新跟随 V_i 的变化，自然 V_o 也就又跟随 V_i 的变化。经过一串取样脉冲作用后，V_o 波形如图 9.6（e）所示。V_o 波形中出现的 5 个幅度“平台”，分别等于 $t_1 \sim t_5$ 时刻 V_i 的瞬时值，也就是要转换成数字量的取样值。

图 9.7　取样保持电路

2. 量化、编码

量化是将取样保持的模拟电压进行离散化（即取整）的过程，或者说是将取样保持电压化为某个最小数量单位的整数倍的过程。量化中所规定的最小数量单位叫量化单位，用Δ表示。量化过程必然会引入误差，这个误差被称为量化误差。量化后的离散量用代码（可以是二进制码，也可以是 BCD 码）表示，称为编码。显然，编码后所得数字信号的最低有效位（LSB）的 1 所表示的数量大小就等于量化单位Δ。

当用有限位的数字量来表示模拟电压时，不可能表示任意一个模拟电压值。例如，用 3 位二进制数 000 表示 0V、001 表示 1V、…、111 表示 7V。如果某一时刻取样保持的电压为 0.5V，究竟是用 000 表示还是用 001 表示呢？这就有一个量化取整的问题。

量化的方法一般有两种：一种是只舍不入；另一种是有舍有入。

只舍不入的方法是：取量化单位$\Delta = V_{\mathrm{m}} / 2^n$，其中$V_{\mathrm{m}}$为模拟电压最大值，$n$为数字代码位数，将$0 \sim \Delta$之间的模拟电压归并到$0\Delta$，把$\Delta \sim 2\Delta$之间的模拟电压归并到$1\Delta$，依次类推。这种方法产生的最大量化误差为$\Delta$。例如，把$0 \sim 1\mathrm{V}$的模拟电压换成 3 位二进制代码。令$\Delta = \frac{1}{2^3}\mathrm{V} = \frac{1}{8}\mathrm{V}$，并规定$0 \sim \frac{1}{8}\mathrm{V}$之间的模拟电压归并到$0\Delta$，用二进制代码 000 表示；$\frac{1}{8} \sim \frac{2}{8}\mathrm{V}$之间的模拟电压归并到$1\Delta$，用 001 表示；依次类推。最大量化误差为$\frac{1}{8}\mathrm{V}$。

为了减小量化误差，常采用有舍有入的方法，即取量化单位$\Delta = \frac{2V_{\mathrm{m}}}{2^{n+1}-1}$，将$0 \sim \frac{\Delta}{2}$之间的模拟电压归并到$0\Delta$，把$\frac{\Delta}{2} \sim \frac{3\Delta}{2}$之间的模拟电压归并到$1\Delta$，依次类推。这种方法产生的最大量化误差为$\frac{\Delta}{2}$。若用此量化方法，同样将$0 \sim 1\mathrm{V}$的模拟电压换成 3 位二进制代码，则取$\Delta = \frac{2}{2^{3+1}-1}\mathrm{V} = \frac{2}{15}\mathrm{V}$，$0 \sim \frac{1}{15}\mathrm{V}$以内的用 000 表示，$\frac{1}{15} \sim \frac{3}{15}\mathrm{V}$以内的用 001 表示，依次类推。最大量化误差减小到$\frac{1}{15}\mathrm{V}$。

按上述两种方法划分量化电平的示意图如图 9.8 所示。

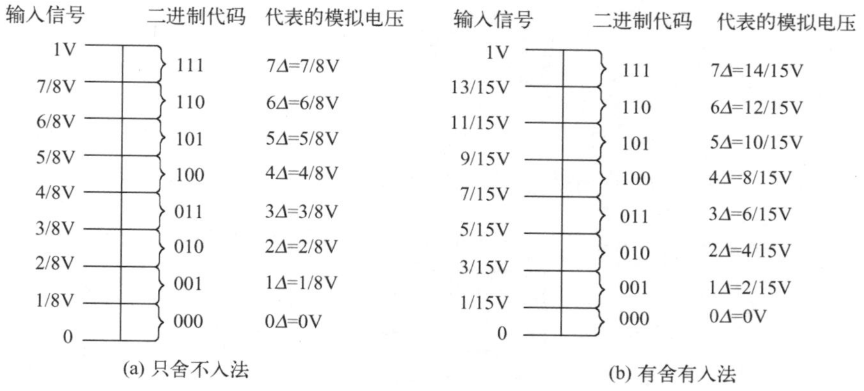

输入信号	二进制代码	代表的模拟电压
1V～7/8V	111	7Δ=7/8V
7/8V～6/8V	110	6Δ=6/8V
6/8V～5/8V	101	5Δ=5/8V
5/8V～4/8V	100	4Δ=4/8V
4/8V～3/8V	011	3Δ=3/8V
3/8V～2/8V	010	2Δ=2/8V
2/8V～1/8V	001	1Δ=1/8V
1/8V～0	000	0Δ=0V

(a) 只舍不入法

输入信号	二进制代码	代表的模拟电压
1V～13/15V	111	7Δ=14/15V
13/15V～11/15V	110	6Δ=12/15V
11/15V～9/15V	101	5Δ=10/15V
9/15V～7/15V	100	4Δ=8/15V
7/15V～5/15V	011	3Δ=6/15V
5/15V～3/15V	010	2Δ=4/15V
3/15V～1/15V	001	1Δ=2/15V
1/15V～0	000	0Δ=0V

(b) 有舍有入法

图 9.8　划分量化电平的示意图

目前 A/D 转换器的种类很多，按工作原理可分为直接 A/D 转换器和间接 A/D 转换器两类。直接 A/D 转换器可以直接将模拟电压信号转换成数字信号，其典型电路有并行比较型 A/D 转换器和逐次逼近型 A/D 转换器，它们的特点是转换速度较快；间接 A/D 转换器则是将模拟电压信号转换成某一时间或频率信号，再将这一时间或频率信号转换成数字信号。其典型电路有双积分型 A/D 转换器、电压频率转换型 A/D 转换器等，它们的特点是转换速度较慢，但精度较高。下面将分别介绍并行比较型 A/D 转换器、逐次逼近型 A/D 转换器以及双积分型 A/D 转换器的工作原理。

9.2.2 并行比较型 A/D 转换器

图 9.9 所示为 3 位并行比较型 A/D 转换器原理电路，由电阻分压器、电压比较器、寄存器和优先编码器四部分组成。

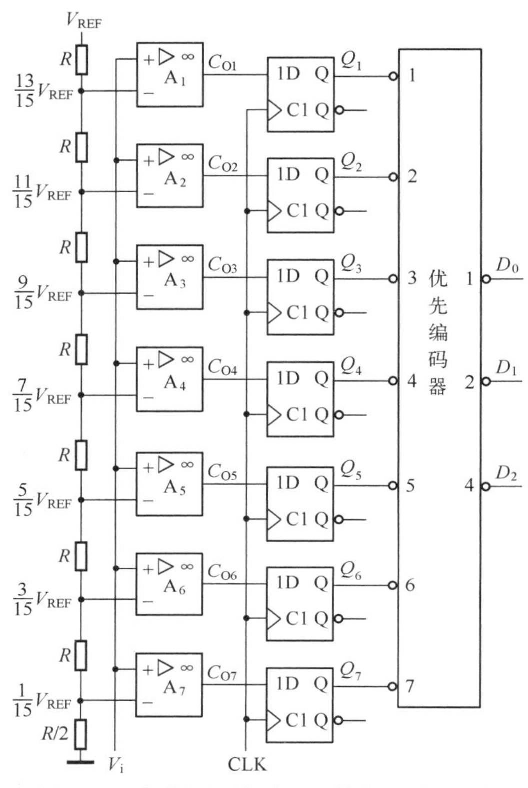

图 9.9 3 位并行比较型 A/D 转换器原理电路

电阻分压器将基准电压 V_{REF} 分为$(13/15)V_{REF}$，$(11/15)V_{REF}$，…，$(3/15)V_{REF}$，$(1/15)V_{REF}$ 不同电压值，分别作为电压比较器 A_1～A_7 的参考电压；输入电压 V_i 的大小决定各电压比较器的输出状态，例如，当 $0 \leqslant V_i < (1/15)V_{REF}$ 时，A_1～A_7 的输出 C_{O1}～C_{O7} 均为 0；当 $(1/15)V_{REF} \leqslant V_i < (3/15)V_{REF}$ 时，C_{O1}～C_{O7} 为 0000001。A_1～A_7 的输出由 D 触发器存储，经优先编码器编码后得到 3 位数字量 $D_2D_1D_0$ 输出。

3 位并行比较型 A/D 转换器的输入与输出关系对照表如表 9.1 所示。

表 9.1 3 位并行比较型 A/D 转换器输入与输出关系对照表

输入模拟电压值	电压比较器输出							数字输出		
V_i/V	C_{O1}	C_{O2}	C_{O3}	C_{O4}	C_{O5}	C_{O6}	C_{O7}	D_2	D_1	D_0
$0 \leqslant V_i < (1/15)V_{REF}$	0	0	0	0	0	0	0	0	0	0
$(1/15)V_{REF} \leqslant V_i < (3/15)V_{REF}$	0	0	0	0	0	0	1	0	0	1
$(3/15)V_{REF} \leqslant V_i < (5/15)V_{REF}$	0	0	0	0	0	1	1	0	1	0
$(5/15)V_{REF} \leqslant V_i < (7/15)V_{REF}$	0	0	0	0	1	1	1	0	1	1
$(7/15)V_{REF} \leqslant V_i < (9/15)V_{REF}$	0	0	0	1	1	1	1	1	0	0
$(9/15)V_{REF} \leqslant V_i < (11/15)V_{REF}$	0	0	1	1	1	1	1	1	0	1
$(11/15)V_{REF} \leqslant V_i < (13/15)V_{REF}$	0	1	1	1	1	1	1	1	1	0
$(13/15)V_{REF} \leqslant V_i < V_{REF}$	1	1	1	1	1	1	1	1	1	1

并行比较型 A/D 转换器的优点是转换速度快，但电路规模大，转换的二进制位数每增加 1 位，分压电阻、电压比较器和寄存器的数量几乎按几何级数增加，如

转换后的二进制位数为 n 时，需要 2^n 个电阻、2^{n-1} 个电压比较器和寄存器。另外编码电路的规模也会增大。

9.2.3 逐次逼近型 A/D 转换器

逐次逼近型 A/D 转换器是直接 A/D 转换器的一种电路，其转换过程类似天平称物体质量的过程。天平的一端放着被称的物体，另一端加砝码。所加各砝码的质量是按二进制关系设置的，即质量分别小一半。称重时，将各种质量的砝码从大到小逐一放在天平上加以试探，经天平比较加以取舍，直到天平基本平衡为止。这样，就以一系列二进制码的质量之和表示了被称物体的质量。

逐次逼近型 A/D 转换器原理框图如图 9.10 所示，主要由电压比较器、D/A 转换器、控制逻辑、逐次逼近寄存器和输出缓冲器等部分组成。

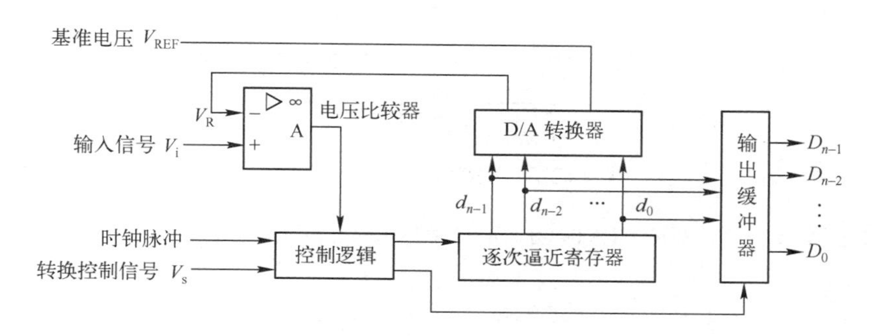

图 9.10 逐次逼近型 A/D 转换器原理框图

转换开始前先将寄存器清零。转换控制信号 V_s 变为高电平时开始转换，时钟脉冲首先将寄存器的最高位置 1，其他位置 0，使寄存器的输出为 100…00。该数字量被 D/A 转换器转换成相应的模拟电压 V_R，并送至比较器与输入信号 V_i 进行比较。如果 $V_R > V_i$，说明数字过大了，则这个 1 应去掉；如果 $V_R < V_i$，说明数字还不够大，这个 1 应保留。然后再按同样的方法将次高位置 1，并比较 V_R 与 V_i 的大小以确定这一位的 1 是否应当保留。这样逐位比较下去，直到最低位比较完为止。这时寄存器中所存的数码就是所求的输出数字量。

下面以图 9.11 所示的 3 位逐次逼近型 A/D 转换器为例做进一步说明。

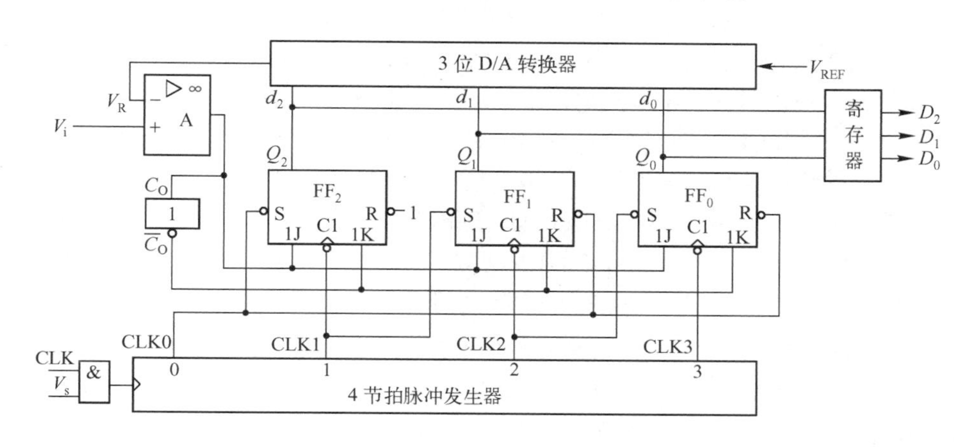

图 9.11 3 位逐次逼近型 A/D 转换器

该电路由 5 部分组成。

（1）3 位 D/A 转换器。其作用是按不同的输入数码产生一组相应的比较电压 V_R。在这里

$$V_R = -\frac{V_{REF}}{2^3}(d_2 \times 2^2 + d_1 \times 2^1 + d_0 \times 2^0)$$

（2）电压比较器A。将输入信号 V_i 与比较电压 V_R 进行比较，V_i 是由取样保持电路提供的取样电压值。当 $V_i \geqslant V_R$ 时，比较器的输出 C_O=1（$\overline{C}_O = 0$）；当 $V_i < V_R$ 时，C_O=0（$\overline{C}_O = 1$）。C_O 和 $\overline{C}_O$ 分别连接各JK触发器的J和K。

（3）4 节拍脉冲发生器。它产生 4 个节拍的负向节拍脉冲 CLK0~CLK3，其波形如图 9.12 所示。由这 4 个节拍脉冲控制其他电路完成逐次比较。

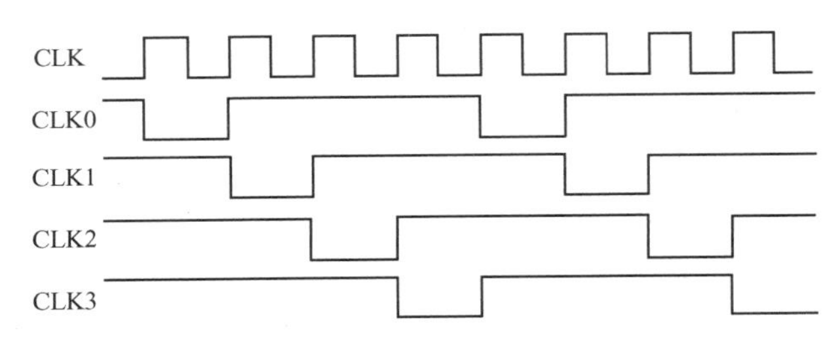

图 9.12　4 节拍脉冲发生器的波形

（4）JK 触发器。其作用是在 CLK0~CLK3 的控制下，记忆每次比较的结果，并向 3 位 D/A 转换器提供输入数码。

（5）寄存器。它由3个上升沿触发的D触发器组成，在节拍脉冲的触发下，记忆最后比较的结果，并行输出二进制代码。

设 $V_{REF} = -8\text{V}$，以 $V_i = 4.8\text{V}$ 为例，图 9.11 实现 3 位逐次逼近型 A/D 转换的过程为：当转换控制信号 V_s 变为高电平时，转换开始。当 CLK 的第一个脉冲到达后，节拍脉冲 CLK0 的下降沿将 FF_2 直接置 1，FF_1、FF_0 直接置 0，即 $Q_2Q_1Q_0 = D_2D_1D_0 = 100$，则 3 位 D/A 转换器输出的比较电压为

$$V_R = -\frac{V_{REF}}{2^3}(d_2 \times 2^2 + d_1 \times 2^1 + d_0 \times 2^0) = -\frac{-8}{2^3}(1 \times 2^2 + 0 \times 2^1 + 0 \times 2^0) = 4\text{ V}$$

由于 $V_i > V_R$，比较器输出 C_O=1、$\overline{C}_O = 0$，使各 JK 触发器的 $J = 1$，$K = 0$。当 CLK 的第二个脉冲到达后，节拍脉冲 CLK1 的下降沿使 FF_2 的输出 Q_2 仍然为 1，FF_1 被置为 1，这样在 CLK1 作用下，$Q_2Q_1Q_0 = d_2d_1d_0 = 110$，$V_R = 6\text{V}$。因 $V_i < V_R$，故比较器输出 C_O=0，$\overline{C}_O = 1$，使各 JK 触发器的 $J = 0$，$K = 1$。当 CLK 的第三个脉冲到达后，节拍脉冲 CLK2 的下降沿使 FF_1 的输出 Q_1 为 0，FF_0 被置为 1，$Q_2Q_1Q_0 = d_2d_1d_0 = 101$，$V_R = 5\text{V}$，此时因 $V_i < V_R$，故比较器输出仍为 C_O=0，$\overline{C}_O = 1$，各 JK 触发器的 $J = 0$，$K = 1$。当 CLK 的第四个脉冲到达后，节拍脉冲 CLK3 的下降沿使 FF_0 的输出 Q_0 为 0，这时 JK 触发器的输出 $Q_2Q_1Q_0 = d_2d_1d_0 = 100$，这就是转换的结果。最后在 CLK3 上升沿的作用下，将数字量 100 存入寄存器，由 D_2、D_1、D_0 端输出。

上述分析过程中采用的是只舍不入的量化方法，其转换的结果是 $D_2D_1D_0 = 100$，量化值为 $4\Delta = 4\text{V}$，与实际值 $V_i = 4.8\text{V}$ 相比，偏差为 0.8V，小于最大量化误差 $\Delta = 1\text{V}$。为了减小量化误差，应采用有舍有入的量化方法，使其量化误差不大于 $\Delta/2$。可以采用在 3 位 D/A 转换器的输出级加一个偏移电路的方法，使 D/A 转换器的每次输出都向下偏移 $\Delta/2$，即比较电压都向下偏移 $\Delta/2$，从而将模数转换的量化误差减小到 $\Delta/2$，如图 9.13 所示。

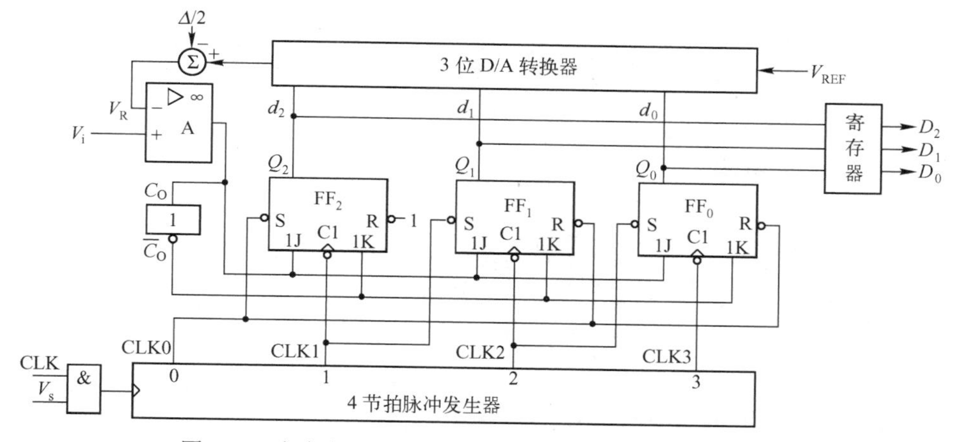

图 9.13　有舍有入量化方法的 3 位逐次逼近型 A/D 转换器

9.2.4　双积分型 A/D 转换器

双积分型 A/D 转换器是常用的一种间接 A/D 转换器，它首先将输入的模拟电压信号转换成与之成正比的时间宽度信号，然后在这个时间宽度里对固定频率的时钟脉冲计数，计数的结果就是正比于输入模拟电压的数字信号。

图 9.14 是双积分型 A/D 转换器的原理框图。

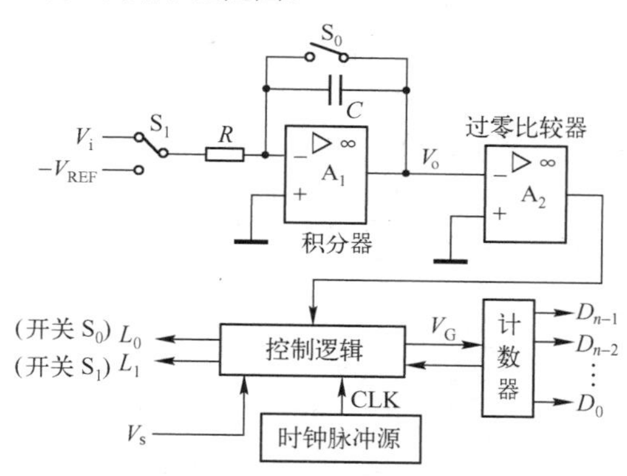

图 9.14　双积分型 A/D 转换器的原理框图

转换开始前，转换控制信号 V_s=0，将计数器清零，并接通开关 S_0，使积分电容 C 完全放电，同时开关 S_1 合到输入信号 V_i 一侧。

V_s=1 时开始转换，转换操作分两步进行：

（1）第一次积分阶段，S_0 断开，积分器对 V_i 进行固定时间 T_1 的积分。积分结束时积分器的输出电压为

$$V_o=\frac{1}{C}\int_0^{T_1}-\frac{V_i}{R}\mathrm{d}t=-\frac{T_1}{RC}V_i \tag{9.11}$$

式（9.11）说明，在 T_1 固定的条件下 V_o 与 V_i 成正比。

（2）第二次积分阶段，将 S_1 转接至 $-V_{REF}$ 一侧，积分器向相反方向积分。如果 V_o 上升到零时所经过的积分时间为 T_2，则有

$$V_o=\frac{1}{C}\int_0^{T_2}\frac{V_{REF}}{R}dt-\frac{T_1}{RC}V_i=0$$

得到

$$\frac{T_2}{RC}V_{REF}=\frac{T_1}{RC}V_i$$

$$T_2=\frac{T_1}{V_{REF}}V_i \tag{9.12}$$

式（9.12）表明，T_2与V_i成正比。令计数器在T_2这段时间里对周期为T_C的时钟脉冲 CLK 计数，则计数结果也一定与V_i成正比。若用D表示计数结果的数字量，则有

$$D=\frac{T_2}{T_C}=\frac{T_1}{T_C V_{REF}}V_i \tag{9.13}$$

若式（9.13）中$T_1=NT_C$，即取T_1为T_C的整数倍，可得

$$D=\frac{N}{V_{REF}}V_i \tag{9.14}$$

图 9.15 为双积分型 A/D 转换器的电压波形示意图，可以直观地看到上述结论的正确性。当V_i取两个不同的数值V_{i1}和V_{i2}时，反向积分时间T_2和T_2'也不相同，且时间的长短与V_i的大小成正比。所以在T_2和T_2'期间，计数器所计 CLK 的脉冲数目也必然与V_i成正比。

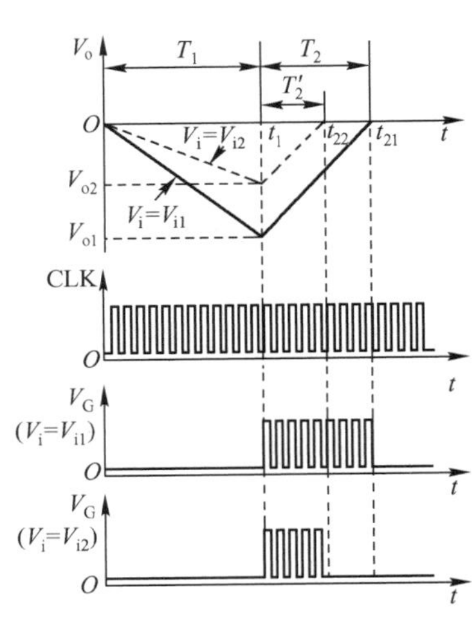

图 9.15　双积分型 A/D 转换器的电压波形示意图

为了实现对上述双积分过程的控制，可以用图 9.16 所示的控制逻辑电路来完成。转换开始前，由于V_s=0，n位计数器和辅助触发器 FF_C 均被置 0；S_0闭合，使积分电容 C 放电；S_1接到V_i一侧。当V_s=1 以后，S_0断开，积分器开始对V_i积分。因积分过程中积分器的输出为负电压，所以过零比较器输出为高电平，将与非门 G_1 打开，计数器对V_G脉冲进行计数。

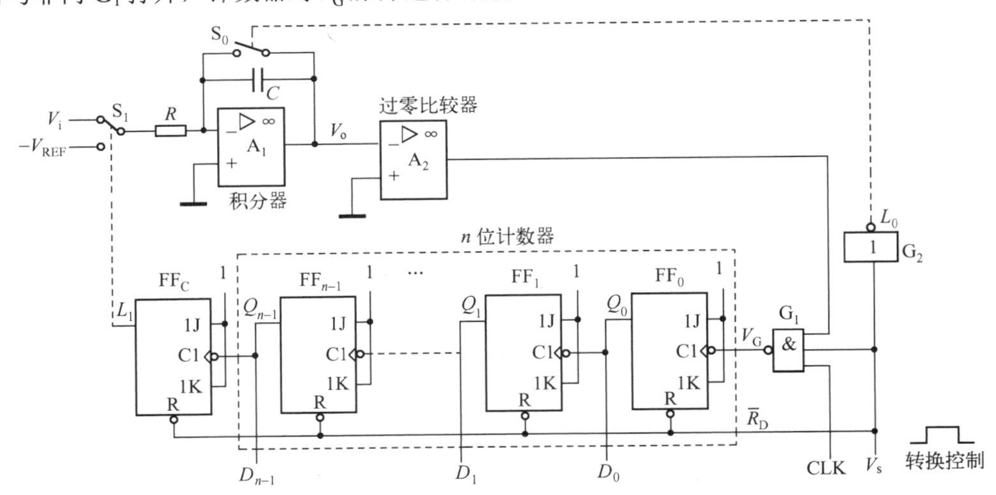

图 9.16　双积分型 A/D 转换器的控制逻辑电路

当n位计数器计满2^n个脉冲以后，自动返回全 0 状态，同时给 FF_C 一个进位信号，使 FF_C 翻转为 1，从而使 S_1 转接到$-V_{REF}$一侧，开始进行反相积分。待积分器的输出回到 0 以后，过零比较器的输出变为低电平，将 G_1 封锁，至此转换结束。此时n位计数器中所存的数字就是转换结果。

将 $T_1 = 2^n T_C$ 代入式（9.13）得

$$D = \frac{2^n}{V_{REF}} V_i \tag{9.15}$$

由于双积分型 A/D 转换器在 T_1 时间内取的是输入电压的平均值，因此具有很强的抗干扰能力。特别是对周期等于 T_1 的整数倍的对称干扰信号，即在 T_1 期间平均值为零的干扰信号，理论上有无穷大的抑制能力。在工业系统中经常碰到的是工频干扰，它近似于对称干扰，若选定 T_1 为工频周期 20ms（50Hz）的倍数，即使工频干扰幅度大于被测直流信号，仍能得到良好的测量结果。另外，由于在转换过程中，前后两次积分所采用的是同一积分器，因此，在两次积分期间（一般在几十至数百毫秒之间），R、C 和脉冲源等元器件参数的变化对转换精度的影响均可以忽略。双积分型 A/D 转换器的稳定性好，可实现高精度的 A/D 转换。

9.2.5 集成 A/D 转换器及主要技术参数

1．集成 A/D 转换器

集成 A/D 转换器产品的种类很多，性能指标各异，现以双积分型集成 A/D 转换器 CC14433 为例进行介绍。它采用 CMOS 工艺制造，将模拟电路与数字电路集成在一个芯片上，只需外接少量元件就可以构成一个具有自动调零和自动极性切换功能的 $3\frac{1}{2}$ 位的 A/D 转换系统。CC14433 的内部结构框图和引脚排列如图 9.17 所示。

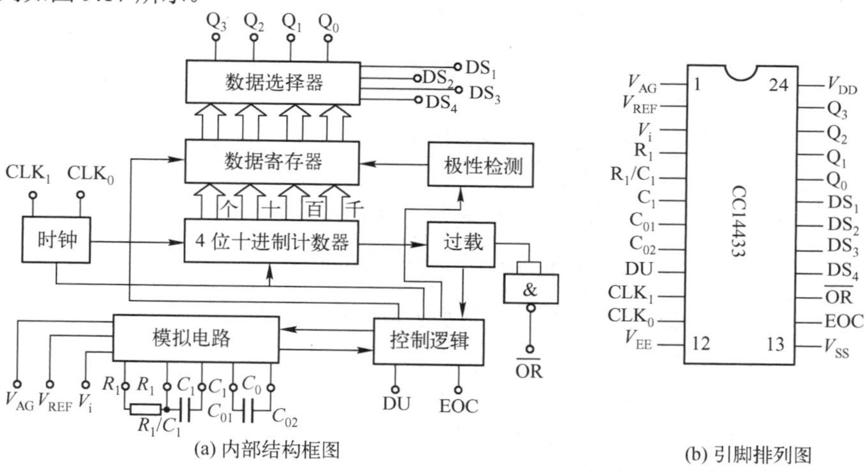

图 9.17　CC14433 内部结构框图与引脚排列

（1）CC14433 内部结构

主要由以下几个部分组成。

① 时钟电路：产生计数脉冲；

② 模拟电路：包括积分器、过零比较器；

③ 4 位十进制计数器：个位、十位、百位都为 8421BCD 编码，千位只有 0、1 两个数码，因此最大计数值为 1999；

④ 数据寄存器：存放由计数器输出的转换结果；

⑤ 数据选择器：在控制逻辑的作用下逐位输出数据寄存器中存储的 8421BCD 码；

⑥ 控制逻辑：产生一系列控制信号，协调各部分电路的工作。

（2）CC14433 的引脚名称和功能。

V_i：模拟电压输入端；

V_{REF}：基准电压输入端；

V_{AG}：模拟地，作为输入模拟电压和基准电压接地端的接地参考点；

$R_1, R_1/C_1, C_1$：为积分电阻、电容的接线端；

C_{01}, C_{02}：为失调电压补偿电容 C_0 的接线端；

DU：实时输出控制端，若在 DU 端输入一个正脉冲，则将 A/D 转换结果送入数据寄存器。

EOC：A/D 转换结束信号输出端，将 EOC 和 DU 端短接，也就是把转换结束信号送入 DU 端，这样每次转换后的结果就可以立刻存入数据寄存器；

CLK_1, CLK_0：时钟端，时钟脉冲可由 CLK_1 端外部输入，也可在 CLK_1 和 CLK_0 端接一电阻，由片内产生时钟脉冲；

$Q_3 \sim Q_0$：数据选择器输出 8421BCD 码的输出端，Q_3 为最高位，用这 4 个端连接显示译码器；

$DS_4 \sim DS_1$：位选通脉冲输出端；

$\overline{OR}$：溢出信号输出端；

V_{DD}, V_{EE}, V_{SS}：分别为正电源输入端、负电源输入端和电源公共端。

CC14433 具有功耗低、抗干扰能力强、稳定度高、使用灵活、转换速度低（3~4 次/秒）等特点，在数字电压表、数字温度测量仪等数字仪表中得到广泛应用。

2．主要技术参数

（1）分辨率

A/D 转换器的分辨率用输出二进制（或十进制）数的位数表示，用于说明 A/D 转换器对输入信号的分辨能力。在最大输入电压一定时，A/D 转换器的输出位数越多，量化的阶梯越小，分辨率也就越高。例如，设输入模拟电压满量程为 10V，则 8 位的 A/D 转换器可以分辨的最小输入电压是 $10/2^8 = 39.06\text{mV}$。而 10 位的 A/D 转换器可以分辨的最小输入电压是 $10/2^{10} = 9.76\text{mV}$。

（2）转换误差

转换误差通常以相对误差的形式给出，它表示 A/D 转换器实际输出的数字量和理想输出数字量之间的差别，并用最低有效位的倍数表示。例如，给出相对误差 $< \pm\frac{1}{2}\text{LSB}$，这就表明实际输出的数字量和理论上应当得到的输出数字量之间的误差小于最低有效位的半个字。

（3）转换速度

转换速度用完成一次 A/D 转换所需的时间来表示。转换时间是指 A/D 转换器从接到转换控制信号开始到输出端得到稳定的数字信号所经过的时间。转换速度主要取决于转换电路的类型，不同类型 A/D 转换器的转换速度相差甚远。例如大多数逐次逼近型 A/D 转换器产品的转换时间都在 $10 \sim 100\mu\text{s}$ 之间，目前使用的双积分型 A/D 转换器的转换时间多在数十毫秒至数百毫秒之间。

在实际应用中应从系统数据总的位数、精度要求、输入模拟信号的范围，以及输入信号极性等方面来选用 A/D 转换器。

复习思考题

R9.1　在图 9.3 给出的倒 T 形电阻网络 D/A 转换器中，已知 $V_{REF} = -8\text{V}$，则当 $d_3 \sim d_0$ 每一位输入代码分别为 1 时，输出端所产生的模拟电压值分别为多少？

R9.2　在图 9.4 所示的由 AD7520 所组成的 D/A 转换器中，已知 $V_{REF} = -10\text{V}$，试计算当输入数字量从全 0 变到全 1 时输出电压的变化范围。若使输出电压的变化范围缩小一半，可以采取哪些方法？

R9.3　影响 D/A 转换器转换精度的因素有哪些？

R9.4　A/D 转换一般要经过哪几个过程？按工作原理不同分类，A/D 转换器可分为哪两种？

R9.5　在取样电路后接一个保持电路，有什么作用？

R9.6　量化有哪两种方法？它们各自产生的量化误差是多少？

习题

9.1　数字量和模拟量有何区别？D/A 转换和 A/D 转换在数字系统中有何主要作用？

9.2　一个 8 位的 D/A 转换器，当输入代码为 01100100 时产生 2.0V 的输出电压。求当输入代码为 10110011 时输出电压为多少伏？

9.3　在图 9.2 所示的 4 位权电阻网络 D/A 转换器中，取 $V_{REF}=6V$，试求当输入数字量 $d_3d_2d_1d_0=0110$ 时的输出电压值。

9.4　在图 9.4 所示的由 AD7520 组成的 D/A 转换器中，已知 $V_{REF}=10V$，试求当输入数字量 $d_9d_8d_7d_6d_5d_4d_3d_2d_1d_0=1000000000$ 时输出的电压值。若不使用 AD7520 片内提供的反馈电阻 R，而在 I_{out1} 与放大器输出 V_o 之间外接一个大小等于 $R/2$ 的反馈电阻，输出电压又是多少？

9.5　图 P9.5 所示是用 AD7520 和同步十六进制计数器 74163 组成的波形发生器电路。已知 AD7520 的 $V_{REF}=-10V$，试画出输出电压 V_o 的波形，并标出波形上各点电压的幅度。（查阅本题题解请扫描二维码 9-1）

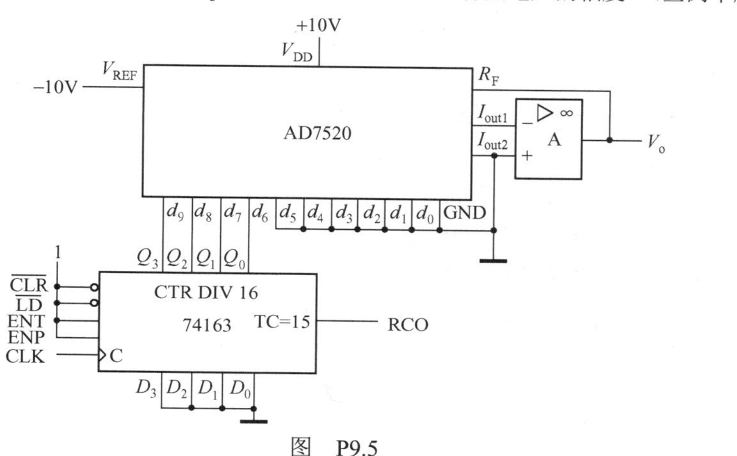

图　P9.5

二维码 9-1

9.6　请针对下列每一种 D/A 转换，计算其分辨率，用百分比表示。

（1）8 位 D/A 转换；（2）12 位 D/A 转换。

9.7　如果某个模拟信号的最高组成频率是 20kHz，那么最低的取样频率是多少？

*9.8　在取样保持电路上施加如图 P9.8 所示的波形 V_i，每 3ms 取样一次。请描绘出取样保持后电路的输出 V_o 的波形。假设在输入和输出间是一对一的电压对应关系。（查阅本题题解请扫描二维码 9-2）

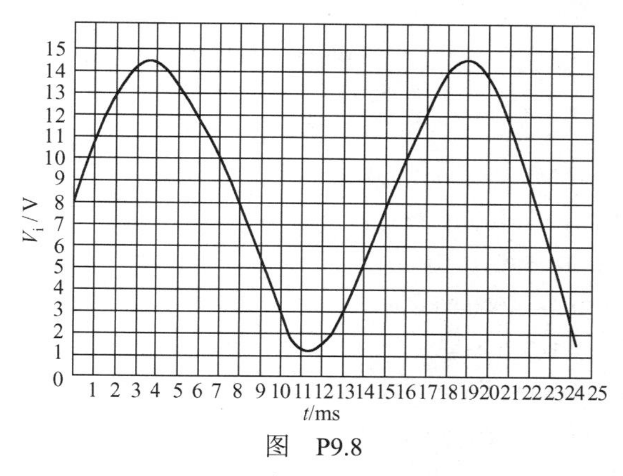

图　P9.8

二维码 9-2

9.9　若采用有舍有入量化方式，将 0～1V 的模拟电压换成 4 位二进制代码，其量化单位 Δ 应取何值？最大量化误差为多少伏？

9.10　逐次逼近型 A/D 转换器是属于直接 A/D 转换器还是间接 A/D 转换器？电路结构主要由哪几部分组成？

附录A　各章习题参考答案

第1章

1.1 （1）$(11011)_2 = 1\times 2^4 + 1\times 2^3 + 0\times 2^2 + 1\times 2^1 + 1\times 2^0 = (27)_{10}$

（2）$(10010111)_2 = 1\times 2^7 + 0\times 2^6 + 0\times 2^5 + 1\times 2^4 + 0\times 2^3 + 1\times 2^2 + 1\times 2^1 + 1\times 2^0 = (151)_{10}$

（3）$(1101101)_2 = 1\times 2^6 + 1\times 2^5 + 0\times 2^4 + 1\times 2^3 + 1\times 2^2 + 0\times 2^1 + 1\times 2^0 = (109)_{10}$

（4）$(11111111)_2 = 1\times 2^7 + 1\times 2^6 + 1\times 2^5 + 1\times 2^4 + 1\times 2^3 + 1\times 2^2 + 1\times 2^1 + 1\times 2^0 = (255)_{10}$

（5）$(0.1001)_2 = 1\times 2^{-1} + 0\times 2^{-2} + 0\times 2^{-3} + 1\times 2^{-4} = (0.5625)_{10}$

（6）$(0.0111)_2 = 0\times 2^{-1} + 1\times 2^{-2} + 1\times 2^{-3} + 1\times 2^{-4} = (0.4375)_{10}$

（7）$(11.001)_2 = 1\times 2^1 + 1\times 2^0 + 0\times 2^{-1} + 0\times 2^{-2} + 1\times 2^{-3} = (3.125)_{10}$

（8）$(101011.11001)_2 = 1\times 2^5 + 0\times 2^4 + 1\times 2^3 + 0\times 2^2 + 1\times 2^1 + 1\times 2^0 + 1\times 2^{-1} + 1\times 2^{-2} +$

$0\times 2^{-3} + 0\times 2^{-4} + 1\times 2^{-5} = (43.78125)_{10}$

1.2 （1）$(49)_{10} = 32 + 16 + 1 = 2^5 + 2^4 + 2^0 = (110001)_2$

（2）$(52.625)_{10} = 32+16+4+0.5+0.125 = 2^5+2^4+2^2+2^{-1}+2^{-3} = (110100.101)_2$

（3）$(2.168)_{10} = (10.001010)_2$

（4）$(67.9)_{10} = (1000011.111001)_2$

1.3 （1）$(1010111)_2 = (57)_{16} = (127)_8$

（2）$(110011010)_2 = (19A)_{16} = (632)_8$

（3）$(10110.011010)_2 = (16.68)_{16} = (26.32)_8$

（4）$(101100.110011)_2 = (2C.CC)_{16} = (54.63)_8$

1.4 （1）$(8C)_{16} = (10001100)_2$

（2）$(3D.BE)_{16} = (111101.10111110)_2$

（3）$(8F.FF)_{16} = (10001111.11111111)_2$

（4）$(10.0)_{16} = (10000.0)_2$

（5）$(136.45)_8 = (1011110.100101)_2$

（6）$(372)_8 = (11111010)_2$

1.5 （1）$(43)_{10} = (01000011)_{8421BCD}$

（2）$(95.12)_{10} = (10010101.00010010)_{8421BCD}$

（3）$(67.58)_{10} = (01100111.01011000)_{8421BCD}$

（4）$(932.1)_{10} = (100100110010.0001)_{8421BCD}$

1.6 （1）$(010101111001)_{8421BCD} = (579)_{10}$

（2）$(10001001.01110101)_{8421BCD} = (89.75)_{10}$

（3）$(010011011011)_{2421BCD} = (475)_{10}$

（4）$(11001101.11100010)_{2421BCD} = (67.82)_{10}$

（5）$(010011001000)_{5421BCD} = (495)_{10}$

（6）$(001110101100.1001)_{5421BCD} = (379.6)_{10}$

（7）$(10001011)_{余3BCD} = (58)_{10}$

（8）$(10100011.01110110)_{余3BCD} = (70.43)_{10}$

1.7 （1）$+19 = (0001\ 0011)_{原} = (0001\ 0011)_{反} = (0001\ 0011)_{补}$

（2）$-37 = (1010\ 0101)_{原} = (1101\ 1010)_{反} = (1101\ 1011)_{补}$

（3）$+100 = (0110\ 0100)_{原} = (0110\ 0100)_{反} = (0110\ 0100)_{补}$

（4）$-127 = (1111\ 1111)_{原} = (1000\ 0000)_{反} = (1000\ 0001)_{补}$

1.8 （1）$01100 = (+12)_{10}$　（2）$11010 = (-6)_{10}$　（3）$10001 = (-15)_{10}$

1.10 （1）$F' = (\bar{A} + \bar{B})(C + D)$；$\bar{F} = (A + B)(\bar{C} + \bar{D})$

（2）$F' = [(A + \bar{B})C + D]\cdot E + G$；$\bar{F} = [(\bar{A} + B)\bar{C} + \bar{D}]\cdot \bar{E} + \bar{G}$

（3）$F' = \overline{(A + \bar{B})\cdot C}\cdot \overline{A\cdot \overline{B + C}}$；$\bar{F} = \overline{(\bar{A} + B)\cdot \bar{C}}\cdot \overline{\bar{A}\cdot \overline{\bar{B} + \bar{C}}}$

（4）$F' = \overline{A\cdot B\cdot \bar{C}\cdot \overline{D\cdot E}}$；$\bar{F} = \overline{\bar{A}\cdot \bar{B}\cdot C\cdot \overline{\bar{D}\cdot \bar{E}}}$

1.11 （1）$F = \bar{A}BC + A = \sum m(3,4,5,6,7) = \prod M(0,1,2)$；$\bar{F} = \sum m(0,1,2)$；$F' = \sum m(5,6,7)$

（2） $F=\overline{A\overline{C}+BC}=\sum m(0,1,2,5)=\prod M(3,4,6,7)$； $\overline{F}=\sum m(3,4,6,7)$； $F'=\sum m(0,1,3,4)$

（3） $F=(A+\overline{B})(A+C)=\sum m(1,4,5,6,7)=\prod M(0,2,3)$； $\overline{F}=\sum m(0,2,3)$； $F'=\sum m(4,5,7)$

（4） $F=\overline{(B+\overline{C})(\overline{A}+\overline{B})}=\sum m(1,5,6,7)=\prod M(0,2,3,4)$； $\overline{F}=\sum m(0,2,3,4)$； $F'=\sum m(3,4,5,7)$

1.12 （1） $F=A\overline{B}+A\overline{C}+BC+A\overline{C}\overline{D}=A+BC$

（2） $F=(A+\overline{A}C)(A+CD+D)=A+CD$

（3） $F=\overline{B}\overline{D}+\overline{D}+D(B+C)(\overline{A}\overline{D}+\overline{B})=\overline{D}+\overline{B}C$

（4） $F=\overline{A}\overline{B}\overline{C}+AD+(B+C)D=\overline{A}\overline{B}\overline{C}+D$

（5） $F=\overline{\overline{AC+\overline{B}C}+B(A\oplus C)}=AC+\overline{B}C$

（6） $F=\overline{(A\oplus B)(B\oplus C)}=\overline{A}\overline{B}+BC+A\overline{C}$ 或 $=AB+\overline{B}\overline{C}+\overline{A}C$

1.13 （1） $F=\overline{D}+AB+AC$

（2） $F=\overline{B}+C+D$

（3） $F=CD+\overline{B}\overline{C}+\overline{A}\overline{D}$

（4） $F=\overline{A}+\overline{B}\overline{D}+\overline{B}\overline{C}+\overline{C}\overline{D}$

（5） $F=AB\overline{C}+BC\overline{D}+AC\overline{D}+\overline{A}\overline{B}\overline{C}D$

（6） $F=AB+\overline{C}$

（7） $F=\overline{A}\overline{B}+AB+AC$ 或 $F=\overline{A}\,\overline{B}+AB+\overline{B}C$

（8） $F=\overline{A}\overline{B}\overline{C}+A\overline{C}D+\overline{A}CD+ABC$

（9） $F=\overline{A}\overline{B}\overline{C}+B\overline{C}D+\overline{A}BC+\overline{B}CD$

（10） $F=\overline{A}+\overline{C}\,\overline{D}+\overline{B}\overline{C}+\overline{B}\overline{D}$

（11） $F=\overline{B}\overline{D}+\overline{A}\overline{C}D+\overline{B}\overline{C}+A\overline{D}$

（12） $F=\overline{A}\overline{C}\overline{D}+\overline{A}BD+ABC+A\overline{B}\overline{D}$ 或 $F=\overline{B}\overline{C}\overline{D}+\overline{A}B\overline{C}+BCD+AC\overline{D}$

1.14 （1） $F=B+\overline{A}D+AC$

（2） $F=\overline{B}+C$

（3） $F=A+B$

（4） $F=\overline{A}\overline{D}+A\overline{C}D+\overline{B}$

（5） $F=\overline{B}\overline{D}+\overline{A}\overline{B}$ 或 $F=\overline{B}\overline{D}+\overline{A}\overline{C}$

（6） $F=\overline{B}\overline{D}+\overline{A}\overline{B}+\overline{C}D+A\overline{C}$

卡诺图化简如图 T1.14 所示。

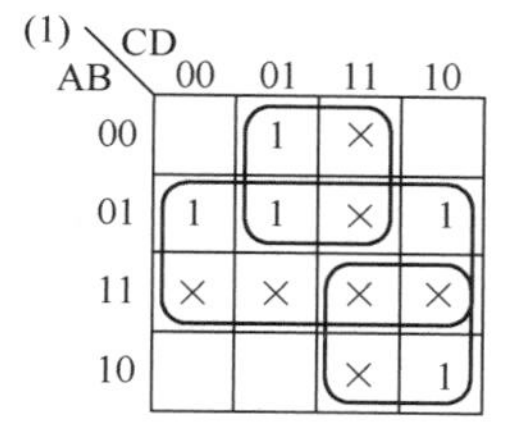

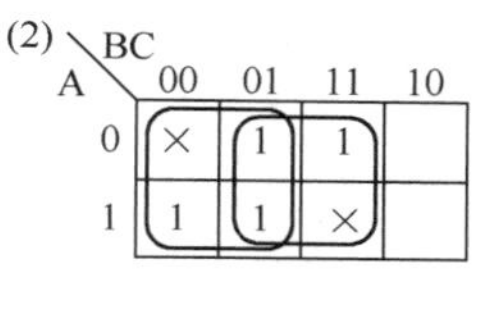

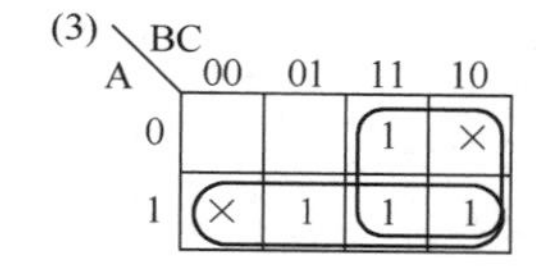

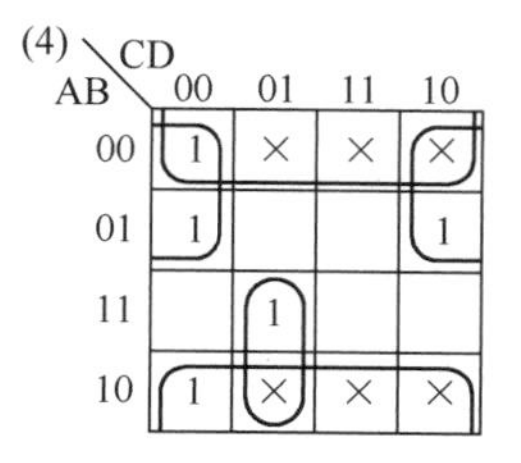

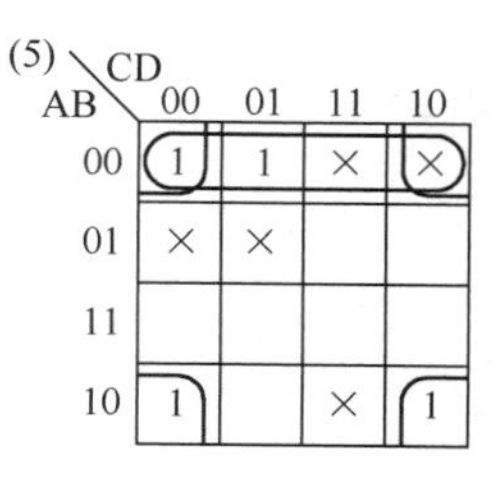

或

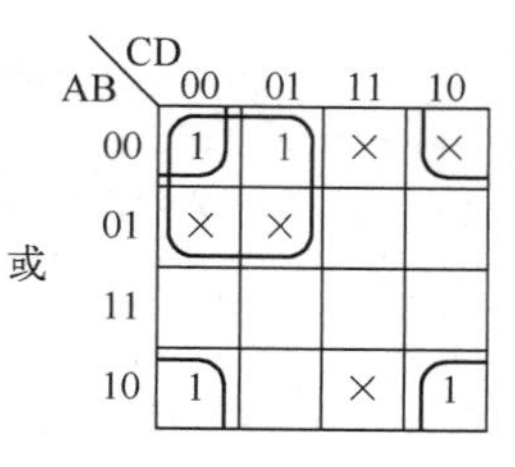

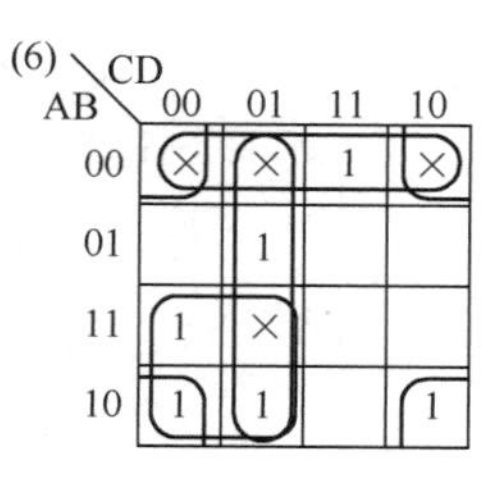

图 T1.14

1.15 （1） $F=\overline{\overline{AB}\cdot\overline{BC}\cdot\overline{AC}}$；

（2） $F=A+\overline{BC}=\overline{\overline{A}\cdot B\cdot C}$

（3） $F=\overline{A}B+\overline{B}\overline{C}+\overline{A}\overline{C}+ABC=\overline{\overline{\overline{A}B}\cdot\overline{\overline{B}\overline{C}}\cdot\overline{\overline{A}\overline{C}}\cdot\overline{ABC}}$

（4） $F=A\overline{B}+A\overline{C}=\overline{\overline{A\cdot\overline{B}}\cdot\overline{A\cdot\overline{C}}}$

1.16 （1） $F=\overline{\overline{B+C}+\overline{A+\overline{C}}+\overline{\overline{B}+C}}$ 或 $F=\overline{\overline{B+C}+\overline{\overline{B}+\overline{C}}+\overline{A+B}}$

（2） $F=\overline{\overline{\overline{B}+C}+\overline{A+C}+\overline{\overline{A}+B+\overline{C}}}$

（3） $F=\overline{\overline{B+\overline{C}+D}+\overline{\overline{A}+\overline{B}+C}+\overline{\overline{B}+\overline{D}}+\overline{\overline{A}+\overline{D}}}$

（4） $F=\overline{\overline{A+C+\overline{D}}+\overline{\overline{B}+\overline{C}}+\overline{\overline{B}+D}}$

1.17 （1）画出 F_1 和 F_2 的卡诺图如图 T1.17（1）所示。化简为 $\begin{cases}F_1=A\overline{B}+A\overline{C}+\overline{A}C\\F_2=A\overline{B}+A\overline{C}+\overline{A}B\end{cases}$

（2）画出 F_1 和 F_2 的卡诺图如图 T1.17（2）所示。化简为 $\begin{cases}F_1=\overline{A}CD+A\overline{B}\overline{C}D+AC\\F_2=\overline{A}CD+A\overline{B}\overline{C}D+ABC+\overline{C}\overline{D}\end{cases}$

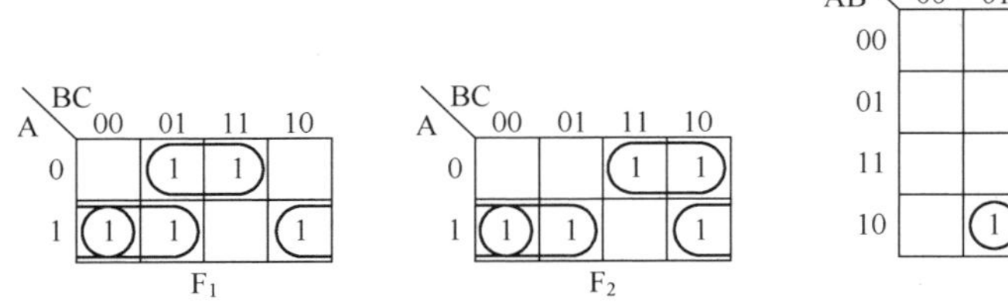

图 T1.17（1）

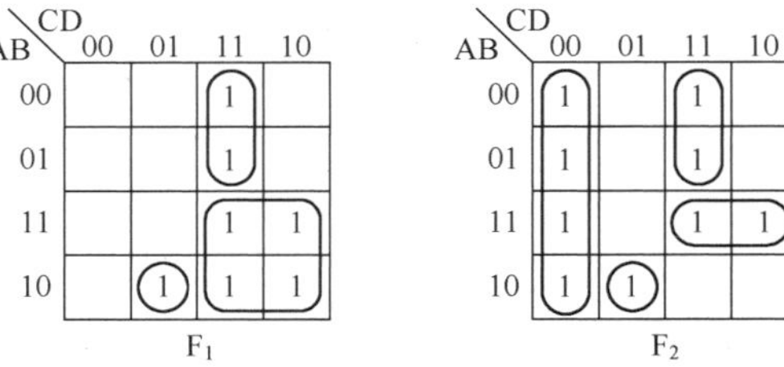

图 T1.17（2）

（3）画出 F_1 和 F_2、F_3 的卡诺图如图 T1.17（3）所示。化简为 $\begin{cases} F_1 = \overline{A}\overline{B} + \overline{A}BC \\ F_2 = AC + \overline{A}BC \\ F_3 = A + \overline{A}BC \end{cases}$

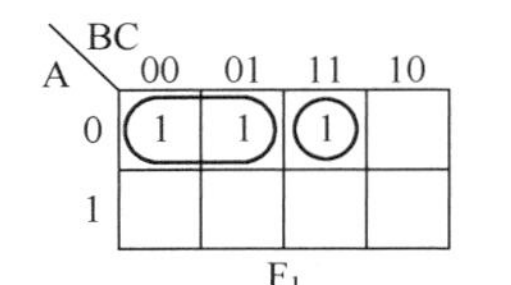
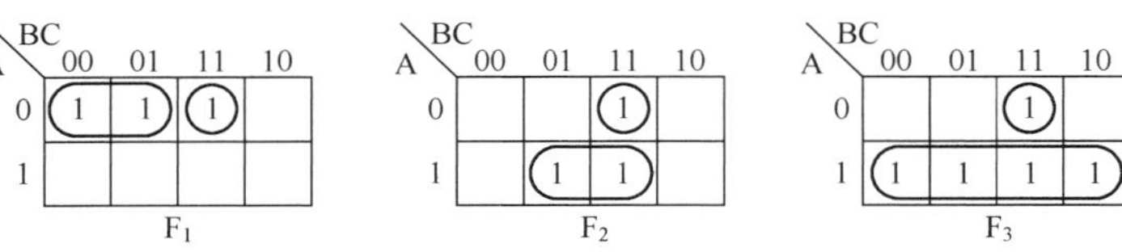
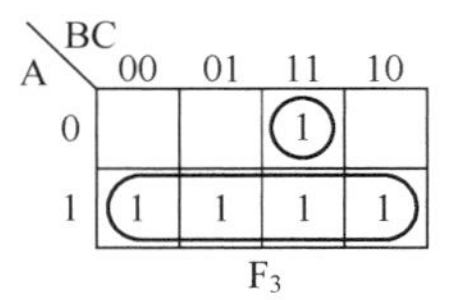

图 T1.17（3）

第 2 章

2.1 （a）三极管为放大状态；$I_B = \dfrac{6-0.7}{50} = 0.106\text{mA}$，$I_C = 0.106 \times 50 = 5.3\text{mA}$；$V_B = 0.7\text{V}$，$V_C = 6.7\text{V}$。

（b）三极管为饱和状态；设 $V_{CES} = 0.3\text{V}$，有：

$$V_B = 0.7\text{V}，V_C = V_{CES} = 0.3\text{V}；I_B = \frac{6-0.7}{20} = 0.265\text{mA}，I_C = \frac{6-0.3}{3} = 1.9\text{mA}$$

2.2 （1）$V_{ILmax} = 2.36\text{V}$　　（2）设三极管临界饱和时，$V_{BE} = 0.7\text{V}$，$V_{CES} = 0.3\text{V}$，$V_{IHmin} = 3.81\text{V}$。

2.4 （a）$Y = A \oplus B$；（b）$Y = A \oplus B$；（c）$Y = A + B$；

（d）$Y = \begin{cases} \overline{A} & (当\ \overline{G_1 + G_2} = 1) \\ 高阻态 & (当\ \overline{G_1 + G_2} = 0) \end{cases}$；（三态输出的反相器）

2.5 $F_1 = 0$；$F_2 = 1$；$F_3 = 1$；$F_4 = 0$；F_5 为高阻；F_6 为高阻；$F_7 = 1$；$F_8 = 0$。

2.6 由　$R_{Lmax} = \dfrac{V_{CC} - V_{OHmin}}{nI_{OH} + mI_{IH}}$　　和　　$R_{Lmin} = \dfrac{V_{CC} - V_{OLmax}}{I_{OLmax} - PI_{IL}}$

设 $V_{OHmin} = 3.6\text{V}$，$V_{OLmax} = 0.3\text{V}$，则将各值代入有

$$R_{Lmax} = \frac{5-3.6}{(2 \times 250 + 7 \times 50) \times 10^{-6}} = 1.65\text{k}\Omega \qquad R_{Lmin} = \frac{5-0.3}{(13 - 3 \times 1.1) \times 10^{-3}} = 0.48\text{k}\Omega$$

所以 R_L 应满足：$0.48\text{k}\Omega \leqslant R_L \leqslant 1.65\text{k}\Omega$

2.7

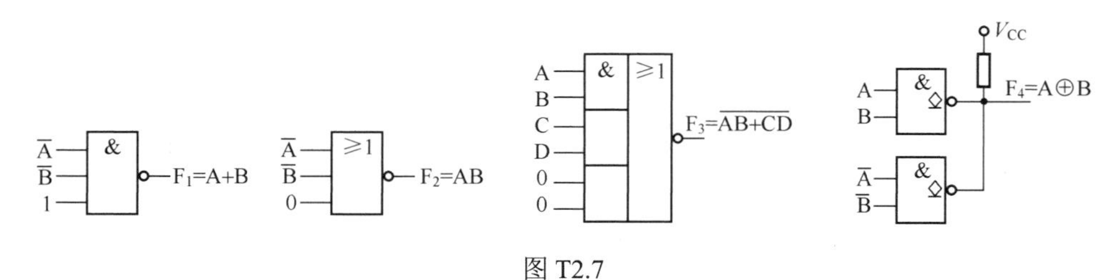

图 T2.7

2.9 $F_1 = 1$；$F_2 = 0$；$F_3 = 0$

2.10 $F_1 = \overline{A}\cdot\overline{B} = \overline{A+B}$；$F_2 = \overline{A}+\overline{B} = \overline{A\cdot B}$

2.11

A	B	F_1	F_2
0	0	0	高阻
0	1	高阻	1
1	0	1	高阻
1	1	高阻	0

2.12 $F_1 = A \odot B$；$F_2 = \overline{A(B+C)}$；$F_3 = E\cdot\overline{(B+D)(A+C)} + \overline{E}\cdot\overline{AB+CD}$

2.14 （a）$Y = \overline{A\cdot B}$；（b）$Y = \overline{A+B}$

2.15 （1）、（4）不可以；（2）、（3）、（5）、（6）可以

第3章

3.1 根据电路图可写出输出逻辑表达式为：$F = AB + \overline{A}\overline{B}$；列写真值表见表 T3.1；该电路完成同或逻辑功能。

3.2 根据电路图可写出输出逻辑表达式为：$F = A \oplus B \odot C$；列写真值表见表 T3.2；该电路完成三变量的偶校验功能，即当输入有偶数个 1 时，输出为 1。

3.3 根据电路图可写出输出逻辑表达式为：$F_1 = A \oplus B \oplus C$，$F_2 = AB + BC + AC$；列写真值表见表 T3.3；该电路构成了一个全加器。

表 T3.1

A	B	F
0	0	1
0	1	0
1	0	0
1	1	1

表 T3.2

A	B	C	F
0	0	0	1
0	0	1	0
0	1	0	0
0	1	1	1
1	0	0	0
1	0	1	1
1	1	0	1
1	1	1	0

表 T3.3

A	B	C	F_1	F_2
0	0	0	0	0
0	0	1	1	0
0	1	0	1	0
0	1	1	0	1
1	0	0	1	0
1	0	1	0	1
1	1	0	0	1
1	1	1	1	1

3.6 设四个输入变量为 A、B、C、D，输出变量为 F，根据题意可写出输出逻辑表达式为：

$$F = \overline{ABCD + \overline{A}\overline{B}\overline{C}\overline{D}}$$

整理后得

$$F = \overline{ABCD + \overline{A}\overline{B}\overline{C}\overline{D}} = \overline{ABCD}\cdot\overline{\overline{A}\overline{B}\overline{C}\overline{D}}$$

$$= \overline{ABCD}\cdot(A+B+C+D)$$

画出电路图如图 T3.6 所示。

注：题解表达式及电路图不唯一。

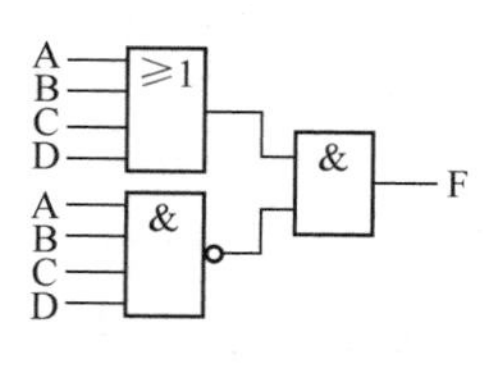

图 T3.6

3.7 设三台设备为 A、B、C，正常工作时为 1，出现故障时为 0；F1 为绿灯、F2 为黄灯、F3 为红灯，灯亮为 1，灯灭为 0。

根据题意可列写真值表见表 T3.7。

求得 F1、F2、F3 的逻辑表达式分别为：

$$F_1 = ABC;\quad F_2 = \overline{A}BC + A\overline{B}C + AB\overline{C};\quad F_3 = \overline{A}\overline{B} + \overline{B}\overline{C} + \overline{A}\overline{C}$$

整理后得

$$F_1 = ABC;\quad F_2 = \overline{F_1 + F_3};\quad F_3 = \overline{(A+B)\cdot(B+C)\cdot(A+C)}$$

画出电路图如图 T3.7 所示。

表 T3.7

A	B	C	F_1	F_2	F_3
0	0	0	0	0	1
0	0	1	0	0	1
0	1	0	0	0	1
0	1	1	0	1	0
1	0	0	0	0	1
1	0	1	0	1	0
1	1	0	0	1	0
1	1	1	1	0	0

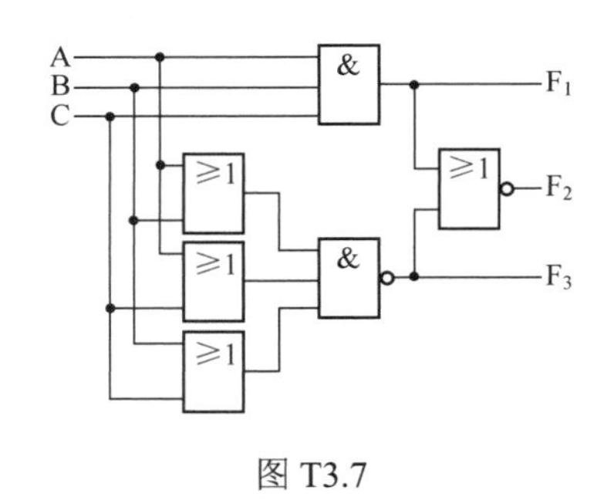

图 T3.7

注：题解表达式及电路图不唯一。

3.8 设三个输入分别为 A、B、C，F 为输出，根据题意可列写真值表见表 T3.8。

写出逻辑表达式并化为与非-与非式：

$$F = \bar{A}\bar{B}\bar{C} + \bar{A}BC + A\bar{B}C + AB\bar{C}$$

$$= \overline{\overline{\bar{A}\bar{B}\bar{C} + \bar{A}BC + A\bar{B}C + AB\bar{C}}}$$

$$= \overline{\overline{\bar{A}\bar{B}\bar{C}} \cdot \overline{\bar{A}BC} \cdot \overline{A\bar{B}C} \cdot \overline{AB\bar{C}}}$$

画出电路图如图 T3.8 所示。

表 T3.8

A	B	C	F
0	0	0	1
0	0	1	0
0	1	0	0
0	1	1	1
1	0	0	0
1	0	1	1
1	1	0	1
1	1	1	0

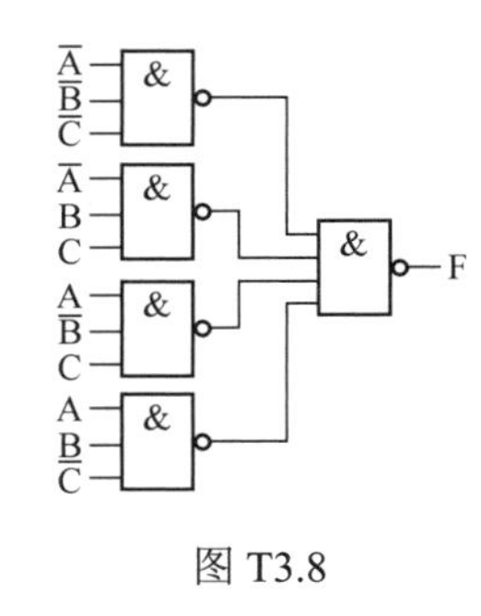

图 T3.8

3.9 根据题意可列写真值表见表 T3.9。

写出逻辑表达式为： $X = AB + BC + AC$； $Y = A \oplus B \oplus C$； $Z = \bar{C}$。

画出电路图如图 T3.9 所示。

表 T3.9

A	B	C	X	Y	Z
0	0	0	0	0	1
0	0	1	0	1	0
0	1	0	0	1	1
0	1	1	1	0	0
1	0	0	0	1	1
1	0	1	1	0	0
1	1	0	1	0	1
1	1	1	1	1	0

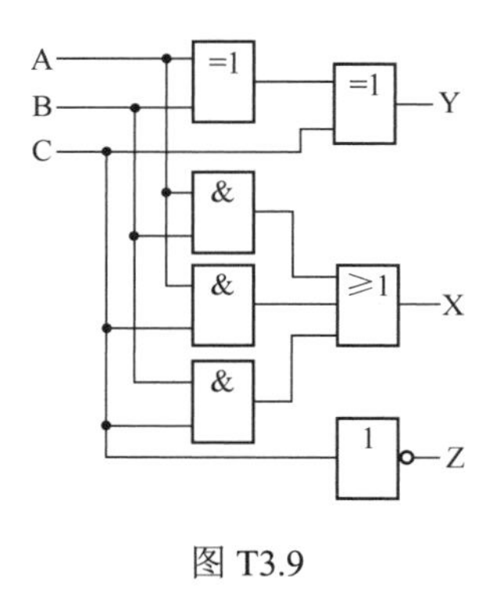

图 T3.9

3.10 根据图 P3.10 可写出输出逻辑表达式为：

$$F = AB + C\left(AB + \bar{B}\right) = AB + \bar{B}C$$

将上式化为与非-与非式：

$$F = \overline{\overline{AB + \bar{B}C}} = \overline{\overline{AB} \cdot \overline{\bar{B}C}} = \overline{\overline{AB} \cdot \overline{C\overline{BC}}}$$

根据逻辑表达式可画出电路图如图 T3.10 所示。

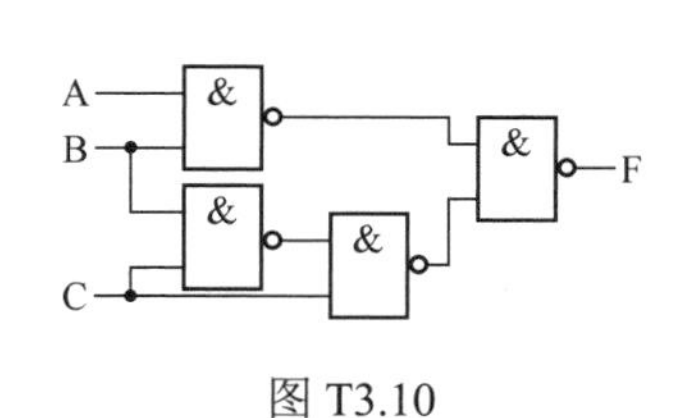

图 T3.10

3.11 因为 X 和 Y 均为三位二进制数，所以设 X 为 $x_2x_1x_0$，Y 为 $y_2y_1y_0$，其中 x_2 和 y_2 为高位。根据题意可以列写真值表见表 T3.11。

化简后得到　　$y_2 = x_2$　　$y_1 = x_1 + x_2x_0$　　$y_0 = \bar{x}_2x_0 + x_2\bar{x}_0$

因为要用与非门实现电路，所以将 $y_2y_1y_0$ 写成与非-与非式：

$$y_2 = x_2 \qquad y_1 = x_1 + x_2x_0 = \overline{\overline{x_1} \cdot \overline{x_2x_0}} \qquad y_0 = \overline{x}_2x_0 + x_2\overline{x}_0 = \overline{\overline{x_0 \cdot \overline{x_2x_0}} \cdot \overline{x_2 \cdot \overline{x_2x_0}}}$$

根据逻辑表达式可画出电路图如图 T3.11 所示。

表 T3.11

x_2	x_1	x_0	y_2	y_1	y_0
0	0	0	0	0	0
0	0	1	0	0	1
0	1	0	0	1	0
0	1	1	0	1	1
1	0	0	1	0	1
1	0	1	1	1	0
1	1	0	1	1	1
1	1	1	X	X	X

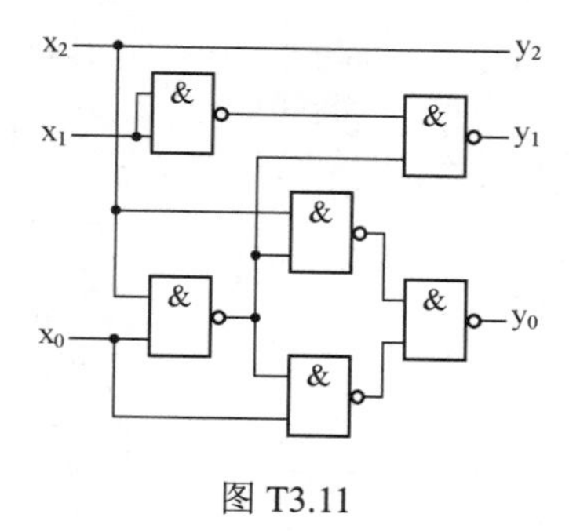

图 T3.11

3.12 根据题意，画出卡诺图如图 T3.12(a)所示，化简可得：$F = \overline{C}_2\overline{B} + C_1A + \overline{C}_1B$，整理后得：$F = \overline{C_2 + B} + C_1A + \overline{C}_1B$。画出电路图如图 T3.12(b)所示。

3.14 根据题意设输入为 A_3, A_2, A_1, A_0，输出为 Y_3, Y_2, Y_1, Y_0

当 C=1 时：$Y_3 = A_3$；$Y_2 = A_3 \oplus A_2; Y_1 = A_2 \oplus A_1; Y_0 = A_1 \oplus A_0$

当 C=0 时：$Y_3 = A_3; Y_2 = A_3 \oplus A_2; Y_1 = Y_2 \oplus A_1; Y_0 = Y_1 \oplus A_0$

所以可写出：$Y_3 = A_3$

$$Y_2 = A_3 \oplus A_2$$

$$Y_1 = A_1 \oplus (CA_2 + \overline{C}\,Y_2) = C(A_2 \oplus A_1) + \overline{C}(A_3 \oplus A_2 \oplus A_1)$$

$$Y_0 = A_0 \oplus (CA_1 + \overline{C}\,Y_1) = C(A_1 \oplus A_0) + \overline{C}(A_3 \oplus A_2 \oplus A_1 \oplus A_0)$$

根据逻辑表达式可画出电路图（图略）。

3.15 画出逻辑函数 F 的卡诺图如图 T3.15 所示。

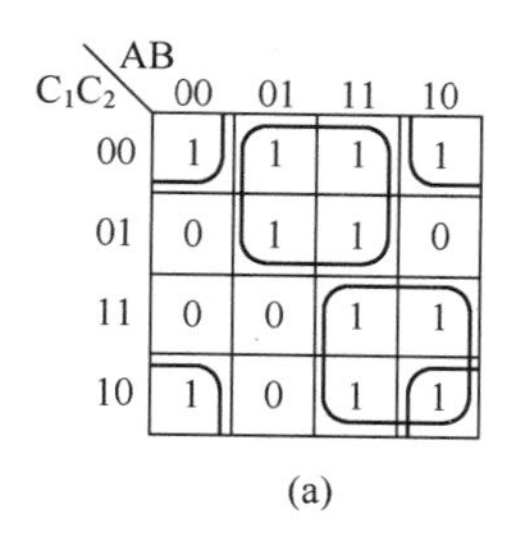

(a)

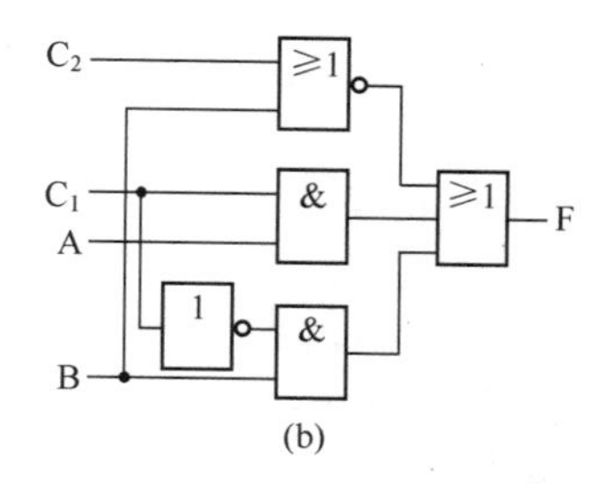

(b)

图 T3.12

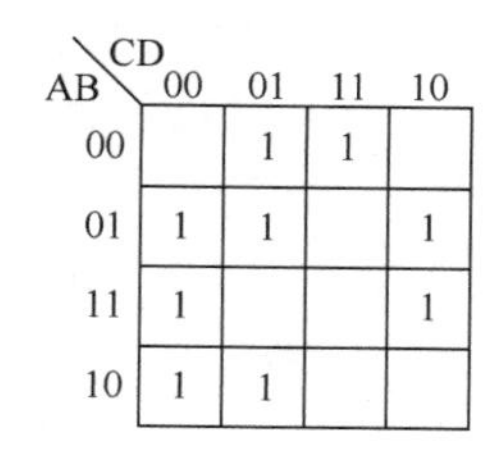

图 T3.15

（1）可以看出当输入变量 ABCD 从 0110 变化到 1100 时会经历两条途径，即：

0110→1110→1100　和　0110→0100→1100

由于变化前、后稳态输出相同，都为 1，而且对应中间状态的输出也为 1，故此变化不存在静态功能冒险。

（2）同理，从 1111 到 1010 经历的两条途径：1111→1110→1010 存在 1 冒险；而 1111→1011→1010 不存在静态功能冒险。

（3）从 0011 到 0110 经历的两条途径：0011→0010→0110 和 0011→0111→0110，都会产生 0 冒险。

第 4 章

4.1 真值表、表达式和电路图如图 T4.1 所示。由真值表可知 $G = \overline{A}_3\overline{A}_2\overline{A}_1\overline{\overline{A}}_0$。

4.4 电路如图 T4.4 所示。

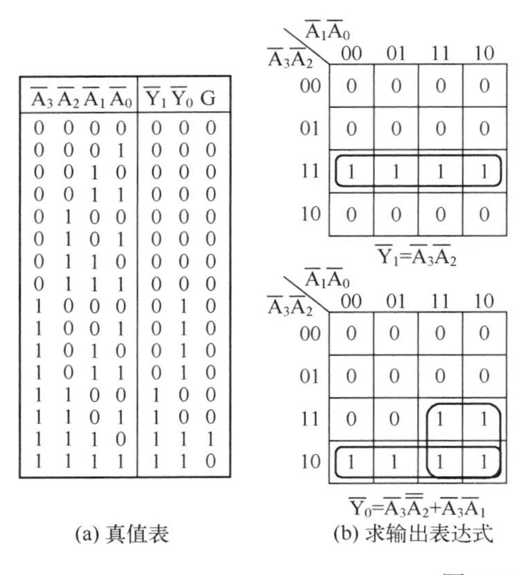

$\overline{A}_3$	$\overline{A}_2$	$\overline{A}_1$	$\overline{A}_0$	$\overline{Y}_1$	$\overline{Y}_0$	G
0	0	0	0	0	0	0
0	0	0	1	0	0	0
0	0	1	0	0	0	0
0	0	1	1	0	0	0
0	1	0	0	0	0	0
0	1	0	1	0	0	0
0	1	1	0	0	0	0
0	1	1	1	0	0	0
1	0	0	0	0	1	0
1	0	0	1	0	1	0
1	0	1	0	0	1	0
1	0	1	1	0	1	0
1	1	0	0	1	0	0
1	1	0	1	1	0	0
1	1	1	0	1	1	1
1	1	1	1	1	1	0

(a) 真值表　　(b) 求输出表达式　　(c) 编码器电路图

图 T4.1

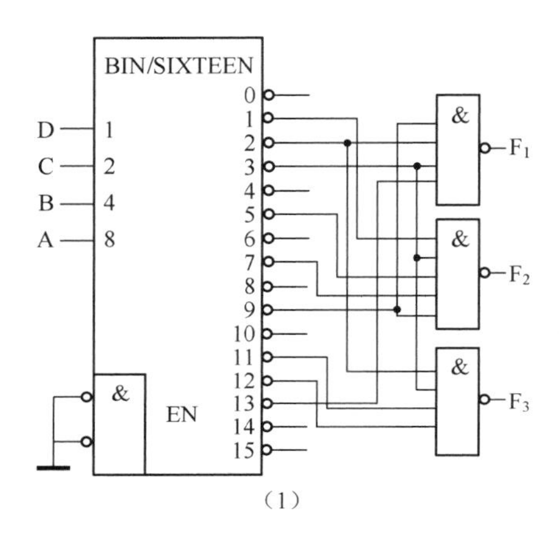

(1)

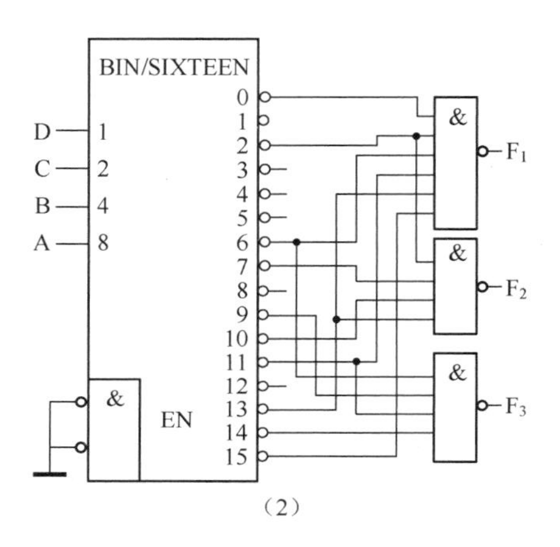

(2)

图 T4.4

4.5　$F_1(C,B,A)=\sum m(0,2,4,6)=\overline{A}$　　$F_2(C,B,A)=\sum m(1,3,5,7)=A$

4.6　设 3 位输入用 A、B、C 表示，两位输出 $C_{out}=Y_1Y_0$。所设计的电路如图 T4.6 所示。

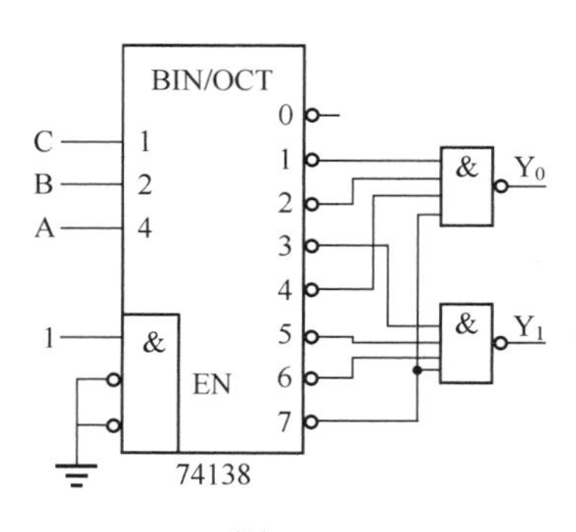

图 T4.6

4.7　设 4 位二进制码为 $B_3B_2B_1B_0$，4 位格雷码为 $R_3R_2R_1R_0$。根据两码之间的关系可得：

$$R_3(B_3,B_2,B_1,B_0)=\sum m(8\sim 9)=B_3$$

$$R_2(B_3,B_2,B_1,B_0)=\sum m(4\sim 9)=\overline{\overline{m}_4\overline{m}_5\overline{m}_6\overline{m}_7\overline{m}_8\overline{m}_9}$$

$$R_1(B_3,B_2,B_1,B_0)=\sum m(2\sim 5)=\overline{\overline{m}_2\overline{m}_3\overline{m}_4\overline{m}_5}$$

$$R_0(B_3,B_2,B_1,B_0)=\sum m(1,2,5,6,9)=\overline{\overline{m}_1\overline{m}_2\overline{m}_5\overline{m}_6\overline{m}_9}$$

根据表达式，可方便地画出电路图（图略）。

4.9　如将 A、B、C 按高低位顺序分别连接到数据选择器 74151 的地址码输入端，将数据选择器的输出作为函数值 F，则数据选择器的数据输入端信号分别为（注意，数据选择器的选通控制端 $\overline{ST}$ 必须接有效电平）（图略）：

（1）$D_0=D_1=D_3=D_6=0$，$D_2=D_4=D_5=D_7=1$

（2） $D_0 = D_6 = D_7 = 0$， $D_1 = D_2 = D_3 = D_4 = D_5 = 1$

（3） $D_2 = D_3 = D_6 = 0$， $D_0 = D_1 = D_4 = D_5 = D_7 = 1$

（4） $D_0 = D_5 = \overline{D}$， $D_1 = D_4 = D$， $D_2 = D_6 = 1$， $D_3 = D_7 = 0$

（5） $D_0 = \overline{D}$， $D_2 = D$， $D_1 = D_3 = D_4 = 1$， $D_5 = D_6 = D_7 = 0$或1

4.10 如将 A、B 按高低位顺序分别连接到 4 选 1 数据选择器地址码输入端，将数据选择器的输出作为函数值 F，则数据选择器的数据输入端信号分别为（图略）：

（1） $D_0 = \overline{C \oplus D}$， $D_1 = \overline{C}$， $D_2 = C \oplus D$， $D_3 = \overline{C}$

（2） $D_0 = C + \overline{D}$， $D_1 = C + D$， $D_2 = 1$， $D_3 = 0$或1

4.12 $F(a,b,c) = \sum m(1,2,3,4,5,6)$

4.13 设 A_i、B_i 为两本位加数，C_{i-1} 为低位向本位的进位，S_i 为本位和，C_i 为本位向高位的进位。所设计的电路如图 T4.13 所示。

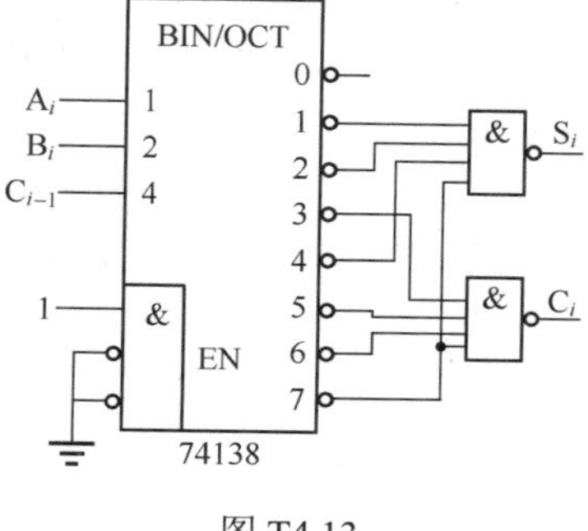

图 T4.13

4.15 $S = (\overline{a}\,\overline{b} + ab)CI + (a\overline{b} + \overline{a}b)\overline{CI} = \overline{a}\,\overline{b} + ab$

$CO = (\overline{a}b + a\overline{b})CI + ab = a \oplus b + ab = a + b$

$D_0 = \overline{S \oplus CO} = \overline{(\overline{a}\,\overline{b} + ab) \oplus (a \oplus b + ab)}$

$D_1 = \overline{D}_0 \qquad D_2 = CO \qquad D_3 = \overline{CO}$

$F(a,b,c,d) = \sum m(1,3,5,6,9,10,12,14)$

4.16 设输入余 3 BCD 码为 $X = X_3X_2X_1X_0$，输出自反 2421 BCD 码为 $F = F_3F_2F_1F_0$。电路如图 T4.16 所示。

4.23 首先将双 4 选 1 数据选择器 74HC4539 连接成 8 选 1 数据选择器，如图 4.36 所示。8 选 1 数据选择器和 3 线-8 线译码器 74138 构成的并行数码比较器如图 T4.23 所示。

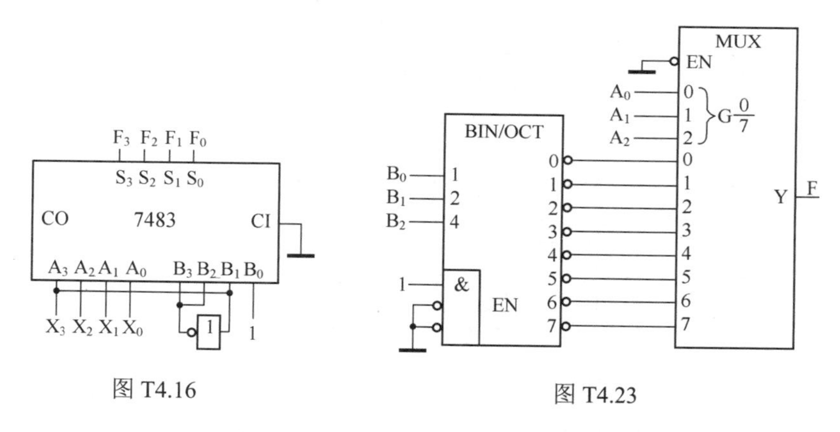

图 T4.16　　　　图 T4.23

4.24 首先用门电路构成一个 1 位数值比较器，如图 4.50 所示，然后将 4 位数值比较器 74HC85 和 1 位数值比较器相连，可方便地扩展成 5 位数值比较器。电路图略。

4.25 较简单的解法是利用 4 位数值比较器 74HC85 将输入的 8421BCD 码与 4（0100）比较，比较结果从 74HC85 的 A>B 端输出。电路图略。

第 5 章

5.1 根据状态表可得状态图如图 T5.1 所示。

5.2 当 X 依次输入序列 010101 时，根据题中的状态表，可按照时间关系列出表 T5.2。

所以当 X=010101 时，对应的输出序列 Z=000000，状态序列为：DCBBCC。

5.3 见图 T5.3。

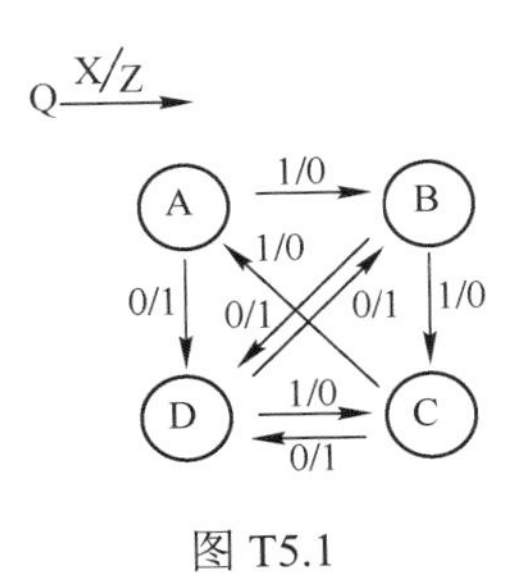

图 T5.1

表 T5.2

时间	0	1	2	3	4	5
原态	A	D	C	B	B	C
输入	0	1	0	1	0	1
新态	D	C	B	B	C	C
输出	0	0	0	0	0	0

5.4 普通 RS 锁存器与门控 RS 锁存器的输出波形分别如图 T5.4（a）和（b）所示。

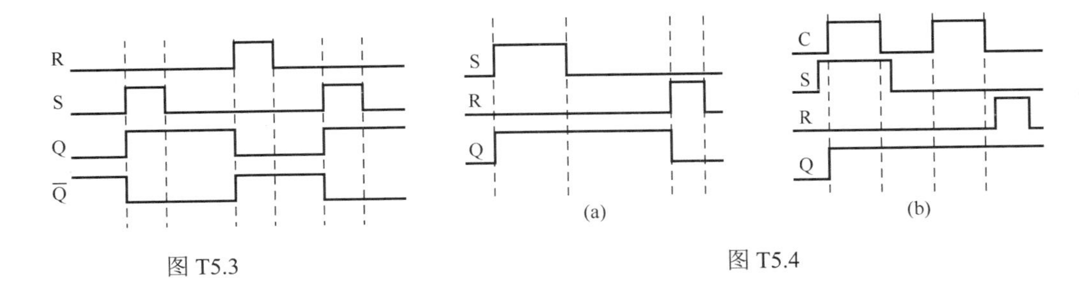

图 T5.3

图 T5.4

5.5 见图 T5.5。

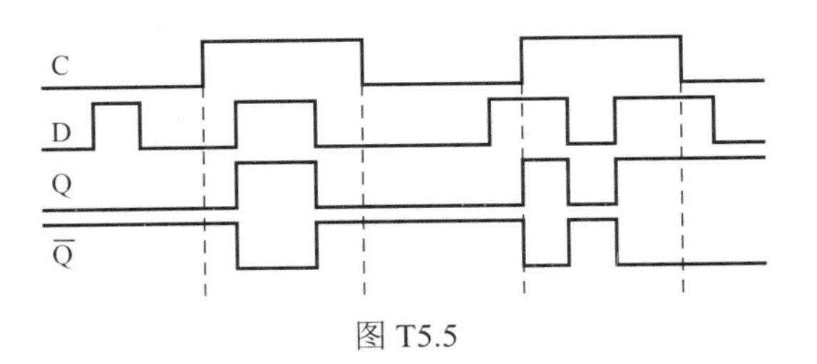

图 T5.5

5.6 见图 T5.6。

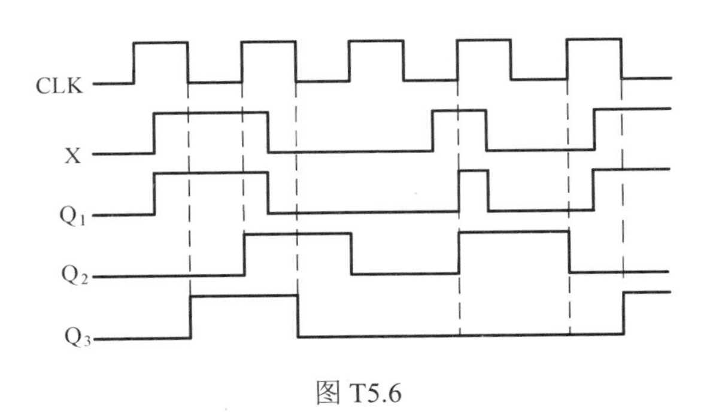

图 T5.6

5.7 见图 T5.7。

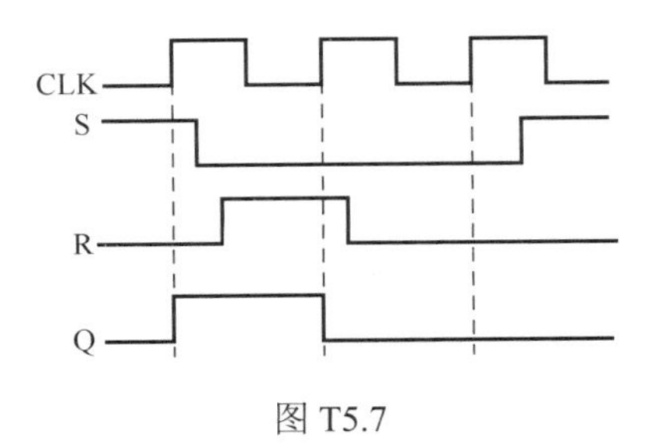

图 T5.7

5.8 见图 T5.8。

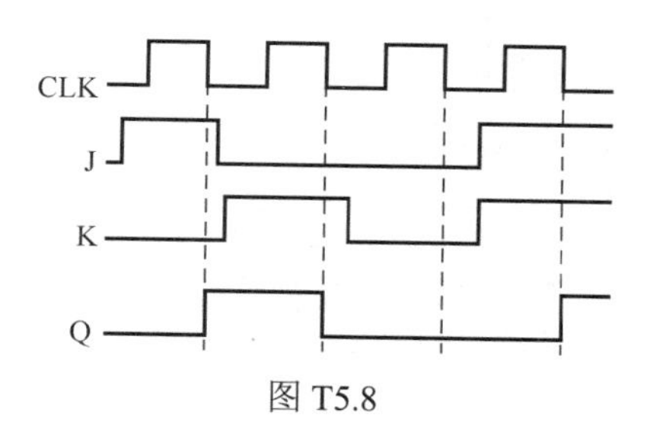

图 T5.8

5.9 见图 T5.9。

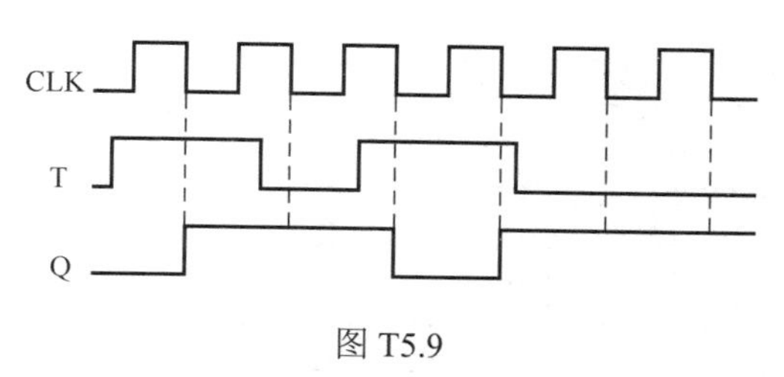

图 T5.9

5.10 见图 T5.10。

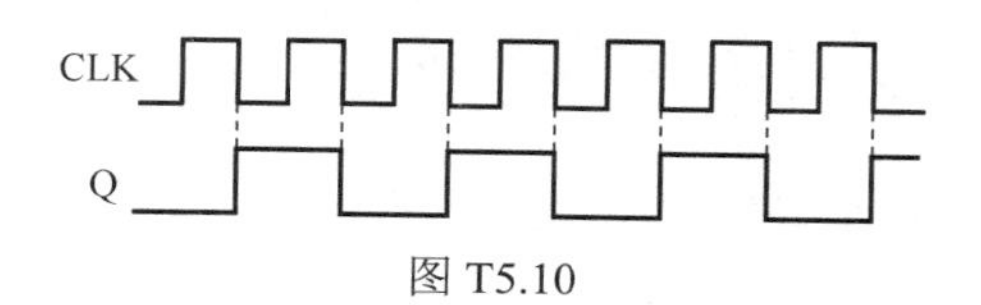

图 T5.10

5.11 见图 T5.11。

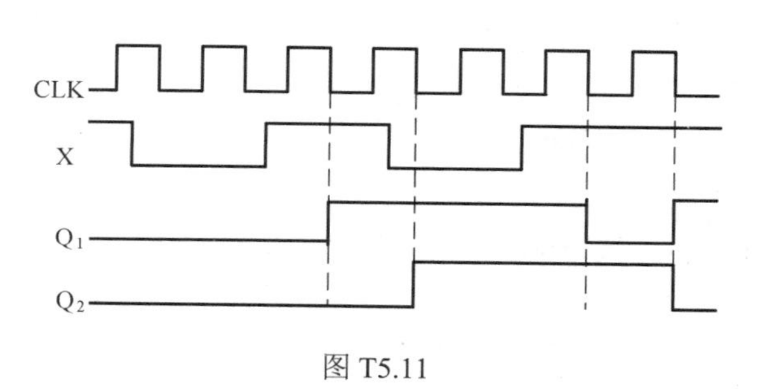

图 T5.11

5.12 见图 T5.12。

5.13 $J_1 = K_1 = \overline{Q}_2^n$； $J_2 = Q_1^n$， $K_2 = 1$ 。见图 T5.13。

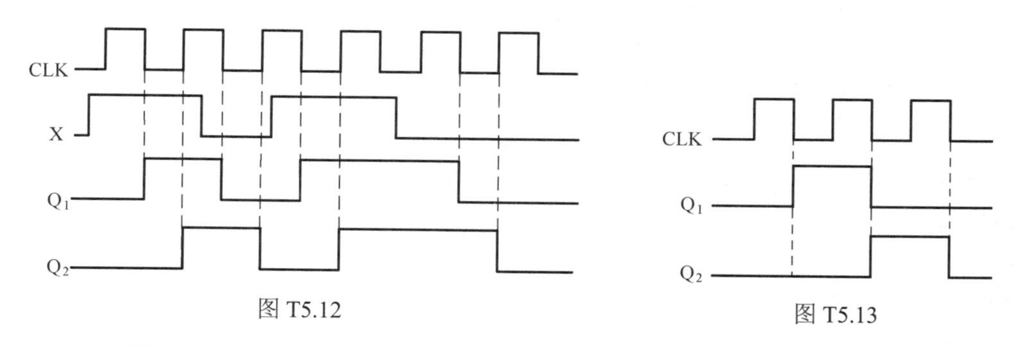

图 T5.12　　图 T5.13

5.14 $Q_1^{n+1} = \overline{Q}_2^n$， $Q_2^{n+1} = Q_1^n$， $F = Q_1^n + CLK$ 。见图 T5.14。

5.15 D 触发器的特性方程为： $Q^{n+1} = D$ ；T 触发器的特性方程为： $Q^{n+1} = T \oplus Q^n$ 。所以， $D = T \oplus Q^n$ 。电路如图 T5.15 所示。

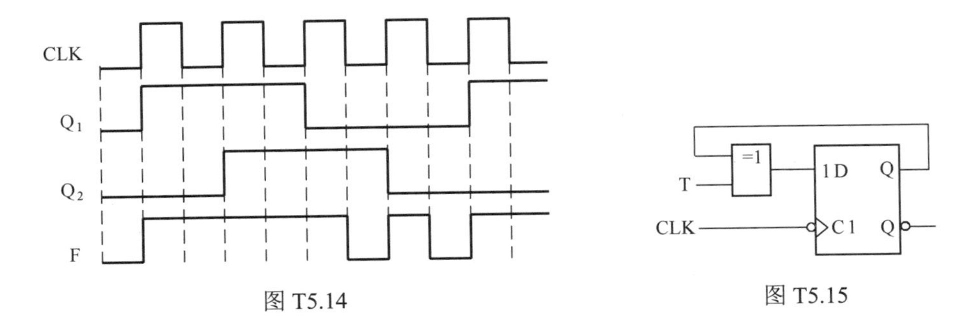

图 T5.14　　　　图 T5.15

5.16 见图 T5.16。

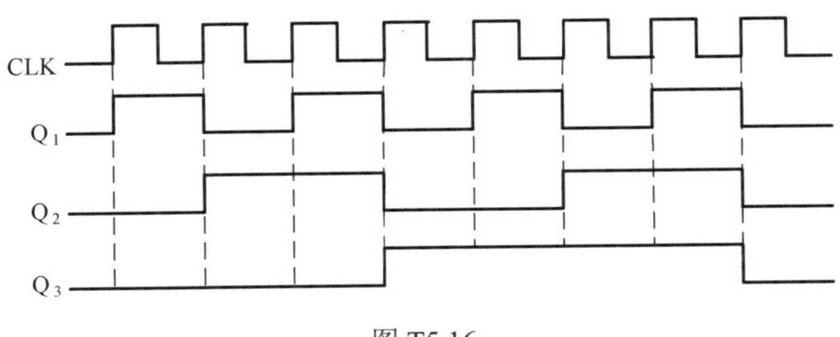

图 T5.16

5.17 （1）驱动方程为：$J_0 = X\overline{Q_1^n}$，$K_0 = 1$；$J_1 = XQ_0^n$，$K_1 = \overline{X}$；输出方程为：$Z = XQ_1^n$。

（2）各触发器的状态方程分别为：$Q_0^{n+1} = X\overline{Q_1^n}\,\overline{Q_0^n}$；$Q_1^n = XQ_0^n\overline{Q_1^n} + XQ_1^n = X(Q_0^n + Q_1^n)$。

（3）状态表如表 T5.17 所示。

（4）状态转换图如图 T5.17 所示。

表 T5.17

X	Q_1^n	Q_0^n	Q_1^{n+1}	Q_0^{n+1}	Z
0	0	0	0	0	0
0	0	1	0	0	0
0	1	0	0	0	0
0	1	1	0	0	0
1	0	0	0	1	0
1	0	1	1	0	0
1	1	0	1	0	1
1	1	1	1	0	1

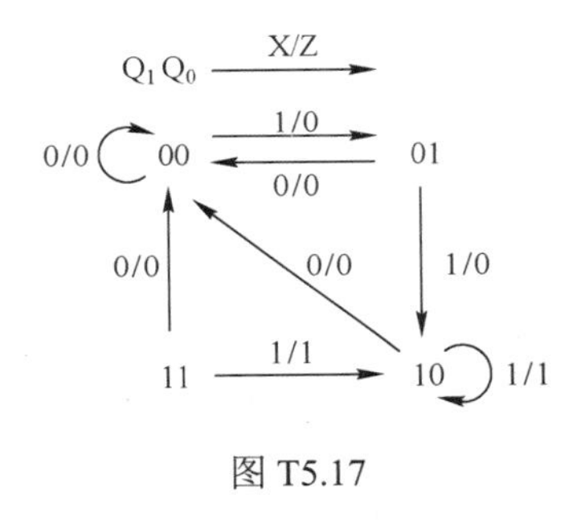

图 T5.17

5.18 （1）驱动方程为：$D_1 = \overline{Q_3^n}Q_2^n$；$D_2 = \overline{Q_2^n}\,\overline{Q_1^n}$；$D_3 = Q_1^n + Q_3^n\overline{Q_2^n}$。

（2）各触发器的状态方程分别为：$Q_1^{n+1} = \overline{Q_3^n}Q_2^n$；$Q_2^{n+1} = \overline{Q_2^n}\,\overline{Q_1^n}$；$Q_3^{n+1} = Q_1^n + Q_3^n\overline{Q_2^n}$。

（3）状态表如表 T5.18 所示。

（4）状态转换图如图 T5.18 所示。

5.19 （1）驱动方程为：$J_1 = K_1 = 1$；$J_2 = \overline{Q_3^n}Q_1^n$，$K_2 = Q_1^n$；$J_3 = Q_2^nQ_1^n$，$K_3 = Q_1^n$。

（2）各触发器的状态方程分别为：$Q_1^{n+1} = \overline{Q_1^n}$；$Q_2^{n+1} = \overline{Q_3^n}\,\overline{Q_2^n}Q_1^n + Q_2^n\overline{Q_1^n}$；$Q_3^{n+1} = \overline{Q_3^n}Q_2^nQ_1^n + Q_3^n\overline{Q_1^n}$。

（3）状态表如表 T5.19 所示。

（4）状态转换图如图 T5.19 所示。

表 T5.18

Q_3^n	Q_2^n	Q_1^n	Q_3^{n+1}	Q_2^{n+1}	Q_1^{n+1}
0	0	0	0	1	0
0	0	1	1	0	0
0	1	0	0	0	1
0	1	1	1	0	1
1	0	0	1	1	0
1	0	1	1	0	0
1	1	0	0	0	0
1	1	1	1	0	0

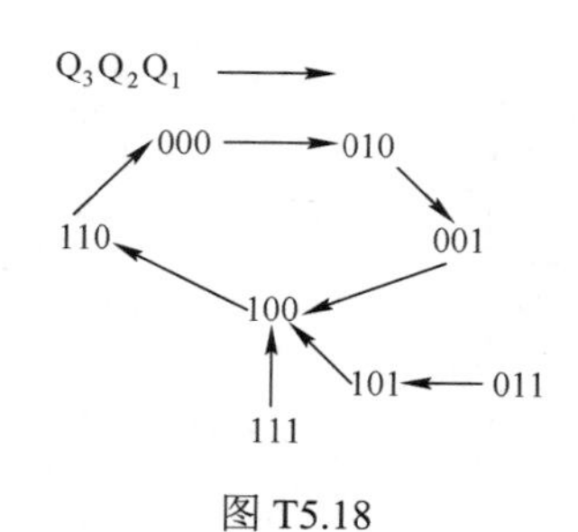

图 T5.18

表 T5.19

Q_3^n	Q_2^n	Q_1^n	Q_3^{n+1}	Q_2^{n+1}	Q_1^{n+1}
0	0	0	0	0	1
0	0	1	0	1	0
0	1	0	0	1	1
0	1	1	1	0	0
1	0	0	1	0	1
1	0	1	0	0	0
1	1	0	1	1	1
1	1	1	0	0	0

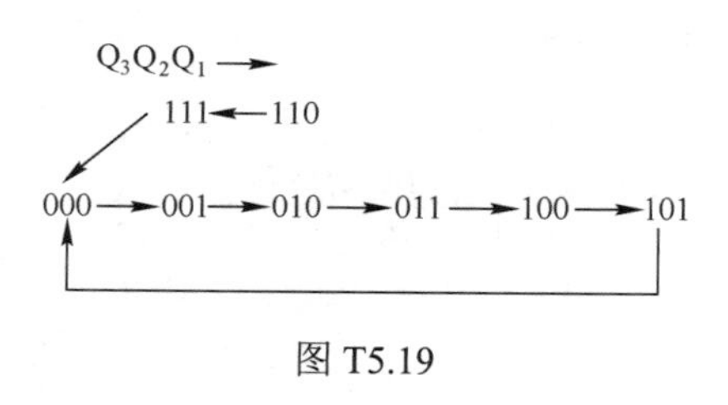

图 T5.19

5.20 （1）驱动方程为：$D_1 = X\bar{Q}_2^n$；$D_2 = (Q_1^n + Q_2^n)X$。输出方程为：$Z = \overline{XQ_2^n\bar{Q}_1^n}$。

（2）各触发器的状态方程分别为：$Q_1^{n+1} = X\bar{Q}_2^n$；$Q_2^{n+1} = (Q_1^n + Q_2^n)X$。

（3）状态表如表 T5.20 所示。

（4）状态转换图如图 T5.20 所示。

（5）输出序列为：11111111101。

表 T5.20

X	Q_2^n	Q_1^n	Q_2^{n+1}	Q_1^{n+1}	Z
0	0	0	0	0	1
0	0	1	0	0	1
0	1	0	0	0	1
0	1	1	0	0	1
1	0	0	0	1	1
1	0	1	1	1	1
1	1	0	1	0	0
1	1	1	1	0	1

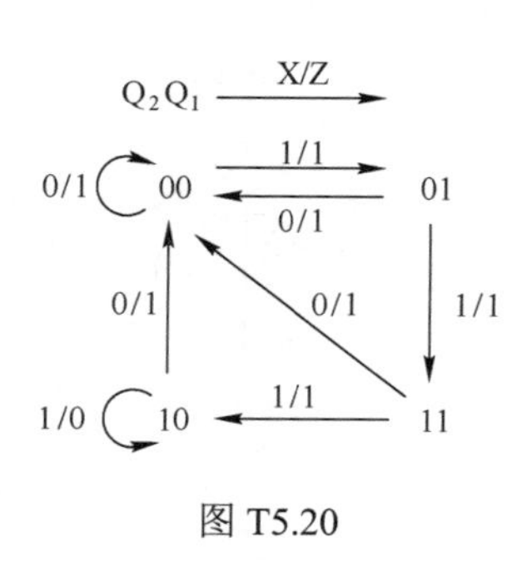

图 T5.20

5.21 根据题目给定的状态图，可画出该时序逻辑电路的状态表如表 T5.21 所示。

从表 T5.21 中可以分离出新态 Q_1^{n+1} 和 Q_0^{n+1}（也就是两个触发器的驱动信号 D_1 和 D_0）的卡诺图如图 T5.21（a）所示。

对卡诺图进行圈圈化简，根据圈圈情况检查电路的自启动特性，可知：当 A=0 时，01 状态转移至 11 状态；当 A=1 时，01 状态也是转移至 11 状态。电路能够自启动。所以，这两个触发器的驱动信号 D_1 和 D_0 的表达式分别为：$D_1 = \bar{A} + \bar{Q}_1^n + Q_0^n$，$D_0 = A\bar{Q}_1^n + \bar{A}Q_0^n$。根据上述表达式可画出该时序逻辑电路的电路图如图 T5.21（b）所示。

表　T5.21

$Q_1^nQ_0^n$ \ $Q_1^{n+1}Q_0^{n+1}$ \ A	0	1
0　0	1　0	1　1
1　0	1　0	0　0
1　1	1　1	1　0

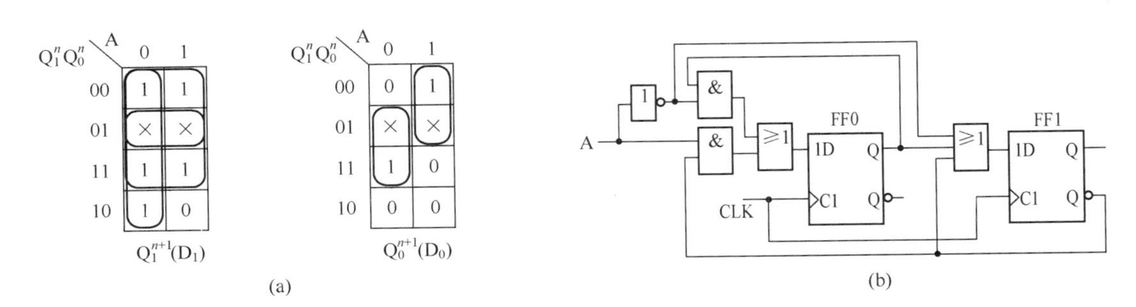

图 T5.21

第 6 章

6.1 余 3 BCD 码计数器计数规则为：0011→0100→…→1100→0011→…，由于采用异步清零和置数，故计数器应在 1101 时产生清零和置数信号，所设计的电路如图 T6.1 所示。

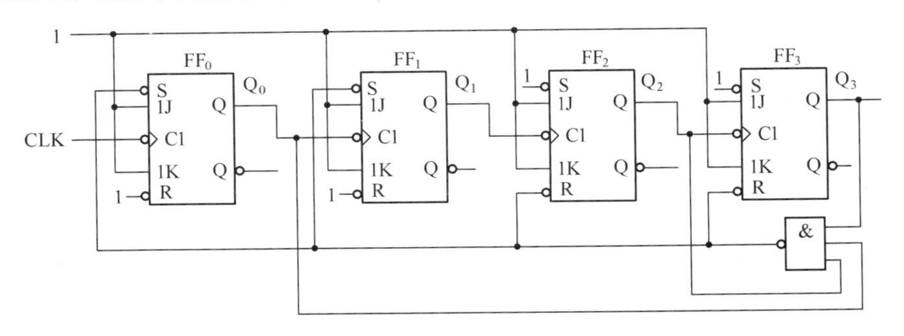

图 T6.1

6.2 74290 为异步十进制计数器，要实现模 48 计数，需用两片 74290。所设计的电路如图 T6.2 所示。（注：图 T6.2 所示电路在清零时，可能会因低位芯片的 Q_3 所产生的下降边沿，引起冒险现象，导致清零失败。读者可设计改进电路，以提高清零可靠性。）

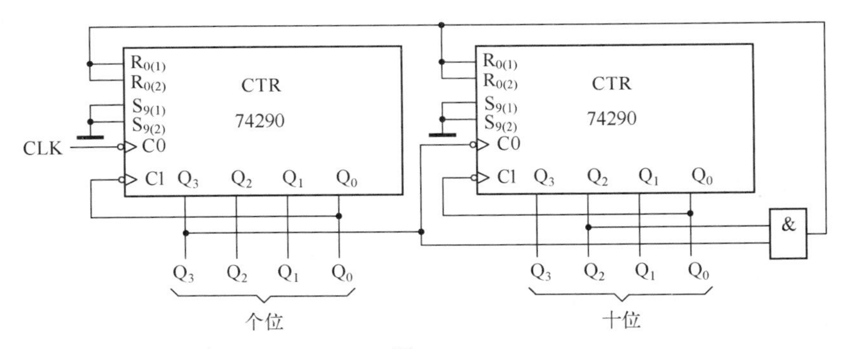

图 T6.2

6.3 根据格雷码计数规则，可求得计数器的状态方程和驱动方程为:

$$Q_3^{n+1}=D_3=Q_3^nQ_0^n+Q_3^nQ_1^n+Q_2^n\bar{Q}_1^n\bar{Q}_0^n \qquad Q_2^{n+1}=D_2=Q_2^nQ_0^n+Q_2^n\bar{Q}_1^n+\bar{Q}_3^nQ_1^n\bar{Q}_0^n$$

$$Q_1^{n+1}=D_1=Q_1^n\bar{Q}_0^n+Q_3^nQ_2^nQ_0^n+\bar{Q}_3^n\bar{Q}_2^nQ_0^n \qquad Q_0^{n+1}=D_0=Q_3^n\bar{Q}_2^nQ_1^n+\bar{Q}_3^nQ_2^nQ_1^n+Q_3^nQ_2^n\bar{Q}_1^n+\bar{Q}_3^n\bar{Q}_2^n\bar{Q}_1^n$$

按方程画出电路图即可，图略。

6.4 图 P6.4 所示电路的状态转换图如图 T6.4 所示，可见，这是一个十一进制计数器。

6.5 可采取同步清零法实现。电路如图 T6.5 所示。

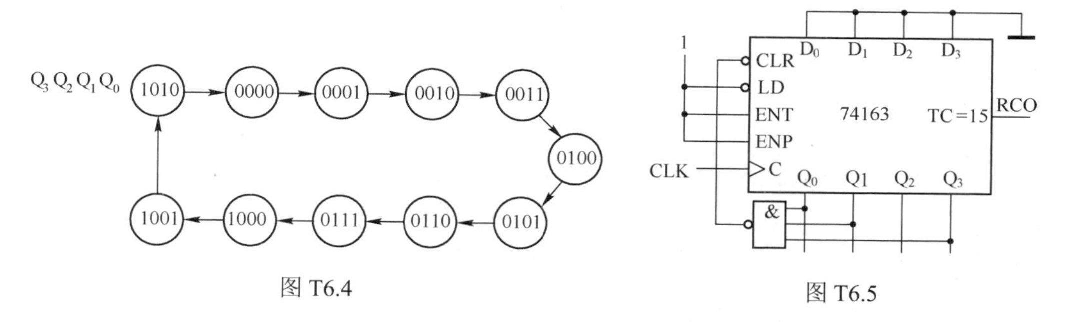

图 T6.4　　图 T6.5

6.6　由于 74160 为具有同步置数功能的十进制计数器，当 M=1 时，置入的初值为 0100，其计数规则为 4, 5, 6, 7, 8, 9, 4,…，故为模 6 计数器；当 M=0 时，置入的初值为 0010，其计数规则为 2, 3, 4, 5, 6, 7, 8, 9, 2,…，故为模 8 计数器。

6.7　该题可有多种解题方法：要实现 8421BCD 码计数器，既可采取同步清零法，也可采用置数法；而 5421BCD 码计数器设计既可采取置数法，也可将清零法和置数法混合使用。图 T6.7 所示答案采用的方法是：用同步清零法实现 8421BCD 码计数器，而用置数法实现 5421BCD 码计数器。读者可尝试采用其他不同方法解题。

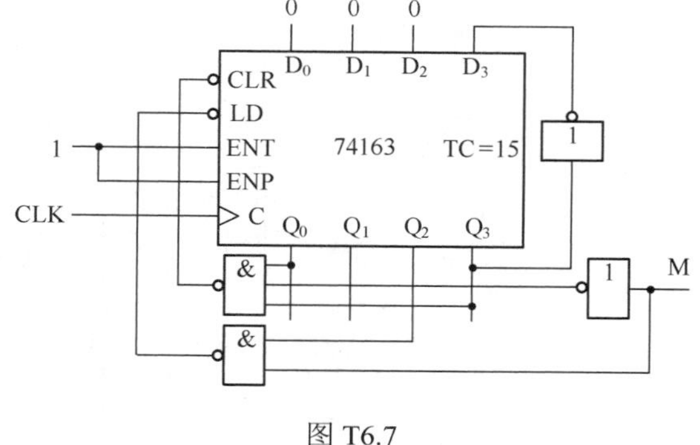

图 T6.7

6.8　电路由两片十进制计数器 74160 组成，由电路连接可知，当计数器计满（即计到 99）时，计数器进入置数状态，当下一个 CLK 脉冲到达时，计数器新状态为 60，所以这是一个模为 40（从 60 计到 99）的计数器。

6.9　用 3 片 74160 构成 3 位十进制计数器，通过反馈置数法，完成 365 进制计数器设计。电路如图 T6.9 所示。

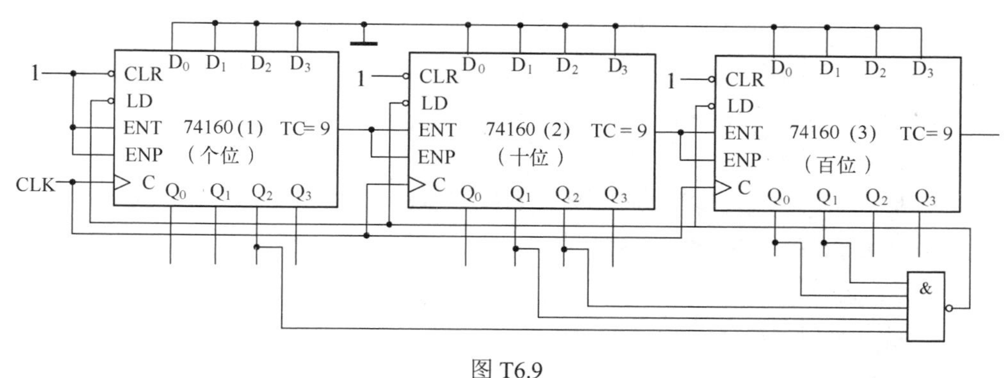

图 T6.9

6.10　首先用 6 片 74160 设计一个 6 位计数器，其中秒和分计数器为模 60，小时计数器为模 24。在计数器后加 6 片七段显示译码器 7448 对时、分、秒计数器输出信号进行译码，每个 7448 后加一个七段数码管显示器以显示对应的字形。（图略）

6.12　由于序列长度为 10，故可以先用 74163 设计一个模 10 计数器，然后在计数器后设计一个转换电路。如模 10 计数器取前 10 个状态，并将 Q_3 和 Q_2 作为数据选择器的地址，则电路如图 T6.12 所示。（题解不唯一）

6.13　以 i 单元示意（左侧为 i-1 单元，右侧为 i+1 单元），示意图如图 T6.13 所示。

6.14　将两片集成 4 位加法器 7483 扩展为 8 位二进制加法器，将 8 位二进制加法器和寄存器 74273 连接成 8 位累加器，即能实现步长可控计数器功能。如图 T6.14 所示。

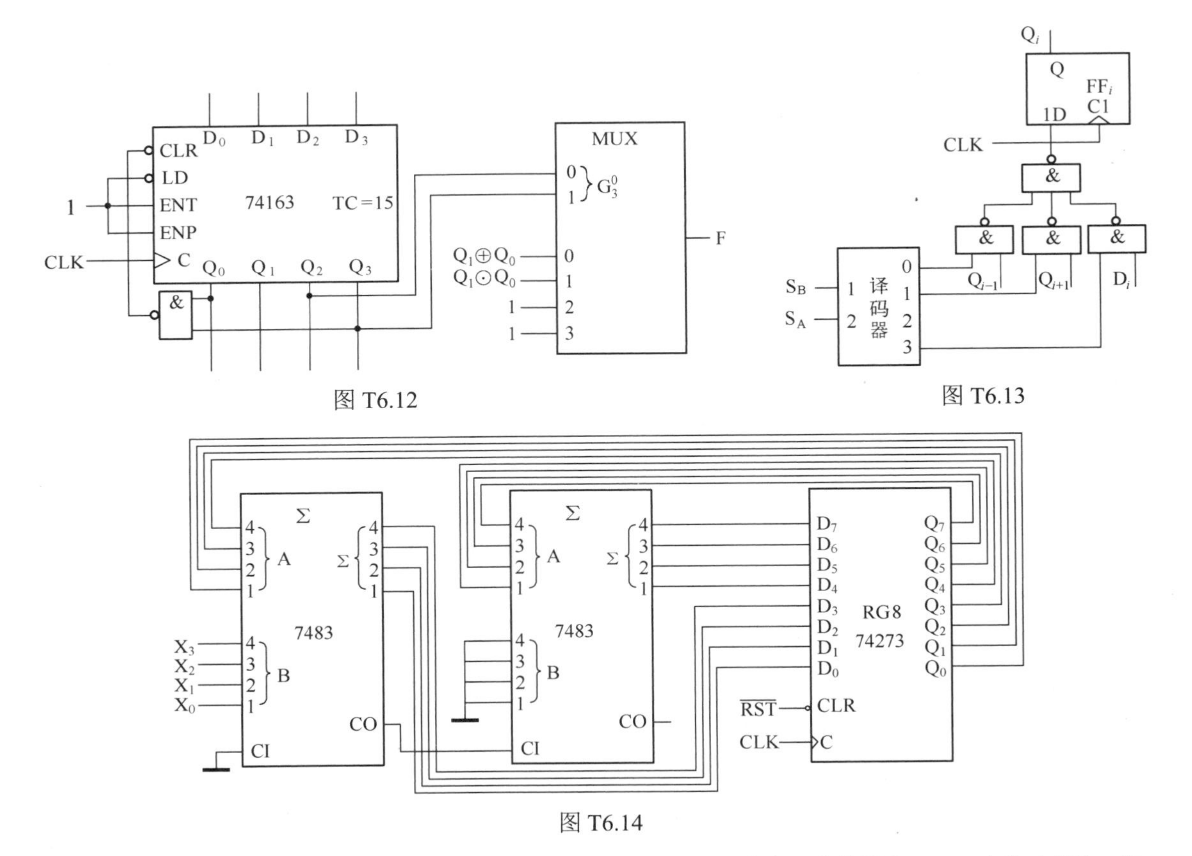

图 T6.12

图 T6.13

图 T6.14

6.15 经过 4 个 CLK 脉冲作用以后 B 寄存器内数据为 0000，A 寄存器内数据为 1100，电路功能为：将 A、B 两寄存器内数据相加，并送入寄存器 A 中。

6.17 （1）为避免状态划分出现相同状态，每个状态按 4 位二进制编码，电路状态转换图为：

$$Q_0Q_1Q_2Q_3 \rightarrow \quad 0000 \rightarrow 1000 \rightarrow 1100 \rightarrow 0110 \rightarrow 1011 \rightarrow 0101 \rightarrow 0010 \rightarrow 0001 \rightarrow 0000$$

（2）考虑电路的自启动特性，通过列卡诺图和化简，可求得移位寄存器反馈函数表达式为：$D_0 = \bar{Q}_3\bar{Q}_2\bar{Q}_1 + \bar{Q}_3Q_1\bar{Q}_0$（结果不唯一），电路如图 T 6.17 所示。

6.18 （1）电路状态转换图为：

$$Q_0Q_1Q_2Q_3 \rightarrow \quad 0000 \rightarrow 0001 \rightarrow 0011 \rightarrow 0110 \rightarrow 1101 \rightarrow 1010 \rightarrow 0100 \rightarrow 1000 \rightarrow 0000$$

（2）使 74194 工作在左移状态(S_A=1，S_B=0)。考虑自启动特性可得：$D_{SL} = \bar{Q}_0\bar{Q}_1\bar{Q}_2 + \bar{Q}_0Q_2\bar{Q}_3$（结果不唯一），电路如图 T6.18 所示。

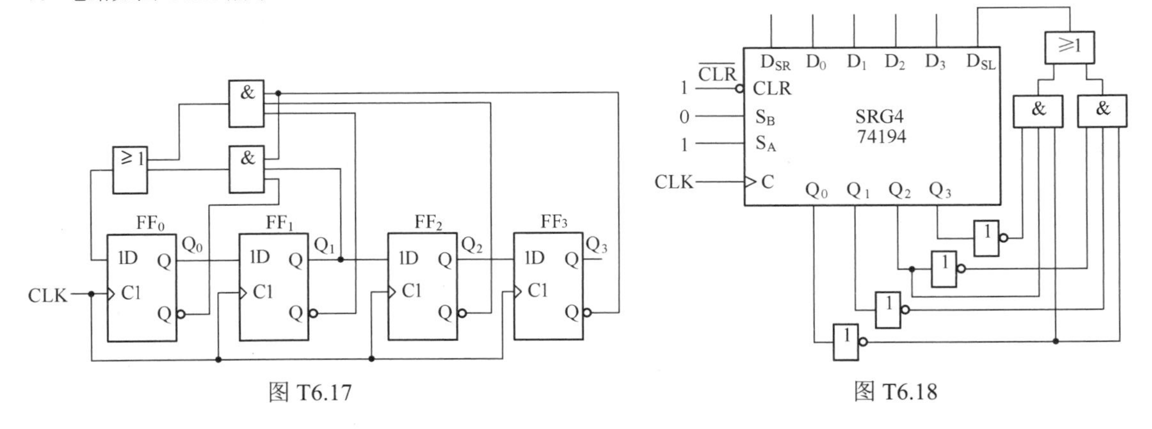

图 T6.17

图 T6.18

6.19 电路右移串行输入信号表达式为：$D_0=(Q_2\oplus Q_1)+\overline{Q_2+Q_1}$，状态转换图如图 T6.19 所示。可见，这是一个能自启动的模 5 计数器。

6.20 状态转换图如图 T6.20 所示。可见，这是一个能自启动的模 7 计数器。

6.21 设所设计的 3 位能自启动的扭环计数器的状态图如图 T 6.21（a）所示。则可求得串行输入信号表达式 $D_0=\overline{Q}_2+\overline{Q}_1 Q_0$，电路如图 T6.21（b）所示。

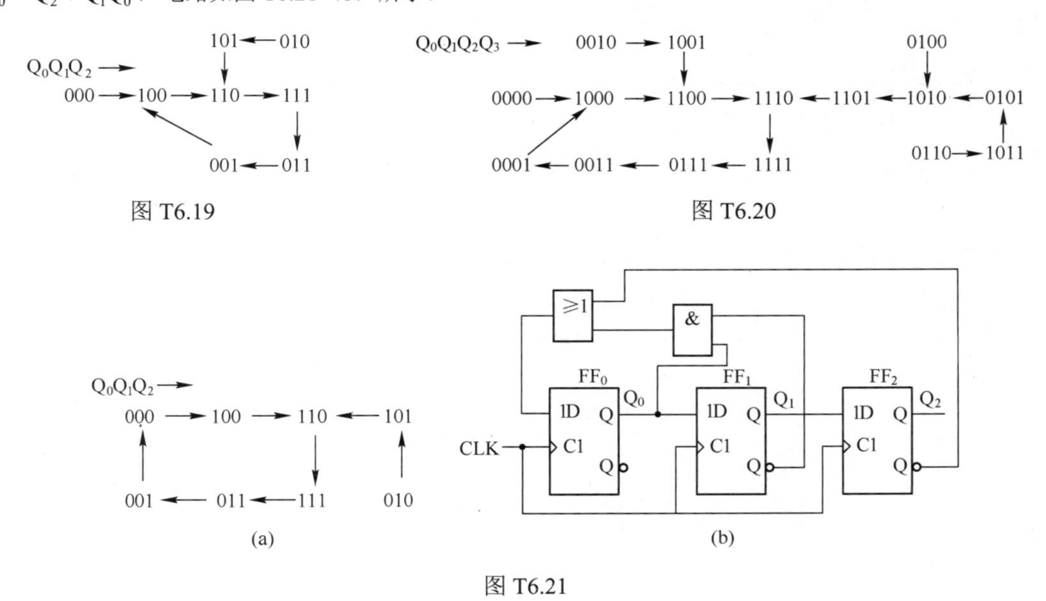

图 T6.19

图 T6.20

(a) (b)

图 T6.21

第 7 章

7.1 该存储器的地址线有 20 条，数据线有 4 条。

7.2 该存储芯片有 256K 个字，每个字有 8 位。

7.3 该计算机内存的最大容量是 $2^{32}\times 32$ 位。

7.5 $F_3(A_3,A_2,A_1,A_0)=\sum m(8\sim 15)=A_3$

$F_2(A_3,A_2,A_1,A_0)=\sum m(4\sim 11)=\overline{A}_3A_2+A_3\overline{A}_2=A_3\oplus A_2$

$F_1(A_3,A_2,A_1,A_0)=\sum m(2\sim 5,10\sim 13)=\overline{A}_2A_1+A_2\overline{A}_1=A_2\oplus A_1$

$F_0(A_3,A_2,A_1,A_0)=\sum m(1,2,5,6,9,10,13,14)=\overline{A}_1A_0+A_1\overline{A}_0=A_1\oplus A_0$

7.7 1K×4 位的 Intel 2114 构成 4K×4 位的 RAM 时，既要进行字扩展，也要进行位扩展，其电路如图 T7.7 所示。

7.8 具有 16 位地址码可同时存取 8 位数据的 RAM 集成芯片，存储容量是 $2^{16}\times 8$ 位；用 8 片这样的芯片可组成容量为 128K×32 位的存储器。

7.9 $F_0=\overline{A}_0A_1+A_0\overline{A}_1$ $\quad F_1=\overline{A}_1A_2+A_1\overline{A}_2$

$F_2=\overline{A}_2A_3+A_2\overline{A}_3$ $\quad F_3=A_3$

7.10 设 A、B 为一位全加器的两个加数，C_I 为低位向本位的进位信号，S 为全加的和，C_O 为本位向高位产生的进位信号，则该一位全加器的输出逻辑表达式为：

$$S=A\oplus B\oplus C_I=\overline{A}\overline{B}C_I+ABC_I+\overline{A}B\overline{C}_I+A\overline{B}\overline{C}_I$$

$$C_O=(A\oplus B)C_I+AB=AC_I+BC_I+AB$$

其电路如图 T7.10 所示。

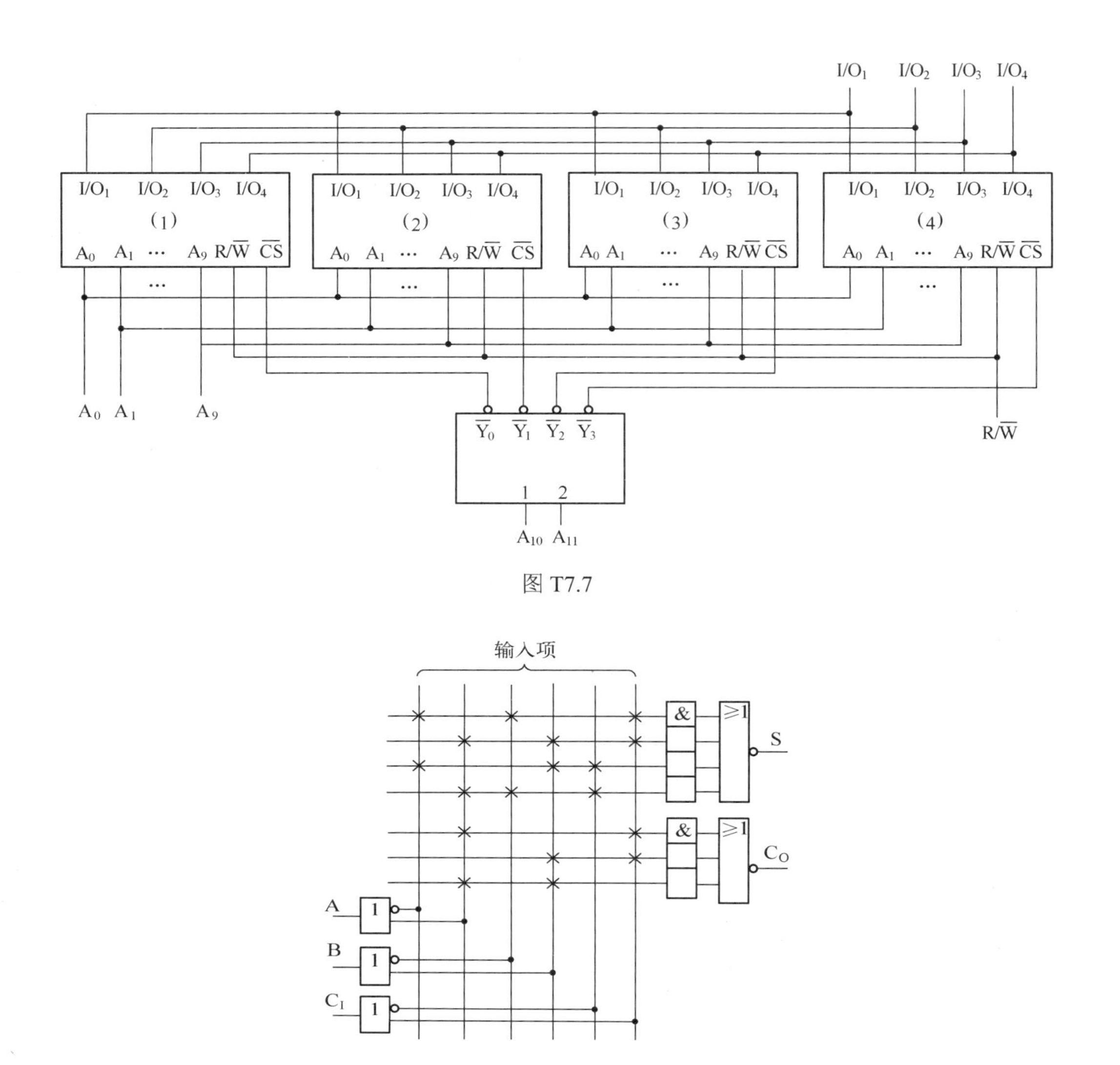

图 T7.7

图 T7.10

7.11 GAL 是在 PAL 的基础上发展起来的一种可编程逻辑器件，它的基本结构与 PAL 类似，都是由可编程的与阵列和固定的或阵列组成的，其差别主要是输出结构不同，GAL 的每个输出引脚上都集成了一个输出逻辑宏单元 OLMC，增强了器件的通用性。

7.13 CPLD 产品种类和型号繁多，虽然它们的具体结构形式各不相同，但基本结构都由若干个可编程的逻辑模块、输入/输出模块和一些可编程的内部连线阵列组成。如 Lattice 公司生产的 iSPLSI2000 系列在系统可编程器件，主要由全局布线区（GRP）、通用逻辑模块（GLB）、输入/输出单元（IOC）、输出布线区（ORP）和时钟分配网络（CDN）构成。GRP 位于器件的中心，它将 GLB 的输出信号或 I/O 单元的输入信号连接到 GLB 的输入端。GLB 位于 GRP 的四周，每个 GLB 相当于一个 GAL 器件。IOC 位于器件的最外层，用来定义器件的输入/输出模式，它可编程为输入、输出和双向输入/输出模式。ORP 是介于 GLB 和 IOC 之间的可编程互连阵列，以连接 GLB 输出到 IOC。CDN 产生 5 个全局时钟信号，以分配给 GLB 和 IOC 使用。

7.14 FPGA 一般由 3 个可编程模块和一个用于存放编程数据的静态存储器（SRAM）组成。这 3 个可编程模块是可编程输入/输出模块（IOB）、可配置逻辑模块（CLB）和互连资源（ICR）。多个 CLB 组成二维阵列，是实现设计者所需的各种逻辑功能的基本单元，是 FPGA 的核心。IOB 位于器件的四周，提供内部逻辑阵列与外部引出线之间的可编程逻辑接口，通过编程可将 I/O 引脚设置成输入、输出和双向等不同功能。ICR 位于器件内部的逻辑模块之间，经编程可实现 CLB 与 CLB 及 CLB 与 IOB 之间的互连。每个可编程逻辑模块的工作状态由 SRAM 中存储的数据设定。

7.15 最少需占用 8 个 CLB。一个 CLB 可以完成任意 4 变量、5 变量、……最多 9 变量的逻辑函数，产生两个输出。而 4 线-16 线译码器由 4 个输入变量产生 16 个输出变量，那么 8 个 CLB 的 G、F 组合逻辑函数发生器的输入端均共用译码器的 4 个输入变量，而每个 CLB 则分别完成译码器的 16 个输出变量中的 2 个输出。具体实现如图 T7.15 所示。

7.16 最少需占用 2 个 CLB。

十进制同步计数器的状态方程为：

$$\begin{cases} Q_1^{n+1} = \bar{Q}_1^n \\ Q_2^{n+1} = \bar{Q}_4^n\bar{Q}_2^n Q_1^n + Q_2^n\bar{Q}_1^n \\ Q_3^{n+1} = \bar{Q}_3^n Q_2^n Q_1^n + Q_3^n\bar{Q}_2^n + Q_3^n\bar{Q}_1^n \\ Q_4^{n+1} = \bar{Q}_4^n Q_3^n Q_2^n Q_1^n + Q_4^n\bar{Q}_1^n \end{cases}$$

由于 1 个 CLB 中有两个 D 触发器，能实现两个独立的 4 变量或 5 变量组合逻辑函数，所以用 2 个 CLB 就可以实现十进制同步计数器。具体实现电路如图 T7.16。

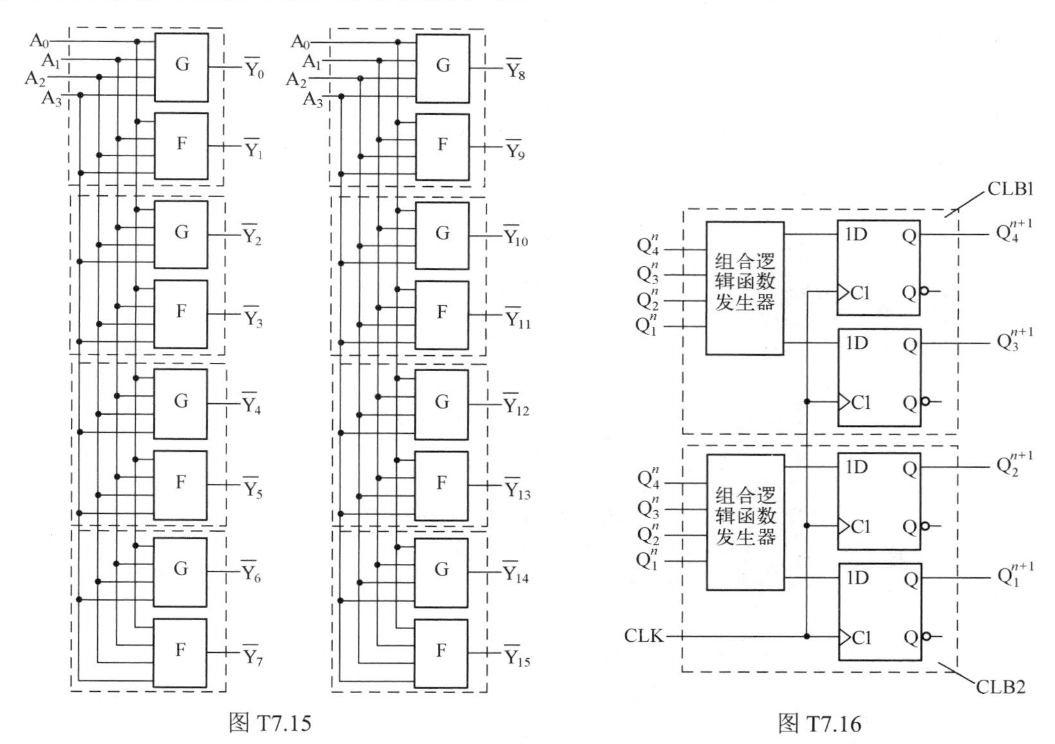

图 T7.15　　图 T7.16

第 8 章

8.1 （1）$V_{T+} = \frac{2}{3}V_{CC} = 8V$，$V_{T-} = \frac{1}{3}V_{CC} = 4V$，$\Delta V_T = V_{T+} - V_{T-} = 4V$；

（2）$V_{T+} = V_{CO} = 6V$，$V_{T-} = \frac{1}{2}V_{CO} = 3V$，$\Delta V_T = V_{T+} - V_{T-} = 3V$。

8.2 （1）该电路为施密特触发电路；

（2）$V_{T+} = \frac{2}{3}V_{CC} = 8V$，$V_{T-} = \frac{1}{3}V_{CC} = 4V$，$\Delta V_T = V_{T+} - V_{T-} = 4V$，电压传输特性如图 T8.2 所示。

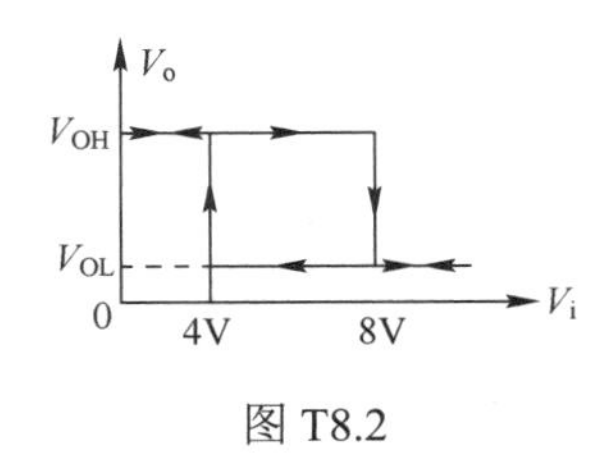

图 T8.2

8.3 对应的波形如图 T8.3 所示。

8.5 该电路为单稳态触发电路。对应的波形如图 T8.5 所示。

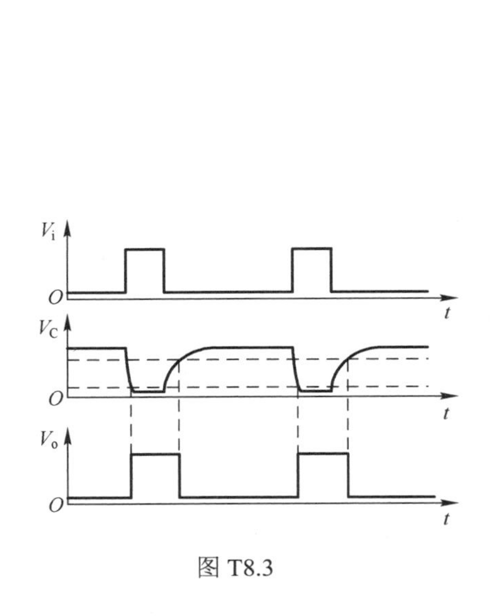

图 T8.3

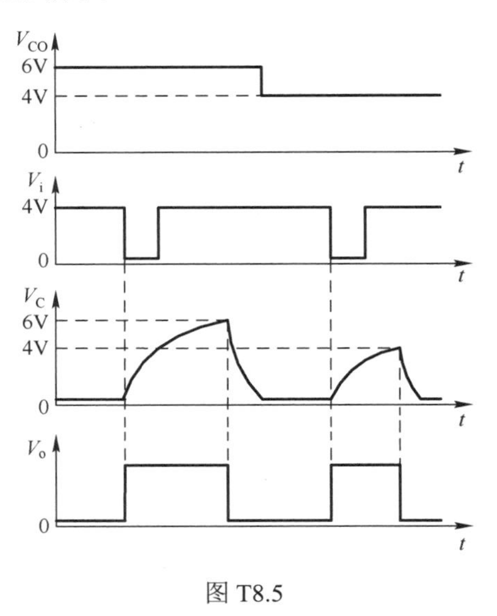

图 T8.5

8.6 波形图如图 T8.6 所示。

8.7 波形图如图 T8.7 所示。

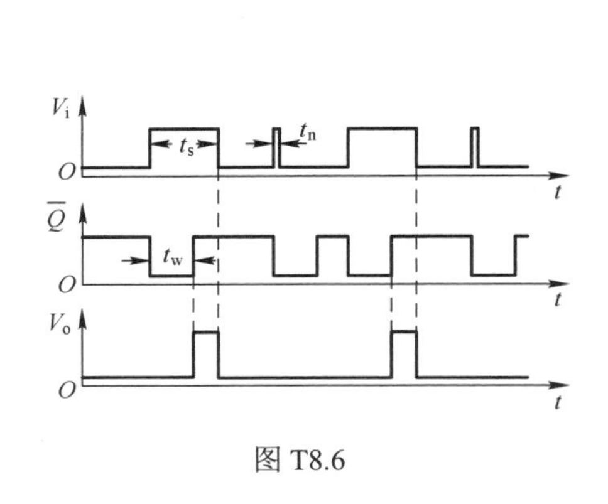

图 T8.6

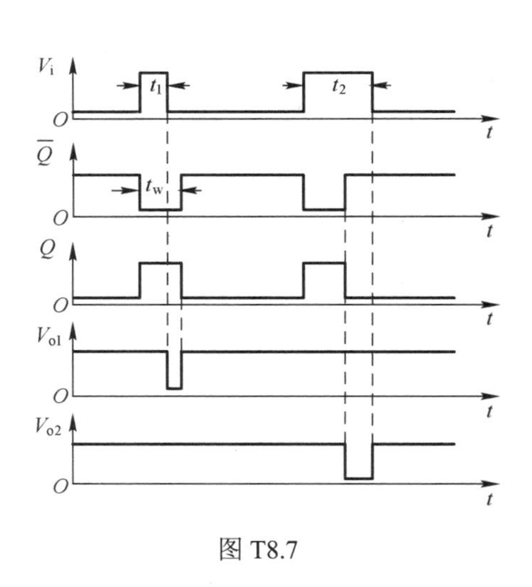

图 T8.7

8.9 （1）该电路为多谐振荡器电路。

（2）V_C 和 V_o 点的波形如图 T8.9 所示。

（3）若减小电容 C 的值，输出信号 V_o 会变化，周期减小，频率增大，占空比保持不变。

8.10 改进电路如 T8.10 所示。

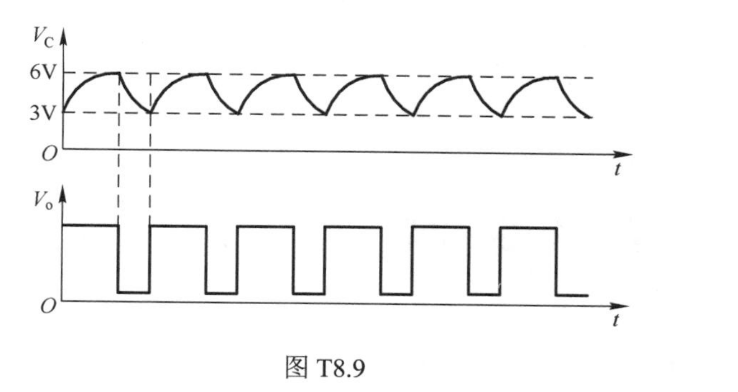

图 T8.9

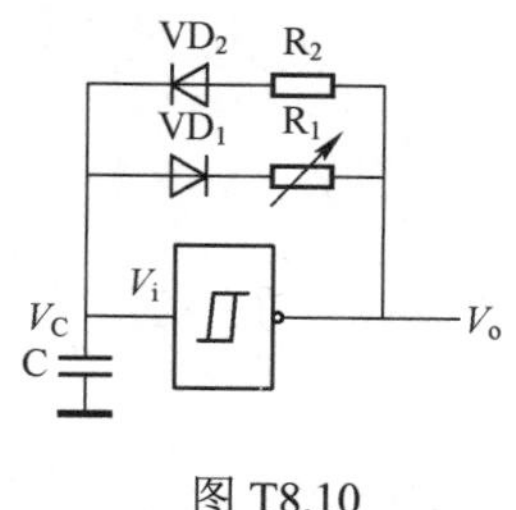

图 T8.10

第 9 章

9.1 模拟量是指在时间上和幅值上均连续的物理量，数字量是指在时间上和幅值上均离散的物理量。模拟量通过取样保持、量化、编码的变换，转换成数字量。A/D 转换器和 D/A 转换器是数字设备与控制对象之间的接口电路，分别实现模数转换和数模转换。

9.2 当输入代码为 10110011 时输出电压：3.58V。

9.3 当输入数字量 $d_3d_2d_1d_0 = 0110$ 时，输出电压值为−2.25V。

9.4 当输入数字量 $d_9d_8d_7d_6d_5d_4d_3d_2d_1d_0 = 1000000000$ 时，输出的电压值为−5V；如在 I_{out1} 与放大器输出 V_o 之间外接一个大小等于 $R/2$ 的反馈电阻，则当输入数字量仍为 $d_9d_8d_7d_6d_5d_4d_3d_2d_1d_0 = 1000000000$ 时，输出的电压值减半，为 -2.5V 。

9.6 （1）对于 8 位 D/A 转换，分辨率为：$\dfrac{1}{2^8-1} = 0.392\%$ ；

（2）对于 12 位 D/A 转换，分辨率为：$\dfrac{1}{2^{12}-1} = 0.024\%$ 。

9.7 根据取样定理，最小取样频率是 40kHz。

9.9 根据有舍有入量化的方法可知：量化单位 $\varDelta = \dfrac{2V_{\text{m}}}{2^{n+1}-1} = \dfrac{2}{2^5-1} = \dfrac{2}{31}\text{V}$ ，最大量化误差为 $\dfrac{\varDelta}{2} = \dfrac{1}{31}\text{V}$ 。

9.10 逐次逼近型 A/D 转换器是直接 A/D 转换器。电路结构主要由电压比较器、D/A 转换器、控制逻辑、逐次逼近寄存器和输出缓冲器等部分组成。

参 考 文 献

[1] （美）Thomas L. Floyd. 数字基础. 10 版. 北京：科学出版社，2011.

[2] （美）Victor P. Nelson，H. Troy Nagle. 数字逻辑电路分析与设计. 2 版. 北京：电子工业出版社，2023.

[3] 林红. 数字电路与逻辑设计. 4 版. 北京：清华大学出版社，2022.

[4] （美）Ronald J. Tocci，Neal S. Widmer，Gregory L. Moss. 数字系统：原理与应用. 11 版. 北京：科学出版社，2012.

[5] （美）John F. Wakerly. 数字设计原理与实践. 5 版. 北京：机械工业出版社，2019.

[6] （美）Charles H. Roth, Jr. 逻辑设计基础. 7 版. 北京：清华大学出版社，2016.

[7] 王毓银. 数字电路逻辑设计. 3 版. 北京：高等教育出版社，2018.

[8] 夏宇闻. Verilog 数字系统设计教程. 4 版. 北京：北京航空航天大学出版社，2019.

[9] （加）Stephen Brown，Zvonko Vranesic. 数字逻辑基础与 Verilog 设计. 3 版. 北京：机械工业出版社，2016.

[10] （美）Michael D. Ciletti. Verilog HDL 高级数字设计. 2 版. 北京：电子工业出版社，2014.

[11] 康华光. 电子技术基础. 数字部分. 6 版. 北京：高等教育出版社，2014.

[12] 罗杰，秦臻. 数字电子技术基础. 北京：人民邮电出版社，2023.